北京理工大学教育基金会· 教授文库

固体推进剂化学与技术

The Chemistry and Technology of Solid Rocket Propellant

谭惠民　编著

北京理工大学出版社
BEIJING INSTITUTE OF TECHNOLOGY PRESS

内容提要

本书较全面地叙述了火箭固体推进剂的能量、燃烧、力学和安定性及危险性质，并主要介绍了两类推进剂——双基和复合推进剂的概况以及它们的制造工艺，同时，对推进剂应用于发动机装药时所涉及的绝热包覆技术也做了系统性的介绍，并叙述了常用的几类固体燃气发生剂的性能特点和配方设计原则。

本书可作为军工高等院校含能材料及其相关专业的教材，也可供从事固体火箭发动机、固体推进剂研究和生产的工程技术和管理人员参考。

图书在版编目（CIP）数据

固体推进剂化学与技术/谭惠民编著．—北京：北京理工大学出版社，2015.9（2025.1重印）

ISBN 978-7-5640-9714-1

Ⅰ.①固…　Ⅱ.①谭…　Ⅲ.①火箭-固体推进剂-高等学校-教材　Ⅳ.①V512

中国版本图书馆CIP数据核字（2014）第208172号

出版发行／北京理工大学出版社有限责任公司
社　　址／北京市海淀区中关村南大街5号
邮　　编／100081
电　　话／（010）68914775（总编室）
（010）82562903（教材售后服务热线）
（010）68948351（其他图书服务热线）
网　　址／http：//www.bitpress.com.cn
经　　销／全国各地新华书店
印　　刷／廊坊市印艺阁数字科技有限公司
开　　本／710毫米×1000毫米　1/16
印　　张／34.75
字　　数／638千字
版　　次／2015年9月第1版　2025年1月第2次印刷
定　　价／120.00元

责任编辑／王玲玲
文案编辑／王玲玲
责任校对／周瑞红
责任印制／王美丽

前 言

火箭固体推进剂是推动火箭和导弹武器的能源和工质。20 世纪中期以来，固体推进剂技术取得了长足的发展，无论在理论上，还是在制造与应用的工程技术方面，都有诸多发现。我国在固体推进剂的研制、生产和应用方面也积累了丰富的经验。特别在 20 世纪 80 年代以来，我国在一些新型高性能固体推进剂及其相关的高能量密度化合物方面的研究均有重要进展。为适应我国固体推进剂事业发展的需要，总结国内外数十年来在此方面所取得的重要进展，并加强我国军工高等院校的教材建设，特编写本书。

本书共分 10 章。第 1 章概略地介绍了火箭推进的基本概念和固体推进剂的发展概况，其他各章依次叙述了固体推进剂的能量性能、燃烧性能、力学性能、安定性及危险性质，并叙述两类主要的推进剂品种——双基和改性双基推进剂及复合推进剂。第 8 章则全面介绍了固体推进剂的各种制造工艺。由于燃气发生剂属于固体推进剂的一个重要分支，第 9 章对此专门进行了论述。最后对固体推进剂的重要配套技术——绝热包覆层以及无损检测技术也做了介绍。在编写过程中，作者力求对基本原理和概念叙述准确，并特别注意化学反应原理与各种性能调控的关系，使读者对固体推进剂的性质和化学变化的本质有较全面、准确的认识，并在内容及性能水平方面尽量反映固体推进剂近年来所取得的进展。

本书为满足有国防特色的学科专业的教学需要而编写，以期为提高军工高等教育质量、推动国防科技与教育事业的发展做出一点贡献。

本书第 1、2、4、7 章由谭惠民编写，卢赟编写了第 7 章中的新型黏合剂和含能增塑剂部分，第 3 章由 204 所李上文研究员编写，第 5、6、8、9、10 章由罗运军编写，航天科工集团六院 46 所王德研究员和王文丽研究员编写了第 10 章中绝热层的有关内容。在编写过程中，兵器 845 厂严金良研究员、航天科技集团四院 42 所庞爱民研究员、北京理工大学庞思平教授和周智明教授、黎明化工研究院周集义研究员以及湖南大学邓剑如教授等诸多友好同仁提供了大力协助并提供了丰富的参考资料，在此编著者对他们致以衷心的感谢，并对专门从事发动机测试的 845 厂严伍启高工所提供的宝贵的意见和参考资料表示感谢。

限于编者水平，书中疏漏之处在所难免，敬请读者指正。

编者愿以此书作为对已故导师周起槐先生的追忆和怀念，以纪念他在我国推进剂事业，特别是在高能改性双基推进剂发展中所做的杰出贡献。

编著者

目 录

第1章 绪论

1.1 定义与基本概念

固体推进剂是固体火箭发动机获得推力的能源和工质的固态混合物，为一种含能材料，属火药中的一类。所谓含能材料，是指自身包含了燃烧和爆炸化学反应所必需的氧化剂和还原剂的物质，这类物质在无须外界供氧的情况下，由适当的外界能量所激发，即可产生有规律的燃烧或爆炸反应，快速释放出大量的高温燃气，从而达到发射弹丸、推动火箭前进或产生爆破作用的目的。在我国，一般将用于发射枪炮弹丸的发射药和用于推进固体火箭的固体推进剂统称为火药。而用于爆炸作用的含能材料则称为炸药。固体推进剂通常贮存于固体火箭发动机内，燃烧时迅速生成大量的高温燃气，并通过喷管膨胀而产生推力，将推进剂的化学能转变为火箭飞行的动能。

火药与炸药的区别在于：火药被点燃后是以燃烧方式释放其能量的，燃烧过程沿着燃面的法线方向以逐层传播的方式由表面向内部发展，火药沿其表面法线方向消失的速度即称为燃速，无论是发射药或固体推进剂，其燃速一般为每秒数毫米至数十毫米。此时，燃烧波（即燃温在空间的分布状态）的发展方向与火药的消失方向相反，而炸药在起爆后则以爆轰的方式释放其能量，由爆炸反应所形成的爆轰波的传播速度（即爆速）一般达每秒数千米，而且爆轰波的发展方向与炸药的消失方向一致。所以，虽然火药和炸药均属于含能材料，但它们的引燃或引爆方式、释放能量速度（燃速或爆速）以及燃烧波、爆轰波相对于含能材料本身的发展方向均有明显差别。

1.2 固体推进剂制造与应用过程中的化学问题

在现有已获得工程应用的固体推进剂中，以硝化纤维素、聚氯乙烯、热塑性聚氨酯弹性体等高相对分子质量线性大分子制备的推进剂是通过典型的加温挤压塑化成型的物理过程制备而成的，它们属于塑溶胶推进剂。而以高分子预聚物如端羟基聚丁二烯（HTPB）通过交联固化成型方法制备的推进剂则称为热固性推进剂，其成型过程是一个典型的化学过程。此外，上述两类推进剂的性能调节及它们在贮存、使用过程中，将不可避免地发生各种各样的化学反应。这些化学反应的性质及它们所能达到的程度，在很大程度上将决定推进剂的性能，因此，对固体推进剂生产制造及应用过程中有关化学反应性质的了解和掌握，将对推进剂的性能控制有十分重要的意义。

贯穿在固体推进剂制造与应用过程中的化学问题主要涉及以下几个方面。

1. 黏合剂的分子结构与化学性质

黏合剂的分子结构是指黏合剂的化学组成、分子链中的结构单元和它们的连接方式、官能团的性质和含量以及分子链的聚集形态。一般来说，聚集态结构如晶态结构、取向结构、织态结构或无规聚集等属于物理形态结构，与所制成推进剂的物理性质有密切关系。复合固体推进剂从聚硫橡胶（PS）发展到聚丁二烯丙烯酸（PBAA）、聚丁二烯丙烯腈丙烯酸（PBAN）、端羧基聚丁二烯（CTPB）及端羟基聚丁二烯（HTPB）等推进剂的过程，除了从化学热力学因素出发以能量水平的高低为淘汰的标准外，黏合剂的化学性质与所制备推进剂的工艺性能、力学性能及贮存老化性能的关系也是这些推进剂发展中的重要因素。例如 PBAA、PBAN 预聚物中固化官能团（—COOH）沿主链呈无规分布，固化后，推进剂力学性能的重现性与预聚物相对分子质量和官能团分布状态的准确控制紧密相关，同时，它们与固化剂（一般含环氧或氮丙啶基团）的固化反应存在后固化现象，使推进剂在长贮中会变硬、变脆，影响了它们的使用性能。虽然遥爪型的 CTPB 较前两者有了重要改进，其固化官能团—COOH 主要分布于链端，但上述固化反应的缺点及易于老化的化学性质，加上羧基的存在引起药浆黏度偏大，制约了 CTPB 推进剂的发展。对于目前应用广泛的 HTPB 推进剂来说，固化官能团由羧基到羟基的改变，不但使推进剂药浆的黏度明显降低，固体填料的含量可以增高到 88%或更高，同时，通过与异氰酸酯类的固化交联反应，也使推进剂获得更理想的网络结构和抗老化性能。此发展过程充分说明，黏合剂化学结构的选择及对其化学性质与推进剂性能关系的认识，是复合推进剂发展中十分重要的因素。

2. 力学性能调节中的化学问题

在以热固性黏合剂制备的固体推进剂中，其力学性能主要受两方面因素的影响：一是黏合剂大分子基体本身的化学结构及反应特性，二是黏合剂基体与氧化剂填料之间的相界面的结合状态。例如，在 HTPB 推进剂中，HTPB 预聚物分子链上含有反式和顺式的单元结构，以及由 1, 2–加成反应所形成的产物，同时，所含的羟基也包括烯丙基伯羟基、乙烯基伯羟基以及仲羟基等结构不同的羟基。由于结构上的差异，这些羟基与同一种异氰酸酯进行固化反应的活性有所区别。因此，在固化时，需控制这些羟基与异氰酸酯基团之间的活性匹配，以便尽可能获得结构完整的网络。同时，不同的异氰酸酯固化剂，如甲苯二异氰酸酯（TDI）、异佛尔酮二异氰酸酯（IPDI）、六次甲基二异氰酸酯（HDI），以及脲基多异氰酸酯（美国商品代号 N–100），在与—OH 发生聚氨酯反应时的活性各有区别，即使是在同一种异氰酸酯，如 2, 4–TDI 或 2, 6–TDI，由于—NCO 基团在甲苯母体上位置的不同，反应活性也有差别。对位上的—NCO 的反应活性明显高于邻位的—NCO 基团。对 HTPB 预聚物链上羟基及固化剂异氰酸酯基反应特性的了解，有助于对 HTPB 推进剂力学性能进行控制。

在解决黏合剂基体与固体填料之间的相界面黏结力时，键合剂（Bonding Agent）的分子设计也是在充分了解和掌握填料（高氯酸铵 AP 或硝胺 RDX 和 HMX）与黏合剂之间可能产生的物理化学作用的基础上进行的。众所周知的三氟化硼三乙醇胺键合剂，就是依靠三乙醇胺中氨基与 AP 之间的反应以及羟基与异氰酸酯的作用而使其进入黏合剂基体的网络，并在这些填料表面形成一层黏附力强的高模量层而显著改善推进剂的力学性能。因此，在黏合剂高分子选定之后，针对它们的化学结构特点及反应性质来选择固化体系和键合剂，是固体推进剂力学性能调控中的关键因素。

3. 燃烧性能调节中的化学问题

固体推进剂的燃烧是一个复杂的化学流体力学过程，该过程涉及气相、液相、固相及各相界面间的化学反应及反应物质之间的扩散、传热和动力传递等物理过程。推进剂体系不同，燃烧过程中涉及的化学反应也各不相同。例如，在双基推进剂中，行之有效的催化剂是通过催化 NO 与 H_2、CO、CH_4 等分解产物之间的反应，使燃烧区中的暗区变薄，加速了向嘶嘶区和燃烧表面的传热，从而达到提高推进剂的燃速和改变其燃速压力指数的目的。

含高氯酸铵（AP）的复合推进剂的催化燃烧机理较为复杂，很多研究表明，一些过渡金属氧化物（CrO_3、Fe_2O_3、CuO 等）的催化作用部位分别或同时发生在气相、凝聚相亚表面及凝聚相的表面，其作用是加速气相 AP 的分解速率和/或加速推进剂表面上 NH_3 与 $HClO_4$ 之间的放热反应而提高推进剂的燃速。虽然目前已找到可以提高此类推进剂燃速的催化剂（如铬铜矿、Fe_2O_3 及二茂铁衍生物），但这些催化剂的准确作用部位及催化反应的具体过程，仍有待深入研究。毫无疑问，对推进剂催化燃烧过程化学实质的了解和掌握，是有效控制其燃烧性能的最佳途径。

4. 推进剂贮存老化性能中的化学问题

推进剂的贮存性能一般包括物理安定性和化学安定性。老化性能则指由于老化降解所带来的力学和内弹道性能的变化。除了汗淅、晶淅、成分迁移、吸湿等物理安定性之外，上述性能的变化对推进剂贮存稳定性的影响基本上是化学反应问题。例如，含硝酸酯的双基推进剂和硝酸酯增塑聚醚推进剂的化学安定性问题，主要是源于硝酸酯基团—ONO_2 在贮存过程中的缓慢分解以及分解产物 NO_2 对分解过程的催化。基于此原因，确保这些推进剂有足够的化学安定性的办法是向其中加入可以吸收起催化作用的氮氧化物的化学安定剂来实现的，如加入脲的衍生物（中定剂）或芳胺的衍生物（2–硝基二苯胺或 N–甲基对硝基苯胺等）。

复合推进剂的老化主要是在内外因素的综合作用下黏合剂分子链逐渐发生断裂或交联，使相对分子质量和交联密度发生改变而导致力学甚至内弹道性能发生改变的过程，而且此过程是一个不可逆的过程。老化主要分为热氧老化和光氧老化两种类别。导致化学老化的因素有光（紫外光）、氧、臭氧、热、水分和贮存中所经受的应力状态。针对导致化学老化的原因在推进剂中选择效能较高的防老剂的研究时，所依赖的是对推进剂主要老化原因化学实质的了解。例如，聚丁二烯类黏合剂的老化既包含双键的氧化交联，也包括分子链的氧化断裂。而聚醚聚氨酯类黏合剂则是以醚键 α 碳脱氢后生成氧自由基导致链断裂为主。基于这些原因，高效的防老剂应是可以在推进剂内长期稳定存在，并可有效吸收活性自由基的化合物，如一些位阻胺、位阻酚类衍生物。

除了以上四个过程与化学反应性质紧密相关外，推进剂浇铸过程中的药浆适用期（pot life）的控制也是一个利用催化剂及温度来控制反应速度的化学动力学问题。在推进剂药柱包覆层的选择及其制造中，也存在推进剂黏合剂与包覆层结构和性能相匹配的化学问题。

综观固体推进剂在制造、性能调节及贮存与使用的各个过程可见，这些过程的实质主要是化学问题。因此，对这些过程实质的了解，将是确保这些性能的有效调控的根本。基于此原因，本书各章在叙述这些问题时，将较详细地介绍这些过程的化学原理，以便读者对这些化学问题的实质有更好的了解。

1.3 固体推进剂发展简史

火药是中国古代四大发明之一。唐宪宗元和三年（公元 808 年）炼丹家清虚子在其著作《太上圣祖金丹秘诀》中曾有黑火药配方的记载，它是由硝石（即硝酸钾）、硫黄和木炭组成的一种混合物。至 10 世纪，火药开始用于军事，宣告了热兵器时代的开始。此后中国的黑火药技术传播至西方，13 世纪后半期欧洲才有火药用于战争的记载。16 世纪以后，随着金属熔炼、铸造技术的发展，枪炮在战争中的应用越来越广泛，推动了火药的制造和使用。直到 19 世纪，黑火药仍是世界上唯一用于战争的火炸药。1846 年，瑞士人 C・F・舍拜因发明了硝化纤维素，同年，意大利人 A・索布列罗制成了硝化甘油，这两种物质的发现，为现代火药的发展创造了基础。1884 年，法国人 P・维也里采用醇、醚为混合溶剂将硝化纤维素塑化加工制成以硝化纤维为唯一成分的火药——单基药。1888 年，瑞典人 A・B・诺贝尔以低氮量的硝化纤维素吸收硝化甘油制成了双基火药，其后，这两种火药在战争中获得大规模的应用。它们主要用于发射枪炮弹丸。1935 年，苏联将双基火药首先应用于火箭发动机，研制成功的喀秋莎火箭炮在第二次世界大战中发挥了重要作用。

1942 年，美国喷气推进试验室（JPL）以沥青为黏合剂（14.10%），高氯酸钾为氧化剂（76.50%），重油（SAE10）为增塑剂（9.40%），制成第一个现代复合推进剂品种，其比冲为 1 724.8 N・s/kg（176 s），14.28 MPa 时的燃速为 4.06 mm/s，压力指数为 0.76。其后，随着高分子科学技术的迅速发展，先后研制成功多个复合推进剂品种，其中，首先有工程应用价值的是 1946 年 JPL 研究成功的聚硫橡胶推进剂，其黏合剂预聚物为液态聚硫橡胶（26.0%），而且首次使用了高氯酸铵为氧化剂（71.0%），配方中其余成分为催化剂（2.0%）及工艺附加物（1.0%），推进剂的实测比冲达到了 2 107 N・s/kg（215 s），并首次制成了贴壁浇铸的药柱。其后，性能更好的高分子黏合剂相继问世。1949 年开始研究聚酯型聚氨酯推进剂，1953 年开始研究聚醚型预聚物，当年小型发动机（装药量 1 lb①）试飞，至 1955 年，投入 Genie 发动机的装药生产，美国人称之为第一代复合推进剂的代表。于 20 世纪 50 年代后期，为了获得更高的能量，铝粉作为轻金属燃料被引入推进剂配方，铝粉在配方中的使用，使推进剂的比冲提高近 10%，美国人称此种聚氨酯推进剂为第二代复合推进剂，并成功应用于“北极星 A1”的第一级及第二级发动机及“民兵Ⅰ”的第二级发动机中，其典型配方见表 1–1。

---

① 1 lb=0.453 6 kg。

表 1–1 美国第二代复合推进剂的配方及其应用

成分	“北极星 A1”第一级	“北极星 A1”第二级	“民兵Ⅰ”第二级		254 mm 直径发动机装药
AP	60.0	69.75	65.0	65.0	68.0
Al	15.0	7.75	17.0	17.0	17.0
催化剂 Cu0202	0.4	0.08	0.20	—	0.3
增塑剂	—	—	1.72	2.59	2.88
聚氨酯黏合剂	24.6	22.42	16.08	15.41	11.82

在发展聚醚型聚氨酯推进剂的同时，聚硫化学公司（Thiokol）发展了一种由丁二烯–丙烯酸共聚物（PBAA）为黏合剂的复合推进剂，但该黏合剂很快为重现性更好的三元共聚物（丁二烯–丙烯酸–丙烯腈，即 PBAN）所代替。该体系以环氧化合物为固化剂，在多种火箭发动机中获得应用，曾用于大型发动机装药。由于这种三元共聚物的相对分子质量分布及官能度分布较宽，随后即为端羧基聚丁二烯（CTPB）所代替。以自由基乳液聚合法生产的 CTPB 在相对分子质量及相对分子质量分布、官能度及官能度分布方面，较 PBAN 的有所改善，制成的推进剂曾用于美国“民兵Ⅱ”的第二级，“民兵Ⅲ”的第二、三级发动机以及法国的“M–2”、“M–4”战略导弹及苏联的“萨姆–7”火箭发动机装药。CTPB 的固化系统一般为环氧化合物及氮丙啶化合物，在氧化剂 AP 及水分存在的条件下，所产生的副反应使固化反应不能按预期的化学计量要求进行，其结果既影响推进剂的力学性质，也对推进剂的贮存老化性能不利，而且端羧基的存在使药浆黏度偏高。至 20 世纪 70 年代，CTPB 逐渐为端羟基聚丁二烯（HTPB）所代替。美国航空喷气推进公司于 1961 年开始研究 HTPB 推进剂，1972 年，美国宇航局（NASA）将 HTPB 推进剂用于 D 型及 F 型 ASTROBEE • HI 的试飞。黏合剂预聚物 HTPB 采用自由基聚合法制备。美国军用 HTPB 的代表产品为 R45M 及 M20。以 HTPB 为黏合剂时，推进剂具有药浆黏度较低、配方中固体含量高、推进剂力学性能优良、能量水平高于以往的复合推进剂等优点，因而在 20 世纪 70 年代以后，逐渐成为复合推进剂的主流产品，大量应用于各种战略、战术导弹和火箭武器中。

在复合推进剂发展的同时，改性双基推进剂也获得迅速的发展。在双基成分（硝化纤维素、硝化甘油）的基础上，引入无机氧化剂 AP、金属燃料（Al）及高能炸药（如奥克托今或黑索今）而形成了发动机实测比冲达 2 469.6 N • s/kg

（252 s）的高能推进剂——复合改性双基推进剂（Composite Modified Double Base，CMDB）。当引入交联剂时，则称为交联改性双基推进剂（Crosslinked Double Base，XLDB）。从事该方面研究的主要机构有美国的赫克力斯（Hercules）公司和法国的 SNPE 公司。改性双基推进剂发展中的重要技术突破是采用浇铸工艺（配浆浇铸或造粒浇铸）实现了可贴壁浇铸和复杂药形结构的大型发动机装药，而且，由于其黏合剂大分子（硝化纤维素）及增塑剂（硝化甘油）为含能成分，在硝酸酯增塑聚醚（NEPE）推进剂发现之前，它一直是能量最高的固体推进剂品种。美国第一代战略导弹“民兵”及“北极星”第三级发动机均使用了该高能推进剂。

在 20 世纪 70 年代末，人们找到了可以为硝酸增塑的高分子预聚物——脂肪族聚醚或聚酯，这类高分子取代传统的硝化纤维素之后，改性双基推进剂中使用大量硝酸酯增塑而获得高能量的特点以及复合推进剂理想的三维网络所赋予的优良的力学性质被综合到一起，形成了一类新的推进剂品种，即硝酸酯增塑聚醚（Nitrate Ester Plasticized Polyether）推进剂。其标准实测比冲可达 2 500 N·s/kg（255 s）。此外，20 世纪 70 年代，新型氧化剂二硝酰胺铵（ADN）及 1987 年美国公布的高能量密度化合物六硝基六氮杂异伍兹烷（HNIW，代号 CL–20）的发现以及含能黏合剂聚叠氮缩水甘油醚（GAP）、叠氮环丁烷共聚物探索成功，推动了高能固体推进剂的进一步发展，使推进剂的实测比冲达到 2 548 N·s/kg（260 s）的水平。固体推进剂的发展过程如图 1–1 所示。

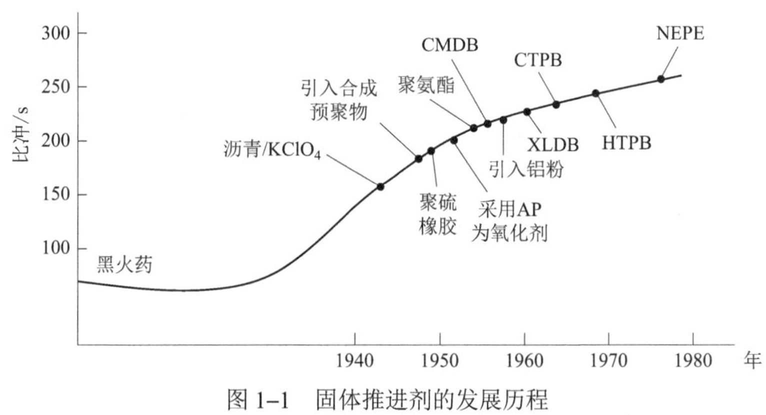

图 1–1 固体推进剂的发展历程

1.4 固体推进剂的分类

固体推进剂的分类方法颇多，可以按能量级别分为高能、中能和低能推进剂，也可以按使用性能特征分为有烟、少烟、无烟推进剂，但目前普遍采用的是按它们组成的结构特征加以分类，即将固体推进剂分为双基推进剂、复合推进剂以及在此两类推进剂基础上形成的改性双基推进剂。

1. 双基推进剂

双基推进剂是以硝酸酯（通常为丙三醇三硝酸酯，俗称硝化甘油）和纤维素硝酸酯（也称硝化纤维素，当以棉纤维为原料时，俗称硝化棉）为主要成分，添加一定量功能添加剂而制成。其加工成形的工艺是典型的加温挤压的塑化成型过程。由于所制成的推进剂是一种固态塑溶胶，内部无相界面存在，故亦称为均质推进剂。双基推进剂有悠久的生产、应用历史，工艺成熟，具有组分均匀，性能再现性好，成品几何尺寸偏差小，在常温下具有良好的安定性和机械强度，抗老化性能好，排气少烟、无烟等一系列优点，适合作自由装填的发动机装药，并且在要求燃气洁净的燃气发生剂中得到广泛应用。其缺点是能量水平较低，高、低温力学性能差，稳定燃烧的临界压力偏高。

2. 复合推进剂

复合推进剂是一种以高分子黏合剂为基体，添加氧化剂固体填料制成的一种推进剂。为了提高燃烧温度以获得高的能量水平，还可以加入如铝粉之类轻金属燃料。此类推进剂属于一种存在相界面的非均相复合材料。黏合剂大多数是由相对分子质量高达数千的液态预聚物与固化剂及交联剂形成的弹性网络，也可以是相对分子质量高的线性高分子经塑化而形成。前者属热固性弹性体，后者属热塑性材料，习惯上复合推进剂是按黏合剂的化学结构命名，如聚硫橡胶（PSR）推进剂、聚丁二烯–丙烯腈（PBAN）推进剂、聚氨酯（PU）推进剂、端羧基聚丁二烯（CTPB）推进剂、端羟基聚丁二烯（HTPB）推进剂等。曾经使用过的热塑性复合推进剂有聚氯乙烯（PVC）推进剂和正在研制的热塑性弹性体推进剂。它们的分类如图 1–2 所示。

复合推进剂由高分子基体与固体填料两大部分组成，高分子基体（即黏合剂）多选用分子链两端有良好反应能力基团的液态预聚物（即遥爪预聚物），当加入固化剂和交联剂并与固体填料充分混合并浇铸之后，在适当的温度（约 60 ℃）下，即形成三维的弹性网络而赋予推进剂良好的力学性能。高分子预聚物和它的固化交联系统的选择对最后制成的推进剂的力学性能有很大关系。固体填料一般包括具有丰富氧含量的无机氧化剂和可释放大量热量的轻金属粉（如铝粉）。此外，在复合推进剂成分中还有多种用于性能调节的功能添加剂，如调节燃烧性能（提高或降低燃速以及降低压力指数）的弹道改良剂、增强固体填料与黏合剂基体之间黏结强度的键合剂、降低玻璃化温度的增塑剂、促使固化反应完善的固化催化剂和提高黏合剂抵抗老化作用的抗老剂等。

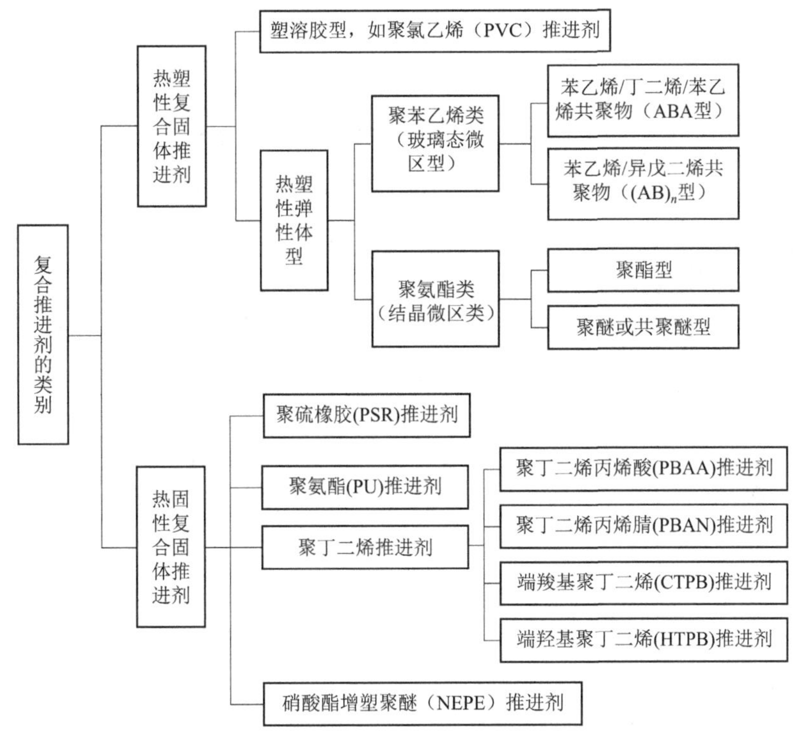

图 1–2 复合推进剂分类

通常，复合推进剂制造多采用减压捏合浇铸工艺，这种工艺有很大的适应性，可满足各种直径发动机装药的制造要求，广泛应用于直径从数十毫米的试验发动机到直径 1 m 以上的大型发动机的装药。

由于使用了液态高分子预聚物为黏合剂，在复合推进剂制造中可以加入数量高达约 90%的固体填料，复合推进剂的能量性能及力学性能优于传统的双基推进剂，它们在各种战术火箭、导弹和战略导弹以及它们的助推器中得到广泛应用。

一些典型复合推进剂的配方和它们的性能见表 1–2 和表 1–3。

表 1–2 典型复合推进剂的配方

组成及含量/%	PU	CTPB	HTPB
AP	68	68	69.5
Al	18.2	20	18.5
黏合剂	7.6	10.6	8.0
燃烧催化剂	2.0	0.1	0.5～0.7
增塑剂	4.0	1.0	3.2～3.4
其他	0.2	0.3	0.2

表 1–3 复合推进剂的性能

品种	比冲/（N·s·kg^{-1}）（p_c/p_e=70/1）		密度/（g·cm^{-3}）	火焰温度/K	燃速/（mm·s^{-1}）	压力指数 n	力学性能	应用
	理论	实测						
PSR推进剂	2 255～2 353	2 206（p_c/p_e=50/1）	1.72～1.75	2 400	6～30	0.2～0.4	良好	“猎鹰”空空导弹、“奈克 2”地空导弹、“斗牛士”助推器
PVC推进剂	～2 549	～2 206～2 255	1.77	3 300	2.5～25	0.3～0.5	较差	“先锋”、“水星”战术火箭，“小猎犬”防空导弹，气象火箭，“红眼”
PU推进剂	2 549～2 598	2 392～2 422	1.68～1.81	3 300	4～10	0.2～0.35	较好	“民兵Ⅰ”第二级、“北极星 A2”第一级、“北极星 A3”第一级等战略导弹，“霍克”地空导弹等
CTPB推进剂	2 589	2 392～2 430	1.72～1.77	3 000～3 590	8～25		良好	“海神”一级、“民兵Ⅱ”二级及三级等战略导弹、“潘兴”地地战术导弹和法国“M–4”导弹、苏联“萨姆–7”火箭
HTPB推进剂	2 549～2 598	2 392～2 422	1.72～1.77	3 000～3 590	8～40	0.2～0.8	良好	“爱国者”、“尾刺”、“潘兴Ⅱ”、“机载反卫星导弹”

3. 改性双基推进剂

改性双基推进剂是在双基推进剂中加入提高能量的固体组分（如氧化剂高氯酸铵、高能硝胺炸药和金属燃料铝粉）而制得的一种异质推进剂。为了改善力学性能，有时还引入交联剂使大分子硝化纤维素形成一定的空间网络。改性双基推进剂可以采用多种工艺技术制造，有浇铸法（充隙浇铸或淤浆浇铸）和挤压法。浇铸法可克服装药直径受挤压机能力限制等缺点，可制造复杂药型和大直径装药。挤压法具有制品性能重现性好、生产连续等特点。

在改性双基推进剂的基础上，选择一种可为硝酸酯增塑的高分子预聚物，采用典型复合推进剂的减压浇铸（亦称真空浇铸）工艺，则可以制造一种新的被称为硝酸酯增塑聚醚（NEPE）的推进剂。此种推进剂既具有改性双基中可以使用大量硝酸酯增塑的特点，又具有通过预聚物固化形成三维网络弹性体的性质，是兼具两种推进剂特性的一类新型推进剂，其能量水平和力学性能都跃上了一个新的台阶，是当前获得实际应用的能量最高的推进剂。其理论比冲高达2 657 N•s/kg，标准条件下的（p_c/p_e=70/1）的最大实测比冲 2 499 N • s/kg，密度 1.82～1.83 g/cm^3，7 MPa 下的燃速 9～25 mm/s，压力指数 0.5～0.7，美国已将此推进剂应用于“MX”和“侏儒”等战略导弹中。NEPE 推进剂中所选用的可为硝酸酯增塑的黏合剂预聚物有聚乙二醇（PEG）、聚 ε–己内酯和环氧乙烷–四氢呋喃共聚醚，硝酸酯与这些预聚物的增塑比都可达到 2.8 倍以上。

1.5 固体推进剂的基本组成及功能

固体推进剂是由多种组分配置成的一种含能材料。在选择推进剂成分及确定配方时，要根据火箭发动机的性能指标要求通过合理的设计和大量的试验加以确定。一个实用的推进剂配方的确定，一般要经历配方设计—试验室配方—初样配方—试样配方—正样配方等几个阶段。因此，配方设计是推进剂研究中的一个重要步骤，是获得性能良好的推进剂的关键。其主要过程是根据推进剂中的黏合剂、氧化剂、金属燃料等主要成分物理化学性质和热力学性质进行能量计算，进行成分间化学相容性（包括互溶能力）的筛选，并进行燃烧性能、力学性能、内弹道性能的调试。因此，有必要了解推进剂配方中所包含的各种必需的组分及它们的功能。

1. 黏合剂（Binder）

黏合剂是一些可将推进剂的其他成分黏结成性能均匀的整体，并赋予理想力学性能的高分子化合物，在固体推进剂中形成连续性的基体。目前广泛使用的黏合剂包括可增塑的热塑性大分子和可通过固化交联反应形成弹性体的热固性高分子两大类。如溶剂塑化的硝化纤维素、聚氯乙烯、由硬段与软段组成的热塑性弹性体等热塑性黏合剂，以及聚硫橡胶、聚氨酯、聚丁二烯、聚醚等热固性黏合剂。黏合剂的性质对推进剂的工艺性质、力学行为以及能量水平都有重要影响。

理想的黏合剂应具备下列基本条件：与推进剂其他组分相容性良好；本身有

较好的物理化学安定性；较低的玻璃化温度；较高的生成焓。对热塑性黏合剂来说，应可容纳高的增塑剂体积分数，而热固性黏合剂则应可容纳尽量高的固体含量，而且其固化反应官能团的反应能力适中，固化反应中的副反应少，不释放任何气体；所有的黏合剂在使用中应该安全、毒性小。

（1）热塑性黏合剂（Thermoplastic Binder）

热塑性黏合剂的代表是双基推进剂和改性双基推进剂中以丙三醇三硝酸酯（硝化甘油）增塑的硝化纤维素。硝化纤维素是一种自身含有含能基团（硝酸酯基）的大分子，由纤维素（棉纤维、木纤维）经酯化而获得。我国普遍采用棉纤维制备该硝酸酯（俗称硝化棉）。根据硝化度（以含氮量表示）不同，可有多种品号，适合制作推进剂的有 3 号硝化棉、混合硝化棉（由 1 号与 3 号硝化棉混合组成）和皮罗硝化棉等。衡量硝化棉的质量指标有含氮量、醇醚溶解度、乙醇溶解度、黏度、细断度、碱度、灰分和安定度等。具体要求见表 1–4。

表 1–4 推进剂用硝化棉的质量指标

种类	含氮量/%	醇醚溶解度/%	丙酮不溶物/%	2%丙酮溶液黏度/（$mm^2 \cdot s^{-1}$）	132 ℃安定性试验/（NO $mL \cdot g^{-1}$）	灰分/%	碱度/%	乙醇溶解度/%	细断度/mL	水分/%	黏度/（$mm^2 \cdot s^{-1}$）
B 级硝化棉（1 号硝化棉）	≥13.15	≤15	—	≥20.0	≤3.5	≤0.5	≤0.25	—	按需方要求而定		
A 级硝化棉（皮罗硝化棉）	12.50～12.70	≥99	≤0.4	≥20.0	≤2.5	≤0.4	≤0.25	—	按需方要求而定		
D 级硝化棉（3 号硝化棉）	11.75～12.10	≥98	—	10.0～17.4	≤2.5	≤0.5	≤0.20	≤12	按需方要求而定		

（2）热固性黏合剂（Thermoset Binder）

这类黏合剂一般是由端部具有固化反应活性官能团（即遥爪型黏合剂，Telechelic Binder）的预聚物和它们的固化交联剂以及增塑剂所组成。预聚物的化学结构、官能团的性质以及固化交联剂的反应能力对所制得的推进剂的力学性能有重要作用。一般复合推进剂用的黏合剂预聚物见表 1–5。

表 1–5 复合推进剂用的黏合剂

预聚物	链结构	密度/（$g\cdot cm^{-3}$）	ΔH_f/（$kJ\cdot kg^{-1}$）	T_g/℃	M_n	交联固化系统
聚硫橡胶	$HS[(CH_2)_4O-CH_2O(CH_2)_4S-S]-SH$ (n=2～4)	1.27～1.32	−573	−48	～4 000	PbO_2有机氧化物及酸酐等
端羟基聚酯	$HORO(CO(CH_2)_4COO)_nH$	1.19	−4 480		～1 800	$R(NCO)_2$
端羟基聚醚	$HO(R'-O-R)_n$ $R'=(CH_2)_2$ 或 $-CH_2CHCH_3$ $R=(CH_2)_2$ 或 $-(CH_2)_4$	1.05～1.10	−3 747	−60 −62	～4 000 ～4 000	$R(NCO)_2$
端羧基聚丁二烯	$HOOC-(H_2CC=CCH_2)_n$	0.9	−586	−58～−72	3 500～5 000	氮丙啶类或环氧类
端羟基聚丁二烯	$HO(H_2C-C=C-CH_2)_n$	0.9	−1.05 $kJ\cdot mol^{-1}$	−80	3 500～5 000	$R(NCO)_2$

2. 氧化剂（Oxidizer）

推进剂中的一种主要成分。其作用是在燃烧过程中提供所需的氧，并且通过其粒度大小的级配控制推进剂的燃烧速度。因而，要求氧化剂应具有足够高的有效含氧量，并具有尽可能高的生成焓和尽可能高的密度，分解时产物应为气体，在加工、贮存时，物理化学安定性好。现用的氧化剂多为无机盐类，如高氯酸铵、硝酸铵等。在高能推进剂中，还使用硝胺炸药如奥克托今和黑索今。双基推进剂中的硝酸酯（如硝化甘油、硝化二乙二醇等）既是含能增塑剂，也充当作氧化剂的作用。

推进剂用的氧化剂性能见表 1–6。

表 1–6 氧化剂的主要性能

氧化剂	分子式	相对分子质量	熔点/℃	密度/（g・cm⁻³）	有效氧/%	25 ℃生成焓	
						kJ・mol⁻¹	kJ・kg⁻¹
高氯酸铵	NH_4ClO_4	117.48	150 ℃开始分解	1.95	34.04	–291	–2 477.0
硝酸铵	NH_4NO_3	80.0	169.6	1.73	20.0	–366	–4 575
高氯酸钾	$KClO_4$	138.56	610	2.52	46.2	–433.75	–3 130.41
高氯酸肼	$N_2H_5ClO_4$	132.49	142	1.939	24.2	–178	–1 343.49
二高氯酸肼	$N_2H_4(HClO_4)_2$	232.98	190～192	2.21	41.21	–293	–1 257.61

在固体推进剂中，应用最为广泛的氧化剂是高氯酸铵，其综合性能（生成焓、有效氧含量、密度等）较为优越。缺点是燃烧产物中生成 HCl 气体，在火箭发动机的排气羽烟中形成大量可见的白色烟雾，容易暴露导弹的飞行轨迹。硝酸铵是另一种较有应用价值的氧化剂，优点是价格低廉、来源广泛，其本身就是一种普遍使用的农肥。同时，它的燃烧产物不含 HCl，所以常用于一些能量要求不高、低燃速、低火焰温度的无烟推进剂中。硝酸铵的最大缺点是易吸湿结块，而且，温度变化时，会产生晶型转变，由于晶格排列不同，不同的晶型具有不同的体积，从而会在温度变化时使所制成的推进剂药柱产生裂纹。硝酸铵晶形随温度变化的情况如图 1–3 所示。

$$\underset{(\alpha)}{\text{四方晶体}} \underset{}{\overset{-18\ ℃}{\rightleftharpoons}} \underset{(\beta)}{\text{斜方晶体}} \overset{+32.1\ ℃}{\rightleftharpoons} \underset{(\gamma)}{\text{斜方晶体}} \overset{84.2\ ℃}{\rightleftharpoons} \underset{(\delta)}{\text{四方晶体}} \overset{125.2\ ℃}{\rightleftharpoons} \underset{(\varepsilon)}{\text{立方晶体}} \overset{169.6\ ℃}{\rightleftharpoons} \text{熔融}$$

图 1–3 硝酸铵晶体随温度变化情况

为了抑制硝酸铵的吸湿和防止晶形转变，通常需添加少量 Ni、Cu、Zn 等化合物进行共晶，形成相稳定的硝酸铵（Phase Stabilized AN）。目前可以使 $\beta \rightarrow \gamma$ 晶形转变的温度推迟到 70 ℃以上，当贮存环境的相对湿度＜50%时，此种 PSAN 可以贮存较长时间。

奥克托今（HMX，环四次甲基四硝胺）和黑索今（RDX，环三次甲基三硝胺）是推进剂中获得较广泛应用的高能硝胺炸药，它们具有生成焓高、密度大、燃气无烟等优点，可以显著提高推进剂的能量水平和降低排气羽烟特性，已应用于

NEPE 推进剂、高能改性双基推进剂、低特征信号推进剂中。近年来研究较有应用前景的高能氧化剂还有高能量密度化合物六硝基六氮杂异伍尔兹烷（CL–20）和二硝酰胺铵（ADN），这些新型高能氧化剂的生成焓、密度和燃气情况都优于目前已有的氧化剂。它们在高能低特征信号推进剂中尤其有应用价值。这些高能氧化剂的化学结构式如下所示，性能见表 1–7。

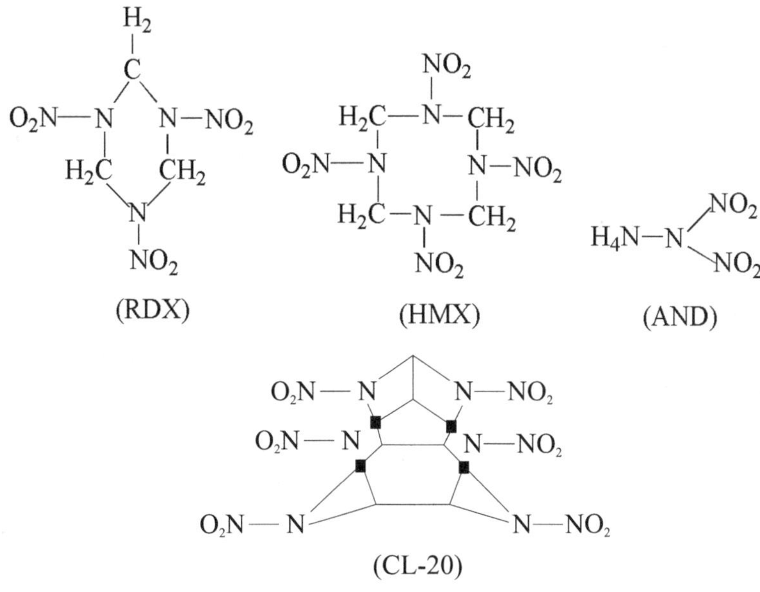

表 1–7　新型氧化剂的性能

性　　质	RDX	HMX	ε–CL–20	AND	AP
相对分子质量	222.13	296.17	438	124	117.5
密度/（g・cm^{-3}）	1.82	1.903	2.04	1.82	1.95
生成焓/（kJ・mol^{-1}）	+61.5	+84	+415.5	−140.3	−291
氧平衡/%	−21.6	−21.6	−10.9	25.8	34

3. 高能燃烧剂（Fuel）

为了提高推进剂的能量水平，可以在推进剂配方中加入燃烧时能释放高热量的物质，以提高燃烧温度而获得高的比冲量和特征速度，适合作为高能燃烧剂的物质有轻金属和它们的氢化物。

目前广泛使用的轻金属为铝粉，在某些特殊配方中还可以使用硼和镁粉。它们的性质见表 1–8。

表 1–8 一些轻金属燃烧剂的性能

轻金属	相对原子质量	熔点/℃	密度/（$g \cdot cm^{-3}$）	燃烧热/（$kJ \cdot mol^{-1}$）
铝	26.98	659	2.7	829.69
硼	10.81	2 027	2.3	639.22
镁	24.31	650	1.74	601.64

一些轻金属的氢化物在燃烧时的放热量比轻金属的更高，而且能生成低相对分子质量气体，所以是提高推进剂能量的一条有效途径。曾研究过的轻金属氢化物包括氢化铝、氢化镁和氢化铍，但是这些轻金属氢化物的化学活性高，对空气湿度较为敏感，热稳定性较低，而且铍的化合物毒性大，使用较困难，要进行特殊的包覆处理。轻金属氢化物的主要性能见表 1–9。

表 1–9 轻金属氢化物的主要性能

性质	氢化铝	氢化镁	氢化铍
分子式	AlH_3	MgH_2	BeH_2
相对分子质量	30.01	26.32	11.03
氢含量/%	10.10	7.67	18.31
密度/（$g \cdot cm^{-3}$）	1.3～1.5	1.42～1.48	0.59～0.90
生成焓/（$kJ \cdot mol^{-1}$）	11.43	79.96	19.26

4. 燃烧性能调节剂（Combustion Modifier）

这是通过物理或化学作用来调节推进剂燃速及其压力指数的一种添加剂。以化学方法改变推进剂燃速的化合物称为燃速催化剂，有增速催化剂和降速催化剂之分，它们的作用机理主要是通过改变推进剂的燃烧波结构以改变其燃烧速度。同时，还可以减少燃速受压力影响的程度，在一定压力范围内获得燃速不随压力变化的所谓“平台”推进剂。

常用的燃烧催化剂有下述几种类型：

① 无机金属化合物，如 PbO、CuO、MgO、Fe_2O_3、Fe_3O_4、TiO_2、Co_2O_3、

$PbCO_3$、亚铬酸铜（氧化铜和氧化铬的混合物）等。

② 有机金属化合物，如水杨酸铅、苯二甲酸铅、己二酸铜等。

③ 二茂铁及其衍生物，这是一类有机金属络合物。目前应用较多的有正丁基二茂铁、叔丁基二茂铁和高沸点的二茂铁衍生物卡托辛（Catocene）。

以物理方法改变燃速的附加物一般是一些可以增加热传导速率的金属丝或碳纤维。加入银、铜等金属丝的推进剂可以在沿金属丝轴向上大幅度提高燃速，从而获得大推力的发动机工作状态。

5. 增塑剂（Plasticizer）

增塑剂是一类可以降低高分子材料的玻璃化温度、增加其柔韧性并使之易于加工成型的物质。在热塑性推进剂（如双基推进剂）中，主要使用多元醇硝酸酯，它们既是硝化纤维素的一种良好的增塑剂，又是双基推进剂的一个主要能量成分。它们对半刚性的硝化纤维素成为可挤压成型的物料和降低玻璃化温度有重要作用。通常使用的硝酸酯有硝化甘油、硝化二乙二醇、硝化三乙二醇、1, 2, 4–丁三醇三硝酸酯以及 N–硝基二乙醇胺二硝酸酯等。甘油三醋酸酯、苯二甲酸二丁酯、苯二甲酸二辛酯等高沸点惰性增塑剂也是双基和复合推进剂常用的惰性增塑剂。

6. 安定剂和防老剂（Stabilizer/Antiager）

为了抑制推进剂的分解和老化，确保推进剂有足够长的贮存和使用寿命，在推进剂配方中要加入此类功能助剂。在以硝酸酯为主要成分的推进剂中加入安定剂，复合推进剂中则加入防老剂。双基和改性双基推进剂的安定剂为一类弱碱性化合物，其作用机理是可以吸收硝酸酯缓慢分解产生的氮氧化物，其是含硝酸酯的推进剂中必不可少的组分。常用的安定剂为尿素的衍生物，称为中定剂，如 1 号中定剂——二乙基二苯基脲、2 号中定剂——二甲基二苯基脲、3 号中定剂——甲基乙基二苯基脲。常用的还有苯胺的衍生物，如 2–硝基二苯胺等。防老剂一般应用于复合推进剂中，目的是终止高分子链降解所产生的初级自由基，常用的防老剂有 N, N′–二苯基对苯二胺（防老剂 H）和 2, 2′–亚甲基–双–（4–甲基–6–叔丁基苯酚）（俗称 2246）。

7. 键合剂（Bonding Agent）

键合剂亦称偶联剂（Coupling Agent），是固体推进剂中有效地改善力学性能的一种功能添加剂，其作用主要是增强高分子黏合剂基体与固体填料（主要是氧化剂）之间的相互作用，使填料及黏合剂基体在形变过程中共同承担载荷而不过早产生相界面分离。在复合推进剂或其他充填复合材料的形变过程中，一旦产生相界面分离，在应力–应变曲线上将表现为屈服，此时，材料承担应力作用的能力下降。键合剂的用量一般只占配方中的千分之几，使用的种类与填料性质有关，在含高氯酸铵（AP）的聚氨酯或丁羟推进剂中，较有效的键合剂有脂肪族醇胺类化合物，如三乙醇胺三氟化硼和氮丙啶类化合物（如氮丙啶膦化氧–MAPO）等。在含奥克托今（HMX）的推进剂中，所使用的键合剂则是与 HMX 有较强作用的酰胺类和含—CN 基的化合物，如由丙烯腈、丙烯酰胺和丙烯酸羟乙酯组成的中性大分子键合剂（Neutral Polymeric Bonding Agent，NPBA）等。

1.6 火箭和导弹武器对固体推进剂性能的要求

由于固体火箭发动机具有结构简单、维护方便、作用可靠程度高、发射准备时间短、贮存期长、使用安全等一系列优点，因而在目前各种火箭和导弹中，固体火箭发动机占据了主导地位，特别是在战术火箭和导弹中，固体发动机的使用更为广泛。各国战术火箭、导弹武器，几乎全部使用了固体发动机。

火箭武器对固体推进剂的要求与固体发动机的结构特点以及它们的使用状况密切相关。与液体火箭发动机不同，它是以一定的装药结构方式与发动机紧密结合在一起，成为发动机结构中的一个主要组成部分，共同经受运输、贮存、野战使用等一系列外部环境的作用，因而对固体推进剂的要求与武器的使用要求有关。例如，战略导弹的大型装药对推进剂的能量和力学性能要求不同于战术导弹，而战术导弹和火箭因装药形式不同（壳体黏结或自由装填，Case Bonded or Free Standing Grain），对推进剂的力学性能要求也有差别。火箭武器对固体推进剂的一般要求如下。

1. 能量性能

提高能量水平是固体推进剂发展中一直追求的目标，在满足综合使用性能情况下尽量提高能量水平，是增加射程或减少发动机体积的有效途径。推进剂的能量特性一般用单位质量推进剂所给予火箭发动机的冲量（Specific Impulse，I_{sp}）及其与推进剂密度ρ的乘积来表示。一般来说，推进剂的比冲越高，密度越大，在发动机容积一定的情况下，火箭飞行器所获得的末速及射程就越大。对于远程战略导弹来说，推进剂的能量水平有特别重要的意义。对于战术导弹来说，由于使用条件限制较多，往往在能量满足要求的同时，特别注重其特定的使用性能和要求。

2. 燃烧性能

推进剂是通过燃烧来释放能量和对飞行器做功的，所以，对推进剂燃烧的规律性及稳定性有十分严格的要求。推进剂的燃烧性能以燃速及其对压力和初温变化及气流速度的敏感性表示。燃烧速度由设计部门对飞行器所提出的工作状态决定。一般而言，燃速受初温、燃烧室压力以及气流速度的影响越小，则飞行器的状态越稳定。

3. 力学性能

推进剂在制造、加工、运输、贮存以及使用过程中将遭受一系列热应力（膨胀和收缩）、快速和缓慢作用载荷的冲击。为了保证发动机的正常工作，固体推进剂应该具有在其加工、使用和贮存的温度范围内，可以承担各种载荷的作用而不破坏的能力。一般要求推进剂有良好的强度、足够的伸长率和尽可能低的玻璃化温度。由于双基推进剂以半刚性的硝化纤维素大分子为黏合剂，其伸长率特别是低温伸长率较低，一般适用于自由装填的小型火箭发动机。以端羟聚丁二烯等预聚物制成的高分子复合推进剂，通过网络结构参数的调节和使用键合剂等界面黏结技术，往往可获得较理想的力学性能，适用于作为壳体黏结的发动机装药。

4. 物理和化学安定性

推进剂的物理、化学安定性是指在制成以后的长期贮存时间内维持其物理和化学性能不发生超过允许范围变化的能力，这种能力决定了推进剂装药的使用寿命。作为武器使用，一般火箭和导弹推进剂装药的使用寿命要求至少在 10 年以上。良好的物理和化学安定性是保证火箭和导弹获得良好的精度和安全使用的基本条件。

5. 安全性能

推进剂的安全性能是指其能承受撞击、摩擦、热、静电火花、冲击波等外界能源作用时发生燃烧或爆炸的难易程度。良好的安全性能是推进剂在生产、加工、运输、使用和贮存中的必要条件。通常采用感度来评价推进剂的安全性能，如撞击感度、摩擦感度、静电火花感度、爆轰感度、枪击感度等。一般要求推进剂的各种感度越低越好，但必须确保在发动机工作时能可靠地点燃。推进剂的安全性与所使用成分的性质及使用时的条件有关。一般高分子复合推进剂的感度较低，而含有硝化甘油、硝化棉和奥克托今的改性双基推进剂的各种感度则偏高。含有硝化甘油的推进剂暴露在低于硝化甘油的结晶温度（～13 ℃）较长的时间，会导致硝化甘油结晶，使撞击和摩擦感度显著升高。因此，在一些推进剂中往往使用凝固点不同的硝酸酯的混合物，以降低它们的凝固点。

此外，导弹武器对推进剂装药还有一些特殊的要求，如为了保证制导信号的传输和隐蔽飞行轨迹，要求推进剂的排气有低的烟雾特征；为了使飞行器获得高机动性，要求推进剂有很高的燃速。作为火箭导弹的启动、伺服机构、增压器、陀螺、涡轮电动机等的气源使用时，则推进剂应具有低的燃温和低的燃速、燃气洁净、无腐蚀、气体生成量高等特点。

1.7 火箭推进的基本原理

火箭是人类历史上的一个重大技术发明，是迄今为止拥有的各种飞行器中的佼佼者。利用火箭飞行器，人类实现了历史上的各种科学幻想：发射卫星，探索宇宙，拜访月宫，飞向火星，在军事上形成战场上巨大压制、破坏、杀伤的火箭导弹武器。其关键是利用了火箭推进的飞行方式，所谓火箭推进，是指由火箭发动机排出大量高速喷射物质流，产生巨大的反作用而获得前进动力的一种推进技术。按照火箭发动机所使用的能源方式，火箭可分为化学能火箭、核能火箭、电能火箭和太阳能火箭。但是迄今为止，化学推进仍然是火箭飞行器的主要推进方式。所谓化学推进，是将装载在火箭发动机中的物质以化学反应的方式释放出能量，反应产物通过喷管排出而获得前进的动力，参加化学反应的物质称为化学推进剂。根据这些化学推进剂在通常条件下的物理状态，可分为固体推进剂、液体推进剂、固液混合推进剂和膏状或凝胶推进剂等。

火箭飞行器是依靠自身携带的推进剂在燃烧室内进行化学反应释放能量和高温气态产物，通过喷管膨胀加速作用排出而获得推力的一种动力装置。

化学火箭按照用途则可分为运载火箭、气象火箭、布雷火箭等；按有无控制方式则可分为有控和无控火箭；按照级数分为单级火箭和多级火箭；按照射程又可分为近程和远程火箭。虽然火箭类别很多，但它们的基本组成部分都相同，都由推进系统和有效载荷组成。

人们最早使用的推进剂是固体推进剂。与液体火箭发动机相比，固体火箭发动机具有结构简单，维护方便，零部件少，可靠性高，发射准备时间短，机动性好，使用安全，贮存期长等优点。因此，目前使用的绝大多数战术导弹和火箭都使用了固体发动机，自 20 世纪 70 年代开始，在战略导弹中也采用固体火箭发动机。与固体火箭发动机相比，液体火箭发动机具有能量高、可以多次点火启动和推力控制容易等优点。目前液体火箭发动机多用于发射卫星和空间飞行器，我国的“长征”1 号、2 号、3 号、4 号火箭均属于液体火箭。

1.7.1 固体火箭发动机的基本构成

如图 1–4 所示，固体火箭发动机主要由以下五个主要部件组成，即壳体、固体推进剂装药、绝热层、喷管和点火装置。

1. 壳体（Case）

固体火箭发动机的壳体是发动机结构中的重要部件之一，是装填固体推进剂的贮箱，又是推进剂燃烧的场所。同时，火箭或导弹的很多零部件都要和它或通过它相结合，因此，它应该安全可靠，具有很好的气密性，能承受推进剂燃烧产生的高压（一般为几个兆帕乃至数十个兆帕）、高温（一般为 2 000～3 600 K）燃气的作用。同时，为了使火箭武器获得尽可能远的射程，其质量应尽可能轻。一般使用锻压成型或旋压成型的钢或铝合金壳体。对远程战略导弹，则采用卡夫拉纤维缠绕的复合材料。所有的火箭发动机壳体都应经过严格的压力考核，具有足够的强度。

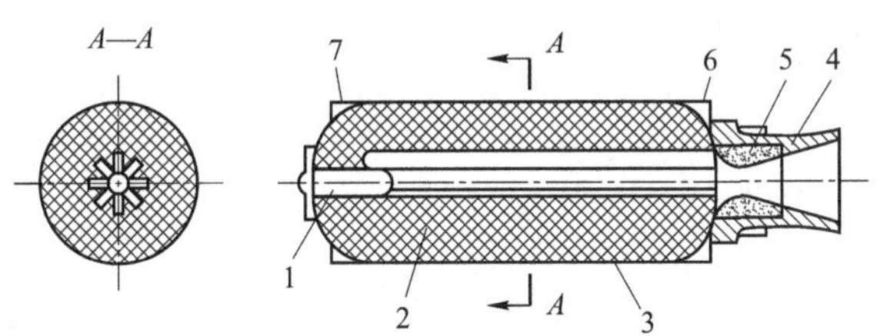

图 1-4 固体火箭发动机的基本结构

1—点火器；2—固体推进剂装药；3—燃烧室壳体；4—喷管；5—喉衬；6—后连接裙；7—前连接裙

2. 固体推进剂装药（Grain）

推进剂装药是决定火箭发动机能否正常工作和能否实现其技术性能（推力方案、总冲量密度比冲、剩余药量等）的关键因素。常用的装药有两种形式：自由装填式装药和壳体黏结式装药。自由装填式装药需要事先制作成一定几何形状的装药，装填入发动机后，通过支撑件固定。壳体黏结式装药是将固化交联之前的推进剂药浆直接浇注到事先贴有绝热层的发动机内固化成型。一般来说，壳体黏结式的装药可以有较大的装填系数，而且在推进剂燃烧过程中，在较长时间内免除推进剂高温高压燃气对发动机壳体的冲刷。在火箭发动机装药设计中，一般遵循尽可能获得最大装填系数的原则。

3. 绝热层（Insulator）

绝热层是保护火箭发动机免受推进剂高温燃气烧蚀而维持正常工作的重要部件。绝热层一般选择热导率和烧蚀率低、质轻和比热容较高的材料，并且与壳体和推进剂两个界面之间均具有良好的黏结性能。

4. 喷管（Nozzle）

火箭发动机的喷管是将燃烧室内的高温高压燃气通过膨胀加速，使燃气产物的热能转变为火箭飞行器前进的动力的重要部件。同时，通过喷管临界截面的选择可以控制发动机内的工作压力。它的设计直接关系到燃气膨胀做功的效率和火箭所获推力的大小。它一般由耐热材料（高熔点金属、高强度石墨、硅化石墨）、发汗材料（多孔难熔金属内渗入锂、铜等易“发汗”而带走大量热的材料）或在高温作用下形成碳化层而起保护作用的抗烧蚀材料（如耐高温的树脂与纤维增强体构成的复合材料）等构成。

5. 点火装置（Igniter）

点火装置的作用是为推进剂提供足够的能量以便准确可靠地把主装药点燃，使其按预定的方式和速度进行燃烧。点火装置一般由点火药和发火管组成。对于装药量多达数吨以上的大型发动机装药的点火，有时需要使用点火发动机以保证瞬时、均匀地将主装药点燃，而且不至于对主装药造成过大的点火冲击，在发动机的压力–时间曲线上不产生过大的点火压力峰。

1.7.2 火箭发动机的工作过程

火箭发动机的工作过程实际上是推进剂的化学能转化为火箭飞行器前进动能的能量转换过程。推进剂在燃烧室中通过燃烧将其化学能转变成燃烧产物的热能，此过程为等焓过程，即推进剂所具有的热焓，在绝热燃烧时全部转化为产物的焓，此时，可按化学热力学原理计算推进剂的燃烧温度、爆热、比容等热力学参数。一般燃烧产物的温度可高达 2 000～3 600 K。由于燃烧在限定的燃烧室容积和固定的喷喉截面下（即定压）进行。在快速的燃烧过程中，燃烧产物经过定容压缩和定压加热过程，当这些燃烧产物流入喷管膨胀时，若不计热损失，则在喷管内的流动为等熵膨胀过程。燃烧产物自身的温度、压强不断下降，而流动速度则不断增大，最后由喷管出口端排出。其压力迅速降至与所在环境的压力相一致，此时属定容放热过程，其比容不变，压力、温度和熵则降低。最后，当这些燃烧产物处于周围环境相同的压力时，还存在一个向环境介质放热、冷却和凝结过程。因此，过程属定压放热过程。上述五个过程是火箭发动机工作的热力循环过程。

火箭发动机的能量转换过程可简单表示如图 1–5 所示。

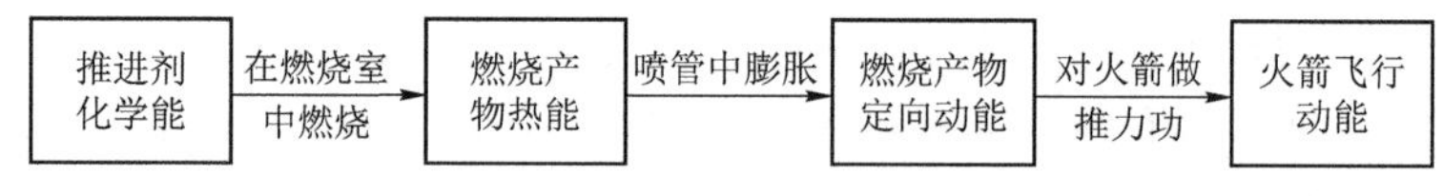

图 1–5 火箭发动机能量转换过程

1.7.3 火箭发动机的主要性能参数

作为一种以喷气推进为目的的动力机械，火箭发动机的工作特性需要用推力、推力系数、有效排气速度、总冲和比冲等性能参数来描述，这些性能参数的大小，与推进剂的性质和火箭发动机的结构特性及其最终的工作质量密切相关。

1. 推力（Thrust）

当火箭发动机工作时，作用于发动机内外表面上的作用力的合力称为该火箭发动机的推力，如图 1–6 所示。

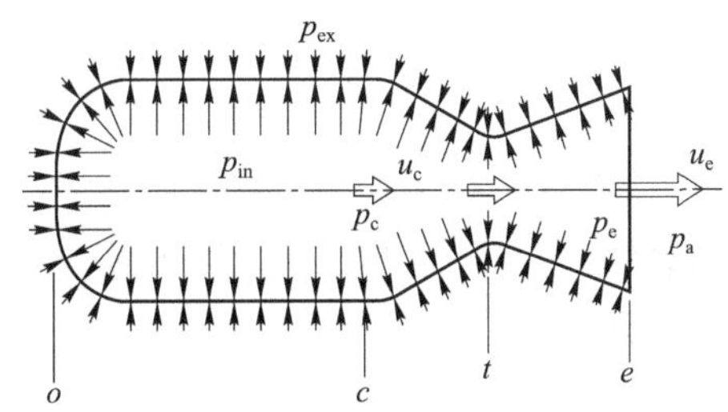

图 1–6 火箭发动机内外表面压力分布及所获得的推力

（图中箭头长短表示压强的大小）

其表达式为

$$F = \dot{m}u_e + A_e(p_e - p_a) \tag{1–1}$$

式中，$\dot{m}$ ——燃气质量流量（kg/s）；

u_e ——喷管出口处燃气的流速（m/s）；

p_e ——喷管出口处燃气的静压力（N/m^2）；

p_a ——外界大气压力（N/m^2）；

A_e ——喷管出口截面积（m^2）。

即火箭发动机获得的推力由动推力（$\dot{m}u_e$）与静推力 $A_e(p_e - p_a)$ 组成。其中动推力为主要组成部分，通常占总推力的 90%以上。

2. 推力系数（Thrust Coefficient）

火箭发动机的推力可表示为

$$F = C_F A_t p_c \tag{1–2}$$

式中，A_t ——喷管喉部的截面积；

C_F ——推力系数，是一个量纲为 1 的值，其数学表达式为

$$C_F = \frac{F}{A_t p_c} \tag{1–3}$$

它代表单位喷喉面积单位燃烧室压力所产生的推力，是表征喷管性能的重要参数。它反映了喷管扩张段的工作品质，C_F 越大，燃气在喷管中的膨胀过程越完善，火箭飞行器获得的推力越大。

3. 特征速度（Characteristic Velocity）

特征速度是一个描述推进剂能量特性和燃烧室内燃烧完全程度的参数，与喷

管内的流动无关，其单位为 m/s，为速度的量纲。

其最终表达式为

$$C^{*}=\frac{\sqrt{RT_{c}/\overline{M_{g}}}}{\Gamma} \tag{1-4}$$

其中，R ——摩尔气体常数；

T_c ——燃烧室温度（K）；

$\overline{M_g}$ ——燃气产物平均相对分子摩尔量（kg/kmol）；

Γ ——与比热比 k 有关的单值函数：

$$\Gamma=\sqrt{k}\left(\frac{2}{k+1}\right)^{\frac{k+1}{2(k-1)}} \tag{1-5}$$

由式（1–4）及式（1–5）可知，特征速度是推进剂的热力学参数的函数，其大小与推进剂的能量和在燃烧室内燃烧的完全程度有关，与喷管的流动过程无关，其数值的大小可以直接反映推进剂的能量水平。

一般来说，双基推进剂的特征速度的实测值为 1 400 m/s 左右，而复合推进剂及改性双基推进剂的特征速度则在 1 500～1 800 m/s。

4. 总冲量与比冲

（1）总冲量（Total Impulse）

发动机推力与推力作用时间的乘积称为发动机的推力冲量或总冲量（简称总冲），定义为

$$I=\int_{0}^{t_a}F\mathrm{d}t \tag{1-6}$$

当 0～t_a 时间内推力为定值时

$$I=Ft_a$$

其单位为 N • s。

（2）比冲（Specific Impulse）

火箭发动机内单位质量推进剂所产生的推力冲量定义为发动机的比冲，即

$$I_{sp}=\frac{I}{m}=\frac{\int_{0}^{t_a}F\mathrm{d}t}{\int_{0}^{t_a}\dot{m}\mathrm{d}t} \tag{1-7}$$

单位为 N • s/kg，是火箭发动机的一个重要性能参数。当设计的总冲固定时，比冲越高，所需的质量越少，意味着发动机的尺寸和质量越小。而对给定推进剂质量的发动机来说，比冲越高，则飞行器的射程越远或运载的载荷越重。

5. 比推力（Specific Thrust）

当火箭发动机在工作时间内其推力 F 和质量流量 $\dot{m}$ 为定值时，

$$I_{sp} = \frac{I}{m} = \frac{Ft_a}{\dot{m}t_a} = \frac{F}{\dot{m}} = F_{sp} \tag{1-8}$$

即比冲变为单位质量流量所产生的推力，即比推力，可用 F_{sp} 表示。由于 $F = C_F p_c A_t$ 以及 $\dot{m} = p_c A_t / C^*$，代入式（1-8）得比冲与特征速度及推力系数的关系：

$$I_{sp} = C^* C_F \tag{1-9}$$

可见比冲是由燃烧室工作品质（C^*）及喷管扩张段的工作品质（C_F）所决定，是整个火箭发动机工作好坏的一种反映。

6. 燃烧室的平衡压力（Equilibrium Pressure of Chamber）

对于等面燃烧的火箭发动机来说，工作期间的压力–时间曲线如图 1-7 所示。其平衡压力 p_{eq} 是指单位时间内燃气生成的质量（$\dot{m}$）与喷管流量（$\dot{m}_t$）相等时燃烧室内的压力，即 $\mathrm{d}p_c / \mathrm{d}t = 0$。$\dot{m}$ 可以根据推进剂的燃速、密度和装药的燃面算出，而 $\dot{m}_t$ 则为喷喉截面积、燃烧室压力和特征速度的函数，即

$$\dot{m}_t = \frac{A_t p_c}{C^*}$$

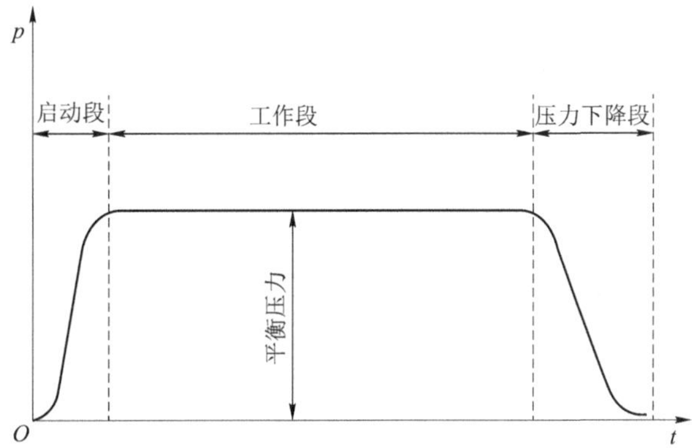

图 1-7 等面燃烧装药的燃烧室压力与时间关系

根据平衡压力的定义，可以导出

$$p_{eq} = (\rho_p U_1 C^*)^{\frac{1}{1-n}} \cdot K_N^{\frac{1}{1-n}} \tag{1-10}$$

即平衡压力与面喉比之间为指数关系，而在对数坐标上，p_{eq} 与 K_N 则为直线关系，其斜率为 $1/(1-n)$。可见，推进剂的燃速压力指数 n 越大，斜率越大，平衡

压力 p_{eq} 受 K_N 的影响越敏感。若对平衡压力公式取对数并进行微分，则

$$\frac{dp_{eq}}{p_{eq}}=\frac{1}{1-n}\left(\frac{d\rho_p}{\rho_p}+\frac{dC^*}{C^*}+\frac{dU_1}{U_1}+\frac{dK_N}{K_N}\right) \tag{1-11}$$

而

$$\frac{dK_N}{K_N}=\frac{dS}{S}-\frac{dA_t}{A_t} \tag{1-12}$$

可见火箭发动机稳定工作时的平衡压力受推进剂密度、特征速度、燃速系数的相对变化量和装药面喉比的相对变化量的影响，而且是各种影响因素的相对变化量总和的 $1/(1-n)$。由于一般推进剂的压力指数 n 小于 1，因此，$1/(1-n)$ 起到放大系数的作用。所以，为了使火箭发动机工作而获得理想的弹道性能，在推进剂制造中，应严格控制各种可能影响密度、燃速和能量性能（C^*）变化的因素。同时，也要严格控制可能影响燃面变化和喷喉尺寸变化的因素。此外，平衡压力公式（1–10）还说明，当推进剂一旦选定而且初温相同时，则发动机的工作压力由所选择的面喉比（K_N）所决定。一般发动机的 K_N 值在 60～2 000 之间。

7. 火箭发动机的通气参数

在火箭发动机实际设计中，为了控制燃烧室中燃气流速对平衡压力的影响，要注意控制装药的燃烧面积与燃烧室的通气面积相对比值或喷喉面积与燃烧室通气截面积的相对比值。这些比值可以控制燃烧室内压力的变化，是影响发动机工作状态的重要参数。习惯上，将喷喉截面积 A_t 与燃烧室通气截面积 A_p 之比称为 J 值，即

$$J=A_t/A_p \tag{1-13}$$

它反映了发动机内装药末端气流速度的大小，一般简称为喉通比。

当用装药的整个燃面与燃烧室的通气截面来描述时，二者的比值称面喉比：

$$æ=S/A_p \tag{1-14}$$

J 值与 æ 值之间存在下列关系：

$$æ=K_N\cdot J \tag{1-15}$$

通气参量 J 及 æ 是衡量发动机通道内的燃气流速是否会引起侵蚀燃烧的一个判据，因而和发动机的最大压力（p_m）与平衡压力（p_{eq}）之比（即峰值比）有关，是发动机设计中的一个重要参数。理论上讲，推进剂装药都存在一个临界 æ 值，高于此值，即发生侵蚀燃烧，所以希望临界 æ 值大一些为好。从有效利用发动机容积、提高装药量的目的出发，要选择合适的 æ 值。

8. 火箭发动机的效率（Coefficient of Rocket Motor）

火箭发动机的工作过程实质上是把推进剂所具有的化学能通过燃烧和喷管的加速流动转变为火箭前进所需的动能的能量转换过程。这些转换过程的完善程度一般用效率表示。对于火箭发动机来说，有内效率和外效率之分。所谓内效率，是指推进剂所具备的总焓、燃烧和转变为产物的热能的燃烧效率和其在喷管流动过程中燃烧产物的热能转变为动能时的膨胀效率。而外效率则指燃烧产物的动能转变为火箭推动功时的效率，亦称推进效率。

影响发动机燃烧效率的因素包括：

① 燃烧是否完全；

② 生成的燃烧产物是否发生再次解离；

③ 燃烧产物在燃烧室内停留时间的长短；

④ 燃烧室的热散失。

一般来说，燃烧室的压力越高，推进剂的燃烧越完全，推进剂比冲和发动机的总冲都比较高。

由于燃烧产物的解离为吸热反应，因此，如果解离反应比例增大，则燃烧时对热量的释放将不能有效地转化成火箭飞行器前进的动能。由 C、H、O、N、Cl、Al 等元素组成的推进剂，其主要产物为 CO_2、CO、H_2O、H_2、N_2、HCl 及 Al_2O_3 等。在高温和低压条件下，它们会发生不同程度的解离，例如 CO_2 在 4.9 MPa 和 3 800 K 时约有 60%的 CO_2 转化为 CO，而在 4.9 MPa 和 4 500 K 时，也发生较严重的解离。当压力降低时，解离在 3 500 K 时比较严重。因此，为了获得高的推进剂能量，在配方确定以后，还要很好地考虑组分配比，尽量减少燃烧时解离反应对能量的影响。

燃烧产物在火箭发动机内停留的时间越长，燃烧产物间的化学平衡越容易达到，燃烧越充分。因而停留时间是燃烧效率的一个影响因素。停留时间的长短与火箭发动机的尺寸及工作压力有关。一般燃烧产物在火箭发动机内的停留时间为数十毫秒。

发动机壁向环境的散热损失是影响燃烧效率的另一个重要因素，因此，所有发动机都要采取绝热措施。对于工作时间长的发动机尤为重要。绝热包覆层可以减少热散失，同时，也是火箭发动机抵抗高温烧蚀的一个重要措施。

以上原因均带来燃烧效率的降低，通常，火箭发动机的燃烧效率在 0.94～0.99 之间。

火箭飞行器的推进效率主要取决于飞行速度与排气速度之比，当飞行速度等于排气速度时，推进效率为 100%。由于火箭的飞行速度往往小于排气速度，所以，火箭的推进效率 η_p 均小于 1。

参考文献

[1] 芦明. 端羟基聚丁二烯的特殊表征方法 [J]. 固体火箭技术，1989.
[2] 山西省化工研究所. 聚氨酯弹性体 [M]. 北京：化学工业出版社，1983.
[3] 钱学森. 燃烧、烧蚀和化学流体力学 [C]. //中国科学院化学物理所. 火箭发动机的燃烧与烧蚀会议论文集，1964：1–13.
[4] 张平，等. 固体火箭发动机原理 [M]. 北京：北京理工大学出版社，1994.

第2章

固体推进剂的能量性能

2.1 概述

推进剂是火箭发动机的能源和工质。火箭和导弹武器之所以能够将战斗部等载荷送达目的地，主要是依赖推进剂在燃烧中释放出能量及大量的燃烧产物（主要是气体）。这些气体产物通过发动机喷管的膨胀加速作用，以每秒 1 km 以上的速度向后部排出，使火箭获得前进的推力。此原理可用下式表示：

$$F = qv_e \tag{2-1}$$

式中，F——最大推力；

q——火箭发动机排出气体的质量流率；

v_e——排气速度。

因此，火箭所获得的推力直接与排气的质量流率和排气速度相关。欲使火箭飞行器达到远的飞行距离或者能携带更重的载荷，必须想方设法使火箭发动机具有大的推力，或者说，必须使推进剂燃烧时能产生大量的燃气产物，以获得高的燃气流率，并形成尽可能高的排气速度。在工作中推进剂能否达到这些要求与其能量性能的高低密切相关，同时，也与发动机的设计状况有关，设计良好的发动机可以在燃烧室燃烧过程中获得高的燃烧效率、低的散热损失，同时，在喷管流动过程中获得高的喷管效率。推进剂能量水平的高低将直接影响其使用价值。

推进剂的能量特性通常以比冲量（简称比冲）（I_{sp}）、密度（ρ）、密度比冲和特征速度（C^*）来描述。而影响其能量特性的因素还包括：爆热（Q_V）、燃气产物的相对平均分子质量（$\overline{M}$）。在工程应用中则通过实测比冲、密度和特征速度的测定值来直接表示。同时，也可以测定推进剂的爆热和比容（W）作为间接的衡量。

根据齐奥柯夫斯基关于火箭飞行的理想速度公式，火箭飞行器的最大速度为

$$v_{max} = I_{sp} g \cdot \ln\left(1 + \frac{W_p}{W_t}\right) \quad (2\text{–}2)$$

式中，v_{max}——火箭飞行器的最大速度（m/s）；

I_{sp}——推进剂的比冲（N·s/kg）；

g——重力加速度（m/s^2）；

W_p——推进剂质量（kg）；

W_t——推进剂燃烧完后火箭飞行器的质量，俗称呆重（kg）。

而火箭的最大射程为

$$X_{max} = 2s_0 + Kv_{max}^2 \quad (2\text{–}3)$$

式中，X_{max}——火箭飞行器的最大射程（m）；

s_0——火箭飞行器主动段的射程（m）；

K——常数（s^2/m）。

可见，火箭的最大射程与其最大飞行速度的平方有关，而最大飞行速度则与推进剂的比冲成正比关系，因此，作为推进剂能量水平的比冲量，即使有微小的增加，也将给火箭飞行器的射程带来显著的影响。这种影响在远程洲际导弹中尤为显著。图 2–1 是比冲变化与洲际和中程导弹射程的关系。当推进剂比冲增加 1%时，将使洲际导弹的射程增加 7%，由原射程为 5 000 n mile①增加到 5 365 n mile。

因此，提高推进剂的比冲，对导弹和火箭武器的性能改善有十分重要意义。

① 1 n mile=1.852 km。

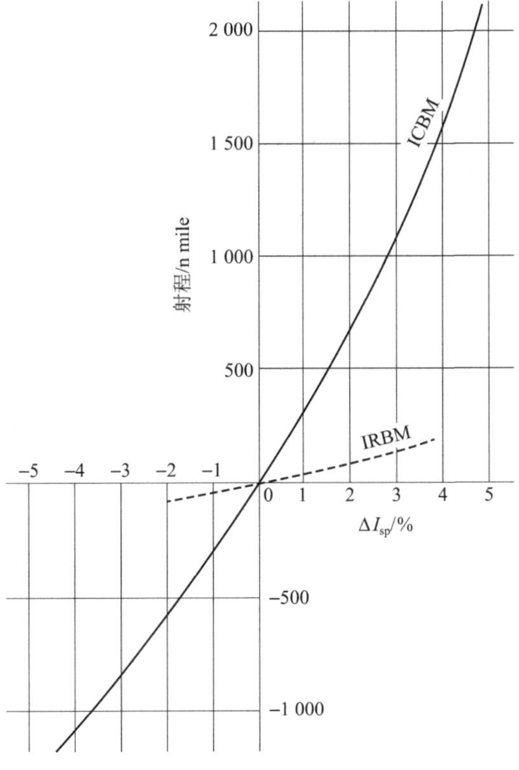

图 2–1　比冲变化对导弹射程的影响

2.2　爆热

爆热（Heat of Explosion，Q_V）是推进剂通过燃烧化学反应可释放出多少能量的一种量度。其定义为：1 kg 温度为 298 K 的固体推进剂在惰性气体中定容绝热燃烧，当产物由燃烧达到的温度（T_V）冷却至燃烧前推进剂的初始温度（298 K）时所释放的全部热量。当冷却过程中无化学变化时，此过程释放的热量（Q_V）为

$$Q_V = \int_{298}^{T_V} n\overline{C_{V,m}}\mathrm{d}T = n\overline{C_{V,m}}(T - 298) \tag{2–4}$$

式中，n——燃气产物的摩尔数（mol）；

$\overline{C}_{V,m}$——在 298 K 与 T_V 之间推进剂燃气产物的定容摩尔热容 [J/（mol· K）]；

Q_V——1 kg 推进剂的定容爆热（kJ/kg）。

若推进剂的燃烧过程在绝热和定压条件下完成，则燃烧产物由定压绝热燃烧温度 T_p 冷却至 298 K 时所释放的热量称为定压爆热，以 Q_p 表示：

$$Q_p = \int_{298}^{T_p} n\overline{C_{p,m}} \mathrm{d}T \tag{2-5}$$

式中，$\overline{C_{p,m}}$ ——在温度为 T_p ～298 K 之间燃烧产物的定压摩尔热容［J/（mol·K）］。

由于每摩尔水蒸气凝结时将释放 2.364 kJ 的热量，所以，在测定爆热时需明确 H_2O 是以气态还是以液态存在的，即

$$Q_{V(g)} = Q_{V(l)} - 2.364 \times n(H_2O) \tag{2-6}$$

式中，$n(H_2O)$ ——测定每千克推进剂爆热时产物中 H_2O 的摩尔数。

根据热力学基本原理，定容反应热 Q_V 由反应物的初态和终态的内能差决定，即

$$Q_V = \Delta U$$

而定压反应热则取决于反应物体系的初态与终态的内焓差，即

$$Q_p = \Delta H$$

与热力学的规定不同，在爆热测定中，定义放热为正值，吸热为负值，所以

$$Q_{V(g)} = -\Delta U$$

$$Q_{p(g)} = -\Delta H$$

对于定压反应来说，热焓变化与内能变化之间遵循下列关系：

$$\Delta H = \Delta U + p\Delta V$$

式中，ΔV 为物质初态与终态的体积差值。

所以，定容爆热与定压爆热之间的关系为

$$Q_{p(g)} = Q_{V(g)} - p(V_{产物} - V_{推进剂}) \tag{2-7}$$

一般来说，推进剂的体积 $V_{推进剂}$ 远小于其燃烧产物的体积 $V_{产物}$，可以略去不计，因而

$$Q_{p(g)} = Q_{V(g)} - pV_{产物} \tag{2-8}$$

$$= Q_{V(g)} - \bar{n}RT \tag{2-9}$$

将式（2–4）代入可得

$$Q_{p(g)} = Q_{V(l)} - 2.364 \times n(H_2O) - \bar{n}RT \tag{2-10}$$

式中，$\bar{n}$ ——1 kg 推进剂燃烧产物的物质的量；

R ——气体常数［0.473 kJ/（kg·K）］；

T ——定义爆热时的标准温度，一般为 298 K。

在 T 为 298 K 时，式（2–9）变为

$$Q_{p(g)} = Q_{V(g)} - 0.141\overline{n} \tag{2-11}$$

实际上，定压爆热是定容爆热减去因产物气体膨胀做功所消耗的热量。

与爆热不同，一般所指的燃烧热（Heat of Combustion）是指在充分供氧情况下，1 mol 物质在标准温度（298 K）条件下进行充分的绝热燃烧，被燃烧物质中的全部化学元素均生成了稳定的氧化产物，并冷却至初始温度（298 K）时所获得的热量。推进剂及枪炮发射药在火箭发动机或炮膛内的燃烧是在无外界供氧的情况下进行的，由于大多数推进剂及发射药都处于负氧平衡状态，它们的燃烧产物中含有相当多未完全氧化的产物，在遇到空气时会发生二次燃烧，进一步放出热量，所以，推进剂或发射药的爆热在数值上小于它们的燃烧热。二者不能混为一谈。

推进剂或发射药的爆热的测定一般在量热计中进行。将定量的推进剂置于量热弹内于真空下燃烧，在测量体系达到热平衡后，测定量热计水温的变化，并经过一定的修正，即可获得该推进剂燃烧产物水为液态的定容爆热 $Q_{V(l)}$。

2.3　推进剂的比容及燃气产物的相对平均分子质量

1 kg 推进剂燃烧所产生的气体产物在标准状态（1 个大气压和 273 K 时）所占有的体积（水为液态）称为该推进剂的比容，以 v 表示。

v 是衡量推进剂或发射药做功能力大小的重要参数之一。在一定温度和压力条件下，推进剂燃烧所产生的气体体积越大，其膨胀做功的能力越大，从而具有更高的能量水平。

当知道推进剂燃烧产物的平衡组成时，即可求出它的比容：

$$v = 22.4 \times \left(\sum_i n_i^{g}\right) \tag{2-12}$$

式中，n_i^{g}——单位质量（1 kg）推进剂燃烧产物中第 i 种气体产物的物质的量。

所以，$\sum\limits_i n_i^{g}$ 为推进剂燃烧气体产物的总物质的量，它是推进剂燃烧时成气性质的一种量度。当燃气中每一组分的物质的量已知时，燃气产物的相对平均分子质量可表示为

$$\overline{M} = \sum n_i^{g} M_i^{g} \Big/ \sum n_i^{g} \tag{2-13}$$

式中，$\overline{M}$——燃气的相对平均分子质量；

n_i^g——第 i 种燃气成分的物质的量；

M_i^g——第 i 种燃气成分的相对分子质量。

对于 1 kg 推进剂来说，若已知燃气组分的总物质的量（n），则燃气的相对平均分子质量也可表示为

$$\overline{M} = \frac{1\,000}{n} \tag{2-14}$$

由于推进剂的比冲与燃气的相对平均分子质量的平方根成反比，即 $I_{sp} \propto \sqrt{\frac{1}{\overline{M}}}$，所以，推进剂的成气性越好，相对平均分子质量越低，比冲越高。

2.4 推进剂的比冲

2.4.1 定义

比冲（Specific Impulse，I_{sp}）是评价推进剂能量水平的重要参数，其定义为：单位质量推进剂所产生的冲量。

$$I_{sp} = \frac{I_n}{W_p} \tag{2-15}$$

式中，I_n——火箭发动机的总冲量（N • s）；

W_p——推进剂的总质量（kg）。

而火箭发动机的总冲量是发动机推力与工作时间的积分，即

$$I_n = \int_0^{t_0} F\mathrm{d}t \tag{2-16}$$

式中，t_0——发动机的工作时间（s）；

F——火箭发动机所产生的推力（N）。

推力 F 与燃气通过喷管的质量流率（$\dot{m}$）和燃气在出口截面处的速度（v_e）以及喷管出口截面处的压力（p_e）与大气环境的压力（p_a）之差有关，即

$$F = \dot{m}v_e + (p_e - p_a)A_e \tag{2-17}$$

式中，A_e——喷管出口的截面积；

$\dot{m}$——燃气的质量流率。

所以，比冲又定义为

$$I_{sp} = \frac{1}{W_p}\int_0^{t_0} F\mathrm{d}t \tag{2-18}$$

火箭发动机比冲的实际测量一般利用式（2–18）进行。即通过记录的时间–推力曲线，积分出曲线下的总面积，除以推进剂的总质量而得出比冲值。

弹道摆测比冲是利用位能与动能的转换，由摆动的弧长来进行计算而得。推进剂标准比冲采用弹道摆测定。

当发动机排气压力等于外界压力，即 $p_e = p_a$ 时，据式（2–17）和式（2–18）而获得比冲与排气速度关系为

$$I_{sp} = \frac{F}{\dot{m}g} = \frac{\dot{m}v_e}{\dot{m}g} = \frac{v_e}{g} \tag{2-19}$$

或

$$I_{sp} = \frac{F}{\dot{m}} = \frac{\dot{m}v_e}{\dot{m}} = v_e \tag{2-20}$$

式（2–2）及式（2–3）已经阐明，推进剂的比冲高低与火箭飞行器所能达到的射程密切相关。因此，提高推进剂的比冲值，是推进剂研究中的主要任务。

如式（2–18）所示，推进剂的比冲实际上是通过测定火箭发动机的总冲量而得到的。严格来说，火箭发动机的总冲量与发动机的工作状态、燃烧室的压力、喷管的结构（膨胀比）、绝热状态以及环境压力等多种因素有关，并不完全由推进剂的能量高低所决定。为了便于比较不同推进剂的能量水平，应该对发动机的有关条件加以严格规定，形成统一的标准（如国军标），因而按照标准发动机的条件所测出的比冲称为标准实测比冲。通过标准实测比冲之间的比较，即可衡量不同推进剂的能量水平。

2.4.2　比冲的基本关系式

在推导比冲的基本关系式时假定：

① 发动机燃烧室内的反应是等压和无热损失的绝热过程；

② 燃气为理想气体，凝聚态产物的体积可忽略不计；

③ 所有推进剂全部燃烧，其所有产物均处于热平衡和化学平衡状态；

④ 在燃烧室内气流速度可忽略不计，即喷管入口处的气流速度为零；

⑤ 气体在喷管中的流动为一维稳态流动，而且是一绝热可逆过程；

⑥ 在喷管中的膨胀流动过程中，各种燃气产物处于热平衡及速度平衡状态，即流动中产物的组成与燃烧室内所形成的组成相同；

⑦ 燃气经过喷管后，达到完全膨胀状态，即喷气出口处的压力等于外界环境的压力。

根据以上假设，推进剂在燃烧室内的燃烧是一个理想的等焓过程，即推进剂的全部热焓在燃烧后均转为产物的热焓。而产物在喷管内的膨胀过程，则为一理想的等熵过程。根据能量守恒定律，在喷管入口处的能量和出口处的能量相等。

$$H_c + \frac{v_c^2}{2g} = H_e + \frac{v_e^2}{2g} \tag{2–21}$$

式中，H_c——喷管入口处（即燃室内）产物的热焓；

v_c——喷管入口处燃气的流速；

H_e——喷管出口处产物的热焓；

v_e——喷管出口处燃气的流速。

由于$v_c \ll v_e$，略去v_c后，由式（2–21）导出：

$$v_e = \sqrt{2g(H_c - H_e)} \tag{2–22}$$

将上式代入式（2–19），得

$$I_{sp} = \frac{v_e}{g} = \frac{\sqrt{2g(H_c - H_e)}}{g} \quad (\text{N} \cdot \text{s/kg}) \tag{2–23}$$

可见，燃烧室内产物的热焓H_c越高，喷管出口处排出物的焓H_e越低，H_c与H_e间的差值越大，则火箭发动机所获得的比冲越高。因而，比冲实际上是由推进剂的能量水平及发动机设计状况所决定。

根据式（2–23），假定燃气的热容为一不随温度变化的定值，则

$$H_c = c_p \cdot T_c$$

$$H_e = c_p \cdot T_e$$

所以

$$H_c - H_e = c_p(T_c - T_e) = c_p T_c \left(1 - \frac{T_e}{T_c}\right) \tag{2–24}$$

气体绝热膨胀时，下列关系成立：

$$\frac{T_e}{T_c} = \left(\frac{p_e}{p_c}\right)^{\frac{k-1}{k}} \tag{2–25}$$

且

$$c_p = \frac{k}{k-1} R = \frac{k}{k-1} nR^0 \tag{2–26}$$

将式（2–25）、式（2–26）代入式（2–24）得

$$H_{c}-H_{e}=\frac{k}{k-1}nR^{0}T_{c}\left[1-\left(\frac{p_{e}}{p_{c}}\right)^{\frac{k-1}{k}}\right] \tag{2–27}$$

因而

$$I_{sp}=\frac{\sqrt{\frac{2k}{k-1}gnR^{0}T_{c}\left[1-\left(\frac{p_{e}}{p_{c}}\right)^{\frac{k-1}{k}}\right]}}{g} \tag{2–28}$$

或

$$I_{sp}=\frac{\sqrt{\frac{2k}{k-1}gnR^{0'}\frac{T_{c}}{\overline{M}}\left[1-\left(\frac{p_{e}}{p_{c}}\right)f^{\frac{k-1}{k}}\right]}}{g} \tag{2–29}$$

式中，k——燃气的绝热指数；

T_c——燃烧室内燃气温度（K）；

p_c——燃气在燃烧室内的压力；

p_e——燃气在喷管出口处的压力；

$\overline{M}$——燃气的相对平均分子质量；

n——1 kg 燃气的物质的量；

R^0——气体常数［0.848 kg・m/（kg・mol・K）］；

$R^{0'}$——气体常数［0.848×10^3 kg・m/（kg・mol・K）］；

R——1 kg 燃气的气体常数［kg・m/（kg・mol・K）］。

式（2–29）说明，火箭推进系统的比冲与推进剂燃气产物的热力学性质（T_c、$\overline{M}$ 及 k）和发动机喷管结构特性（p_e/p_c）有关，其大小与燃烧温度的平方根成正比，与产物的平均相对分子质量的平方根成反比，即 $I_{sp}\propto\sqrt{T_c/\overline{M}}$。燃烧产物的绝热指数 k 与其组成及燃温有关，k 值一般为 1.20～1.30，其变化对比冲的影响不显著。k 值增大，I_{sp} 有所降低，图 2–2 是比冲与 $\sqrt{T_c/\overline{M}}$ 及 k 的关系。

式（2–29）还说明，推进系统的比冲量与喷管设计中的膨胀比 p_e/p_c 有关。膨胀比越大，燃气在喷管中膨胀越充分，产物携带的热能转变为动能越多，对比冲的贡献越大。表 2–1 是 $\sqrt{T_c/\overline{M}}$ 及 k 一定的情况下，比冲与膨胀比 p_e/p_c 的关系，可以看出，当膨胀比增大，p_e/p_c 由 1/70 变为 1/100 时，比冲的增量达 62 N・s/kg（6.32 s）。所以，当采用发动机试验以比较不同推进剂的比冲高低时，

要在喷管结构及尺寸确定的标准发动机内进行。

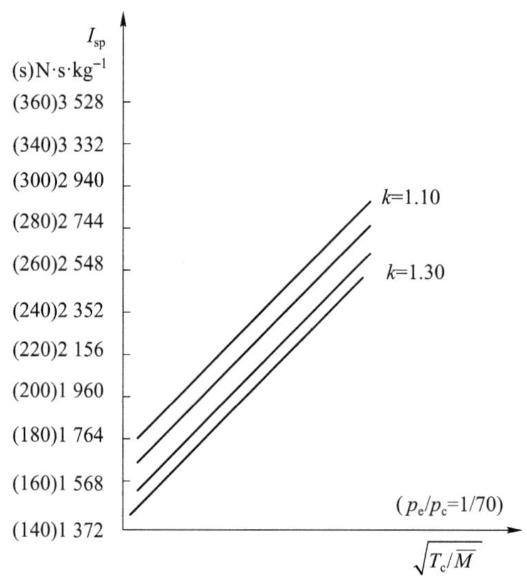

图 2–2 比冲与 $\sqrt{T_c/\overline{M}}$ 的关系

表 2–1 比冲与膨胀压力比的关系

p_e/p_c		1/10	1/30	1/50	1/70	1/100	1/300	1/500	1/1 000
I_{sp}	N • s • kg^{-1}	1 780	2 078	2 186	2 250	2 312	2 474	2 537	2 612
	kg • s • kg^{-1}	181.8	211.8	222.8	229.4	235.7	252.2	258.7	266.3
注：$\sqrt{T_c/\overline{M}}$=10，k=1.20。									

膨胀压力比对比冲的影响如图 2–3 所示。

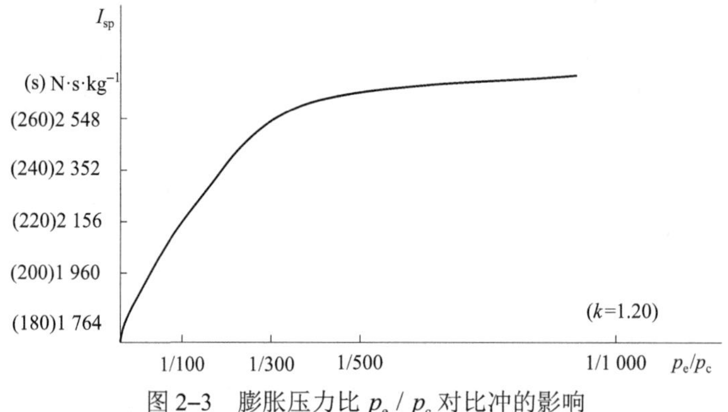

图 2–3 膨胀压力比 p_e/p_c 对比冲的影响

2.4.3　冻结比冲与平衡比冲

在上述推导比冲的基本关系式时，假定燃烧产物在喷管中膨胀流动过程中处于热及速度平衡状态，即燃气的组分与燃烧室内的相同，相当于被冻结了下来，因此，基于此假设推导得到的式（2–29）所计算得到的比冲即称为冻结比冲。实际上，一些高温燃烧产物经过喷管膨胀流动过程中，当温度下降到某种程度时，会发生复合反应，并释放出一部分热能。有些产物还会由气态转变为凝聚态而释放出相变热(如 Al_2O_3)。上述过程所释放的能量均有利于转变成燃气流动的动能，使 v_e 值有所增加。在计算时，若考虑了燃气在喷管流动过程中所发生的多种平衡反应（即承认燃气产物之间有化学及物理变化），所得到的比冲即称为平衡比冲。一般来说，平衡比冲值高于冻结比冲值。

2.4.4　标准理论比冲

从推导的比冲的基本关系式中可以看出，一个推进体系的比冲不仅与推进剂的热力学性质有关，同时也与发动机的结构性能有关。为便于比较不同推进剂之间的比冲的高低，应该对发动机的有关条件加以规定，确定一个统一的标准，按此标准计算得到的比冲即称为标准理论比冲，以 I_{sp}^0 表示。

计算 I_{sp}^0 的标准条件为：

① 燃烧室的压力 p_c=6.86 MPa；

② 环境压力为 0.98 MPa；

③ 喷管的膨胀比达到最佳状态，即喷管出口处压力与大气环境压力相等，$p_e = p_a$；

④ 喷管出口的扩张半角 $\alpha = 0°$；

⑤ 产物在喷管内的流动处于平衡状态。

2.5　密度比冲

在火箭发动机有限的空间内，能装载的固体推进剂越多，火箭飞行器可达到的射程更远。因此，除了比冲之外，推进剂的密度也是衡量推进剂能量水平的一个参数。习惯上用密度比冲来描述上述影响，将推进剂的比冲与其密度的乘积定义为密度比冲，即

$$I_\rho = I_{sp} \cdot \rho \tag{2–30}$$

式中，I_ρ ——推进剂的密度比冲（N • s/m³）；

I_{sp} ——推进剂的比冲（N • s/kg）；

ρ ——推进剂的密度（kg/m³）。

实际上，推进剂密度对火箭飞行器性能的最终影响将体现在飞行器主动段所能达到的最大末速，也就是火箭可能达到的最大射程（见式（2–5））。利用关系式（2–4），经过微分处理并将推进剂的质量W_p用其密度与体积之积来代替时，可以导出如下关系：

$$\frac{dV_m}{V_m}=\frac{d(I_{sp}\cdot g)}{I_{sp}\cdot g}+\frac{I_{sp}\cdot g}{V_m}\cdot\frac{W_p}{W_t}\cdot\frac{d\rho}{\rho}=\frac{d(I_{sp}\cdot g)}{I_{sp}\cdot g}+\frac{W_p/W_t}{\ln\frac{1}{1-W_p/W_t}}\cdot\frac{d\rho}{\rho} \tag{2–31}$$

式中，W_p ——推进剂的质量；

W_t ——除推进剂以外火箭飞行器的质量。

二者之比W_p/W_t称为推进剂的质量分数。显然密度高的推进剂容易获得高的质量分数，因而容易产生更大的主动段最大末速增量。式（2–31）说明，火箭飞行器主动段最大末速的变化（即射程的变化）实际上是由比冲变化的微分$\frac{d(I_{sp}\cdot g)}{I_{sp}\cdot g}$及密度变化的微分$\frac{d\rho}{\rho}$构成的。

推进剂的密度除了由实际测定外，也可以从理论上估算，其依据为推进剂的理论密度是各组分密度贡献之和，即

$$\rho=\frac{100}{\sum m_i/\rho_i} \tag{2–32}$$

式中，ρ ——推进剂的密度（g/cm³）；

ρ_i ——推进剂中某一组分的密度（g/cm³）；

m_i ——100 g 推进剂中某一组分含量（g）。

一般来说，推进剂的实测密度可达其理论密度的 0.95～0.98。螺压双基推进剂的致密性较好，其致密性系数平均可达 0.99。

2.6 特征速度

特征速度C^*是表征推进剂能量的一个重要参数，其定义为燃烧室的压力与喷

管喉部面积的乘积与质量流率之比，即

$$C^* = p_c A_t / \dot{m} \tag{2-33}$$

式中，C^*——特征速度（m/s）；

p_c——燃烧室的压力（Pa）；

A_t——喷管喉部的截面积（m^2）；

$\dot{m}$——质量流率（kg/s）。

燃气的质量流率 $\dot{m}$ 可以描述为

$$\dot{m} = \rho_t v_t A_t = \rho_t a_t A_t = \rho_c a_c \left(\frac{a_t}{a_c}\right)\left(\frac{\rho_t}{\rho_c}\right) A_t \tag{2-34}$$

式中，ρ_t、v_t、a_t、A_t 分别为喉部截面处的密度、速度、声速和截面积。下标 c 是指入口处的气流参数。

气体动力学理论证明：

$$\frac{a_t}{a_c} = \left(\frac{2}{k+1}\right)^{\frac{1}{2}}$$

$$\rho_t / \rho_c = \left(\frac{2}{k+1}\right)^{\frac{1}{k-1}}$$

代入式（2–34）可得

$$\dot{m} = \rho_c a_c \left(\frac{2}{k+1}\right)^{\frac{k+1}{2(k-1)}} \cdot A_t \tag{2-35}$$

在绝热流动情况下：

$$a_c = \sqrt{kgRT_c} \tag{2-36}$$

由气体方程 p_c 可导出为

$$\rho_c = \frac{p_c}{gRT_c} \tag{2-37}$$

所以

$$\dot{m} = \frac{p_c A_t}{\sqrt{ngRT_c}} \sqrt{k\left(\frac{2}{k+1}\right)^{\frac{k+1}{k-1}}} \tag{2-38}$$

据此

$$C^* = \frac{\sqrt{ngR^0 T_c}}{\sqrt{k\left(\frac{2}{k+1}\right)^{\frac{k+1}{k-1}}}} \tag{2-39}$$

式中，R——气体常数［kg · m/（kg · K）］；

T_c——燃烧室内的温度（K）；

k——推进剂的比热比；

R^0——气体常数［0.848 kg · m/（mol · K）］；

n——1 kg 燃气的物质的量。

当令 $\sqrt{k\left(\frac{2}{k+1}\right)^{\frac{k+1}{k-1}}}=\Gamma$ 时，还会得出

$$C^*=\sqrt{gR^0T_c}\,/\,\Gamma \tag{2-40}$$

由式（2–39）或式（2–40）可知，C^*是一个反映推进剂能量水平的参数，它本身是推进剂热力学参数T_c、$\overline{M}$、k的函数，与发动机的结构参数无关，即C^*值只涉及推进剂本身的热力学性质和燃烧室的条件，与喷管中进行的过程无关。所以说，使用特征速度C^*来作为推进剂性能的特定标准，更为直接和方便。一般双基推进剂的C^*值在 1 400 m/s 左右，能量高一些的含铝改性双基和复合推进剂的C^*可在 1 500～1 600 m/s。

例如，当某一推进剂的T_c=3 275 K，燃烧产物的物质的量 n=41.192，而绝热指数为 1.235 时，由式（2–40）可算出C^*：

$$C^*=\frac{\sqrt{41.192\times 9.81\times 0.848\times 3\,275}}{\sqrt{1.235\times\left(\frac{2}{1.235+1}\right)^{\frac{1.235+1}{1.235-1}}}}=1\,616.8\ (\mathrm{m/s})$$

C^*与$\sqrt{T_c/\overline{M}}$及k的关系如图 2–4 所示。

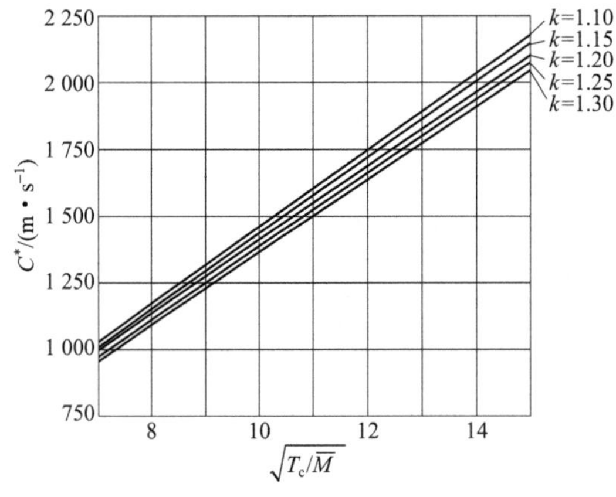

图 2–4　C^*与$\sqrt{T_c/\overline{M}}$及k的关系

2.7　推进剂比冲的计算方法

推进剂理论比冲的计算是推进剂配方设计的重要环节，其结果对推进剂研制和发动机设计有重要的参考价值。理论计算的主要任务是在推进剂的组成、初温、燃烧室压力、喷管出口压力等条件已知的情况下计算推进剂的冻结比冲、平衡比冲和特征速度。

标准理论比冲计算的依据是，在理想发动机工作条件下，推进剂的燃烧为一绝热等焓过程，即燃烧产物的总焓与推进剂的初始焓相等。由此可计算出燃烧室内产物的温度、平衡组成和总熵。再根据燃烧产物在喷管内为绝热膨胀的等熵流动的假定，求出喷管出口截面处产物的温度、平衡组成和总焓，由燃烧室内产物的总焓与喷管出口截面处平衡产物总焓之差，按式（4–21）即可求出推进剂的比冲。计算中需按照质量守恒、化学平衡和能量守恒原理分别建立方程，即推进剂燃烧前后各化学元素的摩尔原子数相等的质量守恒方程、燃烧产物的数量受化学平衡常数约制的一系列化学方程以及燃烧产物的总焓与推进剂的初始焓相等的能量守恒方程。其中，由于化学平衡同时受温度和压力的影响，而且燃烧产物之间又存在一系列解离反应，当存在固相产物时，凝固相与气相之间还存在相平衡，因此，求解燃烧产物的平衡组成是计算中最烦琐的过程。目前计算燃烧产物平衡组成的方法中应用较多的有平衡常数法、最小自由能法。典型固体推进剂的能量特性见表 2–2。

表 2–2　典型固体推进剂的能量特性

推进剂	I_{sp}^0/（N·s·kg^{-1}）	T_c/K	ρ/（g·cm^{-3}）	C^*/（m·s^{-1}）
DB	2 158～2 256	2 533	1.60	1 280～1 300
DB/RDX/Al	2 551	3 456	1.73	1 486
DB/HMX/AP/Al	2 597～2 646	3 650～3 800	1.75～1.80	1 550
HTPB/AP/Al	2 551～2 600	2 866～3 477	1.772	
CTPB/AP/Al	2 551～2 660	2 866～3 477	1.772	
PU/AP/Al	2 548～2 597	3 033	1.716	
HTPB/AP/HMX/Al	2 628～2 641	3 500～3 600	1.80～1.82	1 586～1 591
PEG/AP/Al/NG/BTTN	2 647.8～2 667.4	3 710～3 884	1.85～1.89	1 602～1 625

1. 平衡常数法

由于在一定的温度和压力下，处于化学平衡的反应物与生成物的浓度不随时间而变化，因而各物质间的数量关系可用分压表示：

$$a\mathrm{A} + b\mathrm{B} + \cdots \rightleftharpoons c\mathrm{C} + d\mathrm{D} + \cdots$$

化学平衡常数为

$$K_{\mathrm{p}} = \frac{p_{\mathrm{C}}^{c} p_{\mathrm{D}}^{d}}{p_{\mathrm{A}}^{a} p_{\mathrm{B}}^{b}} \tag{2-41}$$

而混合气体各组分的摩尔数与气体总摩尔数之比等于该组分的分压与气体总压之比，即

$$n_i / n = p_i / p \tag{2-42}$$

将式（2–42）代入式（2–41）得到

$$\frac{n_{\mathrm{C}}^{c} n_{\mathrm{D}}^{d}}{n_{\mathrm{A}}^{a} n_{\mathrm{B}}^{b}} = K_{\mathrm{p}} \left(\frac{p}{n} \right)^{a+b-c-d} \tag{2-43}$$

式中，化学平衡常数 K_{p} 为一与温度有关的常数，可查表获得。

若燃气中有 l 种元素，m 种组分，按照质量守恒原理

$$m_k = \sum_{j=1}^{N} A_{kj} \cdot n_j \tag{2-44}$$

式中，m_k——1 kg 推进剂含第 k 种元素的摩尔原子数；

A_{kj}——1 kg 燃烧产物含第 j 种组分的摩尔数；

n_j——第 j 种组分含有 k 种元素的摩尔数。

由于有 l 种元素，将存在 l 个类似式（2–44）的方程，为求出所有的摩尔数（即燃气组成），则有（$m-l$）个化学平衡方程。利用这些方程组，通过复杂的迭代计算，即可求出燃烧产物的摩尔数 n_j（j=1，2，3，…）。

2. 最小自由能法

最小自由能法求解化学平衡组成的依据是，在恒温和恒压条件下，要求系统达到化学平衡时的吉布斯自由能趋于最小值，因而解出系统的最小自由能即可求出其平衡组成。

假定燃烧产物中有 l 种化学元素，m 种气相产物，p 种凝聚相产物，当令 x_i^{g}、x_n^{c} 代表某种气相产物和凝聚相产物的摩尔数时，该体系自由能函数的总和 $G(x)$ 为

$$G(x) = \sum_{i=1}^{m} f_i^{\mathrm{g}}(x) + \sum_{n=1}^{p} f_n^{\mathrm{c}}(x) \tag{2-45}$$

其中

$$f_i^{\mathrm{g}}(x) = x_i^{\mathrm{g}}(c_i^{\mathrm{g}} + \ln x_i^{\mathrm{g}} - \ln \overline{x^{\mathrm{g}}}) \tag{2-46}$$

而

$$c_i^{\mathrm{g}} = \left(\frac{f(x)}{RT} \right)_i^{\mathrm{g}} + \ln p$$

$$\left(\frac{f(x)}{RT}\right)_i^{\mathrm{g}} = \frac{1}{R}\left(\frac{H_T^0}{T} - S_T^0\right)$$

$$f_n^{\mathrm{c}}(x) = x_n^{\mathrm{c}} c_n^{\mathrm{c}} \tag{2–47}$$

$$c_n^{\mathrm{c}} = \frac{1}{R}\left(\frac{H_T^0}{T} - S_T^0\right)$$

式中，p——系统总压力（MPa）；

T——系统的温度（K）；

R——摩尔气体常数［J/（K·mol）］；

H_T^0——产物的热焓（J/mol）；

S_T^0——产物的熵［J/（mol·K）］；

$\overline{x^{\mathrm{g}}}$——气相产物总摩尔数。

因而，系统自由能函数 $G(x)$ 为

$$G(x) = \sum_{i=1}^{m} x_i^{\mathrm{g}}(c_i^{\mathrm{g}} + \ln x_i^{\mathrm{g}} - \ln \overline{x^{\mathrm{g}}}) + \sum_{n=1}^{p} x_n^{\mathrm{c}} c_n^{\mathrm{c}} \tag{2–48}$$

根据质量守恒

$$\sum_{i=1}^{m} a_{ij} x_i^{\mathrm{g}} + \sum_{n=1}^{p} a_{ni} x_n^{\mathrm{c}} = b_j \tag{2–49}$$

设一组产物组成为

$$y_i^{\mathrm{g}}(y_1^{\mathrm{g}},\ y_2^{\mathrm{g}},\ y_3^{\mathrm{g}},\ \cdots)$$

$$y_n^{\mathrm{c}}(y_1^{\mathrm{c}},\ y_2^{\mathrm{c}},\ y_3^{\mathrm{c}},\ \cdots)$$

在上述质量守恒的条件下，系统自由能函数的总和为

$$G(y) = \sum_{i=1}^{m} y_i^{\mathrm{g}}(C_i^{\mathrm{g}} + \ln y_i^{\mathrm{g}} - \ln \overline{y^{\mathrm{g}}}) + \sum_{n=1}^{p} C_n^{\mathrm{c}} y_n^{\mathrm{c}} \tag{2–50}$$

式中，$\overline{y^{\mathrm{g}}}$——气相产物的总摩尔数。

设误差

$$\varDelta_i^{\mathrm{g}} = x_i^{\mathrm{g}} - y_i^{\mathrm{g}}$$

$$\varDelta_n^{\mathrm{c}} = x_n^{\mathrm{c}} - y_n^{\mathrm{c}}$$

$$\overline{\varDelta^{\mathrm{g}}} = \overline{x^{\mathrm{g}}} - \overline{y^{\mathrm{g}}}$$

则自由能函数 $G(x)$ 可用 $x=y$ 处展开的泰勒级数的前三项近似表示为

$$G(x) \approx G(y) + \sum_{i=1}^{m} \left.\frac{\partial G}{\partial x_i^{\mathrm{g}}}\right|_{x=y} \varDelta_i^{\mathrm{g}} + \sum_{n=1}^{p} \left.\frac{\partial G}{\partial x_n^{\mathrm{c}}}\right|_{x=y} \varDelta_n^{\mathrm{c}} + \frac{1}{2}\sum_{i=1}^{m}\sum_{k=1}^{m} \left.\frac{\partial^2 G}{\partial x_i^{\mathrm{g}} \partial x_k^{\mathrm{g}}}\right|_{x=y} \varDelta_i^{\mathrm{g}} \varDelta_k^{\mathrm{g}} +$$

$$\frac{1}{2}\sum_{i=1}^{m}\sum_{n=1}^{p}\frac{\partial^2 G}{\partial x_i^{\mathrm{g}}\partial x_n^{\mathrm{c}}}\bigg|_{x=y}\varDelta_i^{\mathrm{g}}\varDelta_n^{\mathrm{c}}+\frac{1}{2}\sum_{n=1}^{p}\sum_{g=1}^{p}\frac{\partial^2 G}{\partial x_i^{\mathrm{c}}\partial x_g^{\mathrm{c}}}\bigg|_{x=y}\varDelta_n^{\mathrm{c}}\varDelta_g^{\mathrm{c}} \tag{2-51}$$

对式（2–51）微分得

$$G(x)\approx Q(y)=G(y)+\sum_{i=1}^{m}(c_i^{\mathrm{g}}+\ln y_i^{\mathrm{g}}-\ln\overline{y^{\mathrm{g}}})\varDelta_i^{\mathrm{g}}+\sum_{n=1}^{p}c_n^{\mathrm{c}}\varDelta_n^{\mathrm{c}}+\frac{1}{2}\sum_{i=1}^{m}\left(\frac{\varDelta_i^{\mathrm{g}}}{y_i^{\mathrm{g}}}-\frac{\overline{\varDelta^{\mathrm{g}}}}{\overline{y^{\mathrm{g}}}}\right)\varDelta_i^{\mathrm{g}} \tag{2-52}$$

此为 $x=y$ 时系统的自由能表达式。

欲求出系统的最小自由能，同时又满足质量守恒方程，可采用拉格朗日乘数法则，将 $G(x)$ 函数与质量守恒方程关联起来。

令

$$\varphi_i=\sum_{i=1}^{m}a_{ij}x_i-b_j \tag{2-53}$$

$$L=G(x_i)+\sum_{j=1}^{m}\lambda_j\varphi_j \tag{2-54}$$

使 $\frac{\partial L}{\partial x_i}=0$，则

$$x_i=-y_i\left(c_i+\ln\frac{y_i}{\overline{y}}\right)+\left(\frac{y_i}{\overline{y}}\right)\overline{x}+\sum_{j=1}^{m}\lambda_j a_{ij}y_i \tag{2-55}$$

据此即可计算所有 n 个 x_i 的第一轮计算值。将此组 x_i 作为下一轮的平衡成分的估计值 y_i，进行新的迭代计算，直至误差满足要求为止。

3. 推进剂的生成焓

作为一种多组分组成的混合物，推进剂的生成焓为各组分生成焓之和：

$$(\Delta_{\mathrm{f}}H_{\mathrm{m}}^0)_p=\sum_{i=1}^{n}w_i(\Delta_{\mathrm{f}}h^0)_i \tag{2-56}$$

式中，$(\Delta_{\mathrm{f}}H_{\mathrm{m}}^0)_p$——推进剂的标准生成焓（kJ/kg）；

w_i——推进剂中第 i 组分的质量分数；

$(\Delta_{\mathrm{f}}h^0)_i$——推进剂中第 i 组分的比生成焓（kJ/kg）。

4. 燃烧室内燃烧产物的热力学参数计算

燃烧产物的热力学参数包括定压燃烧温度、1 kg 燃烧产物的焓、熵、比定压热容以及比热比。

（1）定压燃烧温度

通常先假定两个温度 T_1 和 T_2，分别计算平衡组成及总焓 $H_{\mathrm{c}1}$ 和 $H_{\mathrm{c}2}$，若推进剂的标准生成焓 $(\Delta_{\mathrm{f}}H_{\mathrm{m}}^0)_p$ 处于 $H_{\mathrm{c}1}$ 和 $H_{\mathrm{c}2}$ 之间，可通过内插法求出 T_{c}：

$$T_{\mathrm{c}}=T_2-\frac{H_{\mathrm{c}_2}-(\Delta_{\mathrm{f}}H_{\mathrm{m}}^0)_p}{H_{\mathrm{c}_2}-H_{\mathrm{c}_1}}(T_2-T_1) \tag{2-57}$$

若推进剂的标准生成焓不在 H_{c1} 和 H_{c2} 之间，可再假定一个温度 T_3，计算出此温度下的平衡组成及总焓 H_3，由总焓与温度的关系曲线求出定压燃烧温度。

（2）推进剂燃烧产物的焓

1 kg 推进剂燃烧产物的总焓为各产物的焓之和：

$$H_T = \sum_{i=1}^{n} n_i H_{T,i}^0 \tag{2–58}$$

式中，H_T——1 kg 推进剂燃烧产物在温度 T（K）时的总焓，kJ/kg；

n_i——第 i 种燃烧产物的质量摩尔浓度，mol/kg；

$H_{T,i}^0$——第 i 种燃烧产物在燃温为 T 时的标准焓，kJ/mol。

（3）燃烧产物的熵

在压力为 p，温度为 T 时，气体的熵为

$$S_T = S_T^0 - R\ln p_i \tag{2–59}$$

而 1 kg 推进剂燃烧产物的总熵为其所有气体产物的熵 S_T^{g} 及所有凝聚相产物的熵 S_T^{cd} 之和：

$$S_T = S_T^{\mathrm{g}} + S_T^{\mathrm{cd}} \tag{2–60}$$

式中，

$$S_T^{\mathrm{g}} = \sum_{i=1}^{m} n_i^{\mathrm{g}} \cdot S_{T,i} = \sum_{i=1}^{m} n_i^{\mathrm{g}} \cdot S_{T,\mathrm{c}}^0 - Rn^{\mathrm{g}} \ln p - R\sum_{i=1}^{m} n_i^{\mathrm{g}} \ln \frac{n_i^{\mathrm{g}}}{n^{\mathrm{g}}} \tag{2–61}$$

$$S_T^{\mathrm{cd}} = \sum_{i=m+1}^{n} n_i^{\mathrm{cd}} \cdot S_{T,i}^0 \tag{2–62}$$

S_T——1 kg 推进剂燃烧产物在温度 T、压力 p 时的总熵［J/（kg·K）］；

S_T^{g}——1 kg 推进剂的气态燃烧产物在 T 和 p 时的总熵［J/（kg·K）］；

S_T^{cd}——1 kg 推进剂的凝聚相燃烧产物在温度为 T 时的总熵［J/（kg·K）］；

$S_{T,i}^0$——第 i 种产物在温度为 T 和 100 kPa 压力时的标准熵［J/（kg·K）］；

n_i——第 i 种燃烧产物的质量摩尔浓度（mol/kg）；

n^{g}——1 kg 推进剂的气体燃烧产物的总摩尔数，即 $n^{\mathrm{g}} = \sum_{i=1}^{m} n_i^{\mathrm{g}}$（mol/kg）；

R——摩尔气体常数，其值为 8.314 J/（mol·K）。

（4）推进剂燃气的比热容和比热比

定压下 1 kg 推进剂燃气的比热容为

$$c_p = \sum_{i=1}^{m} n_i c_{p,m_i} \tag{2–63}$$

式中，c_p——燃气的比定压热容，J/（kg·K）；

n_i ——第 i 种燃烧产物的质量摩尔浓度（mol/kg）；

c_{p,m_i} ——第 i 种燃烧产物的比定压热容［J/（kg·K）］。

而定容条件下 1 kg 推进剂燃气的比热容则为

$$c_V = c_p - n^{g}R \tag{2-64}$$

式中，c_V ——燃气的比定容热容，J/（kg·K）；

n^{g} ——1 kg 推进剂燃气的物质的量，mol/kg；

R ——摩尔气体常数，其值为 8.314 J/（mol·K）。

当将推进剂燃气视为理想气体时，其比热比为

$$k = \frac{c_p}{c_V} = \frac{c_p}{c_p - n^{g}R} \tag{2-65}$$

比热比 k 又称绝热指数。

5. 喷管出口处燃烧产物的热力学参数计算

喷管出口处燃烧产物的热力学参数包括温度、平衡组成、总焓。喷管出口处燃气温度的计算是依据燃烧产物在喷管内流动为绝热等熵过程，即

$$S_e = S_c \tag{2-66}$$

式中，S_e ——喷管出口处燃烧产物的熵；

S_c ——燃烧室内燃烧产物的熵。

（1）喷管出口温度 T_e

根据下列等熵过程可初步估算得到喷管出口温度：

$$T_e = T_c\left(\frac{p_e}{p_c}\right)^{\frac{\bar{k}-1}{\bar{k}}} \tag{2-67}$$

式中，T_e ——喷管出口温度，K；

p_e ——喷管出口处的大气压力，Pa；

T_c ——燃烧室温度，K；

$\bar{k}$ ——燃气平均比热比。

然后通过逐次逼近法，在上述初步估算的 T_e 值上下分别假定两个喷管出口温度值 T_{e1} 和 T_{e2}，并分别计算与它们相应的平衡组成及总熵 S_{e1} 和 S_{e2}。通过内插法，按下列方程计算得到最终的喷管出口温度 T_e：

$$T_e = T_{e1} + \frac{S_e - S_{e1}}{S_{e2} - S_{e1}}(T_{e2} - T_{e1}) \tag{2-68}$$

（2）喷管出口处燃烧产物总焓的计算

按上述用逐次逼近法计算 T_e 时所设定的两个假定温度 T_{e1} 和 T_{e2} 解出的燃气组成，算出相应的总焓 H_{e1} 和 H_{e2}，采用内插法求出喷管出口处燃烧产物的总焓：

$$H_e = H_{e1} + \frac{T_e - T_{e1}}{T_{e2} - T_{e1}}(H_{e2} - H_{e1}) \tag{2-69}$$

（3）喷管出口处燃烧产物组成的计算

喷管出口处燃烧产物的最终组成也是通过内插法，利用假定的 T_{e1} 和 T_{e2} 所得到的每一种燃气的组成 $n_{i,1}$ 和 $n_{i,2}$ 计算得到：

$$n_i = n_{i,1} + \frac{T_e - T_{e1}}{T_{e2} - T_{e1}}(n_{i,2} - n_{i,1}) \tag{2-70}$$

6. 喷管出口处其他热力学参数的计算

（1）凝聚相产物的质量分数 χ_e

$$\chi_e = \frac{\sum (n_i^{cd} \cdot M_i^{cd})}{1\,000} \quad (\%) \tag{2-71}$$

（2）气相产物平均相对分子质量 $\overline{M_e}$

$$\overline{M_e} = \frac{1\,000(1 - \chi_e)}{n_i^g} \tag{2-72}$$

（3）气相产物平均气体常数 R_e

$$R_e = \frac{1\,000 \times R}{\overline{M_e}} \tag{2-73}$$

式中，R=8.314 J/（mol・K）。

（4）含凝聚相时燃烧产物的平均气体常数 $\overline{R_e}$

$$\overline{R_e} = (1 - \chi_e) \cdot R_e \tag{2-74}$$

7. 固体推进剂的理论比冲计算

按照推进剂的比冲为燃烧室内产物总焓与喷管出口处总焓之差的平方根的函数式 $I_{sp}^0 = \sqrt{2(H_c - H_e)}$ 即可得到推进剂的理论比冲值。

2.8　各类固体推进剂能量性能

利用最小自由能法的计算程序，人们对现有主要固体推进剂品种进行了大量的分析计算，找到了各种推进剂的主要成分对其比冲影响的规律，为推进剂的配方设计提供了有利的基础。

2.8.1　双基及改性双基推进剂的能量特性

对于由硝化纤维素（NC）和硝化甘油（NG）为主要成分组成的双基推进剂以

及向其中加入高氯酸铵（AP）和铝粉（Al）形成的改性双基推进剂来说，习惯上以爆热作为衡量能量特性的参数之一，它们的组分中，NG 的爆热为 7 330 kJ/kg，而 NC 的爆热则与其硝化度（氮含量）有关，一般采用氮含量为 11.4%～12%的 NC，其爆热为 3 850 kJ/kg，一般双基推进剂的爆热为 4 600 J/g 左右。双基推进剂的爆热与比冲之间呈线性关系，如图 2–5 所示。

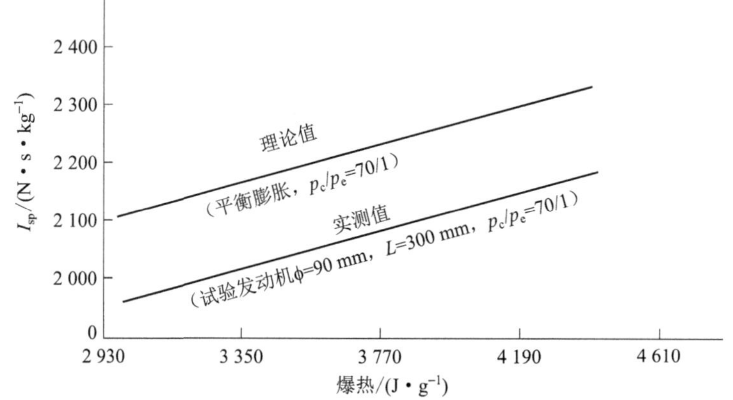

图 2–5 双基推进剂理论比冲、实测比冲与爆热的关系

由 NG、NC 及惰性增塑剂三醋酸甘油酯（TA）为主要成分的双基推进剂，其能量水平与 TA 的含量有关，计算结果如图 2–6 所示。

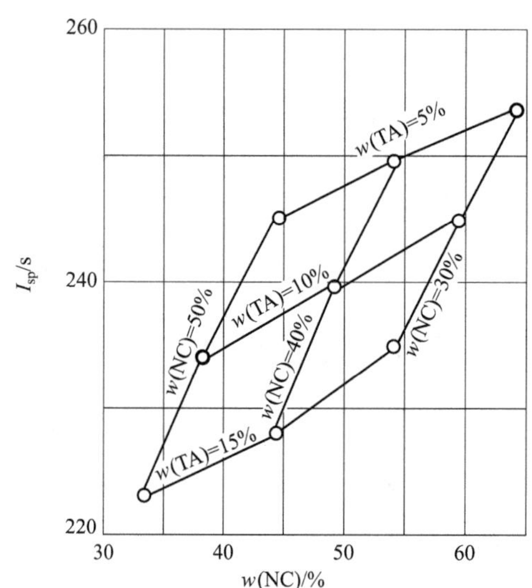

图 2–6 双基推进剂的比冲与组成的关系

如图所示，当硝化甘油在 35%～65%，硝化纤维素在 30%～50%，三醋酸甘

油酯在 5%～15%范围内变化时，双基推进剂的理论比冲为 2 205～2 450 N·s/kg（225～250 s）之间。若 TA 含量固定，则比冲与 NG 含量的增加是线性关系；若 NC 含量固定，则推进剂的比冲随 TA 含量的增加而线性下降。

在双基推进剂中加入 AP、Al 及高能炸药奥克托今（HMX）之后，形成的改性双基推进剂的比冲明显提高，不考虑附加成分时的理论比冲达 2 598～2 647 N·s/kg（265～270 s）。实用的综合配方的标准实测比冲可达 2 470 N·s/kg（252 s），密度接近 1.80 g/cm^3，是除 NEPE 之外能量水平最高的固体推进剂，已用于美国的“海神 C3”第二级，“三叉戟 C4”第一级、第二级的战略导弹发动机中。

含 HMX 改性双基推进剂的组成与比冲的关系如图 2–7 所示。

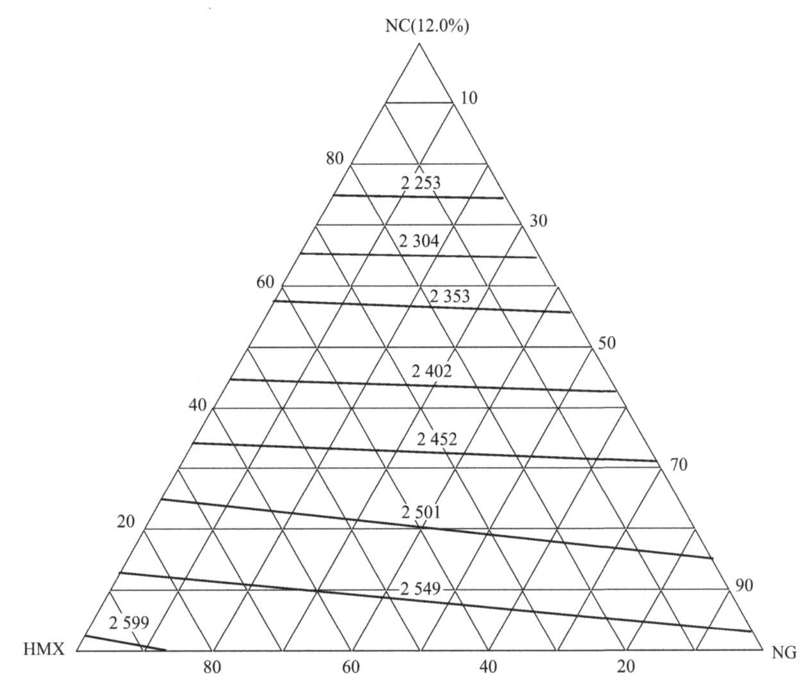

图 2–7　含 HMX 改性双基推进剂的组成与比冲关系
（p_c / p_e=70/1，NG 中含 10% TA）

表 2–3 列举了改性双基推进剂的配方及性能的关系。

表 2–3 美国浇铸改性双基推进剂的配方与能量性能

组成	CMDB			XLDB		
	CY1–1	FKM	H–3516	VRP	VTG	VTQ
NC	22.3	14～32	14.25	—	—	—
NG	—	10～33	—	—	—	—
NG+Al	21.5	—	—	—	—	—
双基黏合剂	—	—	—	30	30	23.0
AP	20.8	5～20	35.0	8	10	4.0
Al	—	17～28	15	19	19.5	19.0
TA	32.8	—	—	—	—	—
2–硝基二苯胺	2.6	—	—	—	—	—
HMX	—	26.0	/	43	40.5	54.0
戊赤鲜醇三硝酸酯	—	—	35	—	—	—
中定剂	—	—	0.75	—	—	—
其他	—	TA、间苯二酚、2–硝基二苯胺	—	PEG+MDI+稳定剂		
I_{sp}^{0}/（N·s·kg^{-1}）	2 450～2 499	2 450～2 499	2 499	2 597～2 646	2 497～2 646	2 597～2 646
应用型号	“民兵Ⅱ”第二级	“海神C3”第二级	—	“三叉戟C4”第一级	“三叉戟C4”第二级	“三叉戟C4”第三级

2.8.2 聚丁二烯推进剂的能量特性

端羟基聚丁二烯推进剂是复合推进剂当中目前生产量最大的品种，在各种战术和战略导弹发动机中获得广泛应用。由于黏合剂预聚物的黏度较低，允许的固体加入量可接近 90%，所以，其能量水平高于已有的其他复合推进剂品种。以 AP、Al 及 HTPB 组成的推进剂，其最高标准理论比冲值可达 2 606.8 N • s/kg（266 s），当将高能硝胺炸药（HMX 或 RDX）引入该体系时，推进剂的比冲可增加约 15 N • s/kg。

通过调节配方中 Al、AP 及 HMX 的比例，可以在较宽范围内调节 HTPB 推进剂的能量性能。由 Al、AP 及 HTPB 三主要成分组成的推进剂的比冲与组成的关系如图 2–8 所示。

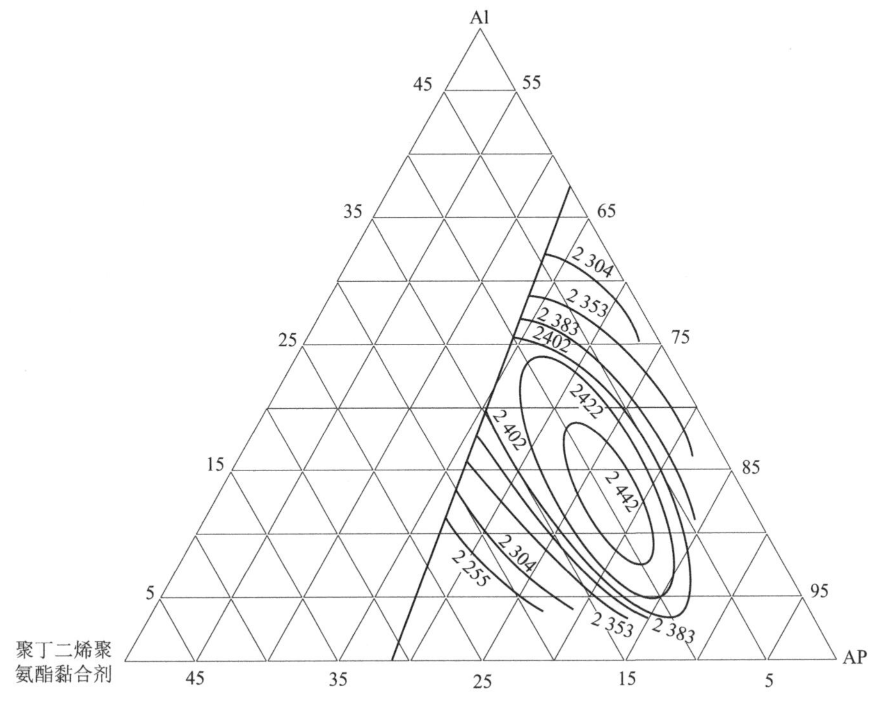

图 2–8　HTPB–AP–Al 推进剂的理论比冲

（$p_c / p_e = 70/1$，10Ks–2500 发动机，最佳膨胀比，15° 半角）

当推进剂由 AP、Al、RDX 及 HTPB 四种主要成分组成时，推进剂所能达到的最佳能量水平与固体含量有关。图 2–9 是变化 Al 含量时，不同固体含量所能达到的最高理论比冲值。

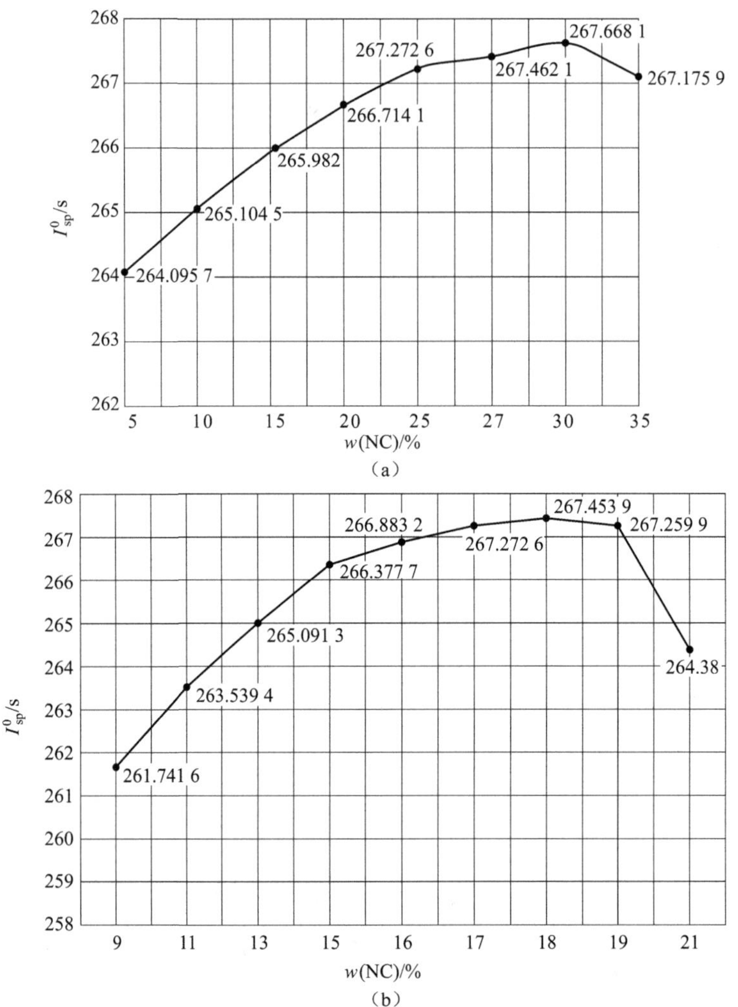

图 2–9 不同固体含量时，含 RDX 的丁羟推进剂的理论比冲与 Al 含量的关系

（a）固体含量为 88%时比冲与 RDX 含量的关系；（b）固体含量为 88%时比冲与 Al 含量的关系

2.8.3 硝酸酯增塑聚醚（NEPE）推进剂的能量特性

在交联改性双基推进剂的基础上，将可为硝酸酯增塑的高分子取代硝化纤维素而形成的 NEPE 推进剂，进一步提高了改性双基推进剂中能量成分的含量，并将复合推进剂力学性能优良以及简便的混合—浇铸—固化的工艺等优点融合在一起。所形成的推进剂达到了当前固体推进剂的最高能量水平。当固体含量为 73%时，最高的标准理论比冲为 2 657 N·s/kg（271 s），推进剂的密度可达 1.82～

1.84 g/cm^3。在固体含量为 80%时，理论比冲还可以达到 2 684 N·s/kg，已成功应用于美国陆基洲际导弹 MX 的第三级发动机和潜地导弹三叉戟–Ⅱ的第一、二、三级发动机中。

NEPE 推进剂的黏合剂预聚物可以是聚乙二醇（PEG），也可以是无结晶倾向的环氧乙烷–四氢呋喃的共聚物［P (E/T)］，当以 P (E/T) 为黏合剂，HMX、AP、Al 为固体填料，混合硝酸酯（NG+BTTN）为增塑剂时，推进剂所能达到的最佳理论比冲（I_{sp}^0）与优化组合后的固体含量之间的关系如图 2–10 所示。

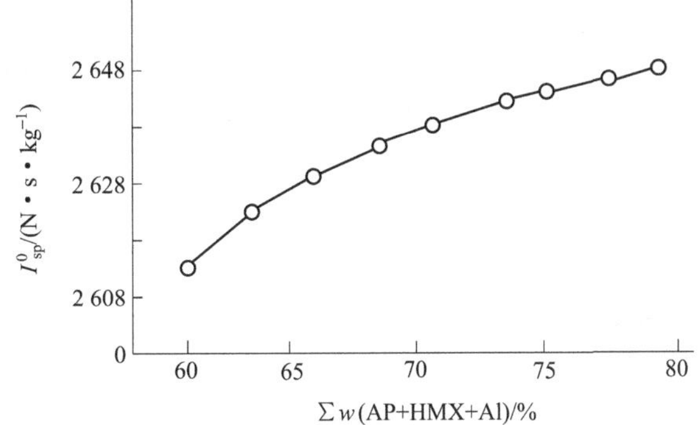

图 2–10　NEPE 推进剂中的固体含量与理论比冲的关系

不同固体含量时，NEPE 推进剂的能量特性见表 2–4。

表 2–4　不同固体含量时，NEPE 推进剂的能量特性

$\sum w(AP+Al+HMX)$ / %	密度/（g·cm^{-3}）	燃烧室温度 T_{CH} / K	特征速度 C^*/（m·s^{-1}）	I_{sp}^0 /（N·s·kg^{-1}）
60	1.811 9	3 370	1 607	2 614.5
63	1.826 6	3 418	1 612	2 623.4
65	1.841 9	3 493	1 613	2 629.3
68	1.857 1	3 536	1 618	2 636.1
70	1.867 4	3 564	1 620	2 640.0
73	1.883 0	3 616	1 623	2 644.0
75	1.893 9	3 654	1 625	2 645.9
78	1.910 1	3 692	1 628	2 650.8
80	1.920 8	3 716	1 629	2 653.8

以上各类推进剂的能量水平的分析计算结果表明，推进剂的比冲受黏合剂的制约较大，不同黏合剂系统所能达到的最高理论比冲明显不同，而且，每一种黏

合剂体系的比冲与所采用的固体含量密切相关，图 2–11 为不同黏合剂的比冲与由 Al 和 AP 组成的固体含量的关系。

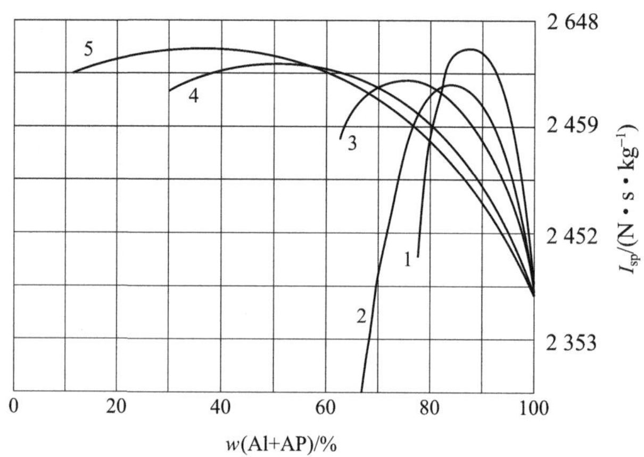

图 2–11 不同类型黏合剂的比冲与固体含量的关系（Al/AP 为最佳配比）

1—聚丁二烯；2—聚氨酯；3—硝基增塑剂/PU；4—硝化甘油/PU；5—双基黏合剂

2.9 火箭发动机的工作效率

固体推进剂在火箭发动机中所产生的功能转化过程由三个步骤组成。第一步，推进剂在发动机内的等压绝热燃烧过程，此时，推进剂的化学潜能（热焓）全部转化为燃烧产物的热焓；第二步为燃烧产物在发动机喷管流动中的等熵绝热膨胀过程，燃气的部分能量转化为气体的动能；最后一个步骤为燃气的动能转化为火箭推力的过程。因此，受热机效率的影响，当以比冲来表示推进剂的能量水平时，所获得用于推进火箭飞行器的能量与推进剂的燃烧效率、燃烧室内的热散失、喷管内非理想膨胀流动等因素有关。也就是说，依靠化学推进的火箭发动机的功能转换过程与推进剂的配方设计、发动机燃烧室的绝热保温措施、喷管的优化设计密切相关。化学火箭发动机的这种功能转化过程中能量的利用效率可用图 2–12 加以说明。

图 2–12 说明，在推进剂组成确定后，由于配方设计不合理、成分分配不均匀、金属铝粉粒度偏大，燃烧产物在燃烧室内的停留时间不足以达到平衡状态而造成的燃烧不完全所造成的能量损失为 1%～3%。而由发动机的绝热状态不良引起的热散失导致能量损失达 3%。在燃烧产物进入喷管后，由于选取的工作压力不高，

p_e/p_c 值偏大，依据比冲的基本关系式（2–29），该式中 $\left[1-\left(\frac{p_e}{p_c}\right)^{\frac{k-1}{k}}\right]$ 一项代表了燃气产物的热能转化为燃气动能的比例，当 $p_e/p_c=1/70$，并假定绝热指数 k 为 1.20（一般 k 为 1.20～1.30）时，则 $\left(\frac{p_e}{p_c}\right)^{\frac{k-1}{k}}=\left(\frac{1}{70}\right)^{\frac{0.2}{1.2}}=0.4918$，即燃气中约有 50% 的热能未能转化为动能，再加上燃烧产物的两相流动及边界层摩擦损失以及流动中燃气达不到假设中的化学平衡及速度平衡状态，在喷管内热能估算有 30%～50% 未能转化为动能是可能的。最后，当燃气从喷管出口端排入大气环境时，若 $p_e=0$，即燃气经过喷管等熵膨胀至绝对零度，则燃气热能全部转变为动能，比冲可达最大值。除了火箭在真空中飞行之外，一般 $p_e\neq 0$，加上火箭飞行中的气动力损失，其飞行速度未能达到与排气速度相等（即 $v=v_e$）的理想状态，也带来部分能量损失，所以，化学火箭发动机的工作效率一般低于 50%。

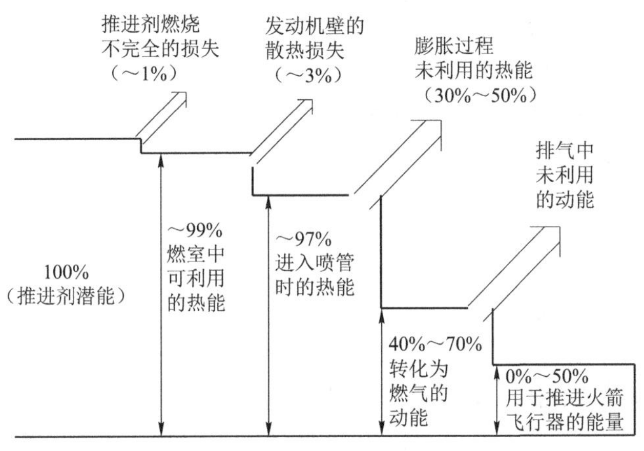

图 2–12　化学火箭的动能转化

2.10 比冲效率

在工程上习惯用比冲效率来讨论在设定的膨胀压力比（p_e/p_c）及环境压力为 0.98 MPa（即传统概念所称的一个大气压）条件下的理论比冲与实测比冲之间的关系。所谓比冲效率，是指推进剂的实测比冲与其理论比冲之比：

$$\eta I_{sp}=I_{sp}/I_{sp}^0 \tag{2–75}$$

式中，I_{sp}——实测比冲；

I_{sp}^0——理论比冲。

比冲效率的高低取决于推进剂及发动机的特性，凡是影响燃烧室内燃烧效率的因素以及喷管内燃气热能不能全部转化为燃气动能的因素都影响$\eta_{I_{sp}}$。这些因素包括：

① 计算理论比冲时所采用的有关推进剂各成分和燃烧产物的热力学参数不准确；

② 金属铝粉的粒度与其在发动机内的停留时间不匹配，Al 粉未获得充分燃烧；

③ 发动机的绝热效果不佳导致热损失；

④ 喷管中的燃烧产物存在两相流动；

⑤ 喷管设计加工不良造成的扩散动力损失和边界层摩擦损失；

⑥ 燃烧的解离产物在流动中达到化学平衡而未能利用解离产物复合过程释放的热能；

⑦ 测试系统有误差，推力及压力值不准确。实际上，凡是影响火箭发动机工作效率的因素均对比冲效率产生影响。

一般来说，燃烧温度较高而绝热性能好的发动机，其比冲效率可达 0.94；绝热情况不良的小型火箭发动机，其比冲效率会低于 0.90。

2.11 提高固体推进剂能量性能的主要途径

2.11.1 热力学上的依据

由比冲的基本关系式（2–29）可知，推进剂的比冲与燃温T_c的平方根成正比，与燃烧产物的平均相对分子质量$\overline{M}$的平方根成反比，因而，推进剂的热焓值越高，产物的平均相对分子质量越低，所获得的比冲越高。同时，考虑到在有限的火箭发动机体积内能够装载的推进剂越多（药形设计合理、推进剂装填分数高、密度大），则火箭飞行器将可获得更远的射程，因而要求推进剂的密度高。

根据盖斯定律，可以导出推进剂燃烧中释放的热效应为

$$\Delta H_{燃} = \Delta H_{产} - \Delta H_{推} \tag{2–76}$$

式中，$\Delta H_{燃}$——燃烧中释放的标准热焓，即

$$\Delta H_{产} = \sum n_i(\Delta H_{f,298}^0)_i \tag{2–77}$$

n_i——产物 i 的摩尔数；

$(\Delta H^0_{f,298})_i$——第 i 种产物的标准生成焓（kJ/mol）；

$\Delta H_{推}$——推进剂的热焓（kJ/mol）。

利用推进剂组分的标准生成焓及燃烧产物的标准生成焓即可求出发动机内燃烧反应释放的热能。

因而，在选择推进剂的成分时，应尽可能选择生成焓值高的化合物。

2.11.2　氧化剂

在氧化剂中，高氯酸铵（AP）的生成焓（–295.9 kJ/mol）远高于硝酸铵（AN）的生成焓（–366 kJ/mol），而高能硝胺炸药 HMX 或 RDX 的生成焓更高，且均为正值，所以，无论在改性双基推进剂或 HTPB 推进剂中，使用 HMX 或 RDX 时，均可以获得更高的比冲值。20 世纪 90 年代发现的六硝基六氮杂伍兹烷（HNIW，代号 CL–20）的生成焓更高（415.5 kJ/mol）。CL–20 在推进剂中的应用，可使推进剂的比冲增加约 50 N • s/kg。一些典型的氧化剂的性能见表 2–5。

表 2–5　某些氧化剂的性能

化合物	分子式	相对分子质量	密度/（g • cm^{-3}）	有效氧/%	生成焓	
					kJ • mol^{-1}	kJ • kg^{-1}
高氯酸铵	NH_4ClO_4	117.5	1.95	34.04	–291	–2 476.6
硝酸铵	NH_4NO_3	80.1	1.73	20.0	–366	–4 569.3
高氯酸钾	$KClO_4$	138.55	2.52	46.19	–433.75	–3 130.64
二高氯酸肼	$N_2H_6(ClO_4)_2$	232.98	2.21	41.21	–293	–1 257.62
硝仿肼	$N_2H_5C(NO_2)_3$	183.08	1.86	13.1	–71.98	–393.161
奥克托今	$C_4H_8N_8O_8$	296.17	1.903	–21.6	+74.9	+278.26
黑索今	$C_3H_6N_6O_6$	222.13	1.820	–21.6	+70.7	+318.28
CL–20	$C_6H_6N_{12}O_{12}$	438.28	2.04	–10.95	+415.5	+948.0
二硝酰胺铵	$NH_4N(NO_2)_2$	124.05	1.82	25.80	–140.3	–1 130

注：有效氧以氮元素燃烧后生成 N_2 计算，其余 C、H 等可燃性元素则被氧化成最高价产物计算，如 C 元素生成 CO_2，H 元素生成 H_2O，所余（或不足）氧的质量分数即为有效氧含量。

一些燃烧产物的标准生成焓列于表 2–6。

表 2–6 常见燃烧产物的标准生成焓

产物	状态	$\Delta H^0_{f,298}$ /（kJ・mol^{-1}）	产物	状态	$\Delta H^0_{f,298}$ /（kJ・mol^{-1}）
Al_2O_3	晶体	–95.333 3	HCl	气态	–5.253 1
CO	气态	–6.289 5	H_2O	气态	–13.761 4
CO_2	气态	–22.393 3	H_2O	液态	–16.266 0

由于热力学定义体系释放热量为负，而工程上定义环境获得热量为正，所以

$$-\Delta H_{燃} = Q_{p(g)} \tag{2–78}$$

式中，$Q_{p(g)}$——推进剂在火箭发动机限员的条件下燃烧释放的热量，即爆热。

因而，当计算爆热时，可将依据热力学数据计算出的$\Delta H_{产}$及$\Delta H_{推}$的绝对值放入式（2–78）计算。

例如：若依某推进剂配方计算出其焓值为–121.2 kJ/kg，而其产物成分及摩尔数为

$$n(CO_2) = 2.04$$
$$n(CO) = 23.516$$
$$n(H_2O) = 5.556$$

利用产物的标准生成焓（表 2–5），该推进剂的爆热为

$$Q_{p(g)} = -\Delta H_{推} = 2.04\times 94.0518 + 23.516\times 26.4157 + 5.556\times 57.7979 - 121.2$$
$$= 148.0 \text{（kJ/kg）}$$

2.11.3 轻金属燃料

在推进剂配方中，应选用热值高的轻金属和轻金属的氢化物，也是获得高的燃烧温度T_c的重要措施。在固体推进剂发展中曾经应用过的轻金属有铍、镁、铝和硼，它们在燃烧中释放能量的次序为 Be＞B＞Al＞Mg。但是由于铍粉及其燃烧产物氧化铍为毒性很大的物质，所以很难在推进剂中应用。硼粉的热值虽然高于铝的，但获得高纯度硼粉比较困难，而且硼粉中的杂质会干扰黏合剂预聚物与异氰酸酯的固化反应，此外，硼的相对原子质量较低（10.81），按每千克推进剂加入的金属燃料为 20%计，其摩尔数远高于相同含量时铝的摩尔数，即使在使用类似高氯酸铵之类有效氧含量为 34%的氧化剂时，推进剂仍处于严重缺氧状态。因此，迄今为止，铝粉是固体推进剂中应用最广泛的金属燃料，在某种情况下，也可以

使用铝–镁混合燃料，而硼粉只能在冲压发动机的富氧燃料推进剂中充分利用空气补氧进行二次燃烧而充分发挥其作用。

轻金属的氢化物如 AlH_3 等的燃烧热均高于上述轻金属化合物，但是它们的化学活性高，稳定性低，有些氢化物如 BeH_2 的毒性还很大，目前尚未在固体推进剂中获得应用。

各种轻金属及它们的氢化物的性能见表 2–7 和表 2–8。

表 2–7　一些轻金属的主要性能

轻金属	相对原子质量	熔点/℃	密度/（$g \cdot cm^{-3}$）	燃烧热/（$kJ \cdot mol^{-1}$）
铝	26.98	659	2.70	1 657.97①
铍	9.01	1 283	1.84	565.22②
硼	10.81	2 027	2.30	639.32
镁	24.31	650	1.74	601.64

① 为生成热数据；
② 为生成 BeO 固体产物时的燃烧热。

表 2–8　一些轻金属氢化物的性能

轻金属氢化物	氢化铍	氢化镁	氢化铝
分子式	BeH_2	MgH_2	AlH_3
相对分子质量	11.03	26.32	30.10
氢含量/%	18.31	7.67	10.10
生成焓/（$kJ \cdot mol^{-1}$）	–19.26	–79.96	–11.43
密度/（$g \cdot cm^{-3}$）	0.59～0.90	1.42～1.48	1.3～1.5
与氧反应热/（$kJ \cdot kg^{-1}$）	17 830.93	12 099.85	14 779.40
分解温度/℃	190～200	280～300	110

2.11.4　增塑剂及黏合剂

使用生成焓相对较高的增塑剂也是提高推进剂能量水平的一种有效途径。习惯上将这类增塑剂称为含能增塑剂。它们包括：多元醇硝酸酯类，如硝化甘油（NG）、硝化一缩二乙二醇（DEGDN）、硝化二缩三乙二醇（TEGDN）、1, 2, 4–丁三醇三硝酸酯（BTTN）等；硝基化合物，如 2, 2–二硝基乙醇缩甲醛及 2, 2–二硝基乙醇缩乙醛的混合物（二者比例为 1∶1 时，称为 A_3 增塑剂）；含硝基的醇胺类硝酸酯化合物，如二（硝氧乙基）硝胺（代号 DINA）；含叠氮基的脂肪族硝酸酯，如二叠氮基新戊二醇二硝酸酯（PDADN）等。一些含能增塑剂的性能见表 2–9。

表 2–9　一些含能增塑剂的性能

名称	分子式	相对分子质量	密度/（g · cm^{-3}）	熔点/℃	生成焓/（kJ · mol^{-1}）	爆热/（kJ · kg^{-1}）
硝化甘油	$C_3H_5N_3O_9$	227	1.596	13.2（稳定型）	–372.62	6 698.88
硝化二乙二醇	$C_4H_8N_2O_7$	106	1.38	2（凝固点）	–234.04	3 521
二缩三乙二醇二硝酸酯	$C_6H_{12}N_2O_8$	240	1.335	–40	–605.240	1 495
1, 1, 1–三羟甲基乙烷三硝酸酯	$C_5H_9N_3O_9$	255.15	1.468 5	–15	443.706	5 275.37
1, 2, 4–丁三醇三硝酸酯	$C_4H_7N_3O_9$	241	1.52	–27（–11 凝固点）	–406.808（–1 688 kJ/kg）	5 945.26（水为液态）
N–硝基二乙醇胺二硝酸酯（吉纳）	$C_4H_8N_4O_8$	240.1	1.67	51.3	–315.973 6（–1 316 kJ/kg）	5 249
二叠氮基新戊二醇二硝酸酯（代号 8911）	$C_5H_8N_8O_6$	308	—	39.6	9	—
1, 5–二叠氮基–3–硝基–3–氮杂戊烷	$C_4H_8N_8O_2$	200	—	3.5～4.2	540	—

将含能基团如硝基（—NO_2）、硝酸酯基（—ONO_2）、氟胺基（—NF_2）以及叠氮基（—N_3）等引入黏合剂分子中，是多年来人们一直寻求的含能黏合剂品种，已合成的这类黏合剂包括含硝酸酯的聚丙烯酸酯、聚乙烯醇的硝酸酯、侧链含—NF_2 基团的聚醚等。但均由于产物性能达不到作为固体推进剂黏合剂的要求而未能成功。1982 年报道了聚叠氮缩水甘油醚（GAP）之后，叠氮聚醚类含能黏合剂的合成与应用成为含能黏合剂发展的代表。目前这类黏合剂包括：线型 GAP（LGAP）、支化 GAP（BGAP）、叠氮氧丁环的均聚醚及共聚醚（BAMO、BAMO/THF 的聚合物）等。这些黏合剂的生成焓较高（每摩尔叠氮基可提供+356 kJ 的标准生成焓）。推进剂大多数成分具有相容性和成气性好的特点，而且它们的撞击和摩擦感度仍在推进剂工艺和可直接使用的范围之内，作为高能和低特征信号推进剂的黏合剂而受到青睐。一些叠氮聚醚黏合剂的性能见表 2–10。

表 2–10　一些叠氮聚醚黏合剂的性能

名称	结构式	标准生成焓/（kJ·kg⁻¹）	密度/（g·cm⁻³）	凝固点/℃	T_g/℃	$\overline{M_w}$
叠氮缩水甘油醚（GAP）	$\left[CH(CH_2N_3)—CH_2—O \right]_x$	+140	1.30	–45	–35～–45	2 500～5 000
支化叠氮缩水甘油醚（BGAP）	GAP（支化，端基 OH）		—	—	–50～–60	
叠氮氧丁烷均聚醚（PBAMO）	$\left[OCH_2—C(CH_2N_3)_2—CH_2 \right]_x$	+420	1.3	76～80 m.p.	–28	～2 000
BAMO/THF 共聚物	$\left[OCH_2—C(CH_2N_3)_2—CH_2—O(CH_2)_4 \right]_x$			—	–60	2 000～4 000

2.12　推进剂能量特性参数的测定

比冲和特征速度为推进剂的基本能量特性参数。目前一般采用静止试验台法和弹道摆法对这两个参数进行测定。

2.12.1 静止试验台法

这是推进剂比冲和特征速度测定的最普遍方法。装有确定质量推进剂的发动机被安装在可以准确记录推力–时间曲线和压力–时间曲线的试车台上，点火后，由仪器记录发动机整个工作过程的推力–时间曲线和压力–时间曲线。推力–时间曲线积分所得到的总冲量 I_t 与推进剂的质量 W_p 之比即为推进剂的平均比冲（I_{sp}）。

$$I_{sp}=\frac{I_t}{W_p} \tag{2-79}$$

其中，W_p——推进剂的质量；

I_t——为所记录的推力–时间曲线下的总面积：

$$I_t=\int_0^{t_b}F(t)\mathrm{d}t \tag{2-80}$$

式中，t_b——推进剂的燃烧时间。

利用所记录的压力–时间曲线，同时可求得相应的平均特征速度：

$$\overline{C^*}=\frac{\left[\int_0^{t_b}p(t)\mathrm{d}t\right]\cdot A_t}{W_p} \tag{2-81}$$

式中，$\int_0^{t_b}p(t)\mathrm{d}t$——所记录的压力–时间曲线上的总面积；

A_t——喷管的喉部截面积。

推力–时间曲线如图 2–13 所示。

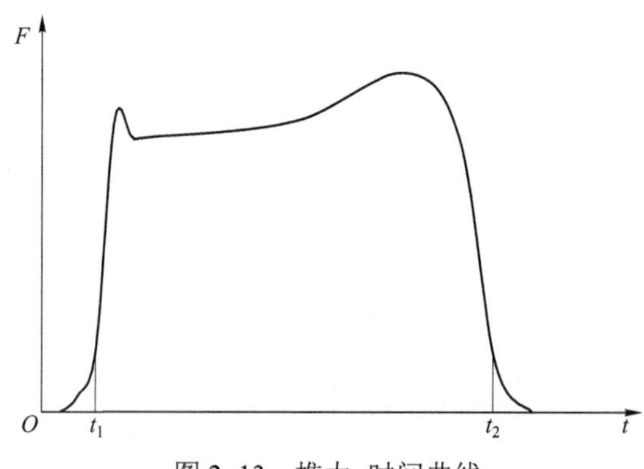

图 2–13 推力–时间曲线

测定中，发动机喷喉的截面积的选择依下式计算：

$$C_D \bar{p} A_t = \rho \cdot S \cdot r \tag{2-82}$$

式中，$\bar{p}$ ——燃烧室的平均压力；

A_t ——喷喉的截面积；

ρ ——推进剂的密度；

S ——推进剂药柱的燃面；

r ——推进剂的燃速；

C_D ——推进剂的流率系数。

$$C_D = \frac{\text{消耗的推进剂质量}}{\int_{t_1}^{t_2} p\mathrm{d}tA_{\mathrm{tm}}}$$

所消耗的推进剂质量就是指药柱的总质量，例如外包覆的自由装填药柱的推进剂质量由药柱总质量减去包覆层质量求出，当燃烧剧烈时，包覆层将被烧去一部分，此时应修正燃去的包覆层的影响。

A_{tm} 为喷喉的平均截面积，由点火前后直径的算术平均值算出。

试车台一般分板簧式、滑板式、立式和旋转式，为了提高测试精度，也有研究采用磁悬浮式试车台。无论采用何种试车台，它所能测出的推力大小（吨位）和经度应与索尼测定的发动机装药所能达到的推力大小和精度要求相匹配。

通常测压力的传感器分宽频响应的压力传感器和应变式传感器两类。推力传感器装在发动机头部，与承受发动机推力的混凝土墩相连接。

影响比冲及特征速度测定精度的因素较多，如试车台架的结构因素（如板簧式台架中柔性板簧的设计是否对推力产生影响；发动机的推力轴线是否与推力传感器轴线重合；压力传感器和推力传感器的精度水平；喷喉截面积变化的大小以及采集数据后计算方法的精度等）。

2.12.2　弹道摆法

该法是利用能–位能和动量–冲量及简谐振动的原理，将火箭发动机固定在一个悬挂在钢架上的弹道摆上进行的。推进剂点火后产生的推力，使摆锤摆动至一最大摆角 $\phi_{\max}$，根据摆角的大小、摆锤质量、摆长、推进剂的质量、喷喉截面积以及记录下来的推力–时间和压力–时间曲线，可以按下式算出平均比冲：

$$I_t = \frac{Q\sin\dfrac{\phi_{\max}}{2}\tau}{\sin\dfrac{\sqrt{g/l}}{2}\tau} \tag{2-83}$$

式中，I_t ——推进剂在该发动机中产生的总冲；

Q——摆锤的质量；

ϕ_{max}——测到的最大摆角；

τ——发动机平衡推力的作用时间，可由压力–时间曲线求得；

g——重力加速度；

l——摆长。

由总冲 I_t 减去点火药的总冲量 I_{w_0} 后再除以推进剂质量即为测得的推进剂比冲$\left(I_{sp}=\dfrac{I_t-I_{w_0}}{W_p}\right)$。利用测定 $p–t$ 曲线中的有关参数代入式（2–81）同样可以求出平均特征速度。

参考文献

张平，等. 固体火箭发动机原理［M］. 北京：北京理工大学出版社，1992.

本章习题

1. 描述火箭推进剂能量特征的参数有哪些？

2. 依据推进剂比冲的基本表达式（2–29）分析燃温 T_c、$\overline{M}$ 及绝热指数 k 对推进剂比冲的影响。

3. 试述推进剂表达式（2–29）中 $1-\left(\dfrac{p_e}{p_c}\right)f^{\frac{k-1}{k}}$ 的物理意义。

第3章

固体推进剂的燃烧性能

3.1 概述

固体推进剂在火箭发动机中通过燃烧过程把其化学潜能转化为高温气体的热能，再通过喷管把高温气体的热能转化为火箭飞行的动能，由此可见，推进剂燃烧过程的调控、能量的释放、燃速变化的规律和燃烧过程的稳定性是推进剂在武器中应用的关键问题。

推进剂燃烧速度受到诸多因素的控制和影响，如推进剂的组分、密度、物理化学常数、推进剂燃烧时的物理化学过程以及初温和压力等。为了研究燃速的控制因素，找出调节燃速的方法，许多学者从理论上和试验中进行了大量的研究工作。从 20 世纪 20 年代起，尤其是 50 年代后，就相继发表了大量的有关文章，阐述燃速各种控制因素，推导燃速理论计算公式。但是，燃烧过程是一个非常复杂的物理化学过程，即在燃烧过程中存在着“三传一反”——传热、传质、传动量和化学反应，正是这些复杂的物理化学过程吸引了大量的科学工作者从理论上推演和从试验中运用最先进的诊断技术去揭示燃烧过程的规律性和特殊性，以期用理论来指导推进剂燃速的控制和调节。迄今为止，仅仅从理论上可以粗略预估燃烧的速度、压力指数的变化趋势，并对燃速调节起一定的指导作用。

3.2 燃烧的基本特征

把物质间进行剧烈氧化化学变化，并伴随放热和发光的现象叫作燃烧。燃烧是日常生活中最常见的现象，人们通常把燃烧现象称为着火。如煤、天然气、汽油等在空气中的燃烧和推进剂的燃烧等。推进剂的燃烧是一种剧烈的化学变化，它具有以下基本特征：

① 在燃烧体系中，必须具有燃烧化学变化所需要的氧化元素和可燃元素。这两类元素可以同时均匀地分散于同一物系中（如化合物和均质体），也可以以不同相的形式存在。

② 燃烧时，反应区所放出的热量，一部分通过热传导、燃烧产物的热扩散和热辐射的方式传给未燃烧部分物质，以维持继续燃烧，大部分热量则加热燃烧产物使之达到发光温度以上而发光，并随燃烧产物和辐射散失于周围环境中。

③ 燃烧传播一般以几毫米每秒至几百毫米每秒的速度一层一层地连续传播下去，但始终小于该介质条件下的声速。

④ 燃烧产物移动的方向与火焰阵面传播的方向相反。

⑤ 凝聚物的燃烧要经过熔化、蒸发、升华、热分解、混合或扩散等中间阶段，才能进行燃烧化学反应，从而转变成燃烧的最终产物。故在燃烧过程中存在着传热、传质、传动量的物理过程和化学反应过程。

⑥ 由于燃烧是一种氧化还原的化学反应，因而，它和其他化学反应一样，反应速度受到反应物浓度和温度的影响，燃烧速度对外界条件（如压力、初温、扩散速度等）的变化敏感。

推进剂是集氧化剂和燃料于一体的特殊复合材料，它燃烧时伴随着大量热的产生和气体的释放。燃烧呈有规律的平行层燃烧，燃烧过程都要经过热分解、预混合、扩散等中间阶段才能转变为最终产物。

火焰就是燃烧化学反应中燃烧产物发光的现象，这种发光区又称为火焰区。产生火焰的必要条件是单位时间单位体积内化学反应所放出的热足以加热燃烧产物，使其温度达到发光温度以上而发光。

随着燃烧化学反应的进行，火焰一层一层地传递下去，叫作火焰的传播。这种过程一般是连续的，但其反应的状态函数（温度、密度、压力等）则是跃迁式的。燃烧反应前，氧化剂和可燃剂所处的状态不同，火焰的结构也不同。故按其火焰类型，可分为预混火焰和扩散火焰两类。

（1）预混火焰

预混火焰是指在燃烧反应前氧化剂和可燃剂预先混合好的燃烧火焰。如本生灯的火焰。均质推进剂在隔绝空气条件下燃烧的火焰可视为预混火焰。

（2）扩散火焰

燃料和氧化剂相互扩散混合，在其接触的界面上反应所形成的火焰称为扩散火焰。扩散混合所形成的火焰是一极薄的反应区，它相当于一个分界面，将燃料与氧化剂隔开，一边是燃料，另一边是氧化剂，所以，扩散火焰又可广义地定义为燃料和氧化剂初始分离的火焰。复合推进剂的燃烧可视为扩散火焰，因为复合推进剂燃烧时，燃料（如黏合剂）和氧化剂（如高氯酸铵）首先各自分解为气态产物，然后再相互扩散反应形成火焰。

3.3　固体推进剂的燃烧性能参数

固体推进剂能量的大小决定着武器的理论射程，在能量确定之后，武器的设计目标则由武器能量释放速度来控制。能量释放速度是由推进剂的形状（燃烧面积）和燃烧速度控制的。因此，推进剂的燃烧性能是武器所要求的重要性能之一。燃烧性能参数包括燃速、燃速压力指数、燃速温度系数和侵蚀比。其中，核心参数就是推进剂的燃速。无论燃烧时压力、初温、气流速度等影响因素如何变化，最终都反映在燃速的变化上，所以，必须研究燃速及燃速的影响因素的变化规律，为装药设计者提供必要的设计参数。

3.3.1　燃烧速度（燃速）

1. 线性燃烧速度

推进剂的线性燃烧速度是指单位时间内沿推进剂燃烧表面的法线方向上固相消失的距离，简称为推进剂的燃速。燃速是一个化学变化的速率问题，受反应物和反应条件的影响。在推进剂组成决定后，燃速受推进剂燃烧各反应区的热量向未燃层表面传播速度的控制。

推进剂燃速的关系式一般是由试验确定的。设推进剂燃烧层厚度为 e，则推进剂的燃速为

$$u = \frac{\mathrm{d}e}{\mathrm{d}t} \tag{3-1}$$

式中，u——推进剂的燃速；

e——推进剂的燃烧层厚度；

t——燃烧厚度为 e 的推进剂所需的时间。

2. 推进剂的质量燃烧速度

推进剂的质量燃烧速度定义为推进剂燃烧时单位时间、单位面积上固相消失的质量，简称为推进剂的质量燃速。质量燃速的表达式为

$$u_m = \rho u \tag{3–2}$$

式中，u_m——推进剂的质量燃烧速度［g/（cm^2 • s）］；

ρ——推进剂的密度（g/cm^3）；

u——推进剂的燃速（cm/s）。

3.3.2 燃速压力指数

推进剂燃速受推进剂组分和含量以及物理性能的影响，同时也受外界因素如初温和燃烧时压力条件的影响。关于燃速的各种影响因素，将在后面的章节中详细讨论，这里仅仅讨论推进剂组成和初温一定时燃速与压力的关系。

1. 推进剂燃速–压力的关系式

1893 年，维也里通过试验提出了燃速与压力的下列关系式

$$u = u_1 p^n \tag{3–3}$$

式中，u_1——燃速系数［mm/（s • MPa^n）］；

p——燃烧时的压力（MPa）；

n——压力指数。

从理论上讲，u_1 的物理意义为当压力为 1 MPa 时的燃速。实际上，u_1 是通过试验数据的数学处理得到的。因为在这样低的压力下，有许多推进剂不能正常燃烧，试验测定的数据不一定可靠。

有的学者提出燃速压力关系式为

$$u = a + u_1 p^n \tag{3–4}$$

式中，a——与试验条件有关的常数。但在实际应用中，由于式（3–4）计算不方便而未被广泛应用。

萨默菲尔德（M.Summerfied）等人在研究了复合推进剂的燃速–压力规律后，提出了二项式的关系式

$$\frac{1}{u} = \frac{a}{p} + \frac{b}{p^{1/3}} \tag{3–5}$$

式中，a、b——与试验条件有关的系数。式（3–5）适用于 0.1～10.1 MPa 的压力范围。

2. 燃速压力指数的定义

式（3–3）是一个适用于火箭发动机使用压力范围的燃速–压力关系式，对各

种火箭固体推进剂几乎都适用。若对式（3–3）取对数，则

$$\ln u = \ln u_1 + n \ln p \tag{3-6}$$

对式（3–6）微分并得

$$n = \frac{\mathrm{d}\ln u}{\mathrm{d}\ln p} \tag{3-7}$$

由式（3–7）可以定义压力指数是燃速对压力的敏感度。

推进剂的燃速压力指数 n 是表征推进剂燃速压力关系的重要参数。n 值的大小不仅与推进剂种类、组分有关，还与压力大小有关。对于火箭发动机使用的中等压力范围，不含催化剂的双基推进剂，n 值为 0.5～1；复合推进剂的 n 值在 0.2～0.5 之间；含有催化剂的平台推进剂的 n 在平台压力范围内为 0～0.2；而含有催化剂的“麦撒”推进剂，在某一定压力范围内，其压力指数为负值（＜0）。典型的火箭发动机用推进剂的燃速–压力关系如图 3–1 所示。

在火箭发动机工作的压力范围内，推进剂燃速压力的关系一般符合式(3–3)，因此，在火箭发动机的内弹道设计中，最普遍的是采用式（3–3）进行计算。

通常，为了保证火箭发动机稳定工作，希望发动机产生的推力不随时间变化或变化很小，即要求推进剂的燃速与压力的依存关系小，燃速对压力的变化不敏感，这就要求 n 值越小越好，最好为 0。理想的发动机 p–t 曲线如图 3–2 所示。

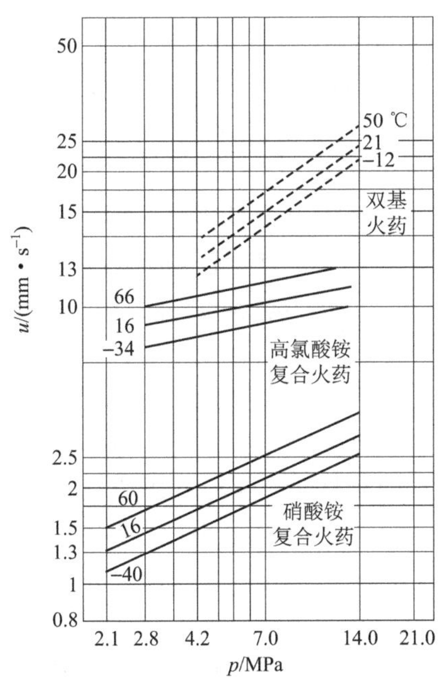

图 3–1　典型推进剂的燃速–压力关系

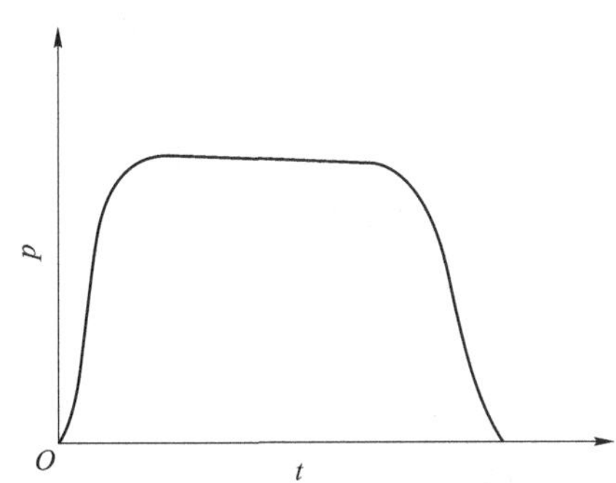

图 3–2　理想的发动机 p–t 曲线图

为了进一步阐述燃速压力指数对发动机燃烧室工作压力稳定性的影响，下面用图解法直观地进行分析。在发动机燃烧室中，燃气的生成率 $\dot{m}_b$ 和燃气的流出率 $\dot{m}_t$ 分别为

$$\dot{m}_b = \rho_p S u_1 p_c^n \tag{3-8}$$

$$\dot{m}_t = C_D A_t p_c \tag{3-9}$$

设发动机结构尺寸及推进剂组分、温度均相同，只是燃速压力指数 n 大小不同，当 $n<1$ 和 $n>1$ 时，分别作图 3–3（a）和图 3–3（b）。

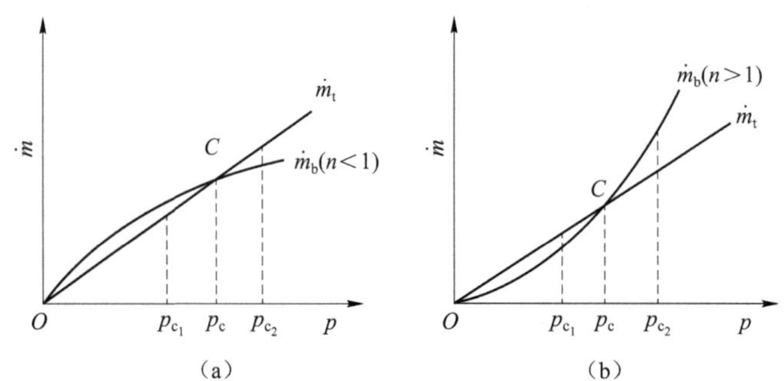

图 3–3　n 值不同时，燃烧室压力变化对发动机工作的稳定性分析

当 $n<1$ 时，如图 3–3（a）所示，$\dot{m}_t$ 为直线方程；$\dot{m}_b$ 为指数方程，其二阶导数为负值，一阶导数为渐减性，曲率逐渐减小。发动机设计时，燃烧室的平衡压力为 p_c，这时的燃气生成率 $\dot{m}_b$ 等于燃气的流出率 $\dot{m}_t$，即两曲线交于 C 点，发动机工作稳定。如果由于偶然因素（如药柱产生裂纹或气泡）使压力偏离平衡点 p_c 而升高到 p_{c2}，这时 $\dot{m}_b < \dot{m}_t$，压力将自动降到平衡压力 p_c；若因偶然因素而使燃烧室的压力降到 p_{c1}，这时 $\dot{m}_b > \dot{m}_t$，由于燃气生成率的增加较快而使燃烧室压力自动回复到 p_c。由此可知，当 $n<1$ 时，燃烧室的压力总能自动回复到平衡压力 p_c，所以，C 点为真正的平衡点。

当 $n>1$ 时，如图 3–3（b）所示。此时 $\dot{m}_b$ 的二阶导数为正值，$\dot{m}_b$ 曲线的曲率为渐增性。发动机设计的平衡压力仍为 p_c，两曲线交于 C 点，即 $\dot{m}_b=\dot{m}_t$，发动机在 C 点稳定工作。由于偶然因素使 $p_c=p_{c1}$ 时，这时的 $\dot{m}_b < \dot{m}_t$，因燃气的流出率大于燃气的生成率而使燃烧室的压力越来越低，有可能导致不正常燃烧或熄火；或者因偶燃因素使 $p_c=p_{c2}$，则 $\dot{m}_b > \dot{m}_t$，即这时的燃气生成率反而大于燃气的流出率，这种循环的影响导致燃气流壅塞而使燃烧室压力越来越高，这样导致发动机不能稳定工作，甚至因燃烧室无法承受升高的压力而发生爆炸。由此看来，在 $n>1$ 时，C 点为一暂时的平衡点，不能保证发动机始终稳定工作。

由上分析可以得出结论：保证发动机稳定工作的必要条件是推进剂的燃速压力指数 $n<1$。

在实际中，多数情况是希望 n 越小越好，最好为零或负值，这样能保证发动机稳定、可靠地工作。所以，降低燃速压力指数，研究平台（n=0～0.2）或麦撒（$n<0$）推进剂是改善火箭用推进剂的一个重要任务，许多推进剂正是用降低其 n 值达到改善弹道性能和广泛应用的目的。但是，在希望火箭飞行中进行推力调节的发动机，往往通过改变 K_N 值来实现，这时选择的推进剂的燃速压力指数希望大一些，以利于推力的调节。有的发动机需要在工作过程中控制熄火，也选用大 n 值的推进剂，利用燃烧室压力突降的条件使发动机熄火。

推进剂燃烧时的压力范围不同，往往 n 值也是不同的。研究平台推进剂时，希望出现的平台压力范围越宽越好，发动机设计的平衡压力最好处于平台压力范围内，以期获得较好的内弹道性能。

3.3.3　燃速温度系数 σ_p

中国地域辽阔，从南方的热带到北方的寒带，从炎热的夏天到寒冷的冬天，温差可达 90 ℃，所以，在中国武器的使用极限温度为–40 ℃～+50 ℃。若为飞机携带的导弹，则使用的最低温度为–60 ℃，最高使用温度为+60 ℃，因此，要求推进剂的燃烧特性应在极限使用温度范围内满足战术技术要求。

初温对燃速的影响是，初温越高，推进剂的燃速就越大。对于同一种推进剂，压力范围不同，初温对燃速的影响程度也可能不同。在火箭发动机中，初温对推进剂燃速的影响，直接影响到火箭发动机的工作性能，表现在推力–时间（F–t）曲线和压力–时间（p–t）曲线发生变化，在一定的装药条件（K_N 一定）下，初温升高，燃速增大，燃烧室的压力升高，发动机产生的推力增大，燃烧时间缩短；初温降低，则得出相反的结果。K_N 一定时，初温对发动机推力的影响如图 3–4 所示。

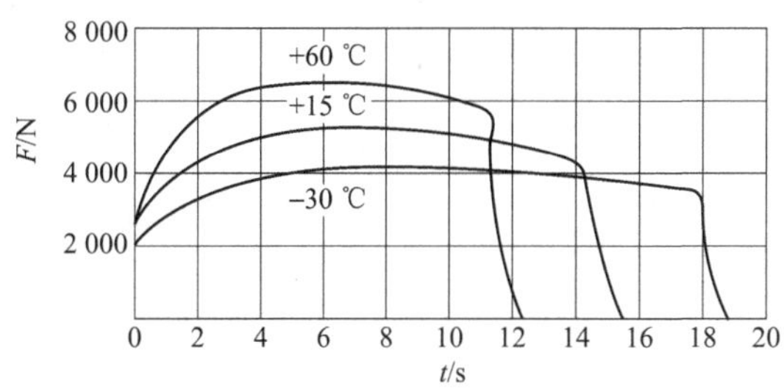

图 3–4　推进剂温度对发动机推力–时间曲线的影响

燃速温度系数是指在一定压力条件下，某一初温范围内温度变化 1 K 时所引

起的燃速的相对变化量，以σ_p表示。其数学表达式为

$$\sigma_p=\left[\frac{\partial \ln u}{\partial T}\right]_p \tag{3-10}$$

式中，T——初温。

把推进剂燃速公式$u=u_1 p^n$代入式（3–10），则

$$\sigma_p=\left[\frac{\partial \ln u_1}{\partial T}+\frac{\partial \ln p^n}{\partial T}\right]_p \tag{3-11}$$

根据σ_p的定义，p为一恒定值，则

$$\sigma_p=\frac{\mathrm{d}\ln u_1}{\mathrm{d}T}=\frac{\mathrm{d}u_1}{u_1\mathrm{d}T} \tag{3-12}$$

由式（3–12）看出，初温对燃速的影响，实质上是影响推进剂的燃速系数u_1值。如果将式（3–12）变换为

$$\frac{\mathrm{d}u_1}{u_1}=\sigma_p\mathrm{d}T \tag{3-13}$$

积分式（3–13）得

$$u_1=u_0\mathrm{e}^{\sigma_p(T-T_0)} \tag{3-14}$$

式中，u_1——初温为T时的燃速系数；

u_0——初温为T_0时的燃速系数。

σ_p是在燃速仪中进行测定的。先是在一个恒定的温度下测定不同压力下的燃速，计算出该温度下的u_1值，然后在恒定的压力（一般采用 6.87 MPa）下测定不同温度下的燃速，求出σ_p值，用式（3–14）就可求出任何温度下的u_1值。推进剂的燃速温度系数一般为 0.002～0.005 K^{-1}。表 3–1 列出了几种制式推进剂的n和σ_p值。应当指出，σ_p值随着压力不同而不同，有的随着压力的升高而降低，当压力升高至某一值以上，σ_p趋于常数；有的则随压力升高而增大，没有统一的规律。表 3–2 列出了几种推进剂在不同压力下的燃速温度系数。从表 3–2 看出，平台推进剂的σ_p值最低。

表 3–1 几种制式推进剂的 n 和 σ_p 值

推进剂类型	n（3.0～10 MPa）	σ_p /K^{-1}（6.87 MPa）
SS–2（双基）	0.485	0.002 5（+50 ℃～–40 ℃）
SQ–2（双基）	0.526	0.002 3（+60 ℃～–40 ℃）
SM–3（双基）	0.500	0.002 47（+60 ℃～–40 ℃）
AP/PS/Al（复合）	0.226	0.002 3（+50 ℃～–50 ℃）

表 3–2　几种推进剂不同压力下的 σ_p 值

推进剂	σ_p /×100 K^{-1}						温度范围 /℃
	3.92 MPa	4.90 MPa	6.86 MPa	7.84 MPa	9.10 MPa	10.79 MPa	
161（双基）	0.267	0.278	0.302		0.322		–40～+50
PT–12（双基）				0.087	0.094	0.120	–50～+50
SFM–2（双基）		0.190	0.179		0.167		–57～+60
SQ–2（双基）		0.226	0.232		0.239		–60～+50
81#（复合）			0.23				–55～+55
82#（复合）			0.30				–55～+55
83#（复合）			0.18				–55～+55

3.3.4　压力温度系数 π_K

一定的面喉比（K_N）条件下，在某一初温范围内推进剂初温变化 1 K 时燃烧室压力的相对变化量，以 π_K 表示，单位为 K^{-1}。

$$\pi_K = \left[\frac{\partial \ln p}{\partial T}\right]_{K_N} \tag{3–15}$$

一般在推进剂确定的情况下 ρ_p 不变，则

$$\pi_K = \frac{1}{1-n}\left[\sigma_p + \frac{\partial \ln C^*}{\partial T}\right]_{K_N} \tag{3–16}$$

C^*随初温变化很小，在 K_N 一定时，初温变化 100 K，C^*变化 0.5%～0.75%，因而，式（3–16）中的 C^*随初温变化可以略去，故得

$$\pi_K = \frac{\sigma_p}{1-n} \tag{3–17}$$

由式（3–17）看出，压力温度系数 π_K 是燃速温度系数 σ_p 的 1/（1–n）。说明初温对燃烧室压力的影响比对燃速的影响大，而且 n 越大，影响越大，只有平台推进剂即 n=0 时，这种影响才降至最低值，所以，研究降低推进剂的 n 值，对发动机稳定工作很有实际意义。初温变化，使发动机的 p–t 曲线和 F–t 曲线发生变化，这种现象又叫作固体发动机的温度敏感性。它变化过大，将使发动机性能变差。表 3–3 列出了几种双基推进剂的压力温度系数 π_K 测定值。由表 3–3 所列数据可以看出：π_K 值较 σ_p 值大，说明燃烧室压力对初温变化敏感；平台推进剂 n 值小，

因而 π_K 值亦小。

表 3–3 几种常用双基推进剂的压力温度系数 π_K ×100 K^{-1}

推进剂（$æ^*$）		+50 ℃～+20 ℃						+20 ℃～–40 ℃				
161（161）	K_N	276	300	320	340	360		276	300	320	340	360
	π_K	0.867	0.856	1.274	1.50	1.985		0.576	0.694	0.581	0.532	0.570
PT–12（140）	K_N	320	340	405	455	475	490	340	405	455	475	490
	π_K	0.345	0.235	0.549	0.836	1.083	1.317	0.598	0.252	0.198	0.255	0.350
SFM–1（155）	K_N	538	578					538	578			
	π_K	0.93	0.94					0.68	0.65			
SQ–1	K_N	480						444				
	π_K	0.76						0.55				
$æ=S/A$，叫作通气参量，即燃烧室中推进剂的燃烧面积（S）与通气面积（A）之比。												

3.3.5 侵蚀燃烧与侵蚀比

在火箭发动机中，侧面燃烧的发动机装药，其推进剂的燃烧速度要受到平行于燃烧面的气流速度的影响。这种因平行于燃烧面的高速气流而使推进剂燃速增加的现象称为侵蚀燃烧。当 J 值（喷喉面积与药柱通气截面积之比）接近 1.0 时，侵蚀燃烧特别严重。越靠近喷管的管状药一端的燃烧侧面，侵蚀燃烧现象越严重。通过中止燃烧试验所观察的侵蚀燃烧现象示于图 3–5 中。

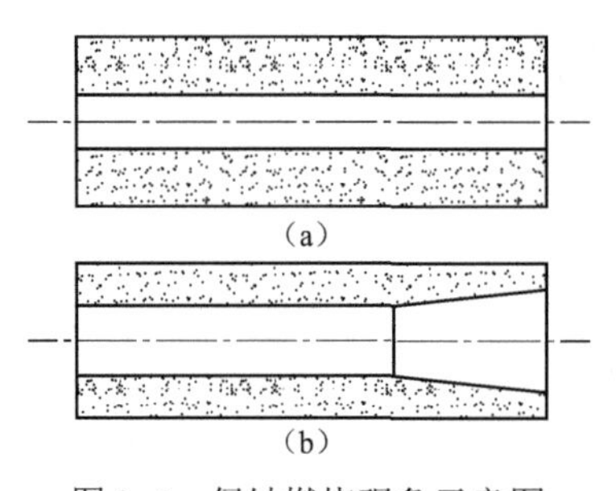

图 3–5 侵蚀燃烧现象示意图

（a）燃烧前的装药；（b）燃烧 dt 后中止燃烧装药

侵蚀燃烧现象是装药设计中常遇到的问题。在发动机直径受到限制时，若希望增加装药量来提高火箭的飞行速度（射程），这样必然要提高装填密度而使通气空间减小或者使药柱增长，这都将导致侵蚀燃烧现象的加重，使燃烧室侵蚀压力峰增高。这样，不得不增加燃烧室的厚度，其结果是发动机的消极质量增加而抵消了一部分因装药量增加对飞行速度的增加。发动机设计者必须对这种矛盾权衡考虑并加以解决。

气流速度对燃速的影响，可以通过气流影响气相对固相反应的传热速度来说明。内孔侧面燃烧通气道中气流速度的变化示于图 3–6 中，由图 3–6 可以看出，越靠近喷管一端的气流通道中，气流速度越大。由于燃气具有一定的黏性，因此，在同一截面上，靠近推进剂燃烧面的气流速度减小，在燃烧表面上形成一层黏附层，当气流速度属于层流流动时，这一黏附层不受破坏，仍维持推进剂的正常气相反应，因而气相向固相的传热不受破坏，推进剂的燃速不受影响。当气流加速到一定速度，达到湍流流动时，黏附层受到破坏，高速的高温气体增加了向固相反应的传热，因而燃速增大，产生了所谓侵蚀燃烧。此外，湍流扩散和湍流的表面摩擦也增加，向燃烧表面的传热使燃速增加，不过湍流传热是首要原因。

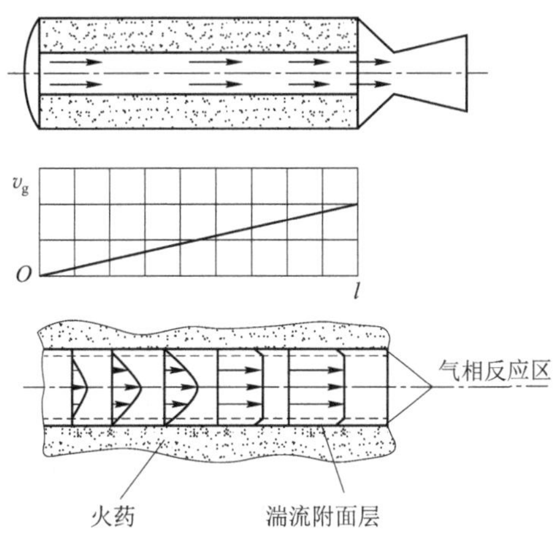

图 3–6　内孔燃烧装药通道中气流速度的变化

气流对燃速的影响，目前只能靠试验的方法来确定，通常用侵蚀比ε来表示。侵蚀比即推进剂有侵蚀作用时的燃烧速度与不发生侵蚀作用时的燃烧速度之比

$$\varepsilon = u_e / u_0 \tag{3–18}$$

式中，u_0——没有侵蚀作用时推进剂的燃速；

u_e——同一推进剂有侵蚀作用时的燃速。

这时，由燃速公式可知

$$u_e = u_1 p^n \varepsilon \tag{3–19}$$

ε值由经验确定，由气流速度表示的经验式为

$$\varepsilon = 1 + K_v(v_{cg} - v_t) \tag{3–20}$$

式中，K_v——侵蚀常数（s/m）；

v_{cg}——平行于燃烧表面的气流速度（m/s）；

v_t——产生侵蚀燃烧的临界气流速度（m/s）。

式(3–20)中，当气流速度 $v_{cg} \leqslant v_t$ 时，不产生侵蚀燃烧，这时 K_v=0；当 $v_{cg} > v_t$ 时，K_v 为一常数，其值为 0.01～0.001 s/m，随推进剂不同而异。

还应该指出，双基推进剂比复合推进剂侵蚀燃烧严重，这与双基推进剂的燃烧机理有关。双基推进剂燃烧过程中存在一个暗区，暗区的厚度与压力呈反比，当燃烧表面的气体黏附层厚度大于暗区厚度时，双基推进剂的正常燃烧区不受破坏，气流速度对燃速没有影响，不产生侵蚀燃烧现象；当燃烧表面的气体黏附层因气流速度增大而受到破坏，或者压力增加而使暗区厚度减小时，高温高速气流增加了向推进剂表面的传热，因而产生了侵蚀燃烧，并随压力和气流速度的增大而增大。

3.4 双基推进剂的稳态燃烧理论

为了了解推进剂燃烧过程的物理化学本质，从理论上理解控制和调节推进剂的燃烧性能参数，许多学者从 20 世纪 40 年代以后就对推进剂的燃烧机理进行了研究，50 年代到 70 年代达到了高潮。80 年代以后，由于认识到燃烧过程中的复杂性和物理变化过程的瞬时性，很难测定到它们的真实变化过程，研究工作没有取得突破性的进展。到目前为止，所提出的各种理论对燃烧性能参数的预测仍是建立在一定的试验结果和若干假设的基础之上的。因而，各种理论计算关系式是有局限性和不精确的。

3.4.1 双基推进剂燃烧机理

典型的双基推进剂主要由硝化纤维素、硝化甘油等硝酸酯和其他附加组分组成，通过高温塑化工艺使双基推进剂成为微观结构比较均匀的高分子固体。燃烧过程的主要特点为：

① 通过点火热源点火后，由分解产物的化学反应放出的热加热推进剂表面，并通过热传导传至一定深度。当表面升温至 T_s（约 600 K）时，推进剂的基本组分（NC、NG）加速分解至固相消失。为了维持推进剂继续进行燃烧，分解产物放出的热能自行向固相传导，并一层一层地被点燃。加热层的厚度与推进剂的物理化学性质及燃烧条件有关。

② 在推进剂燃烧表面层不同深度，其温度分布不同，并分别在不同深度的位置发生软化、熔化、蒸发、升华等物理过程和硝酸酯（NC、NG）的热分解，以及热分解产物之间的化学反应放热过程。

③ 分解产物之间、分解中间产物与尚未分解的凝聚相之间相互发生化学反应，使推进剂各组分完全分解气化，形成复杂的化学反应，并生成 NO、H_2、CO、H_2O、CO_2、CH_4 及低级醛和酸（少量）等产物。若压力过低或燃烧温度过低，燃烧过程有可能在此阶段结束。

④ 在较高的压力或温度下，NO 与 CO、H_2、CH_4 等继续发生氧化还原反应，生成最终燃烧产物 CO_2、H_2O、CO、H_2、N_2 等。若温度高于 3 000 K，还可能产生它们的解离产物，同时放出大量的热，并把燃烧产物加热到发光的温度以上而发出明亮的火焰。

帕尔（R.G.Parr）和克劳伍富德（B.L. Crawford）根据上述这些特点，将双基推进剂的燃烧过程描绘成一个多阶段（或多区域）的物理化学模型，并将其理想化划分为四个区，即亚表面及表面反应区、嘶嘶区、暗区及火焰反应区，各区中表现出不同的物理化学特点。当然，在实际中这四个区是相互渗透，而不是截然分开的。根据这些特点提出的典型双基推进剂燃烧过程的物理化学模型如图 3–7 所示，燃烧各区的特点分述如下。

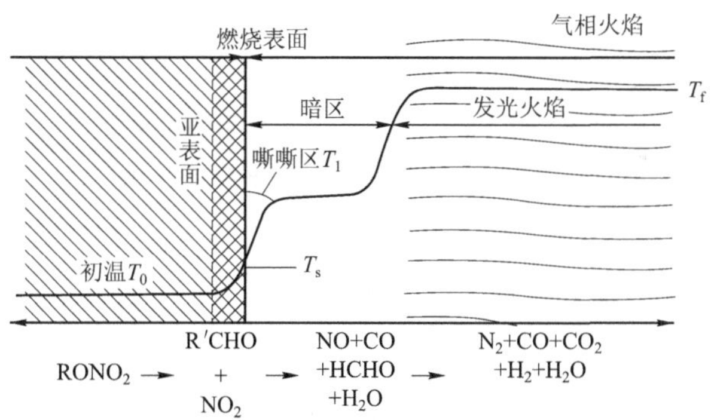

图 3–7　典型双基推进剂燃烧物理化学模型示意图

1. 亚表面及表面反应区

当双基推进剂表面受热被点燃后，热量从推进剂表面向推进剂内部传递，由表及里形成一个温度梯度。这个区从双基推进剂中最不稳定的组分（通常是 NG）发生热分解（称为亚表面）开始，到温度达到 T_s 即固相的消失面（又称燃烧表面）为止。这个区中，在靠近亚表面的推进剂内部，发生的物理化学变化有由于吸热使温度升高而发生的软化、熔化；发生的化学变化主要是硝酸酯的吸热化学分解。除放热的化学反应外，还存在熔化、升华、蒸发等物理变化。在亚表面及表面反应区，靠近燃烧表面一侧的一定深度的凝缩相中充满了气体和液体，形成泡沫状物。

这个区的总热效应为放热，一般占推进剂燃烧总放热量的10%左右。这个区的亚表面处温度为85 ℃～90 ℃（为最不稳定的组分NG开始分解的温度），燃烧表面的温度 T_s 为300 ℃左右，并随压力的增加有一定的增高。压力对凝缩相反应区的厚度有影响，压力增加，厚度变薄。

2. 嘶嘶区

当分解的气体产物从凝缩相反应区逸出时，发出一种嘶嘶的响声，故形象地称为嘶嘶区。该区中除主要为气体产物外，还含有由气体带入的未来得及完全气化的固体和液体微粒，形成烟雾状，故在契苏宁理论中将其称为发烟区。这些固相或液相微粒要继续液化或蒸发、分解，形成复杂的物理化学变化。该区的化学变化有异相反应和均相反应两类。该区的化学反应是放热反应，放出的热量约占总热量的40%。在0.1 MPa压力下，该区的温度可由300 ℃（T_s）急升至700 ℃～1 000 ℃（T_1）。亚表面及表面反应区维持燃烧反应所需要的热量主要由嘶嘶区传入，这对推进剂燃速的快慢起着非常重要的作用。嘶嘶区的厚度随压力的升高而变薄。

嘶嘶区化学反应后的产物主要为NO、H_2、CO，以及少量的H_2O和CO_2。这时硝酸酯基分解出的NO_2几乎全部变为NO。NO与CO和H_2需要在高压和高温（在没有催化剂存在下，压力约10 MPa，温度在1 500 ℃以上）条件下才能继续快速反应。若燃烧时的外界压力太低（小于完全燃烧的临界压力），推进剂的燃烧可能在这个区结束，形成所谓的无焰燃烧。这时因燃烧不完全而使热量的损失达50%。这是应当避免出现的情况。

3. 暗区

暗区又称暗区预备区。在嘶嘶区的化学反应进行完毕后，起氧化剂作用的NO_2已几乎全部变成了NO。嘶嘶区的反应温度也只达到1 000 ℃左右。这时燃烧的中间产物之间的反应，即NO与H_2、CO、CH_4等的进一步快速反应，需要在1 500 ℃以上，这时的气体产物也未达到发光的温度，所以形成了一个化学反应速度极低又不发光的暗区。凡主要以硝基或硝酸酯基化合物为氧化剂的这类推进剂，燃烧过程中均出现暗区。暗区一般较厚，随压力升高，暗区急剧变薄。表3–4列出了典型的双基推进剂燃烧中暗区厚度与压力的关系。

表3–4 压力对双基推进剂燃烧暗区厚度的影响

p/MPa	0.8	3.5	10	300
厚度/mm	20	1	0.2	0.002

双基推进剂中加入燃烧催化剂可以催化NO的还原反应的速度，使暗区的厚

度减薄和使完全燃烧的临界压力降低。表 3–5 和表 3–6 分别列出了催化剂对双基推进剂燃烧时暗区厚度和完全燃烧临界压力的影响。

表 3–5　催化剂对双基推进剂暗区厚度的影响

催化剂	暗区厚度/mm						
	0.8 MPa	1.0 MPa	1.5 MPa	2.0 MPa	2.5 MPa	3.0 MPa	4.0 MPa
0	20	12	7	4	2.5	1.5	0.7
1%的 PbO	5	4	3	2	1.5	1.3	0.7

表 3–6　催化剂对双基推进剂完全燃烧临界压力的影响

催化剂种类及含量	—	1% $CaCO_3$	1% MgO	1% Pb	1% PbO
临界压力/MPa	9.4	8.0	7.3	7.8	5.9

由表 3–5 可以看出，催化剂在低压下，降低暗区厚度特别显著，这也说明，当加入催化剂使暗区减薄时，火焰区高温离燃烧表面越近，加速了向嘶嘶区和燃烧表面的传热，因而使推进剂的燃速提高，压力指数改变。

表 3–6 表明，催化剂可降低双基推进剂完全燃烧的临界压力，这对改善双基推进剂的燃烧性能和火箭发动机强度设计很有实际意义。

当燃烧时的压力在完全燃烧的临界压力以上，暗区的产物加热至 1 500 ℃以上时，燃烧中间产物之间的化学反应急剧加速，这时，燃烧过程就进入燃烧的最后阶段，即火焰反应区。

4. 火焰反应区

当暗区的燃烧中间气体产物被加热到 1 500 ℃以上时，NO 与其他中间可燃气体发生剧烈的化学反应，放出大量的热，将燃烧气体加热到 1 800 ℃以上而发出明亮的光。所以，此区又称为发光火焰区。火焰区是双基推进剂燃烧反应的最后阶段，该区燃烧反应的氧化性气体全部消耗，NO 中的氮变成气体分子氮气 N_2。如果温度小于 2 500 ℃和压力较高，气体产物不会发生解离。该区所放出的热量约占总热量的 50%，典型双基推进剂的最高火焰温度 T_f 在 2 500 ℃左右。

火焰区火焰高度同样受压力的影响，压力升高，火焰区高度降低。火焰区反应放出的热量一部分传给暗区，使暗区产物升高到反应所需的温度，大部分则随燃烧的最终产物散失到环境中。在武器系统中，正是利用这种反应产生的气体和热量来做推力功和膨胀功，推进或发射弹丸。在高压下，可使暗区几乎消失，火焰区的热量可直接传给嘶嘶区。

典型双基推进剂燃烧的最终产物为 N_2、CO_2、CO、H_2O 和 H_2。从能量设计的观点出发，考虑到比容要大，所以，燃烧最终产物中 CO 和 H_2 的含量还是很高的，这就是推进剂燃气排出发动机后可能产生二次燃烧火焰的原因。

以上阐述的典型双基推进剂燃烧过程的物理化学模型是一个定性的理想化的模型。因此，在调节燃烧性能参数时只有定性的参考价值。

3.4.2 双基推进剂平台燃烧机理

1948 年发现了铅化合物对双基推进剂燃烧的催化作用以后，人们开始研究铅化物催化作用规律，发现在火箭发动机使用的压力范围内，不加催化剂时，燃速的对数与压力的对数关系基本为一直线，压力指数在 0.7 左右。加入铅催化剂后，$\lg u$–$\lg p$ 关系曲线发生了变化，在低压范围，催化增速显著提高，产生了所谓的超速燃烧（n=0.8～2.0）；当压力继续升高时，在一定的压力范围内，燃速则对压力变化不敏感，产生了所谓的平台燃烧（n=0.0～0.2）；有的催化剂，在产生超速燃烧后，在某一定的压力范围内，燃速随压力的变化则产生负的效应，即产生所谓的麦撒燃烧效应（n<0）。图 3–8 为双基推进剂的平台和麦撒效应的示意图。应当指出的是，图中所表示的平台和麦撒效应，不是在出现“平台”后又出现“麦撒”，即不是两种效应一定要出现在一种催化双基推进剂中。

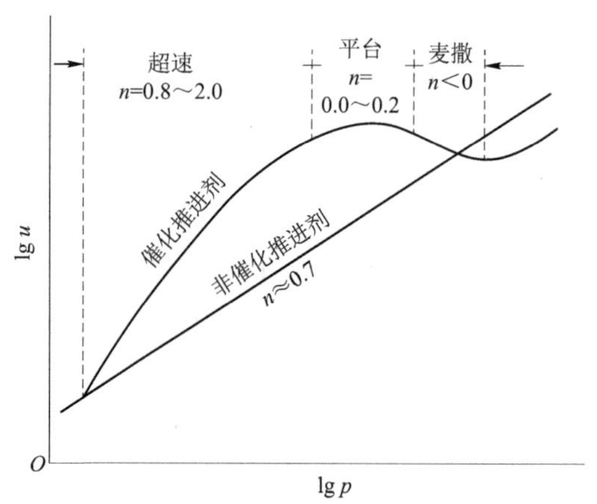

图 3–8 双基推进剂的平台效应和麦撒效应

由于平台推进剂具有优良的内弹道性能，所以，在实际研究中引起了人们的极大兴趣，现已广泛应用于各种战术导弹装药。双基推进剂存在的主要问题是能量较低，加入硝胺和铝粉等成分提交能量后形成的高能双基药较难产生平台效应，而且燃速可调范围不大、平台压力范围小。

通过多年的研究发现，对于双基推进剂，不是所有的燃速催化剂都能产生平台效应，但大多数铅类化合物可使双基推进剂产生平台，平台效应的效果受铅化物物理结构、化学性质、粒度及含量的影响。如脂肪酸铅只能使低能双基推进剂产生平台效应，芳香族铅化物可使高能双基推进剂产生平台效应；铜化合物不能单独使用使双基推进剂产生平台效应，但它可与铅化物配合使用加强双基平台效应的出现和扩大平台压力范围。

从 20 世纪 50 年代以后就对双基平台推进剂的燃烧机理做了大量的研究，提出了各种各样的理论，这里仅对萨默菲尔德提出的“化学当量”理论进行介绍。萨默菲尔德等人通过试验发现：

① 产生超速、平台燃烧时的双基推进剂燃烧表面上有大量的碳粒生成，而超速、平台燃烧消失时，燃烧表面则没有碳粒生成。

② 气相（嘶嘶区）中 NO_2 与醛的反应速度取决于醛与 NO_2 物质的量之比，醛与 NO_2 物质的量比降低时，反应加速。

③ 燃烧表面上铅粒的生成和消失与燃烧表面上的碳粒的生成和消失的时间相同。

萨默菲尔德等人根据上述的试验结果，并将①、②两个试验现象联系起来，提出了“化学当量”理论。该理论认为，双基平台推进剂在燃烧过程中，铅化合物凝缩相被加热到一定温度后分解出金属铅或氧化铅。金属铅或氧化铅在亚表面及表面反应区的燃烧表面附近起催化作用，使硝酸酯的降解历程发生了改变，其中一部分硝酸酯降解生成了碳，而不是醛。碳比醛难于被氧化。这样降低了进入嘶嘶区分解气体中醛与 NO_2 物质的量之比。因这时的气体组成是富燃料的，这种醛与 NO_2 物质的量比的降低，有利于向“化学当量”比的方向移动，因而加速了嘶嘶区的放热反应和嘶嘶区向燃烧表面的热传导，使固相消失速度增加而产生超速燃烧。随着压力的增加，燃速增加，燃烧表面的消失速度加快，这又使得铅催化剂在亚表面及表面反应区燃烧表面层附近停留的时间缩短而使催化作用减少，从而减少了碳的生成，提高了醛的生成量。这时使进入嘶嘶区的气体中醛与 NO_2 物质的量比升高了，使氧化还原反应向着远离“化学当量”的方向移动，降低了嘶嘶区向凝缩相的传热，使燃速降低。这样，随着压力的升高，一方面，压力升高使燃速增高；另一方面，压力增高使催化作用减小，从而使燃速降低。在一定的压力范围内，二者影响相互抵消而产生了平台燃烧效应。当压力超过平台压力区上限后，催化剂不再起作用，而这时推进剂的燃速与不含催化剂的推进剂的燃速基本相同。这一理论除可以解释平台效应外，还可以解释铅化合物对高能双基推进剂和高能改性双基推进剂不能产生平台的原因。这是因为高能双基推进剂热解的醛与 NO_2 物质的量比已接近“化学当量”之比，因而铅化合物不起催化作用。

这一理论只能解释产生超速燃烧和平台效应的原因，但不能解释麦撒效应。同时，这个理论也没有指出铅化物改变硝酸酯降解历程的具体途径。所以，这个理论也是不够完善的。

3.4.3 双基推进剂燃速和压力指数理论预估

1980 年，贝克斯梯德（M.W.Beckstead）将其先前发展的适用于复合推进剂的多层火焰模型，即 BDP 模型，推广应用于双基推进剂，形成一种 BDP 单元推进剂模型。它把燃速作为压力、初温和双基黏合剂基体能量的函数，并可用来预估推进剂燃速。

在运用 BDP 模型时，把双基推进剂看成是一种无固体填料的黏合剂。该模型可归纳为三个方程，第一个是描述表面动力学的方程，第二个是由燃面上能量平衡导出的方程，第三个是与气相反应动力学相联系的方程。下面从三个方面来介绍这个模型。

1. 暗区火焰温度预估

将适用于复合推进剂的 BDP 单元推进剂模型推广应用于双基推进剂，需要事先根据经验确定双基推进剂火焰温度。按照贝克斯梯德的观点，当火箭发动机工作压力不大于 10.2 MPa 时，发光火焰区距表面的距离较远，以致从该区向表面传递的热量可忽略不计。在较低的压力下，暗区火焰最接近推进剂表面并且控制着燃烧过程。影响燃烧表面温度的主要因素是嘶嘶区的厚度与放热量或嘶嘶区末端的温度，也即由暗区的位置与温度决定着燃面的温度。

索特（J.C.Sotter）在理论计算确定暗区温度方面做出了出色的工作，其结果与试验数据非常一致。但仅有一个压力下（7 MPa）的计算结果。后来他又提出计算暗区温度的气体平衡组分方法。在计算平衡组成时，假设暗区没有 N_2 和 N_2O。其计算结果见表 3–7。从表中数据可知，平衡方法计算所得暗区的温度低于实测数据。因此，按平衡方法计算暗区温度需要加上 500 K。贝克斯梯德按照改进后的平衡方法计算了暗区火焰温度数据，并绘制成图，具体结果如图 3–9 所示。在进行推进剂燃烧性能计算时，根据爆热与压力，在图上可直接查出相应的暗区温度。

表 3–7 嘶嘶区性质计算与试验值的比较（p=7 MPa）

组分	CO	NO	H_2	CO_2	H_2O	CH_4	N_2	T_f/K	Q_{es}/（J·g^{-1}）
理论方法	30	20	5	10	27	0	8	1 600	4 180
平衡方法	30	29	17	12	11	1	—	1 100	4 180
试验方法	28	21	7	8	30	1	4	1 700	5 000

2. 理论模型

该模型用阿累尼乌斯公式来描述燃面上的质量燃速，即

$$u_m = A_s \cdot \exp\left(-\frac{E_s}{RT_s}\right) \tag{3–21}$$

假定燃面上的燃温在整个燃面是处处相等的，由燃面上的能量平衡得到：

$$T_s = T_i - \frac{Q_s}{c_p} + \frac{Q_1}{c_p}\exp(-\xi^*) \tag{3–22}$$

式中，T_i 相当于体系的初始能量；Q_s 相当于燃面上释放的凝聚相能量；而最后一项代表了从火焰传回燃面的能量。对于火焰释放的热量 Q_1，可从总的能量平衡中导出：

$$Q_1 = c_p(T_d - T_i) - Q_s \tag{3–23}$$

T_d 是暗区火焰温度，可根据图 3–9 来确定。

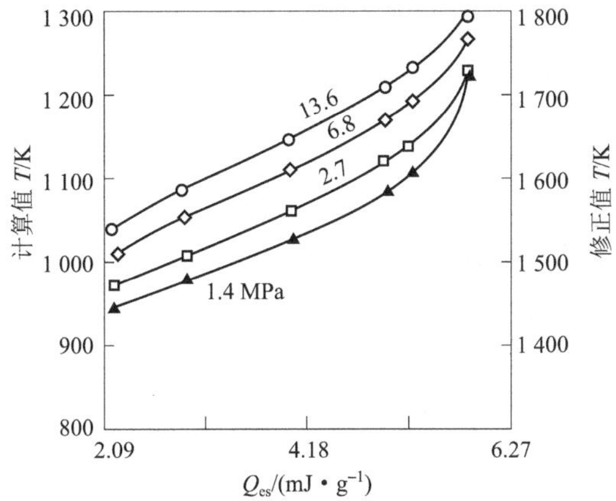

图 3–9　暗区火焰温度与压力、推进剂爆热的关系

式（3–22）中的量纲为 1 的火焰距离可表示为

$$\xi^* = \frac{u_m c_p}{\lambda}x = \frac{u_m c_p}{\lambda}\frac{u_m}{\rho}t = \frac{u_m^2 c_p}{\lambda}\cdot\frac{1}{kp^m} \tag{3–24}$$

式中，k——气相反应速度常数；

m——反应级数。

若视压力 p 为独立变量，则根据式（3–21）、式（3–22）和式（3–24）便可求出三个未知量 u_m、T_s 和 ξ^*。但仍不能得到质量燃速对压力的解析函数式，因为式（3–21）中的质量燃速是在式（3–22）中的指数项中出现的，只能进一步通过反复迭代来求解。

双基推进剂的 BDP 模型的一大优点是简单，在计算推进剂质量燃速的同时，通过对式（3–21）、式（3–22）和式（3–24）进行一系列微分，可得到压力指数和

燃速温度敏感系数的精确解析表达式。

压力指数：

$$n=\frac{\partial \ln u_m}{\partial \ln p}=\left[u_m+\left(\frac{E_g}{RT_g}+\frac{c_pT_d}{Q_1\xi^*}\right)\frac{d\ln T_g}{d\ln p}\right]\Big/\left[2+\frac{RT_s}{E_s}\frac{c_p\cdot T_s}{Q_1\xi^*\exp(-\xi^*)}\right] \tag{3-25}$$

通过对上式各项的数量级比较以及试验数据，表明双基推进剂的压力指数大体上为气相反应级数的 1/2。

温度敏感系数：

$$\sigma_p=\frac{\partial \ln u_m}{\partial \ln T_i}=\left[\frac{c_p}{Q_1\xi^*\exp(-\xi^*)}+\frac{E_g}{RT_g}\cdot\frac{d\ln T_g}{d\ln T_i}\right]\Big/\left[2+\frac{RT_s}{E_s}\frac{c_p\cdot T_s}{Q_1\xi^*\exp(-\xi^*)}\right] \tag{3-26}$$

在已知火焰温度、活化能等参数的情况下，根据式（3–26）就可以预估温度敏感系数 σ_p。

用以上推导的理论分析公式还可求解凝聚相的化学反应参数 Q_s、E_s 与 A_s 等。

3. 理论计算与试验数据比较

从大量的理论计算与试验数据对比可见，贝克斯梯德的理论分析方法是正确的，其最大误差小于 12%，且绝大部分试验点的误差小于 10%。图 3–10 所示为在 3.5 MPa、7.0 MPa 和 13.9 MPa 下，燃速与爆热的函数关系。从图中曲线可知，仅在高压（13.9 MPa）时计算值与试验数据偏离较远（误差接近 11%）。其余压力下，两者符合得很好。

图 3–11 所示为燃速压力指数与试验数据的比较，尽管在 3.5 MPa 下压力指数的预估值高于试验值，但两者随爆热变化的趋势是一致的。

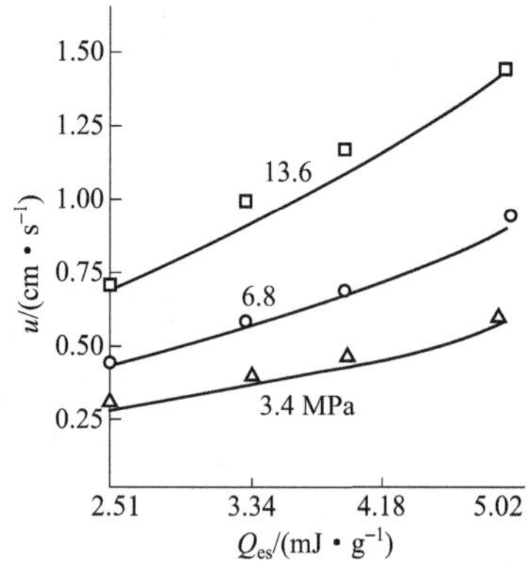

图 3–10 推进剂燃速与爆热的关系

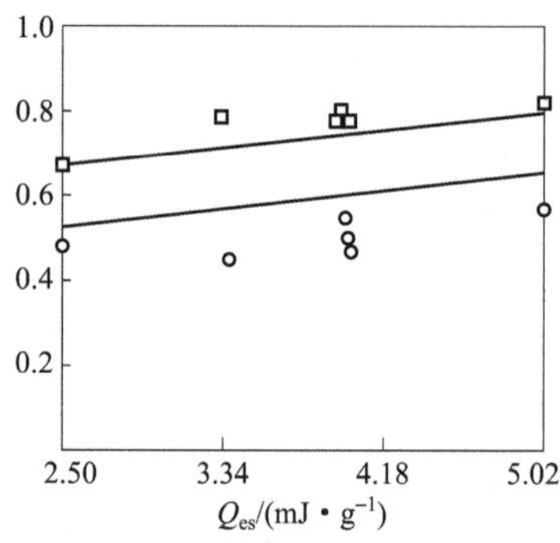

图 3–11 压力指数与爆热的关系

燃速温度敏感系数预估值与试验数据的比较如图 3-12 所示，可见 σ_p 随爆热值的增加而降低。虽然图中的数据点较为分散，但其变化趋势与计算值基本符合。

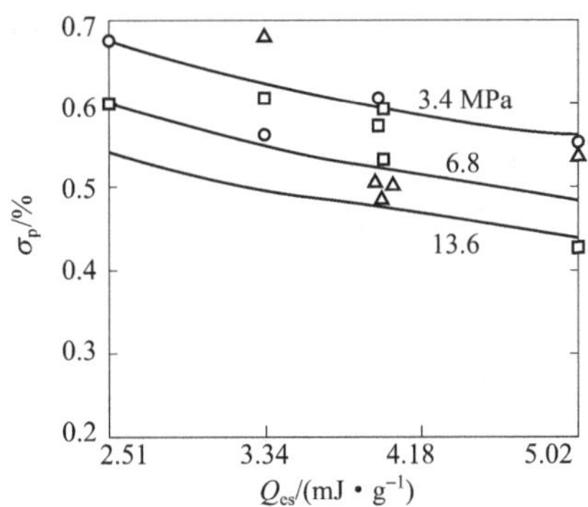

图 3-12　燃速温度敏感系数与爆热的关系

3.5　复合改性双基推进剂燃烧理论

复合改性双基（CMDB）推进剂是在双基（DB）推进剂的基础上发展起来的。高氯酸铵或/和奥克托今（HMX）以及铝粉（Al）的引入，不仅使比冲得到提高，而且同样具有良好的烟焰特性，因此受到国内外的广泛重视。由于 CMDB 推进剂的燃烧区存在着高度的物理、化学不均匀性，人们对其稳态燃烧机理的研究还远不及双基和复合推进剂那样广泛和深入，尤其是在 AP–HMX–CMDB 推进剂中，影响因素更为复杂。

3.5.1　AP–CMDB 推进剂稳态燃烧模型

1976 年，久保田等人通过对 AP–CMDB 推进剂进行显微照相和温度测量发现：

① 不掺有 AP 晶粒的双基基体，其火焰结构与一般双基推进剂没有什么两样。气相反应区仍由嘶嘶区、暗区和发光火焰区构成。

② 加入细粒度（18 μm）AP 后，观察到暗区有许多来自燃烧表面的发光火焰流束。随着 AP 含量的增加，火焰流束数目相应增加。当 AP 含量达 30%时，暗区完全消失，代之以发光火焰。认为火焰流束是由 AP 在燃烧表面分解后形成的。

③ 换加大颗粒（3 cm）AP 后，则在 AP 晶粒上方有不太亮的半透明的浅蓝色火焰出现，同时，在此火焰周围又出现淡黄色的发光火焰流束。认为前者是 AP 分解产物 NH_3 和 $HClO_4$ 形成的预混火焰，后者是 AP 分解产物与 DB 基体分解产物间形成的扩散火焰。

④ AP–CMDB 推进剂嘶嘶区温度梯度很大，同时暗区温度也高。含有大颗粒 AP（150 μm）的 CMDB 推进剂在嘶嘶区和暗区温度会产生较大的脉动。这时单位体积里 AP 颗粒少、粒度大，这是 AP 与 DB 分解产物形成扩散火焰所致。

基于以上试验观察，提出了 AP–CMDB 推进剂火焰结构由 DB 预混火焰、AP 分解火焰和 AP/DB 扩散火焰三部分组成的物理模型。为了获得一个简捷的燃速计算的数学表达式，久保田进一步假设：

① 远离 AP 晶粒的 DB 基体表面，由双基火焰的气相区向表面反馈热量，其消失速度与 DB 推进剂的燃速（u_{DB}）相同。

② AP 晶粒附近的双基基体表面，反馈的热量来自 AP/DB 扩散火焰，其消失速度近似等于 AP 晶粒的消失速度（u_{AP}）。

根据上述假设，由各区所占的体积分数即可写出 AP–CMDB 推进剂的燃速

$$u = \frac{1}{\dfrac{\xi}{u_{\mathrm{AP}}} + \dfrac{1-\xi}{u_{\mathrm{DB}}}} \tag{3–27}$$

式中，ξ——以 AP 晶粒燃速燃烧的体积分数。

根据试验研究结果，可得出假设②中嵌入 DB 基体内的 AP 晶粒的燃速

$$u_{\mathrm{AP}} = \frac{kp^{0.45}}{d_0^{0.15}} \tag{3–28}$$

式中，k——与基体燃速无关的常数。该式表明 AP 晶粒的燃速与压力成正比，与初始粒子直径 d_0 成反比，而与 DB 基体无关。

久保田在处理这里的双基基体燃速时，仍然以自己先前的嘶嘶区反应速度为常数的稳燃模型为基础，即

$$u_{\mathrm{DB}} = p\left[\frac{\lambda_{\mathrm{s}} Q_{\mathrm{s}} Y_0 Y_{\mathrm{F}} A_{\mathrm{s}} \exp\left(-\dfrac{E_{\mathrm{g}}}{RT_{\mathrm{s}}}\right)}{\rho_{\mathrm{p}}^2 c_p c_{\mathrm{g}}\left(\dfrac{T_{\mathrm{s}} - T_i - Q_{\mathrm{s}}}{c}\right) RT_{\mathrm{s}}^2}\right]^{\frac{1}{2}} \tag{3–29}$$

式中

$$T_{\mathrm{s}} = T_i + \frac{Q_{\mathrm{g}}}{c_p} + \frac{Q_{\mathrm{g}}}{c_{\mathrm{g}}} \tag{3–30}$$

燃烧表面热分解的公式为

$$u_{\mathrm{DB}} = A_{\mathrm{s}} \exp\left(-\frac{E_{\mathrm{s}}}{RT_{\mathrm{s}}}\right) \tag{3–31}$$

根据已知的推进剂性能参数和动力学数据，由以上三式联立可解出 u_{DB}、T_{s} 作

为压力 p 的函数。

利用上述推导出的各公式即可计算出 AP–CMDB 推进剂的燃烧特性，计算结果与试验数据符合较好。

3.5.2 HMX–CMDB 推进剂稳态燃烧模型

通过试验，久保田观察到 HMX–CMDB 推进剂的稳燃过程与 AP–CMDB 不同之处为：

① 在 DB 基体内加入 HMX 后，火焰结构未发生变化。未观察到扩散火焰流束，暗区厚度仍保持不变。

② 由于 HMX 的绝热火焰温度高达 3 275 K，而暗区温度仅为约 1 500 K，加入的 HMX 在燃烧表面升华或分解，再在 DB 基体的发光火焰区内燃烧，使得该区亮度显著增加。

③ 加入 HMX 后，对 DB 推进剂的燃速影响不大，一般随 HMX 含量的增加先降低，当超过 50%时，燃速重新增加。

因此，久保田根据以上试验观察结果，认为 HMX–CMDB 推进剂与双基基体完全相同，完全可以应用双基推进剂的燃速公式来计算燃烧特性，只是要将燃烧表面的净放热量修改为

$$Q_{s,H} = \alpha_H Q_{s,HMX} + (1-\alpha_H) Q_{s,DB} \tag{3–32}$$

式中，$Q_{s,H}$——含 HMX 的 CMDB 推进剂的表面放热量；

α_H——HMX 在 CMDB 中的质量分数；

$Q_{s,HMX}$——HMX 的放热量。

HMX–CMDB 推进剂的计算结果与试验数据符合得很好。

3.6 复合推进剂燃烧理论

高氯酸铵复合推进剂一般由氧化剂（高氯酸铵）、黏合剂（高聚物及附加剂）和金属燃料（一般为铝粉）组成的非均质混合物。它的燃烧过程十分复杂。研究发现，铝粉在推进剂燃烧表面上凝结成团，但不能在燃烧表面上或表面附近的气相中点火，而是在远离燃烧表面的气相火焰中燃烧。所以认为，铝的存在基本上不影响推进剂的燃烧机理，只是影响推进剂的燃烧效率，故在研究复合推进剂的燃烧机理时，一般不考虑铝的影响。由于不考虑铝的影响，复合推进剂的燃烧就简化成高氯酸铵与黏合剂的混合燃烧过程。

根据对复合固体推进剂燃烧过程中燃速控制步骤及火焰结构的不同认识，国内外曾先后提出许多燃烧理论模型，力图解释其燃烧机理和预测燃烧行为。这些燃烧模型，可归结为两类：一类是认为气相放热反应为速度控制步骤的气相型稳态燃烧模型，另一类是认为凝聚相放热反应为速度控制步骤的凝聚相型稳态燃烧模型。前者的代表为粒状扩散火焰模型（GDF），后者为 BDP 多火焰模型。

3.6.1 萨默菲尔德粒状扩散火焰模型（GDF）

此模型是气相型稳态燃烧模型。萨默菲尔德于 20 世纪 60 年代初期在总结大量试验研究的基础上提出了复合推进剂的粒状扩散火焰模型，即所谓的 GDF 模型。该模型认为：

① 火焰是一维的。稳定的火焰接近于燃烧表面。

② 燃烧表面是干燥和粗糙的，因此，氧化剂和黏合剂的气体靠热分解或升华直接由固相逸出，以非预混状态进入气相。

③ 黏合剂与氧化剂仅在气相中互相渗混，在固相中两者不发生反应。

④ 黏合剂的热解产物以具有一定质量的气袋形式从表面辐射出来。气袋的平均质量比氧化剂晶粒的平均质量小得多，但两者的质量成正比，而与压力无关。气袋在通过火焰区的过程中逐渐消逝，其消逝的速度取决于扩散渗混与化学反应速度。由于渗混的可燃气体在化学反应中放出热量，所以，这种燃烧模型称为“粒状扩散火焰”模型。

⑤ 氧化剂蒸发与黏合剂热解是高温火焰向推进剂表面热量反馈的结果。热量传递的主要形式是热传导，可不考虑热辐射的影响。

⑥ 气相的输运（包括热传导与扩散）是分子输运，不属于湍流传递。因为气相流动的雷诺数很小，故可认为它处于层流状态。

GDF 燃烧模型如图 3–13 所示。

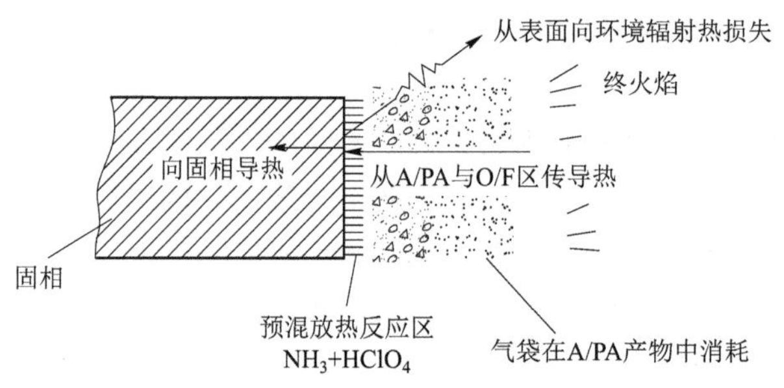

图 3–13 AP 复合推进剂燃烧的 GDF 模型

根据以上假设，萨默菲尔德将该模型简化为三个基本方程，即燃烧表面上能量守恒方程、气相化学动力学方程和混合扩散方程。为便于数学推导，他进一步假设燃烧表面附近气相区的温度分布由两段直线组成。最后得

$$u_b = p \Bigg/ \left[\frac{\rho_p H_s k_B T_r (N/3)^{1/2}}{\lambda_s (T_f - T_s)(2\pi\sigma^2)} + \frac{C\rho_p H_s}{\lambda_s (T_f - T_s)} u_b p^{(2-n)/2} \right] = p / [A + B u_b p^{(2-n)/2}] \tag{3-33}$$

式中，A 和 B 可视为常数，主要与推进剂的组分有关。

3.6.2 BDP 多层火焰燃烧模型

在 20 世纪 70 年代前后，迪尔（R.L. Derr）等人就观察到，AP 复合推进剂的燃烧表面结构形状与压力有着密切的关系。当压力大于 4.12 MPa 时，AP 晶粒凹在黏合剂表面以下；当压力等于 4.12 MPa 时，AP 的消失速度与黏合剂的消失速度近似相等；当压力小于此值时，AP 的晶粒就凸出在黏结剂表面以上。因此，他们认为，AP 晶体上方的火焰结构是相当复杂的，初始扩散火焰的影响不能忽视。在全部试验压力范围内，都可观察到在燃烧表面的 AP 晶体上有一薄的熔化液层，这表明在复合推进剂的燃烧过程中存在凝聚相反应。

根据以上试验观察，1970 年由贝克斯梯德、迪尔以及普莱斯（C. A. Price）三人共同提出了复合固体推进剂稳态燃烧的多层火焰模型，简称为 BDP 模型，如图 3–14 所示。

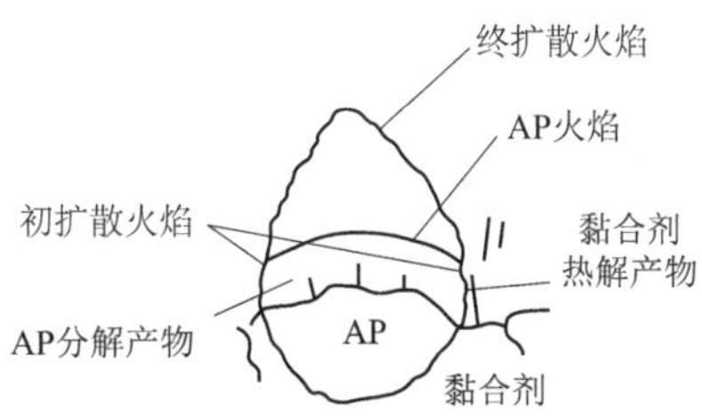

图 3–14　AP 复合推进剂火焰结构

图 3–14 中各部分的物理化学变化过程如下：

① 表面上进行的凝聚相反应过程由氧化剂和黏合剂的初始热分解及分解产物间的非均相放热组成。整个表面反应过程为净放热过程。

② 初焰（PF）是 AP 分解产物与黏合剂热解产物之间的化学反应火焰，与扩散混合及化学反应速度有关，可用下式表示：

黏合剂热解产物（CH_2，CH_4，C，…） + $HClO_4$ 分解产物（ClO，HO，O_2，…） → PF 火焰燃烧产物

此反应为二级气相反应。

③ AP 单元推进剂火焰（AP 火焰）是自身分解产物 NH_3 和 $HClO_4$ 之间的反应火焰。该火焰为预混火焰，只与气相化学反应速度有关，而与扩散混合速度无关。其反应可表示为

$$NH_3(g) + HClO_4(g) \rightarrow \text{惰性产物} + \text{氧化性物质}$$

该反应为二级气相反应。

④ 终焰（FF）是黏合剂热解产物与 AP 火焰的富氧燃烧产物之间的化学反应火焰。由于终焰的反应物已被预热到 AP 火焰温度（～1 400 K），反应速度很快，故终焰的反应速度仅取决于扩散混合速度。

为了能够推导出燃速理论表达式，BDP 模型还需要做下述假设：

① 过程是一维稳定的；

② 氧化剂和黏合剂的表面分解反应均服从阿累尼乌斯公式；

③ 气相反应为简单的均相反应；

④ 产物为理想气体，其物性参数（λ、d、D、c）在反应过程中保持为常数，且取平均值。

根据以上假设，在稳态燃烧的情况下，推进剂质量燃速与氧化剂、黏合剂质量燃速之间应满足下列质量守恒关系：

$$u_m = \frac{u_{mo}}{\alpha}\left(\frac{S_o}{S}\right) = \frac{u_{mf}}{1-\alpha}\left(\frac{S_f}{S}\right) \tag{3-34}$$

式中，u_m ——推进剂质量燃速[g/（cm^{-2} • s）]；

u_{mo} ——氧化剂质量燃速[g/（cm^{-2} • s）]；

u_{mf} ——黏合剂质量燃速[g/（cm^{-2} • s）]；

α ——氧化剂质量分数；

S——总燃烧面积（m^2）；

S_o——氧化剂燃烧面积（m^2）；

S_f ——黏合剂燃烧面积（m^2）。

目前一般认为，BDP 模型既考虑了推进剂燃烧表面的微观结构及气相反应中扩散和化学反应两个过程，又考虑了气相反应热和凝聚相反应热的作用，并特别强调凝聚相反应的重要性，这些已被许多现代试验所证实，因此，比先前的一些模型较为完善。该模型理论计算结果与试验数据符合较好，因而受到人们的普遍重视并被推广应用于 AP、HMX、RDX 等单元推进剂、双基推进剂和硝胺推进剂。BDP 模型也有一定的局限性，如它只描述了较低压力下 AP 晶粒凸出在燃烧表面的情况，推导燃速公式采用一维模型，模型只适用无催化剂和仅有一种直径的球型氧化剂等，故此公式只能起定性估算之用，不能定量计算燃速。

3.7　固体推进剂燃速的影响因素

3.7.1　氧化剂类型及含量对燃速的影响

氧化剂是复合推进剂的主要组成部分，是黏合剂燃料燃烧所需氧的主要来源，并且在推进剂组分中占有较大的比例，因而氧化剂的性能、含量、粒径大小及分布等对所组成推进剂的燃烧性能有很大的影响。氧化剂的类型不同，所组成的推进剂也有着明显不同的燃速特性，如图 3–15 所示。其中 AP 复合推进剂燃速较高，压力指数较低，而硝胺复合推进剂具有低燃速和高压力指数的特点。氧化剂含量的变化同样对推进剂燃速特性有显著的影响，现按不同氧化剂的推进剂类型分述如下。

1. AP 复合推进剂

以 AP 为氧化剂的复合推进剂，随氧化剂含量增加，燃速增加，如图 3–16 所示。

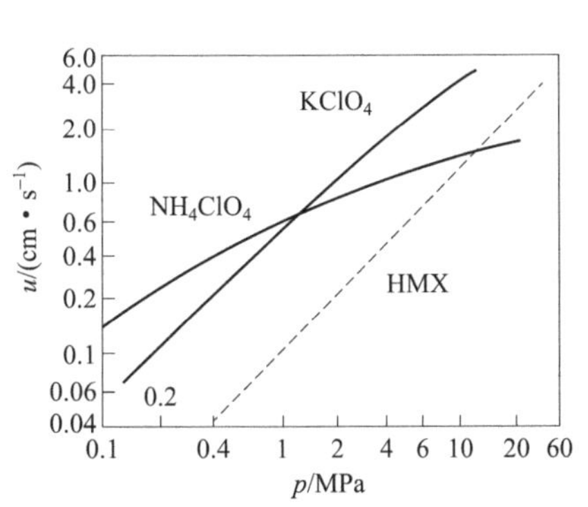

图 3–15　不同氧化剂的 PU 推进剂的燃速特性

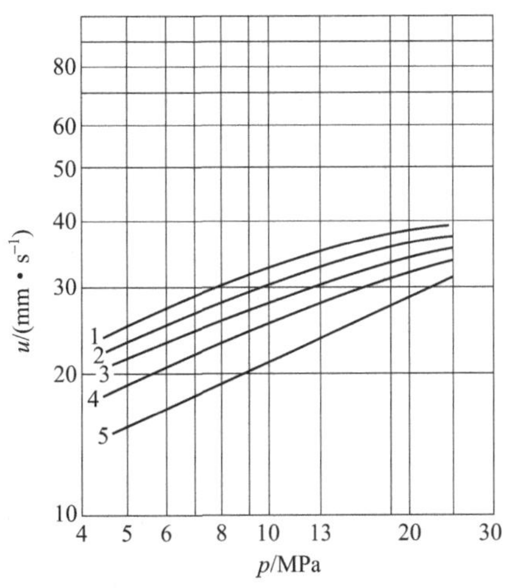

图 3–16　AP 复合推进剂的 w(AP)–u 关系

w(AP)：1—40%；2—35%；3—30%；4—25%；5—21%

2. 硝胺复合推进剂

以 HMX 为氧化剂的硝胺复合推进剂，氧化剂含量对其燃速特性的影响与 AP 复合推进剂有类似的规律，如图 3–17 和图 3–18 所示。随着 HMX 含量的增加，燃速增高，压力指数上升。

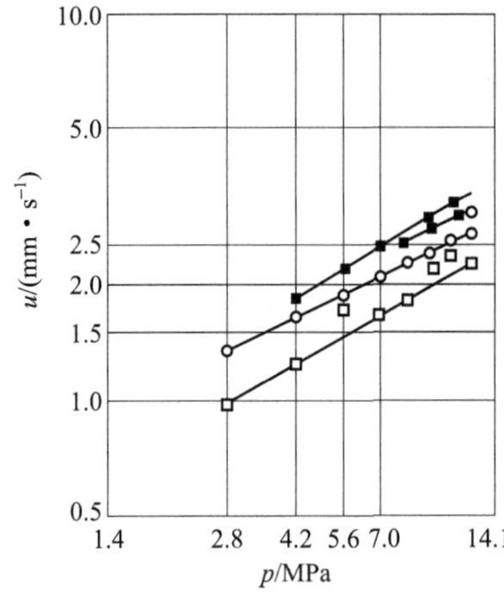

图 3-17 硝胺推进剂的 w(HMX)-u 关系

试样号	黏合剂	固体含量/%
○—6063-100	PEG	70
□—6063-98	HTPB	70
●—6078-5	PEG	78

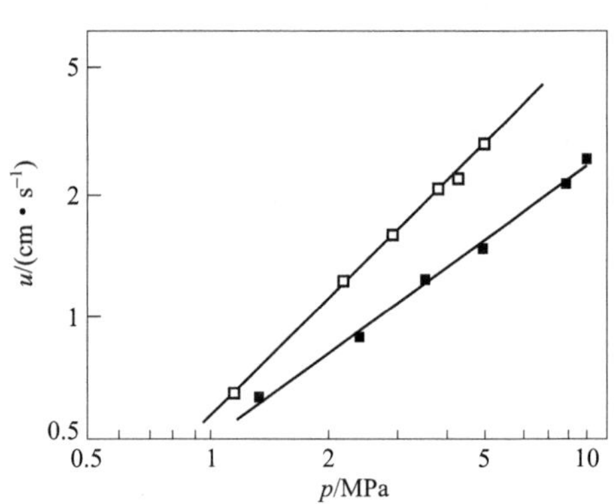

图 3-18 HMX-聚丁二烯推进剂 w(HMX)-u 关系（HMX～18 μm）

□—HMX 85%；■—HMX 65%

3. AP-CMDB 推进剂

图 3-19 示出了久保田等人研究的 AP-CMDB 推进剂不同 AP 含量和不同粒

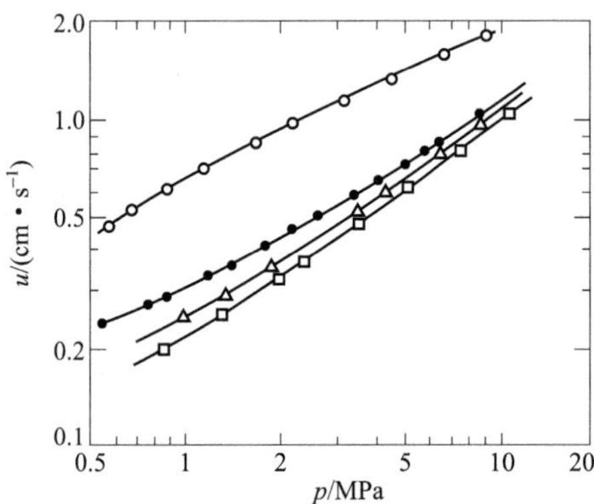

图 3-19 AP-CMDB 推进剂的燃速特性

试样号	w(AP)/%	d/μm
○—DB	0	—
△—AP-CMDB	20	150
●—AP-CMDB	30	150
□—AP-CMDB	30	18

径的燃速特性曲线。由图 3–19 可知，当 AP 粒径不变时，AP–CMDB 推进剂的燃速随 AP 含量增加而增加，但当 AP 含量低于 10%时，其燃速与 DB 基体燃速没有明显差别。

4. RDX–CMDB 推进剂

图 3–20 示出了 RDX–CMDB 推进剂的试验结果。图中所示为由 0%～30%的 RDX（粒度约 20 μm）和 100%～70%的 DB 基体所组成的硝胺复合改性双基推进剂的燃速曲线。由图可知，与 AP–CMDB 推进剂不同，随着 RDX 含量增加，RDX–CMDB 推进剂的燃速反而是下降的。与双基基础配方相比，其还使压力指数有所升高。HMX–CMDB 推进剂也有类似试验结果。

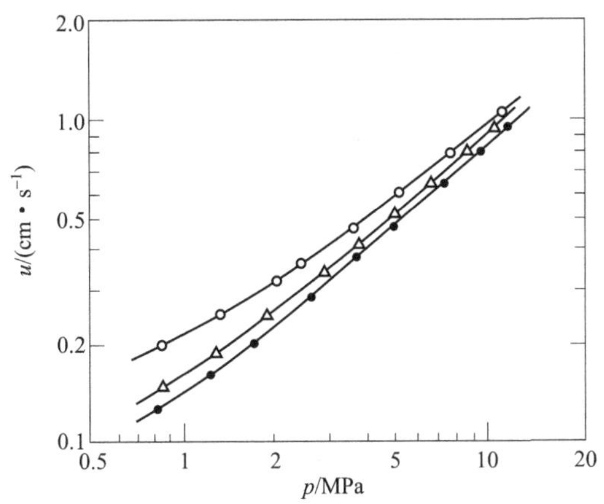

图 3–20　RDX–CMDB 推进剂 w(RDX)–u 关系

○—DB 母体，0% RDX；△—RDX–CMDB，20% RDX；●—RDX–CMDB，30% RDX

3.7.2　氧化剂粒度及其分布对燃速的影响

对于复合推进剂和复合改性双基推进剂，氧化剂的粒度及其分布对其燃速特性有很大的影响，并且不同类型的推进剂其影响规律有明显的不同。现分述如下。

3.7.2.1　AP–复合推进剂

1. AP 粒径的影响

图 3–21 示出了由 AP 与端羧基聚丁二烯（CTPB）组成的复合推进剂，当 AP 粒径不同时的特性曲线。图 3–22 示出了 AP–丁腈橡胶（PBAN）、AP–卡硼烷基甲基丙烯酸酯丙烯酸预聚物（KBAA）以及 AP–聚硫橡胶（PS870）三种复合推进剂的燃速随 AP 粒径的变化规律。由图 3–21 和图 3–22 可知，AP 复合推

进剂不管使用何种黏合剂，推进剂的燃速都随 AP 的粒径增加而降低，并且 AP 粒径越细，这一影响越显著。AP 粒径对压力指数的影响示于图 3–23，随着 AP 粒度降低，压力指数增高，单级配 AP 粒度由 200 μm 降至 1 μm 时，n 值从 0.53 增至 0.90。

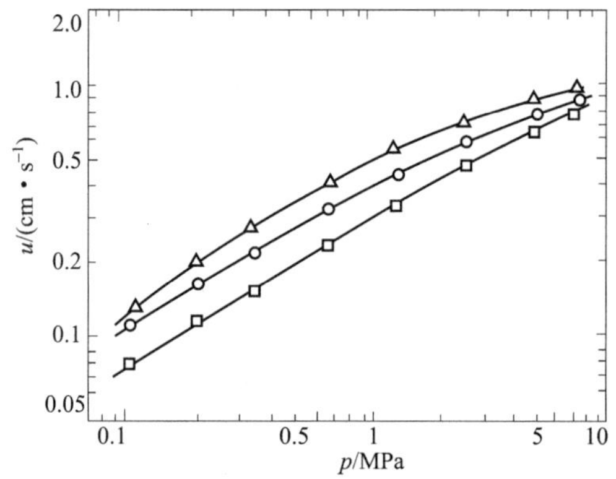

图 3–21 AP 粒径对 AP–CTPB 复合推进剂燃速特性的影响

AP 65%+CTPB 35%；AP 粒径/μm：△—55，○—98，□—265

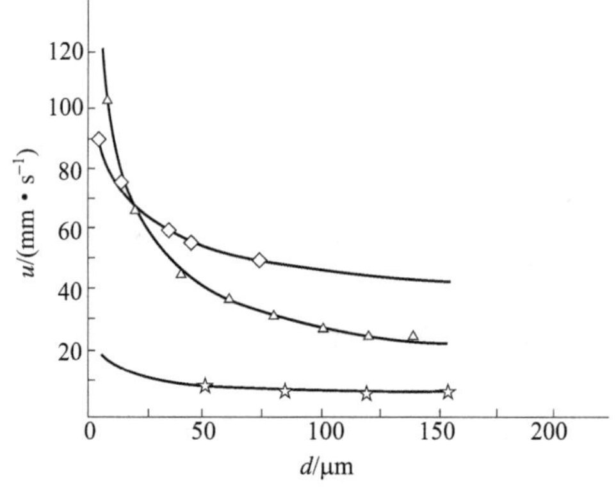

图 3–22 AP 粒径对 AP–KBAA、AP–PBAN、AP–PS870 复合推进剂燃速的影响

△—PS870（10 MPa）；◇—KBAA（14 MPa）；☆—PBAN（7 MPa）

2. AP 粒径级配的影响

图 3–24 示出了 AP 粒度级配对端羟聚丁二烯推进剂燃速的影响，图 3–25 所示为 AP 重均粒径对 HTPB 推进剂燃速的影响。由图可说明，AP 粒径级配的影响也是平均粒径越小或小粒径的 AP 越多，其构成的推进剂燃速越高，对于 AP–HTPB 推进剂，还可获得 AP 重均粒径与其燃速成负线性关系的规律。

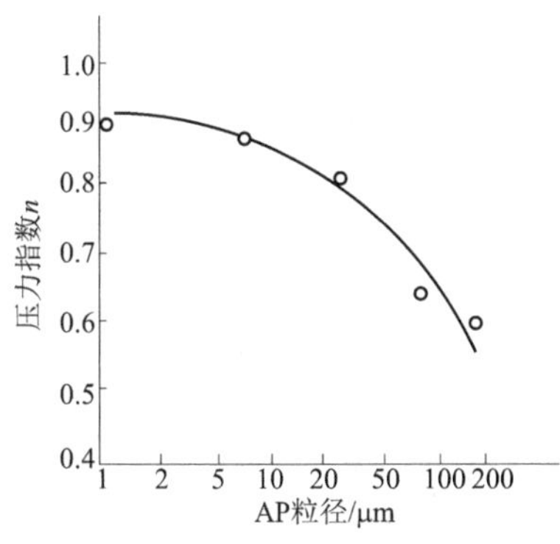

图 3-23　AP 粒度对压力指数的影响

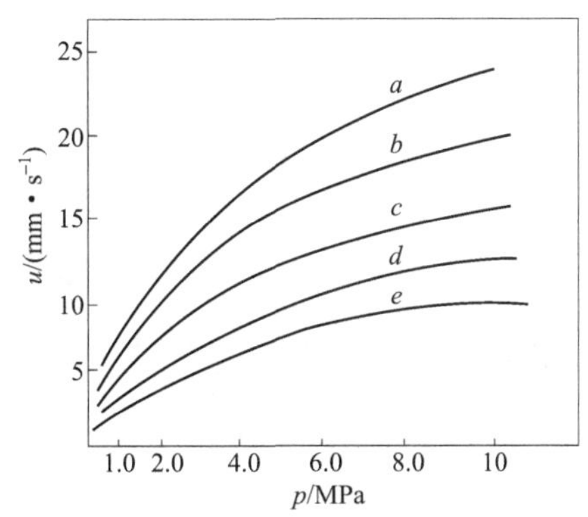

图 3-24　AP 级配对 HTPB 推进剂燃速特性的影响

a—100%<47 μm；*b*—100%<81 μm；*c*—A/B=30/70；*d*—A/B=50/50；*e*—A/B=75/25

A: 292～401 μm；B: 81 μm

3.7.2.2　硝胺复合推进剂

硝胺复合推进剂中硝胺粒径变化对推进剂燃速的影响与 AP 复合推进剂的规律相同，也是随着硝胺粒径的降低，燃速提高，如图 3-26 所示。由图还可看出，硝胺复合推进剂的燃速特性还有另一个特点，就是在高压下（>14 MPa），p–u 曲线出现拐点，压力指数变大，并且这一现象随着硝胺粒径的增加而变得更明显。

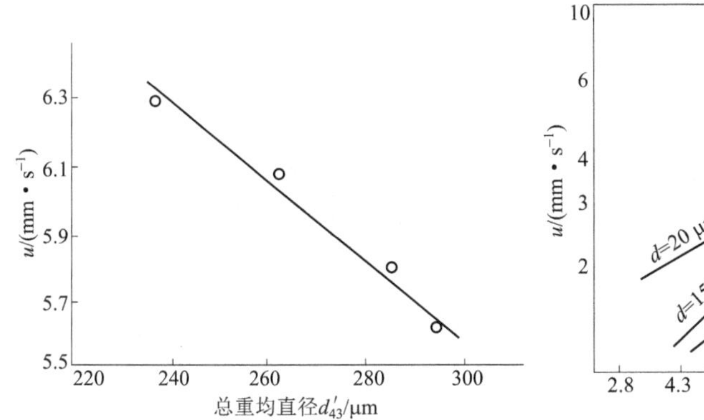

图 3-25　AP 重均直径对 HTPB 推进剂燃速的影响

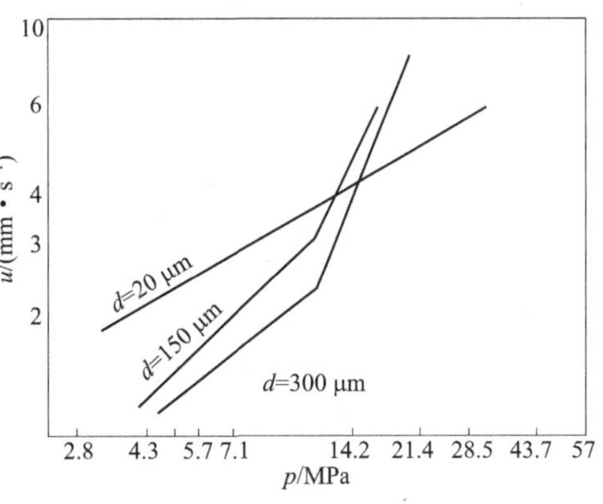

图 3-26　RDX 复合推进剂的燃速特性

配方：75% RDX+25% 聚酯黏合剂

3.7.2.3　AP–CMDB 推进剂

由图 3-27 可看出，当 AP 含量固定时，AP–CMDB 推进剂的燃速随 AP 粒径减小而增加。

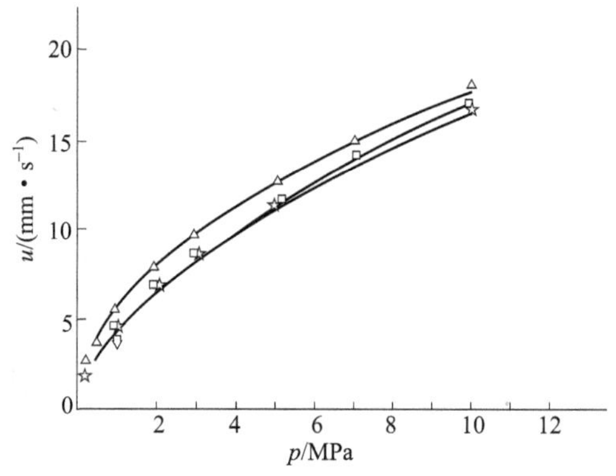

图 3–27 AP 粒度对 AP–CMDB 燃速的影响

△—d(AP) 为 31 μm；☆—d(AP) 为 205 μm；◇—d(AP) 为 70 μm

3.7.2.4 HMX–CMDB 推进剂

HMX–CMDB 推进剂中 HMX 粒度对燃速的影响与 AP 粒度的相反，是随着 HMX 粒度的降低，燃速降低。这一相反的影响规律，主要原因在于 HMX 和 AP 分解产物同双基分解产物的作用机理不同。随着 RDX 粒径的减小，CMDB 推进剂压力指数略有升高。

3.7.3 多孔高氯酸铵对燃速影响

高氯酸铵在 180 ℃～400 ℃的温度范围内加热，使其部分分解并由斜方晶体变成立方晶体。当加热使质量损失达 20%～35%时，高氯酸铵的结晶便成为多孔结构。用这种多孔氧化剂代替推进剂的部分或全部普通氧化剂，最好为氧化剂总量的 7%～28%，这样可大幅度地提高推进剂的燃速。多孔氧化剂用乙撑亚胺加成物包覆成密封的内孔，比不包覆的多孔氧化剂效果更好。适用的推进剂黏结剂有聚丁二烯、聚氨酯、硝基聚氨酯、聚硫橡胶、聚酯和硝化纤维素等。表 3–8 为普通氧化剂、多孔和密封多孔氧化剂在同一推进剂中使用，所得的不同燃速的比较。

另外，粒度大小也直接影响燃速和压力指数。一般是粒度增加，燃速和压力指数也增加。如多孔 AP 在推进剂中的含量占 15%时，在 14.2 MPa 下，不同粒度所测得的燃速和压力指数示于表 3–9。将高氯酸铵处理成多孔，为了保持多孔，随后再进行包覆。这样的多孔高氯酸铵（PAP）对压力指数有着明显的影响。

表 3–8　多孔 AP 对复合推进剂燃速的影响

种　类		A	B	C
推进剂组分/%	AP（600 μm）	72	50+20①	52+20②
	丁基二茂铁	5	5	5
	聚丁二烯	11	11	11
	Al	12	12	12
	u/（mm・s^{-1}）（9.89 MPa）	42.5	85	152.5

① 为多孔 AP，② 为密封多孔 AP。

表 3–9　多孔 AP 粒径的影响

多孔 AP 粒度/μm	u/（mm・s^{-1}）	压力指数
180	87.5	0.6
400	102.5	0.97
600	125.0	1.4

3.7.4　金属丝对燃速的影响

固体推进剂中加入金属纤维或金属丝可以大大提高推进剂的燃速。在双基推进剂中，以压伸的方式嵌入单根或多根以及包有涂层的金属丝适于端面燃烧的药柱，在复合推进剂中用浇铸的方法加入短金属纤维则可用于任何药型。金属纤维或金属丝提高燃速的主要原因是金属丝为热的良导体，它能使推进剂从燃烧表面向药柱内的热传导增加。当金属丝的温度升高时，导致金属丝附近的推进剂迅速达到点燃温度，同时，也使燃烧面增大，从而提高燃速。

决定金属丝效能的性质是其导热性和熔点。金属丝的导热性越好，则燃气通过金属丝向药柱内的传热就越快，u_f 就越大。金属丝的熔点对 u_f 也有明显影响，因为金属丝熔点越高，露出火焰区的金属丝就越长，从燃气向金属丝传热的面积就越大，因而使 u_f 越大。如铝的熔点比铜的低得多，其导热性也比铜低，所以 u_f 比铜的低得多。同样，钨和镁的导热性大致相同，但钨的熔点高得多，因而钨比镁提高燃速有效得多。和熔点相比，导热性影响更大一些。由于一种金属较难做到既熔点高又导热性好，因此，可用双金属纤维来进一步提高燃速。

另外，金属纤维的几何形状（空心管、丝、箔等）对燃速也有一定影响。金属丝的粗细也影响燃速提高的幅度，并且金属丝的直径还对沿金属丝的燃速压力指数产生影响。如图 3–28 所示，由图可知，直径增大，燃速增大，但到一定程度后，直径增大，燃速又开始下降。压力指数一般随金属丝直径的增大而下降。目前型号中使用的金属丝多为银丝。

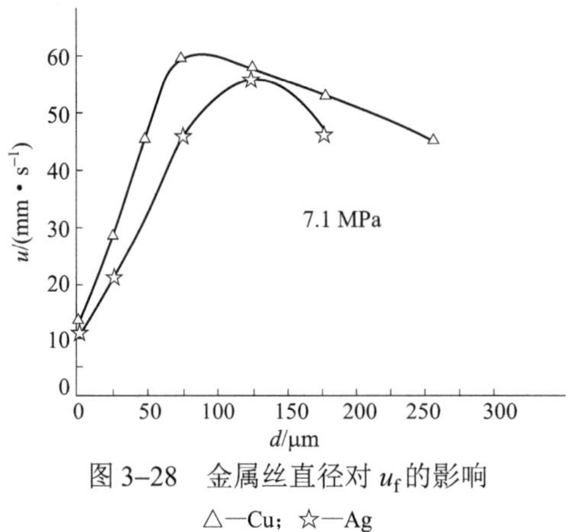

图 3–28 金属丝直径对 u_f 的影响

△—Cu；☆—Ag

3.7.5 爆热对燃速的影响

双基和CMDB推进剂的双基组分NC/NG是黏合剂和氧化剂合为一体的组分，其含量的高低影响推进剂的爆热大小，NC 爆热还与其含氮量有关，含氮量增加，推进剂爆热增加。而推进剂的爆热将直接影响推进剂的燃速。如图 3–29 和图 3–30 所示，随着推进剂爆热的增加，燃速增加。NG 含量增加，燃速也增加。复合推进剂爆热增加，也会增大燃速，但其燃速主要靠 AP 粒度来调节。

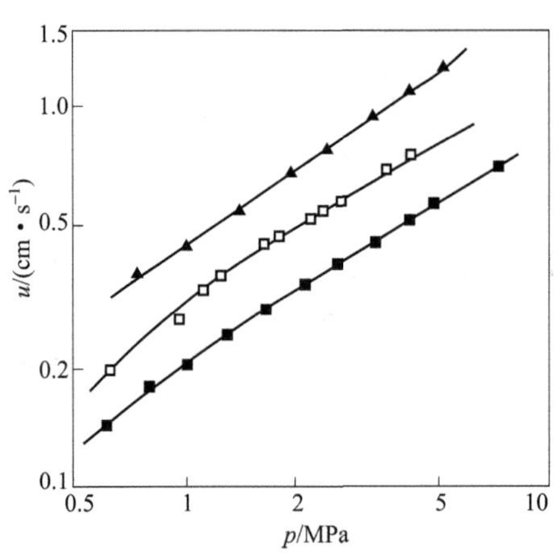

图 3–29 双基推进剂爆热对燃速的影响

爆热/（$\mathrm{J \cdot g^{-1}}$）：▲—5 066；□—4 438；■—3 852

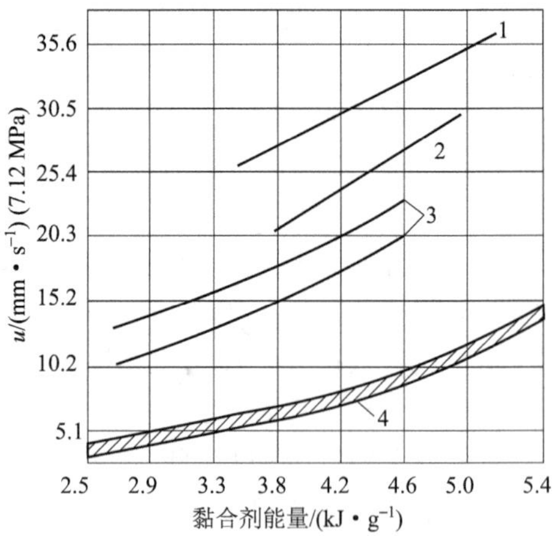

图 3–30 爆热对 CMDB 的影响

1—30% 细 AP；2—20% 细 AP；

3—20% 粗 AP；4—无填料 DB

3.7.6　燃烧催化剂对燃速的影响

推进剂的燃烧催化剂（简称催化剂）是用来改变推进剂燃烧性能的一类物质。其特点是只需加入较少的量，不改变或很少改变推进剂的其他性能（能量、力学、安定性能等），便能有效地改变推进剂燃速和压力指数等燃烧性能。为判断催化效果，通常引入催化系数 K。K 值等于在相同条件下（p、T）被催化和未被催化的推进剂燃速的比值。如果 $K>1$，则表示催化剂提高燃速，称为正催化剂；如果 $K<1$，说明催化剂抑制燃速，称为负催化剂。燃烧催化剂与一般催化剂一样也存在很强的选择性，但由于推进剂及其组分爆炸物的燃烧反应是由多种反应交织在一起的复杂体系，因此，燃烧催化反应更表现出独特的性质。这主要表现在以下几方面：

① 燃烧催化剂具有极强的选择性。一种物质可催化第一种爆炸物，不影响第二种爆炸物，却能抑制第三种爆炸物的燃烧。如：羟基喹啉铜是 AP 和以它为基础的推进剂的有效催化剂，但它不影响 NC 的燃烧而可以抑制硝基胍的燃烧。

② 对一种推进剂来说，同一催化剂在不同的压力范围可表现出不同的催化效果，如图 3–31 所示。不管是低能还是高能推进剂，铅盐在不同的压力范围，其催化效果明显不同。这也可以反映出对于推进剂或爆炸物，在不同的压力范围都有其最佳燃烧催化剂。例如：硝基胍在 40 MPa 以下的压力范围，最佳燃烧催化剂是氯化铜，此压力范围 K 值增加，高于 40 MPa，K 值变为恒定。又如在低压区域，邻苯二酚铁的络合物是三硝基甲苯的最佳燃烧催化剂。

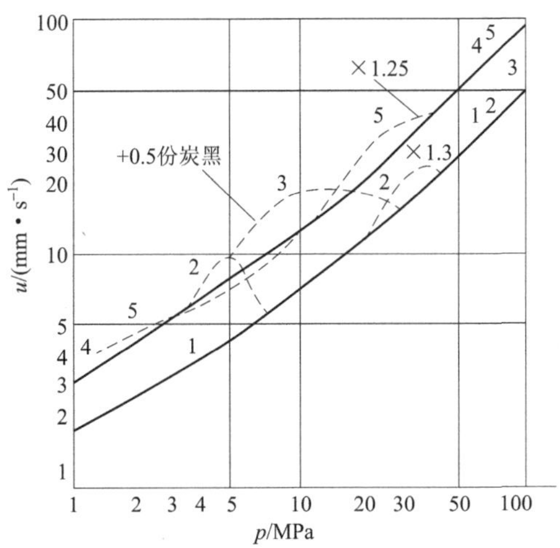

图 3–31　在不同压力范围铅盐的催化效果

1—低爆热推进剂（Pl）3.43 kJ/g；2—100 份 Pl +2 份铅盐；3—100 份 Pl +2 份铅盐+0.5 份炭黑；4—高爆热推进剂（Ph）4.61 kJ/g；5–100 份 Ph+2 份铅盐

③ 不同含量催化剂对推进剂和爆炸物的燃烧特性有显著的影响，从 D.J. Heewkin 等人的试验发现，铅（或铜）盐的颗粒大小所产生的影响不大，而铅化物含量增加，则引起超速范围向压力较低的方向移动，如图 3–32 所示。

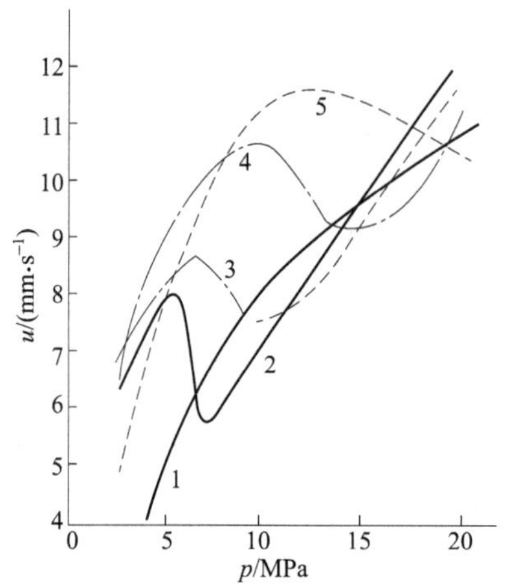

图 3–32 铅化物含量对低能推进剂燃速的影响

1—空白推进剂；2—3.3% PbO；3—2% PbO；4—1% PbO；5—0.5% PbO

④ 燃烧催化剂与一般氧化还原反应的催化剂不同，尽管催化剂在催化具体燃烧反应的前后，其化学组成可能没有发生变化，但由于燃烧反应的高温，在推进剂燃烧以后，很难再找到加入时的催化剂。在高温下，一般加入的催化剂都发生了分解或与燃烧过程中的活性中间产物进行了不可逆的反应。另外，燃烧催化剂有时并不是加入时的原始物质起催化作用，而是分解后的产物或分解的活性中间物起催化作用。这与传统的催化剂初态与终态不发生变化的情况是不同的。

⑤ 由于推进剂是多组分的复合体，燃烧过程又是多种反应并存，因此，往往应用复合催化剂要优于应用单一催化剂的催化效果，我们称为协同效应，如图 3–33 所示。复合催化剂往往可获得所希望的提高燃速和降低压力指数的综合效果。

3.7.7 降速剂的影响

复合推进剂燃速可调的低限依赖于基础配方的燃速，如 AN/HTPB 和 RDX/HTPB 推进剂基础配方燃速比 AP/HTPB 推进剂低燃速可以调得更低。对于 AP/HTPB 复合推进剂来说，燃速大幅度降低的主要技术途径是采用大粒度 AP 和大量降速剂相结合的办法。降速剂主要采用碳酸盐、固体碱性氧化物、氟化物和固态有机铵盐。目前常用的为碳酸钙、草酸铵和季铵盐。对 HTPB 推进剂，草酸盐调节更为有效，如加 8%草酸铵可使 HTPB 推进剂燃速从 6 mm/s 降到 3 mm/s。

10 μm 的草酸铵比 87 μm 者降速效果提高 30%。若采用组合降速剂，效果更佳，如 CTPB 推进剂中单独加 0.3%季铵盐时降速 0.85 mm/s，单独加 20% $CaCO_3$ 时降速 0.95 mm/s，两者一起加入能降速 1.48 mm/s。目前降速剂还不能大幅度降速，且其添加量增加将降低推进剂能量并可能影响药浆流变性。

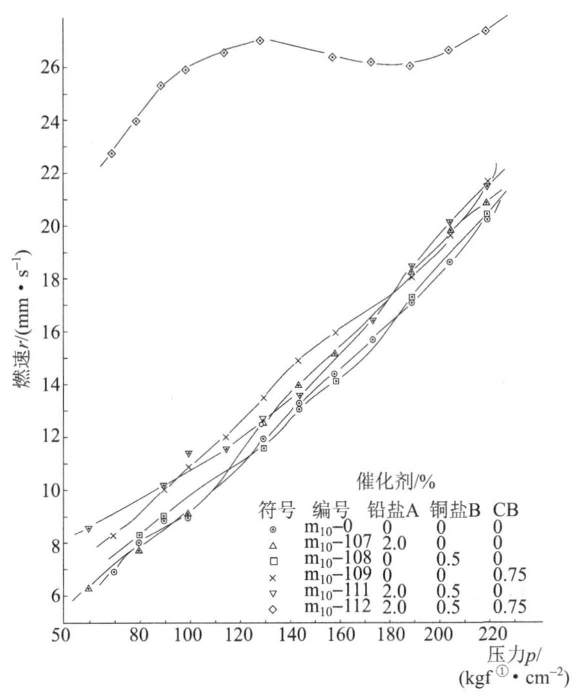

图 3-33　单一和复合催化剂效果比较（RDX-CMDB 推进剂）

双基推进剂加入 2%磷钨酸，降速可达 25%；加入 3%草酸亚铁，可降速 21%；加入 $(NH_4)_2HPO_4$，在压力低于 14 MPa 所有压力内，可使燃速降低 30%。

3.8　固体推进剂的不正常燃烧

推进剂在设定的条件下，能按预定的燃烧规律进行完全而稳定的燃烧称为正常燃烧。推进剂在某些条件下，产生了偏离设计规律的燃烧，如燃烧不完全（只冒烟、无火焰）、突然熄火、断续燃烧（又称喘息燃烧）、压力急升至超过设计极限值、振荡燃烧和燃烧转为爆轰等，所有这些不完全的燃烧或燃速不稳定的现象

① 1 kgf=9.8 N。

统称为不正常燃烧。推进剂在发动机中出现的上述不正常的燃烧现象是必须避免的，应当在研制过程中加以解决。

3.8.1 不完全燃烧

火箭推进剂的不完全燃烧表现为断续燃烧、燃烧中途熄火和化学反应进行得不完全。以含硝酸酯或硝基化合物为主体的推进剂出现不完全燃烧，主要是由于燃烧反应过程中形成的 NO 再进一步还原成 N_2 的放热反应需要较高的压力和温度。当在低压（低于临界压力）或低温（低于 1 500 ℃）时，NO 的反应进行得很慢，还来不及完全反应还原成 N_2 就喷出了发动机，这就造成很大的热量损失，最终导致熄火或断续燃烧。由试验可知，对于双基和含 RDX 的 CMDB 推进剂，当压力小于某一值（临界压力）时，燃烧反应热值随压力的降低急剧降低，而 NO 的含量则急剧升高；当压力大于这个值时，其反应热趋于定值，NO 的含量急剧降低到可以忽略的程度。为了保证推进剂在燃烧室内完全燃烧的最小压力，称为推进剂完全燃烧的临界压力。不同推进剂有不同的临界压力，它与推进剂的性质、初温和装药条件等有关，是推进剂的一个重要特征量。为了保证推进剂能量的充分利用，发动机设计的工作压力和点火压力不得低于推进剂完全燃烧的临界压力。

一般双基推进剂的临界压力在 4.0～6.0 MPa 范围内，复合推进剂的临界压力在 1.0 MPa 左右，而 RDX–CMDB 推进剂临界压力为 2.0～3.0 MPa。这是因为双基推进剂燃烧中间产物 NO 进一步氧化需要较高的压力才能进行，而复合推进剂中氧化剂 AP 分解后的氧化性气体进一步反应要比双基推进剂容易得多。双基推进剂的爆热越高，则完全燃烧的临界压力越低，见表 3–10。双基推进剂和 RDX–CMDB 推进剂加入一定量的镍粉或催化剂后，可促使 $NO \rightarrow N_2$ 反应进行，因此，有利于临界压力的降低，这已为国内外试验所证实。

表 3–10 双基推进剂爆热对完全燃烧临界压力的影响

爆热/（$kJ \cdot kg^{-1}$）	5 146	4 853	4 814	3 640
临界压力/MPa	2.0	2.5	3.0	4.0

3.8.2 固体推进剂在发动机中的不稳定燃烧

固体推进剂在火箭发动机中燃烧时出现燃烧室压力周期性或半周期性振荡，压力（推力）–时间曲线不规则变化，有时还出现二次、三次压力峰。这些现象可导致发动机平均压力超出规定的限度、不能实现预定的推力方案、燃烧效率下降、有可能影响导弹的其他部件的正常工作，甚至导致发动机破裂或爆炸。因此，在研制过程中，必须防止固体推进剂在发动机中不稳定燃烧。

按照燃烧不稳定性发生的机理，把不稳定燃烧分为声燃烧不稳定性和非声燃烧不稳定性。

3.8.2.1　声燃烧不稳定性

1. 发动机中声燃烧不稳定性的判据

固体火箭发动机在理论上相当于一个自激声振荡系统。燃烧室空腔相当于振荡器，装药的燃面相当于声振的能源，两者耦合可能引起自激声振荡。已知，固体推进剂燃烧时能量释放率是很高的，当燃烧时，一小部分能量转化成声能馈入发动机空腔声场中，就可能使微小的声振荡耦合放大而形成声不稳定燃烧。大量的研究认为，小振幅的振荡燃烧的开始是出现不稳定燃烧的前提。当某个具体振型的声能增益超过声能损耗时，此振型随着振幅的增长而振荡。

实际上，任何声学系统都必然存在着各种阻尼因素，它们能形成声能的损失，使声振荡逐渐衰减下去。在实际发动机中，各种增益（放大）或损耗（阻尼）的因素总是同时存在的。声振荡和衰减是各因素共同作用的效果。根据库利克（F.E.C.Culick）理论，在线性条件下，振幅的相对变化率α是所有放大或阻尼系数的代数和，即

$$\alpha=\sum\alpha_i=\sum\text{增益}+\sum\text{损耗}$$

在式中，增益系数取正值，损耗系数取负值。于是发动机线性稳定性的判据可写成：

$\alpha<0$，表示发动机是线性稳定的；

$\alpha>0$，表示发动机是线性不稳定的。

当然，这种线性分析只能说明微弱的初始扰动是否被放大，即可预测不稳定性燃烧出现的可能性，但不能预计不稳定的严重程度。显然，要使$\alpha<0$，即要使固体火箭发动机是线性稳定的，应采取措施使上式中的$\sum$增益最小，使$\sum$损耗最大。这就是在后面将要讨论的不稳定燃烧抑制技术的理论依据。

2. 声不稳定燃烧的抑制方法

自第二次世界大战以来，人们做出了重大努力才逐步弄清了某些不稳定性燃烧的触发和发展的机理，同时，也寻找到了一些抑制不稳定燃烧的经验和半经验方法，并已开始用于指导推进剂配方和发动机设计工作。铝粉曾作为能量添加剂加入推进剂中并提供了颇为有效的振荡阻尼。在微烟推进剂中一般是不允许加入铝粉的，因此，装填有微烟推进剂的火箭发动机自然地又面临着如何克服不稳定

燃烧这个技术障碍。这就促使不稳定燃烧研究工作重新活跃起来。

从原则上讲，抑制和消除不稳定燃烧无非是想方设法减小声能增益和增加声能损耗，而具体的技术途径大致有三个方面：

（1）采用抑制振荡燃烧的机械装置

共振棒是早期经常用于固体火箭发动机中的抑振装置。其横截面可以为圆形、方形、矩形、十字形、Y 形、Z 形等形状。棒插入装药内孔中，长度可以等于或短于装药长度。共振棒的作用是干涉和阻止由燃烧区和流场之间声流相互作用积累发展而成的涡流，故适用于径向燃烧药柱的切向振型。使用共振棒的典型例子是美国至今仍装备部队的“巨鼠”空–空火箭。共振棒的缺点在于：当燃烧表面向后退却时，棒的作用明显下降；棒的有效性取决于推进剂组分，次及棒的尺寸、形状、声振型和频率；棒会使发动机的消极质量增加；棒的存在对发动机设计特别是点火具设计有干扰；金属棒及其塑料套的烧蚀还可能导致烟雾的出现。

隔板是曾在液体火箭发动机中得到广泛应用的抑振装置，后来也在固体火箭发动机中表现了相当好的抑振效果，一般由惰性材料制成并嵌在推进剂药柱中。按其结构形式可分为纵向隔板和横向隔板两种。纵向隔板能扰乱推进剂表面流场，对切向振型显示出一定的作用。横向隔板可干扰发动机的纵向振型，又可对声振荡产生非常强的非线性阻尼。隔板的效果还取决于推进剂成分，次及隔板成分、尺寸、厚度、数量、空间角度、振型和振频。为了避免结构和工艺的复杂化，发动机设计者往往避免采用抑振装置，宁可从调整配方或从改变装药结构上进行改进。但是，对于已给定参数的发动机或为保证推进剂的良好性能（如负压力指数、零温度系数或微烟等）的情况下，采用抑振装置仍是非常可取的抑制不稳定燃烧的办法。

（2）改变推进剂装药设计参数和几何形状

改变装药设计参数和几何形状对自激声振的振型、振频、燃面放大系数及阻尼系数都会有明显的影响，无疑也会影响发动机的燃烧稳定性。如美国航空喷气公司研究的一种微烟发动机，原采用有四个鱼尾槽的圆柱装药（装药前端为带圆孔的圆柱体，后端为四个径向槽），由于产生不稳定燃烧，后来采用延长径向槽和缩短槽的深度防止后端推进剂过早燃尽的办法，使振荡振幅减少一个数量级，消除了平均压力的增大。

（3）调整推进剂配方

其基本原理是增加微粒阻尼使声能损耗最大。众所周知，声波在云、雾中传播的阻尼比空气中大 2～3 个数量级。同理，在发动机中燃气微粒松弛引起的声能损耗亦相当可观。鉴于微粒阻尼 α_p 是促进发动机稳定的主要因素，有时甚至是决定性的因素，特别是现代高能推进剂的燃烧稳定性通常处于边缘状态，所以，如

何提高 α_p 并使之达到最大是推进剂研制工作者首先关心的问题。多年来，在推进剂配方中广为采用的添加铝粉、TiO_2、MgO、$CaCO_3$、Al_2O_3 和 ZrC 等燃烧稳定剂以及新近报道的添加耐热聚苯并咪唑纤维（PBI）和酞花菁染料抑制不稳定燃烧等，均是以上述微粒阻尼原理为依据的。高熔点燃烧稳定剂最佳粒度的选择与燃气黏度、稳定剂密度及发动机频率有关，同时，还应兼顾粒度对烟的影响。

推进剂是一种黏弹性物质，声波在其中传播时有一部分将被固体推进剂所吸收，这就是所谓的装药结构阻尼 α_s 。设想，若适当地调节药柱的黏弹性，即调节 XLDB 推进剂的交联程度或胶的含量，使推进剂延伸率得到改善，或调节非交联型 CMDB 推进剂的溶剂品种和溶剂比，使推进剂更柔韧，这在某种程度上也可能调节 α_s ，起到一定程度的抑振作用。日本研究人员也提出过类似的看法，认为复合双基推进剂有很大的阻尼，对吸收振动克服振荡燃烧和爆燃有效。但迄今对推进剂黏弹性和 α_s 与抑振的定量关系还未见报道。

3.8.2.2　非声燃烧不稳定性

这是指发动机在低压工作时，工作压力发生周期性或近似周期性振荡，而振荡频率比发动机最低声振频率低 1～2 个数量级，故也称为低频不稳定燃烧或 L^*（发动机自由容积与喷喉面积之比）不稳定性。其症候是短时间内发动机燃烧和熄火相互交替进行，最后可能导致熄火或建立起稳定的燃烧。影响实际发动机中固体推进剂断续燃烧的因素有工作压力、面通比、L^*及点火条件等。对于某一种固体推进剂，有它自己的临界工作压力、临界面通比和临界 L^*值（面通比 æ 对临界压力的影响见表 3–11）。一旦发动机工作条件小于该推进剂的临界压力和 L^*值或大于临界面通比值，发动机则不能正常工作而发生喘燃。一般双基推进剂临界压力较高，为 4～6 MPa，而复合推进剂则为 1 MPa 左右。双基推进剂中添加细镍粉可加速低压下氧化氮还原成氮气的燃烧放热反应，从而使临界压力大大降低，见表 3–11。

表 3–11　H 型推进剂 æ 值对临界压力的影响

æ 值	175	145	120	70	40
临界压力/MPa	6.4	6.2	5.4	5.3	4.8

理论研究目前尚不能由推进剂配方成分预测非声燃烧不稳定界限，故主要通过 L^*燃烧器试验来测定。试验表明，双基推进剂在小 L^*和低压下稳定性差，而复合推进剂 L^*稳定性比较好。L^*发动机直径对试验结果无明显影响。某种推进剂的 L^*与发动机压力 p 关系曲线如图 3–34 所示。

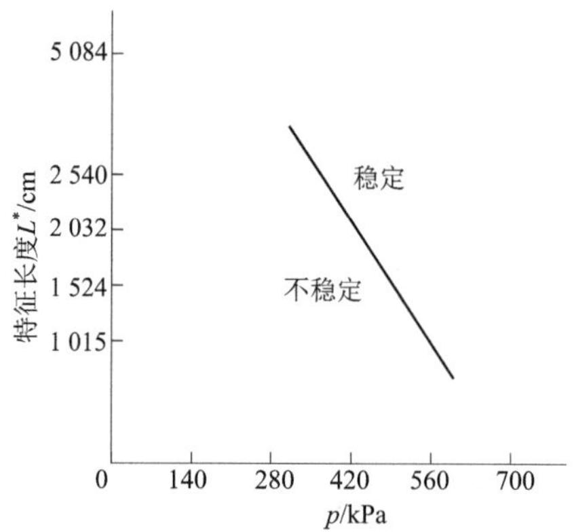

图 3–34 L^*与发动机压力 p 的关系

3.8.3 固体推进剂燃烧转爆轰

燃烧转爆轰（DDT）是固体推进剂危险性能中的一项重要指标。研究 DDT 过程、规律性及机理对新型推进剂、高能推进剂的研制，对固体推进剂燃烧性能的控制及安全使用等均有实际意义。

推进剂和炸药在某一特定条件（如用一般的点火源）下可以燃烧，在另一特定条件（如采用雷管和传爆药柱引爆）下可以爆轰，而在一定条件下也可能从燃烧转化为爆轰。燃烧和爆轰在本质上是不同的。燃烧过程的传播是以热传导、辐射和燃烧气体扩散方式来实现的，而爆轰过程则是借助于沿装药传播的爆轰波对火炸药的冲击压缩作用来实现的。

3.8.3.1 DDT 过程

近年研究表明，由燃烧转为爆轰必须在爆轰之前形成冲击波，而这个冲击波正是爆轰形成的直接原因。于是，可以把 DDT 过程分为三个阶段：

① 推进剂燃烧时火焰区气体不能很快排除，反应区压力不断增高，引起燃速增大。于是，在燃烧阵面后产生急剧的压力增长，压力加速上升并发送一系列压缩波，它穿过燃烧波阵面进入未燃的推进剂中。

② 压缩波在火焰阵面前头未燃的推进剂中叠加形成冲击波。

③ 冲击波强度达某一临界值则诱发爆轰。

这里，推进剂能迅速燃烧和推进剂对冲击波敏感是 DDT 的两个基本条件。推进剂结构不致密，在生产、运输、贮存及点火冲击下，推进剂内部出现裂纹或孔隙，黏合剂与固体组分（AP、HMX、铝粉等）“脱湿”等都能使燃气渗入推进剂内部，明显地扩大了燃烧面，使推进剂燃速超过稳态燃速十倍、百倍，于是出现了所谓对流燃烧，这就为 DDT 创造了基本条件。压力的增大有利于燃气渗入推进剂孔隙中，引起燃面剧增；推进剂燃烧时外面有壳体限制也是促使压力增加的因素；推进剂燃烧转爆轰有一个临界直径，小于此直径则 DDT 不易进行。这些均是诱发 DDT 的其他条件。

3.8.3.2　DDT 研究的概况

1. 试验方法

试验采用一种密闭的金属管（多为钢管），管中密封有 DDT 试样。为了测定 DDT 过程的燃烧波、压缩波传播及冲击波形成和转爆情况，除光学摄影方法（高速摄影每秒数十万帧）外，在 DDT 管上不同部位装有各种传感器如经典的电离探针、同轴电离探针、低压盖帽探针、光纤探针、应变片、锰铜电阻传感器等。此外，脉冲 X–射线摄影和激光–光纤法也被应用于测定药床被压缩波压实的情况。

2. 某些试验结果

DDT 研究的早期，人们研究的重点在于观测 DDT 现象、机理和规律，并取得有关 DDT 过程的共识，如 N. Griffith 和 M. Groocock 采用两种不同的限制管来研究多孔含能材料（如 RDX、PETN、HMX 和 Tetryl）的 DDT 过程。一种为封闭的黄铜管，用电离探针测定燃烧波阵面的传播，爆轰的开始则根据管壁的膨胀判断；另一种为钢管配以楔形有机玻璃窗，采用扫描和分幅相机记录 DDT 过程，分析了装药密度、颗粒尺寸、渗透性等对 DDT 过程的影响，首先提出了对流燃烧概念，并指明了它在 DDT 过程中的重要作用。

A.Macek 等人研究了铸装含能材料的 DDT 过程。试验是在厚壁钢管中进行的，其中管长 300 mm，外径 25.2～31.7 mm，内径 12.7 mm。试件中插入电离探针或嵌入电阻丝以记录火焰阵面的传播，管外壁装有应变计，有时在试件中插入压垮探针，以测定压缩波传播和冲击波形成情况。试验结果表明：DINA 能发生 DDT 现象，而 TNT、B 炸药则不发生 DDT 现象。

T. L. Boggs 等人用燃烧弹对高能推进剂进行不稳定燃烧的研究。这种研究方法不能研究最终的转爆过程，但能对 DDT 过程的早期阶段加深认识。

含能材料的 DDT 过程数学描述方程相当复杂，对其解析求解很困难，所以用计算机进行数值求解是必然的选择，近年来，有关计算方法和物理模型的专著不少，在此不做评述。

近年来，随着高能推进剂在各种发动机中的应用，特别是大型发动机中的应用，人们对其 DDT 问题十分关注，也开展了一些有意义的预研。如对 NEPE 推进剂样品以大型落锤（100 kg）作为加载手段从 0.1 m 处自由下落撞击 NEPE 推进剂试样，再用超声波测试仪检测裂纹孔隙损伤，证明损伤变量为 46.6%。又用扫描电镜（SEM）观察了损伤的试样，证明试样中出现了基本材料受破坏、固体填料裸露、有大量微孔/孔隙存在等现象。再由 TG 试验发现 PEG/BTTN/NG 黏合剂体系由于撞击的损伤导致一定裂纹/孔隙出现，增加了表面积，从而使试样热失重增加 22%左右。用有损伤的样品进行密闭爆发器试验发现，达到峰值压力和峰值 dp/dT 的时间分别比未损伤的样品缩短 13.9%和 27.7%。这些试验充分说明：撞击载荷作用使试样中产生一定的裂纹/孔隙，从而增加了燃烧表面，是导致推进剂燃速增加和燃气压力脉动的主要原因。可见控制推进剂药柱中的裂纹/孔隙对确保发动机工作正常有重大的意义。

3.8.4 推进剂燃速测试方法

为了研究推进剂配方和燃烧机理的需要，随着科学技术的发展，燃速的测试技术也有很大的提高。固体推进剂燃速的测试方法到目前已报道了十几种之多。以下对其中的几种做一概要的介绍。

1. 靶线法

该方法由美国克劳佛德（H.L. Crawford）和哈格特（C.M. Hugget）于 1944 年最先提出，其方法简便，所需设备费用较低。尽管在具体测试技术上已有多次改进，但基本原理未变，并一直沿用至今。测试装置如图 3–35 所示，主要由压力源（氮气瓶或氮气压缩机）、恒压燃烧室（包括保温夹套）、为保持恒压而设的缓冲瓶、时间记录设备和压力表等组成。一般用ϕ5 mm×150 mm 细药柱经包覆后，钻孔，穿入点火用的电热丝和作为 1、2 靶线的易熔金属丝（0.05 A 的保险丝）。时间记录设备可用电秒表、电子测时仪等。

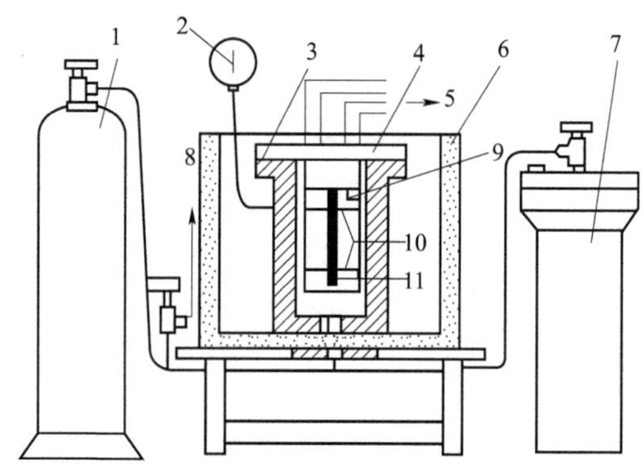

图 3–35 靶线法燃速仪示意图

1—氮气瓶；2—压力表；3—燃烧室；4—室盖；5—接记录装置；6—保温槽；7—缓冲瓶；8—放气；9—点火线；10—靶线；11—药柱

试件装配好后，燃速仪充压到所需压力，并以所需的环境温度保温，电热丝点燃药柱，当烧至第 1 靶线断开时，计时仪启动记时，烧至第 2 靶线断开计时仪停止记时。以药柱 1、2 靶线间的距离 L 除以记录的时间 t 即得线性燃速。

$$u=L/t \quad (\text{mm/s})$$

2. 转鼓照相法

主要由带有透明窗的燃速仪、压力源（氮气瓶或氮气压缩机）、带有照相镜头和暗箱的转鼓等组成。试件药柱通常较短（一般约ϕ7 mm×（25～30）mm），压装在透明的有机玻璃管内，并装在燃烧室中对准透明窗的位置。在暗室中将 135 底片装在转鼓上。以电热丝点燃试件上端，并同步启动转鼓。燃烧面的前沿在底片上曝光出倾斜的线条。据此可计算出试件药柱燃烧所经历的时间：

$$t=60\cdot\frac{L}{ln}$$

式中，L——燃烧火焰在底片上的感光线在 x 轴上投影的长度；

n——转鼓转速（r/min）；

l——转鼓的圆周长。

药条长度除以时间即可得线燃速。转鼓照相法不但可获得平均燃速值，还可根据底片上感光线的平整程度，了解推进剂燃烧过程的稳定性。

3. CCID 线扫描实时测速法

该方法由马庆云等人于 1985 年研制成功。测速装置示于图 3–36。测速仪主要由高压透明窗燃速仪（40 MPa）、CCID 摄像机及视频转换装置以及微机数据处理和输出设备等组成。该方法的测速原理是：当药条燃烧时，其火焰光透过透明窗，经光学透镜成像在 CCID（Charge Coupled Imaging Device）的光敏阵列上，一般由 1 024 像素组成，每一像素都产生一电信号，CCID 按给定的视频数据率，顺序地输出各像素上的电位，转换成模拟视频信号，由微机进行数据采集和实时处理。可打印或绘图得到发光界面的位置与时间的对应关系，可输出任意时刻的瞬间燃速或任意一段时间的平均燃速。该方法所用试件为短药柱（ϕ7 mm×（25～30）mm），通常也是压装在有机玻璃管中，以电热丝点火。该方法的特点是信息量高，每毫米长药柱可取得 300 多个燃速数据，测定燃速范围宽，可测定高达 1 000 mm/s 的燃速。另外，该方法不仅可测定任意段的平均燃速，还可测定任意时刻的瞬时燃速，因而可了解药柱燃烧全过程的稳定情况，可用于配方研究和燃烧机理研究。

4. 声发射法

1973 年，美国罗伯特（L.G. Robert）等人首先提出这种方法，它是基于氧化剂在燃烧过程中产生声信号。利用固定在燃烧室外壁上的声发射探头接收微弱的燃烧声信号后，由前置放大器转换成电信号，再经主放大器放大送到门控制电路。药柱点燃后，主放大器输出的直流信号高于触发电平，打开主门，让时标信号到达计数电路进行计数。燃烧终止时，主放大器输出直流信号低于触发电平，主门关闭，停止计数，可由数码管读出药柱燃烧的时间，由药柱长度除以燃烧时间，即可获得平均燃速。该法发展初期，药条在氮气中燃烧（称为氮气声发射法），后来发展到以水为介质，药条在水下燃烧（称为水下声发射）。在测试低温下（至 –40 ℃）药条燃速时，将保温介质和燃烧室内的水换成 28%浓度的氯化钙水溶液，用干冰将水溶液冷却至所需的低温后，将装有药条的支架装入燃烧室充压保温一定时间即可通电点火测试。由于这种方法操作简便，测试精度较高，并与全尺寸发动机燃速有良好的相关关系，所以，美国在许多型号发动机装药研制中用水下声发射法取代了靶线法。

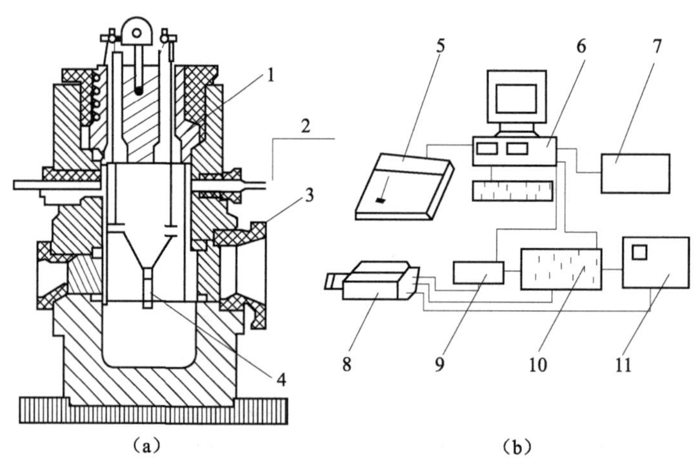

图 3–36　CCID 线扫描实时燃速测试仪示意图

1—燃烧室；2—N_2；3—透明窗；4—药柱；5—绘图仪；6—微机；7—打印机；8—摄像机；9—像素定位器；10—单元控制器；11—示波器

5. 光电法

利用光电转换的原理，在燃烧室壁上开两个小孔，当药条燃烧到第一个小孔时，火焰光通过光路系统聚焦到第一个光敏二极管，由光敏二极管把光信号转换为电信号来启动记时装置，开始记录时间。当燃烧表面到达第二个小孔时，火焰光又通过光路系统聚焦到第二个光敏二极管上并转换成电信号，停止记时器的时间记录。由两个光电管之间的距离和所记录的时间来计算燃速。哈尔滨工业大学船舶工程学院于 1983 年研制成功一种光电数字式燃速测定仪，华东理工大学于 1990 年研制成功一种光纤燃速测定仪，用于药条的燃速测试。利用激光作光源可进一步提高光电法的测试精度。

6. 发动机法

在发动机中测定燃速比燃速仪法好。但是试验成本较高，试验次数受限制。此法分直接测速法和间接测速法两种。直接法有终止燃烧法、预埋探头法和透明窗法，前者用于侵蚀燃烧研究，后两者主要用于燃烧机理研究。间接法有燃速发动机法和单发发动机测压力指数法。

（1）燃速发动机法

利用发动机试车所获得的 $p\text{–}t$ 曲线，求出燃烧时间和平均压力，再由药柱肉厚除以燃烧时间求出此平均压力下的燃速。通常采用此法测定推进剂动态燃速和压力指数。

（2）单发发动机测压力指数法

一般用燃速发动机测压力指数要做 15～20 次发动机试验，才能获得较宽范围内的燃速、压力关系。单发发动机测压力指数的方法是基于用减面或增面燃烧规律的药柱，测一发发动机便能得到递减或递增的压力–时间关系曲线。再用微机依一定的数学模式计算程序计算出不同时间、不同压力下的燃速，从而得到燃速–压力关系，求出压力指数。

本章习题

1. 物质燃烧时的基本特征是什么？

2. 火焰的类型有哪几种？

3. 给出线形燃速与质量燃速的定义及其相应的表达式。

4. 给出燃速压力指数的定义及其表达式，并分析压力指数对火箭发动机燃烧稳定性的影响。

5. 给出燃速温度系数σ_p的定义及表达式。

6. 给出燃速压力温度系数 π_K 的定义及表达式， π_K 和σ_p之间有何关系？

7. 何谓侵蚀燃烧？何谓侵蚀比？

8. 双基推进剂稳态燃烧的物理化学模型由哪几个区域组成？催化剂主要在哪个区域产生作用？

9. 何谓平台燃烧？何谓麦撒燃烧？

10. 试述含高氯酸铵复合推进剂的粒状扩散火焰模型的主要内容。

11. 固体推进剂不正常燃烧的类型有哪几种？

12. 固体推进剂燃烧转爆轰（DDT）由几个阶段组成？

第4章

固体推进剂的力学性能

4.1 概述

在固体火箭发动机中，推进剂都是按照发动机的设计要求制成一定几何形状的药柱，在采用限制燃面和消除应力的衬层处理后，即成为发动机的工程构件之一而共同承担各种载荷，习惯上将这种装备在发动机中处于可满足发动机使用性能要求的推进剂及其相应的包覆层和绝热层称为该发动机的装药。现有固体火箭发动机的装药可分为两类，即自由装填式装药和壳体黏结式装药。前者是在制成药柱后直接装填在火箭发动机中，用某种支撑形式加以固定；后者是将推进剂药浆浇注到含有绝热层和衬层的发动机中经固化而成。自由装填式药柱结构较简单，制造效率高，易于更换，多在小型战术火箭发动机中应用。一般壳体黏结式的装药由于可以较充分地利用发动机燃烧室中的空间，具有较高的装填分数，在大型火箭发动机中应用十分广泛。无论是自由装填或是壳体黏结式装药，它们将作为一种构件与火箭发动机一起承担着贮存、运输、点火及飞行过程中的各种应力的作用，而且推进剂装药本身在制造过程中，将承受由于温度变化所产生的热应力。推进剂装药在上述各种载荷作用下所产生的任何破坏，都会导致发动机工作性能的严重恶化，如压力突增、烧穿，甚至整个发动机被炸毁。因此，推进剂装药的力学性能，历来是推进剂装药研究、生产中的一个重要内容。所有从事固体推进剂研究、生产制造和应用的工程技术人员，除了对推进剂力学性能的特征应有充分的认识之外，还应了解影响推进剂力学性能的各种因素和它的调控方法，以确保研制成功的推进剂装药可满足火箭发动机使用要求。

4.2　固体火箭发动机对推进剂力学性能的要求

固体推进剂的力学性能是推进剂最重要的物理性能之一，它是指推进剂受到各种外来载荷作用时所产生的响应特性。与其他材料相似，这些响应特性通常用模量、强度、形变、泊松比等参数来描述。在进行装药设计时，还要用到与破坏过程有关的参数来描述，如屈服应力及伸长、断裂强度及伸长等。固体推进剂力学性能的好坏，则是指推进剂本身是否具有足够抵抗各种载荷的作用而保证发动机得以正常工作的能力。因此，对固体推进剂力学性能的要求，原则上是按照工程设计中的规则，即材料具有的破坏特性参数（如断裂强度、断裂应变、临界应力强度因子等）与材料承受载荷作用时的响应参数相比有足够的冗余（即设计中余留的安全系数的大小）而确定。而具体的每种力学响应参数大小的确定，则来自对推进剂装药结构的破坏分析（即结构完整性分析），同时，由于推进剂装药是发动机中的构件的一部分，所以，对它的力学性能的要求，还与该发动机的类型、壳体材料性质、装药的形式（自由装填或壳体黏结）、装药的几何形状和尺寸大小及其与发动机的连接支撑方式（挡药板固定或通过衬层黏结）等有关。

对自由装填式的发动机装药，药柱所承受的载荷主要为点火时的冲击和发射时的加速度过载；对于炮射导弹之类的发动机，其加速度过载可达 10 000g 以上。所以，对自由装填式药柱力学性能的要求主要是有高的抗压强度和模量。当推进剂的模量太低时，药柱将产生过大的变形，使通气面积缩小，引起高的初始压力峰；若推进剂强度偏低，则点火时（特别是低温点火时），点火压力会使推进剂药柱破裂，这是自由装填式装药要求推进剂具有高的强度和模量的原因。目前，自由装填式装药多数采用双基或改性双基推进剂，高温（+50 ℃）时，它们的抗压强度一般在 10 MPa 以上，室温时的弹性模量可达 200 MPa 左右，一般情况下可满足使用。对于炮射导弹之类出炮口时要承受 10 000g 以上加速度的发动机装药，需要在支撑形式上采取其他措施来弥补强度的不足。

壳体黏结式装药适合在大型发动机中应用，此类装药多数通过改变内孔几何形状来控制燃面而达到发动机的弹道性能要求，复杂的内孔几何形状往往给推进剂带来更高的力学性能要求。根据工程应用的经验总结，推进剂一般应达到以下基本要求：

① 推进剂应具有较高的抗拉强度，一般室温时，其抗拉强度 $\sigma_m \geq 0.78$ MPa；

② 在发动机的工作温度范围内（–50 ℃～70 ℃），用于小型发动机推进剂时，其伸长率ε_m一般大于 30%；对于大型发动机，推进剂的最大伸长率应大于 50%；

③ 为保证发动机的低温工作要求，推进剂在–50 ℃时应处于高弹态，因此，其玻璃化温度 $T_g \leqslant -50$ ℃。

对于内孔比星形更复杂的药柱，其力学破坏的危险部位以及临界破坏值与上述一般性要求有所不同，应据装药结构完整性分析的结论另提要求。

4.3 固体推进剂在火箭发动机中所受载荷情况的分析

固体推进剂从其生产制造至在火箭发动机中完成燃烧反应为止，将经受一系列由于温度变化及外界环境所加予的机械载荷作用，包括固化及环境温度变化所产生的收缩或膨胀应力、推进剂药柱特别是大型推进剂药柱自身的持续重力、运输过程中的振动以及点火时的压力突升的冲击、起飞过程的重力加速度作用等。装药形式（自由装填或壳体黏结）不同，受力情况有显著差异；药型结构及药柱大小不同，受力也有区别。从事发动机装药设计的人员需从发动机工作可靠性出发对上述问题进行装药结构的完整性分析，对装药提出力学性能要求，而从事推进剂生产制造的人员则需采取可行的技术措施，以确保推进剂的力学性能达到发动机的使用要求。

4.3.1 自由装填式装药

以管形装药为例，该种装药的受力情况如下。

1. 燃烧室内两端压力差所引起的应力

其大小与燃烧室压力大小、燃气流速以及装药尺寸等有关：

$$\sigma_1 = \Delta p S_T / F_g \tag{4–1}$$

式中，S_T——装药的端面积；

F_g——挡药板的支撑面积；

Δp——压力差；

σ_1——轴向压应力。

2. 发动机工作时惯性力所引起的应力

火箭发动机在整个主动段飞行过程中始终存在着加速度，所以，装药的惯性力也与之相伴存在，并以作用于后挡药板上的惯性力为最大，故相应产生的压应力σ_2为

$$\sigma_2 = W_p n / F_g \tag{4-2}$$

式中，n——过载系数；

W_p——药柱质量。

3. 燃烧室内外压力差对装药产生的应力

它与燃烧室压力大小及装药尺寸有关。假定有一内外表面同时燃烧的药柱，其内表面所受压力为$p_{内}$，外表面所受压力为$p_{外}$，将装药看作厚壁圆筒处理时，根据弹性力学理论，此时装药的受力以切向应力为最大，且发生在装药的内表面，其值为

$$\sigma_t = \frac{p_{内}(b^2 + a^2) - 2p_{外}b^2}{b^2 - a^2} \tag{4-3}$$

式中，b——药柱外半径；

a——药柱内半径。

当内外压力平衡，且等于燃烧室的平衡压力p_c时，则得

$$\sigma_t = -p_c \tag{4-4}$$

4. 惯性离心力

高速旋转的火箭发动机装药，将承受惯性离心力的作用。

$$F_c = W_p \omega^2 r / g \tag{4-5}$$

式中，F_c——离心力；

ω——装药旋转的角速度；

r——装药偏离旋转中心的距离。

除了上述几种力的作用外，装药还受点火气体的冲击力、燃气对装药侧表面的摩擦力以及装药自重在后挡药板上所产生的压力等的作用。

4.3.2　壳体黏结的火箭发动机装药

1. 温度变化所产生的热载荷

主要来自推进剂固化降温及低温使用时由于收缩而产生的载荷。

推进剂药柱在固化降温期间，其体积将发生收缩。例如聚丁二烯推进剂体积收缩率一般为 0.2%，而浇铸双基推进剂则可高达 0.5%。由于药柱与壳体黏结，推进剂药柱固化后，当它由固化温度冷却到环境温度时，由于壳体与推进剂热膨胀系数的不同（通常推进剂热膨胀系数为钢壳体的 10 倍），药柱的冷却收缩受到壳体的约束，从而在药柱内会引起相当大的热应力和热应变。特别是在药柱内表面产生很大的拉伸应变，在药柱与壳体的黏结面上则产生较大的拉伸应力。前者会使药柱内表面发生裂纹，后者会引起药柱与壳体黏结面的脱黏。

对推进剂固化收缩引起的应力和应变，目前还无法直接计算。通常以一个等

效温度降来处理。即将已固化的发动机慢慢升高温度到固化温度以上的某个温度，测量药柱内孔尺寸随温度升高变化，当其内孔尺寸恰好等于模芯尺寸时的温度被定义为“零应力–应变温度”，并以 T_1 表示。通常聚丁二烯推进剂的 T_1 比其固化温度约高 8.3 ℃，而双基推进剂比其固化温度约高 12.2 ℃。

上述热应力和热应变与温度降有关，也与推进剂的膨胀系数有关。显然，自 T_1 一直降到最低的试验或使用温度时，所产生的热应力和热应变最大。双基药的热膨胀系数通常比复合火药的大，因而其热应力和热应变也较大。

热应变的分析计算：假定推进剂处于热平衡和平面应变状态，则一定长度壳体黏结的管状药柱或星孔药柱，内孔最大平衡切向热应变可按下列公式计算：

对于管状药柱

$$\varepsilon_\theta(a)=\frac{3}{2}\alpha_R\lambda^2\Delta T\bullet\overline{P}_\varepsilon \tag{4–6}$$

对于星孔药柱

$$\varepsilon_\theta^s(a)=\varepsilon_\theta(a)\bullet K_i \tag{4–7}$$

式中，$\varepsilon_\theta(a)$——管状药柱内孔中部最大切向拉应变；

$\varepsilon_\theta^s(a)$——星孔药柱内孔中部最大切向拉应变；

α_R——折算膨胀系数[$\alpha_R=\alpha-\dfrac{1+\mu_c}{\mu}\alpha_c$（$\mu_c$ 和 α_c 分别为壳体的泊松比和线膨胀系数）]；

ΔT——从药柱应变为零算起的温度差值；

$\lambda=b/a$，其中 $2b$ 为外径，$2a$ 为内径；

$\overline{P}_\varepsilon$——药柱端部修正因子；

K_i——星尖应力集中系数。

例如，对于外径 $2b$=30 cm，内径 $2a$=15 cm 的六角星孔药柱的端羟基聚丁二烯复合推进剂，由固化温度 60 ℃冷却到–50 ℃时，药柱中部星尖处所产生的最大切向应变 $\varepsilon_\theta^s(a)$=15.2%，在头部相应位置处此值高达约 2 倍。

在生产、贮存、运输和机载飞行时，环境温度的变化，也会在药柱内引起热应力和热应变。导弹高速飞行时表面的气动加热，使壳体温度升高，由于壳体与药柱间存在温度差，于是在药柱内也会产生热应力和热应变。

2. 贮存重力载荷和起飞加速度载荷

固体推进剂药柱在贮存和发射过程中，会产生轴向或径向加速度载荷。固体火箭发动机垂直贮存时，推进剂药柱受到自身重力作用，使药柱下沉变形，并与加速度载荷（轴向加速度）作用下的下沉变形相叠加，严重时会导致通气截面积变小，压力峰上升加剧。

药柱的下沉特性由推进剂的蠕变特性所控制，并与药柱直径的平方成正比：

$$W(t)=\rho ngb^2P_w^* / E(t) \tag{4-8}$$

$$u(t)=\rho ngb^2P_u^* / E(t) \tag{4-9}$$

式中，$W(t)$ ——轴向变形；

$u(t)$ ——径向变形；

ρ——推进剂密度；

n——过载系数；

g——重力加速度；

$2b$——药柱外径；

$E(t)$ ——药柱松弛模量；

P_w^* 和 P_u^* ——取决于药柱端部固定形式和药柱几何尺寸的常数。

轴向加速度还在推进剂药柱与发动机壳体之间的黏结面上产生较大的剪应力

$$\bar{\tau}=nW_p/A \tag{4-10}$$

式中，$\bar{\tau}$ ——平均剪应力；

W_p——药柱质量；

A——药柱与壳体的黏结面积。

例：设 n=30，W_p=5 000 kg，药柱外径 D=150 cm，高 H=240 cm，则

$$A=\pi DH=113\,040\ \text{cm}^2$$

$$\bar{\tau}=0.129\ \text{MPa}$$

经实际考察证明，上述剪应力应小于或等于推进剂的最大抗拉应力σ_m 的 1/6，即 $\bar{\tau}\leqslant\frac{1}{6}\sigma_m$ 。由此推算，推进剂的最大抗拉强度σ_m应大于或等于 $6\bar{\tau}$ ，即 $\sigma_m\geqslant 0.774$ MPa。

3. 点火时的压力载荷

发动机点火时，药柱将承受燃气压力的作用，并且直到发动机熄火才停止。在点火时，在千分之几秒的瞬间内压力突然上升到发动机的工作压力（一般为 7 MPa），所以，在药柱内将以很高的速度产生径向压缩应变和轴向拉伸应变。最大应力和应变一般发生在内孔周边和点火的瞬间。点火增压所产生的内孔表面最大切向应变可按下列公式计算：

对于两端黏结的星孔药柱

$$\varepsilon_{\theta p}^{s}(a)=0.91\lambda^2\frac{bp_c}{\delta_c E_c}K_i \text{（对于钢壳体，}\mu_c=0.3\text{时，}1-\mu_c^2\text{为 0.91）} \tag{4-11}$$

对于两端自由的星孔药柱

$$\varepsilon_{\theta p}^{s}(a)=3.64\lambda^{2}\frac{bp_{c}}{\delta_{c}E_{c}(3+\lambda^{2})}K_{i}$$（对于钢壳体，$\mu_{c}=0.3$ 时，$1-\mu_{c}^{2}$ 为 0.91）

（4–12）

式中，$\lambda=b/a$；

δ_c——发动机壳体壁厚；

E_c——发动机壳体弹性模量；

p_c——发动机工作压力；

K_i——星尖应力集中系数。

例：对于外径 30 cm，内径 15 cm 的六角星形聚丁二烯推进剂药柱，当燃烧室压力 p_c=70 MPa、壳体 $E_c=2.06\times10^{5}$ MPa 时，对于两端黏结的药柱，其 $\varepsilon_{\theta p}^{s}(a)$=1.79%，对于两端自由的药柱，其 $\varepsilon_{\theta p}^{s}(a)$=1.02%。

4. 动态载荷

在汽车和火车运输过程中，会产生频率为 5～300 Hz 的振动载荷，机载时可能有频率为 5～2 500 Hz 的振动载荷，也可能受到（5～30）g 的撞击载荷。它们可能使药柱内表面发生裂纹、黏结面脱黏，甚至由于振动的机械能被推进剂吸收变为热能，有可能使局部温度达到点燃温度而自燃。勤务处理时，不慎落地引起的撞击载荷也会造成药柱的破坏。

对壳体黏结的装药来说，热收缩诱导的应力以及点火对压力突升所诱导的应力是最严重的。起飞加速度的影响只有在炮射导弹之类发动机装药中才显得突出。

4.4 固体推进剂力学性能的特征

4.4.1 双基推进剂

按照固体力学行为的特征，一般可将材料分为两类，即力学响应与加载作用（频率）依赖性很小的弹性材料，以及力学响应对载荷作用时间、温度都有强依赖关系的黏弹性材料。以硝化纤维素为黏合剂大分子的双基推进剂，虽然采用了硝化甘油之类硝酸酯及其他助溶剂（如苯二甲酸二丁酯、二硝基甲苯等）增塑，它们的玻璃化温度 T_g 大多数在室温以上，所以，室温环境下双基推进剂属于小变形弹性材料，或者说是具有可从弹性向塑性转化的弹塑性材料。双基推进剂制造中正是利用了较高温度下从弹性向不可恢复原有形状的塑性转变的性质而获得所需形状的药柱，所以说，从力学行为上分类，双基推进剂基本上属于弹性（或弹塑性）材料，当推进剂为各向同性及对载荷的响应可叠加时，属线性性质。目前对双基推进剂或其他玻璃化温度高于室温的推进剂进行装药设计时，均按线弹性处理。

4.4.2　复合推进剂

1. 作为连续相的高分子黏合剂的性质决定了推进剂力学行为的属性

以聚丁二烯或聚醚之类预聚物为黏合剂的复合推进剂，它们的玻璃化温度一般低于推进剂使用温度的下限，在推进剂的使用温度范围（–50 ℃～70 ℃）内，它们处于高分子材料的高弹态区域，其力学响应特性与加载速率、材料所处的温度以及加载的历史有关，其变形为一松弛过程，具有非平衡和不可逆性质。各种有关推进剂力学性能的表征量（诸如强度、伸长率、模量等）是温度和时间的函数，虽然在此类复合推进剂中，固体填料（氧化剂和轻金属燃料）可高达 85%～90%，但其力学行为的特征，仍由连续相的高分子黏合剂决定，是一类黏弹性材料，可以用时间–温度等效原理将在不同时间（作用频率）和温度下测定的某种力学响应量关联在一起，通过时间–温度转换因子把宽温度范围内测到的短时间范围的模量–时间曲线叠加到某一参比温度下，获得包括了长时间范围的组合曲线，即主曲线。这种主曲线可以简便而全面地描述黏弹性材料的力学性能参量对时间（作用频率）和温度的关系。

2. 填料在复合推进剂中具有补强作用

当填料颗粒表面与黏合剂界面之间处于良好黏结状态的条件下，在受力时，填料颗粒将与黏合剂基体一起承担载荷的作用，两者分担载荷能力的大小与各自的弹性模量的高低有关：

$$E / E_0 = [1 + K\phi / (1 - S'\phi)]^2 \tag{4–13}$$

式中，E——填料的弹性模量；

E_0——黏合剂基体的弹性模量；

ϕ——填料的体积分数；

K, S'——经验常数。

可见，在满足良好界面黏结的情况下，弹性模量高的填料所分担的载荷远大于低模量的黏弹性基体。

3. 不可压缩性与体积膨胀

在复合推进剂单轴拉伸试验中同时测出样品的体积膨胀时（如利用 Farris 研制的膨胀计），所获得的曲线如图 4–1 所示。

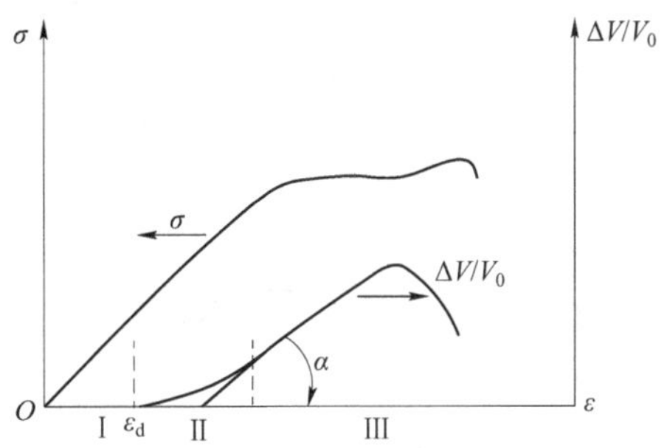

图 4–1　复合固体推进剂单轴拉伸试验中的应力–应变及体积膨胀特性

如图所示，在拉伸过程的初始阶段（Ⅰ），应力与应变之间保持良好的线性关系。在此阶段，当应变达到某一值（ε_d）时，推进剂开始出现体积膨胀（$\Delta V/V_0>0$），因此，在到达ε_d之前，推进剂属不可压缩性材料。ε_d值越高，表示试样内部在形变中无空穴或裂纹产生。由于泊松比可以定义为

$$\nu=\frac{1}{2}\left[1-\frac{1}{V}\left(\frac{\mathrm{d}V}{\mathrm{d}\varepsilon}\right)\right] \tag{4-14}$$

当推进剂形变中无体积增加时，$\mathrm{d}V/\mathrm{d}\varepsilon=0$，所以$\nu=\dfrac{1}{2}$。

可见，当推进剂在拉伸过程中内部不产生任何空穴时，其泊松比应为 0.50。

临界应变值ε_d的大小除了与推进剂的性质有关外，还与测试条件有关，降低拉伸速率或升高试验温度，ε_d将会上升。对于一般复合推进剂来说，室温（20 ℃）下拉伸速率为 10 mm/min 时，ε_d一般在 7%～12%。

推进剂应力–应变及体积膨胀曲线中的第Ⅱ阶段是推进剂内部裂纹及空穴发生和生长阶段，其分界区是沿体积膨胀–应变曲线的线性段作切线，与应变轴相交处即为本阶段的起点。此阶段的两个有意义的特征为：体积膨胀曲线上切线的起点所对应的应变值，以及切线与应变轴的夹角。$\Delta V/V_0-\varepsilon$曲线上的线性段是材料体系内裂纹及空穴随应变增加而稳定发展阶段，切点所对应的ε值对应于$\sigma-\varepsilon$曲线上的最大应力σ_m值，它表示推进剂内填料与黏合剂基体间的界面处于明显的“脱湿”状态。上述切线与应变轴的夹角的大小可以说明体积膨胀（即裂纹和“脱湿”）发展的速率，夹角α越小，材料内部的微裂纹或“脱湿”状态越不明显。对于同一推进剂来说，夹角α的大小还与试验条件（温度和拉伸速率）有关。

4. 不连续性

在推进剂装药中，在衬层与推进剂黏结面处由于两种材料成分上的明显差异，虽然二者可以达到良好的黏结状态，但在垂直于黏结面的方向上，属各向异性材料，即应力张量及应变张量在此区域是不连续的。

4.5 高分子复合推进剂黏弹性力学行为及主曲线

4.5.1 高分子材料黏弹性力学行为的特征

高分子材料在承受载荷时，应力与应变不呈单值函数关系的力学行为，而且在卸载后，其形变的恢复也与时间有关，此种力学行为即称为黏弹性。而服从虎

克定律的理想弹性体在外力作用下所产生的形变则随时间线性发展。如图 4–2 所示，高分子材料的这种黏弹性行为介于二者之间。当卸载时，形变的恢复需一定时间才能完成，而且并不能迅速恢复到原来状态。在应力–应变图上，存在一迟滞曲线（图 4–3）。黏弹性是高分子材料的一种重要特性，并称为松弛现象。

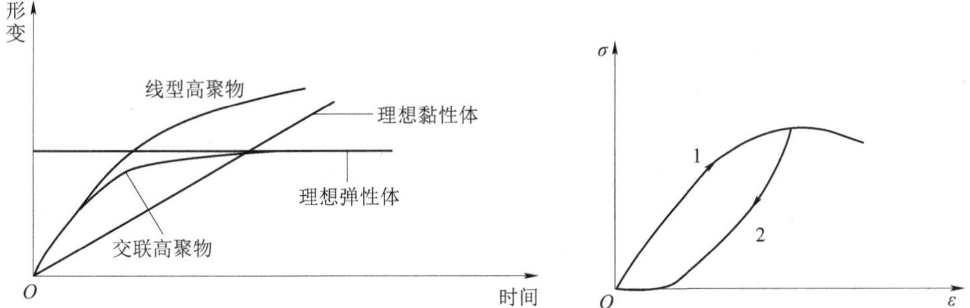

图 4–2 在定应力作用下，不同材料的形变与时间关系　图 4–3 黏弹性材料的应力–应变关系

当可以用线性微分方程来描述这类材料的应力、应变速率等之间关系时，本构方程或者说黏弹行为与弹性固体或黏性液体的偏离仅是时间的函数时，这种黏弹性质称为线性黏弹性，这些本构方程包括：

$$\sigma(t)=\varepsilon(t)F\left(\frac{\mathrm{d}\varepsilon}{\mathrm{d}t}\right) \tag{4–15}$$

式中，$\sigma(t)$——随时间变化的应力；

$\varepsilon(t)$——随时间变化的应变；

$F\left(\frac{\mathrm{d}\varepsilon}{\mathrm{d}t}\right)$——应变速率函数。

当应变固定时，$\varepsilon(t)$ 为 ε_0，则

$$\sigma(t)=\varepsilon_0 F(t) \tag{4–16}$$

所以，对黏弹性材料施加一个定应变值，测出应力随时间的变化值（应力松弛试验），利用式（4–16）可求出该材料的松弛模量：

$$E(t)=\frac{\sigma(t)}{\varepsilon_0} \tag{4–17}$$

同样，在定应力（σ_0）作用下，材料的应变将随时间而增加，即产生蠕变：

$$\varepsilon(t)=\sigma_0 J(t) \tag{4–18}$$

则材料的蠕变柔量为

$$J(t)=\frac{\varepsilon(t)}{\sigma_0} \tag{4–19}$$

4.5.2 产生黏弹性力学行为的原因

一般线性无规聚合物是一个柔顺的长链高分子，在高弹态时，运动单元是长链中各个独立旋转的链段。作为复合固体推进剂的一种理想的黏合剂，在使用温度范围内，应该是处于高弹态的橡胶材料。这种高分子在结构上具有以下特点：分子链的每个结构单元可以自由旋转；分子链之间有适当的交联，在外力作用下，整个链状分子不易产生位移，首先产生的运动是由卷曲链沿作用力方向变成伸直状态。此时，处在不断热运动状态的大分子链从原有的构象过渡到另一个与外力相适应的构象，系统的熵减少。当外力除去后，系统向熵增大的方向变化，链段又恢复到卷曲状态。在链段被拉直和恢复卷曲的过程中，由于分子链之间以及分子链内相互作用的结果，使链段运动产生阻尼，在施加的载荷与发生的响应之间不能在瞬间达到平衡，需要一定的时间才能完成。因此，材料在外力作用下所发生的形变，不但依赖于所施加的作用力的大小，还依赖于作用力的速率。

此外，高分子链的柔顺性源于构成分子链的各个结构单元（即链节）围绕连接它们之间的σ键所做的旋转运动，实际上这是链的一种热运动方式，因此，高分子的这种黏弹性力学行为必定是依赖于温度的。

总体来说，高分子网络内交联点之间存在的若干个独立运动的单元（链段）以及链段中各个结构单元可以自由旋转的性质，是橡胶态聚合物材料产生黏弹性力学行为的根本原因。

4.5.3 时间–温度等效原理和主曲线

4.5.3.1 时间–温度等效原理

这是处理高分子材料黏弹性力学行为的一个经验性原则。

从高聚物的热–机械曲线中看到：改变温度，可以使一个聚合物从一种状态变到另一种状态。从上一节关于黏弹性存在的原因中也看到：改变作用力速率，也可以使一个高聚物力学性质发生改变。那么，温度和作用速率这两个因素的效果是否相当？

当在恒定的外力作用下，观察一个橡胶态聚合物在不同温度下的形变值时发现：其形变总值与温度关系不大，温度的变化只影响它们的形变速率（图 4–4）。

如果把相同的数据处理成不同时间下的形变–温度关系（图 4–5），则很容易看出：不同的温度和作用时间的组合，都可以达到同一个形变值。也就是作用时间和温度这两个因素对高弹形变有着等效的影响。

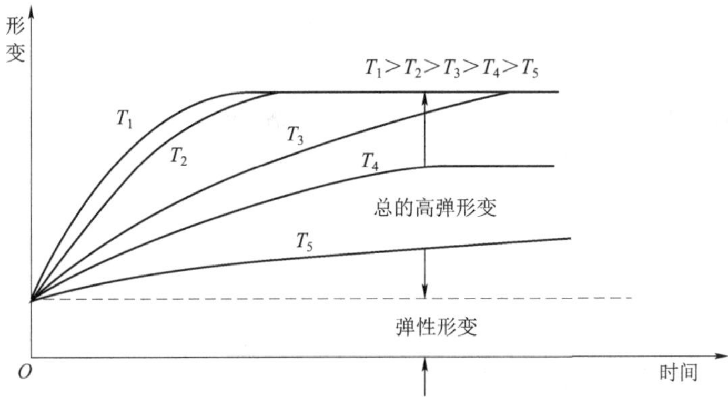

图 4–4　恒应力作用下，不同温度时形变和时间的关系

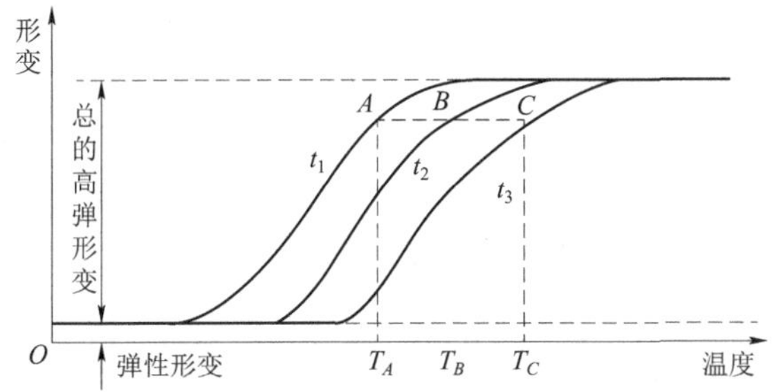

图 4–5　恒应力作用下，不同作用时间的形变和温度的关系

由于 $T_A<T_B<T_C$，而作用力速率 $t_1>t_2>t_3$，由此可以得到一个时间–温度等效的重要结论：增加作用力速率与降低温度的效果相当，或者反过来，降低作用力速率的结果相当于提高了温度。这种时间–温度等效的现象称为时间–温度等效原理。

根据这个原理，难以用试验来测定的作用时间非常短或非常长的载荷性质，可以通过升高或降低温度来模拟，因而利用现有的试验手段，即可获得宽的时间范围内的特性。对于固体推进剂所要承受的像点火那样高速率作用的载荷和像贮存期温度循环变化所产生的缓慢作用来说，这一原理，是很有意义的。

由于黏弹材料的力学性质密切依赖于温度和时间这两个因素，所以，表征黏弹材料力学性质时，一定要把这两个外界条件加以严格规定，例如，要全面反映推进剂单向拉伸时的性质，应该在推进剂的使用温度范围内（–40 ℃～+50 ℃）的各个温度下，以不同拉伸速率测定的结果来表示，假如选择 5 个试验温度和 5 个拉伸速率，结果就有 25 条拉伸曲线。如果把温度和拉伸速率的变化区间划分得更小一些，那么就要用更多的曲线才能比较全面地反映推进剂的单向拉伸情况。显然，这种表示方法过于烦琐了。而且，这种表达方式不能用于药柱应力状态的分析。

根据时间–温度等效原理，人们提出了一个折合的数据处理方法。即把在某些规定的时间范围内和一系列温度下所测到的数据，综合成一条假想的曲线，例如，在单向拉伸试验中，这条综合曲线所在坐标的纵轴，称为折合应力，横轴称为折合时间，曲线所代表的是某个温度（称参比温度）下宽应变速率（即时间）范围内的材料性质。人们把这种曲线叫作“主曲线”（master curve），或者据其意义，称为“组合曲线”。

将不同温度和速率下所测到的数据处理成主曲线时，关键性的步骤是把各个温度下测到的曲线，向某个方向（即参比温度）移动，使它们叠加起来。每条曲线所要移动的量，用一个量纲为 1 的因子来规定，这个因子称为“温度移动因子”，或者叫作“折合变量因子”，或简称为“变换因子”，用 a_T 来表示。其定义如下：

$$a_T = \frac{t_T}{t_0} \tag{4–20}$$

t_T 是温度为 T 时，在试验中观察某一现象所需的时间。t_0 是温度为 T_0 时，观察同一现象所需的时间。例如，在应力松弛试验中，t_T 和 t_0 分别为温度为 T 和 T_0 时，从起始应力降低了同一数值所需的时间。在蠕变试验中，t_T 和 t_0 分别代表温度为 T 和 T_0 时，在相同载荷作用下应变增加了同一数值所需的时间。依此类推，下式也成立：

$$a_T = R_0/R_T \tag{4–21}$$

上式更清楚地说明了温度移动因子的物理意义：温度为 T_0、应变速率为 R_0 时所产生的效应，与温度为 T、应变速率为 R_T 时所产生的效应之间，只是简单地用另一个速率下的效果来代替。这是时间–温度等效原理的另一个更具体的表达式。

Williama Landel 和 Ferry 研究无规高聚物的力学性质后，提出了如下经验方程：

$$\lg a_T = \frac{-C_1(T - T_s)}{C_2 + T - T_s} \tag{4–22}$$

式中，C_1，C_2——经验常数；

T_s，T——分别为参考温度和试验温度，均以绝对温度表示。

式（4–22）表明移动因子是与温度和参考温度有关的函数。当变更参考温度时，式（4–22）的形式不变，只是 C_1 和 C_2 有差别。当以玻璃化温度 T_g 为参考温度时，对大多数高分子材料，C_1=17.44，C_2=51.6。若选择 T_s 为 T_g 以上 50 ℃时，可采用更有普适性的值：C_1=8.86，C_2=101.6，于是，WLF 方程变为

$$\lg a_T = \frac{-8.86(T - T_s)}{101.6 + (T - T_s)} \tag{4-23}$$

此式对所有非晶态高分子均适用。

4.5.3.2　主曲线的绘制

在进行推进剂装药结构完整性分析中，需要应用应力松弛模量主曲线确定推进剂长期承受应力状态下允许的应变极限值，需通过单轴拉伸的最大应力（σ_m）主曲线分析轴向加载和点火增压时轴向加载的安全系数及点火压力作用下药柱的危险部位，需通过最大应变（ε_m）主曲线分析固化降温时的安全系数。所以，上述三条与推进剂药柱破坏性质有关的主曲线对药柱设计及推进剂配方研制有重要意义。

1. 松弛模量主曲线

松弛模量是在恒温条件下，在拉伸试验机中对推进剂施加一个设定的伸长值，通过定伸长下应力随时间的衰减情况来测定，结果如图 4–6 所示。

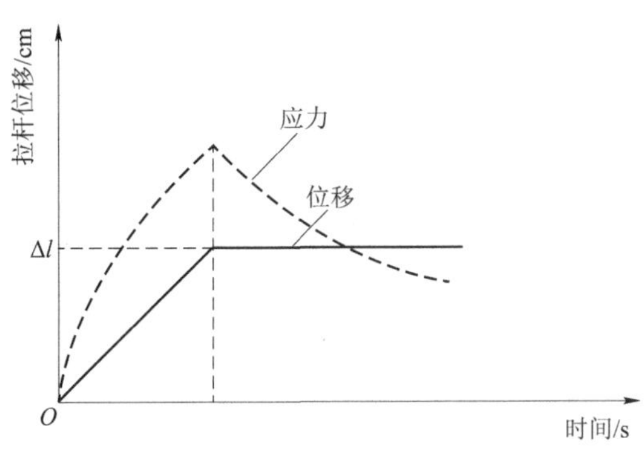

图 4–6　应力松弛试验时应力、位移–时间图

由所得的应力松弛曲线可得到该温度下不同时间所对应的应力松弛模量，将这些数据用双对数坐标作图，可得到一条直线。如果在不同温度下进行测试，则得到一组直线。如图 4–7 所示。

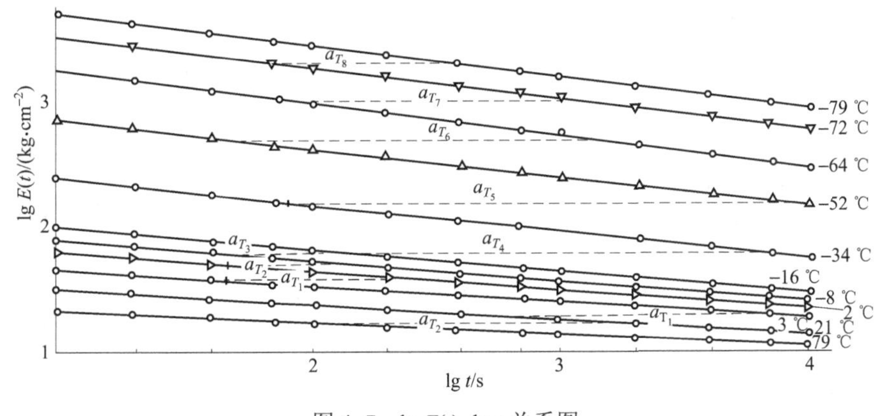

图 4–7　lg $E(t)$–lg t 关系图

为了处理试验结果，规定下列常量：

$$在时间\ t_1\ 时的应变\ \varepsilon_1 = \Delta L / L_0 \quad (\text{cm/cm})$$

（试验通常使ε_1处于 0.01～0.10 之间）

$$真应力（当\ t>t_1\ 时）\ \sigma = \frac{F(1+\varepsilon_1)}{A_0} \quad (\text{MPa})$$

松弛模量

$$E(t) = \frac{\sigma}{\varepsilon_1} = \frac{F(1+\varepsilon_1)}{A_0\varepsilon_1} \quad (\text{MPa})$$

表 4–1 列出了某推进剂在温度为 21 ℃时，由应力松弛曲线算得的不同时间的松弛模量。图 4–7 为该推进剂在不同温度下的 lg $E(t)$–lg t 关系图。

表 4–1 应力松弛模量计算表

样品名称	聚丁烯烃–R
样品批号	7 958
试验温度	21 ℃
试样标距	L_0=10.160 cm
试样横截面积	$A_0=1.032\times10^{-4}$ m^2
试验机拉杆位移	ΔL=0.508 cm
应变量	$\varepsilon_1 = \frac{\Delta L}{L_0} = \frac{0.508}{10.160} = 0.050$ （cm/cm）

时间 t /s	lg t	F/N	lg F	$\lg\frac{1+\varepsilon_1}{A_0\varepsilon_1}$	lg $E(t)$	$E(t)$ /Pa
10	1.000	15.88	1.201	5.310	6.511	3.24×10^6
20	1.301	14.50	1.161	5.310	6.471	2.96×10^6
40	1.602	13.23	1.122	5.310	6.432	2.70×10^6
70	1.845	12.45	1.095	5.310	6.405	2.54×10^6
100	2.000	11.86	1.074	5.310	6.384	2.42×10^6
200	2.301	10.98	1.040	5.310	6.350	2.24×10^6
400	2.602	10.09	1.004	5.310	6.314	2.06×10^6
700	2.845	9.51	0.978	5.310	6.288	1.94×10^6
1 000	3.000	9.02	0.955	5.310	6.265	1.83×10^6
2 000	3.301	8.33	0.921	5.310	6.231	1.70×10^6
4 000	3.602	7.55	0.878	5.310	6.188	1.54×10^6
7 000	3.845	7.15	0.855	5.310	6.165	1.46×10^6
10 000	4.000	6.76	0.830	5.310	6.140	1.38×10^6

由图 4–7 可以看出，不同温度下的 lg $E(t)$–lg t 直线都是相互平行的。因此，只要将相邻的两条直线水平移动 $\lg a_{T_n}$ 量，就可以使任意两条直线相重叠。这里 $\lg a_{T_n} = \lg t_2 - \lg t_1$。

这就是前面所述的时间–温度等效原理的具体体现。即不同温度下的松弛模量可折换成不同时间的松弛模量。因此，可以利用时间–温度的转换因子，将不同温度下的松弛模量曲线转换成更宽的时间范围内的松弛模量曲线。这条曲线称为松弛模量主曲线。

时间–温度转换因子可由经验公式（4–22）计算，但一般由试验数据直接求得。任选一参比温度 T_0 时，为了方便起见，往往选择最接近室温的试验温度作为参比温度。当各试验温度低于参比温度 T_0 时，如图 4–8 所示。

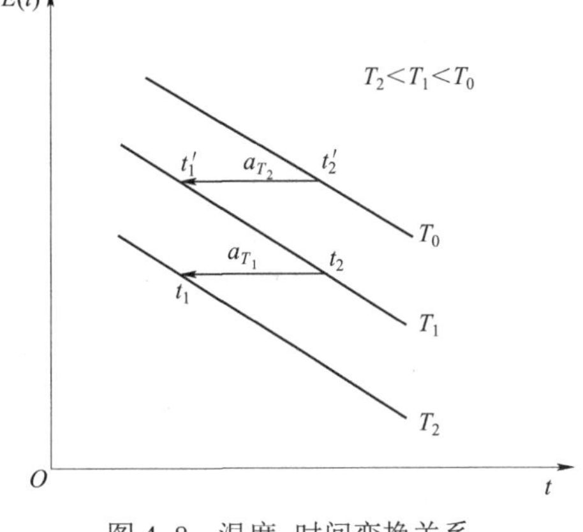

图 4–8　温度–时间变换关系

$$a_{T_1} = \frac{t_2}{t_1} \text{或} \lg a_{T_1} = \lg t_2 - \lg t_1$$

$$a_{T_2} = \frac{t'_2}{t'_1} \text{或} \lg a_{T_2} = \lg l'_2 - \lg l'_1$$

若温度 T_1 时的转换因子为 a_{T_1}，T_2 时的转换因子为 $a_{T_1} \times a_{T_2}$（或 $\lg a_{T_1} + \lg a_{T_2}$），则 T_n 时为 $a_{T_1} \times a_{T_2} \times \cdots a_{T_n}$（或 $\lg a_{T_1} + \lg a_{T_2} + \cdots \lg a_{T_n}$）。当试验温度高于参比温度时，采用与上面类似的方法加以转换，但此时所得的转换因子为负值。这样就可以由试验结果求出不同温度时的时间转换因子 a_T。由图 4–7 求得的某种聚丁二烯推进剂不同温度下的 $\lg a_{T_n}$ 和 $\lg a_T$ 数据列于表 4–2。有了转换因子 a_T 值后，就容易将图 4–7 中的曲线变换成主曲线了。各温度下的试验曲线向参比温度下的直线水平移动 lg a_T，即可叠加成一条主曲线。也就是将每个温度下的时间坐标 t 变成 t/a_T 或变为 lg(t/a_T)=lg t–lg a_T。表 4–3 为聚丁二烯推进剂在 79 ℃时坐标变换数据。图 4–9 为图 4–7 换算而来的松弛模量主曲线。这条曲线表示了火药在 T_0=21 ℃时模量和时间的关系。在其他温度下的松弛模量主曲线可通过变换主曲线的时间标度值来获得，即当求转换所需的时间时，只需将该温度下的 lg a_T 值加到参比温度下的主曲线的时间坐标上（lg t+lg a_T），即变为所求温度下的松弛模量主曲线。

表 4–2 不同温度下 $\lg a_T$ 和 $\lg a_{T_n}$ 值

T_1/℃	T_2/℃	$\lg t_1$	$\lg t_2$	$\lg a_{T_n}$	$\lg a_T$
2	21(T_0)	2.32	1.51	0.81(a_{T_1})	0.81
−8	2	2.15	1.66	0.49(a_{T_2})	1.30
−16	−8	2.10	1.60	0.50(a_{T_3})	1.80
−34	−16	3.82	2.09	1.73(a_{T_4})	3.53
−52	−34	3.96	1.86	2.10(a_{T_5})	5.63
−64	−52	3.15	1.64	1.51(a_{T_6})	7.14
−72	−64	3.08	1.90	1.18(a_{T_7})	8.32
−79	−72	2.60	1.75	0.84(a_{T_8})	9.16
21(T_0)	49	2.73	3.96	−1.23(a_{T_1})	−1.23
49	79	1.86	3.17	−1.31(a_{T_2})	−2.54

表 4–3 79 ℃时聚丁二烯推进剂时间坐标变换数据

名称				聚丁二烯推进剂			
批号				7 958			
试验温度				79 ℃			
试样标距				L_0=10.160 cm			
试样横截面积				A_0=1.032×10^{-4} m^2			
试验机拉杆位移				ΔL=0.508 cm			
应变量				$\varepsilon_1=\dfrac{\Delta L}{L_0}=\dfrac{0.508}{10.160}=0.050$（cm/cm） $\lg a_T=-2.54$			
时间 t /s	$\lg t$	$\lg t/a_T$	F/N	$\lg F$	$\lg\dfrac{1+\varepsilon_1}{A_0\varepsilon_1}$	$\lg E(t)$	$E(t)$ /Pa
10	1.000	3.540	7.644	0.883	5.310	6.193	1.558×10^6
20	1.301	3.841	6.938	0.841	5.310	6.151	1.421×10^6
40	1.602	4.142	6.488	0.812	5.310	6.122	1.323×10^6
70	1.845	4.385	6.047	0.782	5.310	6.092	1.235×10^6
100	2.000	4.540	5.870	0.769	5.310	6.079	1.196×10^6
200	2.301	4.841	5.419	0.734	5.310	6.044	1.107×10^6
400	2.602	5.142	5.067	0.705	5.310	6.015	1.029×10^6
700	2.845	5.385	4.890	0.689	5.310	5.999	1.000×10^6
1 000	3.000	5.540	4.753	0.677	5.310	5.987	0.970×10^6
2 000	3.301	5.841	4.488	0.652	5.310	5.962	0.921×10^6
4 000	3.602	6.142	4.381	0.642	5.310	5.952	0.892×10^6
7 000	3.845	6.385	4.067	0.609	5.310	5.919	0.823×10^6
10 000	4.000	6.540	3.910	0.592	5.310	5.902	0.804×10^6

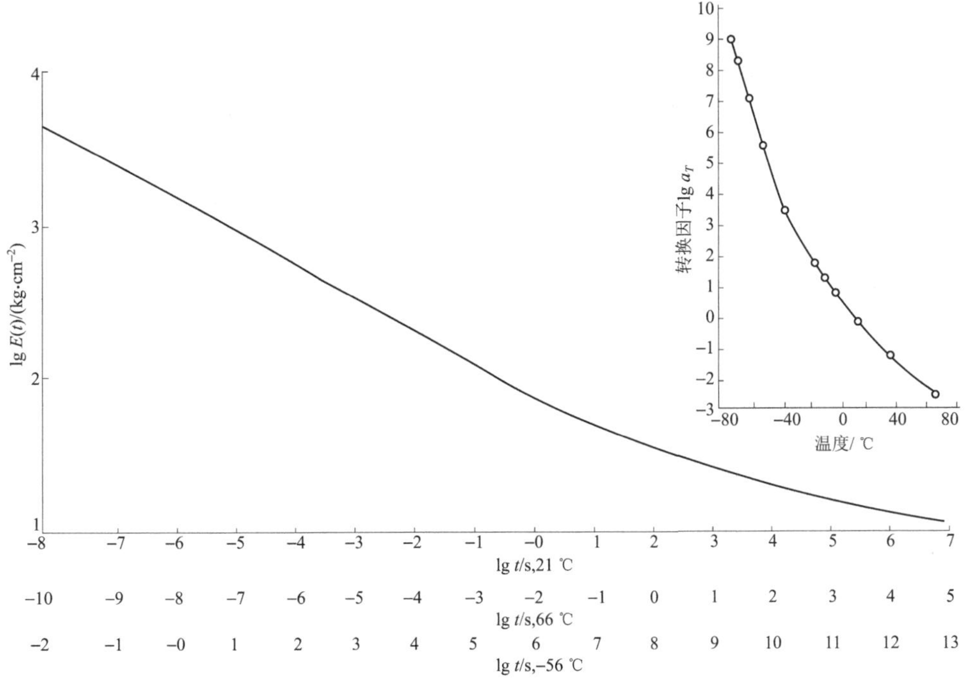

图 4–9　聚丁二烯推进剂的松弛模量主曲线及其转换因子

2. 单轴拉伸主曲线

利用单轴拉伸试验，可以测得不同温度下等速拉伸的应力–应变曲线组，如图 4–10 所示。如果在不同温度和不同拉伸速率条件下进行试验，则可得到许多曲线组。根据时间–温度等效原理，利用时间–温度转换因子 a_T，将试验数据分别处理成ε_m或σ_m的主曲线，称为拉伸主曲线。

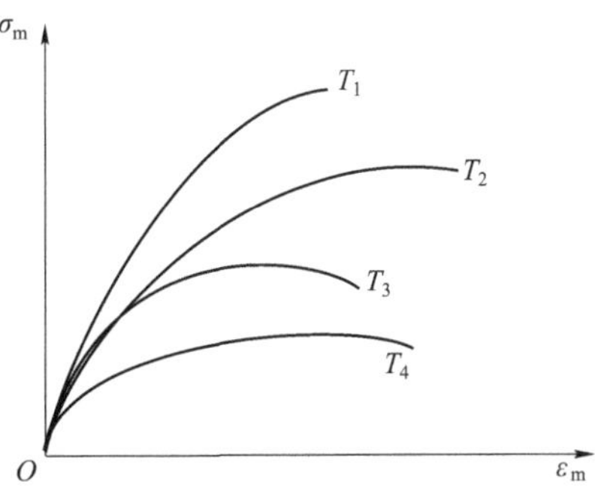

图 4–10　不同温度下等速拉伸时推进剂的应力–应变曲线

首先将试验数据在双对数坐标上作等温拉伸图。图 4–11 为某聚氨酯推进剂的等温拉伸图。

图中纵坐标为 lg（$\sigma_m T_0/T$），为单轴拉伸应力–应变曲线上的最大应力，T_0 为参比温度（本图 T_0=273 K），T 为试验温度。σ_m之所以乘 T_0/T 因子，是为了修正温度对弹性的影响。横坐标是$\lg(1/\dot{\varepsilon})$，$\dot{\varepsilon}$ 为拉伸速率［夹具拉伸速率（mm/min）与试件标距（mm）之比］，其单位为 min^{-1}。由图 4–11 可以看出，在同一温度时，不同拉伸速率下的$\sigma_m T_0/T$ 数值基本上都落在一近似的直线上，而且不同温度下的直线都互相平行。因此，只要所有的等温线向参比温度线平行移动一段距离 lg a_T，就可以叠加成一条主曲线。这条主曲线就可以表示在较宽的温度范围内推进剂的拉伸性能。表 4–4 为由图 4–11 求得的每一温度下的 lg a_T值，并作图 4–12。若将每一温度下的时间标度 $\lg(1/\dot{\varepsilon})$ 换算成 $\lg[1/(\dot{\varepsilon}a_T)]$，就可以作图得到拉伸主曲线 $\lg(\sigma_m T_0/T)-\lg[1/(\dot{\varepsilon}a_T)]$，如图 4–13 所示。同样，如果以 ε_m 为纵坐标，以 $\lg[1/(\dot{\varepsilon}a_T)]$ 为横坐标，则可以得到 $\varepsilon_m-\lg[1/(\dot{\varepsilon}a_T)]$ 拉伸主曲线，如图 4–14 所示。

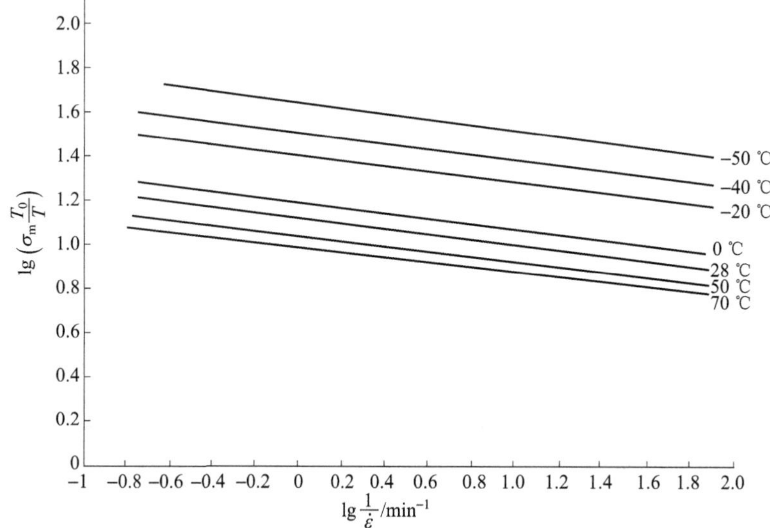

图 4–11 某聚氨酯推进剂等温拉伸图

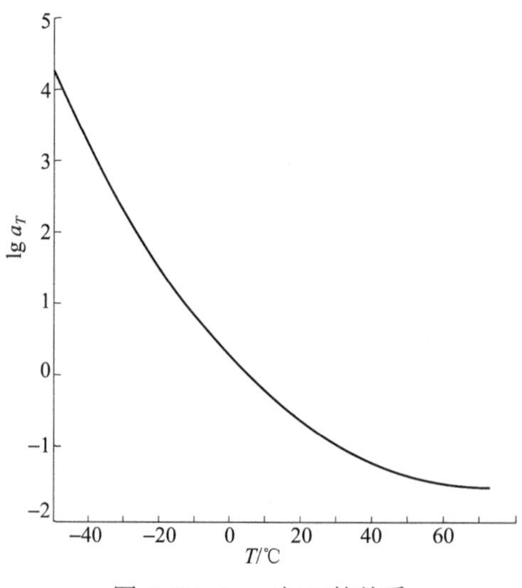

图 4–12 lg a_T 与 T 的关系

表 4–4　不同温度下 lg a_T 值

T_2/℃	T_1/℃	$a_{T_n}=\lg\frac{1}{\dot{\varepsilon}_2}-\lg\frac{1}{\dot{\varepsilon}_1}$	lg a_T	备 注
–50	–40	1.12	4.16	–50 ℃向–40 ℃叠加
–40	–20	1.09	3.04	–40 ℃向–20 ℃叠加
–20	0	1.95	1.95	–20 ℃向 0 ℃叠加
0	28	0.5	–0.5	28 ℃向 0 ℃叠加
28	50	0.85	–1.35	50 ℃向 28 ℃叠加
50	70	0.37	–1.72	70 ℃向 50 ℃叠加

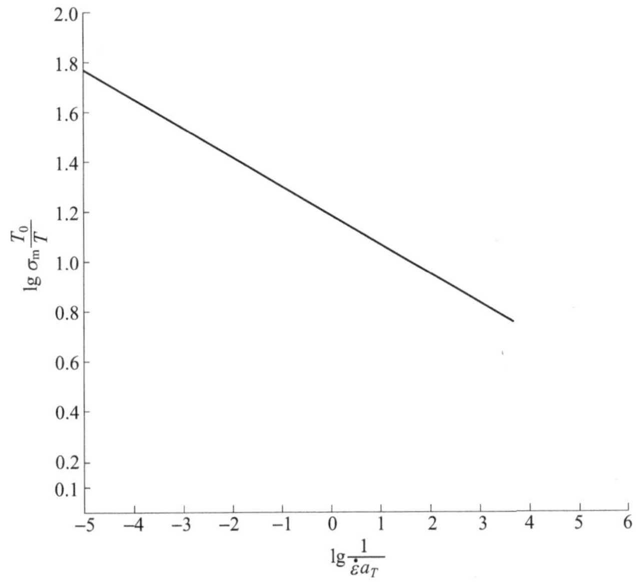

图 4–13　$\lg(\sigma_m T_0/T)-\lg[1/(\dot{\varepsilon}a_T)]$ 拉伸主曲线

由图 4–14 可见，T 温度下应变速率为 $\dot{\varepsilon}$ 时的 σ_m（或 ε_m）值，等于参比温度 T_0 下应变速率为 $\dot{\varepsilon}_0=\dot{\varepsilon}a_T$ 时的 σ_m（或 ε_m）值。根据这一特性，可利用主曲线查出温度为 T、应变速率为 $\dot{\varepsilon}$ 时的 σ_m（或 ε_m）值。其具体方法为先由 lg a_T–T 关系（图 4–12）求得 a_T 值，再在主曲线图上找横坐标为 $\lg[1/(\dot{\varepsilon}a_T)]$ 时的 σ_m（或 ε_m）值即得。

利用拉伸主曲线，可方便地进行药柱的破坏分析。例如根据最大应变理论，药柱内表面不发生裂纹的条件为

$$D=\frac{\varepsilon_\theta(a)}{\varepsilon_m}<1 \tag{4–24}$$

式中，$\varepsilon_{\theta}(a)$——某种载荷所引起的应变值；

ε_{m}——药柱的应变能力（与载荷相同的温度及应变速率条件下）；

D——参数。

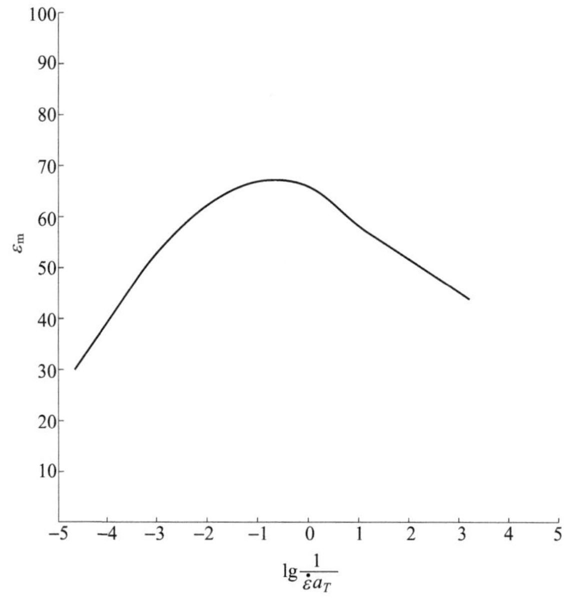

图 4–14 $\varepsilon_{m}-\lg[1/(\dot{\varepsilon}a_{T})]$ 拉伸主曲线

例：外径 30 cm，内径 15 cm 的六角星孔聚丁二烯推进剂药柱，固化温度为 60 ℃，试分析冷却到−50 ℃时内表面是否会出现裂纹。

已知该药柱固化冷却时产生的最大应变

$$\varepsilon_{\theta}^{s}(a)=15.2\%$$

该药柱达到温度平衡的时间

$$t=2.7\times10^{4}\text{ s}$$

则应变速率

$$\dot{\varepsilon}=\frac{\varepsilon_{\theta}^{s}(a)}{t}=\frac{0.152}{2.7\times10^{4}}=0.056\,3\times10^{-4}\ (\text{s}^{-1})$$

由该推进剂的拉伸ε_{m}主曲线，查得$\dot{\varepsilon}=0.056\,3\times10^{-4}$和−50 ℃下，$\varepsilon_{m}$=30%，代入式（4–24），得

$$D=\frac{\varepsilon_{\theta}^{s}(a)}{\varepsilon_{m}(\dot{\varepsilon})}=\frac{0.152}{0.30}=0.507<1$$

所以，在−50 ℃下，药柱内表面不会出现裂纹。

可见，最大应变主曲线 $\lg\varepsilon_{\mathrm{m}}-\lg(t/a_T)$ 主要用于推进剂药柱固化降温时安全系数的分析。$\lg(\sigma_{\mathrm{m}}T_{\mathrm{s}}/T)-\lg[1/(\dot{R}a_T)]$ 主曲线则用于轴向加载和点火升压过程的危险情况的预估。而应力松弛模量主曲线则可用于预估长时间承受应力情况下的破坏分析。

4.6　影响固体推进剂力学性能的主要因素及调控方法

4.6.1　双基推进剂

利用液态硝酸酯（如硝化甘油）将硝化纤维素大分子塑化而制成的双基推进剂是一种塑溶胶推进剂，其力学性能具有一般塑料制品的特征：力学行为对温度及拉伸速率较为敏感；在玻璃化温度以下，有较高的强度和较低的伸长率，随着温度升高，延伸率升高，抗拉强度很快下降，特别是当温度上升至药柱的玻璃化温度以上时，模量和强度迅速下降，伸长率显著上升（图 4–15）。

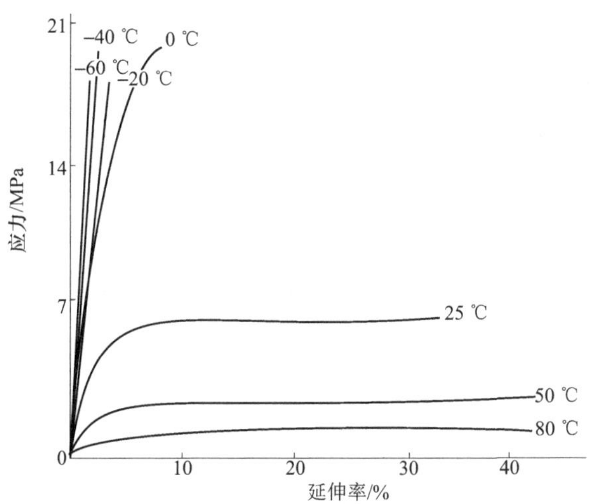

图 4–15　温度对双基推进剂应力–应变行为的影响

当提高试验中的拉伸速率时（图 4–16），推进剂的模量、强度上升迅速，其表现与降低温度的效果相似。

与复合推进剂相比，双基推进剂具有高的弹性模量和抗压缩强度，因此，这类推进剂很适合自由装填形式的发动机装药。典型双基推进剂的力学性能见表 4–5。

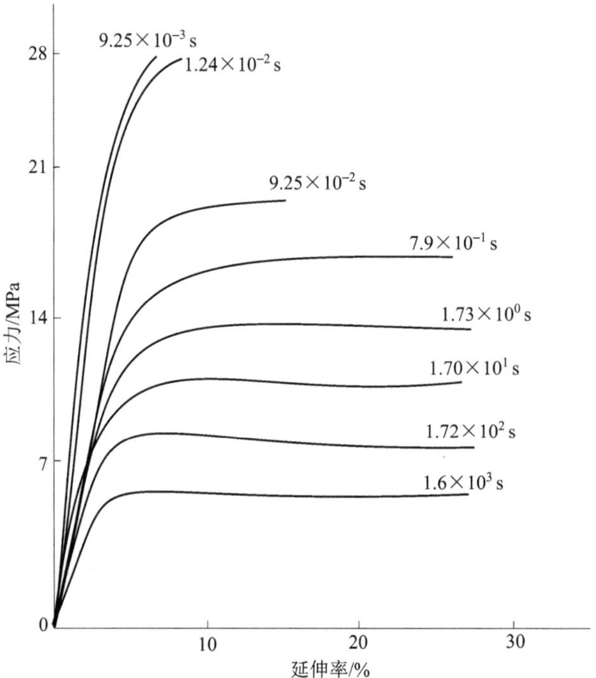

图 4–16 拉伸速率对双基推进剂应力–应变行为的影响

表 4–5 典型双基推进剂的力学性能

性能	温度/℃	GLQ–1	PT–12	SS–2	SFM–1	SQ–1	SQ–3
抗压强度/MPa	+50	10.23	14.20	13.15	10.40	13.72（40 ℃）	18.44
	+20	45.30	42.0	34.92	35.81	25.80	43.07
	–40	74.08	105.6	143.2	152.1	—	149.1
压缩率/%	+50	45.1	46.9	66.8	56.4		62.8
	+20	52.3	43.1	55.1	55.2	49	55.1
	–40	33.6	30.0	44.6	42.7		37.5
抗拉强度/MPa	+50	5.05	7.27	2.89	2.90	5.09（40 ℃）	4.99
	+20	16.51	15.60	12.75	11.67	11.36	16.38
	–40	59.78	39.02	48.56	46.01	—	44.24
拉长率/%	+50	60.8	41	36.1	28.4	—	22.8
	+20	55.9	28.2	25.2	26.2	11.1	16.3
	–40		7.7	3.80	4.21	—	3.08
玻璃化温度/℃		22	26	35～38			
弹性模量/MPa	+20	303.8	392	209.72			
	0	755.48	852.6				

在双基推进剂中，当硝化纤维素（NC）的含氮量以及平均相对分子质量（工业上一般用醇醚或醇酮溶液的黏度表示）确定以后，其力学性能与硝化纤维素的含量有关。图 4–17 是抗拉强度与硝化纤维素含量的依赖关系。高的 NC 含量，可以显著提高该类推进剂的抗拉强度，但降低了延伸率（图 4–18）。

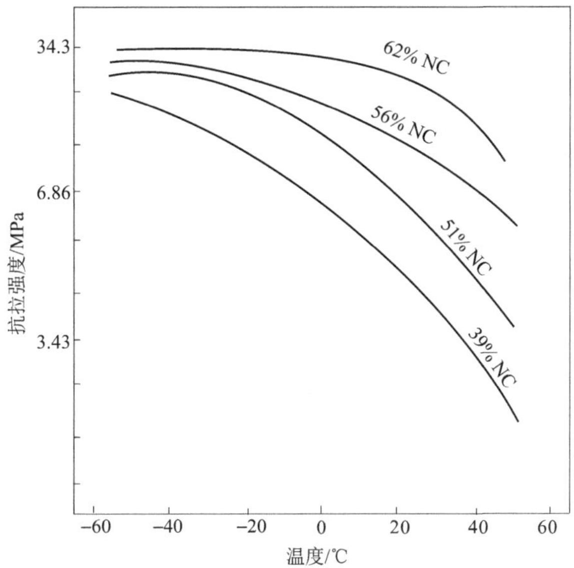

图 4–17　NC 含量与双基推进剂抗拉强度的关系

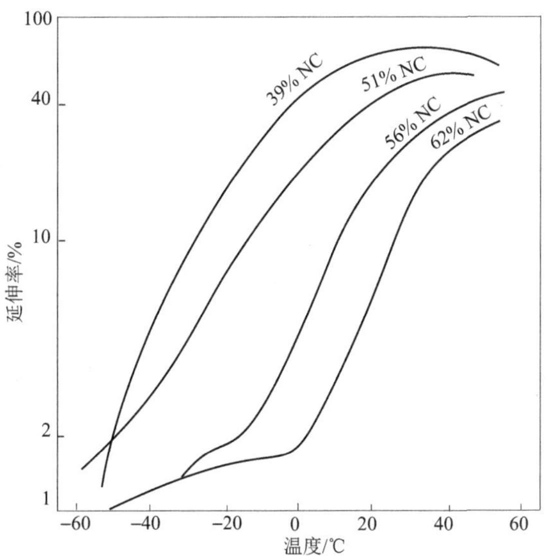

图 4–18　双基推进剂中 NC 含量与延伸率的关系

与上述现象相对应，推进剂模量随 NC 含量的变化也是有类似的规律：在同一温度下，高的 NC 含量有利于获得高的模量值（图 4–19）。

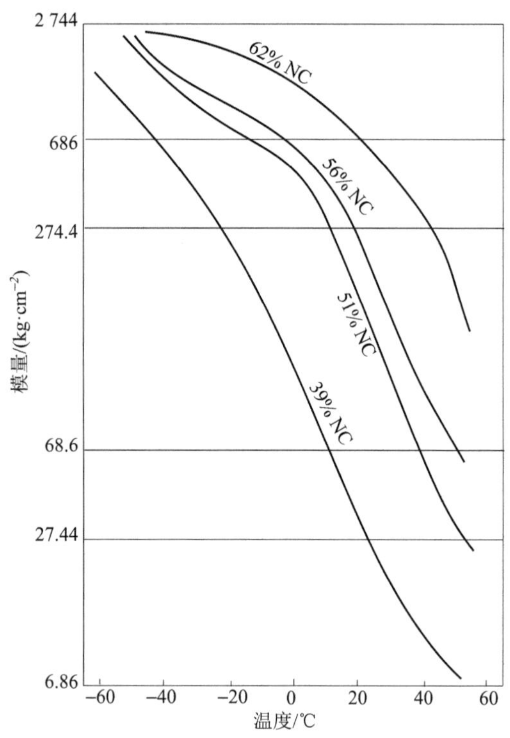

图 4–19 双基推进剂中 NC 含量与模量的关系

在含氮量确定以后，提高硝化纤维素的平均相对分子质量，也有利于改善其力学性能，但是，当 NC 的平均相对聚合度增高到一定程度以后，此种变化趋近一临界值，再继续提高平均聚合度，提高强度的效果并不明显（图 4–20）。

增塑剂的品种和含量对双基推进剂的力学性能有较显著影响，硝化纤维素是一种半刚性大分子，在加入增塑剂之后，既可以实现塑化加工成型的目的，也可以降低其玻璃化温度和适当增加延伸率，常用的增塑剂包括含能增塑剂、液态硝酸酯和惰性增塑剂，如苯二甲酸二丁酯、甘油三醋酸酯等。增塑后，双基推进剂的玻璃化温度一般在 20 ℃～40 ℃，加工成型的软化点在 100 ℃左右。改变含能增塑剂的品种，如用硝化二乙二醇（DEGDN）代替硝化甘油（NG），当硝化纤维素含量为 40%时，推进剂的模量和强度均有所改变（图 4–21）。

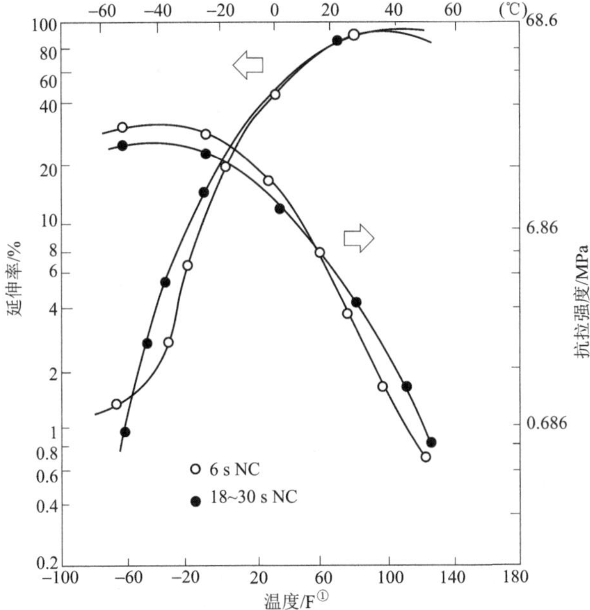

图 4–20　NC 平均相对分子质量对双基推进剂抗拉性能的影响

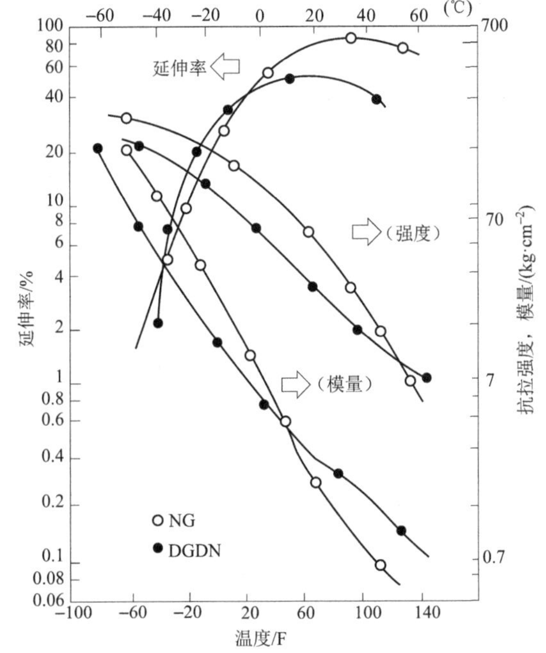

图 4–21　含能增塑剂品种对双基推进剂力学性能的影响

① $1\ \mathrm{F}=\frac{5}{9}\ \mathrm{K}$。

通过二异氰酸酯（如 HDI）或端羟基聚醚（如聚乙二醇或环氧乙烷四氢呋喃共聚醚）与异氰酸酯配合对硝化纤维素进行交联形成网络结构，是改善双基推进剂高温变软、低温易脆的一个良好办法，此外，使用与硝酸酯有良好混溶性的聚氨酯热塑性弹性体，也是改善双基推进剂低温力学性能的良好办法。

4.6.2 影响复合推进剂力学性能的主要因素

在结构上，复合推进剂是由高分子黏合剂与填料组成的多相体系，其中黏合剂是连续相，无机氧化剂及轻金属燃料等固体添加剂为分散相。在承受载荷过程中，占质量分数只有 10%～20%的黏合剂基体往往决定复合推进剂的力学属性。构成黏合剂网络链的化学结构、网络的结构状态以及黏合剂基体与填料界面间的相互结合状态，将是影响其力学性能的主要因素。

4.6.2.1 黏合剂基体的影响

作为一种高分子复合材料，复合固体推进剂的力学行为实质上是处在不断运动状态下的高分子网络链在外力作用下从一种状态过渡到另一种状态的过程。因此，凡是影响大分子运动的各种结构因素都将对它的力学行为有所影响。

1. 黏合剂预聚物的链结构

黏合剂预聚物的链结构包括：结构单元的化学组成以及连接结构单元间的化学键的性质、取代基团的性质及数目、链的长短（即相对分子质量）及其分散性、用于固化交联的活性官能团的性质和数量（即官能度）及其在链中的分布状态。

例如，在聚氨酯推进剂中，由聚己二酸丁二醇或壬二酸与辛戊二醇合成的聚酯与异氰酸酯制备的推进剂，由于酯基的存在，分子链间的作用大于由聚醚二醇构成的聚氨酯，推进剂容易获得较高的强度，但是链的柔顺性却低于聚醚，所以，其玻璃化温度略高于聚醚聚氨酯。黏合剂预聚物结构与玻璃化温度的关系见表 4–6。

表 4–6 不同的黏合剂及它们的玻璃化温度

黏合剂	结 构 单 元	T_g/℃
聚酯聚氨酯	$-\overset{O}{\overset{\|}{C}}-O-(CH_2)_5-\overset{C}{\overset{\|}{C}}-O-(CH_3)_4-O-$	–70
聚醚聚氨酯	$-(CH_2CH_2-O-CH_2-\underset{CH_3}{\overset{H}{C}}-O)_x-CH_2CH_2-O-\overset{O}{\overset{\|}{C}}-\overset{H}{N}-R-$	–45.6
PEG	$-(CH_2-CH_2-O)_x-\overset{O}{\overset{\|}{C}}-\overset{H}{N}-R$	–50
P(E/T)	$-(CH_2CH_2-O)_x-(CH_2CH_2CH_2CH_2-O)_y-\overset{O}{\overset{\|}{C}}-\overset{H}{N}-R-$	–58

续表

黏合剂	结　构　单　元	T_g/℃
硝化纤维素	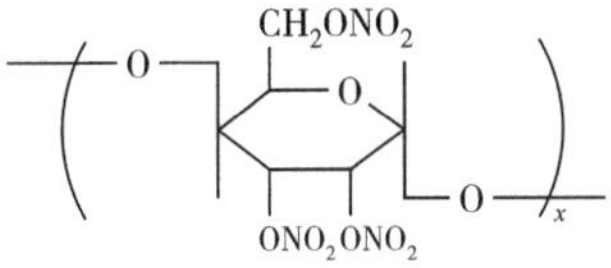 (纤维素链节：CH_2ONO_2、ONO_2、ONO_2 取代，$-O-$ 连接)$_x$	173～176
聚叠氮缩水甘油醚（GAP）	$H-(O-CH_2-CH(CH_2N_3))_x-OH$	−35
BAMO−THF	$H-(O-CH_2-C(CH_2N_3)_2-CH_2)_x-(OCH_2CH_2CH_2CH_2)_y-OH$	−54

2. 聚物的微观结构

除了黏合剂链结构不同带来推进剂力学性能的变化之外，同一种黏合剂由于其主链微观结构的不同，也会给制成的推进剂的力学性能带来影响。例如，在自由基聚合法生产的端羟聚丁二烯（HTPB）预聚物中，存在顺式−1, 4 链节（约占 27%）、反式−1, 4 链节（约占 53%）和 1, 2−乙烯基式链节（约占 20%）三种结构。一般来说，反式−1, 4 链节结构有较大的空间伸展，其构象能较低，在同一温度下，较顺式结构或乙烯基式的结构有更多的构象数，链的柔性好。当乙烯基式结构的含量增加时，T_g 会升高。

对于 HTPB 来说，由 H_2O_2 引发聚合时，所形成的产物中，有不同的羟基类型，它们包括：

顺式烯丙基伯羟基：

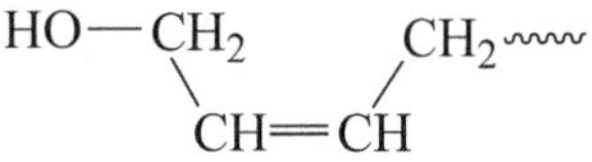

$$HO-CH_2-CH=CH-CH_2\sim\sim \quad (顺式)\qquad（15\%～20\%）$$

反式烯丙基伯羟基：

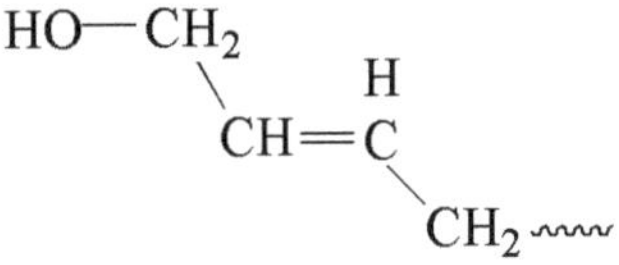

$$HO-CH_2-CH=CH-CH_2\sim\sim \quad (反式)\qquad（约 50\%）$$

乙烯基伯羟基：

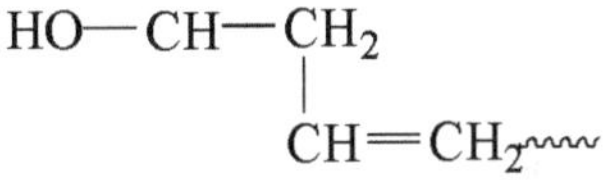

$$HO-CH-CH_2 \;(CH \text{ 上连 } CH=CH_2\sim\sim)\qquad（20\%～30\%）$$

侧链式烯丙基伯羟基：

$$\sim CH_2-\underset{\underset{CHCH_2OH}{\|}}{C}\sim \qquad (10\%\sim15\%)$$

以及含量很少的仲羟基：

$$\sim\underset{\underset{OH}{|}}{CH}CH=CH_2$$

由于结构不同，这些羟基与异氰酸酯反应的活性有差别。一般来说，乙烯基伯羟基的反应活性低于烯丙基式伯羟基的，二者活性差 3～5 倍。在催化剂二月桂酸二丁基锡存在下，两者活性差更显著。当反应能力较低的官能团在固化中反应不完全时，将形成不理想的网络，推进剂的力学性能将受到影响。

3. 预聚物的相对分子质量及其分布

在预聚物选定之后，其相对分子质量的高低及其分布状态的宽窄在很大程度上将决定固化后黏合剂基体的交联密度，即影响推进剂承受载荷时单位体积内承载链的数目，即承载链密度。使用相对分子质量较低的预聚物一般可以获得较短的网络间的相对分子质量，即较高的交联密度，从而使制成的推进剂具有较高的强度和模量，但其延伸率会有所下降。

黏合剂预聚物的相对分子质量及其分布状态与聚合反应类型、聚合方法及工艺条件有关。利用缩合反应制备聚酯预聚物时，由于逐步聚合反应是一个可逆反应过程，按照缩合反应原理，所生成产物的聚合度 n 与反应程度 p 之间存在下述关系：

$$n=\frac{1}{1-p}$$

当反应程度达98%时，平均聚合度也只有50，即相对分子质量只有数千左右。在利用溶液法聚合并且精确控制聚合单体的比例和选择有效的催化剂时，可以获得较高的聚合度。在本体熔融聚合法中，控制高的真空度并小心选择催化剂，也可获得数万的相对分子质量。由于逐步缩聚过程各个链的增长并非同时开始，加上水解、酯交换及热降解等副反应可能同时发生，导致聚酯产物的相对分子质量的分布变宽。在目前使用的各类黏合剂预聚物中，聚酯预聚物的相对平均分子质量的分布是最宽的。一般来说，预聚物中低相对分子质量部分的含量增多有利于推进剂的抗拉强度的提高，但伸长率较低。

HTPB 的相对分子质量的分布状态与合成方法有关，自由基聚合方法制备的 HTPB 相对分子质量的分布状态一般较宽。为获得较理想的力学性能，HTPB 的相对分子质量的分散指数一般控制在 1.5～1.7。现有用于制备推进剂的 HTPB 的相对分子质量分布状态见表 4–7。

表 4–7 HTPB 的相对分子质量的分布状态

编号	相对分子质量 $\overline{M_n}$（VOP 法）	分散指数	分区计算的相对分子质量			
			Ⅰ区/% $\overline{M_n}$ >26 000	Ⅱ区/% $\overline{M_n}$ =26 000～5 700	Ⅲ区/% $\overline{M_n}$ =5 700～1 400	Ⅳ区/% $\overline{M_n}$ <1 400
R–45M	2 800	1.77	0.2	29.32	59.0	11.48
83–108	2 977	1.63	0.49	28.25	63.81	7.46
83–190	2 976	1.64	1.31	26.27	63.93	9.50
J–3	4 060	1.52	0.54	44.40	52.20	0.85
81–61	4 143	1.74	2.90	47.90	47.10	2.10

当 HTPB 预聚物中高的相对分子质量的组分（即Ⅰ区，$\overline{M_n}$ >26 000）的含量偏高（>13%）且低相对分子质量的组分（Ⅳ区，$\overline{M_n}$ <1 400）的含量增多（>15%）时，推进剂的力学将产生显著变化。表 4–8 为不同相对分子质量分布状态与推进剂力学性能的关系。

为了使 HTPB 推进剂获得较好的力学性能，一般应控制其高、低相对分子质量的含量（即Ⅰ区及Ⅳ区）应低于 3%。

表 4–8 HTPB 推进剂的相对分子质量分布状态与推进剂力学性能的关系

HTPB	Ⅰ区含量%	Ⅳ区含量%	25 ℃			70 ℃		
			δ_m /MPa	ε_m /%	ε_b /%	δ_m /MPa	ε_m /%	ε_b /%
–4	2	1	0.78	40	40	0.49	34	36
–23	17	1	0.69	31	35	0.49	19	21
–25	17	2	0.59	30	31	0.49	18	19
–36	2	6	0.69	27	32	0.39	24	25

4. 官能度及其分布

按照橡胶网络的生成原理，当官能度为 2 的预聚物与官能度大于 2 的交联剂反应时，才能生成三维的网络结构，而且理想的网络的交联点应该呈无规分布的各向同性状态。若网络不存在交联缺陷，当橡胶弹性体产生宏观形变时，网络点的形变与弹性体的形变按相同的比例移动，即符合“仿射”形变的假定。理论上，交联网络的总构象数目可以用各条网络链构象数之积来描述。此时，橡胶弹性体承受拉伸时的应力与网络密度符合下述关系：

$$\delta = N_0RT(\lambda - \lambda^2) \quad (4\text{–}25)$$

式中，δ——单位面积上的应力（10^{-1} Pa）；

N_0——单位体积的网络链数（mol/cm^3）；

R——摩尔气体常数［8.314 4 J/（K · mol）］；

T——绝对温度（K）；

λ——形变率，$\lambda = \dfrac{L}{L_0} = 1 + \varepsilon$ 。

利用式（4–25），可以通过弹性体的形变值及应力测出网络的交联密度。

预聚物的官能度及其分布情况对所生成网络的影响可用图 4–22 说明。

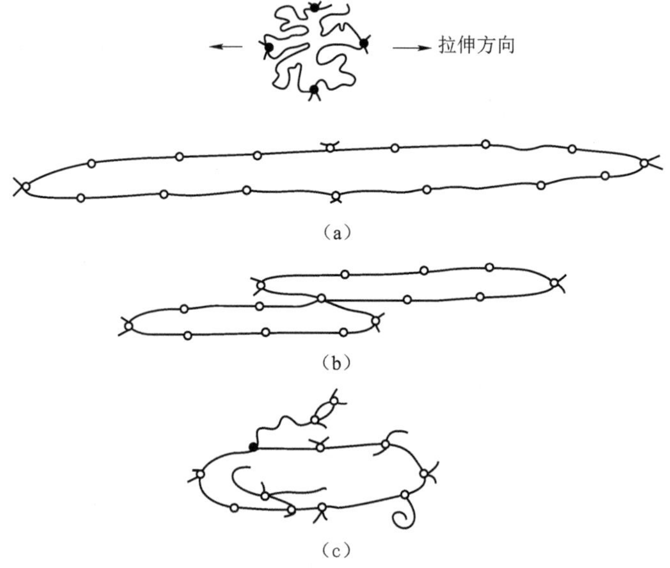

图 4–22 弹性体的交联密度与伸长率的关系

（a）交联密度小；（b）交联密度大；（c）存在悬吊链缺陷的网络

通过自由基聚合法由 H_2O_2 引发合成的 HTPB 预聚物，其官能团的性质如前所述（即包含顺式烯丙基伯羟基、反式烯丙基伯羟基、乙烯基式伯羟基和侧链式烯丙基伯羟基等几种类型）。实际分析表明（表 4–9），HTPB 预聚物的官能度存在较宽的分布范围，低或高官能度部分含量的增加，都不利于理想的网络的生成，有害于推进剂力学性能的控制。

5. 固化剂的性质

在固体推进剂制造中，无论是使用端羟基聚酯、端羟基聚醚还是端羟基聚丁二烯，它们的固化反应目前基本上是利用有机异氰酸酯来完成的。常用的这类异

表 4–9　HTPB 官能度的分区分布

HTPB批号	官能度分布区																	
	0 (f=0～0.5)			1 (f=0.5～1.5)			2 (f=1.5～2.5)			3 (f=2.5～3.5)			4 (f=3.5～4.5)			5 (f>4.5)		
	f_n	$\overline{M}_n$	w/%（质量）	f_n	$\overline{M}_n$	w/%（质量）	f_n	$\overline{M}_n$	w/%（质量）	f_n	$\overline{M}_n$	w/%（质量）	f_n	$\overline{M}_n$	w/%（质量）	f_n	$\overline{M}_n$	w/%（质量）
3H–88–12	0.32	520	1.15	1.02	1 080	3.45	1.91	3 990	76.88	2.77	11 280	16.7	3.77	17 680	1.81	4.54	21 520	0.21
90–1–04	—	—	—	1.00	770	1.66	2.04	3 730	83.95	2.84	11 640	13.44	3.66	18 620	0.95	—	—	—
90–1–02	0.24	437	0.16	1.02	899	1.90	2.11	4 415	86.69	3.15	139.5	9.21	4.04	18 462	1.89	10.02	25 000	0.16
89–Ⅳ–1–2	0.34	470	0.48	1.08	890	1.87	2.13	3 880	78.35	78.35	11 340	2.84	3.69	17 680	2.09	7.77	21 620	0.22

氰酸酯包括甲苯二异氰酸酯（TDI）、异佛尔酮二异氰酸酯（IPDI）、六次甲基二异氰酸酯（HDI）以及 HDI 与水的加成产物——脲基多异氰酸酯（中国商品名称 LM–100、美国商品代号 N–100）等。这些固化剂所含有的活性基团（异氰酸酯基—N＝C＝O）是一种不饱和基团，其中氧原子上的电负性最大，碳原子呈电正性。活泼羟基与—N＝C＝O 的反应过程是一个进攻该碳原子的亲核过程：

$$\mathrm{R-N{=}\overset{\delta^+}{C}{=}\overset{\delta^-}{O}} \;(+\; \mathrm{R'-O^- -H^+}) \longrightarrow \mathrm{R-N{=}\underset{\underset{R'}{|}}{C}-OH} \longrightarrow \mathrm{R-\overset{\overset{H}{|}}{N}-\overset{\overset{O}{\|}}{C}-O-R'}$$

因而，在—N＝C＝O 基团所在的母体中，凡是含有吸电子能力的基团都将使异氰酸酯基中碳原子上的电子密度进一步降低而出现较强的正电性，使异氰酸酯基的反应性增加。例如，对硝基苯异氰酸酯（$NO_2-C_6H_4-N{=}C{=}O$）的反应活性之所以高于对甲苯异氰酸酯（$CH_3-C_6H_4-N{=}C{=}O$），是因为吸电子的硝基通过其共轭效应使—NCO 中的碳原子正电性增加，而推电子的甲基则使碳原子上的正电性降低。对于芳族二异氰酸酯来说，两个—NCO 之间会发生诱导效应，即—NCO 本身具有吸电子能力，并通过芳环构成的共轭效应而传递，使反应能力上升。反过来也可以说，芳族二异氰酸酯与活泼羟基的反应过程是一个随着反应程度上升而反应速率逐步下降的过程，因为能产生互相诱导作用的—NCO 已随着反应程度的上升而逐步消耗。同时，TDI 中 4 位置上的—NCO 首先生成聚氨酯以后，与苯环相连接的氨基甲酸酯基团中氮的孤偶电子将成为芳环的供电子基团。芳环上电子云密度增加，因而 2 位置上未反应的—NCO 的反应能力也会下降。

另外，在 TDI 中，由于甲基的空间位阻效应使 2, 6–TDI 的反应活性明显低于 2, 4–TDI，而且在 2, 6–TDI 中，虽然两个—NCO 处于对称位置，但当其中一个—NCO 参与反应后，失去了对另一个—NCO 的诱导效应，位阻效应占主导地位，剩下的另一个—NCO 的反应活性将明显下降。

就 2, 4–TDI 而言，由于 4 位置上不存在空间障碍，其—NCO 的反应活性明显高于 2 位置的—NCO。当提高反应温度时，激烈的分子运动有助于克服空间障碍，它们的反应活性的差别将有所缩小，有利于反应均匀性的提高，情况见表 4–10。

表 4–10　2, 4–TDI 邻位及对位—NCO 基团活性差异与反应温度的关系

项目	反应速率常数 K/（$\times 10^4$ L·mol^{-1}·s^{-1}）			
	29 ℃～30 ℃	49 ℃～50 ℃	72 ℃～74 ℃	100 ℃～102 ℃
2–位—NCO	5.7×10^{-6}	1.8×10^{-5}	7.2×10^{-5}	3.2×10^{-4}
4–位—NCO	4.5×10^{-5}	1.2×10^{-4}	3.4×10^{-4}	8.5×10^{-4}
4–位—NCO/2–位—NCO	7.9	6.7	4.7	2.7
注：0.2 mol 的聚己二酸二乙二醇与 0.02 mol 2, 4–TDI 在氯苯溶剂中反应。				

几种异氰酸酯反应活性的排序为：

二苯基甲烷二异氰酸酯（MDI）>2, 4–甲苯二异氰酸酯>2, 6–甲苯二异氰酸酯>异佛尔酮二异氰酸酯（IPDI）>六次甲基二异氰酸酯

对于参与聚氨酯反应的活泼氢化合物来说，也存在反应能力的差异问题（参见表 4–11）。在含有活泼氢化合物的分子中，亲核中心的电子云密度越大，则电负性越强，与—NCO 的反应活性将增高。一般在推进剂中应用的活泼氢化合物为 ROH 或 RNH_2，当 R 为供电子基团时，将可以提高该活泼氢化合物与—NCO 的反应能力，反之亦然。几种活氢化合物与—NCO 反应的活性顺序为：

脂肪族 NH_2>芳香族 NH_2>伯醇 OH>水>仲醇 OH>酚 OH>羧基>取代脲>酰胺>氨基甲酸酯

表 4–11　不同活性氢基团与异氰酸酯的反应活性比较

基团	反应速率常数 K/（$\times 10^4$ L·mol^{-1}·s^{-1}）		活化能/（kcal[①]·mol^{-1}）
	25 ℃	80 ℃	
芳香胺	10～20	—	—

① 1 cal=4.186 J。

续表

基团	反应速率常数 K/（$\times 10^4$ L・mol^{-1}・s^{-1}）		活化能/（kcal・mol^{-1}）
	25 ℃	80 ℃	
伯羟基	2～4	30	8～9
仲羟基	1	15	10
叔羟基	0.01	—	—
水	0.4	6	11
酚	0.01	—	—
脲	—	2	—
羧酸	—	2	—
酰苯胺	—	0.3	—
苯氨基甲酸酯	—	0.3	16.5

在羟基化合物中，各类羟基与异氰酸酯反应的活性顺序为：伯羟基＞仲羟基＞叔羟基，它们的相对反应速率分别为 1.0、0.3、0.01。造成这种反应活性差别的原因，主要源于它们的空间位阻效应。

从以上聚氨酯反应原理及官能团的反应活性讨论中可以看到，为了获得理想的固化反应程度和良好的固体推进剂力学性能，必须小心控制固化剂的官能团与预聚物官能团之间反应活性的匹配关系。对于以仲羟基为主的预聚物，应该选择反应活性大的芳族异氰酸酯（如 TDI）为固化剂；对以伯羟基为主的预聚物，如 R45M 之类 HTPB 以及聚乙二醇（PEG）和聚环氧乙烷四氢呋喃共聚醚 P(E/T)，则可以选择反应活性较低的脂肪族或脂环族异氰酸酯，例如异佛尔酮二异氰酸酯（IPDI）或由 HDI 与水反应生成的缩脲多异氰酸酯（即 LM–100 或 N–1000）。表 4–12 给出了反应活性匹配对 HTPB 推进剂力学性能的影响。

表 4–12　TDI、IPDI 对 HTPB 推进剂力学性能的影响

固化剂	试验号	25 ℃，100 mm/min			–40 ℃，100 mm/min			70 ℃，2 mm/min		
		δ_m /MPa	ε_m /%	ε_b /%	δ_m /MPa	ε_m /%	ε_b /%	δ_m /MPa	ε_m /%	ε_b /%
TDI	ST–178	0.95	45.8	50.8	2.57	51.8	70.0	0.59	54.0	57.4
	ST–180	0.85	45.2	48.9	2.40	53.5	67.8	0.53	52.3	55.0
	ST–184	0.87	44.9	49.5	2.36	51.8	67.2	0.53	54.3	58.5
IPDI	T03–107	0.91	51.2	55.3	2.67	53.9	66.1	0.59	58.5	62.4
	T03–108	0.92	51.6	56.6	2.71	52.0	64.5	0.59	61.7	65.4
	T03–109	0.85	53.0	57.3	2.75	55.3	70.0	0.52	60.7	62.2
	T03–110	0.93	56.0	62.1	3.07	52.0	68.3	0.54	67.0	70.8

在聚氨酯工业中，为了调节 TDI 的反应速率，可以使用不同比例的 2, 4–TDI 与 2, 6–TDI 组合。已经商品化的 TDI 有两种，即 2, 4–TDI 含量为 80%的 T–80 和 2, 4–TDI 含量为 65%的 T–65，它们均可用于含羟基之类黏合剂的固化。表 4–13 列出了 TDI 的质量规格。

表 4–13 TDI 的质量规格

规 格	T–100	T–80	T–65
相对分子质量	174.2	174.2	174.2
密度（20 ℃）/（g • cm^{-3}）	1.22	1.22	1.22
沸点/℃	251	251	251
折射率（n_D^{25}）	1.565 4	1.566 3	1.566 3
蒸气压（20 ℃）/Pa	约 1.33	约 1.33	约 1.33
闪点/℃	127	127	127
燃点/℃ ＞	600	600	600
分解温度/℃	287	287	287
比热容（20 ℃）/（J • g^{-1} • K^{-1}）	1.54	1.55	1.57
蒸发热（150 ℃）/（J • g^{-1}）	341	341	341
纯度/% ≥	99.5	99.6	99.5
2, 4–体含量/%	≥97.5	80±2	65±2
2, 6–体含量/%	≤2.5	20±2	35±2
凝固点/℃	＞20	12.0～13.4	5.7～6.5
黏度（25 ℃）/（mPa • s）	3	3	3
色度（APHA） ≤	20	20	20
总氯量/% ≤	0.01	0.01	0.01
水解氯/% ≤	0.01	0.01	0.01
酸度（以 HCl 计）/% ≤	0.004	0.01	0.01

4.6.2.2 键合剂的选择

1. 固体填料的补强作用及“脱湿”效应

在含有炭黑之类的表面活性填料的橡胶制品中已证明，在填料与高分子弹性体基体之间有良好界面结合作用的情况下，制品承受外力时，填料将产生分担载荷的补强作用，补强作用的大小与填料的弹性模量及体积分数有关：

$$\frac{E_f}{E_0}=[1+K\varphi/(1-S'\varphi)]^2 \tag{4–26}$$

式中，E_f——含填料橡胶弹性体的模量（MPa）；

E_0——基体的模量（MPa）；

K, S'——经验常数；

φ——填料的体积分数。

而且，填料补强作用的大小与填料的粒度（即活性表面积）有关。降低填料的粒度，增加了填料的总活性表面积，有利于提高填料的力学性能，如图 4–23 所示。在聚氨酯弹性体中，在固定填料含量情况下，降低填料的粒度，材料的抗拉强度和延伸率均有所增加。当利用体积膨胀计测定含填料弹性体在应变过程中体积变化率时，发现：当应变发展至某种程度时，填料与弹性体基体之间将产生真空孔穴或微裂纹，导致材料的体积膨胀，体积膨胀率 $\Delta U / U_0$ 随着伸长率上升而增加。含填料的推进剂应力–应变过程中的体积膨胀行为的典型曲线如图 4–1 所示。

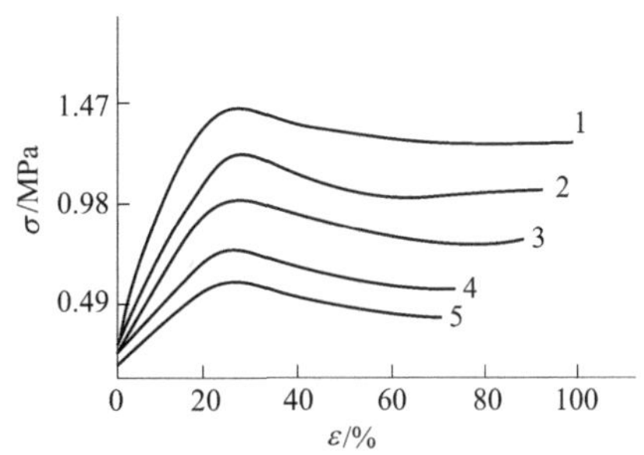

图 4–23　填料粒度对 PU 橡胶力学性能的影响

1—30～40 μm；2—50～60 μm；3—90～105 μm；4—210～300 μm；5—300～400 μm

在“脱湿”现象产生时，推进剂的力学性能产生明显变化。

① 应力的增加落后于应变的增加，模量逐渐降低；

② 应力–应变曲线上出现屈服值；

③ 内部孔穴增多，体积膨胀率迅速增大；

④ 泊松比随“脱湿”现象的发展逐渐降低。

复合推进剂拉伸过程的显微照相观察发现：在填料颗粒附近的黏合剂处先形成小的空穴，随着应力的发展，空穴逐渐扩大，在填料（填料含量 40%）颗粒表面完全暴露后，在 $\delta - q$ 曲线上即呈现屈服（E=0）。上述过程如图 4–24（b）所示。

2. 键合剂的选择与应用

根据有关“脱湿”现象的观察和分析，在复合推进剂中改善力学性能的重要途径之一是在固体填料颗粒表面形成一层高模量的弹性材料，使推进剂在承受载荷时，易于使在固体颗粒表面生成的微裂纹离开填料颗粒表面而推向黏合剂基体的内部，从而延缓“脱湿”现象的发展，此时，填料颗粒仍然维持承担载荷的作用。能产生此种功能的添加剂就是在推进剂或其他复合材料中广泛应用的键合剂（Bonding Agent）或偶联剂（Coupling Agent）。

复合推进剂用的键合剂应符合下述条件：

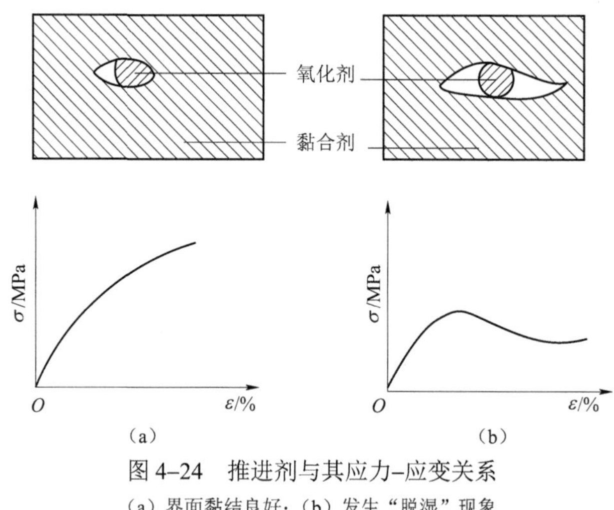

图 4–24 推进剂与其应力–应变关系

（a）界面黏结良好；（b）发生"脱湿"现象

① 与推进剂的主要填料——氧化剂有强的键合作用或强的物理吸附作用。

② 必须携带有可与固化剂（如多异氰酸酯）反应的官能团（如—OH 或—NH_2），而且其官能团数目应大于 2。通过这些官能团与固化剂的作用，使键合剂与黏合剂通过生成化学键结合，从而形成高模量层。

③ 为使大部分键合剂能均匀分散在固体填料的表面，键合剂本身在黏合剂中不应具有过高的溶解度。

④ 键合剂的有效使用量一般不超过推进剂总质量的 0.05%～0.5%。

根据以上原则，对于以高氯酸铵为主要氧化剂的复合推进剂来说，有效的键合剂有醇胺类、氮丙啶类以及酰胺类。

醇胺类键合剂的代表是三氟化硼三乙醇胺，F_3B: $N(CH_2CH_2OH)_3$，由于该分子上氮原子存在未共用的电子对，与高氯酸铵的氢原子生成配位键而形成强的化学和物理吸附，同时，醇胺中的三个羟基与异氰酸酯反应而使其构成为黏合剂大分子基体的一部分。使用 0.03%左右的三氟化硼三乙醇胺即可以显著改善 HTPB 推进剂的力学性能。醇胺或多胺化合物与高氯酸铵在常温下发生的副反应如下：

$$R_3N + NH_4ClO_4 \longrightarrow R_3N^+ClO_4^- + NH_3 \uparrow$$

氮丙啶类键合剂的代表是三（2–甲基氮丙啶）膦化氧［tri（2–methyl–1–aziridinyl）phosphine oxide，MAPO，$O{=}P(N\!\!\bigtriangledown\!\!-CH_3)_3$］。由于分子中极性基团 P═O 与高氯酸铵（AP）相互作用并催化氮丙啶环的均聚作用，在 AP 表面形成氮丙啶酯的抗撕裂层，增强了 AP 与黏合剂的黏结，同时，HTPB 中—OH 基的活性氢与氮丙啶环的作用，使 MAPO 成为黏合剂基体的交联剂，构成黏合剂基体的一部分，改善了推进剂的力学性能。试验中发现，三氟化硼三乙醇胺与 MAPO 的组合，对 HTPB 推进剂力学性能的改善具有更好的协同作用。

在以硝胺高能炸药（黑索今 RDX、奥克托今 HMX、六硝基六氮杂异伍尔兹烷 HNIW（即 CL–20）为填料的高能推进剂中，由于这些硝胺分子中官能团的电极性偏弱，醇胺类及氮丙啶类键合剂在它们当中的应用效果不明显，因而发展了一类取代的酰胺类的键合剂以及专门针对硝酸酯增塑聚醚推进剂的中性大分子键合剂（Neutral Polymetric Bonding Agent，NPBA）。取代酰胺类键合剂与硝胺炸药之间的主要作用是氢键类型的次价键力。这些取代的酰胺类键合剂有：

二甲基海因（dimethyl hydantion，DHE）：

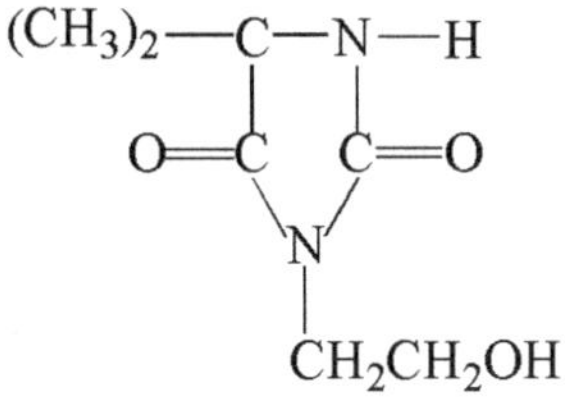

$$
\begin{array}{l}
(CH_3)_2\text{—}C\text{—}N\text{—}H \\
\quad\quad\quad\;\; | \quad\;\; | \\
\quad\quad O{=}C \quad C{=}O \\
\quad\quad\quad\;\; \diagdown\; \diagup \\
\quad\quad\quad\quad\; N \\
\quad\quad\quad\quad\; | \\
\quad\quad\quad\quad CH_2CH_2OH
\end{array}
$$

三聚异氰酸酯（trihydroxyisocyanate）：

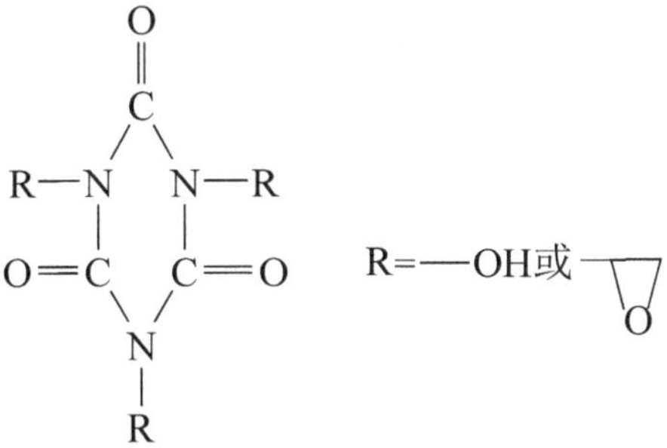

$$
\begin{array}{c}
O \\
\| \\
C \\
\diagup \quad \diagdown \\
R\text{—}N \qquad N\text{—}R \\
| \qquad\quad | \\
O{=}C \qquad C{=}O \\
\diagdown \quad \diagup \\
N \\
| \\
R
\end{array}
\qquad R=\text{—}OH\text{或}\text{—}\triangle_{O}
$$

这类键合剂在 RDX/AP/HTPB 推进剂中有较好的键合效果。

对于含有大量硝酸酯增塑剂的 NEPE 推进剂来说，上述醇胺类、氮丙啶类、海因类以及三聚异氰酸酯类键合剂均因它们在液态硝酸酯中的良好溶解性能而失去富集在填料颗粒表面作为键合剂的效能。所以，Kim 等人提出了中性大分子键合剂（NPBA）的设想，其关键是通过控制 NPBA 与硝酸酯之间的溶度参数之差（$\Delta\delta$），利用降温产生相分离，使 NPBA 分子可以聚集到填料（HMX 或 RDX）的表面。NPBA 与推进剂药浆产生相分离的条件为

$$\delta_1 - \delta_2 = 0.5RT_c / V \tag{4–27}$$

式中，δ_1——预混药浆的平均溶度参数；

δ_2——NPBA 的溶度参数；

T_c——相分离的临界温度，此处设定为药浆混合温度；

V——预混药浆的摩尔体积。

NPBA 是丙烯腈、丙烯酸甲酯及丙烯酸羟乙酯单体的共聚物：

$$\left[\left(CH_2-\underset{CN}{\overset{H}{C}} \right)_x \left(CH_2-\underset{O=COCH_3}{\overset{H}{C}} \right)_y \left(CH_2-\underset{\underset{OCH_2CH_2OH}{|}}{\overset{H}{\underset{C=O}{C}}} \right)_z \right]_m$$

通过调节三种共聚单体的比例和共聚物的相对分子质量，可以调节δ的大小，从而达到混合温度下相分离的目的。达到此要求的相对分子质量一般为 3×10^3～5×10^5，最好为 5×10^5～10×10^5。在 60 ℃左右预混后，降温至 32 ℃～38 ℃，NPBA 即产生相分离而聚集在硝胺等颗粒表面。此种中性大分子键合剂在 NEPE 推进剂中已获得良好的应用效果。常用的醇胺类键合剂见表 4–14。

表 4–14 常用的醇胺类键合剂

序号	键合剂名称或代号	结构式	应用的固体推进剂
1	二乙醇胺	$HN(CH_2CH_2OH)_2$	HTPB，PU
2	N–正丁基二乙醇胺	$n\text{-}C_4H_9N(CH_2CH_2OH)_2$	HTPB，PU
3	N, N–二羟基乙基环己胺	(环己基)$-N(CH_2CH_2OH)_2$	HTPB，PU
4	N, N–二（2–氰乙基）–2,3–二羟基丙胺	$HOH_2C-\underset{OH}{\underset{\mid}{C}}HCH_2N(CH_2CH_2CN)_2$	HTPB，PU
5	N–甲基二乙醇胺三氟化硼	$F_3B-\underset{CH_3}{\underset{\mid}{N}}(CH_2CH_2OH)_2$	HTPB，PU
6	三乙醇胺	$N(CH_2CH_2OH)_3$	HTPB，PU，CMDB
7	三乙醇胺三氟化硼	$F_3B-N(CH_2CH_2OH)_3$	HTPB，PU
8	Alcosperse	$CH_3(CH_2)_{16}\overset{O}{\overset{\parallel}{C}}-N(CH_2CH_2OH)_2$	PU

续表

序号	键合剂名称或代号	结构式	应用的固体推进剂
9	N–甲基二乙醇胺癸二酸酯	$HO(COC_8H_{16}C(=O)-O-C_2H_4-N(CH_3)-C_2H_4O)_nH$	PU，HTPB
10	PED–O–bond–3	$CH_3(CH_2)_5-CH(OH)-(CH_2)_{10}-C(=O)-N(CH_2CH_2OH)_2$	HTPB
11	PED–O–bond–L$_3$	$CH_3(CH_2)_5-CH(OH)-CH=CH-(CH_2)_7-C(=O)-N(CH_2CH_2OH)_2$	HTPB

4.6.2.3 增塑剂的影响

与一般高分子材料相似，增塑剂的作用是削弱高分子链间的作用力，增强链的运动能力，从而达到降低玻璃化温度，拓宽材料的使用温度下限，改善其加工的工艺性能的目的。增塑剂对高分子材料玻璃化温度的影响可用下式描述：

$$\frac{1}{T_g}=\frac{w_d}{T_{gd}}+\frac{w_p}{T_{gp}} \tag{4–28}$$

式中，T_g——增塑后高分子材料的玻璃化温度（℃）；

T_{gd}——增塑剂的玻璃化温度（℃）；

w_d——增塑剂的质量分数；

w_p——聚合物的质量分数；

T_{gp}——聚合物本身的玻璃化温度（℃）。

增塑剂对降低聚合物材料的玻璃化温度的贡献理论上一般用增加自由体积来解释。式（4–28）即是依据自由体积的加和性推导的结果。

推进剂中使用的增塑剂应符合下列要求：

① 与黏合剂有良好的混溶能力和增塑效果，可均匀分布于黏合剂基体内；

② 在化学上与推进剂其他组分相容，不干扰固化交联反应；

③ 在加工、贮存中具有良好的稳定性。一般来说，应该是蒸气压较低、沸点较高、凝固点低于使用温度的下限，而且迁移性小的有机化合物。

推进剂中常用的增塑剂见表 4–15。

表 4–15 推进剂中常用的增塑剂

增塑剂	沸点/℃	冰点/℃	密度（25 ℃）/（$g \cdot cm^{-3}$）	黏度/（10^{-3} Pa·s）
壬酸异癸酯	150（333.3 Pa）	−80	0.855～0.866	1.38（100 ℃）
癸二酸二辛酯	248（533.3 Pa）	−55	0.910～0.913	19.9（20 ℃）
己二酸二辛酯	214（666.6 Pa）	−70	0.919～0.924	13.7（20 ℃）
Oronite−b	—	−50～−56	0.830（15.5 ℃）	1.66～5.0（100 ℃）
二（二硝基丙基）缩乙醛/二（二硝基丙基）缩甲醛（1:1）	—	0	1.383～1.397	18.5（25 ℃）
Ciro 轻油	—	−34	0.920～0.928	62（25 ℃）
二（丁基卡必醇）缩甲醛	195～197（666.6 Pa）	—	0.96～0.97	6（20 ℃）

癸二酸二辛酯（DOS）应用于 IPDI 固化的 HTPB 推进剂中的性能见表 4–16。

表 4–16 IPDI 固化体系中不同用量增塑剂的影响*

试验编号	R_1	DOS 含量/%	25 ℃，100 mm/min			70 ℃，2 mm/min			−40 ℃，100 mm/min		
			δ_m/MPa	ε_m/%	ε_b/%	δ_m/MPa	ε_m/%	ε_b/%	δ_m/MPa	ε_m/%	ε_b/%
T03−161	0.85	3.2	0.88	51.7	55.6	0.57	62.3	64.3	2.62	49.9	63.8
T03−163	0.84	2.9	0.88	47.4	51.7	0.52	57.8	60.2	2.49	49.9	63.8
T03−165	0.835	2.6	0.88	46.0	49.3	0.49	55.9	58.9	2.69	47.9	56.9
T03−168	0.82	2.0	1.04	45.8	50.1	0.59	55.6	59.0	3.04	48.0	56.3
T03−169	0.78	1.0	0.94	46.7	53.8	0.43	59.9	67.7	2.56	41.4	49.4
T03−172	0.76	0	0.81	46.1	59.3	0.32	53.6	70.9	3.95	38.8	45.8

*含 88%固体的 HTPB/AP/Al 推进剂。

4.6.2.4 其他因素

1. 水分的影响

由于异氰酸酯具有较高的反应活性，与水分子之间将发生反应生成氨基甲酸，然后迅速分解生成胺并放出二氧化碳，生成的胺与异氰酸酯进一步反应生成脲：

$$R—NCO+HOH \xrightarrow{慢} [R—NH—\overset{\overset{\large O}{\|}}{C}—OH] \xrightarrow{快} RNH_2+CO_2\uparrow$$

$$R—NH_2+R—NCO \xrightarrow{快} R—NH—\overset{\overset{\large O}{\|}}{C}—NH—R$$

在聚氨酯工业中，水可以作为发泡剂应用。对于固体推进剂制造来说，应对上述反应严加控制。物料中水分的存在将带来两种不希望后果：其一是消耗了固化剂异氰酸酯的含量，使—NCO 和—OH 的反应不能按投料计算时的摩尔比进行，固化反应不完全，所获得的黏合剂网络结构不完整，存在缺陷，力学性能降低；其二是 H_2O 与异氰酸酯的反应放出 CO_2 而使推进剂内产生大量气孔，也严重影响了推进剂的力学性能。水分主要来源于原材料的含水量以及大气环境中的湿度。据推进剂制造中的经验，氧化剂（特别是与水有较大亲和力的高氯酸铵）中的水分含量应少于 0.05%。室温（25 ℃）下当大气相对湿度 $RH>50\%$，或者说当大气中每千克空气的水分含量大于 13 mg 时，将对推进剂的力学性能产生影响。在工房中采取降温、降湿措施有利于获得好的力学性能。

2. 固化反应速率的控制

影响生成聚氨酯反应速率的因素除了前述关于—NCO 和—OH 的活性匹配以及反应温度之外，催化剂（如二月桂酸二丁基锡之类）的用量也是一个重要因素。现有推进剂中使用的一些燃烧性能调节剂如铅盐及铜盐，也是聚氨酯反应的催化剂。当配方中需要使用这些铅盐及铜盐作为燃烧性能调节剂时，应注意它们对反应速度的影响，过快的反应速度一方面缩短了药浆的适用期（pot life），也会使固化后期的反应不易反应完全，影响推进剂的力学性能。

3. 黏合剂的物理性质

某些链结构规整性较高的黏合剂，如聚氧化乙烯（PEO）、聚氧化丙烯（PPO）、聚四氢呋喃（PTHF）等聚醚以及某些聚酯如聚壬二酸癸二醇酯、聚丁二酸丁二醇酯等预聚物，在它们形成三维网络结构之后，由于链规整性较高，在贮存温度接近其结晶温度时，将慢慢产生结晶，使网络内产生许多由结晶而形成的物理交联点。此时，推进剂的抗拉强度和模量均会升高，但延伸率将明显下降。

参考文献

［1］周起槐，任务正. 火药物理化学性能［M］. 北京：国防工业出版社，1983.

［2］侯林法. 复合固体推进剂［M］. 北京：宇航出版社，1994.

[3] Robert F. Gould. Propellants Manufacture，Hazards，and Testing [J]. Advanced in Chemistry Series，1967，88.
[4] 李绍雄，刘益军. 聚氨酯树脂及其应用 [M]. 北京：化学工业出版社，2002.
[5] 普利瓦尔科. 聚合物物理化学手册 [M]. 第二卷. 严家宾，等，译. 北京：中国石化出版社，1995.

本章习题

1. 自由装填的固体推进剂装药在火箭发动机中所受的作用力主要有哪几种？
2. 壳体黏结式固体推进剂装药在火箭发动机中所受的作用力主要有哪几种？
3. 试述聚合物材料中的时间–温度等效原理的主要内容。
4. 简述主曲线的物理意义。
5. 根据式（4–13）简述填料在复合固体推进剂中产生增强作用的原因。
6. 何谓“脱湿”？避免“脱湿”现象的办法是什么？

第5章

固体推进剂的安定性和危险性

5.1 含硝酸酯推进剂的安定性

固体推进剂的贮存性能是指固体推进剂在贮存条件下保持其物理性质和化学性质变化不超过允许范围的能力，又称为固体推进剂的安定性或老化。固体推进剂的安定性分为物理安定性和化学安定性两个方面。物理安定性是指固体推进剂在贮存期内保持其物理性质不变的能力，主要指固体推进剂的物理老化，如吸湿、氧化剂与黏结剂界面间的脱湿、溶剂的挥发、增塑剂的迁移和汗析、结晶组分的晶变和晶析、推进剂与衬里之间的脱黏和物质迁移以及其他物理性质的改变等；化学安定性是指在贮存期内，延缓固体推进剂发生分解、防止其自动发生化学变化的能力，如双基固体推进剂的热分解、水解、降解，复合固体推进剂的后固化、氧化剂的分解、黏结剂的氧化交联和降解等。

研究固体推进剂的安定性，提高固体推进剂的贮存期，具有十分重要的战略意义和经济意义。

① 一种固体推进剂首先应具有一定的贮存期，并绝对保证在有效的贮存期内，在正常条件下不发生意外的燃烧或爆炸事故。

② 和平时期就要考虑到战争，要有充足的弹药贮备，才能应急于突然爆发的战争。很难想象一个国家在爆发战争后才生产弹药应付战争局势。

③ 长期贮存的经济价值是很明显的。固体推进剂一过安全贮存期就要销毁。

虽然近年来已开发了多种废药利用途经，但仍要有较大的投资才能办到，利用率也很低。对于大型的复合固体推进剂药柱的报废销毁，要付出高昂的代价。固体推进剂贮存期延长，就能节省大量的资金。对于大型复合固体推进剂，要求安全贮存期在 8～10 年以上。

5.1.1 含硝酸酯推进剂的化学安定性

含硝酸酯的推进剂包括双基推进剂系列及 NEPE 推进剂等。

5.1.1.1 含硝酸酯推进剂不安定的主要原因

含硝酸酯推进剂化学上不安定的原因主要有三个方面。

1. 推进剂中硝酸酯的热分解

硝酸酯的热分解服从阿累尼乌斯关系式，因而，从理论上讲，在任何温度下都能产生热分解。双基推进剂的两个主要成分均为含有硝酸酯基的组分，在贮存温度下也会发生缓慢热分解。在贮存的初期，由于分解速度非常慢，难以用一般的仪器测定出来。但当贮存时间足够长时，就可以测定硝酸酯的特征变化且与贮存前比较可判断出来。

硝酸酯的热分解分两个阶段进行。

第一阶段，硝酸酯本身热分解：

$$RCH_2ONO_2 \longrightarrow NO_2+RCH_2O$$

这个热分解反应为单分子吸热分解反应，设分解吸热量为 Q_1。

第二阶段，硝酸酯热分解产物相互反应及热分解产物 NO_2 与硝酸酯反应。热分解产物相互反应：

$$NO_2+RCH_2O \longrightarrow NO+H_2O+CO_2+R'$$

这个反应为放热反应，设放热量为 Q_2。

NO_2 与硝酸酯反应：

$$NO_2+RONO_2 \longrightarrow NO+H_2O+CO_2+R$$

这个反应也为放热反应，设放出的热量为 Q_3。

这个阶段的分解产物 NO 在常温下即能与空气中的 O_2 发生反应生成 NO_2：

$$2NO+O_2 \longrightarrow 2NO_2$$

而且所生成的 NO_2 又可与分解产物醛和硝酸酯反应。NO_2 的这种循环反应称为自催化反应，它加速了推进剂的热分解。

在这两个热分解阶段中，总的热效应是分解放热大于分解吸热，即 $|Q_2+Q_3|>|Q_1|$，因而推进剂在贮存中可能产生热积累而使推进剂的温度不断升高。

2. 热积累的分解加速作用

若推进剂热分解释放出的热不能及时散失，例如推进剂装药的肉厚过大而散不出去，则推进剂内部就要产生热积累而使推进剂的温度升高。而硝酸酯类化合物的分解活化能为 40～200 kJ/mol，热分解对温度的变化非常敏感。根据试验测定，推进剂的温度每升高 10 ℃，推进剂的分解反应速度就要增加 3 倍左右。推进剂是一种热的不良导体，在贮存中因贮存条件不能将热传导及时导出，使推进剂的温度升高，其恶性循环会导致推进剂自燃。

3. H^+的催化作用

含硝酸酯的推进剂中，H^+（酸）对推进剂中硝酸酯的分解起催化作用。所以，在推进剂制造和贮存中，应严格控制H^+的引入。严格控制原材料的质量指标和贮存条件，是减少H^+的导入和防止H^+催化分解的关键。

5.1.1.2 硝酸酯热分解对含硝酸酯推进剂性能的影响

热分解的严重后果是使固体推进剂的能量下降、力学性能降低、药柱破裂甚至自动着火。

1. 热分解使固体推进剂能量降低

在贮存中，含硝酸酯固体推进剂的热分解是在含硝酸酯基的—O—NO 上的 NO 断裂，并与分解产物反应而放出热量，这样就使固体推进剂的部分能量损失掉。分解的程度不同，热量的损失程度不同。固体推进剂在贮存中能量的降低虽然很缓慢，但是绝对存在的。能量降低只要在规定的范围内就能继续使用，若超出规定的范围，就要使固体推进剂报废。

2. 热分解引起固体推进剂的自加热和着火

含硝酸酯固体推进剂贮存中放出热量，对于药柱尺寸较小的情况，热量能及时散发出去，因而不会产生自加热和着火；对于尺寸较大的药柱，则分解放出的热量不能及时导走，使固体推进剂自加热而温度升高，若尺寸大到能保持使固体推进剂的温度升高到发火点以上，则可引起着火。

用于火箭发动机装药的双基药，由于药柱尺寸较大，在贮存过程中，因固体推进剂的导热性差，热分解产生的热量大于导出的热量，则药柱中心与表面产生一个温度梯度。中心的温度高，反过来会加速热分解放热，这样放热和失热失去平衡，就产生了热积累而可能产生自燃。对于固体推进剂，不同的贮存温度有一个引起自燃的临界直径，超过这个临界直径，只要贮存时间足够长，就可引起自燃着火。根据一定温度下热生成速率、比热容和固体推进剂的导热性，可以估算出双基药柱着火的临界半径和着火时间。

着火临界半径可由下式估算：

$$r_{cr}=\sqrt{\frac{2\lambda RT^2}{\rho ZE_a}\exp\left(\frac{E_a}{RT_a}\right)} \quad (5-1)$$

式中，r_{cr}——圆柱形双基固体推进剂的着火临界半径（m）；

λ——固体推进剂的导热率［W/（m·K）］；

R——摩尔气体常数［J/（mol·K）］；

E_a——固体推进剂分解活化能（J/mol）；

T_a——固体推进剂温度（K）；

ρ——固体推进剂密度（kg/m^3）；

Z——常数［J/（kg·s）］。

由式（5–1）看出，着火临界半径随λ增大而增大，随ρ、Z的增大而减小，随E_a的增大而增大，随T_a的增大而减小。对于一定组分的双基固体推进剂，r_{cr}是固体推进剂贮存温度T_a的函数。它不是一个简单的线性关系，而是一个指数关系，T_a增加，引起着火的临界半径r_{cr}迅速减小。

着火时间为

$$t_{cr}=\frac{c_p}{Z}\frac{RT_a^2}{E}\exp\left(\frac{E_a}{RT_a}\right) \quad (5-2)$$

式中，t_{cr}——着火时间（s）；

c_p——固体推进剂的比定压热容［J/（g·K）］。

由式（5–2）看出，随着T_a的增加，固体推进剂的自燃着火时间迅速缩短，当然，固体推进剂的尺寸必须满足能产生自燃的最低尺寸。

3. 热分解产生气体积聚造成药柱破裂

双基推进剂热分解要伴随气体放出，主要有NO_2、NO、CO、CO_2和H_2O等，含铝双基推进剂还可能产生H_2。产生的气体产物要从固体推进剂内部向外缓慢扩散出去，若气体生成的速率大于气体向外扩散的速度，在固体推进剂内部就要产生气体积聚。气体积聚的地方就使压力升高，如果超出固体推进剂的极限强度，就会使装药破裂。试验证明，双基推进剂分解速度随温度升高而加快，温度每升高 10 ℃，分解速度增加 3 倍，而气体扩散系数则增加 2.6 倍，说明气体生成速度大于气体向外扩散速度。所以，在高温下贮存必然产生气体积聚。表 5–1 列出了普通双基推进剂在不同贮存温度下的破裂临界尺寸和破裂的加热时间。当药柱尺寸在某一温度下超过临界尺寸时，加热到一定时间后必然发生破裂。所以，控制贮存条件非常重要。

表 5–1　双基推进剂破裂临界尺寸和贮存温度的关系

贮存温度/℃	临界厚度/mm		加热至破裂的时间/d
	最小	最大	
50	47	93	85
60	22	47	25
80	5	12	2

4.　热分解降低固体推进剂的力学性能

以硝化纤维素为基的固体推进剂，在发生热分解后，硝化纤维素要发生氧化断链，使硝化纤维素的相对分子质量降低，从而使硝化纤维素溶液（丙酮溶液）的黏度降低。丹麦皇家海军火炸药试验室 B.V.Adsersen 研究了硝化棉分解时放出氧化氮与黏度的关系。他应用高分子溶液的特性黏度与聚合度之间的 staudinger 关系式，求出硝化纤维素分解时黏度降低和氧化氮之间的关系为

$$S_{NO} = 0.28[31.1 - w(N)]K_m(A_n - A_0)f \tag{5–3}$$

式中，S_{NO}——分解时放出氧化氮的量［NO（mmol）/（g·NC）］；

$w(N)$——硝化纤维素含氮量；

K_m——staudinger 常数，在 20 ℃时硝化纤维素丙酮溶液的 K_m 约为 10；

A_0——分解前，20 ℃硝化纤维素丙酮溶液的特性流动度（为动力黏度的倒数）［1/（Pa·s）］；

A_n——分解后，20 ℃硝化纤维素丙酮溶液的特性流动度［1/（Pa·s）］；

f——当 1 个硝化纤维素分子被破坏成 2 个分子时放出的氮原子数（按 NO 计）。

对于一般分解，f 值为 2～3，对于严重分解的 NC，$f>3$，说明在一个 NC 分子中有 1 个以上的 O—NO_2 断链。利用贮存前后 NC 中氮量的变化和黏度的变化来判断贮存过程中 NC 断链的情况和评估它的力学性能。

硝化纤维素降解是硝化纤维素上的硝酸酯基分解放出 NO_2，NO_2 与硝化纤维链上的配糖键发生氧化作用形成酯键，酯键水解而发生断链。如果分解出的 NO_2 被安定剂吸收，配糖键的氧化作用就不会发生，若吸附空气中的氧气，就可以加速这种氧化断链作用的进行。硝化甘油由于分解更易放出 NO_2，可以加速这种破坏作用的进行。

5.1.1.3　安定性的控制方法

贮存条件对推进剂，特别是对含硝酸酯推进剂的安定性能有很大的影响。首先是贮存温度，必须严格控制，暴露于阳光下的贮存可使贮存箱内的温度高达 70 ℃以上，这必然加速推进剂的分解；其次是湿度的影响，水分可加速硝酸酯

推进剂的分解；再次是贮存物堆积厚度的影响，堆放过厚，影响散热而使推进剂内部温度升高；最后是氧气的影响，若包装箱密封不严，导致漏气，空气进入箱中与分解产物 NO 反应生成 NO_2，从而加速推进剂的分解。提高安全贮存寿命的途径有：

① 严格控制含硝酸酯推进剂的原材料中影响安定性的杂质。

② 严格控制推进剂成品的质量指标，特别要严格控制水分和杂质含量。

③ 严格控制贮存条件，贮存仓库温度要保持恒定或温度波动小，包装箱要密封防漏、防潮，堆放层厚度要适中，既要提高仓库的利用率，又要有利于通风散热，露天暂时存放要加盖防晒防雨篷布等。

④ 选择与推进剂品种相匹配的安定剂和适度的含量。

⑤ 选用合适的加工工艺条件。生产中的工艺条件对贮存性能有很大的影响，对高温工序的时间要严格控制，因为高温使硝酸酯分解加速而消耗安定剂；控制最终产品中水分的含量，水分能使推进剂在贮存中产生酸而加速推进剂的分解；返工品的掺入量要控制一致，返工品是经多次加工过的，安定剂的消耗必然不一致，必须严加控制。

5.1.1.4 安定剂的作用机理

提高含硝酸酯推进剂贮存性能最有效的办法是加入化学安定剂。这类安定剂一般是分子中含有—NH_2 基团的弱碱性有机化合物，如二苯胺和尿素的衍生物，在改性双基推进剂和 NEPE 推进剂中作为安定剂。

硝酸酯推进剂的热分解是不可避免的，推进剂中加入安定剂不能阻止硝酸酯的热分解，但安定剂能吸收硝酸酯热分解放出的氮氧化物而抑制其对推进剂分解的自催化作用。因而安定剂的加入能使推进剂的贮存期大大延长。随着推进剂贮存中不断发生热分解，安定剂也不断被消耗，当安定剂被消耗完时，推进剂的贮存寿命就完结。所以，安定剂被消耗的程度，是衡量推进剂贮存寿命的重要标志之一。一般以安定剂消耗 1/2 的时间定为推进剂的安全贮存寿命。乙基中定剂作用的机理如图 5–1 所示。

二苯胺作用的机理如图 5–2 所示。

5.1.1.5 化学安定性的测定方法

以硝酸酯为基的推进剂在贮存中有一个安全贮存期。安全贮存期又称安全贮存寿命，即在贮存条件下，推进剂在发生自动催化分解以前的贮存时间，通常以有效安定剂消耗至某一规定含量以前的时间来表示。

推进剂贮存中同时发生推进剂性能的变化，如热量降低等。对于性能变化，有一个规定的变化范围，超过范围后，推进剂就不能使用，故存在一个使用寿命

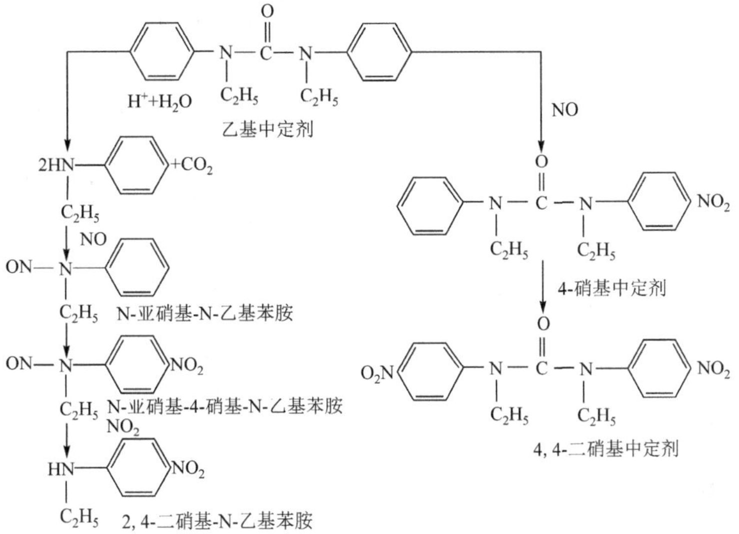

$H^+ + H_2O$　C_2H_5　C_2H_5　NO

乙基中定剂

$2HN$—C_6H_4—$+CO_2$

N-亚硝基-N-乙基苯胺

N-亚硝基-4-硝基-N-乙基苯胺

2, 4-二硝基-N-乙基苯胺

4-硝基中定剂

4, 4-二硝基中定剂

图 5–1　乙基中定剂作用机理

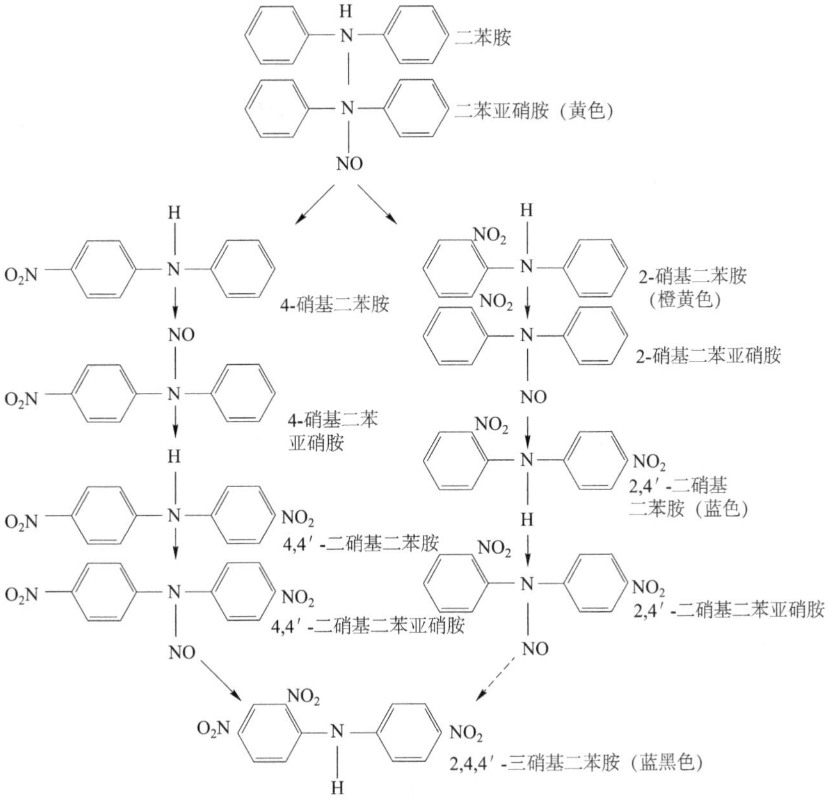

二苯胺

二苯亚硝胺（黄色）

4-硝基二苯胺

4-硝基二苯亚硝胺

4,4′-二硝基二苯胺

4,4′-二硝基二苯亚硝胺

2-硝基二苯胺（橙黄色）

2-硝基二苯亚硝胺

2,4′-二硝基二苯胺（蓝色）

2,4′-二硝基二苯亚硝胺

2,4,4′-三硝基二苯胺（蓝黑色）

图 5–2　二苯胺作用机理

（期）的问题。所谓使用寿命，是指推进剂丧失使用性能以前的时间，又称为安全使用寿命。显然，使用寿命要比安全贮存寿命短。

推进剂贮存老化过程中，通过测量这些变化的程度来判断老化的程度。自然贮存老化的变化能真实反映推进剂贮存的变化过程，但需要很长的时间。为了在短时间了解老化过程，常采用高温老化的变化规律来预估贮存寿命。以硝酸酯为基的推进剂老化过程常伴随的变化为：

① 气体的放出和质量的减少。放出的气体主要有 NO、NO_2、CO、CO_2、H_2O 等，其中以放出氮的氧化物对判断老化过程具有典型意义。

② 安定剂的不断消耗和安定剂衍生物的不断改变。

③ 热量的放出。由于硝酸酯分解反应是一个放热反应，故可用放出热量的速率来判断老化过程。当安定剂消耗完时，放热加速，在放热曲线上就会出现拐点。

④ 硝化纤维素的黏度降低。

含硝酸酯推进剂的贮存试验就是通过测量上述各种因素的变化来判断贮存寿命。典型的方法是：

1. 测定分解气体的安定性试验

目前，这类方法主要有维也里试验、弗拉索夫试验、阿贝尔试验、贝克曼–荣克试验、减量法、压力法、甲基紫试验、原电池法和 65 ℃监视试验等。这些方法属于定性的或半定量的方法。

（1）维也里试验

又称石蕊试纸试验。其原理是，将一定量的样品（硝酸酯推进剂或硝化纤维素）放入带有石蕊试纸的维也里试样杯中密封，并将试样杯放入（106.5±0.5）℃的恒温箱内加热，观察样品分解放出的 NO_2 与石蕊试纸作用变色的时间来判断推进剂或硝化纤维素的安定性。试验方法分普通法试验、加速重复法试验和正常重复法试验。

用试验结果与标准数据比较来判定被试验样品的安定性。维也里试验仍是当前许多国家判定推进剂安定性的主要方法之一。主要优点是结果稳定、可靠性高，应用了近百年。缺点是试验费时，判断终点的主观误差较大，仍是一种定性方法。

（2）阿贝尔试验

又称碘化钾淀粉试纸试验。早期曾用于测定硝化甘油、双基药、单基药、爆胶棉和爆胶等的安定性，现只用于测定硝化甘油的安定性。

其试验原理是，加热试样，分解放出 NO，与空气中的 O_2 反应生成 NO_2，再与碘化钾淀粉试纸（又称阿贝尔试纸）上的 KI 反应，析出碘，使试纸变色。

$$2KI + NO_2 + H_2O \longrightarrow 2KOH + I_2 + NO$$

生成的碘与淀粉作用可使试纸变成蓝色，但最初出现的是黄色，以阿贝尔试纸干湿面的分界线出现黄褐色的时间作为判断标准。

阿贝尔试验的优点是简单且时间较短，是目前我国硝化甘油生产检测必不可少的；缺点是主观误差较大，不能连续在线检测，造成 NG 存量大而使危险性增大。

（3）压力法

这是我国自行研究定标的方法之一。原理是测定 1 g 样品在一定温度（双基推进剂 120 ℃）下分解放出气体形成的压力。通过压力–时间曲线上的拐点所对应的时间和曲线的斜率来评定安定性。压力–时间曲线如图 5–3 所示。终点压力为 13.33 kPa。图中曲线出现负压、拐点和压力为 13.33 kPa 处的定压点。产生负压的原因是加热分解放出的 NO 与空气中的氧气结合生成 NO_2 后，被安定剂吸收而使压力低于初始压力，从而产生负压。加热温度越低，负压就越大，即安定剂吸收 NO_2 就越多。当推进剂加速分解后，放出的气体量就越多，这时压力上升出现拐点（图 5–3 中 *A* 点），只有安定剂消耗到一定程度才出现加速，所以，可把出现拐点的时间作为终点的判据。有些推进剂加热中不出现拐点，就用定压点（13.33 kPa）（图 5–3 中 *B* 点）对应的时间作为判据。曲线 *AB* 的斜率用于判定推进剂的平均分解速率（kPa/min）。用压力法测定推进剂的安定性，结果比较准确，周期相对较短。缺点是分解出的气体不一定都是有害的，是总压的反映，这会对不同品种的推进剂的可比性带来一定的误差。

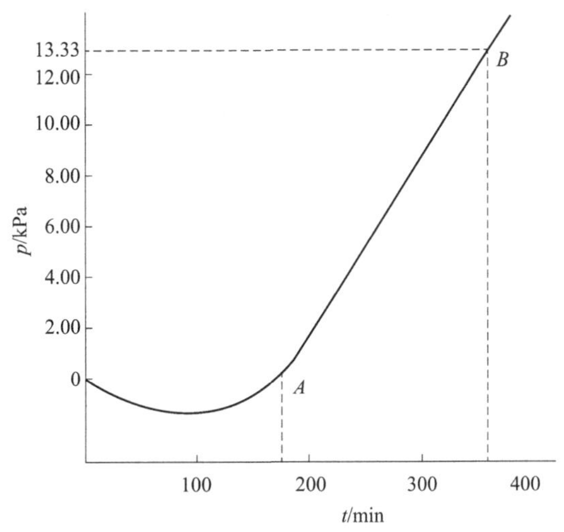

图 5–3　压力法记录的典型压力–时间曲线

（4）甲基紫试验

将一定量（2.5 g）推进剂在一定温度（双基推进剂 120 ℃、硝化纤维素 134.5 ℃）下加热，依据试样受热分解释放的气体使甲基紫试纸由紫色转变成橙色的时间，或继续加热到 5 h 是否爆炸来评定推进剂或硝化纤维素的化学安定性。这个方法相对维也里试验的时间要短，广泛为美、英等国家所采用，我国在 20 世纪 80 年代后期也将其作为标准推广使用。

（5）原电池法

又称库仑法，这是我国在 20 世纪 80 年代自行研究的一种方法。其原理是，在一定温度下，硝酸酯分解放出的氮的氧化物以一定流量空气为载体通过库仑池，NO_2 在库仑池中与 KI 发生电化学反应

$$2NO_2+2I^- \longrightarrow 2NO_2^-+I_2$$

在阴极 $$I_2+2e \longrightarrow 2I^-$$

在阳极 $$C+H_2O \longrightarrow C+2H^++2e$$

这样，在库仑池中产生微电流，电流的大小与 NO_2 的浓度成正比，以达到一定电流所需的时间作为安定性的判据。这种方法的优点是试验周期相对较短，以分解放出最有害的气体氮的氧化物的浓度作为判断依据，为半定量的方法；缺点是，若成分较复杂的推进剂产生对电化学有干扰的气体，则试验不准确，因而应用受到一定的限制。

（6）65 ℃或 65.5 ℃监视试验

这是配合弹药库贮存的一个监视试验。将一定量推进剂在容器中加热，观察推进剂分解出现棕烟（NO_2）的时间。65 ℃或 65.5 ℃比较接近贮存温度，但又高于贮存温度。各国对试验用量规定不完全一样，美国为 45 g，丹麦为 5 g，法国为 45 g，瑞典为 250 g。瑞典判断的标准列于表 5–2 中。

表 5–2　65 ℃监视试样的瑞典标准

冒棕烟时间/月	判定意见
≥6	无限期使用
4～6	首先用完
2～4	销毁
≤2	立即销毁

2. 测定安定剂含量和衍生物变化试验

由安定剂含量的减少和安定剂衍生物的变化可以判定推进剂在贮存中的老化程度。目前许多国家用安定剂消耗一半作为安全贮存标准。当出现安定剂的三硝基的衍生物时，推进剂贮存寿命终结，应立即销毁。

（1）溴化法测安定剂含量

这是一种常规的化学分析方法。用溴与二苯胺或中定剂反应生成溴化物，由溴化物消耗量可知二苯胺的含量。反应式如下：

$$KBrO_3+5KBr+6HCl \longrightarrow 6KCl+3Br_2+3H_2O$$

$$(C_6H_5)_2NH+4Br_2 \longrightarrow 4HBr+(C_6H_3Br_2)_2NH$$

剩余 Br_2 将继续反应：

$$2KI+Br_2 \longrightarrow 2KBr+I_2$$

$$I_2+2Na_2S_2O_3 \longrightarrow Na_2S_4O_6+2NaI$$

利用相应的试剂消耗量就可计算出二苯胺的含量。

（2）薄层色谱法测定安定剂及其衍生物

用乙醚提取安定剂及衍生物，用二维薄层色谱板分离出安定剂和各种衍生物。采用不同温度下安定剂耗尽的时间作图，外推至贮存温度就可以得到预估的贮存期。

（3）高压液相色谱法

高压液相色谱可以测定安定剂和它的各种衍生物。分析速度比化学法和薄层色谱法快得多，而且灵敏度高。

3. 测定推进剂老化过程中热量的变化

含硝酸酯推进剂在贮存过程中因分解放热，故可用 DTA、DSC 及等温热流量计来测定放热的过程和放热的速度。当放热曲线出现加速时，其拐点对应的时间即为安定剂耗尽的时间，以此来判断贮存寿命。

4. 测定硝化纤维素黏度的变化试验

将硝化纤维素从推进剂中分离出来后，对其丙酮溶液的黏度进行测定，并与推进剂中硝化纤维素的初始黏度进行比较来判断推进剂的贮存安定性。最新的方法是用凝胶渗透色谱测定硝化纤维素相对分子质量和相对分子质量分布的变化来判断推进剂的贮存安定性。

5.1.2 含硝酸酯推进剂的物理安定性

固体推进剂的物理安定性是指在贮存、运输、使用等外界环境作用下，推进剂本身所具有的维持其物理性能变化不超过安全允许范围的能力。推进剂的物理老化主要表现为吸湿、挥发性溶剂和增塑剂或液体组分的迁移、汗析及结晶化合物的晶析等。

5.1.2.1 吸湿

在一定的大气条件下，推进剂吸收空气中的水分和保持一定量水分的能力称为推进剂的吸湿性。推进剂加工成成品后均含有一定的水分。在一定的大气条件下，推进剂中所含水分要与大气的湿度平衡。若贮存的大气环境中水分含量与推进剂中的含量失去平衡，就会发生水分的交换，而使推进剂中水分的含量偏离原来的水分含量，可能引起推进剂内弹道性能发生变化。双基推进剂吸湿性的经验关系式为

$$w'_{\rm h}=0.011\varphi-0.3$$

当大气相对湿度从 40% 变到 90% 时，双基推进剂水分含量的变化一般为 0.4%～0.8%。复合推进剂中的氧化剂一般为吸湿性很强的高氯酸铵或硝酸铵。在推进剂的贮存和使用过程中，若其暴露在湿气环境下，将发生氧化剂的吸潮和表面溶解，导致填料与黏合剂界面的分离，使力学性能恶化。因此，火箭发动机装药应密闭或充干燥氮气贮存。

5.1.2.2 渗析和晶析

固体推进剂在贮存过程中，尤其是在低温或贮存温度循环变化较大时，由于组分间分子结合力的松弛，低分子物质从火药内部迁移到火药表面，呈液滴状态的叫渗析，呈结晶状态的叫晶析。

1. 渗析

推进剂中某些液体组分由火药内部迁移到表面的现象称为渗析，又称汗析。双基推进剂属聚合物浓溶液体系，由于温度的变化，溶质和溶剂（如 NC–NG）之间的结合力松弛而使溶剂向表面渗析，凝结于火药表面上。对于惰性溶剂渗析到表面，可因组成的变化而使弹道性能发生变化；对于爆炸性溶剂（如 NG）渗析到火药表面，使火药的摩擦感度和冲击感度增大，弹道性能变坏，突出表现在表面爆炸性溶剂含量增多而燃速突增引起一次压力峰的出现。防止渗析通常选用合适的溶剂/溶质之比，如 NG 的含量一般不能大于 40%；加入附加组分增加硝化纤维素与溶剂间的结合力，如加入 DNT；贮存时温度不能太低或经常变化，这些措施均可减少渗析。在复合推进剂中，当使用二茂铁衍生物为燃速催化剂时，在贮存过程中，这种催化剂容易迁移到推进剂表面。改善的办法是使用迁移性低的二茂铁衍生物。

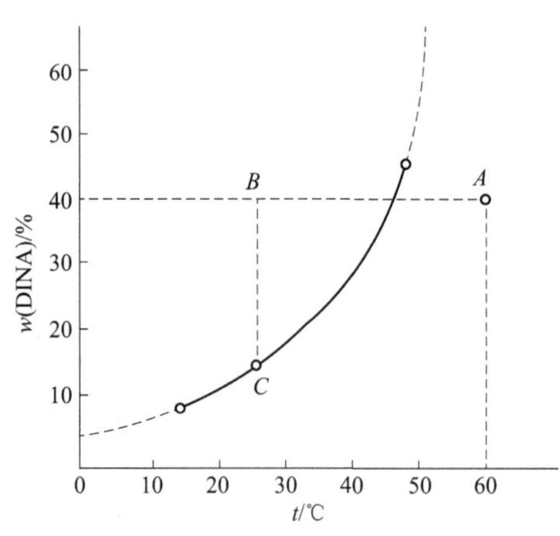

图 5–4 吉纳和 NC（w(N)=11.2%）的互溶关系

2. 晶析

推进剂中某些固体组分由推进剂内部迁移到表面并呈结晶状态（或固态）析出的现象叫晶析，也称结霜。在推进剂中，常使用的低分子固体物质如吉纳、RDX 等超过某一含量时，易发生这一现象。例如，在含吉纳的推进剂中，由于含氮量不同的 NC 与吉纳的互溶量不同，吉纳的熔点为 49.5 ℃～51.5 ℃，随着加工温度的升高，吉纳在 NC 中的饱和溶解量增加，如图 5–4 所示。

图中饱和溶解线的左边为过饱和区，右边为不饱和区。如吉纳含量为 40%，当加工时，吉纳和 NC 处于较高的温度（一般成型温度为 80 ℃以上），吉纳含量处于不饱和区（*A* 点），成型后冷却到室温（25 ℃），吉纳含量处于过饱和区（*B* 点），但这时的吉纳暂时不会析出。随着贮存时间的延长，体系要逐渐趋于平衡，NC 与吉纳的结合力松弛，这时，吉纳要沿着结晶饱和线慢慢析出来，在 25 ℃（贮存温度）时，吉纳的平衡含量为 *C* 点。所以，当推进剂中吉纳含量大于饱和量和时间足够长时，就产生晶析，这是一个自动进行过程。表 5–3 中列出了不同温度下吉纳和含氮量为 12.6%的硝化纤维素的互溶关系。可以看出，温度对吉纳在 NC 中溶解度的影响是很大的。除吉纳外，其他一些结晶物的加入也可能产生晶析，如加入 RDX 也产生与吉纳推进剂类似的情况。少量晶析对安全使用不会产生严重后果，严重的晶析会破坏推进剂的物理结构和内弹道性能。克服晶析的办法是控制结晶物含量和加入附加剂提高低分子固体与 NC 的结合力，如在吉纳推进剂中加入适量的丁腈橡胶，可使吉纳含量适当增加而不产生晶析。

表 5–3　不同温度下吉纳和 NC（w(N)=12.6%）的互溶关系

温度/℃	0	10	20	30	40	50	＞51
吉纳溶解度/%	15.0	18.5	22.5	27.5	35.0	＞55.0	∞
m（DINA）/m（NC）	0.176	0.227	0.290	0.379	0.550	＞1.2	∞

5.1.2.3　增塑剂向包覆层的迁移

在火箭发动机用的双基推进剂装药中，当采用高分子聚合物如乙基纤维素和聚甲基丙烯酸甲酯（PMMA）等作为包覆层时，经一定贮存期后，双基药中的 NG 和 DBP 等溶剂将向包覆层内迁移，使推进剂与包覆层的接触面的组分发生变化，能量和燃速降低，黏结强度改变。更严重的问题是降低了包覆层的阻燃隔热效果，因而破坏了火箭发动机的内弹道性能。包覆层中的增塑剂也可向双基推进剂中迁移，同样能改变局部推进剂的内弹道性能。

增塑剂向包覆层迁移的原因是包覆层中的主要成分乙基纤维素或 PMMA 与 NG 有一定的溶解能力。当双基推进剂与包覆层之间的界面紧密接触黏结时，包覆层中 NG 的初始浓度为零，推进剂中 NG 相对包覆层来说就形成一个很大的浓度差，这时推进剂中的 NG 将向包覆层中迁移。随着贮存时间的延长，NG 的迁移越多，直到界面两边 NG 含量达到各自的平衡浓度为止。在使用硝酸酯增塑的 NEPE 推进剂中也存在此问题。

防止增塑剂迁移的办法是在包覆层中加入抗迁移的材料，或专门添加阻挡层，降低包覆层对增塑剂吸收能力。

总之，由于增塑剂特别是硝酸酯之类含能增塑剂的迁移，使推进剂的结构完整性遭到破坏，界面脱黏，推进剂的寿命下降。研究长贮稳定性的控制技术，就是要预测推进剂的使用寿命，确定有效的安定方法和抗老化方法，使推进剂具有足够长的寿命。

5.2 复合固体推进剂的老化

复合固体推进剂是一种高固体填料的复合材料。因而，像其他高分子复合材料一样，在贮存过程中要发生自然的物理和化学变化。由于复合推进剂大多数应用于大型或较大尺寸的发动机装药，而装药方式多采用壳体黏结式装药，即装药成为发动机完整结构的组成部分。因此，发动机中装药结构完整性的破坏，即药柱内孔产生裂缝或药柱、衬层–绝热层–壳体界面产生脱黏是影响绝大多数固体火箭发动机贮存和使用寿命的关键。这就说明，复合固体推进剂发动机的贮存寿命不仅与推进剂的力学性能有关，还与推进剂和壳体的黏结有关。所以，表征复合固体推进剂的贮存或使用寿命，通常是指满足发动机对推进剂物理机械性能要求的贮存时间。由于大型发动机装药不能通过直接抽样检查来判断是否满足武器的弹道要求，所以，准确预测复合固体推进剂的贮存期和发动机的使用寿命就具有十分重要的意义。

5.2.1 复合固体推进剂的老化特征

复合固体推进剂在贮存过程中也存在化学老化和物理老化两个方面问题。化学老化是指加工固化周期完成后，在贮存中继续发生化学变化所引起的推进剂性能变化；物理老化是指在贮存中某些物理因素（如晶变、相变、组分迁移、应力作用、环境湿度等）所引起的推进剂性能的变化。老化现象所表现出的是物理、化学因素综合影响的结果。具体表现为：

① 外观变化。如推进剂发黏、变软、变硬、变脆、变色、起泡和裂纹等。

② 物理性能变化。如密度、导热系数、溶胶凝胶含量、交联密度、黏合剂相对分子质量、组分迁移等的变化。

③ 力学性能变化。如硬度、抗拉强度、延伸率、压缩强度、剪切强度、松弛模量、蠕变柔量、动态模量等的变化。

④ 内弹道性能的变化。如燃速、燃速压力指数、燃速温度系数、点火性能等的变化。

⑤ 界面黏结性能的变化。药柱–衬层界面黏结强度、药柱–包覆层界面黏结强度的变化。

在贮存过程中，上述这些变化不是都要发生的，而是其中的一种或几种发生明显的变化，若某些变化量超过使用要求，则贮存寿命终结。但在上述这些变化中，力学性能、药柱和衬层间的黏结性能以及燃烧性能的变化则是主要的。所以，在研究中，应当抓住主要变化因素，弄清老化原因，采取对应措施来延长药柱的贮存寿命。

5.2.2 影响复合固体推进剂老化的因素

1. 推进剂组分对老化的影响

黏合剂结构是决定复合固体推进剂力学性能的一个主要因素，因此，它的结构与性能直接影响推进剂的老化性能。

（1）预聚物结构的影响

黏合剂预聚物的端基不同，固化后使黏合剂链中含有不同的基团，如聚硫橡胶中的 C—S、S—S 键，聚醚聚氨酯中的—C—O—C—和—C—NH—CO—R，聚丁二烯中的 C══C 键，含硝酸酯黏合剂的 C—O—NO_2，氟氮黏合剂中的 C—NF_2 等，这些基团的稳定性较差，易受环境因素的作用而发生变化。一般来说，饱和碳氢黏合剂的抗老化性能优于不饱和烃链化合物。

（2）链结构的影响

高分子链结构的影响除端基外，还包括相对分子质量、相对分子质量分布和支化度等的影响。相对分子质量大的高聚物稳定性好；相对分子质量分布宽和支化度大的高聚物，则稳定性相对降低。

（3）高聚物聚集态的影响

高聚物的聚集态包括结晶度、晶体结构和晶粒大小等。低温下易结晶的聚合物，如聚丁二烯和丙烯腈的共聚物、聚环氧乙烷，容易产生部分结晶使抗拉强度上升，延伸率下降。液晶态高聚物则有利于力学性能的改善。

（4）氧化剂的影响

在复合固体推进剂中，氧化剂的含量达 60%～70%以上，它对老化性能有显著影响。常用的氧化剂有 AP、HMX、RDX 和 AN 等，许多研究证明，在贮存老化过程中，AP 粒子对黏合剂有缓慢的氧化作用，这是因为 AP 在受到热和水解作用时，产生了酸性与氧化能力很强的高氯酸和初生态氧，从而与黏合剂反应产生氧化降解。HMX 和 RDX 相对 AP 来说要稳定，它们对黏合剂的老化无不良影响，AN 作为氧化剂的问题主要是晶变和吸湿，AN 在–16.9 ℃～169.6 ℃范围内存在 5 种晶变体，在–16 ℃～–18 ℃转化为棱形结晶，超过 32 ℃时棱形结晶的体积增大 3%，这种晶变会破坏药柱结构而使力学性能和燃烧性能变差。

（5）固化剂的影响

有些复合推进剂在固化工艺完成后还可能产生后固化或黏合剂的断裂降解，如 CTPB 推进剂用 MAPO 固化时，由于 MAPO 中含有 P—N 键而容易断裂。老化的结果是减少了交联密度，并使推进剂变软；用均苯三酸-1, 3, 5-三（2-乙基氮丙啶-2）加成物（BITA）固化，在贮存过程中有后固化现象，使推进剂变硬；用环氧和 MAPO 混合固化剂固化时，则贮存中交联点较稳定，很少产生后固化。在 HTPB 推进剂中选用不同的异氰酸酯固化，其老化性能也不一样，其中以异佛尔酮二异氰酸酯（IPDI）抗老化性能最好。

（6）增塑剂与液体燃速催化剂的影响

增塑剂和某些液体燃速催化剂在贮存中常发生迁移和挥发，如从推进剂向衬层迁移，降低了推进剂与衬层间的黏结力；燃速催化剂如二茂铁类催化剂的迁移，改变了推进剂的燃速而使弹道性能发生变化。

（7）稀释剂的影响

在推进剂工艺中曾采用苯乙烯作为稀释剂，若加工过程中不能将其完全除去，则对贮存中的力学性能有恶劣的影响，并随苯乙烯含量的增加而变得严重。故在工艺中尽量除去或避免使用稀释剂。

2. 贮存条件对老化的影响

（1）温度的影响

温度是各种贮存环境影响因素中最主要的因素。温度升高，使推进剂中黏合剂产生降解或交联速度加快，氧化剂热分解速度增大，增塑剂与黏合剂结合力松弛而加速迁移；温度降低至某一值又可能产生聚合物结晶。图 5-5 为某复合固

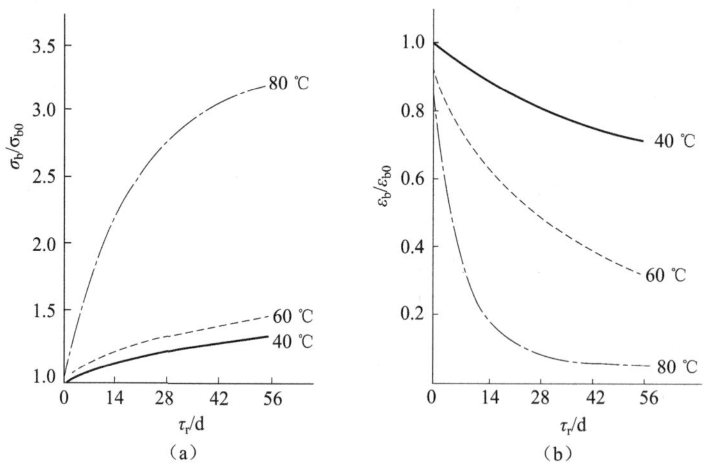

图 5-5 某复合固体推进剂力学性能随贮存温度和时间的变化关系

（a）相对拉伸强度；（b）相对延伸率

体推进剂在干燥环境不同温度下贮存 56 d 的力学性能变化规律。该推进剂的初始断裂强度 σ_{b0} =0.93 MPa，初始断裂延伸率 ε_{b0} 为 46%，由图可以看出，随贮存温度的升高和时间的增加，σ_b 增加而 ε_b 下降，温度越高，变化的幅度越大。大量的研究结果表明，CTPB、HTPB、PBAN 等推进剂的力学性能变化与老化时间的对数呈线性关系，与温度密切相关。因而可以根据上述原理用加速老化测定的结果外推到贮存温度来预估它的使用寿命。

（2）湿度的影响

湿度是影响复合固体推进剂力学性能的又一重要因素，推进剂中水分的来源主要有三个方面：由推进剂原材料干燥不彻底而带入；由推进剂组分间的化学反应产生；大气中的水分经扩散进入推进剂的内部。水分对推进剂力学性能和燃烧性能的影响作用主要有：引起黏合剂的水解断链，造成推进剂变软；水分在氧化剂表面形成一层低模量层，降低氧化剂与黏合剂的结合力，在低应力作用下就能产生“脱湿”现象而导致力学性能降低；使氧化剂部分溶解，而后又产生晶析，影响点火性能；通过扩散至推进剂/衬层界面，降低界面的结合力。

一般来说，HTPB 推进剂对水分的敏感性要比 CTPB 的大；含 AN 的推进剂对水分非常敏感，而加入 HMX 和 RDX 则降低了对水分的敏感性。

（3）应变与应变循环的影响

壳体黏结式发动机装药固化成型后，在贮存和使用过程中要受到温度载荷和机械载荷的影响，长期处于应变状态，这种应变可使黏合剂降解及黏合剂与填料之间的化学作用加速。

3. 表面效应与界面效应的影响

表面效应是指药柱的初始燃烧面的氧化作用，其结果使推进剂表面老化加速而与内部推进剂力学性能有明显差异。表面老化可使延伸率下降，模量上升，其影响深度可达 1.3 cm。当壳体黏结式发动机装药表面受到一个载荷作用时，表面老化效应加速更快。

界面效应是指推进剂与衬层的接触面上所产生的性能变化。当含有增塑剂或液体燃速调节剂组分时，因界面间的浓度差而发生迁移，结果使界面附近的推进剂力学性能改变，燃烧性能改变，黏结性能变差。若为含能增塑剂扩散迁移到衬层内，则衬层的限燃和隔热效果显著下降。

5.2.3　复合固体推进剂的老化机理

复合固体推进剂的老化机理因黏合剂不同而有所不同，因而较为复杂。这里就几个典型的老化机理进行讨论。

1. 后固化

后固化是指在正常固化周期中尚未完成的而在贮存过程中继续缓慢进行的固化反应。后固化现象除推进剂固化时尚未达到正硫化点在贮存时继续固化外，往往还有一些是由副反应引起的。例如，用 BITA 固化 CTPB 推进剂所产生的后固化是因为在贮存的过程中，BITA 发生了重排，产生了噁唑啉。噁唑啉与羧酸继续反应，但反应速度比 BITA 与羧基的反应要慢得多。所以，在高温下贮存，这种后固化反应会继续进行。反应过程如下：

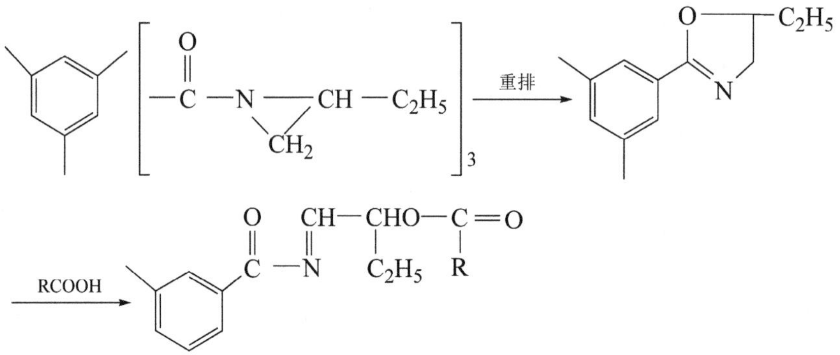

$$\left[\begin{array}{c}\text{O}\\ \|\\ -\text{C}-\text{N}\begin{array}{c}-\text{CH}-\text{C}_2\text{H}_5\\ \diagdown\;\diagup\\ \text{CH}_2\end{array}\end{array}\right]_3 \xrightarrow{\text{重排}} \text{(噁唑啉环，含 C}_2\text{H}_5\text{)}$$

$$\xrightarrow{\text{RCOOH}} \text{Ar}-\overset{\text{O}}{\overset{\|}{\text{C}}}-\text{N}=\text{CH}-\underset{\text{C}_2\text{H}_5}{\underset{|}{\text{CH}}}\text{O}-\underset{\text{R}}{\underset{|}{\text{C}}}=\text{O}$$

（噁唑啉）

CTPB 推进剂以环氧化合物为固化剂时，也存在后固化现象，因为环氧化合物本身发生了均聚反应。

聚醚聚氨酯推进剂在用 TDI 作为固化剂时，在贮存中，多余的 TDI 继续与聚醚三醇等反应生成聚氨基甲酸酯：

$$\text{R—OH+R}'\text{—N═C═O}\longrightarrow \text{R}'\text{—NH—CO—OR}$$

固化生成物仍有活泼氢，在催化剂作用下还可以进一步与 TDI 反应生成脲基甲酸酯。

用 TDI 固化 HTPB 时，一般不发生后固化反应。但在采用 MAPO 作为偶联剂时，MAPO 可以催化 TDI 生成三聚体和碳化二亚胺：

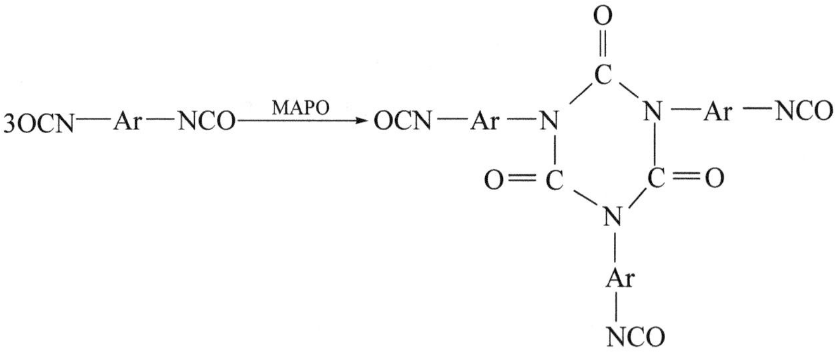

$$\text{3OCN—Ar—NCO}\xrightarrow{\text{MAPO}}\text{OCN—Ar—N(三聚异氰脲酸酯环：C=O ×3，N—Ar—NCO ×2)}$$

$$\text{2OCN—Ar—NCO}\xrightarrow{\text{MAPO}}\text{OCN—Ar—N═C═N—Ar—NCO+CO}_2$$

反应式中 Ar 代表苯基。上述这两种化合物中均含有—NCO 基，但活性比 TDI 的低，固化反应后仍残留在推进剂中，贮存中继续发生缓慢的后固化：

$$\mathrm{ROH + OCN{-}Ar{-}N{=}C{=}N{-}Ar{-}NCO \longrightarrow OCN{-}Ar{-}N(H){-}C(OR){=}N{-}Ar{-}NCO}$$

2. 氧化交联

对于含有双键的聚丁二烯类推进剂，可能在双键部位发生氧化交联。反应中的氧除来自空气中外，主要来自 AP 的分解产物和水解产物，生成的 $HClO_4$ 或初生态氧，具有很强的氧化能力，试验证明，在发生氧化交联后的推进剂中，双键减少，凝胶含量增加，σ_m 上升，ε_m 下降，并发现有过氧化物生成。氧化交联反应主要发生在双键相邻的 α 碳上，特别是侧乙烯基双键：

$$\mathrm{{-}CH_2{-}CH{=}CH{-}CH_2{-}} \xrightarrow{O_2} \mathrm{{-}\dot{C}H{-}CH{=}CH{-}CH_2{-} + HOO\cdot}$$

$$\mathrm{{-}\dot{C}H{-}CH{=}CH{-}CH_2{-}} \xrightarrow{O_2} \mathrm{{-}CH(O\dot{O}){-}CH{=}CH{-}CH_2{-} + RH \longrightarrow {-}CH(OOH){-}\dot{C}H{-}CH{=}CH{-}CH_2{-} + R\cdot}$$

然后继续氧化反应。

氧化交联反应是游离基引发的反应，其反应速度依赖于游离基 ROO·和 R·的浓度。

3. 高聚物的降解

高聚物的降解与其固化系统的稳定性有关，在环境因素（温度和湿度）的作用下，常发生断链降解。

对以 MAPO 为固化剂的 CTPB 推进剂进行老化产物分离，发现可能产生断链的三种情况如下。

P—N 键水解断裂生成 H_2NR：

$$\mathrm{O{=}P(NHR)_3 \longrightarrow O{=}P(OH)(NHR){-}NHR + H_2NR}$$

磷酰胺酯发生 P—N 键断裂并重排后也生成了 H_2NR：

$$2\left[CH_3COOCH_2-\underset{}{\overset{CH_3}{\overset{|}{C}H}}-NH\right]_3PO\longrightarrow$$

$$\left[(CH_3COOCH_2-\overset{CH_3}{\overset{|}{C}H}-NH)_2PO\right]_2NCH(CH_3)+CH_3-O-\overset{O}{\overset{\|}{C}}-CH_3+H_2NR$$

磷酰胺酯首先环化，继而发生 P—N 键断裂，最终生成磷酸的衍生物和二甲基噁唑啉：

$$(CH_3COOCH_2\overset{CH_3}{\overset{|}{C}}HNH)_3PO\longrightarrow(CH_3COOCH_2-\overset{CH_3}{\overset{|}{C}H}-NH)_2POOH+\text{(2,4-二甲基噁唑啉：}H_3C\text{—环—}CH_3\text{)}$$

聚酯和聚氨基甲酸酯在酸性或碱性条件下也可发生水解断链，如

$$R-\overset{O}{\overset{\|}{C}}-OR'\xrightarrow{H^+或OH^-}RCOOH+R'OH$$

$$RNH\overset{O}{\overset{\|}{C}}-O-R'+H_2O\xrightarrow{H^+或OH^-}RNH_2+R'OH+CO_2\uparrow$$

$$RNH-\overset{O}{\overset{\|}{C}}-NHR'+H_2O\xrightarrow{H^+或OH^-}RNH_2+R'OH+CO_2\uparrow$$

5.3 推进剂的贮存老化试验与使用寿命预估

5.3.1 推进剂的贮存老化试验

发动机中推进剂的贮存老化试验，目前主要采用以下三种方法：监测试验；过载试验；加速老化试验。前两种方法比较可靠有效，尤其是应用过载试验和其他技术开展的长时间使用寿命分析（LRSLA），可以较满意地解决发动机的使用寿命预测问题。但试验周期长、耗资太多。第三种方法则克服了上述缺点，较快速、经济，也可对使用寿命进行预测。

推进剂的加速老化试验是非常复杂的技术工作，其结果与原材料的稳定情况、配方、工艺、贮存环境、测试设备的精度和可靠性，老化试验技术、失效判据和老化模型的确定，数据处理方法等密切相关，预测的结果与实际监测结果往往有

一定偏差，且不能代表全尺寸发动机中药柱的情况。开展这一工作的主要目的并不在于给出发动机或方坯药的使用寿命的绝对值，而在于：

① 推断推进剂的老化机理，提供改善推进剂老化性能的途径；

② 进行不同配方推进剂相对使用寿命对比；

③ 为筛选配方和质量控制，提供老化性能方面的数据；

④ 提供推进剂的老化规律、数据和化学动力学参数，为预测发动机使用寿命提供依据。推进剂的使用寿命对发动机的使用寿命起着重要的甚至决定性的作用，故开展推进剂的加速老化试验和使用寿命预测十分重要。如能找出方坯药和发动机的使用寿命之间的相关性，则这项工作会更有意义。目前也有人在探索更快速的使用寿命预测方法。

5.3.1.1　监测试验

实时实地进行的贮存试验，一般称为监测试验。

将一定数量的导弹、发动机和其他试样放在实际或模拟的现场进行贮存，定期取样进行检验、测试和分析，将测得的数据与发动机设计指标进行比较，发现性能有失效的趋势，可以及时发出预报。目前，战略导弹大都采用这种方法。监测所得结果真实、可靠，是其他一切使用寿命预估方法不可替代的。

监测试验通常按以下程序进行：

① 首先要根据任务书或合同，制订试验大纲。大纲至少应包括：试验目的、试件种类、规格及数量、试验周期、取样时间间隔、贮存条件、试验内容、承担单位等。

监测的试样有：推进剂方坯、黏结件（推进剂/衬层/绝热层/壳体）、缩比发动机和全尺寸发动机等。

监测的内容相当广泛，包括试样的力学性能、结构性能、结构完整性、无损探伤和检测、发动机试车、发动机剖析等项目，具体按试验大纲要求进行。

② 监测试验计划的实施。根据试验大纲的要求，制订出详细的实施计划，按计划进行试验。为确保试验质量，最关键的是要建立中心老化实验室，使其具有承担与监测有关的全部贮存和分析、测试能力，并能在恒温恒湿条件下贮存推进剂、加工试件和按时进行分析、测试。

③ 数据的统计分析和归纳总结。数据在 4 个以上，即可进行数理统计分析和粗略地进行贮存性能预估。

将数据以起始性能数据为基准，进行“t”检验，检验所得数据与起始数据有无显著差别。若无差别，则求出均值的最大误差范围 $\bar{x} \pm ks$ 和变异系数 $s\sqrt{x}$ ；若有显著差别，则应进行回归分析，以求性能变化趋势。进行回归分析时，还应求

出剩余标准差 s、回归系数的标准差 s_b、回归方程预测值的标准差 s_y 等。根据回归分析结果，画出回归线及其变化区间，通常采用置信度为90%的置信区间，近似为±1.65 s 的范围线。然后根据回归方程预估出主要性能两年后的变化趋势。将分析测试的数据加以总结、归纳，写出监测报告。

目前，推进剂方坯贮存监测试验仍是获得推进剂贮存性能的重要方法，尤其是对于应力、应变状态对老化速率无明显影响的推进剂更为重要。方坯贮存也是了解推进剂老化机理的一个有力手段。方坯药的监测结果是加速老化寿命预测的对照基准，为发动机使用寿命预估提供重要的参考数据。

在发动机燃烧室监测试验中，提供信息最多的也是方坯药的分析测试数据。

发动机的贮存监测是一切快速方法评定的推算基准，所以，监测试验（包括方坯药、发动机等）在贮存老化试验和使用寿命预测工作中仍占有重要地位。

5.3.1.2 加速老化试验

为了简单、快速地暴露推进剂的贮存老化性能，在开展监测试验的同时，大多也进行加速老化试验。影响推进剂老化性能的因素很多，但主要是氧气、热，故主要进行热空气加速老化试验。这方面的工作，各国都有相应的标准，按标准即可进行加速老化试验和使用寿命预测。

通常，在进行高温加速老化试验的同时，应进行化学结构老化研究，以确定推进剂的老化模型。也可采用曲线拟合法，即根据测试数据的变化规律，选用合适的数学模型。

目前，普遍采用下面的动力学方程

$$P=P_0+K\lg t \qquad (5\text{–}4)$$

式中，P——某一时刻的性能；

P_0——与初始性能有关的常数；

K——性能变化的速度常数（d^{-1}）；

t——老化时间（d）。

K 与热力学温度 T 的关系符合阿累尼乌斯方程。

$$K=Ze^{-E/RT} \qquad (5\text{–}5)$$

式中，Z——频率因子（d^{-1}）；

E——表观活化能（J/mol）；

R——摩尔气体常数［J/（K • mol）］；

T——热力学温度（K）。

上式经直线化变形后可得

$$\ln K = A - \frac{B}{T} \qquad (5\text{–}6)$$

式中，A、B——方程的常数项和系数。

将各贮存温度下求得的 K 代入式（5–6）中，进行回归处理，求取 A、B，即可得出 K 随温度变化的回归方程，从而可求取常温（25 ℃）下的 K_{25}，再将 K_{25} 代入式（5–4）中便可进行寿命预测。数据的处理过程举例如下。

表 5–4 是某 HTPB 推进剂进行高温加速老化试验后的 ε_m 数据，求 25 ℃下 ε_m 下降 10%的预估寿命。

表 5–4　加速老化试验 ε_m

温度/℃	时间/周												
	1.4	3.0	4.0	6.0	8.0	10.0	12.0	14.0	16.0	18.0	20.0	26.0	36.0
70	35.4	33.7	34.4	30.8	33.7	—	32.4	—	—	—	28.0	26.4	—
60	35.4	33.8	37.1	34.9	32.6	33.3	—	30.1	—	30.6	—	27.4	30.3
50	35.4	32.5	32.2	34.1	32.0	—	31.5	—	33.1	—	31.4	—	
40	35.4	34.6	35.2	33.6	35.3	32.4	32.6	—	—	34.4	—	33.0	32.5

将上述测试数据按式（5–4）进行回归处理，求得的回归方程列于表 5–5 中。

表 5–5　ε_m 随时间变化的回归方程

贮存温度/℃	回归方程	相关系数 r	置信频率 P_2/%
70	$\varepsilon_m=37.32-6.524\lg t$	−0.869 9	＞99
60	$\varepsilon_m=37.32-5.570\lg t$	−0.831 7	＞99
50	$\varepsilon_m=34.63-2.25\lg t$	−0.675 7	＞95
40	$\varepsilon_m=35.71-1.965\lg t$	−0.700 9	＞95

将 K 代入式（5–4）中进行回归分析，求得的回归方程列于表 5–6 中。

表 5–6　K 随温度变化的回归方程

参数	回归方程	r	P_2/%
ε_m	$\lg K=16.020\,4-4\,832.542\,5\frac{1}{T}$	−0.946 8	＞90

考虑到预测精度及安全，用于外推求 K_{25} 的方程应为

$$\lg K_{25}=A-\frac{B}{T}+t_a \cdot S_y \tag{5-7}$$

式中，S_y——预测值的标准偏差；

t_a——t 分布表值。

本例中 S_y=0.442、t_a=0.978。将两个数据代入式（5–7）中，即求得 25 ℃下的 K_{25} 为 1.269。

取老化性能评定参数ε_m变化 10%后的指标为极限指标，代入式（5–4）中，预估的寿命为

$$t=10^{(P-P_0)/K_{25}}=10^{3.54/1.269}=616.0（周）\approx 12（年）$$

由于加速老化试验和使用寿命预测工作十分复杂，影响因素很多，原理上也有不足之处，方法本身尚不十分成熟，因此，各国都是加速老化与自然老化试验同时进行，以相互对照来确定预测的准确程度。大多数预测结果认为与实际监测结果一致，但也有不符合的。总之，预测的寿命仅供实际使用参考并为发动机设计者提供一个有价值的数据。

5.3.2 快速预估固体推进剂使用寿命的方法

5.3.2.1 含硝酸酯火药贮存期的预估

对于含硝酸酯火药贮存寿命的预估，大多是建立在试验的基础上，提出经验关系式来预估的。通过提高老化温度，测定不同温度下的老化时间，建立数学关系式，再外推至贮存温度来确定贮存寿命。

1. 用化学动力学方程——贝特洛（Berthelot）方程来预估安全贮存期

通过在不同温度下使火药加速老化，依据火药中安定剂含量的变化，测定火药老化分解速度与温度的关系，由贝特洛方程来求得。贝特洛方程为

$$\lg k=at+b \tag{5-8}$$

$$t=A+B\lg\tau \tag{5-9}$$

式中，k——反应速度常数；

t——温度（℃）；

τ——加热时间（d）；

A，B，a，b——系数。

将式（5–9）改写为

$$\tau_t=10^{\frac{t-A}{B}} \tag{5-10}$$

式中，τ_t——对应温度 t 老化的时间。

用式（5–10）就可求出在某一温度下的老化时间。一般通过贮存温度为 30 ℃时安定剂消耗一半所需的时间来预估贮存寿命，则式（5–10）变为

$$\tau_{30} = 10^{\frac{30-A}{B}} \tag{5–11}$$

式中，τ_{30}——安全贮存寿命。

将被测推进剂分别在 65 ℃、75 ℃、85 ℃、90 ℃和 95 ℃下加热，求出各温度下安定剂消耗一半所对应的时间，再用式（5–9）求出系数 A 和 B，代入式（5–11）就可求出 τ_{30}。

同样，可测定各加速老化温度下硝化纤维素特性黏度变化某一值或热质量损失某一值所对应的时间，用贝特洛方程来求出 30 ℃时的贮存时间。

2. 用阿累尼乌斯方程预估安全贮存期

用阿累尼乌斯方程预估安全贮存期的理论预估方程为

$$\tau = ak^{-1} \tag{5–12}$$

式中，τ——在温度 t 下所能贮存的时间，d；

a——与火药性质、试验条件及所用时间单位有关的常数；

k——火药分解速度常数。

按阿累尼乌斯方程，K 写为

$$K = A\exp(-E_a / RT) \tag{5–13}$$

式中，A——频率因子；

E_a——活化能；

R——通用气体常数；

T——试验温度。

在不同的温度下试验，作 $\lg k–1/T$ 图，外推到贮存温度求出 k，代入式(5–12)，用不同温度的试验求出 a，再外推到贮存温度求出安全贮存寿命。

这里要说明的是，推进剂分解反应是较为复杂的，不同温度下占主导的化学反应往往不同，有些在高温下占优势的反应在低温下往往不重要，因此，在高温下求得的 k 值应用于低温贮存温度时要进行修正。

3. 用压力法预估安全贮存期

压力法预估贮存期的关系式为

$$\frac{\tau_2}{\tau_1} = A^{\frac{t_1-t_2}{5}} \tag{5–14}$$

式中，A——火药热分解的温度系数；

t——试验温度；

τ——试验温度 t 下压力曲线中拐点对应的时间。

先求出两个高温 t_1 和 t_2 下对应的 τ_1 和 τ_2，用式（5–14）计算出 A，再代入贮存温度，就可求出安全贮存期。

在实际贮存中，只要贮存条件合适，硝酸酯推进剂的安全贮存寿命还是比较长的。

5.3.2.2 复合固体推进剂使用寿命预估

常规加速老化试验方法，尽管可在较短的时间内预测出推进剂的使用寿命，但花费的时间仍比较长，一般要用一年或更长的时间，为此，20 世纪 60 年代以来，各国都在探索评定寿命方法，力图在更短的时间内，使用少量的样品，即可预测出寿命。这些方法主要有以下几种。

1. 点斜法

点斜法又称活化能法，是最主要的快速预测方法，通常采用的公式为

$$E = \ln\left(\frac{K_2}{K_1}\right) RT_2T_1 / (T_2 - T_1) \tag{5–15}$$

式中，E——表观活化能（J/mol）；

T_2，T_1——热力学温度（K）；

K_2，K_1——温度 T_2、T_1 下的速度常数（d^{-1}）；

R——摩尔气体常数［(J/（mol · K)］。

它是由阿累尼乌斯方程变换后得出的求活化能的方程。

该方法的要点是，利用先进的分析、测试方法，用少量样品，快速求出推进剂老化反应的表观活化能 E；再根据一个温度下高温加速老化的测试数据，求出反应速度常数 K_2；将 E、K_2 代入式（5–15）中，即可求出使用温度下的反应速度常数 K_1，进而即可预测使用寿命。

测定活化能的方法很多，通常采用热分析法或动态力学性能法。

（1）热分析法

利用热重（TG）曲线求活化能，通常可按下式计算：

$$\frac{\mathrm{d}\lg\beta}{\mathrm{d}\frac{1}{T_m}} = -0.457\frac{E}{R} \tag{5–16}$$

式中，β——升温速率（℃/min）；

T——TG 热效应峰峰温（K）；

R——摩尔气体常数［(J/（mol · K)］；

E——表观活化能（J/mol）；

T_m——DSC 热效应峰峰温（K）。

选出三个以上的升温速度，将 lg β–1/T 作图，进行回归分析或作图即可求出活化能 E。

利用 DSC 曲线求活化能，通常按凯辛格（Kissinger）公式进行：

$$\frac{\mathrm{d}\ln\frac{\beta}{T_m^2}}{\mathrm{d}\frac{1}{T_m}}=-\frac{E}{R} \tag{5–17}$$

式中，β——升温速率（℃/min）。

利用 DTA 图谱求活化能可按下式计算：

$$\frac{\mathrm{d}\ln\Delta T}{\mathrm{d}\frac{1}{T}}=-\frac{E}{R} \tag{5–18}$$

式中，ΔT——温差。

（2）动态力学性能法

采用动态力学性能法，可按下式求出活化能：

$$\lg f=-0.434\,3\frac{E}{RT_g}+C \tag{5–19}$$

式中，f——动态测试所用频率（Hz）；

T_g——玻璃化转变温度（℃）；

C——常数。

由于分析测试求取活化能的原理及方法各不相同，求取的活化能也不一样，这些快速方法预估的寿命的准确度更差。此法正在研究发展中，比常用的烘箱加速老化法更不成熟，但用于筛选配方、比较配方的贮存性能尚可。与烘箱法和自然贮存的老化数据对照，如相关性很好，也可用来预测推进剂的使用寿命。

2. 动态模量法

利用动态黏弹谱仪进行动态力学性能测试具有样品用量少（样品尺寸小且可反复使用）、准确性高（样品反复使用，减少了样品间的误差）等特点。若能找出动态模量与发动机设计参数之间的关系，此法将是一项很好的使用寿命预测技术，且对于研究表面老化和界面老化将大有裨益。

3. 凝胶含量法

大量试验表明，固体推进剂力学性能变化与凝胶含量变化密切相关，且可用如下公式表示：

$$P=\frac{K_{p(T)}}{K_{G(T)}}\Delta G+P_0 \tag{5-20}$$

式中，P——某时刻的性能；

P_0——与初始性能有关的常数；

$K_{p(T)}$——某温度下性能变化速度常数（d^{-1}）；

$K_{G(T)}$——某温度下凝胶含量变化速度常数（d^{-1}）；

ΔG——凝胶含量的增量。

上式稍加改变可改写成下式：

$$P=K\Delta G+P_0 \tag{5-21}$$

这样，性能变化将仅是凝胶含量变化的函数，而不再与温度和时间直接有关。

在较高温度下贮存推进剂，定期测定推进剂的力学性能和凝胶含量，就可求出上述直线回归方程。这样，以后只要随时跟踪测试同一推进剂的凝胶含量的变化，即可预估出该推进剂的性能变化情况。若积累一些常温下ΔG变化与时间关系的数据，便可进行使用寿命预估。此法使用的样品量很少，可作为发动机药柱无损检测手段，其不足之处是凝胶分离、测定比较麻烦。

4. 傅里叶红外法（FTIR）

固体推进剂的物理、化学性能同其红外光谱图之间存在相关性，推进剂溶胶级分和推进剂的红外光谱图中的特征峰与推进剂的力学性能直接有关。利用 FTIR 技术进行推进剂使用寿命预测的情况。

在 74 ℃下，对老化 36 周的 TP–H8278 推进剂进行 FTIR 分析，在 1 514 cm^{-1} 处的峰高（$h_{1\,514}$）与应力（σ）相关，根据峰高数据和应力数据，用最小二乘法处理可得下述方程：

$$\sigma=575.9-154.6h_{1\,514} \tag{5-22}$$

将 1 514 cm^{-1} 处的峰高与老化时间 t 进行回归分析，可得下述方程：

$$h_{1\,514}=2.717\,3t^{-0.034\,4} \tag{5-23}$$

将式（5–23）代入式（5–22）中，得到

$$\sigma=575.9-420t^{-0.034\,4} \tag{5-24}$$

利用式（5–22），根据峰高的变化就可预测出性能变化情况，根据式（5–24），就可进行使用寿命预测。试验证明，FTIR 技术可用于推进剂的老化研究，并可能发展成为一种阵地无损检测方法，用来确定推进剂力学性能变化情况和预测使用寿命。

5.3.3 使用寿命预测方法评估

1. 等效老化原理

所有的加速老化试验都假设在试验与外推的温度范围内只有一个化学反应或

几个具有相同活化能的反应；活化能是常数，与温度无关；反应速率只受温度影响等。真实情况则复杂得多，一般不太可能完全符合上述假设，高温下的老化机理与低温下的有可能不同。当老化时有几个化学反应，且有不同的温度依赖关系时，从几个温度下测量的数据外推预测另一温度下的老化性能往往不太可靠，这就是使用寿命预测在原理上存在的问题。为此，有人提出等效老化原理的设想（Equalization of Aging Processes，EAP），其基本思想是，创造一个老化气氛条件，使几个化学反应中的每一个都有相近的温度依赖关系，即具有相近的活化能。此法从原理上解决了加速老化过程中存在的问题，值得进一步探索。由于试验比较复杂，短时间又难看到效果，各国皆没有推广。

2. 方坯药与发动机药柱的差异

方坯药与发动机（特别是大型发动机）药柱的老化性能有明显差异，故用方坯试样预测的使用寿命反映不了发动机药柱的真实使用寿命。

引起上述差异的部分原因是二者的固化温度不完全一致。方坯药的固化温度与烘箱的温度基本相等，大型药柱由于固化时释放出的热量不易散失，同样固化条件时实际固化温度比方坯药要高些。温度差异导致了力学性能的变化，如“民兵”一级和三级发动机药柱中心部位的温升达 5 ℃（与固化温度相比），引起的力学性能变化为 5%～10%。研究证实，发动机药柱的模量比方坯的高，而ε_m较方坯的低，二者的σ_m相近，结果见表 5–7。

表 5–7　发动机药柱与方坯试样力学性能比较

测试温度/℃	方坯试样				发动机药柱			
	σ_m/MPa	ε_m/%	ε_b/%	E_0/MPa	σ_m/MPa	ε_m/%	ε_b/%	E_0/MPa
–40	2.53	72	78	20.97	2.25	53	65	34.91
25	0.97	36	45	5.20	0.93	22	30	7.60
60	0.56	21	25	4.36	0.59	15	21	5.99

试验还表明：表面老化与整体老化、有应变老化与无应变老化都存在明显差异。高温对处于应变状态下的试样的影响，要比对非应变试样的影响严重得多，从而造成了发动机药柱与推进剂方坯间老化性能的差异更加复杂。在进行老化研究时，应仔细分析这些差异的影响趋势，推进剂方坯加速老化试验尽量模拟发动机的实际情况，以使使用寿命预测工作更有实际意义。目前，各国都在积极开展这方面的研究，试图找出发动机药柱与方坯试样老化性能的相关性。

3. 定应力或定应变试验

贴壁式浇铸的大型发动机药柱，在长期贮存过程中，由于热载荷（固化降温产生）和机械载荷的作用，基本上是处在一定的应力或应变状态下，这是其与方坯药的主要不同之处。

开展定应力极限拉伸性能的研究，就可以测定推进剂承受载荷能力随时间、温度松弛的规律。定应力下推进剂的强度数据是其承受长期应力的量度。该数据可用于分析贮存期间在重力载荷作用下的破坏情况，这是用恒速拉伸试验得不到的试验判据。推进剂在承受恒定载荷的情况下，黏合剂母体内部的化学键可能发生断裂，这种足以导致破坏或永久变形的现象，往往是在长期贮存后才发生的，这一点对于大型发动机的长期贮存应特别注意。

推进剂在定应变下的老化试验更重要。该试验是在一定拉伸应变情况下，研究推进剂抵抗破坏能力的一种方法。它能确定推进剂在无化学老化条件下，无限期承受而又不致破坏的持久极限应变。在贮存温度下，使推进剂试件承受各种恒应变；然后逐一记下试件的断裂时间，将应变值与破坏时间倒数的对数值相关，作图外推求出破坏时间趋于无限长时定应变值的逼近值，此值称为持久极限应变。该数据求出后，还可求出某一定应变的破坏时间与其相对关系。

发动机设计定型后，药柱内部的残余应变即可估算出来。因而测定持久极限应变或某一定应变的破坏时间，即可粗略预测出发动机的使用寿命。这是粗略预测寿命最经济的办法。

目前，个别在研发动机要求推进剂具有定应变为25%、三个月不破坏的贮存性能。这项研究起步较晚，有待于进一步深入研究。

5.4 改善固体推进剂贮存性能的方法

5.4.1 改善含硝酸酯固体推进剂贮存性能的方法

含硝酸酯推进剂的安全贮存寿命与推进剂的组成及含量、工艺水平和贮存条件有密切的关系。提高安全贮存寿命的途径有：

① 严格控制硝酸酯推进剂原材料的安定性质量；

② 严格控制推进剂成品的质量指标，特别要严格控制水分的含量；

③ 严格控制贮存条件，贮存仓库温度要保持恒定或温度波动小，包装箱要密封防漏、防潮，堆放层厚度要适中，既要提高仓库的利用率，又要有利于通风散热，露天暂时存放要加盖防晒防雨篷布等；

④ 选择与推进剂品种相匹配的安定剂和适度的含量。

5.4.2 改善复合固体推进剂贮存性能的方法

前面讨论了复合固体推进剂产生老化的原因，改善推进剂贮存性能的方法要针对产生老化的原因来采取相应的措施，以延长复合固体推进剂的贮存寿命。

1. 改善氧化剂的热分解性能

在复合推进剂中用得最多的氧化剂是高氯酸铵（AP），改善 AP 的热分解性能对改善推进剂的贮存性能有利，具体的措施为：

（1）消除 AP 中的有害杂质

AP 的低温热分解受杂质的影响较大，砷酸根离子、氯酸根离子对 AP 分解具有催化作用，可通过多次重结晶的方法除去这些杂质。

（2）添加热分解抑制剂

一些铵的化合物对 AP 的热分解具有抑制作用，如$(NH_4)_2HPO_4$、NH_4F、NH_4Cl、NH_4Br 等，添加少量这些物质可以抑制 AP 的热分解性能。配合选择合适的工艺，效果更好。

（3）降低 AP 水分的含量

AP 中含有水分时，对推进剂力学性能有很大影响，首先，水分干扰了固化反应，并释放出小分子 CO_2，使推进剂内部形成许多气孔；其次，对 AP 的热分解有促进作用，所以，在加入推进剂前必须彻底将 AP 烘干。

（4）包覆 AP

对 AP 粒子选用适当的键合剂进行包覆，有利于提高推进剂的力学性能并降低 AP 的热分解、降低吸湿作用。

（5）离子镶嵌

用与 AP 相同构型的氧化剂（如 $KClO_4$）制成固溶液，即所谓的离子镶嵌，也可改善 AP 的低温热分解性能。

2. 提高黏合剂的抗老化能力

复合固体推进剂老化的关键是黏合剂系统的老化，所以，提高黏合剂系统的抗老化性能，即提高黏合剂系统抵抗外界条件（如热、氧和水分等）作用的能力，是提高抗老化性能的关键。

① 选择抗老化性能好的预聚体，含有某些活性基团或键的预聚物如—ONO_2、—NF_2 等对热敏感，而含双键的预聚物对氧敏感，饱和烃则有很好的热稳定性和抗氧化能力。官能团的选择也很重要，如 CTPB 就比 HTPB 的抗老化性能差。

② 选用抗老化性能好的固化剂和键合剂。如 CTPB 推进剂如果选用单一的 MAPO 或环氧树脂作固化剂，在贮存中会出现变软或变硬的现象，只有选用双元

固化剂，才能克服上述缺点。异氰酸酯是 HTPB 推进剂的固化剂，但诸多异氰酸酯中，以异佛尔酮二异氰酸酯固化的推进剂贮存性能最好。PU 推进剂以选用 DDI（脂肪链或脂环链二异氰酸酯）固化的推进剂热稳定性最好。

键合剂（偶联剂）除可改善推进剂的初始力学性能外，也能提高推进剂的抗老化性能，如对于 HTPB 推进剂，选用 MT–4 等。

③ 添加防老剂。在复合固体推进剂中，添加防老剂是改善其抗老化性能的最有效方法。选用的防老剂随黏合剂而异。常用的防老剂有胺类[如防老剂 H（N, N′–二苯基二胺）、DNP（N, N′–二（β–萘基）对苯二胺）等] 和酚类 [如 2, 2′–甲撑–双（4–甲基–6–叔丁基）苯酚、4, 4′–硫代双（6–叔丁基间甲酚）等]，加入量为推进剂总量的 0.1%～0.3%。防老剂的作用在于中止黏合剂系统在氧化和断裂过程中产生的游离基，阻止推进剂降解的动力学链锁反应，从而延缓了推进剂的老化。

3. 改善贮存条件

① 密闭贮存。将药柱贮存于密闭容器中或在发动机中密闭贮存，同时保持恒温。为消除空气中氧气对推进剂药柱表面的作用，将容器或发动机空腔中的空气抽掉再充以干燥的氮气。

② 控制贮存环境湿度。控制环境湿度在推进剂吸湿的临界相对湿度以下，使环境湿度不对药柱产生影响。推进剂与环境不产生水分交换，即推进剂不吸湿也不失水，这种在某一温度下使推进剂吸湿处于平衡状态的相对湿度称为推进剂在该温度下的平衡相对湿度。推进剂不同，平衡相对湿度是不同的，如在 21.1 ℃下，聚酯推进剂的平衡相对湿度为 20%、CTPB 推进剂的为 50%、HTPB 推进剂的为 45%、PU 推进剂的为 28%、LTPB（端内酯基聚丁二烯）推进剂的为 55%。

③ 在推进剂表面涂布防老剂。将防老剂溶液涂布于推进剂暴露的初始燃烧面上，能有效地提高推进剂表面的抗氧化能力，从而提高推进剂的抗老化性能。

4. 限制不稳定组分的迁移扩散

限制复合固体推进剂不稳定组分迁移的措施为：

① 在推进剂和绝热层之间加阻挡层。这是阻挡液体组分迁移扩散的措施之一。常用的阻挡层材料有环氧树脂、尿烷橡胶（Chemglaze）、聚酯薄膜（Malar）、铝箔等，这些材料能有效地阻挡增塑剂己二酸二辛酯（DOA）、硝酸酯、燃速催化剂二茂铁衍生物等的扩散迁移。

② 采用与推进剂中增塑剂相平衡的绝热衬层材料。即在衬层中加入与推进剂中完全相同的品种、相同含量的增塑剂，以克服它们之间因浓度差而发生迁移。

③ 选用抗迁移的衬层材料。提高衬层的交联密度和衬层中填料的含量，可提高衬层的抗迁移性能。但是，交联密度过大和填料含量过高，会使衬层和推进剂之间力学性能差异太大而降低界面间的黏结性能。

5.5　固体推进剂的危险性

5.5.1　概述

固体推进剂的安全性能又称危险性能，它们是对立统一的两个方面，从不同角度来说明同一个问题。固体推进剂集化学变化所需要的氧化元素和还原元素于一身，因而，当这种关系具备化学变化所必需的激发能量时，就可能发生自动进行的激烈的化学变化——燃烧和爆轰。所以，固体推进剂的危险性能是指当固体推进剂受到外界能源（如热、撞击、摩擦、静电火花和冲击波等）激发时，发生燃烧或爆炸的难易程度。这种对激发能源响应的难易程度又称为感度。固体推进剂在生产、贮存、运输和使用过程中，不可避免地要受到热、摩擦、撞击、静电火花和冲击波等的作用，这种能量作用的大小和固体推进剂及其含能组分对外界激发能量的敏感程度，对其生产、贮存、运输和使用的安全性有重大意义。因此，研究固体推进剂在外界能量激发下发生燃烧或爆炸的敏感程度和作用机理，是制定生产工艺、贮存、运输和勤务处理安全规范的依据。

评价固体推进剂的安全性能常以固体推进剂对外界激发能源的敏感程度来表示，在生产、贮存、运输和使用中，可能的激发能源有热、火焰、机械作用（冲击和摩擦）、静电火花、冲击波与子弹贯穿等。所以，在安全性能中常以固体推进剂对各种外界激发能源的不同来分类。目前，使用最普遍的感度有热感度、撞击感度、摩擦感度、静电火花感度和爆轰感度。用这些感度来衡量固体推进剂的安全性程度，制定安全措施，以防止燃烧和爆炸的危险出现。

固体推进剂各种感度之间并无一定的关联，并常常具有选择性。一种固体推进剂可能对某种激发能源特别敏感，而对另外一些激发能源则不敏感，例如，双基推进剂对撞击比复合固体推进剂敏感，对摩擦则相反。所以，在制定安全规范时，应针对不同种类的固体推进剂来进行。

安全性能的鉴定目的不在于因固体推进剂的某种感度大而加以否定，而是用于指导固体推进剂生产、运输、贮存和使用过程中对安全方面要注意到何种程度。

通常，固体推进剂具有一定的稳定性，除少数分子处于激发态可缓慢分解外，绝大多数分子都处于稳定态。少数激发分解的分子少到难以用仪器测到的程度，所以，只要有良好的散热条件，激发态分子不增多，就不会发生燃烧或爆炸。固体推进剂由稳定态激发到热分解、燃烧和爆炸所需要的激发能称为活化能，这种活化能是很高的，一般为 126～209 kJ/mol，所以，固体推进剂在常态是稳定的。

5.5.2 含硝酸酯固体推进剂的自动着火危险性

热感度是固体推进剂在热作用下发生燃烧或爆炸的难易程度。不论是加工、贮存还是使用过程中，固体推进剂都可能受到热的作用。在实际中，固体推进剂因热作用而发生燃烧或爆炸的事故是很多的。因此，对于固体推进剂的热感度，应予以足够的重视和了解。

5.5.2.1 试验方法

固体推进剂受热作用发生着火的表示方法常用爆发点表示，又称自动着火点。所谓爆发点，是指在一定的条件下，将固体推进剂加热到爆燃时加热介质的最低温度。在某一温度下，将固体推进剂加热到爆燃所需要的时间叫固体推进剂的爆发感应期或固体推进剂的爆发延滞期。很显然，加热固体推进剂的温度越高，爆发延滞期就越短。

测定爆发点的试验装置如图 5–6 所示。试验时先将合金浴加热到预定的温度，然后将 0.05 g 的固体推进剂试样装入 8 号雷管壳 2 中，雷管壳用软木塞塞住，将雷管插入一定深度的热合金浴中，同时开始计时，记录从雷管放入到固体推进剂发生爆燃的时间。调整温度，记录不同温度下的发火延滞期τ，延滞期由 1 s 到 300 s 以上，再以延滞期τ和对应的温度 t 作图，如图 5–7 所示。

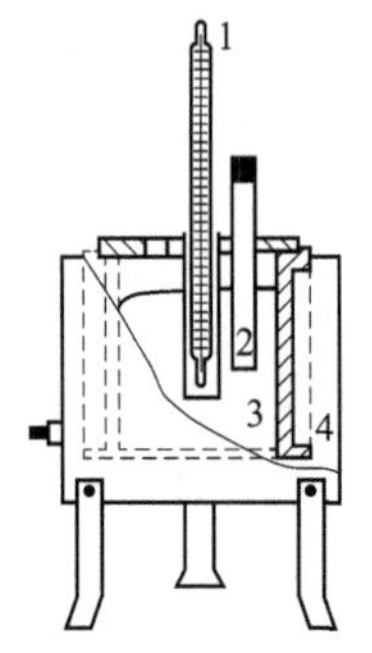

图 5–6 爆发点试验装置

1—温度计；2—雷管壳；3—伍德合金浴；4—加热保温套

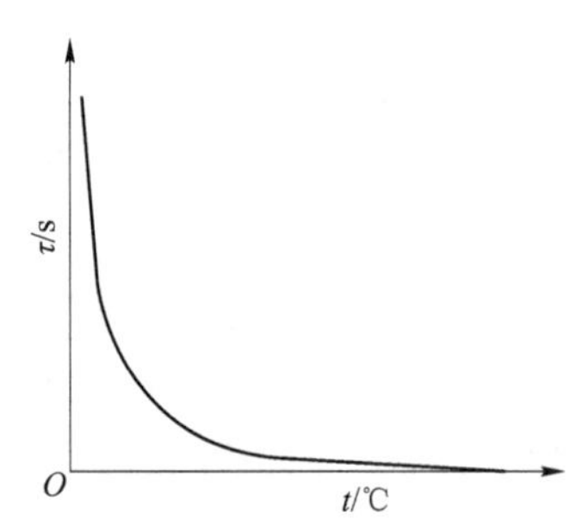

图 5–7 延滞期τ与温度 t 的关系曲线

由于爆发点是以固体推进剂爆燃时加热介质的最低温度来表示的，所以，从理论上讲，爆发点是延滞期为无穷大时加热介质的温度，这在实际中是难以测定的。为了确定固体推进剂的爆发点，实际中人们常规定延滞期为 5 s 或 5 min，这样就可以比较不同固体推进剂的爆发点高低。从图 5–7 上就可求出 5 s 或（5 min）延滞期下的爆发点。

固体推进剂爆发反应符合阿累尼乌斯关系，延滞期τ的对数与热力学温度 T 的倒数的关系为一直线，如图 5–8 所示。

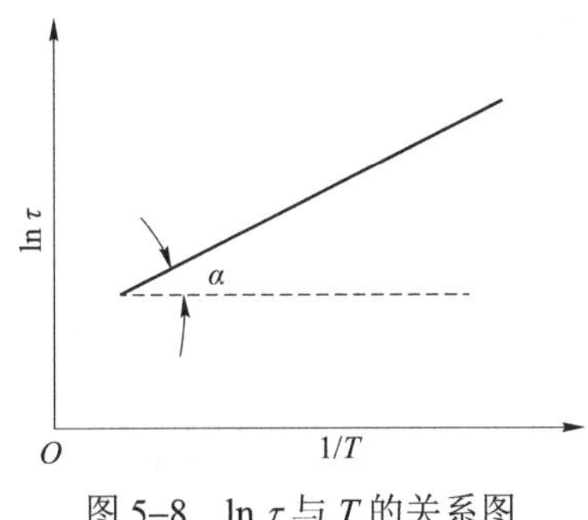

图 5–8　ln τ 与 T 的关系图

τ 与 T 的数学关系式为

$$\ln\tau = A + \frac{B}{T} \tag{5–25}$$

式中，τ——延滞期（s）；

A——与固体推进剂有关的常数；

T——爆发点（K）；

$$B=E_a/R$$

其中，E_a——固体推进剂爆燃反应活化能（J/mol）；

R——摩尔气体常数［J/（mol·K）］。

由图 5–10 或式（5–25）就可以求出固体推进剂的爆燃反应活化能 E_a。E_a 是研究固体推进剂爆发反应化学动力学的一个很重要的特征值。

国际上常采用在 75 ℃下连续加热 48 h 观察热质量损失、放气、变色等情况来判断它的热安定程度。还有测定火焰感度的试验、DTA、DSC 等也属于热感度试验，但通用的是测爆发点。

5.5.2.2　固体推进剂在加热作用下的自动着火机理

固体推进剂在常温下发生热分解所放出的热很少，可以及时导走，固体推进剂的温度不会升高，因而，在贮存中一般不会发生着火。当固体推进剂受到加热作用时，发生热分解的活化分子数目增多，这时反应的速度加快，反应放出的热量也增加，固体推进剂的温度会自动升高，这反过来又促进反应速度加快。对于含硝酸酯的固体推进剂，当安定剂消耗完后，还存在 NO_2 的自动催化作用的加速分解而导致自燃。所以，当固体推进剂发生热分解时，热平衡发生两个过程：一是固体推进剂的化学反应的放热而使固体推进剂的温度升高；二是固体推进剂要向周围环境散失热量而使固体推进剂的温度降低。只有当放热反应速度大于散热速度时，固体推进剂的温度不断升高，最终导致自燃。下面用谢苗诺夫的图解法，对固体推进剂的自动着火机理进行说明。

固体推进剂在发生热分解时，服从阿累尼乌斯关系，在温度 T 时，在单位时间内由于化学反应放出的热量为 Q_1，它取决于化学反应速率 m 及单位质量固体推进剂化学反应所放出的热量 q，则

$$Q_1 = mq \tag{5-26}$$

固体推进剂初始分解反应为单分子反应，则反应速度为

$$m = A\mathrm{e}^{-E_a/RT}m_p \tag{5-27}$$

式中，m_p——参加反应的固体推进剂的质量。

将式（5–27）代入式（5–26）得

$$Q_1 = A\exp(-E_a/RT)m_p q \tag{5-28}$$

由式（5–28）看出，若将 Q_1 与 T 作图，所得的得热线是一条向上弯曲的指数曲线。

与固体推进剂发生化学反应的同时，固体推进剂要向周围环境散失热量。单位时间内因热传导而散失到周围环境的热量 Q_2 为

$$Q_2 = \lambda S(T - T_0) \tag{5-29}$$

式中，λ——导热率［W/（m·K）］；

S——传热面积（m^2）；

T——固体推进剂温度（K）；

T_0——加热固体推进剂的介质温度（K）。

如用式（5–29）作图，得 Q_2–T 为一直线。

为了研究固体推进剂在加热反应中的热平衡过程，将 Q_1 和 Q_2 随 T 的变化作图。设加热介质的材料不变，仅改变加热介质的 T_0，就可以绘出如图 5–9 所示的情况。由图 5–9 看出，当改变加热介质温度 T_0 时，就可以画出 Q_2 与 Q_1 两曲线相交、相切和不相交的三种情况，下面分别加以讨论。

① 当加热介质的温度为 T_0=T_{01} 时，曲线 Q_1 和 Q_2 相交于 A 点，在固体推进剂的温度达到 T_A 以前，固体推进剂的得热线 Q_1 在失热线 Q_2 之上，Q_1＞Q_2，说明固体推进剂的温度随化学反应温度升高。当固体推进剂温度升高到 T_A 时，这时的 Q_1=Q_2，说明固体推进剂的化学反应放出的热与固体推进剂散失的热达到平衡。在 A 点以后，Q_2＞Q_1，说明固体推进剂的失热大于得热，固体推进剂的温度不可能再升高，直到固体推进剂分解完为止，固体推进剂不发生爆发反应。

② 当加热介质的温度 $T_0=T_{03}$ 时，从图 5–9 看出，固体推进剂的得热曲线始终在失热曲线的上方，说明 $Q_1>Q_2$，固体推进剂由于化学反应放热使固体推进剂的温度不断升高，固体推进剂经过一定的延滞期温度升高到发火温度而产生爆燃。T_{03} 越高，延滞期就越短。

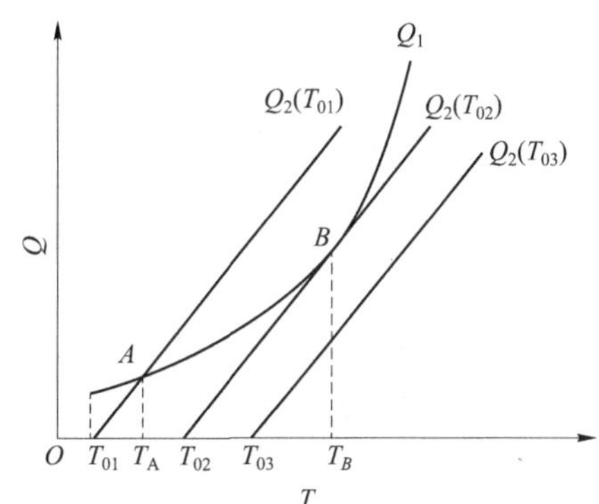

图 5–9　固体推进剂加热分解得热和失热的三种情况

③ 当加热介质的温度 $T_0=T_{02}$ 时，从图 5–9 看出，固体推进剂的得热曲线与失热曲线相切于 B 点。在 B 点以前，得热曲线在失热线的上方，$Q_1>Q_2$，固体推进剂的温度随化学反应不断升高。当达到 B 点时，$Q_1=Q_2$，这时固体推进剂热量得失达到平衡，化学反应以定速进行。这时，若固体推进剂由于某些偶然因素而引起固体推进剂温度的稍微升高，则这种平衡被打破，$Q_1>Q_2$，固体推进剂的温度不断升高而发生爆燃。由此说明，介质温度 T_{02} 是固体推进剂产生爆燃的界限温度，当加热介质温度低于 T_{02} 时，固体推进剂将不会导致爆燃，固体推进剂只以缓慢的热分解进行到底；当 $T_0>T_{02}$ 时，任何介质温度都能使 $Q_1>Q_2$，即固体推进剂温度不断升高而导致爆燃。所以，T_{02} 是固体推进剂在该介质条件下导致固体推进剂自燃的最低介质温度。这是固体推进剂在该介质条件下的真正爆发点，其延滞期为无穷大。实际上，很难测到真正的爆发点，所以，规定 5 s 或 5 min 延滞期测得的介质温度为固体推进剂的爆发点。

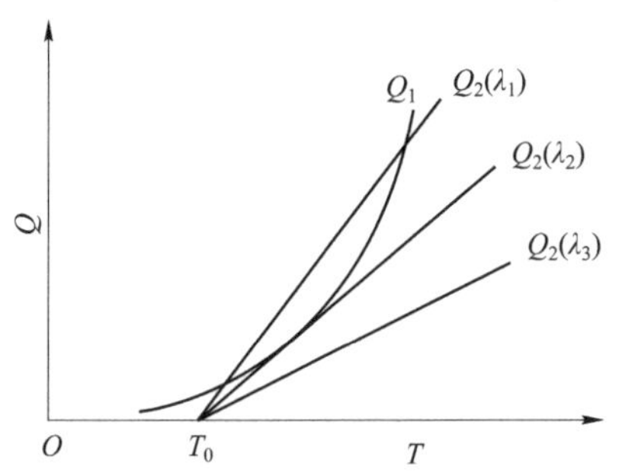

图 5–10　λ 不同时的得热和失热曲线

固体推进剂的爆发点不是固体推进剂的物理化学常数，这是因为它不仅与固体推进剂的性质有关，还与加热介质的传热条件有关。对于同一种固体推进剂、同一加热温度，若导热率 λ 不同，则测得的固体推进剂的爆发点也不同，图 5–10 绘出了同种固体推进剂同一加热介质温度不同导热率 λ 的得热、失热曲线关系。由图看出，在同一 T_0 下，由于 λ 值不同，失热曲线可以与得热曲线相交、相切和不相交。图中 $\lambda_1>\lambda_2>\lambda_3$，$\lambda$ 越大，固体推进剂的热量越易被散失而使爆发点升高。所以，在测定固体推进剂的爆发点时，对固体推进剂的粒度、雷管壳的大小和成分、加热介质伍德合金的组成和延滞期，均有严格的规定，否则，所得爆发点就没有可比性。

5.5.2.3 固体推进剂发火点的测定

固体推进剂发火点也是固体推进剂热感度的一种。它的测定原理是，将试样放入专用试验装置中，以规定的升温速率（固体推进剂为 5 ℃/min，NC 为 3 ℃/min）加热，测定试样加热至发生燃烧或爆炸时的加热介质温度，以此温度作为试样的发火点。

加热介质规定为化学纯的液体石蜡，试样的粒度规定：三维尺寸均小于 2 mm 的，不需粉碎，若其中一维尺寸大于 2 mm，均需粉碎，并通过 2 mm 筛孔，取留在 0.8 mm 筛上的剩余物作试验用。每次试验用量：固体推进剂为 0.1 g，NC 为 0.3 g。

发火点现为运输部门评估危险性不可缺少的指标之一，它与爆发点不同的是，爆发点规定了延滞期（5 s 或 5 min）加热介质的温度值，而发火点没有延滞期；爆发点用的是 8 号雷管壳，加热介质是伍德合金，发火点用的是试管，加热介质是石蜡油。所以，二者数据是不相同的。

5.5.3 撞击感度

固体推进剂的撞击感度是指固体推进剂受到机械撞击作用时发生燃烧或爆炸的难易程度。固体推进剂及其原材料在加工、运输和使用时，很容易受到撞击作用，预测固体推进剂及其含能原材料和加工中的半成品的撞击感度，对于安全事故的防患很有实际意义和指导作用。除对固体推进剂成品要进行撞击感度试验外，还要对含能原材料如 NC、NG、AP、HMX、RDX、CL–20 等以及复合固体推进剂在固化前的药浆都要进行撞击感度试验。撞击感度是各国在危险品中必须提供的感度数据之一，但各国的试验方法并不完全统一，因而往往不能进行统一比较。所以，在提供撞击感度数据的同时，还必须提供相应的试验条件。在固体推进剂撞击试验中，中国普遍采用的 WL–1 型立式落锤仪，表示方法主要有爆炸百分数表示法和 50%爆发临界落高表示法。下面分别加以介绍。

5.5.3.1 以爆炸百分数表示撞击感度

用爆炸百分数表示固体推进剂的撞击感度，是广泛采用的方法之一，试验采用 2 kg 落锤，落高 25 cm，平行试验 25 次，计算其爆炸的百分数。按下式计算：

$$P_{\mathrm{d}}=\frac{X}{25}\times 100\% \tag{5–30}$$

式中，P_{d}——爆炸百分数（%）；

X——25 次试验中发生爆炸、燃烧、分解的总次数。

若 100%不发生爆炸，或特性落高超过 60 cm，则采用 10 kg 落锤试验。

爆炸百分数表示法的最大缺点是 100% 爆炸和 0% 爆炸的固体推进剂需更换落锤，不能在同一标准进行比较。

5.5.3.2　以特性落高表示撞击感度

特性落高是指在一定质量的落锤撞击作用下，固体推进剂爆炸概率为 50%时落锤下落的高度，又称临界落高，以 H_{50} 表示，单位 cm。一般固体推进剂的特性落高试验，采用 2 kg 的落锤，用阶梯法（又称升降法）进行 30 次试验，求出临界落高。进行两组平行试验，以算术平均值的误差小于 20%为合格，取两组平均值为试验结果。部分固体推进剂的特性落高值列于表 5–8 中。

表 5–8　部分固体推进剂的特性落高值（锤质量 2 kg）

固体推进剂	H_{50}/cm	固体推进剂	H_{50}/cm
双铅–2	25.7	复合改性双基	35.0
双芳–3	19.0	聚硫复合推进剂	11.5
双芳镁–1	16.6	丁羟 86	20.0
三酯芳–1	9.2		

5.5.3.3　以撞击能表示撞击感度

以 50%爆炸的特性落高乘以落锤作用在试样上的力即为撞击能。特性落高取 m，落锤作用力取 N，撞击能则为 J，落锤的质量可根据固体推进剂不同的感度，在 2 kg、5 kg 和 10 kg 之中选取。撞击能多用于表示复合推进剂的撞击感度。部分固体推进剂的撞击能列于表 5–9 中。一般固体推进剂的能量越高，撞击能越小，感度就越大。用撞击能表示，可不受落锤质量不同的影响，但特性落高不得大于 60 cm，否则，将引起较大误差。

表 5–9　固体推进剂的撞击能（落锤质量 2 kg）

固体推进剂类型	撞击能/J
AP/FC/Al	6.87～7.85
AP/DB/Al	0.88～1.96
AP/CTPBA/Al	4.51
AP/HTPB/Al	2.16～4.32
AP/PU/Al	3.92～4.91
AP/PU/Be	6.87
AP/PVC	4.71
AP/HMX/DB	2.35
AN/CTPB	50.96

5.5.4 摩擦感度

固体推进剂的摩擦感度是指在机械摩擦作用下，固体推进剂发生燃烧或爆炸的难易程度。固体推进剂在生产、运输和使用中经常要受摩擦作用，如双基推进剂的压延、压伸；复合固体推进剂的混合、脱模、拔模芯、整形；固体推进剂运输中的振动摩擦；固体推进剂使用中的装卸等，在这些过程中，因摩擦作用而发生燃烧或爆炸是固体推进剂事故的重要原因之一。

固体推进剂摩擦感度用摆式摩擦仪进行测定。中国目前普遍采用的是 WM–1 型摆式摩擦仪，试验原理是，将规定粒度和量的固体推进剂，在具有一定正压力和相对速度的摩擦作用下，测定发火概率。摆锤质量为 1 500 g，摆臂长 760 mm，击杆可移动的距离为 1.5～2.0 mm，试样量为 0.02 g，摆角 90°。观察试样是否发生爆炸（声响、冒烟、气味、痕迹和变色），平行试验 25 发，以爆炸百分数表示。按下式计算：

$$P_{\mathrm{D}}=\frac{X_{\mathrm{D}}}{25}\times 100\% \tag{5–31}$$

式中，P_{D}——摩擦引起的爆炸百分数（%）；

X_{D}——25 发试验中的爆炸总发数。

固体推进剂及其含能原材料的摩擦感度值对于指导生产和使用安全规范的制定很有实际意义。由于固体推进剂生产中工艺条件控制不当，因摩擦而引起的着火或爆炸的事故时有发生，必须引起足够的重视。

5.5.5 固体推进剂的静电火花感度

静电现象在生产和生活中是一种常见的现象。例如，在干燥的冬天，人们脱去化纤服装时，就会遭到电击，天空因不同云层的强对流摩擦而闪电雷鸣，这些都是静电放电现象。在固体推进剂的生产中，也因运动摩擦产生不同电荷而使固体推进剂带电。

5.5.5.1 固体推进剂产生静电的原因

两种物体在运动的过程中，当两者的接触面的距离达到 25×10^{-8} cm 或更小时，两种物体间就会产生电子交换，一种物体得电子而带负电，另一种物体失去电子而带正电。固体推进剂大多数是电的不良导体，电阻率约为 $10^{13}\ \Omega\cdot\mathrm{cm}$。在生产、包装、运输和使用过程中，固体推进剂要与生产设备、容器等发生接触摩擦而产生电荷积聚，可达数千伏甚至上万伏。一旦有放电条件存在，就会产生放电火花。当放电能量达到足以点燃固体推进剂时，就会引起着火事故。

在低湿度的情况下，一个不接地的人体在运动的工作中可积聚静电能达 0.015 J，任何静电火花感度低于此值的固体推进剂或含能原材料，都会由于操作者的接触而发火。

5.5.5.2　静电火花感度的测量

至今，世界各国对静电火花感度的表示方法还没有统一的标准。但大多采用针尖放电产生火花点燃试样的能量来表示。静电火花感度测试装置原理图如图 5–11 所示。测量方法是在样品池 2 中放入试样后，将开关 K 置 *a* 的位置，用高压电源 *E* 将系统充电至需要的电压，然后将开关 K 置于 *b* 的位置，极板 1 和针极 4 之间则放电产生静电火花将样品 3 点燃。若样品被点燃，爆燃小室 5 内的压力就要升高，压力变化由 U 形毛细管 6 反映出来。

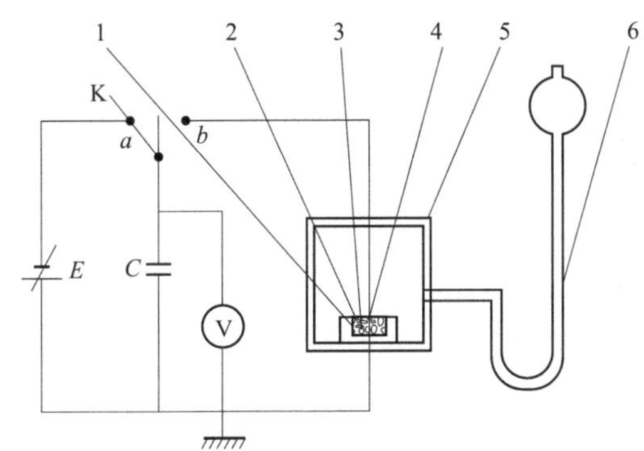

图 5–11　静电火花感度测量装置原理图

1—极板；2—样品池；3—样品；4—针极；5—爆燃小室；6—U 形毛细管

E—高压电源；K—开关；*C*—电容器；Ⓥ—电压表

静电火花能由下式计算：

$$E = \frac{1}{2}CV^2 \tag{5–32}$$

式中，*E*——放电火花的能量（J）；

C——电容量（F）；

V——电压（V）。

静电火花感度表示的方法有多种，如在一定的静电火花能下的爆燃百分数、50%爆燃的临界静电火花能、100%爆燃所需最小的静电火花能和 0%爆燃最大静电火花能等。目前中国逐步趋向采用 50%爆燃的临界静电火花能来表示静电火花感度，其关系式为

$$E_{50} = \frac{1}{2}CV^2 \tag{5–33}$$

式中，E_{50}——50%爆燃的临界静电火花能（J）。

E_{50} 测定方法为升降法（阶梯法），试验在 25 次以上，取 2 组平均值为最终结果。

5.5.5.3 消除静电的方法

静电在固体推进剂生产和运输中的危害是很大的，因而必须采用各种措施来消除静电。

① 所有生产设备必须接地。这是工业生产中最常用的方法，在固体推进剂生产中必不可少。

② 在有些工序铺设导电橡胶或喷涂导电涂料。

③ 操作工房空气环境增湿。当空气中相对湿度大于 60%时，静电危害性大大减少。

④ 加抗静电剂。

5.5.6 固体推进剂的爆轰感度

固体推进剂的爆轰感度是指固体推进剂在爆轰冲击波作用下发生殉爆的难易程度，又称爆轰波感度。固体推进剂在生产、贮存、运输和战场使用时，常因周围的爆炸物爆炸而受到冲击波的作用，了解固体推进剂的爆轰感度对于生产、运输等的安全防护措施的制定很有意义。

爆轰感度的试验方法最普遍的是卡片试验，是从炸药爆轰波感度试验衍生过来的。除试验条件略有差异外，基本原理和方法是相同的。我国规定试验所用的主发药柱是钝化的 RDX 或 TNT/PETN=50/50 的混合炸药，尺寸为ϕ36 mm×25.4 mm。卡片材料为三醋酸纤维，厚 0.17 mm。被发药柱为ϕ36.5 mm×140 mm，外套钢管。主发药柱用 8 号雷管起爆，以见证板（钢板）是否被击穿来判断被发药柱是否殉爆。

爆轰感度的表示方法是以固体推进剂 50%殉爆的卡片数(或总厚度)来表示，称为临界卡片数。卡片数越多，表示固体推进剂的感度越大。在复合固体推进剂中，当临界卡片厚度大于 17.5 mm 时，则认为该固体推进剂存在爆轰危险性。

表 5–10 列出了部分固体推进剂的爆轰感度。主发药柱为 PETN，隔板为醋酸纤维卡片，每张厚度为 0.25 mm，被发药柱的直径为 38.1 mm。表 5–10 中有的固体推进剂的卡片数为 0，就是说不加隔板也不殉爆。这是因为试验药柱直径 38.1 mm 小于爆轰临界直径。所以，对于那些 50%爆炸的卡片数为 0 的固体推进剂，并不意味着没有爆轰危险性，只要装药直径大于爆轰的临界直径，仍具有一定的爆轰危险性。

在美国，对固体推进剂不但要求测定爆轰感度，还要求测定爆速，测定方法和炸药测爆速是一样的。

表 5–10　部分固体推进剂的爆轰感度

固体推进剂类型	50%爆炸的卡片数/张
NC/NG	35
AP/DB/Al	75
AP/NC–TEGDN/Al	63～64
AP/CTPB/Al	0
AP/PSR	0
AP/PU/A	0
AP/PVC	0

5.5.7　推进剂生产使用过程中的安全问题

固体推进剂生产中的安全事故是经常发生的，它比炸药生产中的事故率要高。美国武装部队火炸药安全局就其所属单位在一定时期内固体推进剂所发生的 210 次事故的分析报告统计数据列于表 5–11 中。

表 5–11　美国固体推进剂部分安全事故统计

事故类型	数目/次	所占百分数/%
推进剂加工	128	61
固化/温度循环	16	8
点火试验	22	11
运　输	15	7
贮　存	9	4
其他—无关的原因	11	5
其他—有关的原因	9	4
总　计	210	100

表 5–11 所列的数据表明，在推进剂加工和使用过程中，事故主要有四个方面：

① 推进剂加工过程中发生的事故为 128 次，占事故总数的 61%。其中混合为 46 次、压伸/压制 40 次、干燥 8 次、锯/切药 22 次、脱模/拆卸 5 次、浇铸 3 次、压延 2 次和平整 2 次。

② 固化过程/温度循环为 16 次，占 8%。由推进剂力学性能较差或加热设备失灵造成。

③ 静止点火过程中，推进剂过早点火和爆炸。

④ 导弹运输事故，如翻车等。

从表 5–11 可以看出，工艺中的事故如加上固化就达 69%，工艺中事故最多的是混合和挤压（压伸），这是因为许多固体推进剂及其组分具有较高的摩擦感度、撞击感度和热感度，这往往是综合影响的结果。对于制式产品，一般都有严格的安全工艺规程，事故率应当较低，许多事故往往是由于违反工艺规程而引起的。在双基推进剂制造中，事故率最高的是压延着火，一方面是因为摩擦感度大的，但更多的是因为进料过多和断料产生局部过热或在药料中混入硬质金属而引起的。双基挤压工艺断料必然引起螺压机的爆炸，这是大家都知道的，但由于实际操作中的疏忽而引起事故，并不少见。

对于一种新成分的加入或研制新产品，必须根据工艺流程分析所受到的激发能，进行相应的感度试验。对于大多数固体推进剂来说，撞击感度、摩擦感度和热感度是必不可少的，有时还要进行静电火花感度和爆轰感度试验，以指导在工艺中哪些安全项目要注意和防护到何种程度。

各国对工艺危险性能的评估研究都做了大量的工作，如日本的感度计分法、美国的逻辑法、中国的模糊综合评判法。但中国至今还没形成法规性的工艺危险性评估程序，许多设计和工艺安全规程的确定还是以经验设计为主。

参考文献

［1］王克秀，李葆萱，吴心平. 固体火箭推进剂及燃烧［M］. 北京：国防工业出版社，1983.

［2］周起槐，陈仁敏，刘继华，等，译. 复合改性双基（CMDB）推进剂燃烧特性译文集［M］. 北京：北京工业学院，1979.

［3］Kuo K K，Summerfield M. Fundamentals of solid propellant combustion［J］. Progress in Astronautics and Aeronautics，1984，90.

［4］潘文达. 改性双基推进剂的燃速特性［D］. 北京工业学院，1964.

［5］［苏］叶罗辛. 固体火箭发动机设计的理论基础［M］. 张中钦，冯文澜，译. 北京：国防工业出版社，1987.

［6］罗秉和. 一种研究推进剂和炸药受热冲击时燃烧转爆轰感度的试验的方法［C］. 北京理工大学材料科学与工程论文选集（1980—1990），1990：168–170.

［7］王元有，等. 固体火箭发动机设计［M］. 北京：国防工业出版社，1980.

［8］杨宝贵，等，译. 固体推进剂制造、处理、贮存和运输［M］. 北京：国防工

业出版社，1980.
[9] 维也里安定性试验法 [S]. WJ 40—1964.
[10] 火药性能试验方法：阿贝尔安定性试验 [S]. GJB 771.201—1991.
[11] 火药甲基紫试验法（120 ℃和 134.5 ℃）[S]. WJ 1712—1987.
[12] 刘继华. 火药物理化学性能 [M]. 北京：北京理工大学出版社，1997.
[13] 火药发火点测定法 [S]. WJ 1960—1990.
[14] 炸药撞击感度测定：特性落高法 [S]. WJ 1910—1990.
[15] 火药摩擦感度测定法 [S]. WJ 1679—1986.
[16] 复合固体推进剂摩擦感度测定方法 [S]. QJ 1270—1987.
[17] Boyars C，Klagar K. Propellants manufacture，hazards，and testing [J]. Advances in Chemistry Ceries，1969（88）.
[18] 危险货物运输爆炸品分级试验方法和判据 [S]. GB 14372—1993.
[19] 张端庆，等. 固体火箭推进剂 [M]. 北京：兵器工业出版社，1991.
[20] 侯林法，等. 复合固体推进剂 [M]. 北京：宇航出版社，1991.

本章习题

1. 什么是固体推进剂的物理安定性和化学安定性？

2. 含硝酸酯的推进剂物理不安定的因素有哪些？如何提高其物理安定性？

3. 含硝酸推进剂的化学不安定的原因是什么？采用什么措施来提高其化学安定性？

4. 硝酸酯推进剂中安定剂的作用机理是什么？

5. 快速预估固体推进剂使用寿命的方法有哪些？

6. 简述固体推进剂安全贮存寿命和安定使用寿命的区别。

7. 固体推进剂贮存性能的方法有哪些？

8. 固体推进剂的老化特征是什么？影响其老化的因素有哪些？

9. 热作用下固体推进剂自动着火的机理是什么？

10. 什么是推进剂的撞击感度？它的表示方法有哪几种？

11. 固体推进剂产生静电的原因是什么？消除静电的措施有哪些？什么是推进剂的静电火花感度？

第6章 双基及改性双基推进剂

1935年，苏联科学家用添加燃烧催化剂和燃烧稳定剂的方法降低双基火药完全燃烧的临界压力，首先将双基推进剂用作火箭发动机装药。双基推进剂历史悠久、工艺成熟，有大工业生产的基础，广泛用于中小型火箭和导弹中。其最突出的优点是药柱质量均匀，性能再现性好，排气无烟。其不足之处是比冲有限、高低温力学性能较差，不适合在大型火箭与导弹上应用。在常规兵器中，双基推进剂使用之广、用量之大，是其他类型推进剂无法比拟的，这也是双基推进剂发展和性能改进长盛不衰的源动力。

改性双基推进剂是在双基推进剂和复合推进剂技术的基础上发展起来的一种推进剂，它是双基推进剂和复合推进剂互相结合的产物，是推进剂的重要品种。改性双基推进剂性能优越，广泛应用在战略导弹和战术火箭与导弹中。根据对推进剂性能的要求，可分为高能改性双基推进剂、高燃速改性双基推进剂、低特征信号改性双基推进剂、交联改性双基推进剂等。这些品种可归纳为两种类型：一种是复合改性双基推进剂，另一种是交联改性双基推进剂。复合双基推进剂也属于交联改性双基推进剂范畴。

6.1　双基推进剂

6.1.1　双基推进剂的类别

双基发射药中加入燃烧催化剂和燃烧稳定剂成为双基推进剂，双基推进剂通常按加入燃烧催化剂、制造工艺、燃烧性能和溶剂或助溶剂性质的不同，划分为以下几种类型。

双基推进剂加入的燃烧催化剂通常有铅、钴、镁等的氧化物及其盐类。按加入燃烧催化剂的不同，有不同的品号。加了氧化铅的称为双铅推进剂（SQ），加入石墨的称为双石推进剂（SS），加入氧化钴的称为双钴推进剂（SG），加入氧化镁的称为双芳镁推进剂（SFM）。这些推进剂统称为普通双基推进剂。

双基推进剂目前主要有两种成型工艺：一种是挤压成型，也称为压伸成型（采用螺旋式压伸机或柱塞式压伸机）；另一种是浇铸成型。按压伸成型工艺和浇铸成型工艺制成的推进剂分别称为压伸双基推进剂（EDB）和浇铸双基推进剂（CDB）。

双基推进剂通过调整配方组分和加入不同的催化剂，改善了燃烧性能，满足了不同性能发动机的要求。在一定的压力范围内，双基推进剂的燃速不随压力变化，即燃速的压力指数小于 0.2 并接近零的燃烧现象，称为“平台”效应（Plateau Effect）；而燃速随压力增加不仅不升高反而降低的燃烧现象，称为“麦撒”效应（Mesa Effect）。具有“平台”效应的双基推进剂称为平台双基推进剂；具有“麦撒”效应的双基推进剂称为麦撒双基推进剂。对于某些单室双推力的反坦克导弹，要求起飞速度快，推进剂燃速高，故将常温、压力为 9.81 MPa 条件下，燃速为 25 mm/s 以上的推进剂称为高燃速推进剂，相反，在常温、压力为 6.96 MPa 条件下，燃速为 5 mm/s 以下的推进剂称为低燃速推进剂。

提高硝化纤维素的含氮量是提高双基推进剂能量的途径之一，但高氮量的硝化纤维素不易被硝化甘油溶塑，要加入丙酮等挥发性溶剂进行塑化，由此制成的推进剂称为柯达型双基推进剂。这种推进剂制造工艺复杂，生产周期较长，对推进剂装药弧厚尺寸较大者不适用，各国很少采用。相反，不加挥发溶剂而制成的推进剂称为巴利斯太型双基推进剂或无溶剂压伸双基推进剂。当双基组分中加入吉纳后，既提高了能量，工艺性能又好，通常将其称为吉纳双基推进剂，如我国的 GLQ 推进剂。双基推进剂也可按溶剂的性质而分成不同的类型。

无论从组分上还是从性能上，皆可将双基推进剂分为若干类型，但是其主要成分是硝化纤维素和硝化甘油或其他多元醇硝酸酯以及它们按比例的混合硝酸酯，它们的性能决定着双基推进剂的性能。

6.1.2 双基推进剂的配方

双基推进剂的组分有硝化纤维素、主溶剂、助溶剂、安定剂、弹道改良剂和工艺附加物。

硝化纤维素是双基推进剂的主要能量组分之一。普通双基推进剂常采用含氮量为12%的硝化纤维素，也可采用含氮量为13%的硝化纤维素，但要加溶剂丙酮或吉纳（DINA）使其溶塑。一般来说，吉纳与硝化甘油组成混合液能溶塑高氮量的硝化纤维素，这样既提高了推进剂机械强度，又提高了能量。

主溶剂也称含能增塑剂，它起溶解（增塑）硝化纤维素的作用，同时，也是双基推进剂的另一主要能量组分。常用的主溶剂有硝化甘油或其他多元醇硝酸酯及它们的混合硝酸酯。硝化甘油在双基推进剂中的含量对能量和燃速有重要影响。一般是根据双基推进剂的性能和工艺，使硝化甘油含量保持在一定的范围内。

助溶剂的作用是增加硝化纤维素在主溶剂中的溶解度，常用的是邻苯二甲酸二乙酯（DEP）、邻苯二甲酸二丁酯（DBP）和甘油三醋酸酯（TA）。蔗糖八醋酸酯（SOA）既有增塑剂的功能，又对 NG 起钝感剂的作用，可以有效地降低双基推进剂的燃速。

安定剂常采用二号中定剂（C_2）、2–硝基二苯胺（2–NDPA）和 N–甲基对硝基苯胺（MNA）等，它们能够与硝酸酯分解的氮氧化物结合，阻止自动催化分解作用的进行，从而提高了推进剂的使用和贮存寿命。

弹道改良剂是燃烧催化剂和燃烧稳定剂的总称。燃烧催化剂是用来改变双基推进剂燃烧速度的一种物质。根据提高和降低推进剂燃烧速度的作用，又可将其分为正催化剂和负催化剂。双基推进剂中常用的正催化剂有：炭黑、氧化铅、氧化镁、氧化钴、氧化铜、邻苯二甲酸铅、水杨酸铅等。作为负催化剂的物质，多采用草酸铵等。

燃烧稳定剂是用来消除推进剂的不正常燃烧、增加燃烧稳定性的物质。主要有氧化铝、氧化镁、碳酸钙、碳酸钡、二氧化钛等。

二次火焰抑制剂（消焰剂）主要用于抑制火箭发动机排气的二次燃烧产生的火焰。有效的消焰剂通常为钾盐，常用者为钾冰晶石、硫酸钾、草酸钾、酒石酸氢钾等。

工艺助剂石墨常用于“光泽”浇铸双基推进剂药粒的外表面，使药粒便于流入药模中，亦可消除静电。少量的石蜡（如加拿大的坎地利拉腊）、凡士林油和硬脂酸（铅、镁、锌）盐可使压伸双基推进剂的内外摩擦下降，有利于压伸成型。

双基推进剂的配方是比较复杂的。一般来说，一个配方通常含有 8 种以上的组分，其中硝化棉质量分数为 40%～70%，主溶剂硝化甘油为 15%～41%，安定剂为 1%～5%，弹道改良剂为 0%～6%，工艺添加剂为 0%～2%。双基推进剂在武器上应用很多，它不但在性能上满足武器的要求，而且还适应制造工艺的特点。现列举一些典型的和常见的双基推进剂配方，见表 6–1～表 6–3。

表 6–1 某些普通双基推进剂的配方 %

种类	美国				俄罗斯		中国	
	JPN	JP	M_{13}	STD	РСИ–12М	РНДСИ–5К	SQ–2	SFM–1
NC	51.5	51.2	57.43	51.76	54.5	59	59.5	57
(w(N))	（13.25）	（13.25）	（13.15）		（12.0）	（12.0）	（12.0）	（12.0）
NG	43.0	43.0	40.0	33.92	26.5	16.5	25.0	26.0
DEGDN						15.5		
中定剂	1.0		1.0	2.29	3.0	2.5	3.0	
DNT				10.07	12.0	2.0	8.8	12.0
DBP	3.25	3.0						2.0
K_2SO_4	1.25	$KNO_3$1.2	1.5	1.78				
炭黑	0.2		0.05	0.18				
蜡	0.08							
凡士林					1.0	1.0	1.2	1.0
$CaCO_3$					1.8	0.5	1.3	MgO2.0
PbO					1.2	$PbO_2$2.0 $Co_2O_3$0.5	1.2	
二苯胺		0.6				0.5		
其他	0.6		0.02					
爆热/（kJ · kg^{-1}）	5 149.76			3 543.7	3 558.78	3 579.71	3 554.00	3 680.00
用途	第二次世界大战中用于各种武器			“响尾蛇–IA”导弹	“冰雹Ⅱ”火箭	“赛格”反坦克导弹助推器	火箭弹装药	地空导弹助推器

表 6–2 美国某些平台双基推进剂配方

种类	无溶剂压伸			浇 铸		
	X_{12}	M_{36}	N_5	OGR	TOW	ATN
NC	49.0	49.0	50.0	56.7	50.3	40.0
NG	40.6	40.6	34.9	24.3	34.4	48.4
正丙基己二酸酯	3.3	3.0				
中定剂	2.0					
凡士林	0.1					
β–雷索辛酸铅	2.5				3.1	2.0
水杨酸铜	2.5					
2–硝基二苯胺		2.0	2.0	1.7	2.72	1.0
蜡		0.1	0.2			
苯二甲酸二乙酯			10.5			
水杨酸铅			1.2			2.0
2–乙基己酸铅			1.2			
苯二甲酸二辛酯				3.1		
三醋精				10.2	8.3	6.4
硫酸钾					0.51	
炭黑					0.23	0.2
硬脂酸铅				3.3		
其他		5.3		0.7	0.44	
爆热/（$kJ\cdot kg^{-1}$）	4 396.14		3 521.94			
用途	“龙式”反坦克导弹		“巨鼠”航空火箭	“小猎犬”地空导弹	“陶式”反坦克导弹	

表 6–3 国外某些双基气体发生剂配方

种类	美国“麻雀ⅢA”导弹涡轮发动机用	苏联“SAM–7”燃气发生器用
NC	57	48
NG	27	24.5
中定剂	1	1.5

续表

种类	美国“麻雀ⅢA”导弹涡轮发动机用	苏联“SAM-7”燃气发生器用
三醋精	9.4	
Pb_3O_4	3.3	
硝化二乙二醇		9
聚甲醛		15.5
氧化亚铜		0.5
有机铅化合物		1
爆热/（$kJ \cdot kg^{-1}$）	3 014.49	3 475.04～3 516.91

6.1.3　双基推进剂的性能

6.1.3.1　主要物化性能

1. 密度

双基推进剂的密度取决于原材料的密度：硝化甘油为 1.60 g/cm^3，硝化纤维素为 1.650～1.662 g/cm^3，然而也受到添加剂密度的影响，即不含能增塑剂一般密度较低，而弹道改道剂密度较高。典型数值为：EDB 推进剂，1.55～1.66 g/cm^3；CDB 推进剂，1.50～1.58 g/cm^3。

2. 线膨胀系数

线膨胀系数决定了药柱随温度变化而发生的几何尺寸的变化，因此，决定了在燃烧室内所要求的容差大小。这个系数是硝化纤维素、硝化甘油和助溶剂混合物的特性，近似值为 1.2×10^{-4} ℃$^{-1}$。

3. 比热容

它是硝化纤维素–硝化甘油基体的特性，所有双基推进剂的比热容近似为 1.47 J/（$g \cdot K$）。

4. 体积热容

它是由比热容和密度推导得到的，其数值约为 2.39 J/（$K \cdot cm^3$）。

5. 导热系数

这一性质决定了当环境中的热条件变化时在药柱内部发生热交换的大小。参考值为 20×10^{-4} W/（$cm \cdot K$），表示这种推进剂是热的不良导体。

6.1.3.2 能量特性

1. 比冲

双基推进剂的实际比冲一般为 1 666～2 156 N·s/kg。目前，国内外使用的典型双基推进剂系统标准理论比冲值的范围为 2 158～2 256 N·s/kg。

2. 爆热

根据各种组分在推进剂中所占比例不同，两种双基推进剂的爆热范围为：EDB 推进剂的爆热为 2 930～4 600 J/g，CDB 推进剂的爆热为 2 090～3 770 J/g。

双基推进剂的爆热值大小取决于硝化甘油和硝化棉的含量，因为硝化甘油的爆热值为 7 330 J/g，硝化纤维素的为 3 850 J/g，而惰性增塑剂的为–5 440 J/g。值得注意的是，爆热和推进剂的平台效应也有一定的关系，爆热值提高会导致平台效应的减弱，原因是燃烧催化剂催化效能降低。

3. 比冲与爆热的关系

比冲与爆热值之间存在一个线性关系（图 6–1），对一个药柱质量大约为 2 kg 的参照火箭发动机来说，理论比冲与实测比冲之间的差约为 147 N·s/kg。

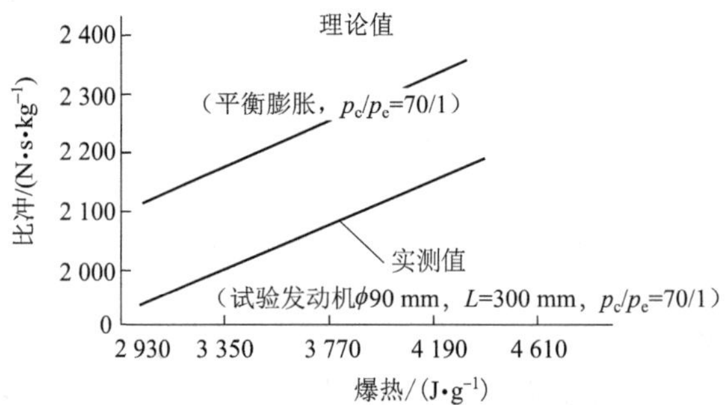

图 6–1 双基推进剂实测比冲、理论比冲与爆热的相关图

影响因素中，参考药柱的质量也是一个很重要的参数。例如，用一台装有星形中心孔药柱（直径 203 mm，长为 500 mm，质量 19 kg）的标准发动机测得的比冲，与用一台装有药柱直径 90 mm，长 300 mm，质量 2 kg 的发动机所测得的比冲相比，比冲差约 20 N·s/kg。

6.1.3.3 燃烧性能

1. 燃速 *u*

双基推进剂的燃速主要取决于配方中的燃烧催化剂。图 6–2 和图 6–3 表示了目前所能达到的性能范围。20 ℃下 EDB 推进剂的燃速范围为 5～45 mm/s，而 CDB 推进剂的范围较窄，为 3～20 mm/s。

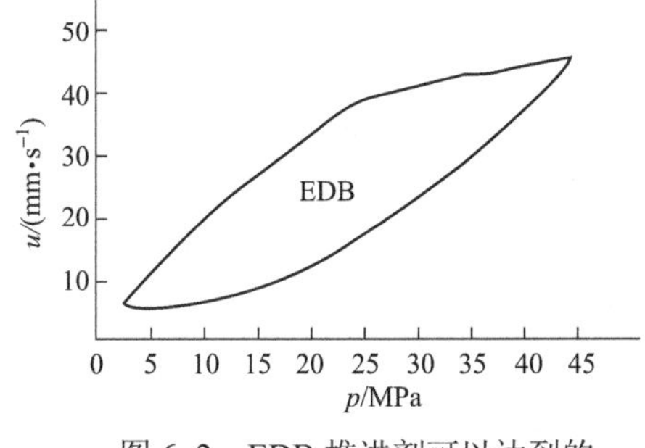

图 6–2　EDB 推进剂可以达到的燃速–压力范围

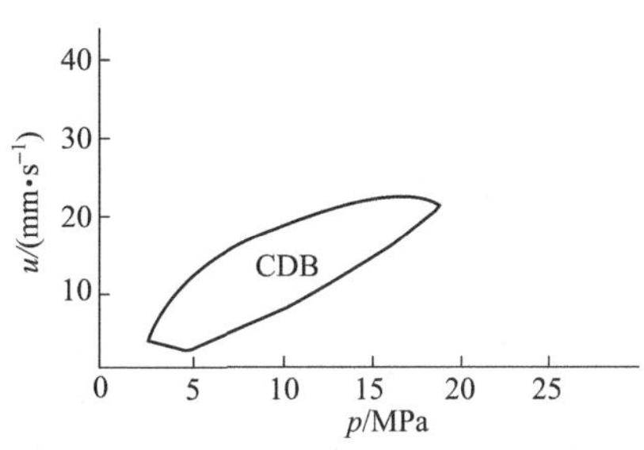

图 6–3　CDB 推进剂可以达到的燃速–压力范围

不同爆热的不同配方，可在不同压力范围内出现平台和麦撒效应，而平台效应出现的压力一般与燃速有着密切的联系，如 5 mm/s 燃速下的平台压力约为 5 MPa，而 40 mm/s 则近似为 30 MPa。

2. 燃速温度系数σ_p

对双基推进剂来说，燃速温度系数值因配方不同而差别很大：

当$\sigma_p=0$ 时，燃速与初温无关。这种现象可从那些爆热低于 3 770 J/g 的 EDB 推进剂中观测到。

当$\sigma_p<0$ 时，随着燃烧前的初温的提高，燃速降低。这类情况即便可以发现，一般也是那些低能量（约 2 930 J/g）的 CDB 推进剂才存在此现象。

当$\sigma_p>0$ 时，这是双基推进剂最常见到的情况，所得到的数值范围为（0%～0.3%）℃$^{-1}$，对于高能量的推进剂（超过 4 600 J/g），其温度系数会更高些。

3. 影响燃速的因素

燃烧催化剂的品种、含量、粒度，各种催化剂的复合比例及配方中某些组分的使用，均对双基推进剂燃速的大小有着直接的影响。推进剂的制造工艺与催化剂分布的均匀性和产品塑化的程度有关，因而也影响了燃速的大小。比较而言，EDB 推进剂的燃速一般高于 CDB 推进剂的。能量高的配方一般燃速高，但其压力指数 n 和燃速温度系数σ_p 较能量低的配方要高。

4. 燃烧不稳定性

在一定的药型和发动机工作条件下，径向燃烧的双基推进剂装药常出现不稳定燃烧现象（径向或高频横向不稳定燃烧），导致发动机工作不正常甚至发生爆炸。一般来说，在低温、低压和某些装药内孔几何条件下，出现不稳定燃烧的可能性更大。

采用加入高熔点（高于火焰温度）燃烧稳定剂于推进剂中，可使推进剂燃烧时燃烧室的燃气中含有一定数量和一定粒度的固体颗粒，其微粒阻尼作用能有效地抑制上述不稳定燃烧。最广泛采用的燃烧稳定剂是氧化物（Al_2O_3、ZrO_2、SiO_2、

MgO)、碳化物（SiC、ZrC、TiC）和硅酸盐（$ZrSiO_4$）。

6.1.3.4 力学性能

双基推进剂在 20 ℃时的硬度大约为邵氏 55 A。用 JANNAF 哑铃形试样测得的力学性能表明其弹性模量大，抗拉和抗压强度都较大，但延伸率较低，故适于自由装填装药药柱。图 6–4 给出了一个 EDB 推进剂主曲线（σ_m、E、ε、e_r）的实例。表 6–4 是 EDB 和 CDB 推进剂力学性能的实例。图和表中，σ_m 为拉伸强度，E 为模量，ε为延伸率，e_r 为断裂伸长率。

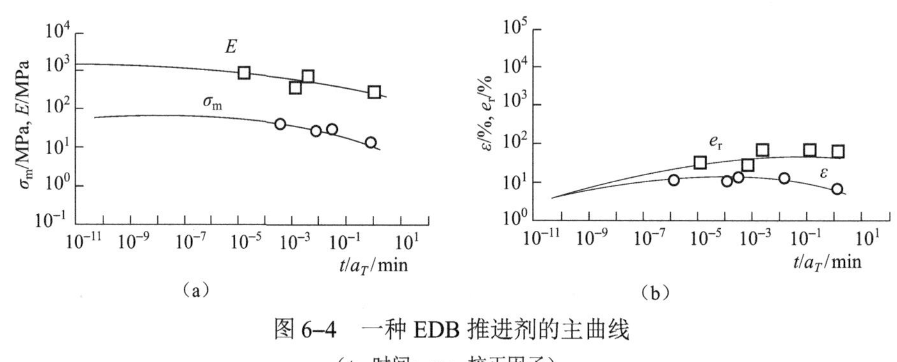

图 6–4 一种 EDB 推进剂的主曲线

（t：时间；a_T：校正因子）

（a）σ_m 和 E 的主曲线；（b）ε和 e_r 的主曲线

表 6–4 EDB 和 CDB 推进剂力学性能的比较

性能		温度/℃		
		–40	+20	+60
EDB 推进剂	σ_m/MPa	51	11	2
	ε/%	2.8	2.5	8.0
	E/MPa	1 835	439	21
	e_r/%	31.8	15.7	31.8
CDB 推进剂	σ_m/MPa	33	11	3
	ε/%	1.0	2.0	10.7
	E/MPa	3 279	555	27
	e_r/%	1.2	24.5	66.8

6.1.3.5 特征信号

1. 烟

双基推进剂燃烧不产生二次烟，只产生少量一次烟。一次烟主要是由配方中添加少量的燃烧催化剂、燃烧稳定剂和消焰剂等带来的。因此，在保证性能指标的前提下应限制这些添加剂的加入量。在北约烟雾分类标准中，双基推进剂属于 AA 级，即所谓微烟推进剂。

2. 二次火焰

二次火焰的强弱受到推进剂的组成（能量水平、燃烧温度、燃气种类、还原性气体量、消焰剂品种和数量）、燃烧条件和发动机结构的影响。双基推进剂由于能量较低，燃温也较低，添加消焰剂容易抑制二次火焰。

值得注意的是，消焰剂在工艺过程中的加入，以不影响弹道改良剂的作用为依据，一般都是凭经验分不同工序加入。

6.1.3.6 化学安定性与老化性能

双基推进剂化学安定性与老化性能比较好，在正常贮存条件下，按安定剂消耗 50%推算，其贮存寿命可达 20 年以上。

值得注意的是，双基推进剂中的硝酸酯分解所产生的气体的速度超过从推进剂中扩散到表面上的速度时，所生成的气体就会在推进剂内部产生一个压强，从而可引起材料的物理碎裂（裂纹、孔洞），出现老化裂纹现象。对于肉厚大的双基推进剂药柱，此现象比较严重，推进剂中硝化甘油的过度损耗会使其变脆。

6.1.3.7 安全特性

对双基推进剂，硝化甘油的汗析是影响其安全性能的重要因素。硝化甘油迁移到推进剂表面形成液滴，当温度低于 13 ℃时，硝化甘油会发生结晶现象，含有结晶的硝化甘油摩擦感度增大，易于导致爆炸分解。除了产生爆炸危险外，它的蒸气会引起头痛和恶心。双基推进剂的主要安全特性见表 6–5。

表 6–5　双基推进剂的主要安全特性（典型情况）

试　验	EDB，4 200 J/g	CDB，3 350 J/g
着火试验：		
逐渐加热的着火试验/℃	173	176
突然受热的着火试验/℃	268	277
烘烤试验/℃	110	—
摩擦感度/N	210	210
30 kg 落锤感度（无反应）/m	＞4	＞4
冲击感度/J	4.9	5.9
静电感度/mJ	600	600
爆轰性：		
卡片间隙试验/片	100	90
临界直径/mm	2	14

6.1.4 双基推进剂的性能调节

6.1.4.1 双基推进剂能量的调节

双基推进剂的含能组分是硝化纤维素和硝化甘油，提高硝化纤维素的含氮量和硝化甘油的含量都可提高能量，要合理进行匹配，双基推进剂的能量调节是有限的。硝化甘油是富氧的物质，其富氧量为 35.2 g/kg。硝化纤维素是负氧的物质，当其含氮量为 13.25%时，其负氧量为 301 g/kg。根据等物质量规则，推进剂的氧系数接近 1 时，爆温最高，爆热也最大。随着硝化甘油含量的提高，氧系数增高，爆热也提高。但是当达到等物质量规则时，硝化甘油与硝化纤维素之比为 8.57/1，这是不可能制成推进剂的。原因是还要考虑推进剂的机械性能、安全性能、贮存性能和使用温度范围的限制。一般双基推进剂配方中，硝化甘油含量为 25%～40%，其最高理论比冲局限在 2 450 N・s/kg。

6.1.4.2 双基推进剂燃速和压力指数的调节

1. 通过调节爆热来调节推进剂燃速

在推进剂中，推进剂燃速随爆热的增加而增大。在双基推进剂中，爆热随硝化甘油的含量、硝化棉中的 N 质量分数的增加而上升。图 6–5 给出了双基推进剂燃速与爆热的关系。图 6–6 给出了 NG 含量与燃速和比冲的关系。

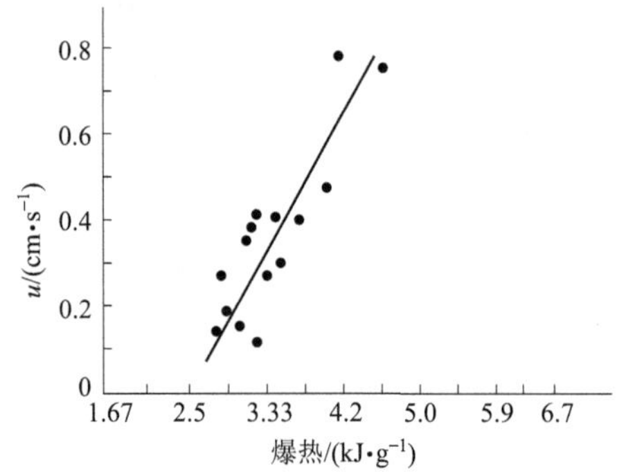

图 6–5 双基推进剂爆热与燃速的关系

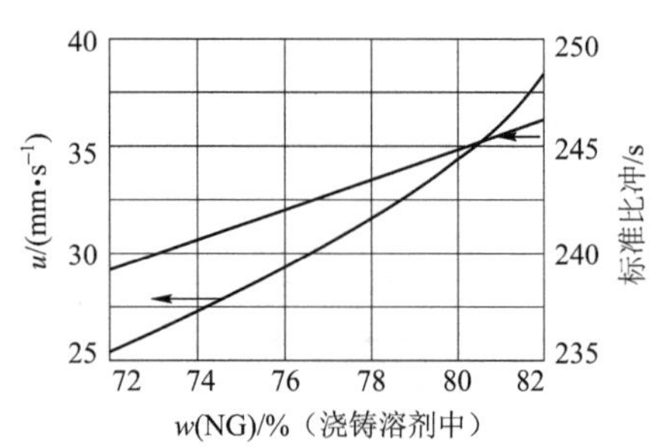

图 6–6 NG 含量与燃速、比冲的关系

因此，可以根据需要，通过改变双基推进剂中 NG 的含量和 NC 的含氮量来调节双基推进剂的燃速。

2. 使用燃烧催化剂调节双基推进剂燃速和压力指数

添加少量（1%～5%）的催化剂，是调节推进剂燃速的主要方法之一。图 6–7 给出了各种燃烧催化剂对双基推进剂燃速影响的 u–p 曲线。铅化物燃烧催化剂不仅能提高燃速，还能降低燃速压力指数。

双基推进剂中经常使用的燃烧催化剂有铅、铜的氧化物及其有机或无机盐类。铅、铜化合物可以单独使用，也可以配合使用。配合使用时，具有协同效应，铜盐可以加强铅盐的催化效果。图 6–8 给出了铅、铜氧化物配合使用对双基推进剂燃速的协同影响。除铅、铜化合物外，锡化物如 SnO_2、有机锡及钴的氧化物对双基推进剂也有催化效果。此外，二硝基乙腈盐［$C(NO_2)_2CN^-Me^+$］也是双基推进剂的良好增速剂，它既是双基推进剂的重要组分，又能提高燃速，尤其是它的钾盐和钠盐，增速效果特别明显。之所以称为增速剂，是因为它的添加量相对较大，分子中含有大量的 NO_2，对能量有显著影响。这种物质存在的缺点是燃烧时含有大量的 K^+ 和 Na^+，会对导弹的制导信号产生衰减。一些导弹用的姿态控制动力一般来自低燃速的燃气发生器，因此，要求有燃速低、燃温低、燃气清洁的低燃速推进剂。双基推进剂是这类推进剂的一个理想品种，实现低燃速双基推进剂的技术途径一般是加入草酸盐、聚甲醛或蔗糖八醋酸酯之类的物质。

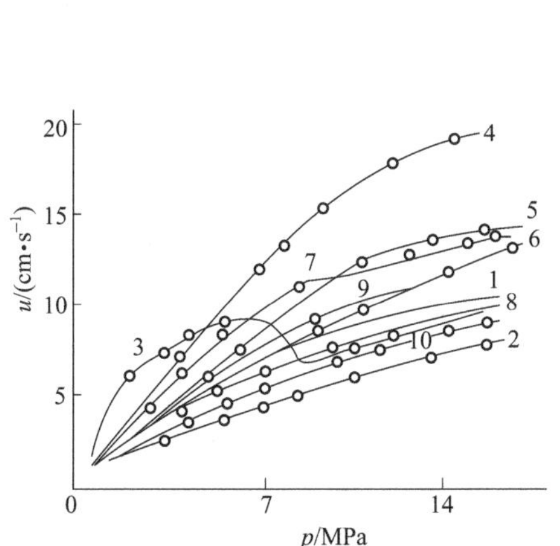

图 6–7　不同催化剂对双基推进剂燃速的影响

1—空白（NC 55%+NG 30.9%+TA 13.1%+安定剂 1.0%）；2—1.3%（NH_4）$_2HPO_4$；3—2.2% PbO；4—0.8% CuO；5—0.8% Fe_2O_3；6—0.8% ZnO；7—0.8% Co_2O_3；8—0.9% NiO；9—1.5% SnO_2；10—0.4% MgO

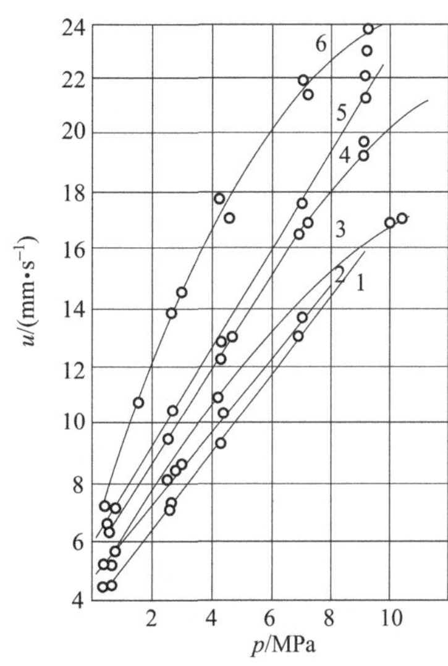

图 6–8　铅、铜氧化物在双基推进剂中的协同作用

1—空白（NC 64%+NG 36%）；2—5.6% CuO；3—1% PbO；4—2.8% CuO+2.8% PbO；5—5.6% PbO；6—1% PbO_2+4.6% CuO

3. 物理方法在调节燃速中的作用

增加热传导法是提高燃速的一个重要方法，它通过向推进剂中加入导热系数大的金属丝或纤维来实现对燃速的调节。如选用诸如银、铜、铂、铝、钨、镁、钢等导热系数和熔点不同的金属，实现推进剂的不同燃速，同时，因金属丝的加

入又提高了装药的强度。

增大比表面法是将推进剂中的某些活性组分的比表面增大，同样可使推进剂燃速提高。如浇铸双基推进剂可采用多孔硝化棉浇铸药来提高燃速。双基推进剂也可用发泡剂制造多孔推进剂，其燃速每秒可达几米。

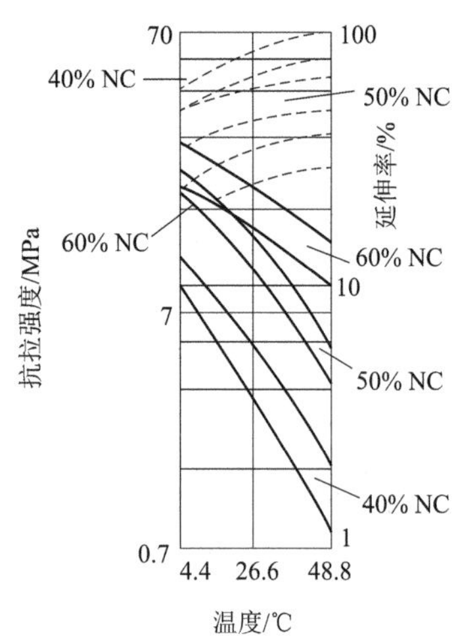

图 6–9 硝化纤维素含量对双基推进剂力学性能影响

——抗拉强度；-----延伸率

6.1.4.3 改善和提高力学性能

双基推进剂的力学性能是由硝化纤维素和硝化甘油的相对量所决定的，改善力学性能的技术措施受到限制。在一定条件下，硝化纤维素含量高时，具有高的强度，硝化纤维素含量比较低时，则延伸率比较好。硝化纤维素的含量对力学性能影响较大，高氮量硝化纤维素和低氮量硝化纤维素按比例合理匹配可以改善双基推进剂的力学性能。图 6–9 表示了双基推进剂中硝化纤维素含量对推进剂力学性能的影响。

双基推进剂属热塑性，具有高温软、低温脆的力学特点，一般在使用温度（–40 ℃～+50 ℃）的范围内，其自由装填药可满足发动机设计的要求。

综上所述，双基推进剂属均质推进剂，由于其历史悠久，工艺成熟，有工业化生产的基础，药柱质量均匀，性能再现性好，常温下具有良好的安定性和机械强度，排气基本无烟，故被广泛应用于中小型火箭、导弹中。

6.2 改性双基推进剂

改性双基推进剂是在双基推进剂和复合推进剂技术的基础上发展起来的一种推进剂，它是双基推进剂和复合推进剂互相结合的产物，是推进剂的重要品种。改性双基推进剂一般分为复合改性双基推进剂（CMDB）和交联改性双基推进剂（XLDB）两种类型。

6.2.1 改性双基推进剂的性能特点

在战略和战术导弹发展的推动下，在吸取复合推进剂优点的基础上，改性双基推进剂在组成和性能上有了许多改进，研制出了一系列具有各种特性的推进剂。

有适用于战略导弹用的高比冲、高密度为主要特征的推进剂，有应用于战术武器的能量较高、排气烟雾小和无腐蚀性、燃气温度较低、力学性能可调范围大为特征的复合双基推进剂。现将改性双基推进剂的性能特点概述如下。

6.2.1.1　能量高

改性双基推进剂有机地组合了双基与复合推进剂的含能成分，它是国外实际使用的高能的推进剂之一，实测比冲达 2 451.7～2 480.7 N•s/kg，密度 1.8 g/cm^3，超过了聚丁二烯（丁羧、丁羟）复合推进剂的水平。能量高的原因在于：

① 它的黏合剂硝化棉是一种含硝酸酯基的含能高分子，而现装备的复合推进剂采用惰性黏合剂。

② 改性双基推进剂以硝化甘油作增塑剂。硝化甘油是具有正氧平衡的液态炸药，也是硝化棉的良好增塑剂和溶剂，它比常用的惰性增塑剂对提高推进剂能量的贡献要大。

③ 添加高能组分奥克托今（或黑索今）。奥克托今的生成焓为正值，密度 1.9 g/cm^3。以奥克托今部分代替高氯酸铵，使推进剂燃气火焰温度降低。由于奥克托今在降低推进剂燃温的同时，又使燃气平均相对分子质量降低，所以，即使在燃温下降的情况下，也会获得较高的比冲。在改性双基推进剂中，奥克托今含量在 20%左右，推进剂最大理论比冲达 2 630 N • s/kg，比不含奥克托今的推进剂比冲高 49 N • s/kg 左右。

④ 改性双基推进剂的比冲效率高，它有较高的氧系数和燃烧温度，有利于铝粉燃烧完全，因此，当改性双基推进剂与复合推进剂的理论比冲相同时，改性双基推进剂的实测比冲要大。

6.2.1.2　排气烟雾少、腐蚀性小，有利于制成无烟推进剂

硝化棉和硝化甘油都是含氧较高的碳氢氧氮化合物，由它们制成的普通双基推进剂，历来就有无烟药之称。近年来，各国都在研究用 HMX（或 RDX）部分或全部取代高氯酸铵的复合改性双基推进剂，以减少烟雾和强腐蚀性的氯化氢气体排出，制成性能更好的无烟推进剂。

6.2.1.3　性能可调范围大

复合改性双基推进剂由于采用硝化棉和硝化甘油为黏合剂体系，与能量相当的复合推进剂相比，固体氧化剂含量要少得多，通常在 50%左右。推进剂中固体含量少，又采用流球状硝化棉，使它的工艺性能良好，能顺利地进行浇铸制造，并使推进剂存在很大的潜在能力，以便添加各种固体成分来调节配方，达到改善弹道性能、力学性能和物理性能的目的。

6.2.1.4 原材料有工业生产基础，工艺成熟，产品性能重现性好

改性双基推进剂主要原材料硝化棉和硝化甘油的工业生产已有相当长的历史，生产工艺成熟、性能稳定。硝化棉是天然的棉纤维素经硝化而成，硝化棉分子结构虽然也比较复杂，但资料指出，硝化棉有较一致的化学性质、力学性质和弹道性能。此外，推进剂制造工艺易于控制，复合改性双基推进剂是塑溶胶体系，固化过程是硝化甘油渗透到硝化棉中使其膨润和塑化溶解的过程，工艺过程易于控制，制成的推进剂性能重现性好。

6.2.1.5 抗化学老化性能较好

美国已有使用 10～15 年之久的改性双基推进剂。英国的 FDB 和 EMCDB 改性双基推进剂使用寿命至少为 15 年。

6.2.2 改性双基推进剂的组成

改性双基推进剂是以硝化纤维素与硝化甘油或多元醇硝酸酯组成的黏合剂，添加结晶氧化剂、金属燃料以及其他附加组分组成的一类推进剂。由于其成分不同，分为复合改性双基推进剂和交联改性双基推进剂，现分别介绍。

6.2.2.1 复合改性双基推进剂的组成

在复合改性双基推进剂的组分中，最基本的组分是硝化纤维素和硝化甘油，还有高氯酸铵、铝粉和硝胺炸药，后三者视不同复合改性双基推进剂品种加入与否或用量多少有所不同。根据各组分在推进剂中所起的作用，将其分为黏合剂、氧化剂、高能添加剂、溶剂和增塑剂、高能燃烧剂、燃烧催化剂和安定剂等。常用的组分及含量见表 6–6。

表 6–6 复合改性双基推进剂的组分

组分的作用	在 CMDB 中的含量/%	主 要 组 分
黏合剂	12～40	硝化纤维素（NC），聚氨酯（PUR）
溶剂与增塑剂	10～35	硝化甘油（NG），三醋精（TA）， 1, 2, 4–丁三醇三硝酸酯（BTTN）
氧化剂	5～40	高氯酸铵（AP），硝酸铵（AN）
金属燃烧剂	5～30	铝粉（Al），镁粉（Mg）
高能添加剂	10～56	黑索今（RDX），奥克托今（HMX）
催化剂	0～8	水杨酸铅与钡盐，β–雷索辛酸铅与铜盐， 炭黑（CB），锡酸铅
安定剂	0.5～3	中定剂，2–硝基二苯胺，间苯二酚

1. 黏合剂

3 号硝化纤维素既是双基推进剂的黏合剂，也是复合改性双基推进剂的黏合剂，含氮量在 12%左右，它能被硝化甘油很好地塑化。有的也将硝化纤维素、硝化甘油同称为黏合剂，或者以双基母体作为黏合剂，它对推进剂的力学性能起着骨架作用。在大量添加奥克托今或黑索今和铝粉的情况下，为保证推进剂力学性能良好，有时需加入聚氨酯，它和双基黏合剂在同一配方中，用量约为 10%。因此，聚氨酯也是其黏合剂之一。

2. 氧化剂

氧化剂一般采用高氯酸铵，有的把高能炸药也作为氧化剂。对于硝胺无烟推进剂而言，不能使用产生氯化氢白烟的高氯酸铵，而采用硝酸铵、黑索今和奥克托今等不含氯元素的化合物代替高氯酸铵。高氯酸铵具有高的热安定性、优良的化学安定性以及低的机械感度，原料易得，生产工艺简单。通过喷射碾磨法、淤浆碾磨法和冻干法可以制成超细高氯酸铵（UFAP），用于改性双基推进剂燃速的调节，一般是其颗粒越细，推进剂燃速也越高。

使用高能单质炸药作为复合改性双基推进剂的高能添加剂时，通常用奥克托今或黑索今，由它们组成硝胺复合改性双基推进剂，简称为 HMX（RDX）–CMDB 推进剂。奥克托今比黑索今性能更好，但价格较高。

3. 金属燃烧剂

在复合改性双基推进剂中加入金属燃烧剂，通常使用铝粉，对于镁、铍、硼、锆粉，视不同要求有时也可加入。它们的添加有利于提高推进剂密度和爆热。同时，加入一定量铝粉后，可以防止不稳定燃烧，加入铝粉并不是越多越好，因为在燃烧产物的凝聚相中有三氧化二铝，过多的铝既会降低燃烧效率，也会因两相流动产生不利的侵蚀燃烧现象。

4. 溶剂和增塑剂

硝化甘油是复合改性双基推进剂必不可少的含能增塑剂，对于固体含量较多的推进剂，还加入一些如三醋精或其他多元醇硝酸酯等溶剂或增塑剂，以改善力学性能。

5. 催化剂及其他

在配方中加入少量的催化剂及安定剂是为了调节推进剂的燃烧性能，使其符合装药的设计要求和保持推进剂的安定性。

6.2.2.2　交联改性双基推进剂（XLDB）的组成

XLDB 推进剂是在复合改性双基推进剂组分内引入带活性基团的高分子黏合剂或多官能度的交联剂，使大分子主链间生成网络结构，由此形成的一类力学性能优异的推进剂。

XLDB 推进剂由惰性预聚物、硝化纤维素、硝化甘油、奥克托今、铝粉和安定剂组成。

1. 惰性预聚物

在交联改性双基推进剂中，随着固化过程的进行，惰性预聚物通常被高度塑化和交联，因此，这种预聚物必须具备如下特性：

① 预聚物和含能增塑剂在预混时应为液态；

② 必须具有高的增塑比，当交联后，不发生增塑剂的渗出现象；

③ 预聚物和含能增塑剂可容纳高达 70%的固体填充量；

④ 交联后，具有弹性，以便在较宽的使用温度范围内仍具有较高的低温延伸率和高温强度。

端羟基聚酯类和聚醚类预聚物基本上能满足以上特性的要求。它们与多异氰酸酯交联后能形成高弹性体网络。表 6–7 列出了一些常用于 XLDB 推进剂中的惰性预聚物。

表 6–7 一些常用惰性预聚物

预聚物	分子式	25 ℃时的密度/（g·cm^{-3}）
聚己酸内酯（CPC）	$HO\!+\!(CH_2)_5-\underset{\underset{O}{\|}}{C}-O\!+_n$	1.15
聚己二酸 1,4–丁二醇酯	$HO\!+\!(CH_2)_4-O-\underset{\underset{O}{\|}}{C}-(CH_2)_4-\underset{\underset{O}{\|}}{C}-O-O\!+_n$	1.18
聚己二酸乙二醇酯（PGA）	$HO\!+\!(CH_2-O)_2\underset{\underset{O}{\|}}{C}-(CH_2)_4-\underset{\underset{O}{\|}}{C}-O\!+_n$	1.12（固态） 1.19（熔融态）
聚己二酸二乙醇酯	$HO\!+\!(CH_2)_2-O-(CH_2)_2-O-\underset{\underset{O}{\|}}{C}-(CH_2)_4-\underset{\underset{O}{\|}}{C}-O\!+_n$	1.19
聚丙二醇（PPG）	$HO\!+\!CH_2\underset{\underset{CH_3}{\|}}{CH}-O\!+_n$	1.03
聚乙二醇（PEG）	$HO\!+\!CH_2CH_2-O\!+_n$	1.21（固态） 3.11（熔融态）

迄今应用最广泛的预聚物是聚己二酸乙二醇酯（PGA）、聚己二酸二乙醇酯和聚乙二醇（PEG）。在室温下，PEG 为晶体结构的固态物质，但在含能增塑剂适用

的温度（50 ℃～60 ℃）下，它容易溶化，当与大量的含能增塑剂混合后，PEG 就失去了其结晶结构。人们充分利用 PEG 的这个性能把它溶于 NG/BTTN 混合硝酸酯中，既解决了 PEG 的均匀分散问题，又使 NG/BTTN 明显地钝感，有利于后处理的安全。惰性预聚物的相对分子质量范围大概为 1 500～5 000，它是影响推进剂力学性能的因素之一。下面以 PGA 为例予以说明。

PGA 由一缩二乙二醇与己二酸聚合而成，应用时需用二异氰酸酯进行改性。

由 1 份 PGA 聚酯与 2 份甲苯二异氰酸酯（TDI）反应生成的 PGA–TDI 预聚物最简单的形式为：

$$H_3C-C_6H_3(NCO)-\underset{H}{N}-\overset{O}{\overset{\|}{C}}-\left[O-CH_2-CH_2-O-CH_2-CH_2-O-\overset{O}{\overset{\|}{C}}-(CH_2)_4-\overset{O}{\overset{\|}{C}}\right]-O-CH_2$$

$$-CH_2-O-(CH_2)_2-O-\overset{O}{\overset{\|}{C}}-\underset{H}{N}-C_6H_3(NCO)(CH_3)$$

二异氰酸酯改性的聚酯性质见表 6–8。

表 6–8　二异氰酸酯改性的聚酯性质

分子式	$C_{32}H_{38}O_{12}N_4$
摩尔质量/（mol • g^{-1}）	670.69
密度/（g • cm^{-3}）	1.21
燃烧热/（kJ • mol^{-1}）	15 930
生成焓/（kJ • mol^{-1}）	–2 076
爆热/（J • g^{-1}）	1 116

二异氰酸酯的第二个异氰酸酯基团是自由的，它将进一步与硝化纤维素分子上的羟基反应，形成氨基甲酸酯链，与硝化纤维素交联。

比较了用 PGA 和 TDI 制成黏合剂再交联硝化纤维素和 PGA、TDI、硝化纤维素同时混合时的情况。通过制成薄片测定其力学性能，结果见表 6–9。

表 6–9 两种黏合剂与推进剂的力学性能

成分	黏合剂 A	黏合剂 B	推进剂 A	推进剂 B
NC	35.0		6.7	6.7
PGA			6.0	
TDI			0.9	
PGA+TDI 预聚物		35.0		6.9
NG	65.0	65.0	25.0	25.0
HMX			41.0	40.0
Al			20.0	20.0
2–NDPA			0.4	0.4
模量/MPa	8.83	0.15	2.41	5.45
抗拉强度/MPa	0.82	0.63	0.63	0.97
延伸率/%	50	400	40	80
注：2–NDPA 为 2–硝基二苯胺。				

从表中可以看出，PGA 和 TDI 若不是先制成预聚物，而将其与硝化纤维素混合，其黏合剂或组成的推进剂力学性能均较差。只有先制成预聚物，再与硝化纤维素反应，才能保证推进剂有良好的力学性能。

2. 其他组分的作用参见复合改性双基推进剂

6.2.3 改性双基推进剂的性能

6.2.3.1 主要物化特性

1. 密度

改性双基推进剂固体含量高，其密度也大。在已含氧化剂（例如 HMX+高氯酸铵）的推进剂中添加铝粉（ρ=2.7 g/cm^3），可使得推进剂的密度更大。改性双基推进剂的密度见表 6–10。

表 6–10 改性双基推进剂的密度（ρ）

推进剂类型	CMDB	XLDB		NEPE
填料	硝胺	硝胺	硝胺+高氯酸铵	硝胺+高氯酸铵+铝粉
密度/（g·cm^{-3}）	＜1.70	＜1.76	＜1.80	＜1.83

2. 玻璃化温度（T_g）

由于黏合剂在低温下可发生结构变化（玻璃化转变，即二级转变），将引起推进剂力学性能的改变，对某特定聚合物来说，发生这种转变的温度主要取决于增塑剂含量和性质（图 6–10）。事实上，在以硝化纤维素作黏合剂的推进剂中，当增塑比增大时，其玻璃化转变温度也向增塑剂的二级转变温度方向接近，当硝化甘油保持在过溶状态时，其二级转变温度接近于–65 ℃。

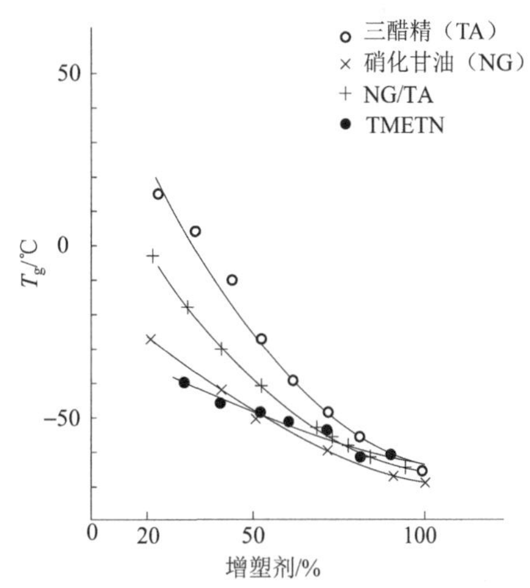

图 6–10　硝化纤维素玻璃化温度（T_g）和增塑剂含量与性质的关系

在高度增塑的 XLDB 推进剂中，其典型的玻璃化转变温度为–55 ℃～–60 ℃，这可解释这种类型推进剂为什么直至–40 ℃～–50 ℃时仍具有优良弹性的事实。

3. 膨胀系数α

推进剂黏合剂的热膨胀系数α比其固体填料的要高。因此，固体填料含量越高，α值就越低。此外，在推进剂中，增塑剂体积随着温度变化而产生的变异通常比其他组分都大，因而增塑比越高，α值也越大。

根据这些考察，在高于玻璃化温度时实测到的 XLDB 推进剂的热膨胀系数通常在 1.00×10^{-4}～1.30×10^{-4} K^{-1} 范围内。

4. 含能增塑剂的结晶

在某些低温循环中，含硝化甘油的 CMDB 推进剂和 XLDB 推进剂可能会出现脆化现象，从而危害推进剂药柱的工作可靠性，这种脆化现象的表现是材料完全失去弹性或部分失去弹性，其原因是推进剂内含能增塑剂发生结晶。

表 6–11 列出了两种 XLDB 推进剂在低温下的性能，一种采用硝化甘油为增塑剂，另一种采用混合硝酸酯增塑剂，含混合硝酸酯的推进剂不发生结晶，也就是说，在低温下其力学性能未受影响；而含硝化甘油增塑剂的推进剂在 10～15 天内变脆，其脆化快慢取决于所选的试验条件。

6.2.3.2　力学性能

与装药设计有关的力学性能很大程度上与 CMDB 推进剂和 XLDB 推进剂的应用范围有关，非交联 CMDB 推进剂高温下抗拉强度良好，但低温下延伸率较差，只适用于自由装填药柱；当对 CMDB 推进剂中的硝化棉进行交联，或在含少量端羟预聚物后，交联 NC 形成网络结构的 XLDB 推进剂。

表 6–11 XLDB 推进剂（固体含量 70%）低温循环后最大应力下的应变

<table>
<tr><td colspan="2" rowspan="2">推进剂性能</td><td colspan="2">XLDB 推进剂</td></tr>
<tr><td>以硝化甘油为增塑剂</td><td>以混合硝酸酯为增塑剂</td></tr>
<tr><td rowspan="3">循环条件</td><td>等温循环，–15 ℃</td><td>15 天后产生结晶</td><td>6 个月后仍不结晶</td></tr>
<tr><td>等温冷却，–30 ℃</td><td>15 天后产生结晶</td><td>6 个月后仍不结晶</td></tr>
<tr><td>昼夜低温循环
（–12 ℃ ⟷ –40 ℃）</td><td>10 天后产生结晶</td><td>6 个月后仍不结晶</td></tr>
<tr><td colspan="2">–40 ℃下的ε_m/%</td><td>产生结晶的推进剂$\varepsilon_m \approx 2\%$</td><td>未结晶的推进剂$\varepsilon_m \approx 2\%$</td></tr>
</table>

少量二官能度异氰酸酯即足以提高其高温下的应变能力，在 NCO/OH 比小于 0.1 时即能达到较好效果。

表 6–12 列出了含有 30% RDX 的 XLDB 推进剂的力学性能。该表说明交联对提高推进剂 60 ℃下应力值σ_m和加入预聚物对改进推进剂–40 ℃下伸长率的效果。

表 6–12 交联对含有 30% RDX 的 XLDB 推进剂力学性能的影响

增塑比	76%			81%
	NC 无交联	NC 直接交联	NC 和预聚物交联	NC 直接交联
σ_m/MPa，+60 ℃	0.12	0.70	0.60	0.45
ε_m/%，–40 ℃	25	20	28～30	40

XLDB 推进剂具有优良的力学性能，特别适合用于壳体黏结的战略或战术导弹发动机中。预聚物和增塑剂特性、固化剂和固化催化剂性质、增塑比、填料含量、固化条件及键合剂的品种等均影响其力学性能。表 6–13 列出了各种固体含量下含聚酯黏合剂 XLDB 推进剂的力学性能。

表 6–13 XLDB 推进剂的力学性能随固体含量的变化

总固体含量/%		65	70	70
黏合剂中增塑剂含量/%		71	71	74
σ_m/MPa	+20 ℃	1.0	0.8	0.7
	+60 ℃	0.8	0.6	0.6
ε_m/%	+20 ℃	180	130	130
	–30 ℃	150	100	110
	–54 ℃	23	16	18

6.2.3.3　能量特性

对于改性双基推进剂的能量水平，据 1971 年美国宇航局公布的资料称：由硝化棉、硝化甘油、高氯酸铵和铝粉组成的改性双基推进剂，理论比冲为 2 549～2 598 N·s/kg；由硝化棉、硝化甘油、高氯酸铵、奥克托今和铝粉组成的改性双基推进剂，理论比冲为 2 598～2 647 N·s/kg，实测比冲为 2 451～2 500 N·s/kg，密度为 1.75～1.80 g/cm^3，这是目前能量最高的一种固体推进剂，火焰温度为 3 650～3 800 K。

图 6–11 给出了含 HMX 改性双基推进剂成分–比冲图。

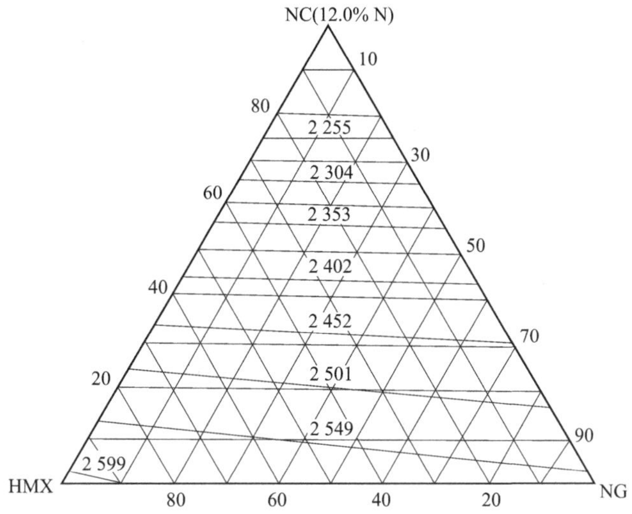

图 6–11　含 HMX 改性双基推进剂成分–比冲图（p_c/p_e=70/1，NG 中含 10% TA）

图 6–12 给出了不同黏合剂对比冲的影响。由图可看出，双基黏合剂和聚丁二

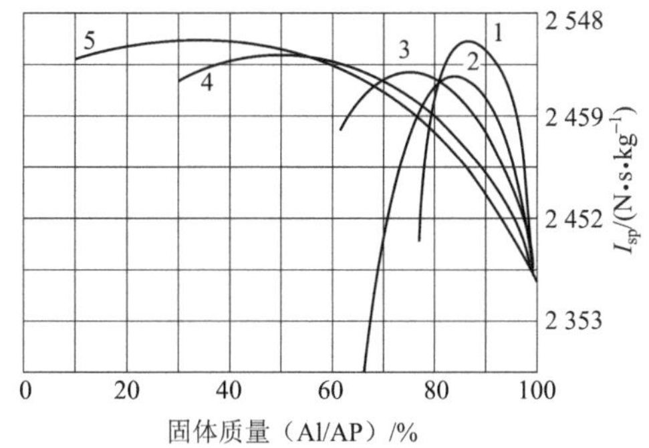

图 6–12　不同类型黏合剂推进剂比冲与固体含量的关系（Al/AP 为最佳比）

1—聚丁二烯；2—聚氨酯；3—硝基增塑剂；4—NG 聚氨酯；5—双基黏合剂

烯黏合剂的比冲最高，而且双基黏合剂中含氧量较多时，最高比冲（曲线峰值处）所对应的黏合剂含量也较多。例如，改性双基推进剂和聚丁二烯推进剂的最高比冲都约为 2 598 N·s/kg，但此时双基黏合剂含量高达约 60%，而聚丁二烯黏合剂含量仅为 15%左右，推进剂中固体含量较少，有利于改善其力学性能和工艺性能，由此可见富氧黏合剂的优点。

6.2.3.4 燃烧性能

1. CMDB 推进剂

它由双基推进剂发展而来，故对双基推进剂适用的铅—铜—炭黑复合燃速催化剂亦可使高硝胺含量（20%～40%）的 CMDB 配方达到平台燃烧的特性，平台燃速可达 30 mm/s，燃速或压力温度敏感系数良好（＜0.15%/℃）。用调节炭黑含量和粒度的办法可以有效地调节配方燃速。HMX 与 RDX 对推进剂燃速影响的差别不大。AP 和 Al 的加入（即使含量少）破坏了平台燃烧特性。

2. XLDB 推进剂

含硝胺的 XLDB 推进剂在大量硝胺（50%以上）存在时，目前仍无有效地调节其燃速的办法。一般来说，它的燃速范围较窄：燃速为 2～15 mm/s；压力指数为 0.35～0.60；压力温度敏感系数为（0.15%～0.35%）/℃，与复合推进剂的接近。

应引起注意的是，有些铅盐催化剂可能也是有效固化催化剂，会给工艺上带来困难。

含硝胺和 AP 的 XLDB 推进剂可通过 AP 粒度和含量有效地调节燃速。AP 含量增加，压力指数下降，3 μm AP 可使 n 达到 0.15～0.55，而 10 μm AP 使 n 达到 0.45。

含硝胺、AP 和 Al 的 NEPE 推进剂也可通过调节 AP 粒度来调节燃速，但其压力指数很高，约 0.6，要使其进一步下降的难度相当大。

6.2.3.5 特征信号

该类推进剂特征信号主要依赖于填料的特性和能量等，见表 6–14。

表 6–14 改性双基推进剂烟—焰生成能力

推进剂	CMDB	XLDB		NEPE
填料	硝胺	硝胺	硝胺+AP（≤20%）	硝胺+AP+Al
生烟能力	微烟	微烟	少烟	有烟
成火焰能力	较大	较大	较大	极大

由表可知，含硝胺的 CMDB 和 XLDB 推进剂无二次烟，属于微烟推进剂；含

硝胺+AP 的 XLDB 推进剂因燃气有 HCl，可出现二次烟，故属少烟推进剂；NEPE 加入 15%～20% Al 则是明显的有烟（一次和二次烟严重）推进剂。这类推进剂能量和燃温较高，极易生成二次燃烧火焰，故从火焰辐射引起的特征信号角度判断，它们的特征信号是很强的。该类推进剂的消焰方法与双基推进剂的相同。

6.2.3.6 燃烧不稳定性

加入铝粉和锆粉，燃烧时生成 Al_2O_3 和 ZrO_2，可抑制不稳定燃烧，但其燃烧产物 Al_2O_3 和 ZrO_2 的粒度不易控制在既抑振又不形成太大烟雾的最佳尺寸。

加入高熔点惰性化合物，如氧化物（SiO_2、ZrO_2、Al_2O_3、TiO_2）、碳化物（ZrC、SiC、BC）及某些盐类等，可抑制不稳定燃烧，这与双基和复合推进剂是类似的。但要注意加入后对比冲、燃速和一次烟生成的影响。

6.2.3.7 化学安定性

对于不含 AP 的 CMDB 和 XLDB 推进剂，通常采用 2–NDPA 和 MNA 两种复合安定剂，而对于含 AP 的配方，则选用 2–NDPA 和间苯二酚（或其衍生物）复合安定剂也是很有效的。

总的看来，采用硝酸酯增塑的聚醚黏合剂，其化学安定性通常不如 NC–NG 双基黏合剂的，主要原因在于预聚物中的醚键会降低安定性。不同铅盐催化剂对安定性可能有正的或是负的作用。

非交联的 CMDB 推进剂几乎不存在力学老化问题。但通过交联获得良好力学性能的 XLDB 和 NEPE 推进剂对力学性能和老化尤为敏感。硝酸酯的存在、药柱的后固化、增塑剂的迁移以及温度、湿度和空气对力学性能老化均有影响。

随着时间的增加，这类推进剂弹道性能不会有显著变化，但增塑剂的迁移或挥发、燃速催化剂的化学变化会对推进剂的弹道性能产生某些影响。

6.2.3.8 安全特性

CMDB 推进剂浇铸药柱的临界爆炸高度（ECH）和临界爆轰高度（CDH）随药粒燃速增大（即 AP 含量增加）、NG 和硝胺含量的增加以及浇铸药柱尺寸的减小而减小。

由聚合物和硝酸酯组成的预混物黏合剂对机械刺激特别是撞击很敏感，根据机械刺激不同，表现出低速或高速爆轰。因此，对该预混物运输、使用时应采取严谨的安全措施。

在混合结束时，均匀药浆的机械感度和爆轰倾向已与固化后的推进剂接近，法国卡片法测得为小于 240 卡片。成品的高能推进剂法国卡片法为小于 180 卡片，根据法国标准把它定为 1.3 级（主要危险是燃烧），而双基推进剂为 100 片。这是由于高能推进剂中加入了硝胺。用于壳体黏结的 XLDB 推进剂有极好的力学性能，具有良好的抗碎裂能力，因此，其装药燃烧转爆轰的危险降低到最小的程度。

含有适量硝胺的 CMDB 和 XLDB 推进剂与双基推进剂一样，对摩擦不敏感。XLDB 推进剂（硝胺＜60%）则敏感度稍大。AP 的加入是摩擦感度增大的因素。CMDB 和 XLDB 推进剂对 30 kg 落锤撞击试验的敏感强度与现存的其他推进剂没有任何区别。XLDB 推进剂对静电放电不敏感。热激发试验如自燃和烤燃试验的情况视 AP 的加入而异。不含 AP 的 CMDB 和 XLDB 推进剂，热点燃温度高于 100 ℃，而含 AP 的临界点燃温度低于 100 ℃。

6.2.4 改性双基推进剂主要性能的调控规律

6.2.4.1 CMDB 推进剂燃烧性能的调控规律

1. AP 对 CMDB 推进剂燃速的影响

（1）高氯酸铵含量的影响

高氯酸铵是富氧的氧化剂，加入到推进剂中，使得分解温度发生变化。根据高氯酸铵、双基推进剂和改性双基推进剂差热图可知，高氯酸铵 150 ℃开始分解，并在 300 ℃以下只是缓慢分解；双基推进剂一般在 173 ℃急剧分解；改性双基推进剂在 165 ℃急剧分解。硝化纤维素的分解温度较低，通常分解温度为 90 ℃。在 CMDB 推进剂燃烧过程中，高氯酸铵的分解产物 NH_3、$HClO_4$ 会催化双基组分的分解，放出的热量除加速其自身的分解外，还加速双基组分的分解。高氯酸铵含量越多，燃烧温度越高，越有利于双基组分固相的热分解。研究发现：随着高氯酸铵含量增加，AP–CMDB 推进剂的燃速提高，压力指数降低。

（2）高氯酸铵粒度的影响

高氯酸铵颗粒的比表面积与颗粒半径成反比。在 AP 基 CMDB 推进剂中，高氯酸铵粒度越小，比表面积则越大，它与双基组分、催化剂等组分接触的界面越大。当推进剂燃烧时，可能会发生下列效应：扩大了分解反应和催化反应的界面；高氯酸铵颗粒在燃烧凝聚相分布均匀、平整，高氯酸铵分解出 NH_3、$HClO_4$，离凝聚相近，既有利于向固相传热，又有利于对 NG/NC 的催化分解；双基组分的分解产物、高氯酸铵分解产物与铝粉之间反应的高温火焰区离凝聚相燃烧表面更加接近。这种效应的综合结果，导致 AP–CMDB 推进剂的燃速加快。

燃速与高氯酸铵粒度的关系为

$$u = 69.7 d_{50}^{-0.244}$$

式中，u 为 9.8 MPa 下的燃速（mm/s）；d_{50} 为重均粒度，其值在 1.65～110 μm 范围内。

随着高氯酸铵粒度的减小，AP–CMDB 推进剂压力指数下降，当高氯酸铵减小到 2.5 μm 左右时，压力指数变化不明显了。燃速随高氯酸铵粒度减小而增加，但对于在低压下燃烧，结果却相反，低压下高氯酸铵粗颗粒燃速快，细颗粒燃速慢。

对于含有硝胺的推进剂，加入高氯酸铵后也有同样的规律，即高氯酸铵粒度越小，推进剂燃速越高。

2. 奥克托今（或黑索今）对复合改性双基推进剂燃速的影响

（1）硝胺含量的影响

硝胺加入双基推进剂中的燃烧情况：有人研究了以双基为基体加入奥克托今的燃烧情况，结果表明，随着推进剂中奥克托今含量的增加，燃速下降，而压力指数不因加入奥克托今的量而受影响。有人在双基母体中加入 20%～30%的硝胺，压力指数均在 0.8～0.9。

硝胺加入含铝和 AP 改性双基推进剂中的燃烧情况：改性双基推进剂中不同含量的黑索今对燃速的影响见表 6–15。由表看出，随着黑索今含量增加，压力指数提高而燃速变化不大；在增加黑索今含量的同时，降低高氯酸铵的含量，压力指数略有提高（由 0.78 提高到 0.83），而燃速则下降了。

表 6–15 不同 RDX 含量对含 Al 和 AP 的改性双基推进剂燃烧性能的影响

编号	双基黏合剂/%	Al/%	AP/%	RDX/%	RDX 粒度/μm	压力指数	燃速/（$mm \cdot s^{-1}$）
NOP–204	80	3	7	10	92	0.74	6.1
NOP–205	75	3	7	15	92	0.83	6.2
NOP–206	60	3	7	20	92	0.85	6.1
NOP–207	70	3	0	27	92	0.83	5.6
NOP–208	70	3	7	20	92	0.83	6.2
NOP–209	70	3	13.5	13.5	92	0.78	6.2

有人做了 AP、HMX 含量对推进剂燃速影响的试验，其配方见表 6–16。试验结果显示：高氯酸铵含量增加，燃速增高，奥克托今含量增加，则燃速降低；随着 HMX 含量增加，AP 含量减少，其压力指数升高。在 HMX 由 6%增加到 21%的范围内，其压力指数变化不明显。

表 6–16 AP、HMX 含量对燃速影响的配方

组分	NC	NG	DINA	C_2	Res	Al	AP	HMX
含量/%	19	27.5	5	0.5	0.5	19	0～28.5	28.5～0
注：DINA—吉纳；Res—间苯二酚。								

（2）硝胺粒度的影响

对以含铝双基推进剂为基体加入不同粒度的黑索今进行研究发现：随着黑索今粒度的增加，压力指数和燃速略有提高。

硝胺在含铝、高氯酸铵推进剂中的燃烧特点为：随着黑索今粒度的增加，压力指数和燃速都有提高，这和黑索今粒度对含铝粉的改性双基推进剂燃速的影响相一致。对于含奥克托今的推进剂，其规律也相同。

硝胺加入复合改性双基推进剂中，燃速呈直线下降，引起人们的关注和研究。有人认为硝胺的相变、晶形转换以及分解都吸收热量，并且添加硝胺后，使推进剂氧平衡降低，分解产物反应放出热量降低，使表面得不到足够的热量。这些原因使得推进剂的燃速降低。

硝胺加到改性双基推进剂中，压力指数有所提高，并且随着含量的增加而增高。由前边叙述可知，由于硝胺取代部分双基部分使推进剂氧平衡降低，使得暗区二氧化氮的成分低，转变为一氧化氮放出的热量低。硝胺的反应在火焰区进行，火焰区的反应速度取决于压力，压力提高，使暗区和表面熔化层变薄，导致气相到表面传递的能量提高，从而提高了燃烧表面的热量，因此，在低压和高压下，燃速的降低幅度有差异，即低压下燃速降低的幅度大，而高压下则小得多，造成了压力指数的提高。

3. 铝粉含量对复合改性双基推进剂燃速的影响

在含有铝粉的改性双基推进剂中，随着铝粉含量的增加，其推进剂的燃速增加。这是由于铝凝聚物在推进剂燃烧表面聚集而变得相互接触，然后形成大的积累物或凝聚滴。凝聚滴燃烧发生体积膨胀，会使氧化膜产生裂纹，铝液溢出形成“疣子”。当氧化膜熔化时，膜收缩并形成帽状物，因而铝的反应速度和温度急剧增加，表面产生火焰，并通过铝凝聚物将热量反馈给推进剂的表面，提高热量或温度，导致推进剂燃速增加。

铝粉粒度增大，推进剂燃速略有增加，但是铝粉的形状对推进剂的燃速的影响却十分显著。

铝粉在凝聚相和嘶嘶区既不反应也不放热，仅仅起热传导作用，铝粉粒度在一定范围内变化对凝聚相热分解无影响，仅由于导热而使推进剂燃速有少许变化。

铝粉若是片状，当达到一定长度时，一端暴露在火焰区，另一端在凝聚相。它起到热传导的作用，加速了凝聚相的热分解，从而提高了推进剂的燃速。

4. 催化剂对复合改性双基推进剂燃烧特性的影响

CMDB 推进剂须加入催化剂以调节推进剂的燃速和降低燃速压力指数。经研究，能大幅度降低压力指数的有效催化剂主要有：水杨酸铅、2, 4–二羟基苯甲酸铅、水杨酸铜、己二酸铜、水杨酸亚铜等。研究发现，加入 3%水杨酸铅、水杨酸铜等催化剂，可较大幅度地降低压力指数，但均未能降至 0.5 以下。

若催化剂是从固体筛混时加入的，则分散均匀性较差。当把硝化纤维素、奥克托今和催化剂共同制成球形药时，改善了催化剂的分散均匀性，催化效果大为提高，能使压力指数进一步降到 0.5 左右。因此，采用合适的催化剂加入方法，能使 CMDB 推进剂的压力指数由 0.7 左右降至 0.5 左右。

6.2.4.2　XLDB 推进剂力学性能影响因素及提高力学性能的途径

1. 硝化纤维素与硝化甘油之比对母体力学性能的影响

在改性双基推进剂中，黏合剂是硝化纤维素和硝化甘油双基组分。它们对推进剂的力学性能起着主要的支柱作用。硝化纤维素和硝化甘油的玻璃化温度分别为 173 ℃～176 ℃和–60 ℃。二者比例的变化将影响其玻璃化温度（T_g）。例如，当 NC/NG=2/3 时，T_g=–12.5 ℃；当 NC/NG=3/7 时，其母体的 T_g=–26.1 ℃。随着硝化纤维素含量降低，硝化甘油含量的提高，双基母体的 T_g 随之而降低。

在双基母体中，随着硝化纤维素的增加，硝化甘油的降低，双基母体的高、低温抗张强度明显增高，而低温的延伸率下降很多。当 NC/NG 在 33/67 时，在–40 ℃下的延伸率为 27%；当 NC/NG 在 1/1.5 时，–20 ℃的延伸率大于 20%。说明试验结果与 T_g 的计算结果基本吻合。但要指出，NC/NG（1/1.5）在–40 ℃时，脆性增加，延伸率仅为 5.4%，在–20 ℃时，由于该温度接近 T_g，并且硝化纤维素处于强迫高弹态，仍具有一定的延伸率。为此，选择合适的 NC/NG 的比例，可以调节双基母体所需的力学性能。

2. 固体颗粒组分对力学性能的影响

在 XLDB 推进剂中，为提高能量，加入高氯酸铵、铝粉、奥克托今或黑索今等固体颗粒填料，它们不可避免地对推进剂力学性能产生一定的影响。

在推进剂中添加固体颗粒填料，提高了推进剂的硬度与脆性，同时，推进剂在应变状态下，固体颗粒与黏合剂界面出现裂纹，在扩展到晶体表面时，建立起巨大的应力集中点，填料与黏合剂彼此脱开，晶体从黏合剂内析出，发生“脱湿”现象。解决的途径是使用键合剂、使硝化纤维与氧化剂颗粒之间形成氢键连接、用聚合物包覆填料等，加强填料与黏合剂之间的黏结。

（1）用键合剂

键合剂是一种能增强材料之间界面黏结的化合物。它通常具有两个以上的官能度，能与填料发生化学反应或物理吸附，并与黏合剂网络形成化学键，在填料与黏合剂之间起着“桥”键的作用。键合剂在填料周围形成高模量的抗撕裂层，该层能阻止应力作用形成的微观空洞到达固体颗粒表面，防止固体填料从黏合剂分离出来发生“脱湿”现象。适用于改性双基推进剂的键合剂有醇胺类与硅氧烷类等化合物。

采用多元醇或醇胺类包覆推进剂中的高氯酸铵和奥克托今，在催化剂作用下，键合剂的羟基与多官能度异氰酸酯反应，于填料表面形成带自由异氰酸酯基团的包覆层。在推进剂固化时，自由异氰酸酯基团与硝化纤维素分子上的羟基作用，形成氨基甲酸酯化学交联，加强了硝化纤维素与填料之间的连接作用，改善了推进剂的力学性能，见表 6–17。

表 6–17　NC 包覆 HMX 等对力学性能的影响

序号	NC/%	NG/%	固体填料/%	–20 ℃		70 ℃	
				σ_m/MPa	ε_m/%	σ_m/MPa	ε_m/%
1	30	70		9.51	51.9	0.19	97.7
2	24	56	HMX20	8.58	36.4		
3	21	49	HMX30	7.86	20.2		
4	18	34	HMX40	5.41	2.6		
5	15	38.5	HMX、Al、AP	4.41～5.88	～20	0.44～0.49	40
6	12	36	HMX、Al、AP	3.92～4.90	～20	0.34	40
注：除序号 4 外，其余均采用 NC–HMX 包覆球。							

由包覆填料制成的推进剂，其力学性能有较大的改进，如含 16.4% 固体填料的推进剂，将未包覆高氯酸铵的与包覆高氯酸铵的相比，抗张强度由 0.37 MPa 提高到 0.43 MPa，延伸率由 44%提高到 54%，同样，对含量较高（如 22.5%）的奥克托今而言，这一规律是明显的。通过对拉伸试件断面显微镜观察发现，含未包覆填料的试件，破裂发生在黏合剂填料的界面上，填料从黏合剂中脱湿出来，破裂的表面呈疏松状，在填料粒子和黏合剂之间出现空穴。对于含包覆层填料的推进剂拉伸试件，破裂完全发生在黏合剂相内，脱湿现象减少，破裂表面似黏合剂整体。

（2）使硝化纤维素与氧化剂之间形成氢键连接

研究表明，硝胺类物质，如奥克托今、黑索今中的—N—NO_2 基团，能与硝化纤维素分子中未被酯化的羟基形成氢键。因此，在硝化纤维素包覆奥克托今成球的条件下，极大地增加了硝化纤维素与奥克托今之间的接触面积，从而有助于氢键的形成，增强了硝化纤维素对奥克托今的黏结，然后再用交联剂使硝化纤维素之间形成交联。这样，硝化纤维素实际上起到了一种偶联剂的作用，进而改善改性双基推进剂的力学性能。

改性双基推进剂中，在 NC/NG 之比基本相同的情况下，随着双基母体含量的降低，固体颗粒含量的增加，推进剂的低温力学性能变差，抗张强度σ_m和延伸率ε_m都下降，高温抗张强度有所提高。当奥克托今含量达到 40%时，未采用硝化纤维素包覆奥克托今制球，则–20 ℃的延伸率只有 2.6%，表现出脆性破坏，材料的断裂能已大大地降低了，充分证明了试验结果与理论分析的一致性。表 6–17 中序号 4 与序号 5、6 比较，后者的固体含量较多，在 NC/NG 之比基本相同的情况下，后者的奥克托今都采用硝化纤维素包覆，低温力学性能有明显的改善。序号 5、6 在–20 ℃条件下，延伸率达到 20%，而序号 4 的推进剂却只有 2.6%。这是奥克托今与硝化纤维素形成氢键络合物的结果。

（3）用聚合物包覆

用聚氨酯包覆填料，经包覆的填料形成坚硬的不规则的表皮。在推进剂固化时，聚合物与硝化纤维素发生化学交联。由于包覆层与填料的黏结强度大于黏合剂自身的强度，所以，外力作用时，破坏部位从奥克托今与黏合剂的界面转移到黏合剂内部。例如，在 50 ℃～60 ℃时，将 10 g 干燥的奥克托今加到 75 mL 无水苯、9.8 mL 湿苯、2 mL 多芳基异氰酸酯和 0.5 mL 三乙胺混合溶液中，在 21.1 ℃～26.7 ℃温度条件下淤浆混合 1 h，用无水苯洗三次，由二氯甲烷萃取苯，在填料表面形成聚氨酯包覆层，再重复进行第二包覆。取 51%包覆的奥克托今与 30%的硝化纤维素黏合剂混合，淤浆浇铸成型后，做拉伸试验，其结果见表 6–18。由表不难看出，由聚合物包覆的奥克托今制成推进剂的力学性能有较大的改进。抗张强度由 0.26 MPa 提高到 0.32 MPa，模量有所提高，延伸率由 7%提高到 26%。

表 6–18　聚合物包覆 HMX 推进剂力学性能

名　　称	含未包覆 HMX 推进剂	含包覆 HMX 推进剂
抗张强度/MPa	0.26	0.32
延伸率/%	7	26
模量/MPa	4.69	5.58

3. 催化剂对 LXDB 推进剂力学性能的影响

为了改善改性双基推进剂的燃烧性能，需要加入燃烧催化剂。对于双基和改性双基推进剂，燃烧催化剂的加入对推进剂的力学性能的影响较小，一般不予重视与考虑。但是，在 XLDB 推进剂中，硝化纤维素中的羟基能与聚酯预聚物中的—NCO 基发生化学反应。XLDB 推进剂的力学性能取决于两个基团交联反应进行的完全程度与交联点分布是否均匀。交联反应进行的不完全，有部分预聚物未与硝化纤维素中的羟基反应，则交联密度受到影响；相反，交联反应速度过快，预聚物未扩散到硝化纤维素球形药内部就已发生反应，则会致使交联点的分布不均匀，形成一部分硝化纤维素过分交联而另一部分硝化纤维素未发生交联。这两种情况都对力学性能有较大的影响。而加入的燃烧催化剂通常是有机或无机的盐类和氧化物，它们会对上述两种情况产生影响。

当推进剂不含有催化剂时，PGA/HDI 预聚物含量无论是 3%还是 6%，在所有使用温度范围内，力学性能都比较好，而且预聚物含量为 6%的推进剂比含量为 3%的推进剂力学性能要好，它们基本上是一种弹性体的交联改性双基推进剂。但是，加入催化剂水杨酸铅后，其力学性能下降了。特别是预聚物为 6%，催化剂加入量为 2% 时，其下降更为明显，–20 ℃的延伸率降低 14.8%，20 ℃和 70 ℃延伸率分别降低 90% 和 71%。

水杨酸铅对 XLDB 推进剂力学性能的影响，其机理是十分复杂的，可以从影响硝化纤维素的交联密度和交联点的均匀性来解释。含 3%预聚物的配方，理论上是每 16 个葡萄糖单体链节上只有一个交联点；而含 6%预聚物的配方，每 8 个葡萄糖单体链节上有一个交联点。它们都属于低交联密度的范畴。由于后者所含的柔性链段比前者增加一倍，交联度比前者增加一倍，因此，常温与高温的力学性能比前者明显增加，抗张强度由 0.66 MPa 升为 0.84 MPa，低温延伸率由 29.4%增加到 44.8%。在整个使用温度范围内，6%的预聚物推进剂表现出良好橡胶弹性体的力学行为。当加入水杨酸铅后，影响其交联密度及均匀性。按原先含 3%预聚物配方，已经很低的交联密度更加降低，已不能充分显示出交联的影响，表现出未交联的改性双基推进剂类似的力学行为特征。6%预聚物的配方，由于交联密度比 3%的高，加入催化剂后，这种影响相对小些，仍表现出橡胶弹性体的力学行为特征。为此，加入催化剂虽然对力学性能有影响，但影响不大，在可接受或允许的范围之内。

4. 制造工艺对 XLDB 推进剂力学性能的影响

浇铸双基和改性双基推进剂的制造工艺主要包括：硝化纤维素球形药的制造，硝化甘油混合溶液配制，推进剂各组分的真空搅拌混合、真空浇铸、固化成型等。在固化条件确定的条件下，硝化纤维素球形药制造就成为影响推进剂力学性能的诸工艺因素中的关键因素。球形药的粒度大小及其分布、球形药的表面性质和球形药的装填密度既影响浇铸工艺和推进剂组成的固液比，也影响硝化纤维素的塑化完全与否，也即影响推进剂的力学性能。为此，对球形药的要求是：粒度要小，塑化性能要好，装填密度要高，球形药的质量重现性要好。

5. 在药柱薄弱部位施加涂层改善其力学性能

为了满足导弹的弹道要求，在推进剂药柱中，通常含有轴向扩张的内孔，在药柱内还有径向扩张的沟槽，这些内孔与沟槽是在浇铸、固化和脱模后机械加工而成的。在机械加工表面、沟槽的尖端以及某些瑕疵部位，容易产生撕裂和破裂，所以，应在这些部位施加涂层加固。涂层材料通常是与推进剂黏合剂类似或相容的未固化的聚合物，例如己二酸乙二酯和六次甲基二异氰酸酯（HDI）组成的聚氨酯。在涂层干燥时，聚氨酯中的异氰酸基团与推进剂中硝化纤维素未反应的羟基作用，涂层加固推进剂表面。为了不造成点火困难，不必在内孔表面所有部位都涂覆，最好把溶液涂在经受最大应力的、有瑕疵和易发生撕裂的表面。涂层的厚度控制在 0.025 mm 以下。试验结果表明，带涂层推进剂的撕裂强度比没有涂层的要大。如无涂层的样品撕裂强度为 0.25 MPa，经涂覆并在 25 ℃下固化 6 h、53 h 和 110 h 后，其撕裂强度分别为 0.25 MPa、0.27 MPa 和 0.28 MPa。结果表明，随着时间的延长，有涂层的样品撕裂强度略有增加。

参考文献

[1] 张端庆，等. 固体火箭推进剂［M］. 北京：兵器工业出版社，1991.

[2] 刘继华. 火药物理化学性能［M］. 北京：北京理工大学出版社，1997.

[3] 张续柱. 双基火药［M］. 北京：北京理工大学出版社，1997.

[4] 李宜敏，等. 固体火箭发动机原理［M］. 北京：北京航空航天大学出版社，1991.

[5] 孙维申. 简述战术导弹（火箭）对推进剂系统的要求［J］. 火炸药，1980，1–2.

[6] 李宜敏. 从固体火箭发动机药柱设计和内弹道性能看对推进剂性能的要求［J］. 火炸药，1979，4.

[7] 董存胜. 双基系推进剂的燃烧波特性及燃烧机理问题［J］. 火炸药，1984，2.

[8] 李顺生. 再论双乙醛推进剂平台燃烧催化机理［J］. 火炸药，1980，5.

[9] 张端庆. 火药用原材料性能与制备［M］. 北京：北京理工大学出版社，1995.

[10] 李上文. 国外高压平台双基推进剂研制概况［J］. 火炸药，1981，5.

[11] 赵凤起，李上文，单文刚. 用于双基系固体推进剂的非铅催化剂的研究与发展动向［J］. 飞航导弹，1993，8.

[12] 杨栋，李上文，宋洪昌，赵凤起. 平台双基推进剂铅—铜—碳催化燃速模型［J］. 火炸药，1994，4.

[13] 宋洪昌. 双基发射药燃速预估 [J]. 兵工学报（火炸药专集），1987，2.
[14] 宋洪昌. 由固体推进剂的组成预示燃速 [J]. 华东工学院学报，1993，4.
[15] 包昌火. 近几年来国外固体火箭推进剂发展动向（下）[J]. 火炸药，1979，2.
[16] 李一苇. 改性双基推进剂的最新进展——一种新型的固体火箭推进剂 NEPE [J]. 火炸药，1985，5：20–28.
[17] 陆安舫，李顺生，薛幸福. 国外火药性能手册 [M]. 北京：兵器工业出版社，1991.
[18] 杜永生. 关于交联改性双基推进剂力学性能的几个问题 [J]. 火炸药，1981，4.
[19] 王光夫. 国外含硝胺炸药的固体推进剂稳定燃烧模型研究概况[J]. 火炸药，1981，4：20–34.
[20] 王明璇，王恩普. 含硝胺推进剂某些燃烧特点 [J]. 火炸药，1980，5：14–23.
[21] 王大安，杨明忠. 高氯酸铵对改性双基推进剂燃速的影响[J]. 火炸药，1986，3：6–10.
[22] 角穆，久保田浪之介. HMX 系复合改性双基推进剂的压力指数 [J]. 工业火药（3 卷，第二册），1981，3（2）：91–97.
[23] 朱定有. 高能 CMDB 推进剂燃速特性的研究 [J]. 火炸药，1982，1：6–11.
[24] 王大安，杨明忠. 提高固体推进剂燃速的研究[J]. 火炸药，1988（3）：24–32.
[25] 角穆，久保田浪之介，等. 平台型双基推进剂添加奥克托今的效果 [J]. 国外兵器技术（化工类）1982，5（10）：67–72.
[26] 潘统学，等. 改性双基推进剂安定性及测试方法的探索研究 [J]. 火炸药，1987，1.
[27] 李顺生，李一苇，张杏芳. 改性双基推进剂的安定性和危险性[J]. 火炸药，1983，1.
[28] 杜永生. 关于交联改性双基推进剂力学性能的几个问题 [J]. 火炸药，1981，4.
[29] 杜永生. 关于改善改性双基推进剂力学性能的途径的探讨[J]. 火炸药，1980，3.
[30] 李一苇，改性双基推进剂最新进展——一种新型的固体火箭推进剂 [J]. 火炸药，1985，5.
[31] 洪昌仪. 兵器工业高新技术 [M]. 北京：兵器工业出版社，1994.

本章习题

1. 简述双基推进剂的类型。

2. 双基推进剂与改性双基推进剂的区别有哪些？

3. 什么是双基推进剂的平台效应和麦撒效应？

4. 什么是推进剂的特征信号？特征信号有什么危害？降低推进剂特征信号的途径有哪些？

5. 提高双基和改性双基推进剂力学性能的方法有哪些？

第7章 复合固体推进剂

7.1 概述

复合固体推进剂是一类以固体填料（氧化剂、金属燃料等）为分散相、以高分子黏合剂为连续相组成的一种复合材料，所使用的黏合剂可以是热塑性高分子，也可以是由预聚物与固化剂形成的热固性高分子。自 20 世纪 40 年代初，美国使用沥青–高氯酸钾制成第一个复合固体推进剂以来，随着性能良好的高分子黏合剂的不断出现，先后形成了聚硫橡胶（PSR）推进剂、聚氨酯推进剂（PU）、聚丁二烯丙烯酸（PBAA）推进剂、聚丁二烯丙烯酸丙烯腈（PBAN）推进剂、端羧基聚丁二烯（CTPB）和端羟基聚丁二烯（HTPB）推进剂。80 年代又发展了硝酸酯增塑的聚醚（NEPE）推进剂。显然，复合推进剂的发展主要源于性能良好的黏合剂的不断涌现，因而，复合固体推进剂主要沿用了以黏合剂的化学结构特征来划分类别的方法。

由于复合固体推进剂的黏合剂原料来源广泛，安全性能好，制造加工工艺较为简单，可以制成直径大小不同的装药，而且其能量、力学性能比传统的双基推进剂有显著改善。所以，自 60 年代以来，复合固体推进剂在火箭和导弹中占据了十分重要的地位。表 7–1～表 7–3 分别列举了复合固体推进剂在各种武器中应用的实例。

表 7–1　复合固体推进剂在战术导弹中的应用

导弹型号	推进剂	国别	用途
“潘兴Ⅱ”	HTPB	美国	地地
T–22	HTPB	美国	地地
“爱国者”（MIM–104）	HTPB	美国	地空
“萨姆–6”	PBAN	苏联	地空
“尾刺”（FIP–92A）	HTPB	美国	地空
机载反卫星导弹	HTPB	美国	空空
高速反辐射导弹（AGM–88A）	无铝 HTPB	美国	空地

表 7–2　复合固体推进剂在战略导弹中的应用

导弹型号	第一级	第二级	第三级	射程/km	国别
“MX”	HTPB	HTPB	NEPE	11 000（洲际）	美国
“侏儒”	NEPE	NEPE	NEPE	11 000（洲际）	美国
S–3	PU	PU	—	3 500（地–地）	法国
“北极星 A3”	PU	CMDB	—	4 600（潜–地）	美国
“海神 C3”	PBAN	CMDB	—	4 600（潜–地）	美国
“三叉戟 D5”	NEPE	NEPE	XLDB	＞7 400	美国
M–20	PU	CTPB	—	3 000（潜–地）	法国
M–4	CTPB	CTPB	CTPB	4 000～6 000	法国

表 7–3　复合固体推进剂在宇航发动机中的应用

发动机名称	推进剂	国别	用　途
SRB	PBAN	美国	航天飞机助推器
STAR–30	HTPB	美国	侦察兵第三级发动机
STAR–30A	HTPB（含 HMX）	美国	侦察兵第三级发动机
STAR–30P	HTPB	美国	远地点发动机
STAR–40	HTPB	美国	有效载荷推进舱顶级

续表

发动机名称	推进剂	国别	用　　途
STAR–37F	HTPB	美国	远地点发动机
SRM–1，2，3	HTPB	美国	惯性顶级发动机
DFH–2	HTPB	中国	远地点发动机

7.2 复合固体推进剂对黏合剂的要求

7.2.1 对黏合剂的要求

复合固体推进剂主要由高分子预聚物与无机氧化剂（如高氯酸铵）及金属燃料（铝粉）和其他功能助剂组成。其中，黏合剂除了在燃烧过程中提供碳、氢等可燃元素之外，更重要的作用是通过化学反应形成三维网络，将所有填充物黏结在一起，并赋予推进剂以理想的力学性能。一般来说，复合固体推进剂是一种具有良好弹性的复合材料。作为一种理想的黏合剂，应具有下列基本特征：

① 必须是一种低挥发性的液态高分子预聚物，可以承受药浆混合及浇铸时的高真空作用；

② 必须与推进剂的其他成分，尤其是氧化剂（如高氯酸铵或硝胺炸药等）等有良好的相容性；

③ 有较低的黏度，对固体填充物有较高的容纳体积分数（85%以上）；

④ 有良好的固化交联反应性能，固化反应可以在较低的温度（低于 60 ℃～70 ℃）下完成，而且反应中不释放任何小分子产物。交联反应应该足够慢，以保证药浆在混合、浇铸期间的流动性，保证药浆有充足的使用期。此外，反应中释放的热量应尽可能少，以避免药柱内部温度升高而导致自燃。

上述热固性的黏合剂均由高分子预聚物和它们的固化剂和增塑剂组成。其中预聚物的化学结构对黏合剂的性能有决定性作用。目前应用最广泛的预聚物有聚丁二烯（HTPB 及 CTPB）、聚醚和聚酯等（见表 1–5）。一般希望这些高分子预聚物应具有下列性质：

① 尽可能高的生成焓（ΔH_f），常见的预聚物的生成焓为负值。生成焓越高（即负值越小），所组成推进剂的能量越高。

② 由相对原子质量相对较低的元素组成，以便在燃烧时所释放出的燃气有较

高的摩尔数。目前的黏合剂预聚物多数由 C、H、O、N 等元素组成，当预聚物中含有氯等相对质量较高的元素时，推进剂的比冲都比较低，这就是 PVC 推进剂能量较低的原因。此外，当预聚物中的氧含量较高时，虽然其中的氧原子不处于氧化态，但在燃烧时却可以减少黏合剂对氧的需求量。

③ 具有较低的玻璃化温度（T_g），使制成的推进剂在较低的使用温度范围时（如−50 ℃）仍具有良好的力学性能，例如 HTPB 的 T_g 可达−80 ℃左右。

④ 为了使制成的推进剂有良好的力学性能，并保证推进剂药浆有合适的黏度，预聚物应具有合适的平均相对分子质量和较小的分散性，对 HTPB 而言，一般控制其平均相对分子质量的分散指数（重均相对分子质量与数均相对分子质量之比）在 1.5～1.7 之间。

7.2.2 黏合剂预聚物的固化反应及其控制参数

7.2.2.1 固化反应类型

迄今为止，在复合固体推进剂中所选择的预聚物均为端基有活泼氢的线性高分子，它们参与固化反应的官能团一般为羟基（—OH）或羧基（—COOH）和硫基（—SH），目前行之有效的固化反应官能团分别为异氰酸酯基（—N═C═O）、环氧基（—CH—CH_2，CH 与 CH_2 经 O 相连成环）、氮丙啶基（—CH—CH_2，CH 与 CH_2 经 NH 相连成环）和 PbO_2 等。预聚物与这些固化剂之间的反应均遵循加聚反应的原则，即不释放小分子副产物。这些反应如下。

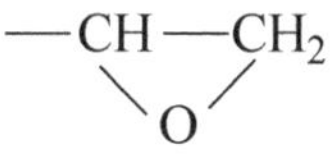

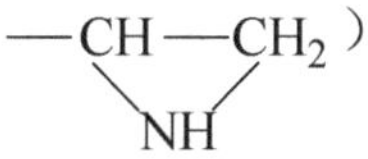

1. 醇与异氰酸酯的双键加成

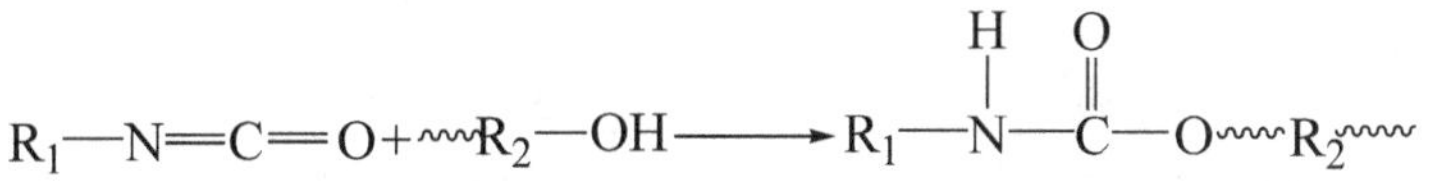

$$R_1\text{—N═C═O}+\sim\sim R_2\text{—OH}\longrightarrow R_1\text{—N(H)—C(═O)—O}\sim\sim R_2\sim\sim$$

所生成的产物为典型的聚氨基甲酸酯，即通称的聚氨酯。常用的异氰酸酯有甲苯二异氰酸酯（TDI）、异佛尔酮二异氰酸酯（IPDI）、六次甲基二异氰酸酯（HDI）及其与水的加成产物（美国商品名 N−100）。可以与这些异氰酸酯反应的预聚物包括：端羟基聚丁二烯（HTPB），端羟基聚醚，如聚乙二醇（PEG）、环氧乙烷与四氢呋喃的共聚醚［P（E/T）］，聚环氧丙烷（PPG）等。

2. 羧酸与环氧化合物的加成

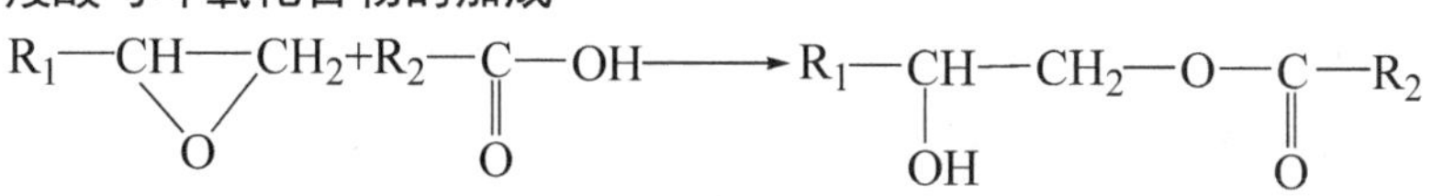

$$R_1\text{—}\underset{\text{O}}{\text{CH—CH}_2}+R_2\text{—C(═O)—OH}\longrightarrow R_1\text{—CH(OH)—CH}_2\text{—O—C(═O)—}R_2$$

此反应适用于端羧基聚丁二烯（CTPB）、以羧基封端的聚酯以及以羧基封端的丁二烯、丙烯腈、丙烯酸三元共聚物（CTPBAN）等，可与上述端羧基预聚物反应的环氧化物较多，典型的有牌号为 DER–332 的环氧化物：

$$(CH_3)_2-CH-\left(-C_6H_4-O-CH_2-\underset{\diagdown O \diagup}{CH-CH_2}\right)_2$$

3. 羧酸或羟基的活泼氢与氮丙啶的开环加成反应

$$R_1-\underset{\underset{O}{\|}}{C}-OH+R_2-\underset{\diagdown NH \diagup}{CH-CH_2}\longrightarrow R_1-\underset{\underset{O}{\|}}{C}-O-CH_2-\underset{\underset{NH_2}{|}}{CH}-R_2$$

目前应用的氮丙啶化合物较多，典型的有代号为 MAPO 的三（2–甲基氮丙啶）氧化膦（$O=P\left(-N\lt\begin{matrix}CH-CH_3\\|\\CH_2\end{matrix}\right)_3$）以及 BITA：

$$C_6H_3\left[-\underset{\underset{O}{\|}}{C}-N\lt\begin{matrix}CH-C_2H_5\\|\\CH_2\end{matrix}\right]_3$$

根据高分子化学的凝胶化理论，只有当支化概率 $\alpha>1/2$ 时，才可能生成三维网络，即临界支化概率为

$$\alpha_c=\frac{1}{\overline{f}-1}$$

式中，$\overline{f}$ 为反应物平均官能度，因此，要使固化反应获得三维弹性网络，除了双官能度的预聚物外，必须使用官能度大于 3 的交联剂。在上述三种固化反应中，MAPO 和 BITA 既是固化剂，也是交联剂，对于 $\overline{f}=2$ 的端羟基的聚醚（PEG、PPG），除了使用 TDI、IPDI 之类二异氰酸酯之外，还应使用三羟甲基丙烷（TMP）之类交联剂。

7.2.2.2 控制参数

控制固化反应的参数包括预聚物与固化剂之间的物质的量比值（R）及交联剂与预聚物之间的物质的量比值（ρ_T）。为了调节推进剂的伸长率，固化反应中有时需使用可以延长交联点之间的摩尔质量的延链剂，其用量由延链剂的化学计量与预聚物的物质的量比（ρ_{exp}）控制。而上述反应的速度则需通过催化剂的品种及用

量来控制。

1. *R* 值

当使用二异氰酸酯（如 TDI）与端羟基聚醚（PEG）反应时，

$$R=\frac{—\mathrm{N}═\mathrm{C}═\mathrm{O}\text{基的物质的量}}{—\mathrm{OH}\text{基的物质的量}}$$

在无副反应的情况下，二者完全反应时的 R 值为 1，即两种反应物应以等物质的量比投入，反应物的物质的量为其摩尔质量除以官能度求得。例如，当使用 TDI 与 $\bar{f}$ =2、相对分子质量为 8 000 的 PEG 反应时，维持 R 值为 1 时的投料量之比为

$$\frac{174}{2}:\frac{8\ 000}{2}\text{（g）（174 为 TDI 的摩尔质量）}$$

在工业上，端羟基预聚物的官能度往往以羟值的方式表示。羟值是指在分析预聚物的羟基含量时，用一定量的苯二甲酸酐与羟基反应，用氢氧化钾滴定过量的酸酐，每克预聚物样品所消耗的 KOH 毫克数，以“mg/g”表示，由羟值及相对分子质量，可以求出该预聚物的官能度，即

$$\bar{f}=\frac{\text{羟值}}{56.10}\times\overline{M_{\mathrm{n}}}/1\ 000$$

式中，羟值为以 mg/g 表示的数值；56.10 为 KOH 的摩尔质量。例如，羟值为 26.07 mg/g 的 P（E/T），当其数均摩尔质量为 4 000 时，代入上式，求出其平均官能度为 1.86。

2. ρ_{T} 值

ρ_{T} 值定义为交联剂与预聚物的物质的量比，即

$$\rho_{\mathrm{T}}=\frac{\text{交联剂的物质的量}}{\text{预聚物的物质的量}}$$

ρ_{T} 值越高，则固化产物的交联密度越大。常用的交联剂为 $\bar{f}\geqslant 3$ 的高分子醇类和胺类，如三羟甲基丙烷（TMP，$C_6H_{14}O_3$）。

$$\mathrm{CH_3—CH_2—C}\begin{cases}\mathrm{CH_2OH}\\\mathrm{CH_2OH}\\\mathrm{CH_2OH}\end{cases}$$

在环氧乙烷四氢呋喃共聚醚 TDI 体系中，以三羟甲基丙烷（TMP）为交联剂时，假设固化反应参数 ρ_{T} 选为 0.40，则交联剂 TMP 的化学计量为 0.40×P(E/T)的物质的量。

若配方的总药量为 100 g，P(E/T)（$\bar{f}$ =2.0，$\overline{M_{\mathrm{n}}}$ =4 000）为 7.0 g 时，P(E/T)中每摩尔羟基的相对质量为

$$\frac{4\ 000}{2.0}=2\ 000$$

7 g 胶含 $\frac{7}{2\ 000}=0.035$（mol）的羟基，所以，TMP 的物质的量为 0.4×0.035 mol=0.014 mol，而 TMP 的相对分子质量为 $\bar{M}=134$，所以，TMP 投料量为 0.014×134=1.876（g）。

3. ρ_{exp} 值

ρ_{exp} 值定义为延链剂的物质的量与预聚物的物质的量之比。对于由异氰酸酯固化的预聚物，延链剂多数为低分子的二元醇（如乙二醇、二乙二醇、丁二醇）以及其他低分子二元醇类。

4. 固化催化剂用量

一般用占反应总物料的质量分数来表示。对端羟基预聚物与异氰酸酯的反应而言，常用的催化剂有二月桂酸二丁基锡（DBTDL、牌号 T–12）、辛酸亚锡、氧化铅等。

7.2.3 对固化体系的要求

从上述三类固化反应的讨论中可以看出，复合固体推进剂的黏合剂除增塑剂外，一般应包括预聚物与固化剂、延链剂及固化催化剂。在固化反应中，为了使黏合剂能形成三维网络的连续相，使各种填料均匀牢固地黏结在一起，这些固化体系还应满足以下要求：

① 各组分的官能团的反应活性要尽可能相近，使反应趋于完善，而且生成的网络缺陷尽可能少。例如，在聚氨酯合成中，主要是活泼氢化合物的亲核中心攻击异氰酸酯（—NCO）中正电性强碳原子的加成过程。因此，异氰酸酯基所在母体的结构不同，其反应活性有所不同，如果母体中有供电子基团，则异氰酸酯中的碳原子的电负性增加，其反应活性将有所降低。相反，母体中有吸电子基团，则有利于提高异氰酸酯的反应活性。例如，在芳香族的异氰酸酯中，它们的活性为

$$O_2N-C_6H_4-NCO > C_6H_5-NCO > H_3C-C_6H_4-NCO > H_3CO-C_6H_4-NCO$$

在固体推进剂制造中，常用的异氰酸酯有：甲苯二异氰酸酯（TDI）、异佛尔酮二异氰酸酯（IPDI）、六次甲基二异氰酸酯及其水改性产物（N–100）及二苯基甲烷二异氰酸酯（MDI）。

在含活泼氢的化合物中，若含供电子基团，则有利于活泼氢与异氰酸酯的反应。一般来说，在无空间障碍的情况下，氨基的活性大于羟基，它们与异氰酸酯基反应的活性顺序为：$CH_3NH_2 > C_6H_5NH_2 > CH_3OH > C_6H_5OH > CH_3SH > (CH_2{=}CH)_2NH$。

在端羟基聚丁二烯中，顺式或反式的烯丙基伯羟基 ~~~CH—CH═CH—CH—OH 与异氰酸酯的反应活性相近，而且比乙烯基式伯羟基 $\begin{array}{l}\sim\sim CH-CH_2-OH\\ \ \ \ \ |\\ \ \ \ \ CH{=}CH_2\end{array}$ 的反

应活性高 3.4～3.9 倍。

因此，在选择固化剂时，要考虑预聚物端基的反应能力。

② 官能团之间的反应有严格的定量关系，也就是说，基本上可以从化学反应式的计量关系控制反应的程度。而且，副反应也可以通过反应物计量关系的控制来预估。

③ 反应的速度有充分调节的余地，为了满足药浆中各组分之间的充分混合、脱气和浇铸的要求，一般希望药浆有数小时的适用期（pot life），此时，适用期的调节可以通过温度、催化剂及其用量来实现。

④ 对于以异氰酸酯为固化剂的反应来说，主要副反应是水分的干扰，水与异氰酸酯作用会释放 CO_2 气体，严重时会导致推进剂内大量气孔的形成，因此，除了严格控制原材料的水分含量外，还要选择对 H_2O 不过分敏感的固化剂，例如 HDI 和 IPDI 对 H_2O 的敏感性要比 TDI 小得多。

⑤ 反应的放热量少，推进剂的固化收缩量不至于过大。

⑥ 推进剂的固化剂与发动机衬层之间的反应速度要互相匹配。为了使在贴壁浇铸的火箭发动机的推进剂与绝热衬层之间有良好的界面黏结，往往需要在绝热衬层未完全固化时，即向其中浇铸药浆，然后使药浆与绝热衬层同时各自完成固化反应，从两者的固化速度的匹配出发，一般二者使用不同的固化剂。例如。在衬层中使用 IPDI 固化，而药浆则使用 TDI 固化。

提出上述原则的目的是获得有良好工艺和力学性能的黏合剂。现有大多数固体推进剂均应用于壳体黏结的装药结构，推进剂在固化后及其使用期间，除了承受运输振动载荷、点火压力冲击、起飞惯性等作用之外，由于复合推进剂的热膨胀系数一般比发动机金属壳体的大约 10 倍，因此，火箭发动机工作时，复合推进剂装药将承受很大的应力和应变作用。为了维护装药结构的完整性，除了在大型发动机装药设计中采用“人工脱黏层”的措施达到释放应力之外，一般还要求作为复合固体推进剂的黏合剂体系在固化后形成具有高弹性质的橡胶弹性体。例如，为了使固体含量达 88%的固体推进剂获得 50%的伸长率，未加固体填料时，黏合剂基体本身应具有 400%～500%的伸长率。

7.3　聚硫橡胶推进剂

此类推进剂是以液态聚硫橡胶为黏合剂，加入氧化剂及铝粉等固体填料之后，经固化交联而制成。所制成的推进剂具有良好的力学性能，当氧化剂（AP）的含量＜80%时，其抗拉强度可达 0.98～1.50 MPa，延伸率达 50%～100%，而且燃烧性能良好，燃速压力指数在 0.2～0.4 之间，并有较宽的燃速调节范围。在 20 世纪 50 年代曾得到较广泛的应用，例如，美国的空空导弹“猎鹰”、地空导弹“奈克 2”的主发动机，地地导弹“曲棍球”及“斗牛士”的助推器等数十种导弹中都使用了聚硫橡胶推进剂。但是，由于此类推进剂的含硫量较高，燃气产物的平均摩尔质量高，能量水平较低，实际比冲只有 2 206.5 N • s/kg，因而限制了它的发展，逐渐为其他推进剂所取代。

7.3.1 聚硫橡胶黏合剂的合成及其性质

一般采用二卤代烷与多硫化钠在分散体系中进行缩聚而获得聚硫橡胶，再经过脱硫、裂解、凝聚、水洗、干燥等过程，即得到液态产物，合成的反应过程如下。

缩合：

$$n\mathrm{ClCH_2CH_2{-}O{-}CH_2{-}O{-}H_2CH_2Cl}+n\mathrm{Na_2S_4}\longrightarrow$$

$$\mathrm{\left(CH_2CH_2{-}O{-}CH_2{-}O{-}CH_2CH_2{-}\underset{\overset{\|}{S}}{S}{-}\underset{\overset{\|}{S}}{S}\right)_n}+2n\mathrm{NaCl}$$

其端基可以设计成不同的官能团，如巯基、羟基、卤素、胺和酰胺等，但反应活性较大的是巯基。

脱硫：

$$\mathrm{\left(CH_2CH_2{-}O{-}CH_2{-}O{-}CH_2CH_2{-}\underset{\overset{\|}{S}}{S}{-}\underset{\overset{\|}{S}}{S}\right)_n}+n\mathrm{NaCl}\longrightarrow$$

$$\mathrm{\left(CH_2CH_2{-}O{-}CH_2{-}O{-}CH_2CH_2{-}S{-}S\right)_n}+\mathrm{Na_2S_x+Na_2SO_3}$$

裂解：通过加入裂解剂（NaSH 和 Na_2SO_3）可以使产物中的—S—S—链断裂，而获得相对摩尔质量合适的液态预聚物。

$$\mathrm{\left(CH_2CH_2{-}O{-}CH_2{-}O{-}CH_2CH_2{-}S{-}S\right)_n}+\mathrm{NaSH+Na_2SO_3}$$

$$\longrightarrow\mathrm{\left(CH_2CH_2{-}O{-}CH_2{-}O{-}CH_2CH_2{-}S\right)_{n-m}}+$$

$$\mathrm{\left(CH_2CH_2{-}O{-}CH_2{-}O{-}CH_2CH_2{-}S\right)_m Na+Na_2S_2O_3}$$

凝聚：是在酸性条件下（20%硫酸或盐酸）使产物的端基团（—SNa）转化为巯基的过程。

$$2\mathrm{\left(CH_2CH_2{-}O{-}CH_2{-}O{-}CH_2CH_2{-}S\right)_m Na+H_2SO_4}$$

$$\longrightarrow 2\mathrm{\left(CH_2CH_2{-}O{-}CH_2{-}O{-}CH_2CH_2{-}S\right)_m H+Na_2SO_4}$$

上述液态聚硫橡胶预聚物在苯、甲苯、苯乙烯、环己酮、糠醛、二氯乙烷和苯甲酸等溶剂中能很好地溶解，略溶于二甲苯、丙酮中，不溶于甲醇、乙醇和脂肪碳氢化合物。液态聚硫橡胶的性质见表 7–4。

表 7–4 液态聚硫橡胶的性质

牌号	LP–62	LP–31	LP–32	LP–33	LP–2	LP–8	JL[①]
$\bar{M}$	4 000	7 500	4 000	1 000	4 000	600	4 000
黏度（25 ℃）/（Pa·s）	17～25（40 ℃）	110	40	1.5	40	0.3	17～25（40 ℃）
密度/（g·cm^{-3}）	1.32	1.31	1.27	1.27	1.27	1.27	1.32
总含硫量/%	35～40						37～40
pH	6～8	6.5～7.5	6～8	6～8	6～8	6.5～7.5	6～8
折光率（20 ℃）	1.573 4	1.570	1.569	1.569	1.560	1.557	
水分/%	<0.1	0.2	0.1～0.2	0.1	0.1～0.2	0.1	<0.1
杂质/%	0.2～0.3	—	—	—	—	—	<0.25
灰分/%	0.15～0.20	—	—	—	—	—	<0.2
铁含量/%	<0.05	—	—	—	—	—	<0.005
三氯丙烷/%	2	0.5	0.5	0.5	0.5	2	2
游离硫/%	0.3	—	—	—	—	—	<0.3
玻璃化温度/℃	–48	—	—	—	—	—	—
闪点/℃	—	235	235	221.1	232.2	182	—
燃点/℃	—	246	248.9	237.8	246.1	200	—

① 锦西化工厂产品。

7.3.2 固化体系

用作固体推进剂的聚硫橡胶预聚物一般都以巯基为端基，此种巯基可以与多种无机金属氧化物、无机过氧化物、环氧化物、对苯醌二肟等发生反应而完成固化。可使用的无机金属氧化物有 ZnO、FeO、PbO、Fe_2O_3、MgO、CaO 等，无机过氧化物则有 ZnO_2、PbO_2、MgO_2、CaO_2、MnO_2、SnO_2、Pb_3O_4 等，此外，为了调节推进剂的力学性能，聚硫橡胶推进剂中一般要加入少量的环氧树脂，因而其固化过程除了包括环氧树脂与聚硫橡胶的共聚过程外，还存在环氧树脂与酸酐的固化过程，所以，聚硫橡胶的固化是多种反应的综合，这些反应包括：

1. 巯基与金属氧化物的反应

$$HS—R—SH+PbO_2 \longrightarrow —R—S—S—R—+PbO+H_2O$$

$$HS—R—SH+PbO \longrightarrow —R—S—Pb—S—R—+H_2O$$

$$—R—S—Pb—S—R—+PbO_2 \longrightarrow —R—S—S—R—+PbO$$

2. 巯基与环氧树脂的反应

$$HS—R—SH+H_2C\underset{O}{—}CH—R'—CH\underset{O}{—}CH_2 \longrightarrow$$

$$—R—S—C—\underset{OH}{\underset{|}{C}}—R'—\underset{OH}{\underset{|}{C}}—C—S—R$$

3. 巯基与酸酐（一般为顺丁烯二酸酐）的反应

$$\text{马来酸酐} + HS—R—SH \longrightarrow \begin{cases} HOOC—CH{=}CH—S—R—SH+CO_2 \\ HOOC—CH{=}CHCOS—R—SH \end{cases}$$

4. 环氧树脂与顺丁烯二酸酐的反应

$$\text{马来酸酐} + \text{环氧树脂（含 OH）} \longrightarrow \text{环氧树脂—O—C(=O)—CH=CH—COOH}$$

所生成的羧基可进一步与环氧树脂反应而交联：

$$\text{环氧树脂—O—C(=O)—CH=CH—COOH} + \text{环氧树脂（含 OH）} \longrightarrow$$

$$\text{环氧树脂—O—C(=O)—CH=CH—COO—CH_2—CH(OH)—环氧树脂（含 OH）}$$

此反应产物中仍含有活泼的羟基，它还可以继续与酸酐反应形成更复杂的结构。

5. 巯基与苯醌二肟的反应

$$2HS—R—SH + HO—N=\langle\ \rangle=N—OH \longrightarrow$$

$$HS—R—S—S—R—SH + H_2N—\langle\ \rangle—NH_2 + H_2O$$

在上述反应中，在相同温度下，PbO_2 与—SH 的反应速度比对苯醌二肟快 10 倍左右。反应过程还需使用促进剂，常用的促进剂有硫粉、二苯肟、二甲苯胺及三乙基四胺等，当以 PbO_2 为固化剂时，促进剂硫粉的含量一般<0.1%。

由于固化反应中会产生一定量的水，会导致 H_2O 与铝粉的反应，并使药浆黏度上升，最后还会使药柱产生气孔，所以，要严格控制原材料的水分，使体系中的水分含量尽可能低，一般控制氧化剂高氯酸铵（AP）的水分在 0.05%以下，铝粉的水分以低于 0.2%为宜。

7.3.3　典型聚硫橡胶推进剂的配方及性能

聚硫橡胶推进剂是我国研制成功的第一个复合固体推进剂。研制工作始于 20 世纪 50 年代末期，先后形成多种配方，分别应用于空舰导弹、气象火箭、人造卫星末级发动机及助推器等。配方主要由乙基或丁基聚硫橡胶、高氯酸铵、铝粉、环氧树脂等组成。典型配方及性能见表 7–5。

表 7–5　聚硫橡胶推进剂的典型配方

组　　分	质量分数/%
乙基聚硫橡胶	19.0
高氯酸铵	67.0
铝粉	8.0
环氧树脂	1.3
固化剂	0.3
其他	1.4
稀释剂	3.0

推进剂的实测比冲可达 2 107～2 156 N · s/kg，密度约为 1.75 g/cm^3。在 3～11 MPa 压力范围内，燃速压力指数为 0.17。室温时抗拉强度达 1.5 MPa，–40 ℃的伸长率大于 40%，玻璃化温度–48 ℃，是一种力学性能和储存稳定性能良好的推进剂。

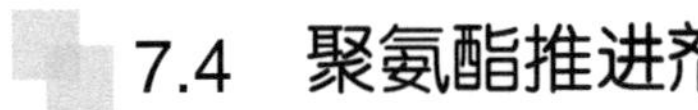

7.4 聚氨酯推进剂

聚氨酯推进剂是指在端基为羟基的黏合剂预聚物中加入氧化剂、金属燃料等混合物后，与多异氰酸酯经过生成氨基甲酸酯的固化反应而形成的一类推进剂。在固体推进剂的发展历史中，这是继聚硫橡胶推进剂之后发展起来的一种推进剂。国外的研制始于 20 世纪 50 年代中期，所研制成功的推进剂曾用于战略导弹“民兵Ⅰ”第二级、“北极星 A2”和“北极星 A3”的第一级以及一些空空、反潜、地空等战术导弹中。由于端羟基预聚物的结构较易控制，固化反应远较聚硫橡胶的简单，并且可以在较低的温度下完成，因而，固化收缩较小，力学性能的再现性好，在很大程度上满足了大型火箭发动机严格的力学性能的要求，成为复合固体推进剂中一个较重要的品种。

7.4.1 聚氨酯的化学原理

在高分子化合物的分子链上有氨基甲酸酯基（—NH—CO—O—）的聚合物，统称为聚氨基甲酸酯，简称为聚氨酯。此类高分子化合物在民用工业上有很广泛的应用价值，可以制成泡沫塑料、人造革、涂料、胶黏剂、合成纤维、热塑性弹性体等。

实际上，凡是端羟基预聚物与异氰酸酯反应时，都生成聚氨酯的链结构，所以，广义上 HTPB 推进剂和 NEPE 推进剂都属于聚氨酯推进剂的范围。它们的固化反应都以聚氨酯化学原理为基础。聚氨酯一般由二元或多元醇与二元或多元异氰酸酯反应获得：

$$\mathrm{HO{-}R{-}OH + O{=}C{=}N{-}R'{-}N{=}C{=}O \longrightarrow}$$

$$\mathrm{\sim\sim R{-}O{-}\overset{\overset{\large O}{\|}}{C}{-}NH{-}R'\sim\sim}$$

反应是由羟基的活泼氢打开异氰酸酯基（O═C═N—）的碳氮双键的过程，其反应历程实际上是由羟基化合物中成负电性的烷氧基攻击正电性的异氰酸酯的碳原子开始的：

$$\mathrm{\sim\sim R{-}\overset{(-)}{O}\cdots\overset{(+)}{H} + O\text{=}C\text{=}N{-}R'\sim\sim \rightleftharpoons}$$

$$\left[\begin{array}{c}\mathrm{O{=}C{-}N{-}R'\sim\sim}\\ \vdots\quad\ \vdots\\ \mathrm{\sim\sim R{-}O\cdots H}\end{array}\right] \longrightarrow \mathrm{\sim\sim R{-}O{-}\overset{\overset{\large O}{\|}}{C}{-}\underset{\underset{\large H}{|}}{N}{-}R'\sim\sim}$$

因而，异氰酸酯分子中存在有利于增加异氰酸酯基的碳原子的正电性基团时，将有利于其反应活性的增加。在推进剂工业中常用的异氰酸酯有甲苯二异氰酸酯（TDI）、异佛尔酮二异氰酸酯（IPDI）、六次甲基二异氰酸酯（HDI）及其与水的加成产物——多官能脲基异氰酸酯（N–100）、二苯基甲烷二异氰酸酯（MDI）等。对于甲苯二异氰酸酯来说，在与羟基反应时，2, 4–甲苯二异氰酸酯的反应活性高于 2, 6–甲苯二异氰酸酯的。因为 4 位置上的异氰酸酯基受位阻的影响较小。而二苯基甲烷–4, 4–二异氰酸酯的反应能力则高于甲苯二异氰酸酯的（在相同条件下，它们的反应活性按下列次序依次递减：MDI＞TDI＞IPDI＞HDI）。

由六次甲基二异氰酸酯与水反应生成的一种结构较为复杂的脲基多异氰酸酯产物称为 N–100，它可克服 HDI 挥发性大、毒性大的缺点，其官能度由反应程度所决定。平均官能度在 3.6 以下时为液态，官能度升高，其黏稠度增加。目前，在 NEPE 推进剂中一般均采用此种多异氰酸酯为固化剂。合成该种多异氰酸酯的反应主要如下：

$$\underset{\text{(HDI)}}{OCN{-}\!(CH_2)_6\!-NCO} + H_2O \rightarrow OCN{-}\!(CH_2)_6\!-NHCOOH \xrightarrow{96\ ℃} OCN{-}\!(CH_2)_6\!-NH_2$$

$$OCN{-}\!(CH_2)_6\!-NH_2 + HDI \xrightarrow{96\ ℃} O{=}C\begin{matrix} \diagup NH{-}\!(CH_2)_6\!-NCO \\ \diagdown NH{-}\!(CH_2)_6\!-NCO \end{matrix}$$

$$O{=}C\begin{matrix} \diagup NH{-}\!(CH_2)_6\!-NCO \\ \diagdown NH{-}\!(CH_2)_6\!-NCO \end{matrix} + HDI \xrightarrow{130\ ℃} O{=}C\begin{matrix} \diagup NH{-}\!(CH_2)_6\!-NCO \\ \diagdown NH{-}\!(CH_2)_6\!-NCO \end{matrix}$$

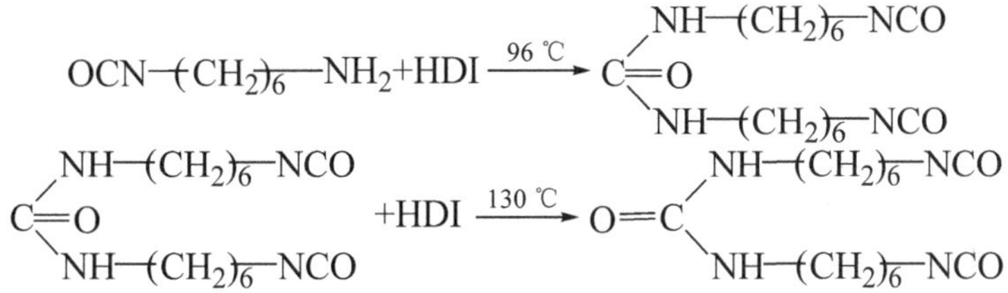

所生成的缩二脲分子中氮原子上的氢仍具有与 HDI 反应生成双缩二脲的可能。此外，反应还可能生成三聚体异氰酸脲：

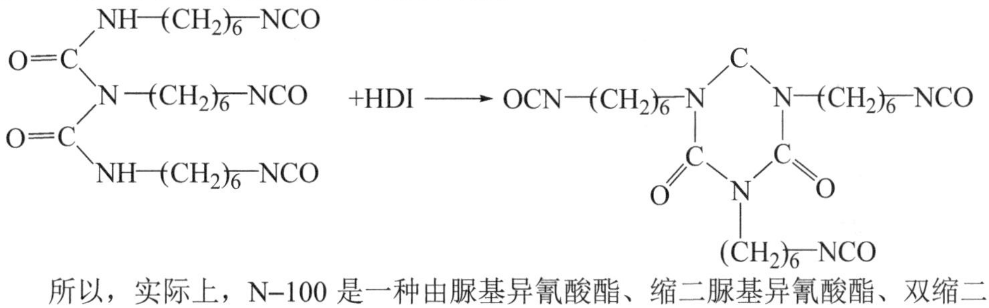

$$\begin{matrix} O{=}C{-}NH{-}\!(CH_2)_6\!-NCO \\ | \\ N{-}\!(CH_2)_6\!-NCO \\ | \\ O{=}C{-}NH{-}\!(CH_2)_6\!-NCO \end{matrix} + HDI \longrightarrow OCN{-}\!(CH_2)_6\!-N\begin{matrix} \diagup C \diagdown \\ | \qquad | \\ C(=O){-}N{-}C(=O) \end{matrix}N{-}\!(CH_2)_6\!-NCO \quad (\text{ring N: } (CH_2)_6{-}NCO)$$

所以，实际上，N–100 是一种由脲基异氰酸酯、缩二脲基异氰酸酯、双缩二脲异氰酸酯及三聚体异氰酸脲组成的混合物，其官能度有较大的分散性。

在活泼氢化合物与异氰酸酯反应生成氨基甲酸酯的过程中，由于产物 R′NHCOOR 中与氮原子相连的氢原子仍具有反应活性，在催化剂作用下，仍可与异氰酸酯反应生成脲基甲酸酯，并且，后者还可能继续与异氰酸酯反应生成缩二脲结构：

$$\sim\sim R-O-\overset{\displaystyle O}{\overset{\|}{C}}-\overset{\displaystyle H}{\overset{|}{N}}-R'\sim\sim + OCN-R'-NCO$$

$$\longrightarrow \sim\sim R-O-\overset{\displaystyle O}{\overset{\|}{C}}-\underset{\underset{\displaystyle R'\sim\sim}{|}}{N}-\overset{\displaystyle O}{\overset{\|}{C}}-\overset{\displaystyle H}{\overset{|}{N}}-R'-NCO \qquad \text{（脲基甲酸酯）}$$

$$\sim\sim R-O-\overset{\displaystyle O}{\overset{\|}{C}}-\underset{\underset{\displaystyle R'\sim\sim}{|}}{N}-\overset{\displaystyle O}{\overset{\|}{C}}-\overset{\displaystyle H}{\overset{|}{N}}-R'-NCO+OCN-R'-NCO\longrightarrow$$

$$\sim\sim R-O-\overset{\displaystyle O}{\overset{\|}{C}}-\underset{\underset{\displaystyle R'\wr}{|}}{N}-\overset{\displaystyle O}{\overset{\|}{C}}-\underset{\underset{\displaystyle R'NCO}{|}}{N}-\overset{\displaystyle O}{\overset{\|}{C}}-\overset{\displaystyle H}{\overset{|}{N}}-R'-NCO \qquad \text{（缩二脲）}$$

在生成的氨基甲酸酯和脲基甲酸酯中，羰基上的氧原子提供了形成氢键的条件。由于氢键的方向性，当聚合物链上烷基碳的数目使得氨基甲酸酯中的 CO 基与另一分子链上 NH 易于按形成氢键的方向排列时，聚氨酯中的氢键的数目将显著增加。虽然氢键的键能较小（25 kJ/mol 左右），但它们对所制成的推进剂的力学性能却有重要的贡献。

在生成聚氨酯的化学反应中，提供活泼氢的基团除了—OH 之外，还有$—NH_2$、—SH、—COOH 等。所以，在推进剂工业中，曾应用多元胺（如商品名为 MOCA 的 3, 3′–二氯 4, 4′–二胺基二苯基甲烷：$H_2N-C_6H_3(Cl)-CH_2-C_6H_3(Cl)-NH_2$）为辅助交联剂调节力学性能。

7.4.1.1 催化剂的作用

羟基、氨基、羧基之类含有活泼氢的基团与异氰酸酯之间的亲核加成反应在一些酸性、碱性或金属离子催化剂的存在下可加速反应过程。催化剂的作用是与异氰酸酯中呈正电性的碳原子结合成活性中间体，从而加速与羟基等基团的反应过程：

$$OCN-R-NCO+B: \longrightarrow \left[OCN-R-N=\underset{}{\overset{O^-}{\overset{|}{C}}}-B^+\right] \xrightarrow{HO-R'-OH}$$

$$\left[OCN-R-\underset{H}{\underset{|}{N}}-\overset{O^-}{\overset{|}{\underset{O-R'-OH}{\underset{|}{C}}}}-B^+\right] \longrightarrow OCN-R-\overset{H}{\overset{|}{N}}-\overset{O}{\overset{\|}{C}}-OR'OH+B:$$

亲核加成反应机理：若在含有活泼氢的化合物中，其亲核中心的电负性越大，则与异氰酸酯的反应活性越高，反应速度越快。此外，在异氰酸酯分子中，若与—N═C═O 连接的 R 存在吸电子基团，异氰酸基团中碳原子的正电性增加，则更有利于与亲核试剂的反应。

7.4.1.2　水分对生成聚氨酯反应的影响

由于异氰酸酯基（—N═C═O）很容易与含有活泼氢的化合物反应，所以，若有水分存在，将发生生成氨基甲酸的反应：

$$\sim\sim R'-N=C=O+H_2O \longrightarrow \sim\sim R'-\overset{H}{\overset{|}{N}}-\overset{O}{\overset{\|}{C}}-OH$$

但是，氨基甲酸属于不稳定化合物，其结果是释放二氧化碳：

$$\sim\sim R'-\overset{H}{\overset{|}{N}}-\overset{O}{\overset{\|}{C}}-OH \longrightarrow \sim\sim R'-NH_2+CO_2$$

而生成的胺作为携带活泼氢的基团，会与异氰酸酯反应生成脲基结构：

$$\sim\sim R'-NH_2+O=C=N-R'-N=C=O$$

$$\longrightarrow \sim\sim R'-\overset{H}{\overset{|}{N}}-\overset{O}{\overset{\|}{C}}-\overset{H}{\overset{|}{N}}-R'-N=C=O$$

因此，在制造推进剂时，应该严格控制原材料的干燥程度和环境中的湿度，一般控制 AP 的水含量≤0.05%，而空气中的绝对湿度应小于 18 g H_2O/m^3，否则，在制得的推进剂中将生成大量气孔。由于副反应消耗了较多的异氰酸酯，反应将不完全按原设定的情况进行，推进剂的力学性能将达不到设计要求。

7.4.2　黏合剂的合成及性质

从理论上说，凡是通过生成聚氨基甲酸酯的反应而固化获得的复合推进剂都属于聚氨酯推进剂，其中包括由端羟基聚酯、端羟基聚醚、端羟基聚丁二烯（HTPB）、端羟基聚叠氮缩水甘油醚（GAP）等与异氰酸酯固化制成的推进剂。但是，在这些黏合剂预聚物中，由于 HTPB、GAP 等化学结构单元的改变，使新制成的推进剂的性能出现了许多前所未有的特征，并成为十分重要的复合推进剂品种，因而用它们的黏合剂预聚物的化学结构来命名制成的推进剂显得更加贴切。考虑到复合固体推进剂的发展历程，习惯上只把端羟基聚酯和端羟基聚醚列入聚氨酯推进剂系列。

7.4.2.1 端羟基聚酯

通过二元或多元酸和醇之间的缩聚反应可以合成一系列的聚酯，在民用工业中有广泛的用途。聚酯推进剂的品种有聚己二酸一缩二己二醇酯、聚戊二酸辛戊二醇酯、聚癸二酸辛戊二醇酯等。

二元醇和二元酸之间的缩聚反应是典型的逐步聚合反应，而且是平衡反应，伴随着缩聚过程的进行，有小分子化合物（如 H_2O）不断放出。因此，为了避免逆反应的发生，应及时将生成的小分子除去。同时，二元酸与二元醇之间是等物质的量（等摩尔比）反应，其中一种反应物过量，将导致缩聚反应停止。虽然根据等摩尔比时的平衡反应原则，在严格控制反应物之间的摩尔比和及时除去小分子产物时，可以不断提高产物的相对摩尔质量，但是，按照缩聚反应中平均聚合度与反应程度的关系：

$$\overline{DP} = \frac{1}{1-P}$$

式中，$\overline{DP}$——平均聚合度；

P——反应程度。

当反应程度为98%时，平均聚合度也只有 50，这是一般聚酯产物的数均摩尔质量只有数千的原因。例如，聚己二酸己二醇酯的平均摩尔质量为 5 000 左右。缩聚反应易于被终止的原因来自物理因素和化学因素两个方面。随着反应的进行，体系黏度增加，反应分子的碰撞概率下降，小分子不易排出，是不易获得高摩尔质量聚酯的物理因素。反应物不能严格按等物质的量加入，特别是反应过程中易挥发组分在加热、减压处理中被带走，或由于成环等副反应的消耗，是终止缩聚过程链增长的化学因素。另外，在线性缩聚过程中，随着反应程度的增加（特别在反应后期），产物的平均摩尔质量的分布明显加宽，作为推进剂黏合剂使用时，会带来力学性能控制的困难。

我国生产的聚酯黏合剂性能见表 7–6。

由于聚酯预聚物黏度偏高，平均摩尔质量分布范围太宽，推进剂制造的工艺性能和力学性能不理想，因此，逐渐为聚醚型的黏合剂所代替。

表 7–6 聚酯黏合剂性能

批号	数均摩尔质量 /（$g \cdot mol^{-1}$）	羟值 /（$mmol \cdot g^{-1}$）	酸值 /（$mgKOH \cdot g^{-1}$）	数均官能度 $\bar{f}_n$	水分 /%
JZ—4	1 840	0.969	1.51	1.78	0.089
JZ—11	1 820	1.079	0.56	1.96	0.060
JZ—15	1 724	0.939	1.28	1.62	—
三官能度胶	2 700	1.124	1.09	3.03	0.090

7.4.2.2 端羟基聚醚

在民用工业中，聚醚型预聚物的品种相当多，适合用于推进剂的产物主要是由环氧乙烷、环氧丙烷、四氢呋喃等单体经开环聚合或共聚合而获得的液态预聚物。例如，美国用聚环氧乙烷制备了硝酸酯增塑的聚醚（NEPE）推进剂。我国根据均聚醚结构过于规整，易于结晶，影响推进剂的使用温度范围的特点，采用了共聚型的聚醚预聚物，如由环氧乙烷与四氢呋喃共聚生成的 P(E/T)和由环氧丙烷与四氢呋喃共聚获得的 784 胶等。它们都具有较低的黏度、良好的工艺性能和力学性能，可以获得高能量水平和优异力学性能的推进剂，是目前重要的黏合剂品种之一。

1. 聚醚预聚物的合成原理及性质

目前的聚醚预聚物基本上是通过开环聚合反应得到的，开环聚合是一个不同于加成聚合和缩合聚合的催化开环聚合反应。开环聚合的难易程度与环的大小，环内杂原子的给、推电子能力，催化剂的性质以及温度、溶剂性质等反应条件有关。根据所用催化剂的性质，可分为阳离子开环聚合、阴离子开环聚合和配位开环聚合；按照反应方法，又可分为本体聚合和溶液聚合。反应中以二元醇为起始剂时，所得为官能度 $f=2$ 的产品。欲得到 $f=3$ 的产品，则需使用三元醇为起始剂。聚合过程包括链引发、链增长与链终止三个过程，以环氧丙烷的阳离子催化聚合为例，其过程如下：

链引发

$$CH_3-\overset{\delta_-}{CH}-\overset{\delta_+}{CH_2}\ (\text{环 }O) + H^+ \longrightarrow \left[CH_3-\overset{\delta_-}{CH}-\overset{\delta_+}{CH_2}\ (\text{环 }\overset{+}{O}\cdots\cdots H)\right] \longrightarrow CH_3-\underset{OH}{\underset{|}{C}}-\overset{+}{CH_2}$$

链增长

$$CH_3-\overset{}{\underset{OH}{CH}}-\overset{+}{C}H_2+\underset{}{CH_2}\overset{O}{—}\underset{CH_3}{CH}\longrightarrow\left[CH_3-\underset{OH}{CH}-CH_2\quad \overset{O}{CH_2-CH}-CH_3\right]$$

$$\longrightarrow \sim\sim CH_3-\underset{OH}{CH}-CH_2-O-\underset{CH_3}{C}-\overset{+}{C}H_2$$

链终止

$$\sim O-\underset{OH}{CH}-\overset{+}{C}H_2+X^-\longrightarrow \sim O-\underset{CH_3}{CH}-CH_2X$$

常用的酸性催化剂为一些路易斯酸（例如 BF_3、$FeCl_3$、$AlCl_3$、$SnCl_2$）和全氟磺酸树脂、氯磺酸、发烟硫酸等。当以环氧乙烷和四氢呋喃共聚制备 P（E/T）预聚物时，反应控制在−5 ℃～5 ℃进行，反应时间为 24 h 左右。由于在链增长阶段，处于链端部的活性中心可能会攻击同一分子链上的—OH，从而导致环状齐聚物冠醚的生成。所以，上述反应的杂质除了酸性催化剂外，主要应除去的杂质为环状齐聚物，用溶液法制 P（E/T）时，环齐聚物的含量有时高达 7%～15%。

我国制造的一些推进剂用聚醚预聚物的性质见表 7–7。

表 7–7 聚醚预聚物的性质

品种	$\bar{M}_n$	羟值/（mmol・g^{-1}）	官能度 $\bar{f}$	黏度/（Pa・s）	酸值/（mgKOH・g^{-1}）	水分/%	分散指数	密度/（g・cm^{-3}）
PO	3 230	0.62	2.0	—	0.82	0.06	—	—
PPO	3 630	0.55	2.0	—	0.09	0.05	—	—
PPO	3 140	1.04	3.27	—	0.54	0.05	—	—
P（P/T）	3 000	0.91～1.04	2.73～3.12	3～5（25）	—	<0.10	—	—
P（E/T）	4 430	0.538	2.38	—	—	0.096 6	—	1.032
P（E/T）	3 895	27.92（mg/g）	1.94	—	0.014	0.049	1.35	—

续表

品种	$\bar{M}_n$	羟值/（mmol·g^{-1}）	官能度 $\bar{f}$	黏度/（Pa·s）	酸值/（mgKOH·g^{-1}）	水分/%	分散指数	密度/（g·cm^{-3}）
P（P/H$_T$）	4 200～4 500	0.50		2～3（40）	＜0.54	＜0.06	—	—

PPO——聚环氧丙烷；
P（P/T）——环氧丙烷–四氢呋喃共聚醚；
P（E/T）——环氧乙烷–四氢呋喃共聚醚；
P（P/H$_T$）——环氧丙烷与 3–羟基四氢呋喃共聚醚。

2. 聚氨酯推进剂的性能

含铝聚氨酯推进剂的最高理论比冲在 2 549～2 598 N·s/kg，密度在 1.65～1.81 g/cm^3，图 7–1 和图 7–2 分别是聚酯型聚氨酯推进剂和聚醚型聚氨酯推进剂的实测比冲与铝粉–氧化剂 AP 的关系图。

聚氨酯推进剂燃烧稳定、燃速压力指数较小，一般在 0.2～0.35，推进剂的力学性能良好，常温抗拉强度在 0.686 MPa 以上，延伸率大于 70%，高温（70 ℃）和低温（–40 ℃）的延伸率＞45%，可满足发动机装药的要求。

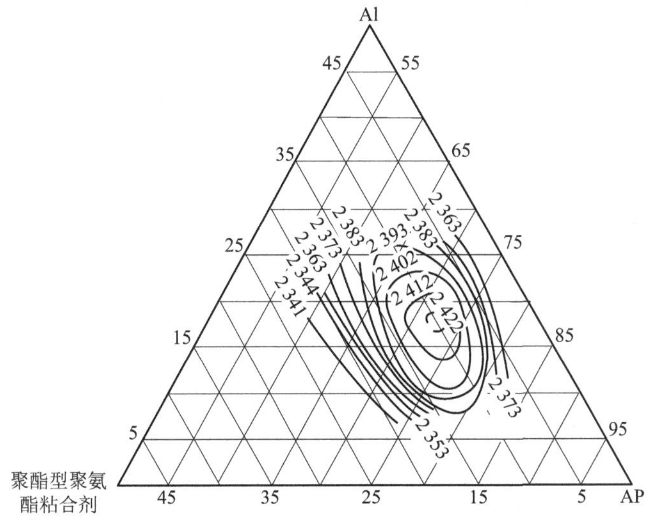

图 7–1　聚酯型聚氨酯 Al–AP 推进剂的比冲分布图

（p_c/p_e=70/1，10 Ks–2500 发动机）

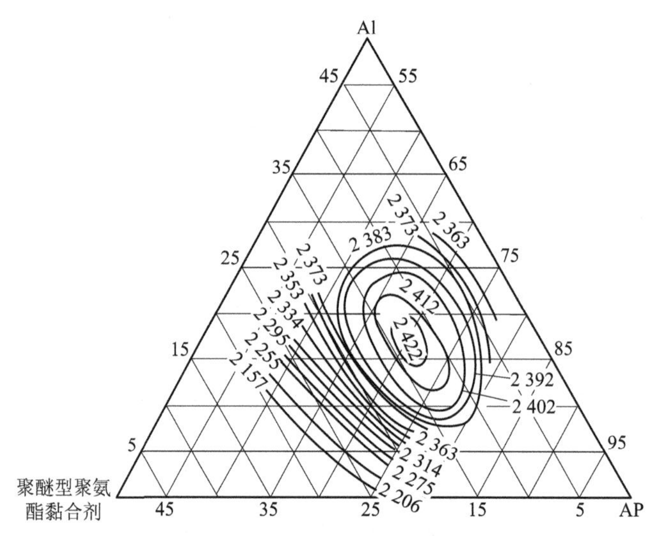

图 7–2 聚醚型聚氨酯 Al–AP 推进剂的比冲分布图

（p_c/p_e=70/1，10 Ks–2500 发动机）

7.5 聚丁二烯推进剂

这是指一类以聚丁二烯或其改性聚合物为黏合剂的复合推进剂。此类黏合剂包含两个类型：以羧基为固化官能团的预聚物和以羟基为固化官能团的预聚物。前者包括无规聚丁二烯–丙烯酸共聚物（PBAA）、无规聚丁二烯–丙烯酸–丙烯腈共聚物（PBAN）和端羧基聚丁二烯（CTPB）。后者指目前广泛应用于各种战略和战术导弹和火箭武器的端羟基聚丁二烯（HTPB）。聚丁二烯推进剂从 PBAA 发展到 HTPB 反映了高分子黏合剂的结构–性能关系中分子的合理设计过程。早期的 PBAA 分子链中，由于固化反应官能团—COOH 沿着分子链呈无规则分布，使制得的推进剂的力学性能重现性较差，现已停止使用。在分子链中引入腈基，可在较大程度上改善主链上羧基的分布间隔，对力学性能和抗氧化性能有较大的改善，但力学性能尤其是低温力学性能仍不理想。进一步发展是获得固化网络可控的丁二烯预聚物。解决的途径是将固化官能团设计在分子链的两端，这就是所谓的遥爪型聚合物，即端羧基聚丁二烯。以后发现羧基的固化反应较为复杂，存在后固化反应，并且黏合剂预聚物的黏度偏高，影响了固体的加入量和推进剂的能量水平。最后，选择了遥爪型的端羟基聚丁二烯 HTPB。目前 HTPB 推进剂的各项性能的控制日趋完善，在世界范围内得到了普遍的应用，且成为战略和战术导弹及火箭中应用最多的复合推进剂。因而，本节主要介绍 CTPB 和 HTPB 两个品种。

7.5.1　端羧基聚丁二烯（CTPB）推进剂

7.5.1.1　CTPB 黏合剂的合成及其性质

表 7–8 列出了世界各国制备聚丁二烯的方法。

表 7–8　世界各国制备聚丁二烯的方法

黏合剂预聚物		国别	方法	相对分子质量（M_n）	黏度/（Pa・s）（25 ℃）
PBAA		美国	自由基乳液法	2 500～4 000	27.5～32.5
		中国	自由基乳液法	2 000	25～30（50 ℃）
PBAN		美国	自由基乳液法	3 000～4 500	30～35
		独联体	自由基法	—	—
CTPBN		中国	自由基溶液法	2 900～3 200	11～27（40 ℃）
CTPB	Hycar–CTB	美国	自由基法	4 000	39.5
	HC–434	美国	自由基法	3 800	23.9
	Telagen–CT	美国	离子聚合法	5 800	—
	Butarrz–CTL	美国	离子聚合法	6 400	29.5
	JSR–CTPB	日本	离子聚合法	3 000～5 000	<30
		俄罗斯	自由基法	～3 000	—
		中国	自由基法	3 500～5 000	30～70（40 ℃）
HTPB		日本（K–31）	阴离子聚合法		
		美国（R–45M）	自由基溶液法	2 800	5±1（30 ℃）
		中国	自由基溶液法	～2 800	7.5（40 ℃）
		独联体	自由基溶液法	—	—

无论是 PBAA、PBAN、CTPB，还是 HTPB，这些黏合剂预聚物都是由含双键的单体通过加成聚合的原理合成，需要借助引发剂或催化剂生成活性中心去攻击单体，经过链增长、链终止等步骤最后获得所需的产物。按聚合机理，有自由基聚合和离子型聚合两种。在离子型聚合中，又根据催化剂的性质分为阳离子聚合、阴离子聚合和配位离子聚合三个类型。按照工艺方法又分为溶液聚合、乳液

聚合和本体聚合等。由于复合推进剂工业上所使用的多为液态聚合物，所以，黏合剂预聚物的合成中均不采用本体聚合工艺。这些合成方法各有优缺点，目前各国生产聚丁二烯的方法总结于表 7–8。

我国采用常压低温的自由基乳液法制备 CTPB，为了获得以羧基为终端的聚丁二烯，采用过氧化环己酮为引发剂，在软水中，以聚己二醇辛基苯基醚为乳化剂进行反应。其中，引发剂过氧化环己酮用还原性硫酸亚铁的盐酸溶液使之分解为活性自由基，反应一般在负压下（余压 40～53.3 kPa）20 ℃左右进行，反应时间为 3.5～4 h，最后加入苯二酚的水醇溶液终止反应。

反应按下述方式进行：

OH　O　O　OH　$+ Fe^{2+} \longrightarrow$　OH　$O^{\bullet}$　$+$　$=O + Fe^{3+} + OH^{-}$

链引发

OH　C　$CH_2^{\bullet}$　O　$+ CH_2{=}CH{-}CH{=}CH_2 \longrightarrow HOOC(CH_2)_5CH_2CH{=}CHCH_2^{\bullet}$

OH　$O^{\bullet}$　$\xrightarrow{\text{重排}}$　OH　C　$CH_2^{\bullet}$　O

链增长

$$HOOC(CH_2)_5CH_2CH{=}CHCH_2^{\bullet} + CH_2{=}CH{-}CH{=}CH_2 \longrightarrow$$
$$HOOC(CH_2)_5(CH_2CH{=}CHCH_2)_n{-}CH_2{-}CH{=}CH{-}CH_2^{\bullet}$$

链终止

$$2HOOC(CH_2)_5(CH_2CH{=}CHCH_2)_n{-}CH_2{-}CH{=}CH{-}CH_2^{\bullet} \longrightarrow$$
$$HOOC(CH_2)_5(CH_2CH{=}CHCH_2)_{2n+2}{-}(CH_2)_5{-}COOH$$

上述两个增长着的链自由基发生双基终止即获得最终产物。所制得 CTPB 的性质见表 7–9。

表 7–9　CTPB 的性质

项　　目	数值	测试方法
数均平均相对分子质量 $\bar{M}_n$	≥2 800	冰点下降法
羧基含量/（mmol·g^{-1}）	0.35~0.55	酸碱滴定法
黏度/（Pa·s）	≤30（40 ℃）	毛细管法
Fe^{3+} 含量/%	＜0.03	比色法
乳化剂 OP 含量/%	≤12	—
防老剂 2246/%	0.5	—
H_2O	≤0.01	

产品的平均摩尔质量和官能度均有较大分散性，如 $\bar{M}_n$ 为 2 690 的产品，其零官能度及单官能度的级分占 11.4%，二官能度分子占 69.3%，二官能度以上占 19.3%。

由于乳液法生产的 CTPB 中乳化剂残留量偏高，以后又发展了溶液法制备，采用了过氧化戊二酸–无水乙醇合成路线，产品质量有明显改善，黏度显著下降，而且不存在乳化剂残留现象。

7.5.1.2　端羧基聚丁二烯的固化机理

与一般有机羧酸相似，CTPB 的端羧基可以与很多官能团反应而完成固化，例如与环氧基和氮丙啶基的开环反应，与醇类的酯化反应，与异氰酸酯碳–氮双键的加成反应以及与金属氧化物（如 MgO、ZnO）缩合等。但除了与环氧基和氮丙啶基的开环反应不产生小分子副产物之外，其他反应大都会放出 H_2O 或 CO_2 等小分子。所以，迄今为止，在推进剂工业中，适于作为 CTPB 固化剂的只有环氧化物和氮丙啶两类。

1. 与环氧固化剂的反应

曾用于 CTPB 固化反应的环氧固化剂不少，如牌号为 DER–332 的双酚 A 型环氧化物、牌号为 ERLA–0510 的对氨基苯酚型环氧化物、牌号为 EPOTNFSTF–6477–60E 的脂肪族环氧化物等。它们的化学结构和商品牌号见表 7–10。

表 7–10　环氧类固化剂

商品名	结　构　式	纯度/%
DER–332	H_2C—CH—CH_2O—⟨苯环⟩—C(CH_3)(CH_3)—⟨苯环⟩—O—CH_2—CH—CH_2（两端 C—C 以 O 成环氧环）	96

续表

商品名	结构式	纯度/%
ERLA-0510	$H_2C\underset{O}{-}CH-CH_2O-C_6H_4-N\left(CH_2-CH\underset{O}{-}CH_2\right)_2$	95
EPON-X-801	$H_2C\underset{O}{-}CH-CH_2-C_6H_3(-CH_2-CH\underset{O}{-}CH_2)(-O-CH_2-CH\underset{O}{-}CH_2)$	81
EPOTNFSTF-6477-60E	$H_3C-H_2C-C\left(H_2C-O-CH_2-CH\underset{O}{-}CH_2\right)_3$	
EPPO	$O=P\left(O-CH_2-CH\underset{O}{-}CH_2\right)_3$	

羧基与环氧之间的反应主要是羧基的活泼氢打开环氧基，在侧链上生成羟基，同时羧基也生成了酯：

$$\sim COOH + H_2C\underset{O}{-}CH-R-CH\underset{O}{-}CH_2 \longrightarrow$$

$$\sim \overset{O}{\overset{\|}{C}}-O-H_2C-\underset{OH}{\underset{|}{CH}}-R-\underset{HO}{\underset{|}{CH}}-CH_2-O-\overset{O}{\overset{\|}{C}}\sim$$

但是所形成的—OH 与未固化的—COOH 之间还可以酯化并放出 H_2O：

$$\sim \overset{O}{\overset{\|}{C}}-O-H_2C-\underset{OH}{\underset{|}{CH}}-R-\underset{HO}{\underset{|}{CH}}-CH_2-O-\overset{O}{\overset{\|}{C}}\sim + \sim COOH \longrightarrow$$

$$\sim \overset{O}{\overset{\|}{C}}-O-H_2C-\underset{O-\underset{O}{\underset{\|}{C}}\sim}{\underset{|}{CH}}-R-\overset{OH}{\overset{|}{CH}}-CH_2-O-\overset{O}{\overset{\|}{C}}\sim + H_2O$$

酯化中放出的水分子对环氧基也具有开环成醇的能力：

$$\sim CH_2-CH\underset{O}{-}CH_2 + H_2O \longrightarrow \sim CH_2-CH_2-CH_2-OH$$

此外，水的存在还可能导致固化主反应形成的主链上的酯基水解而断链：

$$\sim\!\!\overset{\overset{\displaystyle O}{\|}}{C}-O-H_2C-\underset{\underset{\displaystyle OH}{|}}{CH}-R-\underset{\underset{\displaystyle HO}{|}}{CH}-CH_2-O-\overset{\overset{\displaystyle O}{\|}}{C}\!\!\sim + H_2O \longrightarrow$$

$$\sim\!\!\overset{\overset{\displaystyle O}{\|}}{C}-O-H_2C-\underset{\underset{\displaystyle OH}{|}}{CH}-R-\underset{\underset{\displaystyle HO}{|}}{CH}-CH_2-OH + \sim COOH$$

在酸性高氯酸铵存在下，环氧化物本身还可能发生自聚：

$$nR-\underset{\diagdown\ O\ \diagup}{CH-CH_2} \longrightarrow \left(O-CH_2-\underset{\underset{\displaystyle R}{|}}{CH}\right)_n$$

因此，控制反应体系中 H_2O 的含量及固化温度等条件，对获得良好的力学性能有重要意义。

2. 与氮丙啶的固化反应

利用羧基的活性打开氮丙啶的三元氮杂环是 CTPB 推进剂制造中使用的另一种固化反应。常用的氮丙啶化合物见表 7–11。

表 7–11　氮丙啶固化剂

商品名	结　构　式	常温物态	纯度/%
MAPO	$O{=}P\left(N\!\!\triangleleft\!-CH_3\right)_3$	液体	96
BITA	$C_6H_5\left(\overset{\overset{O}{\|}}{C}-N\!\!\triangleleft\!-C_2H_5\right)_3$	液体	92～94
BISA	$C_2H_5-\triangleright\!\!N-\overset{\overset{O}{\|}}{C}\left(CH_2\right)_8\overset{\overset{O}{\|}}{C}-N\!\!\triangleleft\!-C_2H_5$	固体	92～94
TEAT	$C_3N_3\left(\overset{\overset{O}{\|}}{C}-H_2CH_2C-N\!\!\triangleleft\!-C_2H_5\right)_3$	固体	90～92
651－2	$R-\triangleright\!\!N\left(CH_2\right)_6N\!\!\triangleleft\!-R$　R=CH_3，C_2H_5	液体	95
651－4	$C_3N_3\left(N\!\!\triangleleft\!-C_2H_5\right)_3$	液体	96

羧基与氮丙啶的开环反应如下：

$$\sim\!COOH + R\left(-N\!\diagdown\!\!\!\diagup\!\!-R'\right)_3 \longrightarrow$$

$$\sim C(=O)-O-H_2C-CH(R')-HN-R(-NH-CH(R')-CH_2-O-C(=O)\sim)-NH-CH(R')-H_2C-O-C(=O)\sim$$

所以，三（2–甲基氮丙啶）氧化膦是 CTPB 的交联固化剂。

由于氮丙啶基团本身比较活泼，在固化过程中它自身会产生自聚反应。固化产生的磷氮键在水汽和热作用下较易断裂，这是 CTPB 推进剂老化的一个原因。

3. CTPB 推进剂的性能

以高氯酸铵、铝粉为固体填料的 CTPB 推进剂有较高的能量水平和较好的力学性能，最高理论比冲与 HTPB 推进剂的相当，达 2 608 N·s/kg，而且，燃烧稳定，基础燃速较快，重现性好，燃速压力指数在 0.2～0.4，曾引起各国复合固体推进剂研究人员的广泛注意。例如，法国射程为 3 000 km 的 M–20 潜地导弹的第二级和射程为 4 000～6 000 km 的 M–4 导弹的一、二、三级发动机都采用了 CTPB 推进剂。我国曾成功地将其应用于卫星回收用的制动发动机和一些型号发动机中，曾研究成功一系列能量水平不同的配方。

CTPB–Al–AP 三种主要成分的搭配与能量之间的关系情况如图 7–3 所示。

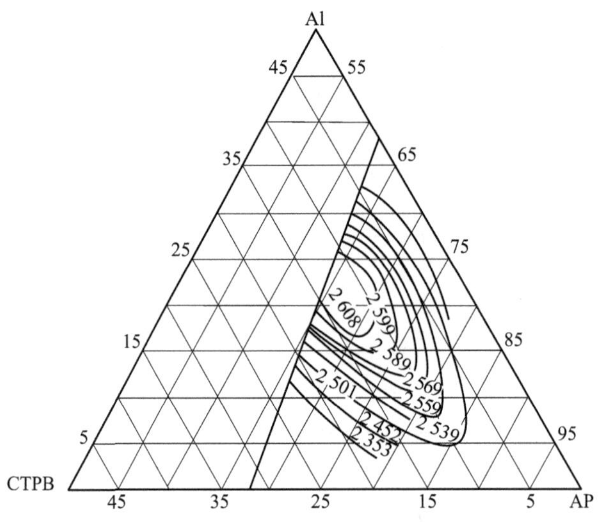

图 7–3 AP–Al–CTPB 推进剂的理论比冲分布图（p_c/p_e=70/1，最佳膨胀，0° 半角）

固化系统一般使用环氧树脂、氧化镁或三（2–甲基氮丙啶）氧化膦（MAPO）。CTPB 推进剂的性能见表 7–12。

表 7–12　CTPB 推进剂的性能

配方	实测比冲/（N·s·kg^{-1}）	燃速/（mm·s^{-1}）	压力指数	力学性能					
				20 ℃		70 ℃		–20 ℃	
				σ/MPa	ε/%	σ/MPa	ε/%	σ/MPa	ε/%
A	2 256	5.4–5.9	≤0.3	1.07	25				
B	2 265	5.6	≤0.2		30				25
C	2 446	8.87			29				22
D[①]	2 599 理论比冲	11.43	0.4	0.9（25 ℃）	57	0.61（66 ℃）	75	2.2	26（–51 ℃）

① 为美国配方。

7.5.2　端羟基聚丁二烯（HTPB）推进剂

HTPB 推进剂是继 CTPB 之后发展起来的一种性能更加优良的复合推进剂。将端基由羧基换成羟基之后，黏合剂预聚物的黏度降低，工艺更优良，更易于控制，抗老化性能进一步提高。目前已应用于各种战略、战术导弹和无控火箭武器中，已成为世界各国应用最为广泛的推进剂品种之一。

7.5.2.1　HTPB 的合成方法

与 CTPB 黏合剂相似，可以采用自由基聚合法或离子型聚合法使丁二烯单体完成聚合反应。美国、中国和俄罗斯均采用自由基聚合法，而日本则采用阴离子聚合法。

1. 自由基聚合法

与一般烯烃的自由基聚合相似，丁二烯单体的聚合过程包括活性自由基的生成、链引发、链增长和链终止等几个过程。我国目前采用过氧化氢作引发剂，乙醇为溶剂，用溶液法制备 HTPB。反应历程为：

（1）引发剂分解

引发剂 H_2O_2 分解生成自由基按下述方式进行：

$$H_2O_2 \longrightarrow 2HO^{\bullet}$$

但过氧化氢本身存在生成水和放出氧气的副反应：

$$2H_2O_2 \longrightarrow 2H_2O + O_2$$

（2）链引发

所生成的自由基与丁二烯单体之间按 1, 4 加成方法进行：

$$HO^{\bullet} + CH_2{=}CH{-}CH{=}CH_2 \rightarrow HOCH_2{-}CH{=}CH{-}CH_2^{\bullet}$$

引发活化能较低，为 20.92～33.4 kJ/mol，因而引发很容易进行。

（3）链增长

由于丁二烯单体分子双键中 p 电子轨道在空间的交盖，p 电子在整个分子中趋向于平均分布，因而在聚合的链增长过程中，链引发所生成的自由基除了进攻单体的 2 位置外，还可以进攻第 4 个碳原子，导致 1, 4 加成和 1, 2 加成同时发生。此外，还可以发生反式的和顺式的 1, 4 加成。这就预示 HTPB 预聚物的微观结构较为复杂。上述链增长过程可表示为

$$HO{-}CH_2CH{=}CHCH_2^{\bullet} + H_2C{=}\underset{H}{C}{-}\underset{H}{C}{=}CH_2 \longrightarrow \begin{cases} HO{-}\underset{H_2}{C}{-}\overset{H}{C}{=}\overset{H}{C}{-}\underset{H_2}{C}{-}M \\ HO{-}\overset{H_2}{C}{-}\underset{H}{C}{=}\overset{H}{C}{-}\underset{H_2}{C}{-}M \\ HO{-}\overset{H_2}{C}{-}\overset{H}{C}(CH{=}CH_2){-}M \end{cases}$$

一般反式结构化合物的能位较低，所以，上述反应所获得的反式 1, 4 结构 HTPB 的含量较顺式的高。

（4）链终止

与一般自由基聚合过程相似，丁二烯的聚合过程有两种链终止方式，即双基偶合终止和歧化终止。

双基偶合终止：

$$2HO{+}CH_2CH{=}CHCH_2{+}_n CH_2CH{=}CHCH_2^{\bullet} \longrightarrow 2HO{+}CH_2CH{=}CHCH_2{+}_{2n+2}OH$$

歧化终止：

$$HO{+}CH_2CH{=}CHCH_2{+}_n CH_2CH{=}CHCH_2^{\bullet} + HO{+}CH_2CH{=}CHCH_2{+}_m CH_2\underset{\underset{CH=CH_2}{|}}{CH^{\bullet}} \quad Rx_n$$

$$\longrightarrow HO{+}CH_2CH{=}CHCH_2{+}_n CH_2CH{=}CHCH_3 + HO{+}CH_2CH{=}CHCH_2{+}_m CH{=}\underset{\underset{CH=CH_2}{|}}{CH}$$

在上述两种链终止方式中，双基偶合终止为链终止的主要方式。此外，引发剂分解生成的自由基 $HO^{\bullet}$ 也可能参与链终止反应：

$$HO^{\bullet} + HO \!-\!\!\left(CH_2CH\!=\!CHCH_2\right)_{\!n} CH_2CH\!=\!CHCH_2^{\bullet} \longrightarrow$$

$$HO \!-\!\!\left(CH_2CH\!=\!CHCH_2\right)_{\!n} CH\!=\!CH-CH\!=\!CH_2 + H_2O$$

由于丁二烯单体存在共轭效应，不饱和键的 p 电子在分子内的分布趋于均化，聚合过程包括链增长和链终止以及链转移，可能发生在单体分子上的多个位置，因此，HTPB 产物中除了主要为反式 1,4 加成产物、顺式 1,4 加成产物以及 1,2 加成产物外，还存在少量仲羟基结构、零官能度结构、官能度大于 2 的结构。例如：

①

$$HO^{\bullet} + \sim\!CH_2\underset{\displaystyle CH=CH_2}{\underset{|}{CH}}\!\sim \longrightarrow \sim\!CH_2\underset{\displaystyle CH-CH_2OH}{\underset{|}{CH}}\!\sim \xrightarrow{-H}$$

$$\sim\!CH_2\underset{\displaystyle CH-CH_2OH}{\underset{\|}{C}}\!\sim$$

（烯丙基伯羟基）

②

$$\sim\!CH_2\underset{\displaystyle CH=CH_2}{\underset{|}{CH}}\!\sim \xrightarrow{-H} \sim\!CH_2\underset{\displaystyle CH=CH_2}{\underset{|}{C^{\bullet}}}\!\sim \longrightarrow$$

$$\sim\!CH_2\underset{\displaystyle CH-CH_2^{\bullet}}{\underset{\|}{C}}\!\sim \xrightarrow{HO^{\bullet}} \sim\!CH_2\underset{\displaystyle CH-CH_2OH}{\underset{\|}{C}}\!\sim$$

（烯丙基伯羟基）

③

$$\sim\!CH_2\underset{\displaystyle CH=CH_2}{\underset{|}{CH^{\bullet}}} + HO^{\bullet} \longrightarrow \sim\!CH_2\underset{\displaystyle CH=CH_2}{\underset{|}{CH}}-OH$$

（仲羟基）

④

$$HO^{\bullet} + CH_2 = CH - CH = CH_2 \longrightarrow HOCH_2\underset{\underset{CH=CH_2}{|}}{CH^{\bullet}} \xrightarrow{M} CH_2 = CH_2 - \underset{\underset{OH}{|}}{CH} - CH_2 \sim\sim$$

（仲羟基）

（5）链转移

链转移是烯烃单体在自由基聚合中必然会发生的副反应。链转移的实质是失去一个增长着的自由基，又生成一个其他形式的自由基，其结果是导致数均摩尔质量的分散性加大和产品结构多样化。链转移的可能性很多，但可以归纳为两大类，一个是向小分子转移（如溶剂、单体、引发剂等），另一个是向大分子转移。一般来说，链转移的活化能高于链引发的活化能，所以，当在较高温度下反应时，链转移的可能性将增大，从而导致平均摩尔质量和官能度的分散性加大。

1）向溶剂转移

$$HO \sim\sim CH_2^{\bullet} + CH_3CH_2OH \longrightarrow HO \sim\sim CH_2^{\bullet} + CH_3 - \overset{\overset{OH}{|}}{CH}$$

2）向单体转移

$$HO \sim\sim CH_2^{\bullet} + CH_2 = CH - CH = CH_2 \longrightarrow HO \sim\sim CH = CH_2 + CH_3 - CH = CH - CH_2^{\bullet}$$

3）向引发剂转移

$$HO \sim\sim CH_2^{\bullet} + H_2O_2 \longrightarrow HO \sim\sim CH_3 + H_2O^{\bullet}$$

4）向大分子转移

①

$$HO \sim\sim CH_2^{\bullet} + HO \left(CH_2CH = CHCH_2 \right)_x OH \longrightarrow HO \sim\sim CH_3 + HO \sim\sim CH_3CH = CHCH^{\bullet} \sim\sim OH$$

②

$$HO \sim\sim CH_2^{\bullet} + HO \sim\sim CH_2\underset{\underset{CH=CH_2}{|}}{CH} \sim\sim OH \longrightarrow HO \sim\sim CH_3 + HO \sim\sim CH_2\underset{\underset{CH=CH_2}{|}}{C^{\bullet}} \sim\sim OH$$

③

$$HO\sim\sim CH_2^{\bullet} + HO\sim\sim CH_2CH{=}CHCH_2\sim\sim OH \longrightarrow HO\sim\sim CH_2{-}\underset{\displaystyle |\atop \displaystyle CH_2\sim\sim OH}{CH^{\bullet}}{-}CH_2\sim\sim OH$$

从以上分析不难理解为什么在 HTPB 预聚物中存在多种羟基和官能度大于 2。这些副产物的含量与聚合反应的条件如引发剂浓度、反应物浓度和时间、溶剂用量、原料的纯度、搅拌的强弱甚至反应容器的结构程度等都有关系。

7.5.2.2　HTPB 的基本性质

1. 基本性质

作为黏合剂使用时，HTPB 的主要性能参数是它的平均摩尔质量及其分散性、官能度及其分散性、顺式结构、反式结构和 1, 2 加成结构的相对含量和黏度。目前美国已将牌号为 R–45M 的 HTPB 定为推进剂用的标准，我国推进剂用的 HTPB 也与此相似，具体性质指标列于表 7–13 中。

表 7–13　HTPB 的性质

性质	美国	中国	中国	中国
	R–45M	83–190	3H–866	3H–852
数均摩尔质量 $\bar{M}_n$ /（$g \cdot mol^{-1}$）	2 800	2 796	4 275	4 130
OH 值/（$mmol \cdot g^{-1}$）	0.75±0.05	0.767	0.495	0.515
数均官能度 $\bar{f}_n$	2.2～2.4	2.14	2.11	2.13
黏度/[（$Pa \cdot s$）$\cdot$ ℃$^{-1}$]	5±1/30	2.5/40	7.5/40	9.5/40
折光指数 n_D^{25}		1.514		
密度/（$g \cdot cm^{-3}$）	＞0.87	0.908 4		
水分/%	＜0.1	0.029	0.04	0.03
H_2O_2/%	＜0.05		0.001	0.001
挥发分/%	＜0.5	0.61		
顺式结构/%	10～25	23.5	19.56	18.84
反式结构/%	50～60	56.0	57.22	58.72
乙烯基式结构/%	23～30	20.2	23.22	22.69

2. 平均摩尔质量及其分布

HTPB 的平均摩尔质量及其分布状态对推进剂的制造工艺及力学性能有重要影响。目前用于推进剂制造的数均摩尔质量一般在 3 000～4 500 g/mol。它们的分布状态与合成方法和工艺条件有关。由阴离子聚合方法获得的 HTPB，平均摩尔质量的分布较自由基聚合法的窄。在溶液法自由基聚合制备中，较低的反应温度和较低的引发剂用量、合适的反应时间都有利于获得较窄分布的产品。一般控制聚合温度在 110 ℃～117 ℃，引发剂的用量选择 3.5%左右，聚合反应时间为 2～3 h。在其他反应条件下，产物的平均摩尔质量分布以及官能度分布都有加宽的倾向。现用不同牌号 HTPB 产品的平均摩尔质量情况见表 7–14。

表 7–14 HTPB 平均摩尔质量分布状况

产品	$\bar{M}_n$（VPO 法）/（g • mol^{-1}）	分散指数 D	$\bar{M}_n$ ①分布/%			
			>26 000	26 000～5 700	5 700～1 400	<1 400
R–45M	2 800	1.77	0.2	29.32	59.0	11.48
83–108	2 977	1.63	0.49	28.25	63.81	7.46
83–190	2 796	1.64	0.31	26.27	63.93	9.50
J–3	4 060	1.52	0.54	44.46	52.20	2.85
81–61	4 143	1.74	2.90	47.90	47.00	2.10

① HTPB 的平均摩尔质量的高低分区定义：Ⅰ区：$\bar{M}_n$ >26 000；Ⅱ区：26 000～5 700；Ⅲ区：5 700～1 400；Ⅳ区：$\bar{M}_n$ <1 400。

HTPB 的平均摩尔质量的分布状况对推进剂力学性能的影响很大，分布越宽，力学性能越不理想。推进剂用的 HTPB 摩尔质量的分散指数 D 为 1.5～1.7，而且要求Ⅰ区和Ⅳ区的含量≤3%（参见表 7–15）。

表 7–15 HTPB 平均摩尔质量对推进剂力学性能的影响

HTPB	Ⅰ区含量/%	Ⅳ区含量/%	25 ℃		70 ℃	
			σ_m/MPa	ε_m/%	σ_m/MPa	ε_m/%
A	2	1	0.78	40	0.49	34
B	17	1	0.69	31	0.49	19
C	17	2	0.59	30	0.49	18
D	2	6	0.69	27	0.39	34

表中样品 A 属正常分布状态。上述结果说明，无论是高摩尔质量级分还是低摩尔质量级分的含量增加，都会带来推进剂的力学性能下降。

3. 官能度及其分布

HTPB 官能度的分散性源于聚合反应的链转移和歧化。产物的官能度是零到多官能度的平均值。随着高摩尔质量分数的增加，官能度的分布越宽，宽的官能度分布不利于力学性能的调节。不同牌号产品的官能度的分布状况见表 7–16。

表 7–16　HTPB 的官能度分布

产品牌号	$\bar{M}_n$（VPO 法）/（g · mol^{-1}）	平均官能度 $\bar{f}$	$\bar{f}_n$ =0 和 1	$\bar{f}_n$ =2	$\bar{f}_n$ =3	$\bar{f}_n$ >3
R–45M	2 800	2.20	2.0	55.50	27.6	14.90
83–198	2 890	2.29	0.6	64.20	26.00	9.20
8202	2 990	2.29	1.1	73.60	19.20	6.10
83–167	4 260	2.06	2.79	63.14	23.67	10.40
83–07	4 050	2.15	3.53	49.99	28.67	17.81

图 7–4 是 HTPB 官能度分布与平均摩尔质量状况的关系。

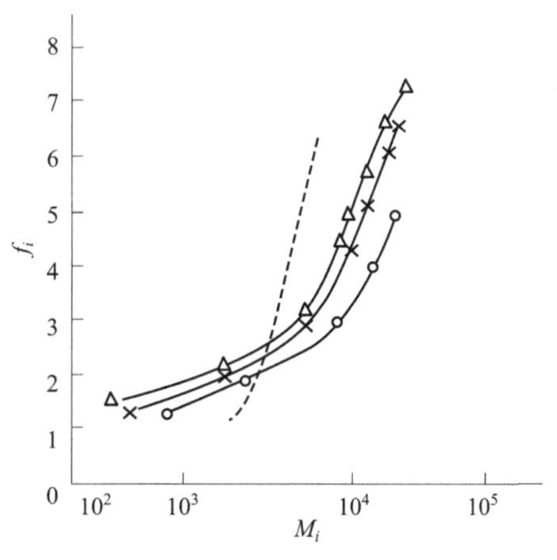

图 7–4　HTPB 的 $\bar{f}_n$ 与 $\bar{M}_n$ 的关系

黏合剂预聚物官能度的分布状况将影响到固化形成的三维网络的完善程度，窄的官能度分布有利于理想网络（缺陷少的网络）的建立。单官能的预聚物进入网络后，将形成对力学性能无贡献的悬挂链。高官能度（ $\bar{f}_n$ >3）的分量增加，会缩短网络链间的距离、使单位体积内的交联点数目增加、延伸率下降。表 7–17 是

HTPB 的官能度分布状态与推进剂力学性能的关系。

表 7–17 HTPB 的 $\overline{f}_n$ 值对推进剂力学性能的影响

HTPB	不同 $\overline{f}_n$ 值的含量/%			25 ℃		70 ℃	−40 ℃
	$\overline{f}$=1	$\overline{f}_n$=2 和 3	$\overline{f}_n$>3	σ_m/MPa	ε_m/%	ε_m/%	ε_m/%
8202	1.1	92.8	6.1	0.78	37	37	37
83–106	0.6	88.7	10.1	0.88	34	34	32
83–189	0.6	90.2	9.2	0.69	29	29	26
83–190	1.4	89.1	9.5	0.88	30	29	27
R–45M	2.0	83.1	14.9	0.88	31	25	26

此外，HTPB 的官能度分布状态还影响推进剂的工艺性质。高官能度含量的增加，不但使药浆的起始黏度升高，随着反应的进行，黏度的增长速率也大于正常的 HTPB，见表 7–18。

表 7–18 HTPB 官能度分布对推进剂药浆黏度的影响

HTPB	$\overline{M}_n$	$\overline{f}_n$	$\overline{f}_n$ 的分布/%			药浆黏度/（Pa・s）（50 ℃）		
			$\overline{f}_n$=0 和 1	$\overline{f}_n$=2 和 3	$\overline{f}_n$>3	1 h	4 h	5 h
A	4 260	2.06	2.79	86.81	10.4	6.01	15.07	23.24
B	40 580	2.15	3.53	78.67	17.82	8.78	33.54	—

一般来说，$\overline{f}_n$=2 的含量较高的 HTPB 预聚物，易于获得力学性能好的推进剂。当 HTPB 预聚物中 $\overline{f}_n$=2 的含量≥8%以上，而且官能度大于 2 的预聚物的含量不发生变动时，所制备的推进剂的力学性能才易于控制。

4. 羟基的类型

从合成 HTPB 的反应历程可知，由主反应和副反应带来了羟基结构。羟基的性质不同，与异氰酸酯固化剂反应的能力有区别。烯丙基伯羟基的反应活性高于乙烯基伯羟基的 3.4～3.9 倍，而仲羟基的反应活性更小。

各种伯羟基的含量如下。

顺式烯丙基伯羟基：

$$HO-CH_2-\overset{H}{C}=\overset{H}{C}-CH_2\sim\sim \quad 15\%\sim20\%$$

反式烯丙基伯羟基：

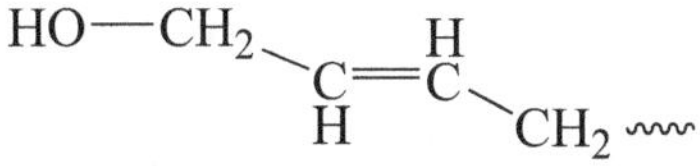

$$\mathrm{HO{-}CH_2{-}CH{=}CH{-}CH_2}\sim\quad \sim 50\%$$

乙烯基伯羟基：

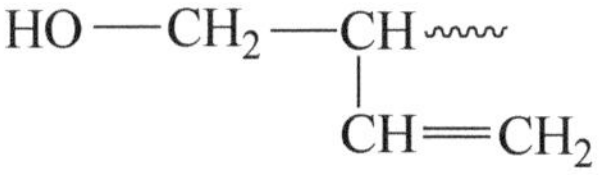

$$\mathrm{HO{-}CH_2{-}CH(CH{=}CH_2)}\sim\quad 20\%\sim 30\%$$

侧链式烯丙基伯羟基：

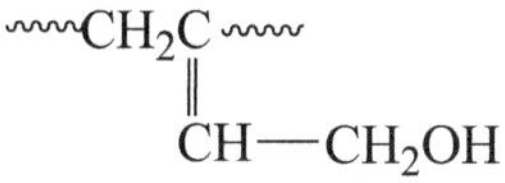

$$\sim\mathrm{CH_2C({=}CH{-}CH_2OH)}\sim\quad 10\%\sim 15\%$$

5. 黏度

HTPB 的黏度是其平均摩尔质量及分散程度、官能度及分散程度、支化多少等链结构情况的综合反映。其中，平均摩尔质量状态的影响较为明显，而且呈线性关系（与链缠结状况有关）。此外，顺式 1, 4–聚合产物的黏度一般小于反式 1, 4–聚合产物的黏度。不少研究者测定了 HTPB 的黏度与数均摩尔质量的关系，分别提出了不同条件下的表达式。其中能同时反映黏度与 $\bar{M}_n$ 及温度之间的关系式为

$$\lg\eta = -6.664 + 0.024\,6[\bar{M}_n]^{1/2} + 2\,187/T \qquad (7\text{–}1)$$

式中，T——热力学温度。

6. 环氧化物杂质

与其他丁二烯聚合物相似，无论是 1, 4–加成聚合还是 1, 2–加成聚合，其结果都会在聚合产物中留下大量的不饱和双键。理论上，每一个结构单元都存在一个双键，它们对氧气较为敏感。在热、氧气等因素作用下，会发生环氧反应，所形成的环氧化产物将以杂质的形式存在于 HTPB 胶中。

顺式结构中的环氧基：

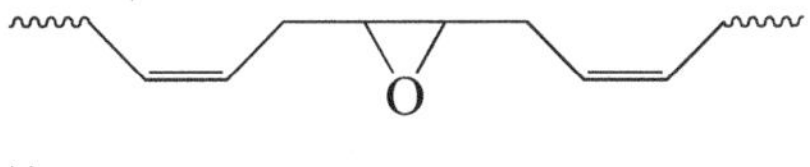

O

反式结构中的环氧基：

O

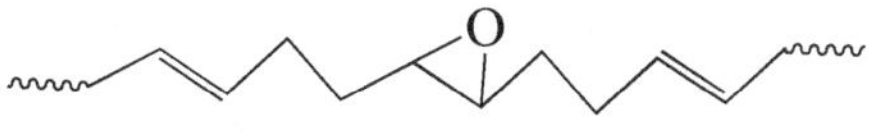

环氧基的存在对推进剂的力学性能产生不良影响。例如，在不加填料时，固化的丁羟胶片中，环氧基含量为零时，延伸率可达 480%～570%，当环氧基含量＞3%时，伸长率只有 180%。国产 HTPB 中的环氧基含量都很低，少数情况下

接近4%。

HTPB胶中环氧基含量对推进剂力学的性能影响见表7–19。

表7–19 环氧基含量对HTPB推进剂力学性能的影响

HTPB批号	环氧基含量/%	25 ℃		70 ℃		−40 ℃	
		σ_m/MPa	ε_m/%	σ_m/MPa	ε_m/%	σ_m/MPa	ε_m/%
7897	微量	0.74	54.5	0.43	50.3	2.10	64.6
83064	～3	0.67	55.6	0.38	50.2	2.20	61.7
83071	～4	0.74	51.9	0.41	42.8	2.23	58.3
8514	＞4	0.70	46.2	0.44	37.7	1.86	50.2

一般来说，环氧基含量＜3%，在推进剂制造中仍能接受。

目前，我国已制定了军用HTPB的规范，其性能应符合表7–20的要求。

表7–20 HTPB的理化性能

项目	指标				
	Ⅰ型	Ⅰ型–改	Ⅱ型	Ⅲ型	Ⅳ型
羟值/（mmol·g^{-1}）	0.47～0.53		0.54～0.64	0.65～0.70	0.71～0.80
水质量分数/%	≤0.050				
过氧化物质量分数（以H_2O_2计）/%	≤0.040			≤0.050	
黏度（40 ℃）/（Pa·s）	≤9.5		≤8.5	≤4.0	≤3.5
数均相对分子质量/（×10^3）（VPO）（GPC）	3.80～4.60	4.00～4.60	3.30～4.10	3.00～3.60	2.70～3.30
挥发物质量分数/%	≤0.5			≤0.65	

7. HTPB的固化机理

HTPB的固化是通过其分子链上的活泼羟基来完成。从化学原理来说，羟基可以与很多官能团反应，如异氰酸酯基、环氧基、氮丙啶基和羧基等。但在固体推进剂制造中，最常用的是TDI、IPDI、HDI、MDI等异氰酸酯。

与聚氨酯推进剂相似，HTPB与异氰酸酯之间的反应也是活泼氢与—NCO基团之间的亲核加成过程。不同之处是，HTPB的平均官能度大于2，因此，HTPB预聚物本身与二官能度的TDI或IPDI反应即可生成三维网络。所存在的副反应也与聚氨酯推进剂固化中的相似。特殊之处是，在较高温度下，HTPB 分子链上双键旁的 α 氢也能参与异氰酸酯的亲核加成：

$$\sim\!\!\left[\underset{\displaystyle H}{\underset{|}{CH}}-CH=CHCH_2\right]_n\!\!\sim + NCO-R-NCO \longrightarrow \sim\!\!\left[\underset{\displaystyle NH-R-NH-\underset{\displaystyle O\sim}{\underset{|}{C}}=O}{\underset{|}{\underset{\displaystyle C=O}{\underset{|}{CH}}}}-CH=CHCH_2\right]_n\!\!\sim$$

利用官能度等于或大于 2 的环氧化物，也可以使 HTPB 固化（如双酚 A 环氧）：

$$HO-R-OH+H_2\underset{\diagdown\,O\,\diagup}{C-CH}-R'-\underset{\diagdown\,O\,\diagup}{CH-CH_2} \longrightarrow$$

$$\sim R-O-CH_2-\underset{\displaystyle OH}{\underset{|}{CH}}-R'-\underset{\displaystyle OH}{\underset{|}{CH}}-CH_2-O-R\sim$$

HTPB 与氮丙啶进行开环反应时，由于 HTPB 链上—OH 的性质不同，反应能力有差异。在 HTPB 与异氰酸酯的反应中，烯丙基伯羟基的活性大于乙烯基伯羟基的。但在与氮丙啶反应时，规律相反。只有部分乙烯基伯羟基可以和 MAPO 之类氮丙啶反应：

$$O=P-CH_2-\underset{\diagdown\,O\,\diagup}{N-CH_2}+HO-CH_2\underset{\displaystyle CH=CH_2}{\underset{|}{CH}}\sim\sim\longrightarrow$$

$$O=P-\overset{|}{\underset{|}{C}}H_2-NH-CH-\underset{\displaystyle CH_3}{\underset{|}{CH_2}}-O-CH_2\underset{\displaystyle CH=CH_2}{\underset{|}{CH}}\sim$$

由于反应能力较弱，所以氮丙啶化合物本身并不宜作为 HTPB 的固化剂使用。但 MAPO 在 HTPB 推进剂中解决高分子黏合剂基体与氧化剂高氯酸铵的界面结合问题（即键合剂）确有重要作用。

7.5.2.3　HTPB 推进剂的性能

自 20 世纪 70 年代以来，HTPB 推进剂迅速发展为主要的复合固体推进剂品种，用途涉及战略和战术导弹、无控火箭、航天发动机，以及一些民用目的的火箭发动机。其应用面之广，产量之大，是以往任何一种复合推进剂不能比拟的。究其原因，主要是有良好的综合性能：黏合剂预聚物的结构较为合理；结构单元有较合适的碳、氢比例，与 AP 及 Al 配合有较高的能量、低的玻璃化温度；较低的黏度和比较好的工艺性能；较理想的活性官能团使得固化生成的网络比较完善；黏合剂基体与氧化剂高氯酸铵填料之间的界面黏结可以通过有效的键合剂的应用而强化，在－40 ℃～70 ℃的使用温度范围内力学性能良好；推进剂燃烧性能稳定，燃速有较大的调节范围；抗老化性能较好，一般装药的使用寿命在 8～10 年；黏合剂预聚物的生产工艺成熟、价格较低。这些综合因素的结果使其成为世界各国最主要的复合推进剂品种。

1. 能量特性

热力学计算表明：由 HTPB 与 AP 及 Al 三组分组成的推进剂，其能量水平与 CTPB 的相当。理论比冲的最大值在 2 608 N・s/kg 左右。但是，由于 HTPB 预聚物的黏度较小，实际获得的推进剂能量水平优于 CTPB 推进剂，加入必要功能助剂后，HTPB 的实测比冲在 2 401 N・s/kg 左右。HTPB 推进剂的典型配方见表 7–21。

表 7–21 典型 HTPB 推进剂配方 %

黏合剂	8～10
AP	65～70
Al	18～20
己二酸二辛酯（增塑剂）	3.2～3.4
燃烧催化剂	0.5～0.7
键合剂	0.05～0.3
工艺助剂	0.15

2. 燃烧性能

与其他推进剂相似，HTPB 推进剂的燃烧性能受其配方组成、氧化剂 AP 的含量、粒度和级配方式、燃烧催化剂的性质及其物理状态、推进剂燃烧时的条件（初温、工作压力）以及制造工艺等诸多条件的影响。一般来说，HTPB 推进剂的燃烧速度和压力指数的调节，主要依靠氧化剂 AP 的含量、粒度及其级配方式以及催化剂的小心选择来实现的。目前，使用超细 AP（＜5 μm），并配合催化剂的应用，可以在 6.86 MPa 压力下获得 80 mm/s 的燃速。反过来，当使用降温、降速添加剂（如草酸铵、硝基胍）时，可使 HTPB 推进剂的燃速降低到 5 mm/s 甚至更低。聚丁二烯复合推进剂的燃速范围如图 7–5 所示。

（1）氧化剂（AP）含量、粒度及其级配方式对 HTPB 推进剂的影响

当配方中氧化剂含量低于使各种可燃成分完成全部氧化反应所需的值时，增加 AP 的含量，可以提高推进剂的燃速。氧化剂含量对燃速的影响如图 7–6 所示。

在相同氧化剂含量条件下，当使用细粒度的 AP 时，推进剂的燃速可以获得明显提高。因此，采用不同粒度的 AP 并进行合理搭配，是调节 HTPB 推进剂燃速的一个有效方法。表 7–22 是采用不同 AP 粒径搭配调节 HTPB 推进剂燃速的结果。

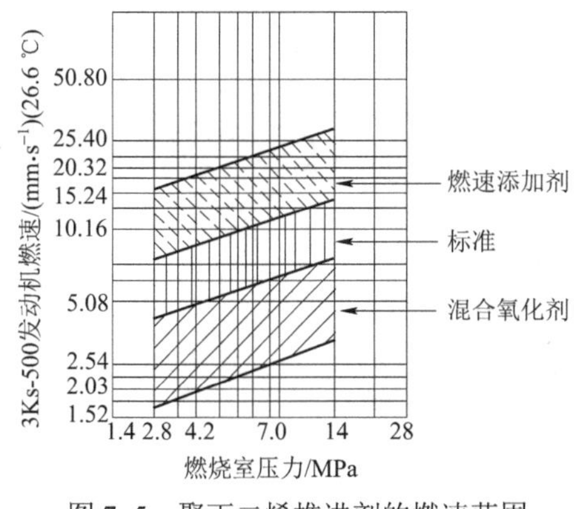

图 7–5　聚丁二烯推进剂的燃速范围

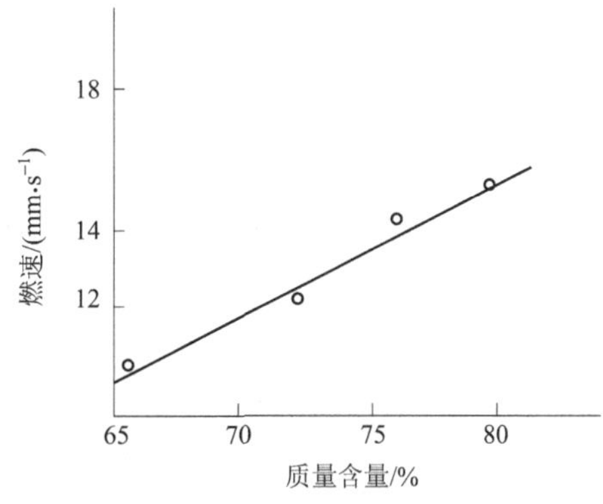

图 7–6　氧化剂含量对燃速的影响

表 7–22　AP 的粒度级配方式与 HTPB 燃速的关系

AP 级配 330 μm∶130 μm∶10 μm	d_{43}^{T}/μm	u/（mm • s⁻¹） （6.86 MPa 时）
5∶2∶1	240	6.30
6∶1∶1	265	6.04
9∶0∶1.5	284	5.73
9∶0.5∶1	290	5.65
注：d_{43}^{T} 为级配 AP 的总质均直径。		

法国火炸药公司采用 6 种粒度不同的 AP 来调节推进剂的燃速，在使用燃速催化剂的情况下，可使 HTPB 推进剂的燃速在每秒数毫米到 70 mm/s 可调。所使用的 AP 粒径规格见表 7–23。

表 7–23　AP 粒径规格

类型	B	b	D	F	M_3	M_1
平均直径/μm	400	200	100	10	3	1

（2）催化剂的种类及含量的影响

调节 HTPB 推进剂燃速的催化剂有两种类型：一类为包括过渡金属氧化物如 Fe_2O_3、Cr_2O_3、CuO、$CuCr_2O_4$、Co_2O_3、Ni_2O_3、MnO_2 以及由氧化铜及氧化铬组成的混合物（俗称 CC）等；另一类是二茂铁的衍生物（表 7–24），如叔丁基二茂铁、二乙基二茂铁、二正丁基二茂铁以及被称为“卡托辛”（Catocene）的双核二茂铁等。通过这些催化剂提高 HTPB/AP/Al 推进剂燃速的效果是显著的。图 7–7 是不同催化剂类型对聚丁二烯推进剂燃速的影响。

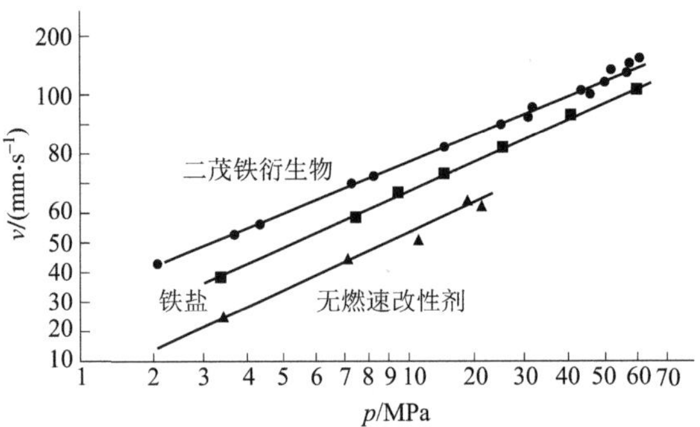

图 7–7 燃速催化剂对聚丁二烯推进剂燃速的影响

表 7–24 燃速催化剂二茂铁及其衍生物

二茂铁	Fe
正丁基二茂铁	Fe, C_4H_9
二正丁基二茂铁	$C_4H_9-\overline{Fe}-CH_2-\overline{Fe}-C_4H_9$
卡托辛	$C_4H_9-\overline{Fe}-C(CH_3)_2-\overline{Fe}-C_4H_9$
注：$\overline{Fe}$ 代表二茂铁基团。	

二茂铁及其衍生物在常温下的蒸气压较大，因而在推进剂中易于升华和析出。增加取代基的碳数目或使用双核二茂铁（如卡托辛或二正丁基二茂铁）可以增加它们在推进剂中的稳定性。

将上述燃速催化剂进行复配，比使用单一催化剂时会获得更好的协同效果。例如，可将卡托辛分别与 Fe_2O_3、$CuCr_2O_3$ 等配合使用，其中，卡托辛/$CuCr_2O_3$ 复配效果最好。

（3）压力指数的调节

影响 HTPB 推进剂压力指数的因素较多，几乎影响燃速的因素（如氧化剂的种类、用量、粒度及其级配，催化剂品种及含量，燃烧条件等）都对压力指数产生影响。一般来说，配方中 AP 含量的增加，压力指数有所提高。当使用单级配粒度的 AP 时，粒度由 200 μm 降至 1 μm 时，压力指数 n 从 0.53 上升至 0.90，如图 7–8 及图 7–9 所示。

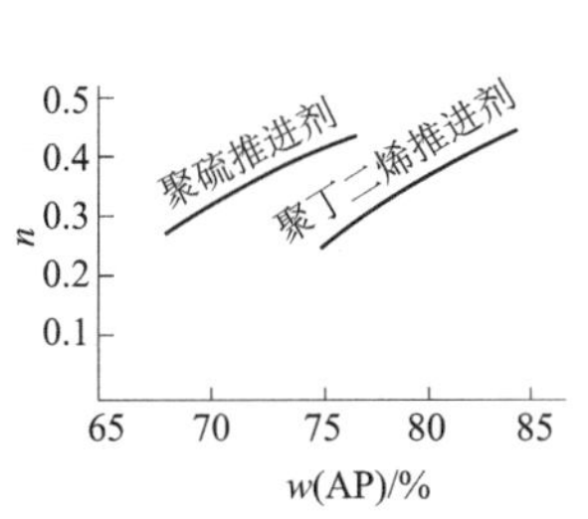

图 7–8　AP 含量对压力指数的影响

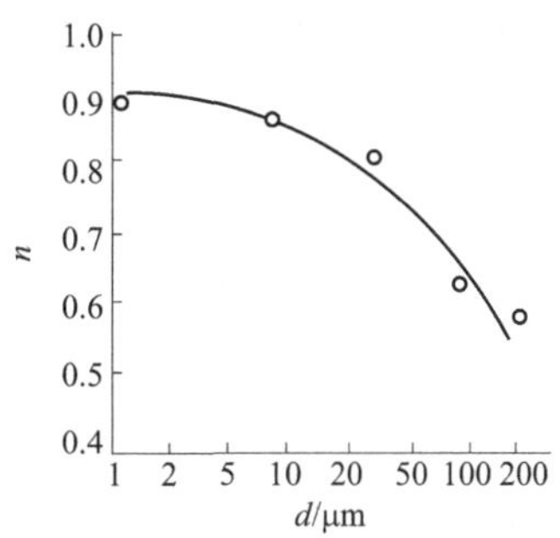

图 7–9　AP 粒度对压力指数的影响

在 HTPB 推进剂中，降低压力指数较有效的办法是使用催化剂，例如，草酸铵或季铵盐对降低 HTPB 推进剂的压力指数有较明显的效果（表 7–25）。

表 7–25　草酸铵质量分数对 HTPB 推进剂压力指数的作用

草酸铵质量分数/%	6.86 MPa，20 ℃，燃速/（$mm \cdot s^{-1}$）	2.94～7.84 MPa 压力指数
0	7.04	0.48
1.0	6.05	0.46
2.0	5.56	0.43
3.5	4.70	0.39
5.0	4.35	0.28

季铵盐和碳酸钙质量分数对 HTPB 推进剂压力指数的影响见表 7–26。

表 7–26　季铵盐和碳酸钙质量分数对 HTPB 推进剂压力指数的影响

配　方	3.4～7.4 MPa 压力指数
HTPB 基础配方（87.5%固体，其中 17%铝）	0.53
1% $CaCO_3$ 取代铝粉	0.35
1%季铵盐取代铝粉	0.34
0.5% $CaCO_3$＋0.5%季铵盐取代铝粉	0.25

目前各国 HTPB 推进剂的压力指数调节水平见表 7–27。

表 7–27 HTPB 推进剂的压力指数

国别	固体质量分数/%	n	u_1（mm·s^{-1}）/p（MPa）	压力范围/MPa	催化剂及用量
美国	83	0.21	4.03		LiF 2%
中国	85.5	0.20～0.26	4.70～5.60	2.94～8.83	EM503–2 1%～2%
美国	88	0.26	17		CuF_2 2%
美国	88	0.22	9.9		CuS 1%～2%
中国	87～88	≤0.3	7.80/8.86	2.47～10.0	TC–05B 1%
美国		0.15	35.54		亚铁氰酸铜 1%

3. 力学性能

由于对预聚物的微观结构、固化体系中的影响因素以及针对填料氧化剂 AP 与 HTPB 黏合剂基体间的键合剂的选择等因素有较深入和卓有成效研究，因此，目前对 HTPB 推进剂力学性能的调控是行之有效的。在固体含量较高（86%～88%）时，HTPB 推进剂可以获得良好的力学性能，在最大抗拉强度 σ_m 满足使用要求的情况下，其高、低、常温的最大伸长率 ε_m 均接近 50%，这是目前除 NEPE 推进剂之外力学性能最佳的复合推进剂。

影响 HTPB 推进剂力学性能的因素较多，但主要可以归纳为预聚物结构、固化体系及填料与黏合剂基体间相界面三个主要方面。

（1）HTPB 预聚物的结构因素对推进剂力学性能的影响

HTPB 预聚物的结构因素包括相对分子质量及其分散性、官能团及其分布、羟基的性质与含量等。

目前各国用于制造 HTPB 推进剂的预聚物的数均摩尔质量一般在 2 800～4 300 g/mol（表 7–28）。

表 7–28 HTPB 的数均摩尔质量

商品名	ISP（日本）	R–45M（美国）	R15HT（美国）	81–61（中国）
数均摩尔质量	3 160	3 274	2 800	4 143

HTPB 相对摩尔质量对推进剂力学性能的影响见表 7–29。

表 7–29　HTPB 相对摩尔质量对推进剂力学性能的影响

HTPB		25 ℃，100 mm/min			70 ℃，2 mm/min			–40 ℃，100 mm/min		
批号	$\bar{M}_n$	σ_m/MPa	ε_m/%	ε_D/%	σ_m/MPa	ε_m/%	ε_D/%	σ_m/MPa	ε_m/%	ε_D/%
R–45M	3 000	1.26	31.5	35.3	—	—	—	3.58	28.4	35.5
8202	3 500	0.83	46.3	57.0	0.40	56.3	61.3	2.91	41.4	49.5
ST–821	4 570	0.97	48.5	52.6	0.58	58.0	61.5	2.67	49.0	64.2
80099	4 870	0.93	56.2	62.1	0.54	67.0	70.8	3.07	52.0	68.3
注：固化剂 IPDI，固体含量 88%。										

但是所有这些产品的相对数均摩尔质量都是在 1 400 以上直至 26 000 的组合平均结果。它们的分散指数 D 一般在 1.50～1.75。在本章黏合剂性质中已对 HTPB 平均摩尔质量与推进剂的力学性能关系做了描述（表 7–15）。其中关键是控制高和低平均摩尔质量（Ⅴ区和Ⅰ区）的含量不能过高，即控制它们的分散性，即 D 值在 1.50～1.70，更小的 D 值对推进剂的力学性能是有利的，如 $D<1.40$，但是往往会给预聚物的生产控制带来困难。一般来说，采用相对摩尔质量较高的丁羟胶有利于提高 HTPB 推进剂的力学性能，见表 7–28。

HTPB 预聚物的另一重要结构参数是官能度及其分布，在黏合剂性质中已对此做了介绍（表 7–6），分析结果表明，$\bar{f}_n=2.2$～2.3 的 HTPB 可以按 $\bar{f}_n<0.5$ 至 $\bar{f}_n>4.5$ 之间分成 6 个区，丁羟胶中低官能度（$\bar{f}<0.5$）及高官能度（$\bar{f}>0.5$）的含量降低时，将有利于预聚物生成网络时避免生成多的网络缺陷（参见表 7–30）。

表 7–30　HTPB 官能度分区分布

HTPB 批号	官能度分区分布																	
	0			1			2			3			4			5		
	（$\bar{f}$=0～0.5）			（$\bar{f}$=0.5～1.5）			（$\bar{f}$=1.5～2.5）			（$\bar{f}$=2.5～3.5）			（$\bar{f}$=3.5～4.5）			（$\bar{f}$>4.5）		
	f_n	$\bar{M}_n$	w/%	f_n	$\bar{M}_n$	w/%	f_n	$\bar{M}_n$	w/%	f_n	$\bar{M}_n$	w/%	f_n	$\bar{M}_n$	w/%	f_n	$\bar{M}_n$	w/%
3H–88–12	0.32	520	1.15	1.02	1 080	3.45	1.91	3 990	76.88	2.77	11 280	16.7	3.77	17 680	1.81	4.54	21 520	0.21
90–1–04	—	—	—	1.00	770	1.66	2.04	3 730	83.95	2.84	11 640	13.44	3.66	18 620	0.95	—	—	—
90–1–02	0.24	437	0.16	1.02	899	1.90	2.11	4 415	86.69	3.15	13 905	9.21	4.04	18 462	1.89	10.02	25 000	0.16
89–Ⅳ–1–2	0.34	470	0.48	1.08	890	1.87	2.13	3 880	78.35	2.84	11 340	17.02	3.69	17 680	2.09	7.77	21 620	0.22

（2）固化体系的影响

丁羟推进剂的固化体系包括固化剂异氰酸酯品种及用量、固体催化剂种类及其用量、延链剂的选择等。最终通过固化参数来控制 HTPB 的固化反应。这些参数包括描述异氰酸酯用量的 R 值（R=n(NCO)/n(OH)，即—NCO 基团的物质的量与—OH 基团的总物质的量之比）、ρ_T 值（$\rho_T = n$(TOH)/n(DOH)，即三官能度羟基化合物的—OH 物质的量与二官能度—OH 基物质的量之比）及催化剂浓度。其目的是控制固化生成的网络的交联密度 N_0（或交联点间的平均摩尔质量 $\overline{M_c}$）以获得满意的力学性能，因为交联点间的平均摩尔质量与固化参数 R 及 ρ_T 值有关。

$$\overline{M_c} = \left[2RE_I + (1-\rho_T)E_D + \rho_T E_D\right] / \rho_T \tag{7-2}$$

式中，E_I——固化剂的—NCO 基团的摩尔质量（g/mol）；

E_D——官能度为 2 的化合物反应基团（如羟基）的摩尔质量（g/mol）；

E_T——官能度为 3（或 3 以上）的化合物的反应基团的（如羟基）的摩尔质量（g/mol）。

当固化反应体系确定后，E_I、E_D、E_T 即确定，此时，$\overline{M_c}$ 值由 R 值及 ρ_T 值决定。

交联点间的平均摩尔质量 $\overline{M_c}$ 与交联密度 N_0 之间服从下列关系：

$$N_0 = d/\overline{M_c}$$

此时，N_0 以单位体积的摩尔链数来表示（摩尔链/cm^3）。新形成的弹性网络在以后拉伸时的弹性应力与交联密度成正比。

$$\sigma = N_0 RT(\lambda - \lambda^{-2}) \tag{7-3}$$

式中，R——摩尔气体常数［8.314 J/（K • mol）］；

T——温度（K）；

λ——形变率（$\lambda = L/L_0 = 1+\varepsilon$）；

N_0——交联密度（mol/cm^3）；

σ——单位面积上的应力（10^{-1} Pa）。

对于 HTPB 推进剂，由于丁羟预聚物的平均官能度大于 2，所以，固化时一般不必使用交联剂，直接由官能度为 2 的异氰酸酯（TDI 或 IPDI）与 HTPB 反应即可完成固化交联。在贴壁浇铸的推进剂中，为了获得良好的力学性能，一般控制 $\overline{M_c} \geqslant 10\,000$。

试验结果表明，在 HTPB 与 TDI 或 IPDI 的固化反应中，使用 $R<1$ 时，即可获得满意的力学性能（图 7–10 和表 7–31）。

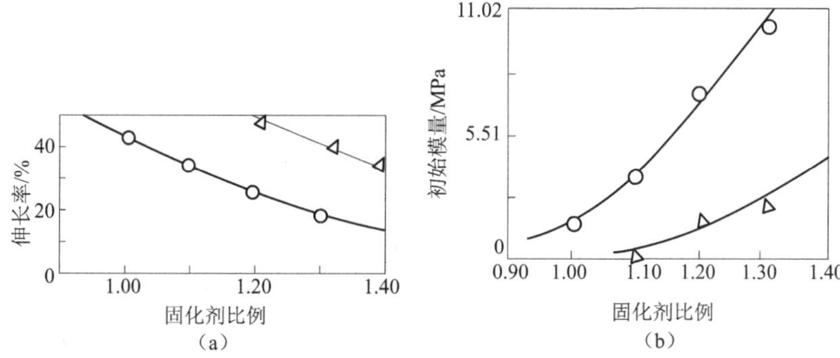

图 7–10　固化剂用量对 HTPB 推进剂力学性能的影响

（a）对伸长率的影响；（b）对初始模量的影响

表 7–31　TDI、IPDI 对 HTPB 推进剂力学性能的影响

固化剂	试验编号	25 ℃，100 mm/min			–40 ℃，100 mm/min			70 ℃，2 mm/min		
		σ_m/MPa	ε_m/%	ε_D/%	σ_m/MPa	ε_m/%	ε_D/%	σ_m/MPa	ε_m/%	ε_D/%
TDI	ST–178	0.95	45.08	50.8	2.57	51.8	70	0.59	54.0	57.4
	ST–180	0.85	45.2	48.9	2.40	53.5	67.8	0.53	52.3	55.0
	ST–184	0.87	44.9	49.5	2.36	51.8	67.2	0.53	54.3	58.5
IPDI	T03–107	0.91	51.2	55.3	2.67	53.9	66.1	0.59	58.5	62.4
	T03–108	0.92	51.6	56.6	2.71	52.0	64.5	0.59	61.7	65.4
	T03–109	0.85	53.0	57.3	2.75	55.3	70.0	0.52	60.7	62.2
	T03–110	0.93	56.0	62.1	3.07	52.0	68.3	0.54	67.0	70.8

7.6　新型固体推进剂——硝酸酯增塑聚醚（Nitrate Ester Plasticized Polyether）推进剂

7.6.1　概述

至 20 世纪 80 年代，固体推进剂一直沿着双基和复合推进剂两个方向平行发展。它们在性能上的差别主要来自黏合剂系统，前者以硝化纤维素和多元醇硝酸酯组成黏合剂，后者则以高分子预聚物与固化剂反应交联成三维网络黏合剂基体。

在氧化剂、金属燃料等填料的使用上，二者基本相同。在黏合剂系统上的这种差别，使这两类推进剂在工艺方法、能量及燃烧性能等方面形成明显的差异：以双基黏合剂为基础加入 Al、AP 及 HMX 的改性双基推进剂在能量水平上有明显优势，标准理论比冲高于复合推进剂约 30 N・s/kg，而复合推进剂（如 HTPB 推进剂）则以力学性能调节范围宽、低的玻璃化温度、较高的安全性能而占据优势，两类推进剂在不同的导弹和火箭武器中平分秋色，各占一席之地。随着高分子材料的迅速发展，至 80 年代初期，人们终于寻找到一类新的高分子黏合剂，它既像硝化纤维素一样可为硝酸酯所增塑，又可以像复合推进剂用的预聚物一样通过固化交联而形成弹性良好的三维网络，从而在上述两类推进剂之间实现取长补短，既可以用大量硝酸酯增塑而使推进剂获得高的能量水平，又保留高弹性三维网络的特点，赋予推进剂优越的力学性能，打破了传统的双基、改性双基与复合推进剂的界限，形成了一类新型的推进剂，即 NEPE 推进剂，其关键之处是发现了可以为硝酸酯增塑的合成高分子化合物，它们包括：脂肪族聚酯（如ε–聚己内酯、聚己二酸乙二醇酯）、脂肪族聚醚（聚乙二醇 PEG）等。目前，美国已将由 PEG 与硝酸酯（NG 及 1, 2, 4–丁三醇三硝酸酯）及 HMX–AP–Al 制成的 NEPE 推进剂应用于“三叉戟Ⅱ”、“侏儒”和“MX”三种战略导弹的七台发动机中。我国 80 年代中期开始研制这类推进剂，已成功地进行了试验发动机、缩比发动机、全尺寸发动机等一系列试验，成为迄今为止能量水平、力学性能最优越的推进剂品种。毫无疑问，NEPE 推进剂将会在各种导弹武器中发挥越来越重要的作用。

7.6.2 NEPE 推进剂黏合剂系统的特点

1. 对黏合剂的要求

虽然 NEPE 推进剂的黏合剂系统也是由高分子预聚物、固化剂和增塑剂组成的，但考虑到 NEPE 推进剂的特点，其黏合剂系统应具有下列性质：黏合剂预聚物本身具有良好的物理化学稳定性，与推进剂各组分特别是含能添加剂之间具有好的相容性；高分子预聚物与硝酸酯之间应该具有尽可能高的互溶能力，在推进剂制造、使用及贮存温度条件下，当增塑比（增塑剂与预聚物的质量比，即 Pl/Po 值）大于 2.8 时，不产生相分离，硝酸酯本身不会冻结，以保证在推进剂使用温度范围内，特别是在低温情况下增塑剂不脆变。

2. 预聚物与硝酸酯的混溶能力

根据 NEPE 推进剂对黏合剂体系的要求，可供选择的高分子预聚物都是一些分子链呈极性而且溶度参数与多元醇硝酸酯相近的化合物，如聚己二酸乙二醇酯、聚ε–己内酯、聚环氧乙烷及环氧乙烷四氢呋喃共聚物，它们的溶度参数与 NG 的接近，见表 7–32。

表 7–32　预聚物及硝化甘油溶度参数比较

化合物	聚己二酸乙二醇酯（PGA）	聚ε–己内酯（PCP）	聚环氧乙烷（PEG）	环氧乙烷四氢呋喃共聚物①P（E/T）	NG	BTTN
溶度参数/（J·cm^{-3}）$^{1/2}$	19.60	17.93	18.82	18.06	19.30	19.02

① 两种单体的链节比为 50/50。

上述结果表明，聚己二酸乙二醇酯及聚环氧乙烷与 NG 及 BTTN 之间的溶度参数差较小，链节比为 50/50 的环氧乙烷四氢呋喃共聚醚与硝酸酯的溶度参数差略大，因而，改变此共聚醚中的单体环氧乙烷的含量，将有利于提高此预聚物与硝酸酯的混溶能力（表 7–33）。

表 7–33　聚醚预聚物与 NG 及 BTTN 的混溶能力

链节比 THF/EO	与 NG 的混溶能力 m（NG）/m（polym）	与 BTTN 的混溶能力 m（BTTN）/m（polym）	与 NG/BTTN 混合物的混溶能力① m（NG/BTTN）/m（polym）
100/0	0.46	0.24	0.36
70/30	1.18	0.64	0.74
60/40	1.64	0.92	1.18
50/50	2.26	1.46	1.66
40/60	2.74	1.90	2.01
30/70	＞3.33	＞3.11	＞3.57
0/100	＞4.00	＞4.00	＞4.00

① 混合硝酸酯中，质量比 m（NG）/m（BTTN）=1.0。

由表可见，纯 PEG 与硝酸酯或硝酸酯混合物的互溶能力最佳，互溶比 Pl/Po＞4.0，在其与 THF 的共聚物中，与硝酸酯的互溶能力随 EO 链节比的下降而降低。但这种互溶能力可以通过增溶剂（如高氯酸根与某些金属离子的盐类）的使用而显著改善。

3. 预聚物结晶的倾向性

在增塑聚合物体系中，结晶是相分离的驱动力，因此，黏合剂预聚物的结晶行为会降低所制成的推进剂的应变能力和改变其与增塑剂的互溶能力，从而影响推进剂的使用温度范围。对使用环境温度恶劣而又不便于保温使用的战术导弹和火箭，此种性能十分重要。一般来说，聚合物链的柔顺性越好，规整度越高，其结晶倾向性越大。以$\leftarrow CH_2—CH_2—O \rightarrow_n$为结构单元的 PEG 属结构规整而柔性良好的聚合物，当数均摩尔质量高于 500 时，其分子链无论以线型

$$—O—CH_2—CH_2—O—CH_2—CH_2—O—$$

或折叠型

$$—O—CH_2—CH_2—O—CH_2—CH_2—O—CH_2—CH_2—O—CH_2—CH_2—O—$$

存在，都具有很强的结晶能力，生成由片晶束形成的球晶，而且平均摩尔质量越大，结晶越明显，在正交偏光显微镜上出现明晰的马尔它十字（图 7–11），在变温广角 X 射线衍射谱的 2θ 角为 12°～25°处出现尖锐的结晶衍射峰（图 7–12）。

图 7–11　固化增塑后 PEG（$\overline{M}_n$ =4 000）的正交偏光显微照片

向 PEG 分子链中无规地引入四氢呋喃结构单元所形成的共聚醚的结晶行为基本上消失，在 WAXD 谱上，不再出现特有的尖锐的衍射峰(图 7–13)。

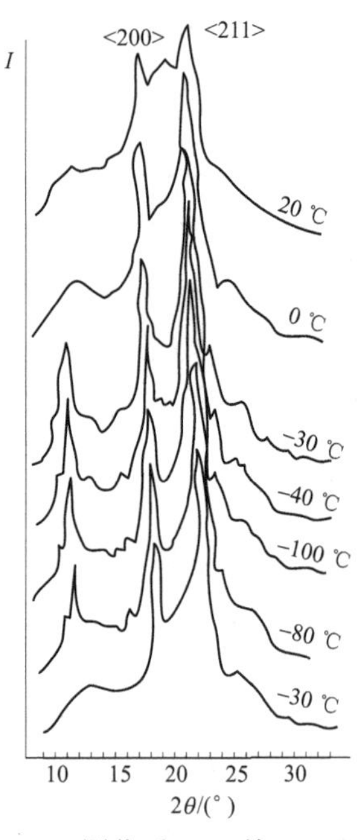

图 7–12　固化后 PEG 的 WAXD 谱

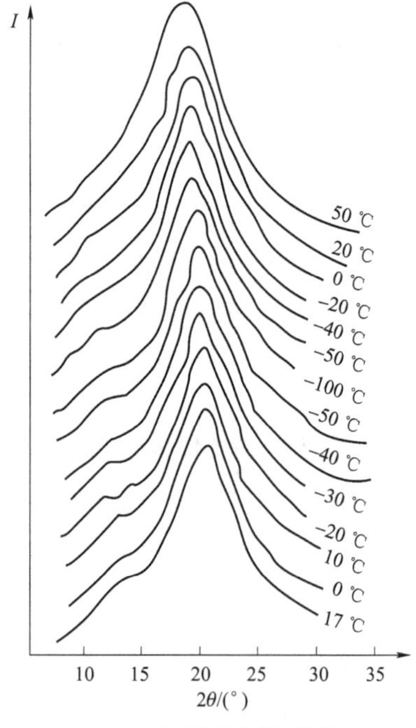

图 7–13　P（E/T）黏合剂体系的 WAXD 谱

4. 液态硝酸酯的冻结性能

含能增塑剂硝酸酯在配方中的应用是保证 NEPE 推进剂获得高能量水平的一项重要措施。在配方中，硝酸酯的含量一般都在 18%以上。在此种黏合剂系统中，除了设法使硝酸酯与黏合剂高分子之间有良好的混溶能力之外，从推进剂的物理安定性出发，还要求所使用的含能增塑剂（液态硝酸酯）在推进剂的贮存、使用温度范围或交变温度作用下，不产生冻结现象。硝酸酯冻结的结果将带来推进剂形变能力明显下降（即所谓脆变），同时，推进剂的撞击和摩擦感度将升高，严重危及推进剂的安全使用。因此，防止推进剂中硝酸酯的冻结，是 NEPE 推进剂，乃至其他硝酸酯含量高的改性双基推进剂的一个重要问题。表 7–34 揭示了 NEPE 推进剂的低温脆变性质。

表 7–34　TMETN 增塑的聚醚推进剂的力学性能

温度 / ℃	最大抗拉强度 σ_m/MPa	最大伸长率 ε_m/%	断裂伸长率 ε_b/%	初始模量 E_0/MPa
25	0.54	18	19	3.20
–54	3.68	9	10	48.9
–54①	2.36	1	1	252

① 此数据为推进剂在–18 ℃贮存 6 天后的测试结果。

当以 NG 为增塑剂时，将所制成的推进剂在－40 ℃贮存数天后，推进剂也出现了明显的脆化现象（表 7–35）。

表 7–35　NG 对推进剂脆化的影响

－40 ℃贮存时间	－40 ℃的力学性能	
	σ_m/MPa	ε_m/%
2 小时	0.717	150
5 天	2.20	2
10 天	2.79	1

NEPE 推进剂低温脆变是增塑剂硝酸酯的冻结结晶造成的，因此，避免推进剂低温脆变的方法是选择和配置冻结点尽可能低的液态硝酸酯。常用液态硝酸酯的熔点见表 7–36。

表 7–36 硝酸酯增塑剂的熔点

硝 酸 酯	安 定 性	熔点/℃
NG	安定	13.2～13.5
	不安定	1.9～2.8
BTTN	—	–27（凝固点）
TMETN	—	–15
DEGDN	安定	2
	不安定	–11

一般纯的液态硝酸酯结晶比较困难，往往需使用晶种诱发。形成结晶之后，较高温度下融化的结晶往往为稳定型。随着时间延长，一般低熔点的不稳定型结晶可以转化为高熔点的稳定型。由于测试方式不同，文献报道的硝酸酯熔点往往有一定差异。

根据低共熔点原理，将两种硝酸酯互相混合，将会形成低于原单一硝酸酯的熔点，利用此方法可以在较低温度范围内获得不冻结的混合硝酸酯，这是迄今为止 NEPE 推进剂中抑制低温脆变的有效方法。表 7–37 是经过充分冻结后 NG/BTTN 及 NG/DEGDN 的熔点测试结果。

表 7–37 混合硝酸酯的熔点

NG/BTTN	100/0	85/15	75/25	60/40	50/50	35/65	25/75	10/90	0/100
熔点/℃	13.12	–18.65	–23.33	–31.33	–38.0	–35.75	–30.33	–30.33	–27.25

NG/DEGDN	100/0	75/25	50/50	25/75	0/100
熔点/℃	13.12	–12.45	–28.03	–27.18	–10.87

当控制两种硝酸酯的质量比为 50/50 时，无论是由 NG 与 BTTN 还是 NG 与 DEGDN 组成的混合物，它们的熔点都分别达到了最低值。这是目前 NEPE 推进剂都使用混合硝酸酯为增塑剂的原因。

7.6.3 NEPE 推进剂的性能

1. 能量水平

当选择 AP–HMX–Al 为固体填料、NG/BTTN 为增塑剂时，无论是以 PEG 还是以 P（E/T）为黏合剂预聚物，所获得的推进剂的标准理论和实测比冲的最高值都相似，而且比冲值随配方中的固体含量及其配比、增塑比（Pl/Po 值）的变化规律也相同。其规律为：

① 理论比冲值随 HMX、AP、Al 三种固体的总含量的增加而上升，在固体含量为 60%～70%时，比冲增值较大，在含量为 70%～75%时曲线较平缓，如图 7–14 所示。

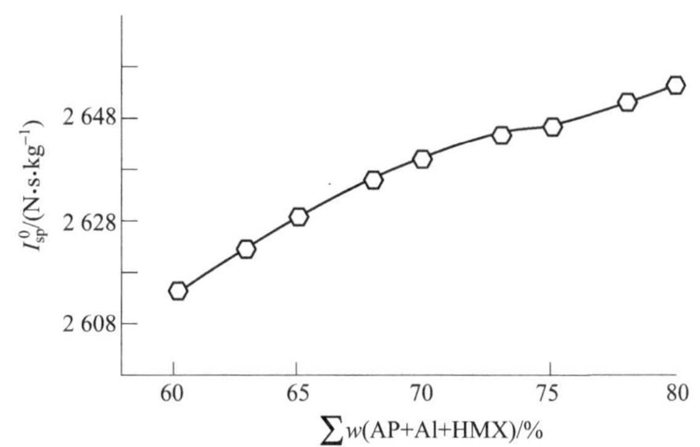

图 7–14　由 HMX/AP/Al 组成的固体总含量与比冲的关系

② 三种固体填料 HMX/AP/Al 之间的配比变化对推进剂的比冲影响较显著。当 Al 为 18%，AP 为 8%～13%，HMX 为 40%～50%时，在相应的总固体含量下，可获得较高的比冲值。

③ 在 NG 与 BTTN 组成的混合硝酸酯中，NG 比例的增加，有利于比冲的提高，提高的幅度与 HMX/AP/Al 的总含量有关，总含量为 73%以上时，提高幅度相对变得平缓（图 7–15）。

④ 在 m（NG）/m（BTTN）=1 的条件下，提高配方中混合硝酸酯与聚合物之间的质量比（m（Pl）/m（Po））有利于提高比冲。而且其敏感性与配方中的固体含量有关，在固含量 70%以上，m（Pl）/m（Po）＞2.8 以后，再增大含能增塑剂的比例，对配方的能量水平提高不显著（图 7–16）。

由于提高 NEPE 推进剂中固体的加入量在工艺上有困难，一般固体含量为 73%～75%，此时最合适的增塑比为 m(Pl)/m(Po)≈2.8，m(NG)/m(BTTN)＝50/50。此时 HMX 的最佳含量为 44%～48%，AP 为 7.5%～12%，Al 为 17%～18%，在此条件下 NEPE 推进剂的最高标准理论比冲达 2 658 N • s/kg，这是目前具有工程应用价值的固体推进剂中，能量水平最高的唯一品种。

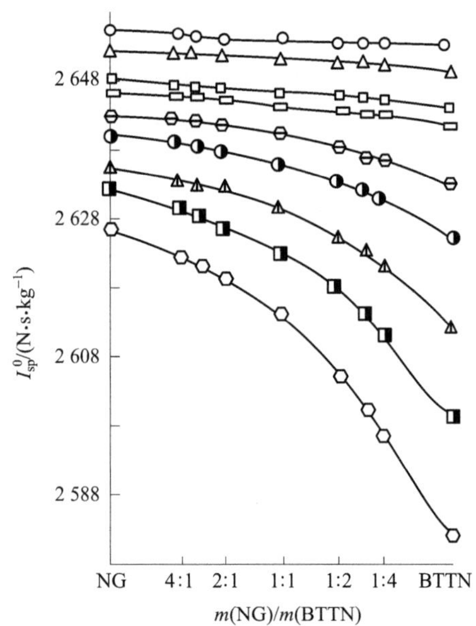

图 7–15 不同固体含量下，*m* (NG)/*m* (BTTN) 对比冲的影响

图中：○—由 AP、Al、HMX 组成固体填料的质量分数为 80%；

△—由 AP、Al、HMX 组成固体填料的质量分数为 78%；

□—由 AP、Al、HMX 组成固体填料的质量分数为 75%；

▭—由 AP、Al、HMX 组成固体填料的质量分数为 73%；

⊖—由 AP、Al、HMX 组成固体填料的质量分数为 70%；

◑—由 AP、Al、HMX 组成固体填料的质量分数为 68%；

▲—由 AP、Al、HMX 组成固体填料的质量分数为 65%；

◧—由 AP、Al、HMX 组成固体填料的质量分数为 63%；

⬡—由 AP、Al、HMX 组成固体填料的质量分数为 60%

2. 燃烧性能

由于 NEPE 推进剂在组成结构上与交联改性双基（CMDB）推进剂近似，因而在燃烧性能方面二者也相仿，即燃速可以通过配方的爆热（主要是改变硝酸酯的含量）、氧化剂 AP 的粒度来调节，而燃速压力指数则主要受硝胺（RDX 或 HMX）的影响。在 NEPE 推进剂中，RDX 或 HMX 的含量一般为 40%～45%，此时推进剂的压力指数偏高，在不使用催化剂时，压力指数在 0.80 左右。因此，降低燃速压力指数是 NEPE 推进剂燃烧性能调节中的主要问题。

在 CMDB 推进剂解释燃烧催化剂作用机理中，较普遍为人们所接受的理论是碳族物质催化泡沫区和嘶嘶区反应的理论，即硝胺（HMX）的加入基本不改变燃烧波的结构，当使用催化剂使燃烧反应生成的碳与氧化氮的比例（C/NO）趋于 1 时，有利于降低压力指数和获得平台效应。原因是催化剂与黏合剂（NC＋NG）热

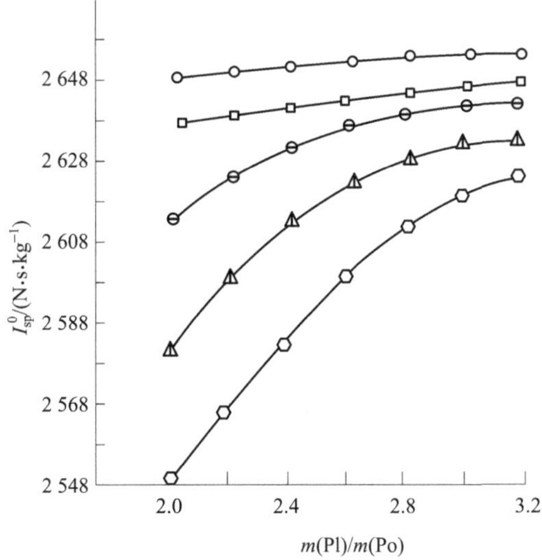

图 7–16　不同固体含量下，m (Pl)/m (Po)比值的变化对 I^0_{sp} 的影响

图中：○—由 AP、Al、HMX 组成的固体填料的质量分数为 80%；
□—由 AP、Al、HMX 组成的固体填料的质量分数为 75%；
⊖—由 AP、Al、HMX 组成的固体填料的质量分数为 70%；
△—由 AP、Al、HMX 组成的固体填料的质量分数为 68%；
⬡—由 AP、Al、HMX 组成的固体填料的质量分数为 65%

解形成的醛类反应，生成碳、CO_2 及其他产物，在嘶嘶区形成较厚的“碳层物质”，增加了固相分解产物进入气相时的停留时间，有利于热量向燃烧表面的反馈，出现低压燃烧时的增速作用，当压力升高以后，“碳族物质”的氧化消失与其生成速度达到了平衡，不再出现燃烧增速作用，从而获得较低的燃速压力指数。在 CMDB 中较有效的催化剂为炭黑与下列两类化合物的组合：有机和无机酸的铅盐和铜盐；过渡金属氧化物。NEPE 推进剂采用类似的组合催化剂也可以获得降低压力指数的效果。图 7–17 是炭黑与以铅、铜化合物为催化剂时对 CMDB 及 NEPE 推进剂燃速作用的比较。

但是，由于 NEPE 推进剂的固化是通过生成聚氨酯的反应的，一些有机和无机铅、铜、锡等化合物，对异氰酸酯与羟基的反应有加速作用。因而，NEPE 推进剂燃烧催化剂的选择，需要结合药浆的适用期（pot life）一起考虑。例如水杨酸铅、对硝基苯甲酸铅、8–羟基喹啉铅、锡酸铅的 TDI 还原物（$PbSnO_3$ · TDI）、N，N′–乙撑双水杨酸叉亚胺铅铜螯合物（ESPC）等对 NEPE 推进剂的固化反应物有强的催化作用，影响了它们作为燃烧催化剂的应用。目前美国应用于 MX 等战略导弹的 NEPE 推进剂的燃速压力指数为 0.66～0.58，我国自行研制的

NEPE 推进剂的压力指数为 0.55～0.50。由发动机测试的动态压力指数可达 0.45。

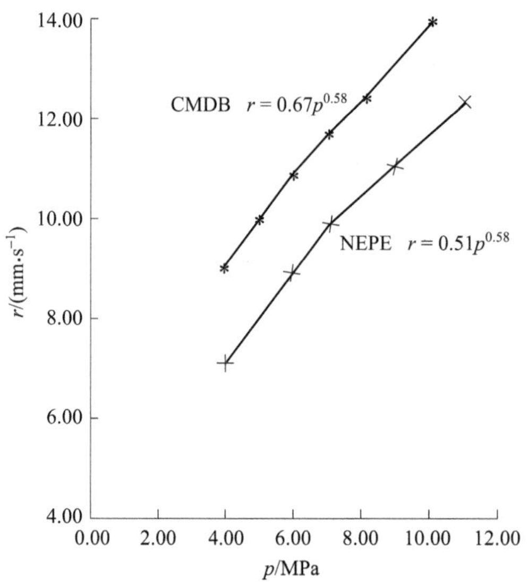

图 7–17 催化剂对 NEPE 和 CMDB 燃烧性能的影响

3. 力学性能

与一般复合推进剂相似，NEPE 推进剂的力学性能主要由黏合剂机体的性质（化学结构、所生成的三维弹性网络结构、增塑剂的品种及含量）以及固体填料与黏合剂基体之间的相界面情况决定。以环氧乙烷（PEG）或环氧乙烷共聚醚（PE/T）预聚物与异氰酸酯构成的黏合剂体系为例，由于分子链具有良好的柔顺性，以及与硝酸酯间的良好混溶能力，其玻璃化温度在–60 ℃左右，推进剂在较宽的使用温度范围内（–40 ℃～50 ℃）具有优越的力学性能。例如，美国由 PEG/NG–BTTN/AP/HMX/Al 组成的 NEPE 推进剂的力学性能见表 7–38。

表 7–38 力学性能

温度	σ_m /MPa	ε_m /%
20 ℃	0.89	100
70 ℃	0.57	79
–40 ℃	6.80	20

NEPE 推进剂力学性能的调节主要通过改变黏合剂基体的承载能力和增强填料（主要是 HMX 或 RDX）与基体界面作用（即筛选键合剂）来实现。

（1）影响 NEPE 推进剂黏合剂基体承载能力的因素

NEPE 推进剂黏合剂的基体一般由高分子预聚物（聚醚或共聚醚）、固化系统（异氰酸酯类）及含能增塑剂组成。由于含能增塑剂的选择及用量主要由能量性能及低温不脆变性质决定，所以，调节黏合剂基体承载能力的问题主要集中在预聚物分子链的结构及其平均摩尔质量的大小与分布状态、异氰酸酯类固化交联剂的性质等方面。一般来说，使用平均摩尔质量分布较窄的预聚物，有利于获得结构较均匀的网络，较合适的分散指数 $\overline{M_w}/\overline{M_n}$ 在 1.05～1.35。在以 P(E/T) 为预聚物的 NEPE 推进剂中，提高预聚物的数均摩尔质量，有利于提高推进剂的抗拉强度和伸长率。预聚物数均摩尔质量对推进剂力学性能的影响见表 7–39。

表 7–39　P（E/T）数均摩尔质量与推进剂力学性能的关系

$\overline{M_n}$	温度/℃	σ_m /MPa	ε_m /%	ε_b /%
3 618	20	0.56	62	64
	70	0.47	54	56
	–40	1.69	72	96
4 600	20	0.66	80	83
	70	0.47	64	65
	–40	1.72	99	108

进一步提高 P（E/T）数均摩尔质量，还可以改善推进剂的力学性能，考虑到浇铸时药浆的流变性质，一般选择 $\overline{M_n}$ =4 000～4 500 的 P（E/T）。对于以 PEG 为预聚物的 NEPE 推进剂来说，其数均摩尔质量一般为 8 000～12 000 较合适。

影响黏合剂基体承载能力的另一因素是固化交联剂的性质，从形成三维网络的要求出发，当官能度为 2 的聚醚为预聚物时，固化剂的官能度应≥3。目前，国内外较普遍地采用以水改性的六次甲基二异氰酸酯（牌号 N–100）为固化交联剂。其优点是挥发性很小，毒性低，可溶于硝酸酯，并有适中的反应能力，药浆可以获得较长的适用期。水改性的六次甲基二异氰酸酯，分子中包含脲基 $\text{—NH}\overset{\overset{\displaystyle O}{\|}}{C}\text{NH—}$、缩二脲基 $\text{—NH}\overset{\overset{\displaystyle O}{\|}}{C}\underset{\underset{\displaystyle R}{|}}{N}\text{—}$、双缩二脲基 $\text{—}\underset{\underset{\displaystyle R}{|}}{N}\text{—}\overset{\overset{\displaystyle O}{\|}}{C}\text{—}\underset{\underset{\displaystyle R}{|}}{N}\text{—}$，甚至三

```
              O
              ‖
     R        C        R
       \    /   \    /
         N         N
         |         |
         N         C
      //   \     /   \\
     O        N        O
              |
              R
```

聚体异氰酸酯（上式）等结构，其异氰酸酯基含量及官能度为一平均值。在 NEPE 推进剂中使用的 N–100 的官能度一般在 $\bar{f}$=3.6～4.2。

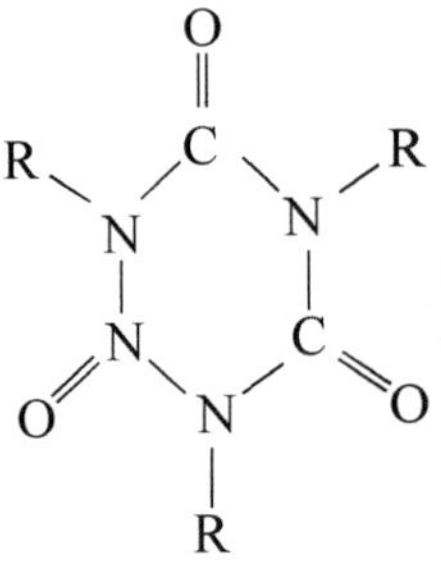

为了获得更好的力学性能，除了使用 N–100 为固化剂外，还可以使用一些辅助交联剂，它们是一些在 NEPE 黏合剂中有良好互溶性的多羟基大分子。如取代度为 2 左右的乙基丁基纤维素（CAB）或氮量≤12.6%的硝化纤维素。利用这种可溶于硝酸酯的大分子辅助交联剂，除了可以适当增加网络的交联密度外，还可在药浆混合初期起到增稠作用，防止固体颗粒填料的沉降。辅助交联剂 CAB 对推进剂力学性能的影响见表 7–40。

表 7–40 辅助交联剂 CAB 对推进剂的力学性能的影响

CAB 含量/%	力学性能			
	温度/℃	σ_m /MPa	ε_m /%	ε_b /%
0	20	0.79	80	84
0.10	20	0.83	82	84
	70	0.57	61	63
	–40	1.69	107	111
0.15	20	0.84	80	87
	70	0.53	53	54
	–40	1.75	104	110
0.20	20	0.87	83	85
	70	0.54	51	52
	–40	1.77	106	112

（2）偶联技术

在一般高分子复合材料中，所添加的填料可以分为补强性填料和外补强性填料两类。天然橡胶中使用的炭黑属补强性填料，在 NEPE 推进剂中，含量＞40%以上的硝胺（HMX 或 RDX）属外补强性填料，HMX 或 RDX 本身为对称性很高的分子，所以，虽然分子中硝基氧原子具有强电负性，但作为填料用于聚醚聚氨酯基体时，缺乏强的相互作用，在推进剂承担载荷时，很容易在 HMX 与由聚醚聚氨酯及硝酸酯构成的基体材料间产生界面分离（即所谓脱湿现象）。此时，在较低的应变状态下即达到临界应力，在应力–应变曲线上出现屈服现象。解决此问题的途径是通过偶联或包覆技术，使 HMX 之类硝胺填料在表面上形成一层高模量的抗撕拉层，使推进剂承受载荷时，原先由应力集中作用在 HMX 表面的空隙部位，使其被更深地推入黏合剂基体的内部，即避免“脱湿”的发生而继续维持良好的承载能力。

一般偶联剂（Coupling Agent）亦称键合剂（Bonding Agent），其分子结构中需包含两种基团，一种是可以与黏合剂高分子产生化学作用的活性官能团，另一种是与填料分子形成强的物理化学作用（如高的范德华力、良好的浸润、形成络合物、形成 Lewis 酸碱盐等）的基团。因此，偶联剂或键合剂的分子结构应根据填料及基团高分子的特点进行设计和选择。

HMX 的分子结构如图 7–18 所示。

其分子中由于氧原子的强电负性使—NO_2 成为强的吸电子基团，使—NO_2 基上的氧原子形成电子云富集。而—CH_2—的电子云密度降低，具有产生质子氢（H^+）的倾向。此外，氮原子上存在的孤对电子也使它成为电子云密集的原子。通过对 HMX 的偶极矩、电离势、键能及电荷分布状态等分析表明，在 HMX 的分子间及分子内均存在氢键。在 HMX 的分子结构中可以用于形成键合作用的原子为：—NO_2 中的氧原子、$-\overset{|}{N}-$中的氮原子和—CH_2—中的氢原子。

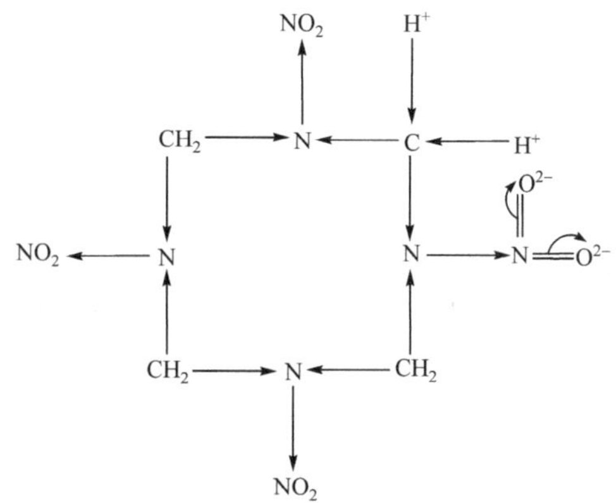

图 7–18 HMX 的分子结构

从有利于形成 Lewis 酸碱作用或氢键作用出发，适用于 HMX、RDX 的键合剂化合物为含有孤对电子的胺类、多元胺和酰胺类化合物；从增强表面浸润出发，则应选择易与 HMX 产生溶剂化作用的羰基、腈基、酰胺基和硼酸酯类等化合物；从形成稳定络合物作用出发，则可以选择酰胺化合物。试验结果证明，三氟化硼羟乙基三乙醇胺、羟乙基氰乙基四乙撑五胺对甲苯磺酸、二甲基二羟乙基海因、二甲基二羟异丙基海因、二甲基羟乙基羟丁基海因、三聚异氰酸酯等均对 HMX 有较好的键合能力。

（3）中性大分子键合剂

通过表面浸润吸附、分子间氢键等作用，使键合剂分布在填料颗粒表面与黏合剂一起形成高模量层的办法，在 NEPE 推进剂中，由于这些键合剂在极性相对较大的硝酸酯中溶解而遇到了困难，即键合剂在硝酸酯中溶解导致键合作用下降甚至失效。针对 NEPE 推进剂的特点，20 世纪 90 年代初期，国外提出了一类新的键合剂，即中性大分子键合剂（Neutral Polymeric Bonding Agent，NPBA），即设计一种中性的相对摩尔质量较大的大分子化合物，其分子上既具有较多的可参与形成聚氨酯反应的羟基，又包含与 HMX 中的硝基有强亲和作用的基团，如腈基、酰胺基、酯基等。当药浆在较高的预混温度（60 ℃）时，此种 NPBA 可溶于药浆中，在药浆降低到正常混合温度（<40 ℃）时，NPBA 析出而聚集在硝胺填料表面，达到键合的目的。即正常混合温度时，NEPE 推进剂中的硝酸酯相当于 NPBA 的 θ 溶剂，在正常混合过程，NPBA 与硝酸酯体系间是熵（S）减少（ΔS 为负）的过程，而且，NPBA 的析出温度，就是熵降低直至析出的临界温度（T_c）。按照高分子溶液热力学理论，NPBA 的分子设计可以通过溶度参数差的调节来实现：

$$(\delta_1 - \delta_2) = 0.5RT_c / V$$

式中，δ_1——预混药浆的平均溶度参数；

δ_2——NPBA 的溶度参数；

T_c——相分离的临界温度；

V——预混药浆的摩尔体积。

据此，二者的溶度参数差（$\delta_1 - \delta_2$）增大，则 T_c 上升，即常温下易出现分离。

根据上述对 NPBA 的设计要求以及对 HMX 类硝胺有强亲和作用基团的认识，此种 NPBA 是一类多元嵌段共聚物。通过调节嵌段组元的性质和序列长度，即可以达到改变 $\Delta\delta$，即实现控制临界析出温度的目的。此种多元嵌段 NPBA 的结构单元由丙烯腈/丙烯酰胺/丙烯酸羟烷酯组成：

$$-\!\!\left(CH_2\underset{\underset{CN}{|}}{CH}\right)_x\!\!\left(CH_2\underset{\underset{\underset{NH_2}{|}}{C=O}}{\underset{|}{CH}}\right)_y\!\!\left(CH_2\underset{\underset{\underset{OCH_2CH_2OH}{|}}{C=O}}{\underset{|}{CH}}\right)_m\!\!-$$

通过对嵌段单元的选择、共聚比的变化、NPBA 的平均摩尔质量的大小调节，可以设计和合成得到适合于含有大量硝胺的 NEPE 推进剂的 NPBA。目前，此种 NPBA 已成功应用于国内外的 NEPE 推进剂中。在正常用量下，推进剂的初始模量、抗拉强度都可以得到显著提高。

7.7　固体推进剂新型黏合剂、含能增塑剂、氧化剂及含能添加剂

7.7.1　概述

在固体推进剂的发展历程中，新型黏合剂的出现，是催生一种固体推进剂的关键因素，而新型含能增塑剂和新型氧化剂的诞生则是固体推进剂能量水平获得提高的转折点。自 20 世纪 70 年代末以来，在化学合成技术的探索和发展中，涌现了若干性能优良、应用前景诱人的新品种，如链结构不同的叠氮聚醚、以叠氮聚醚为基的聚氨酯类含能热塑性弹性体（ETPE），以及可达到低易损性推进剂各项性能要求的嵌段型端羟基共聚醚（HTPE）、侧链含氟氨基（—NF_2）的聚醚或共聚醚（PBFGT）等。在含能增塑剂中，出现了端叠氮基的叠氮缩水甘油醚齐聚物（GAPA）、硝氧乙基硝胺（Nitroethyl Nitramine，NENA）、N, N′–二叠氮基–N–硝基二乙胺以及一些稳定性有明显改善、焓值相对较高的含二氟氨基的增塑剂。与此同时，生成焓及密度与六硝基六氮杂异伍尔兹烷（CL–20）近似或更高的多氮化合物，如二硝基偶氮氧化呋喃等也相继出现并在推进剂中进行了探索研究。上述这些新型黏合剂、含能增塑剂、新型氧化剂的出现，促进了近年来高能固体推进剂技术研究的发展。它们在固体推进剂中的应用无疑将促使未来的固体推进剂性能提高到一个更高的水平。

7.7.2　叠氮聚醚黏合剂及其推进剂

7.7.2.1　概述

将叠氮基团引入聚合物或有机化合物中作为含能黏合剂和含能增塑剂是固体推进剂技术发展的重要的方向之一。其主要原因是叠氮基团—N_3 的引入赋予这些化合物许多新的特点，从而给固体推进剂的性能带来很多变化。其表现主要为：

① 有利于提高推进剂的能量水平。

每摩尔叠氮基（—N_3）具有 356 kcal/mol 的正标准生成焓。在推进剂中含—N_3 的黏合剂或增塑剂在分解时，无须氧原子存在的条件下即可释放出大量的热值。同时，由于叠氮基团的引入，黏合剂预聚物的密度也较其他惰性黏合剂有较显著的提高。以聚叠氮缩水甘油醚（GAP）为例，其密度约为 1.30 g/cm^3，使以 GAP 为黏合剂的复合固体推进剂的密度比冲也显著提高。图 7–19 为由引入叠氮基团的黏合剂制成的推进剂与端羟基聚丁二烯推进剂（HTPB）能力水平的比较，所有引入—N_3 的叠氮聚醚黏合剂包括 GAP、BAMO、AMMO 及 BAMO 的共聚物（BAMO/THF、BAMO/AMMO），其推进剂的能量水平均高于传统的 HTPB 推进剂，例如由 GAP 与 RDX、AP、Al 组成推进剂时，与含相同固体填料的 HTPB 推进剂相比，其标准理论比冲提高约 40 N • s/kg。

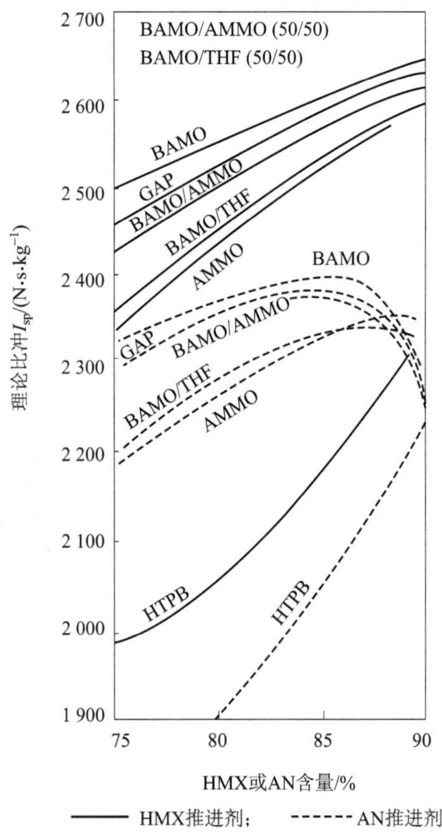

图 7–19 10 MPa 下以 HMX 和 AN 为氧化剂时叠氮聚醚推进剂与 HTPB 推进剂的理论比冲的对比

② 有利于降低推进剂燃气的特征信号。

由于叠氮聚醚类黏合剂与大多数含能增塑剂如 NG、DEGDN、TEGDN、BTTN 等硝酸酯及双(2,2–二硝基丙醇)缩乙醛/双(2,2–二硝基丙醇)缩甲醛(BDNPA/F)（代号 A_3）均有良好的互溶性，采用这些含能增塑剂时，达到合理氧平衡的推进剂配方中，氧化剂高氯酸铵的含量相对减少，燃气产物中 HCl 的含量明显下降。

③ 较低的撞击和摩擦感度。

相当一部分有机叠氮化物和黏合剂的撞击感度和摩擦感度都比较低，例如 GAP 预聚物的撞击感度(4 kg 落锤，50 cm 落高)及摩擦感度(80° 摆角，2.45 MPa）均为 0。所以，在浇注改性双基推进剂中，以端叠氮基叠氮缩水甘油醚齐聚物（GAPA）作为增塑剂取代 NG 制成推进剂时，在能量水平略有提高的情况下，推进剂的危险等级由 1.1 级变为 1.3 级，提高了推进剂制造使用中的安全程度。上述原因使叠氮聚醚推进剂成为高能、钝感、低特征信号推进剂发展的一个重要方向。

（4）含叠氮基黏合剂的热安定性好，制造工艺较简单，原料来源广泛，其价格可为用户接受。

上述原因促使叠氮聚醚类推进剂近年在固体推进剂技术发展中取得显著的进展。

7.7.2.2　线型叠氮缩水甘油醚（Glycidyl Azide Polymer，GAP）

GAP 是目前研究最广泛的含能黏合剂，1972 年由 Vadnenburg 首先合成，现已应用于商业用途的燃气发生器和固体推进剂中。

在制备 GAP 时，一般先合成聚环氧氯丙烷（PECH)，然后在溶剂（DMF）中以 PECH 与 NaN_3 反应，使—N_3 基取代 PECH 中的 Cl 原子而制成。自 Vadnenburg 之后，不少研究者对 PECH、GAP 及 GAP 增塑剂开展了研究，M.B.Frankel 首先以 $BF_3 \cdot Et_2O$ 为催化剂，丙三醇为起始剂，使环氧氯丙烷单体（Epichlorohydrin，ECH）经阴离子开环聚合制成端羟基 PECH（Polyepichlorohydrin)，然后使 PECH 与 NaN_3 在 DMF（二甲基甲酰胺）介质中反应制成三官能度的 GAP：

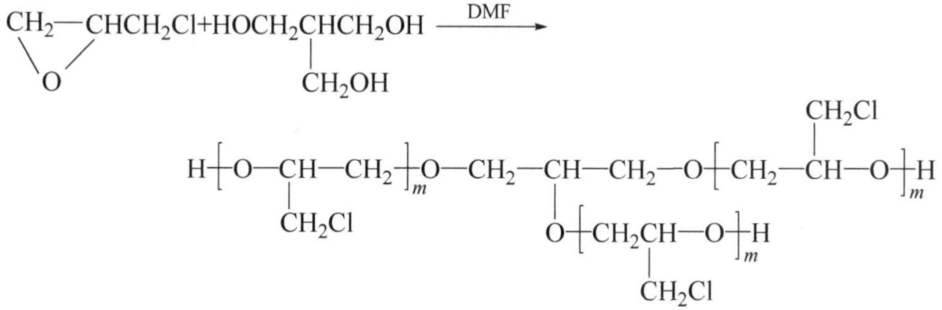

$$\underset{\text{(环氧)}}{\overset{\diagdown\ \ \diagup}{CH_2—CHCH_2Cl}}\ \text{(O)} + HOCH_2\underset{\displaystyle CH_2OH}{\underset{|}{C}H}CH_2OH \xrightarrow{DMF}$$

$$H\!\left[O—\underset{\displaystyle CH_2Cl}{\underset{|}{CH}}—CH_2\right]_m\!O—CH_2—\underset{\displaystyle O\left[CH_2\underset{\displaystyle CH_2Cl}{\underset{|}{C}H}—O\right]_m H}{\underset{|}{CH}}—CH_2—O\!\left[CH_2—\overset{\displaystyle CH_2Cl}{\overset{|}{CH}}—O\right]_m\!H$$

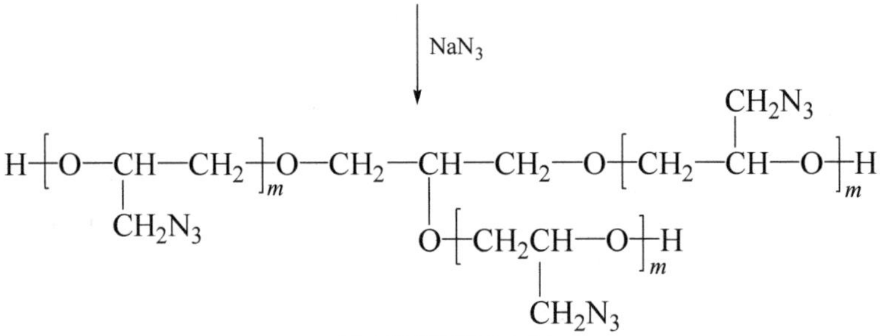

$$\xrightarrow{NaN_3}$$

$$H\!\left[O-\underset{\displaystyle CH_2N_3}{CH}-CH_2\right]_m\!O-CH_2-\underset{\displaystyle O\left[CH_2\underset{\displaystyle CH_2N_3}{CH}-O\right]_m H}{CH}-CH_2-O\!\left[CH_2-\overset{\displaystyle CH_2N_3}{CH}-O\right]_m\!H$$

（三官能度GAP）

若以乙二醇为引发剂，所得为二官能度的 GAP：

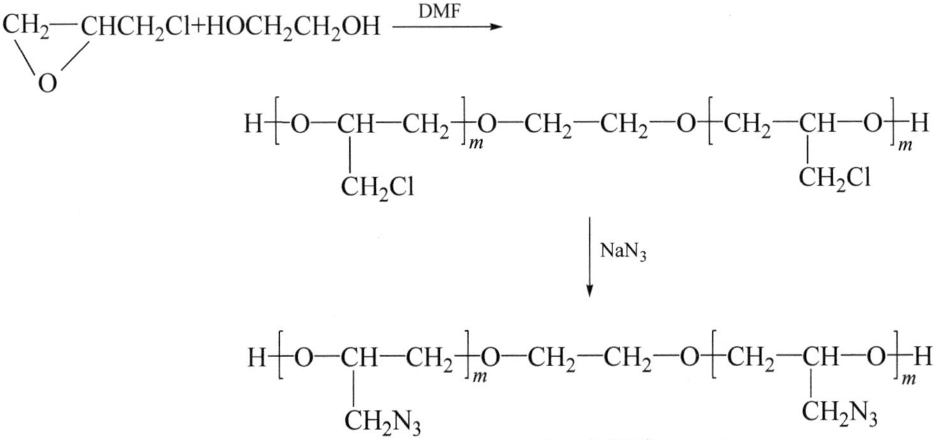

$$\underset{\diagdown\,O\,\diagup}{CH_2-CHCH_2Cl}+HOCH_2CH_2OH\xrightarrow{DMF}$$

$$H\!\left[O-\underset{\displaystyle CH_2Cl}{CH}-CH_2\right]_m\!O-CH_2-CH_2-O\!\left[CH_2-\underset{\displaystyle CH_2Cl}{CH}-O\right]_m\!H$$

$$\xrightarrow{NaN_3}$$

$$H\!\left[O-\underset{\displaystyle CH_2N_3}{CH}-CH_2\right]_m\!O-CH_2-CH_2-O\!\left[CH_2-\underset{\displaystyle CH_2N_3}{CH}-O\right]_m\!H$$

（二官能度GAP）

上述反应经历了环氧氯丙烷（ECH）的阳离子开环聚合生成聚环氧氯丙烷（PECH），以及由 PECH 与 NaN_3 产生亲核取代两个历程。ECH 的阳离子开环聚合反应受催化剂、反应温度、介质等多种因素的影响，采用的引发/催化剂包括 $SnCl_4$/强羧酸、CF_3COOH 三氟化硼络合物、$SnCl_4$/三氟乙酸、$SbCl_5$ 等。这些方法所合成的 PECH 平均相对分子质量一般小于 4 000，端基以仲羟基居多（～90%），由于存在空间位阻，反应活性较低。为了提高产物 PECH 的相对分子质量，需采用不同的引发/催化体系。美国采用 1,4–丁二醇二三氟甲磺酸酯（BDT，$F_3C-SO_3-(CH_2)_4-SO_3-CF_3$，由三氟甲磺酸酐与四氢呋喃反应获得）为引发剂时，在 25 ℃～40 ℃经 17～24 h 的反应以 50%左右的得率获得相对分子质量达 6 000～15 000 的 PECH。其中 BDT 引发 ECH 开环聚合的直接产物的端基为三氟甲基磺酸酯，加入二元醇或三元醇为终止剂时，即可得到官能度为二或三的 PECH。

PECH 与 NaN_3 的亲核取代反应受到反应物料比、催化剂、反应介质、温度及时间等因素的影响。早期采用的反应介质为强极性溶剂（N，N′–二甲基甲酰胺 DNF

或二甲基亚砜 DMSO），在高温和长时间反应条件下，DMF 分解的二甲胺和甲酸会导致产物 GAP 分解，而 DMSO 则可能加速 GAP 的氧化，使 GAP 的纯度受到影响。研究结果表明，选择不同的溶剂（如二甲基乙酰胺、N–甲基吡咯烷酮 NMP 或 NMP—H_2O）和催化剂（如相转移催化剂）可以缩短反应时间并获得取代度和产率更高的 GAP。

上述方法合成的产物为线型 GAP，一般为琥珀色液体，其理化性质随聚合度、结构形态和合成方法的不同而有所变化，典型的线型 GAP 的理化性质见表 7–41。

表 7–41　线型 GAP 的理化性质

项　　目	性　　质	项　　目	性　　质
相对分子质量	500～5 000	撞击感度 H_{50}/cm	＞100（2.5 kg 落锤）
密度ρ/（g • cm^{-3}）	1.3	热分解温度/℃	202～277，峰温 249.7
黏度η/（Pa • s）	0.5～5.0	氮含量（理论）/%	42
T_g/℃	–45	摩擦感度/%（80° 摆角，2.45 MPa）	0
官能度	1.5～2.0	生成焓/（kJ • mol^{-1}）	175

美国罗克韦尔（Rockwell）公司和法国火炸药公司（SNPE）均采用 Frankel 的方法生产 GAP。1995 年，SNPE 公司的 GAP 年产量达 5 t。

国外 GAP 预聚物商品的规格见表 7–42。

表 7–42　国外 GAP 预聚物商品的规格

性质	Rockwell	SNPE	GAP–5527	L12616	GAP–0700
官能度	1.98		2.5～3.0	2	
E_q	1 132		2 000		
M_n	1 668	1 700～2 300			700
T_g/℃	–45	–45	–35		
黏度/cPs①			12 000		140
水质量分数/%	0.007		0.02		0.05
密度/（g • cm^{-3}）	1.30	1.29	1.3	～1.3	1.24

① 1 cPs=1 mPa • s。

续表

性质	Rockwell	SNPE	GAP–5527	L12616	GAP–0700
起始分解温度/℃，TGA			235～240		240
热稳定性	60 ℃恒温 69.7 h		75 ℃恒温 48 h 无反应		
撞击感度/（N·m）	16	＞120			
折光指数			1.52		

7.7.2.3 支化聚叠氮缩水甘油醚（B–GAP）

市售线型 GAP 的数均相对分子质量一般为 3 000 左右，以此类 GAP 制造复合固体推进剂时，其力学性能不理想，尤其是低温伸长率偏低，其主要原因为：

① 预聚物每个单元环节上均含有侧基—CH_2N_3，在产生力学响应时，主链中可承受载荷的相对原子质量分数低于 50%，明显低于其他黏合剂预聚物，例如，HTPB 预聚物主链的相对原子质量分数高达 92%。要使 GAP 形成的网络结构达到类似数均相对分子质量为 4 000 的 HTPB 固化交联形成网络所能承载的能力时，GAP 的数均相对分子质量应在 10 000 以上。

② 在固化反应中，按照“2+3”的原则（预聚物官能度为 2 时，使用官能度≥3 的交联剂）构建的网络结构不完整。由环氧氯丙烷（ECH）经阳离子开环聚合生成预聚物的端基为仲羟基，在一般生成聚氨酯的反应中，伯羟基与甲苯二异氰酸酯的反应速率常数高于仲羟基近一倍，因而以仲羟基为端基的 GAP 在固化时不易获得理想的交联网络。

③ 由 GAP 制成的推进剂低温力学性能不理想的另一原因是其玻璃化温度偏高，其 T_g 在–43 ℃～–45 ℃，明显高于 HTPB 黏合剂（后者 T_g≤–65 ℃），影响了推进剂制品在–40 ℃以下温度工作时的力学性稳定性。在 GAP 的链结构中，侧链—CH_2N_3 的存在，在一定程度上增加了预聚物高分子的自由体积，有利于 T_g 的降低。但侧基—CH_2N_3 所带来的链旋转势垒的上升和构象熵数目的减少，抵消了自由体积增加对降低 T_g 的贡献。

因此，须通过加入足够量的增塑剂来改善其低温力学性能。基于以上原因，支链型 GAP（Branched GAP，B–GAP）的合成，成为 GAP 改性的重要品种之一。

1989 年，B–GAP 首先由加拿大瓦卡德国防研究所以氯醇橡胶在 DMF 中，以多元醇为引发剂，有机碱金属化合物为催化剂，在 100 ℃条件下，利用 NaN_3 进行叠氮化反应制成。反应中，氯醇橡胶主链上的 C—O—C 键发生断裂，聚合物的降解链通过分子内或分子间的亲核取代反应进行接枝，最终生成多官能度的 B–GAP，即 B–GAP 是在氯醇橡胶的降解–支化及叠氮化同时存在下完成的。在叠氮反应中，以 $LiOCH_3$ 或 NaOH 为催化剂时，可获得重均相对分子质量 10 000～40 000，羟基官能度为 2～10 的 B–GAP，其分子结构为：

H
$[\;]_n$
O
CH_2
$CHCH_2N_3$
$H[O-CH_2]_n-CH-CH_2N_3$
$HO[CH-CH_2-O]_n-CH[CH-CH_2-O]_n-CH-CH[CH-CH_2-O]_n-H$
CH_2N_3　　CH_2N_3　　$CHCH_2N_3$　CH_2N_3
CH_2
O
$[\;]_n$
H

B–GAP 的相对分子质量可通过调节催化剂/聚合物的质量比来控制。B–GAP 的性质见表 7–43 及表 7–44。

表 7–43　B–GAP 的性能

M_w	M_n	M_w/M_n	官能度	T_g/℃	η/cP，25℃
36 000	90 000	2.5	9.5	–45	500 000
10 000	22 000	2.5	3.7	–50	70 000
5 600	2 800	2.0	2.4	–50	28 000
3 200	1 900	1.7	2.2	–55	16 000
注：1 cP=10^{-3} Pa • s。					

表 7–44　典型 B–GAP 的物理化学性能

M_w	M_n	η/（Pa • s）	T_g/℃
5 500	4 200	7.8	–55

B–GAP 受热时，在 220 ℃出现主分解过程，样品质量迅速下降，在 280 ℃时出现第二次分解过程，但质量下降速度较慢。B–GAP 的热稳定性及感度见表 7–45。

表 7–45 B–GAP 的热稳定性及感度

初始分解温度 T_i/℃	最大分解温度 T_m/℃	真空安定度/（$m^3 \cdot g^{-1}$）100 ℃，4 h	撞击感度	摩擦感度
120	212	≥3.0（200 h）	很不敏感	很不敏感

7.7.2.4 叠氮氧杂丁环的均聚物及共聚物

在阳离子开环聚合反应中，使用由四原子组成的氧杂环为单体较之使用三原子组成的氧杂环更易于控制产物的相对分子质量和官能度。而且，所合成的聚醚链中每个结构单元的碳原子数相对更大。形成高分子网络后，可获得较好的延伸率，是叠氮聚醚黏合剂中较受重视的品种。目前，研究较多的品种有 3–叠氮甲基–3–甲基氧丁烷（AMMO）和 3, 3–叠氮甲基氧丁烷（BAMO）的均聚物和共聚物。它们的热稳定性及机械感度均优于 GAP 黏合剂，所制成的推进剂也具有更好的低温力学性能，是复合固体推进剂中受欢迎的黏合剂品种。

目前较具应用价值的叠氮氧杂丁烷品种主要为 3–叠氮甲基–3–甲基氧丁烷（AMMO）、3, 3–二（叠氮甲基）氧丁烷（BMMO）。

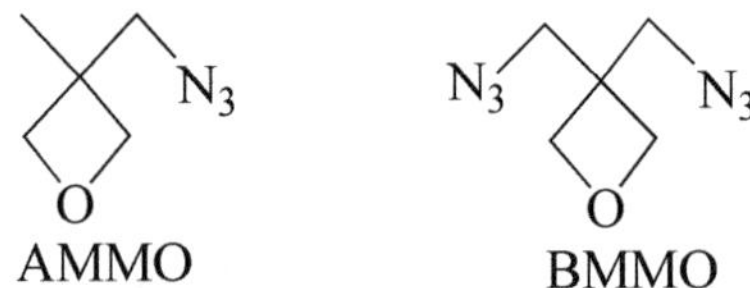

1. 3–叠氮甲基氧杂丁烷均聚物（PAMMO）

在室温条件下，PAMMO 为液态聚合物，具有氮含量高、感度低、热稳定性良好的特点，适于作为低易损性或低特征信号的含能黏合剂，同时，PAMMO 还是制备含能热塑性弹性体较为理想的软链段成分。

PAMMO 可采用直接法和间接法合成。以 AMMO 为单体，1, 4–丁二醇为引发剂，三氟化硼乙醚络合物为催化剂，CH_2Cl_2 为溶剂，即可按阳离子开环聚合的机理直接合成 PAMMO，催化剂用量、反应温度和时间等对聚合反应均有影响。当 $n(BF_3 \cdot Et_2O):n(BDO)=0.5:1.00$ 时，可以获得相对分子质量和羟值与理论值接近的产品。催化剂与引发剂的质量比对聚合反应的影响见表 7–46。

表 7–46 催化剂与引发剂质量比对 AMMO 聚合反应的影响

批次	$n(BF_3 \cdot Et_2O):n(BDO)$	M_n	羟值/（$mg \cdot g^{-1}$）	官能度	得率/%
1	1.88∶1.00	2 534	41.01	1.86	86.5
2	0.67∶1.00	2 922	37.44	1.95	90.2

续表

批次	$n(BF_3 \cdot Et_2O):n(BDO)$	M_n	羟值/（mg·g^{-1}）	官能度	得率/%
3	0.50:1.00	3 650	30.28	1.97	98.5
4	0.30:1.00	380	98.61	0.67	—
注：设计的目标产物相对分子质量为 3 900，羟值为 28.77 mg/g。					

先合成惰性取代基团的氧杂丁烷单体，经阳离子开环聚合后，再在二甲基亚砜（DMSO）溶剂中与 NaN_3 反应生成 PAMMO 的间接法相对较为安全。例如，以 3–苯磺酸酯基–3–甲基氧杂环氧丁烷单体（TMMO）出发或以 3–溴甲基–3–甲基氧杂丁烷出发，均可以较平稳地实现开环聚合反应，然后在 DMSO 溶剂中完成叠氮化反应。

$$\text{TMMO} \xrightarrow[HO-(CH_2)_4-OH]{BF_3\cdot Et_2O} H-(O-CH_2-C(CH_3)(CH_2-O-SO_2-C_6H_4-CH_3)-CH_2)_n-OH \xrightarrow[DMSO]{NaN_3} H-(O-CH_2-C(CH_3)(CH_2N_3)-CH_2)_n-OH$$

以 BrMMO 为起始单体合成 PAMMO 的反应如下：

$$\underset{\text{BrMMO}}{\text{BrMMO}} \xrightarrow[HO-(CH_2)_4-OH]{BF_3\cdot Et_2O} H-(O-CH_2-C(CH_3)(CH_2-CH_2Br)-CH_2-O)_n-H \xrightarrow[DMSO]{NaN_3} HO-(CH_2-C(CH_3)(CH_2N_3)-CH_2-O)_n-H$$

BrMMO 开环聚合较适宜的条件为：$n(BF_3 \cdot Et_2O)$∶n(BDO)=0.50∶1.00。

典型 PAMMO 的物理化学性质见表 7–47。

表 7–47 典型 PAMMO 预聚物的物理化学性质

性　　质	数值	性　　质	数值
M_n	3 860	绝热火焰温度/℃	1 283
密度/（g・cm^{-3}）	1.06	玻璃化转变温度/℃	–45
生成焓/（kJ・kg^{-1}）	354.3		

热失重及差热分析表明，PAMMO 的热分解为两个阶段：在 220 ℃～260 ℃主要为叠氮基分解，失重率为 28%左右；在 260 ℃～430 ℃为链碳骨架的分解，此时热效应较小。

2. 3,3–双（叠氮甲基）氧杂丁烷均聚物（PBAMO）

3,3–双（叠氮甲基）氧杂丁烷（BAMO）含氮量高达 50%，是一种重要的叠氮类环醚单体。其均聚物 PBAMO 具有立构规整性，易于形成结晶，熔点为 75 ℃～78 ℃，是制备含能热塑性弹性体（ETPE）的理想硬段成分。BAMO 与四氢呋喃（THF）及 AMMO 等单体共聚形成的共聚物为液态或蜡状固体，可满足推进剂制造的工艺要求，适于作为低温易损性和低特征信号推进剂的黏合剂。

单体 BAMO 具有下列性质：密度为 1.3 g/cm^3；生成焓为 24.60 kJ/kg；绝热火焰温度（10 MPa）为 2 020 K。

理论上，PBAMO 可以采用先合成每个结构单元都含有卤素的端羟基聚醚，然后与 NaN_3 进行亲核取代的间接法，也可以采用先合成双（叠氮甲基）氧杂丁烷（BAMO）单体，然后利用阳离子开环聚合获得 PBAMO 的直接法。但间接法第一步反应所生成的端羟基聚醚具有很高的结晶性，其熔点为 220 ℃，即使在极性溶剂二甲基甲酰胺（DMF）或二甲基亚砜（DMSO）中，溶解度也很小，160 ℃时只获得浓度为 20%的溶液，此合成工艺在工业上无实用价值。

利用直接法合成 PBAMO 的第一步是合成双氯代甲基氧杂丁烷（BCMO）或双溴代甲基氧杂丁烷（BBMO），然后与 NaN_3 产生叠氮化反应，生成 BAMO。后者经阳离子开环聚合生成 PBAMO。

$$\text{O}\diamond\text{C}(\text{CH}_2\text{Cl})_2 \xrightarrow[\text{DMF}]{\text{NaN}_3} \text{O}\diamond\text{C}(\text{CH}_2\text{N}_3)_2 \xrightarrow[\text{BF}_3\cdot\text{Et}_2\text{O}]{\text{HO(CH}_2)_4\text{OH}} \text{H}\left(\text{OCH}_2-\underset{\text{CH}_2\text{N}_3}{\overset{\text{CH}_2\text{N}_3}{\underset{|}{\overset{|}{\text{C}}}}}-\text{CH}_2\text{O}\right)_n\text{H}$$

双（氯甲基）氧杂丁烷（BCMO）有市售化工产品，可用于 BAMO 单体的合成。但在 BCMO 叠氮化过程中，若使用相转移催化剂，在有机溶剂中反应时，需控制溶液的 pH，避免叠氮酸（HN_3）的生成，后者会使 BAMO 转化为撞击感度很高的 2, 2, 2–三叠氮甲基乙醇。

$$\text{O}\langle\!\rangle\text{C}(\text{CH}_2\text{Cl})_2 \xrightarrow[\text{PTC}]{\text{NaN}_3} \text{O}\langle\!\rangle\text{C}(\text{CH}_2\text{N}_3)_2 \xrightarrow{\text{HN}_3} \text{N}_3\text{CH}_2-\text{C}(\text{CH}_2\text{N}_3)_2-\text{CH}_2\text{OH}$$

上式中，PTC 为相转移催化剂。

当以水和甲醇为介质，季铵盐四丁基溴化铵为相转移催化剂，由双（溴甲基）氧杂丁烷进行叠氮化时，产率可达 85%。此方法可避免高沸点溶剂回收的环境保护问题，反应安全、经济。其反应式如下：

$$\text{O}\langle\!\rangle\text{C}(\text{CH}_2\text{Br})_2 \xrightarrow[\text{季铵盐催化剂}]{\text{NaN}_3/\text{H}_2\text{O}} \text{O}\langle\!\rangle\text{C}(\text{CH}_2\text{N}_3)_2$$

由单体 BAMO 进行阳离子开环聚合时的关键问题是要实现可控的聚合反应，即反应可按设定的目标（相对分子质量 M_n 及羟值）获得所需的预聚物。国内公布较易控制的合成路线为

$$\text{BrCH}_2-\text{C}(\text{CH}_2\text{OH})(\text{CH}_2\text{Br})-\text{CH}_2\text{Br} \xrightarrow[\text{CH}_3\text{CH}_2\text{OH}]{\text{NaOH}} \text{O}\langle\!\rangle\text{C}(\text{Br})_2 \xrightarrow[\text{DMF}]{\text{NaN}_3} \text{O}\langle\!\rangle\text{C}(\text{N}_3)_2$$

$$\xrightarrow[\text{BF}_3\cdot\text{Et}_2\text{O}]{\text{BDO}} \text{HO}\left(\text{CH}_2-\text{C}(\text{CH}_2\text{N}_3)_2-\text{CH}_2-\text{O}\right)_n\left(\text{CH}_2\right)_4\left(\text{O}-\text{H}_2\text{C}-\text{C}(\text{CH}_2\text{N}_3)_2\right)_m\text{OH}$$

优化的工艺条件为：催化剂与起始剂的物质的量比为 0.4∶1.0，单体与起始剂物质的量比为 1∶20，聚合时间为 72 h，聚合温度为 20 ℃～30 ℃，产物为白色蜡状固体，熔点为 70 ℃～78 ℃，可溶于一般有机溶剂，数均相对分子质量为 3 432（GPC），重均相对分子质量为 6 842（GPC），相对分子质量分散指数为 2.0（GPC），羟值为 32.37 mg/g，密度为 1.35 g/cm^3，平均官能度为 1.975，T_m 为 256.33 ℃，T_g 为–30 ℃，撞击感度 H_{50} 为 74.1 cm，摩擦感度为 0，燃烧热为 20.99 kJ/g，生成焓为 2 425 kJ/g，熔融黏度为 20.31 Pa·s。典型 PBAMO 的物理化学性质见表 7–48。

表 7–48　典型 PBAMO 的物理化学性质

性　　质	数据	性　　质	数据
M_n	2 000～3 000	生成焓/（kJ • kg^{-1}）	2 420
密度/（g • cm^{-3}）	1.3	T_g/℃	–39

3. 叠氮氧杂丁烷共聚物

（1）BAMO–四氢呋喃（THF）共聚物

将 THF 与 BAMO 共聚的目的是在高度结构规整性的 PBAMO 分子链中引入柔性较好的$\leftarrow CH_2 \rightarrow_4 O$—链节单元，使处于结晶状态的 PBAMO 转变为液态流体，以改善推进剂的工艺性能和力学性能。共聚反应与阳离子开环聚合制备 PBAMO 相似，只是在聚合中加入四氢呋喃单体：

$$\text{BAMO}(O\text{-oxetane},\ C(CH_2N_3)_2) + \text{THF} \xrightarrow[\text{BDO}]{BF_3\cdot Et_2O} HO\left(CH_2-\underset{CH_2N_3}{\overset{CH_2N_3}{C}}-CH_2-O\right)_n\left[\left(CH_2\right)_4O\right]_m H$$

催化剂与起始剂的摩尔比是控制产物相对分子质量的重要参数，在二者比例为 0.05∶1～0.5∶1 范围内，反应具有活性聚合特征，产物的官能度和相对分子质量可控。

变更 BAMO 与 THF 的链节比时，产物的性能有显著变化。当 BAMO∶THF= 50∶50 时，反应竞聚率之积接近 1，产物分子链中两种单体交替度趋于 2，两者在链中处于良好的无规分布状态。

单体 BAMO 与 THF 的摩尔比为 50∶50 的 BAMO–THF 共聚物在黏合剂中应用较多，其物理化学性质见表 7–49。

表 7–49　BAMO–THF 共聚物的物理化学性质

性　　质	数据	性　　质	数据
M_n	2 240	生成焓/（kJ • kg^{-1}）	1 185
密度/（g • cm^{-3}）	1.27	绝热火焰温度/℃	851
熔点/℃	–27	玻璃化温度/℃	–61

国产链节比（BAMO∶THF）为 50∶50 的典型 BAMO–THF 共聚醚产品规格如下：

平均相对数均分子质量：3 800；

官能度：～2.0；

羟值：29.61 mg/g；

酸值：0.037 mmol/g；

水分：0.054%。

（2）BAMO–AMMO 共聚物

AMMO 含有一个叠氮基团，分子结构具有不对称性，所合成的叠氮聚醚结晶性较低。当与 BAMO 共聚时，由反应初期分离的产物经 ^{1}H–NMR 测定两种单体的竞聚率分别是 r_1（BAMO）$=0.33\pm0.08$，r_2（AMMO）$=2.74\pm0.11$，即共聚物链中 AMMO 嵌段较多，因而产物的黏度和玻璃化温度较低。

共聚反应遵循阳离子开环聚合的过程，通常采用丁二醇（BDO）和 $BF_3\cdot Et_2O$ 为催化引发体系。反应式如下：

$$\text{O}\langle\rangle\text{C}(CH_2N_3)_2 + \text{O}\langle\rangle\text{C}(CH_3)(CH_2N_3) \xrightarrow[\text{BDO}]{BF_3\cdot Et_2O} \text{HO}\left[CH_2-\overset{CH_2N_3}{\underset{CH_2N_3}{C}}-CH_2-O\right]_n\left[CH_2-\overset{CH_2N_3}{\underset{CH_3}{C}}-O\right]_m\text{H}$$

BAMO–AMMO 共聚物的 T_g 见表 7–50。

表 7–50　均聚物和共聚物的 T_g

聚　合　物	T_g/℃
PBAMO	−39
BAMO–AMMO 共聚物（50/50）	−52

4. 以叠氮聚醚为基的含能热塑性弹性体

热塑性弹性体（Thermoplastic Elastomer，TPE）是指一类具有橡胶特性而又具有塑料可高温塑化成型特性的高分子材料。在成型中无须交联固化，具有生产效率高，废料可再生利用的特点。一般为由一定长度的软段和硬段组成的线型长链聚合物。当采用可为硝酸酯之类增塑剂增塑的聚醚或叠氮聚醚为软段组成热塑性弹性体时，即可获得含能热塑性弹性体，在发射药、塑料黏结炸药（PBX）及推进剂中均具有应用价值。

例如，以环氧乙烷–四氢呋喃共聚醚为软段，二异氰酸酯、延链剂 BDO 及脂肪族聚酯为硬段组成的 TPE 与硝酸酯有良好的互溶性。将少量的 TPE（$<5\%$）按传统的吸收–压延–压伸成型工艺加入改性双基推进剂体系中，可明显改善该类推进剂的工艺性能和力学性能，在硝胺（RDX）炸药加入量增加的同时，推进剂的力学性能还可获得改善。

TPE 的使用温度介于其软段的玻璃化温度（T_g）和硬段的熔融加工温度（T_m）之间。最早用作固体推进剂的 TPE 是一种由聚苯乙烯–聚丁二烯–聚苯乙烯组成的嵌段型高分子，其后在推进剂研究中相继出现了一些以乙烯–丙烯酸（或丙烯酸酯）、聚乙烯–苯乙烯–聚异戊二烯、脂肪族聚酯–聚醚组成的热塑性弹性体。其中适于制造复合固体推进剂的 TPE 为聚氨酯类型的热塑性弹性体。由叠氮聚醚制成的含能热塑性体（Energetic Thermoplastic Elastomer，ETPE）可以作为高能钝感、低易损性推进剂的黏合剂材料，是火炸药和固体推进剂技术的发展方向。

适于火炸药和推进剂用的 ETPE 应符合以下要求：

① 有较高的能量水平；

② 其熔点在火炸药或推进剂的安全加工范围内，即 T_m 一般在 70 ℃～95 ℃；

③ 熔体的黏度相对较低，可允许加入足够量的氧化剂和轻金属燃料；

④ 玻璃化转变温度较低（T_g＜–40 ℃），使制成的推进剂具有良好的低温力学性能；

⑤ 与火炸药或推进剂的其他成分有良好的相容性；

⑥ 撞击和摩擦感度低；

⑦ 具有足够高的相对分子质量，以保证制品在贮存使用期间不产生蠕变而保持良好的尺寸稳定性和力学性能。

ETPE 在火炸药中的应用可相对减少固体填料的含量。同时，ETPE 能够吸收外界的冲击能，有利于降低火炸药的撞击感度，提高加工和使用中的安全性。可将 ETPE 应用于已有的无溶剂法压伸成型的自由装填式火箭发动机装药的制造，该工艺方法可以显著提高推进剂的制造效率。

将端羟基叠氮聚醚（PAMMO、BAMO–AMMO、BAMO–THF、GAP–THF）与异氰酸酯及扩链剂（1, 4–丁二醇、1, 6–己二醇）通过聚氨酯加成聚合反应，是目前制备 ETPE 较常用的方法，工艺上可采用溶液聚合法和本体熔融聚合法。前者的聚合速率较低，所得产物的相对分子质量也较低（M_n＜50 000），本体熔融聚合法则可在数小时内完成，产物的 M_n 也较高（M_n 达 100 000 以上），分子结构较规整。

以无定型柔性预聚物为软段，结晶性预聚物以及二异氰酸酯及其扩链剂为硬段制备 ETPE 的反应式如下：

$$\mathrm{HO{-}R_S{-}OH + HO{-}R_H{-}OH + OCN{-}R{-}NCO}$$

$$\downarrow$$

$$\mathrm{OCN{-}R{-}NH{-}\overset{\overset{\displaystyle O}{\|}}{C}{+}O{-}R_S{-}O{-}\overset{\overset{\displaystyle O}{\|}}{C}{-}NH{-}R{-}NH{-}\overset{\overset{\displaystyle O}{\|}}{C}{-}R_H{-}O{+}_{n}\overset{\overset{\displaystyle O}{\|}}{C}{-}NHR{-}NCO}$$

$$\downarrow$$

$$\mathrm{HO{-}R_S{\sim}{+}O{-}R_S{-}O{-}\overset{\overset{\displaystyle O}{\|}}{C}{-}HN{-}R{-}NH{-}\overset{\overset{\displaystyle O}{\|}}{C}{-}O{-}R_H{-}O{+}_{n}{\sim}R_H{-}OH}$$

反应的影响因素与典型聚氨酯的合成相似，NCO/OH 物质的量比、水分、催化剂品种及用量、反应温度及时间等对产物的生成均有影响。

美国 ATK Thiokol 公司以 GAP、PAMMO–BAMO、BAMO–THF、GAP–THF 等叠氮聚醚、二异氰酸酯和 BDO 扩链剂制备的 ETPE 具有良好的力学性能(表 7-51)。含 BAMO–GAP 的热塑性弹性体年产量达 2.5 t 以上。

表 7–51 ETPE 的力学性能

物　质	BAMO 含量/%	模量/MPa	最大应力/MPa	断裂应变/%
BAMO–GAP	25	3.68	1.14	241
BAMO–GAP	35	8.75	1.71	252
CE–BAMO	100	102.76	6.16	609
BAMO–GLYN	25	4.01	1.26	358

注：CE–BAMO 为经扩链的 BAMO；GLYN 为 Glycidyl Nitrate，即缩水甘油醚硝酸酯：$H{-}\!\!\left[OCH_2CH(CH_2ONO_2)\right]_n\!{-}OH$。

以结晶性的预聚物如 PBAMO、PEG、PMMA 为硬段，GAP、BAMO/THF、AMMO 为软段可以合成性能良好的 ETPE。合成过程中由 PBAMO、GAP 预聚物通过与甲苯二异氰酸酯及扩链剂 BDO 生成 ETPE 时，NCO/OH 及反应温度对产物的相对分子质量的大小有影响，见表 7–52。

表 7–52 由预聚物法合成 BAMO–GAP 嵌段 ETPE 的相对分子质量

编号	NCO/OH	T/℃	M_n	M_w
1	1.00	25	27 123	162 640
2	0.975	25	18 240	136 910
3	0.995	25	25 000	226 440
4	1.00	25	15 760	185 430
5	0.975	40	24 807	244 250
6	0.965	50	13 419	145 690

通过溶液聚合法或本体聚合法均可获得 BAMO–THF–BAMO 或 BAMO–AMMO–BAMO 等三嵌段的 ETPE。其中，本体聚合法合成中，通过 BDO 的延链

作用，产物相对数均分子质量较高。其中由 BAMO 与 THF 组成的 TEPE 的 M_n 值达 12 000～56 000，由 BAMO 与 AMMO 组成的 ETPE 的 M_n 为 28 440 以上，两类 ETPE 均呈现良好的力学性能，具有在固体推进剂中的应用价值。由 BAMO–AMMO 组成的 ETPE 可制成固体含量（AP+Al）达 60%～70%的螺压型自由装填复合固体推进剂。推进剂的力学性能良好，发动机点火和工作性能稳定。

利用ETPE制造自由装填螺压复合固体推进剂过程中，需将ETPE制成100 μm以下的微粒，并将氧化剂高氯酸铵及 RDX 用 ETPE 进行钝化包覆处理，确保其撞击感度 H_{50}≥70 cm。

我国首次以 GAP/异氰酸酯类 ETPE 为黏合剂，利用螺压成型工艺制成了含有 RDX、AP、Al 等固体填料的复合固体推进剂，推进剂呈现了能量高、钝感、工艺性能和力学性能稳定以及加工余料、制品可回收利用的特点。

推进剂组成：黏合剂 15%、RDX 47%、AP 18%、Al 12%，实测性能：爆热值 6 932 J/g，摩擦感度 8%，撞击感度 H_{50} 47.3 cm。

7.7.3 以叠氮聚醚为黏合剂的复合固体推进剂

7.7.3.1 概述

自 20 世纪 70 年代成功合成 GAP 以来，有关叠氮聚醚类含能黏合剂的合成及其在固体推进剂中的应用研究十分活跃，原因是该类黏合剂的应用赋予了复合固体推进剂许多诱人的特性，使固体推进剂在能量、低特征信号和安全性能方面产生了新的突破。此类推进剂的特点主要为：

（1）高的能量水平

将每摩尔生成焓为＋356 kJ 的叠氮基（—N_3）引入黏合剂以后，首次获得了生成焓为正的黏合剂，而且其密度达 1.30 g/cm^3，高于已有的黏合剂品种。在复合固体推进剂配方中，质量分数为 8%～10%的此类黏合剂的应用，给推进剂的能量带来了较大的增益。当以—N_3 含量最高的 GAP 与高能量密度化合物六硝基六氮杂异伍尔兹烷（CL–20）、HMX 及金属燃料 Al 组合，以硝酸酯为增塑剂时，推进剂的比冲及密度比冲可以突破 NEPE 推进剂的标准理论比冲（2 659.7 N · s/kg（271.3 s））的水平。

（2）低的撞击和摩擦感度

GAP 黏合剂本身的撞击感度 H_{50}＞100 cm（2.5 kg 落锤），在 80° 摆角，2.45 MPa 压力时的摩擦感度为 0。推进剂成品的撞击感度 H_{50}＞60 cm，分解温度≥216 ℃。所以，GAP 推进剂属于对撞击和摩擦不敏感的推进剂。以 BAMO–AMMO 黏合剂与二缩三乙二醇二硝酸酯及 AP、HMX、Al 等填料制成的推进剂同样呈现对撞击、摩擦、静电等外界刺激不敏感的特性。在较高硝胺炸药（HMX、RDX）含量时，仍可以形成危险等级为 1.3 级的推进剂。

（3）低的特征信号

叠氮黏合剂与大多数硝酸酯增塑剂、2, 2–二硝基丙醇缩甲醛和缩乙醛混合物（A_3）以及硝氧乙基硝胺（NENAs）等含能增塑剂均具有良好的混溶能力。配方中含量较高的上述含能增塑剂的应用，明显降低了高氯酸铵氧化剂的用量，所制成的推进剂的燃气中 HCl 产物的数量明显降低，为制造高能少烟推进剂提供了良好的基础。当以相转变硝酸铵（PSAN）完全取代配方中的高氯酸铵时，即可形成一类理想的高能低特征信号推进剂的新品种。

上述特性使叠氮聚醚推进剂成为高能钝感、低特征信号复合固体推进剂的重要发展方向。

按照性能（能量、燃速、燃气烟焰特性）、用途（战略和战术）、配方组成特点（AP 或 AN 为氧化剂，硝酸酯增塑或 A_3 增塑）可以对叠氮聚醚推进剂产生多种分类方法。本章对叠氮聚醚推进剂采用按黏合剂加以分类的方法进行介绍。根据目前我国的研制情况，主要介绍以 GAP 为基和以 BAMO–THF 为基的两类叠氮聚醚推进剂。

7.7.3.2　GAP 推进剂

1. 钝感低特征信号 GAP 推进剂

为了获得钝感和低特征信号推进剂的特性，此类推进剂主要采用相稳定硝酸铵（PSAN）为氧化剂，混合硝酸酯或 2, 2–二硝基丙醇缩甲醛和缩乙醛（1∶1）混合物（BDNPA/F，即 A_3）为增塑剂，按传统的复合推进剂制造工艺制备。以 PSAN 为氧化剂可获得较低的燃温，而且燃气中不含 HCl 之类酸性腐蚀性气体，燃烧产物主要为 CO、H_2O 和 NO_2，是一类洁净型推进剂，既可用于燃气发生器，也可作为低特征信号推进剂使用。典型配方及性能见表 7–53 和表 7–54。

表 7–53　钝感低特征信号 GAP 推进剂配方的基本组成

编号	黏合剂		增塑剂	氧化剂		固化剂	固化催化剂
	GAP	PEG－400	A_3	PSAN	TAGN	N–100	TPB
1	18	3	9	0	66.9	3.1	0.5%
2	20	0	10	65.4	0	3.1	0.5%
注：配方 2 中含燃烧稳定剂 Al_2O_3 及 Cr_2O_3 各 0.75%。							

表 7–54　燃气发生器用 GAP 推进剂性能

编号	平均压强/MPa	火焰温度/K	比热比	比冲/（N·s·kg^{-1}）	C^*/（m·s^{-1}）	u/（mm·s^{-1}）	n
1	7	1 539	1.310 5	2 106	1 328.9	10.4	0.519
2	7	2 164	1.232 3	2 228	1 387.2	8.2	0.596

使用 PSAN 为氧化剂的燃气发生器用 GAP 推进剂一般存在燃速偏低，不易点火的问题。改善的办法是加入适当的混合硝酸酯（NG/BTTN、NG/DEGDN 或 NG/TEGDN），并以少量的 AP 与 AN 组成混合氧化剂，同时加入一定量的硝化纤维素以提高燃速范围。调节燃速的上述成分的使用同时对压强指数产生影响，它们的加入量应从燃烧和点火性能之间综合平衡并决定取舍。

当以 PSAN 为氧化剂与 GAP 制造低特征信号推进剂时，也存在能量水平和燃速偏低、点火困难、压力指数和温度敏感系数偏高的问题。低的燃温使铝粉燃烧效率下降，易于形成燃烧残渣。通过含能硝酸酯（NG/BTTN、NG/TEGDN）及适量的 AP 和铝粉的应用，可以获得能量较高而燃气特征信号较低的 GAP 推进剂。其能量特性见表 7–55。

表 7–55　GAP/AN 推进剂的能量特性

配　方　组　成						I_{sp}/（N·s·kg^{-1}）	T_c/℃	产物 M_n
GAP	NG/BTDN	AN	AP	HMX	Al			
8.3	16.7	65	5	—	5	2 452.71	2 905	26.895
8.3	16.7	60	10	—	5	2 457.70	2 930	27.325
8.3	16.7	55	15	—	5	2 456.29	2 953	27.600
8.3	16.7	50	20	—	5	2 453.23	2 975	27.920
8.3	16.7	65	—	—	10	2 504.83	3 132	27.848
8.3	16.7	60	—	10	5	2 496.92	2 982	26.878
8.3	16.7	50	—	20	5	2 581.72	3 172	27.612
8.3	16.7	40	—	30	5			

配方中硝酸酯和 HMX 的应用对提高比冲有明显作用。此外，AP 对改善氧平衡和提高燃温、降低压力指数有重要作用。但在调节燃烧性能中，铜盐、铬盐、铁盐以及重铬酸铵对降低 PSAN 的分解温度、改变晶型转变的吸热峰温以及提高燃速和降低压强指数有良好作用。为了消除燃气中不完全燃烧产物（CO、H_2 等）由发动机排气口进入大气中产生二次燃烧形成二次焰所产生的红外辐射，推进剂中应加入可消除二次焰的消焰剂。此类消焰剂与火炮发射药的消焰剂类似，为一

些无机酸的钾盐，如硝酸钾或硫酸钾。

GAP–AN 推进剂的力学性能较低，室温（20 ℃）下，其抗拉强度一般可以满足要求（$\sigma_m \geqslant 0.7$ MPa），但伸长率较低（$\varepsilon_m \leqslant 25\%$），在低温（≤–30 ℃）下，$\varepsilon_m$ 值明显下降，原因与 GAP 分子链的柔性有关。采用增强塑化能力的方法和选择有效的键合剂品种是改善其力学性能的有效途径。

2. 高能 GAP 推进剂

在硝酸酯增塑的 GAP 系统中，加入由硝胺炸药（HMX 及 CL–20）、铝粉及高氯酸铵组成的推进剂具有高能推进剂的特性。优化后的配方标准理论比冲可达 2 690 N • s/kg。表 7–56 是高能 GAP 推进剂能量性能分析计算的结果。该体系由 GAP–硝酸酯增塑剂（NG/BTTN）–AP–Al–HMX–CL–20 组成。

该推进剂具有能量高，燃气中含有害 HCl 气体较少，撞击、摩擦感度可为制造工艺和使用环境接受等特点。

与其他 GAP 推进剂类似，此类推进剂的难点是力学性能的调节较为困难，原因主要为以下几方面。

① 黏合剂聚叠氮聚缩水甘油醚分子链中承受载荷的原子质量分数太低，欲达到平均数均相对分子质量为 3 000 左右的端羟基聚丁二烯分子链中相同的承载原子质量分数时，GAP 预聚物的平均数均相对分子质量 M_n 需达到 10 000 左右，所以，使用高 M_n 值的 GAP 预聚物是改善此类推进剂的有效办法。

② GAP 预聚物每个结构单元所含的侧基——叠氮甲基使分子链的旋转势垒增大，虽然该侧基的存在使聚合物在玻璃化转变中的自由体积有所增加而有利于 T_g 的下降，但其影响远不如旋转势垒上升所带来的链刚性的上升。所以，聚合物的 T_g 远高于无侧基的聚醚，其 T_g 一般为–42 ℃～–45 ℃。在接近此温度范围时，推进剂的抗拉伸长率下降明显，使用含能增塑剂和较大的增塑比，可达到适当改善其低温性能的目的。

③ GAP 预聚物的端羟基为仲羟基，在一般聚氨酯交联成网的反应中，仲羟基的反应活性低于伯羟基近 50%，因而如不采取改进措施，按一般办法与异氰酸酯反应时，不易获得交联完整的网络。

④ GAP 分子链每个结构单元中叠氮甲基作为侧基，存在使链与链之间存在较大的空间间隔的问题。聚合物中分子链的自缠绕形成的增强效果在 GAP 中不易实现。提高平均相对分子质量以增加分子链缠绕增强效果，也是改进其力学性能的一种办法。

⑤ 在复合材料中，填料与黏合剂基体间的相界面是通过键合剂来形成有效物理与化学键合作用的，键合剂的化学结构特征应与填料和黏合剂的特点相匹配。在其他推进剂中应用有效的键合剂应用于 GAP 推进剂时，应根据 GAP 推进剂的特点加以选择和调整。

表 7–56 高能 GAP 推进剂的能量性能

序号	成分/%								能量性能							
	GAP	NG	BTTN	AP	HMX	CL–20	Al	S	OB	T_c/K	T_e/K	M	C^*	ρ/(g·cm^{-3})	I_{sp}^0/s	I_{sp}^0/(N·s·kg^{-1})
1	10.0	10.0	10.0	13.0	40.0	0.0	17.0	70.0	0.539	3 796.816	2 397.368	19.795	1 656.490	1.833	273.685	2 684.846
2	10.0	10.0	10.0	10.0	43.0	0.0	17.0	70.0	0.524	3 779.024	2 360.550	19.604	1 660.062	1.832	274.196	2 689.863
3	10.0	11.5	11.5	10.0	40.0	0.0	17.0	67.0	0.531	3 789.879	2 376.280	19.663	1 658.909	1.820	274.006	2 688.001
4	10.0	10.0	10.0	13.0	0.0	40.0	17.0	70.0	0.575	3 977.966	2 631.450	21.181	1 652.334	1.883	272.749	2 675.667
5	10.0	10.0	10.0	10.0	0.0	43.0	17.0	70.0	0.561	3 978.152	2 614.144	21.104	1 656.717	1.885	273.425	2 682.302
6	10.0	11.5	11.5	10.0	0.0	40.0	17.0	67.0	0.566	3 973.822	2 611.774	21.048	1 655.428	1.869	273.252	2 680.599
7	10.0	10.0	10.0	13.0	20.0	20.0	17.0	70.0	0.556	3 887.734	2 514.210	20.469	1 654.860	1.858	273.419	2 682.242
8	10.0	10.0	10.0	13.0	15.0	25.0	17.0	70.0	0.561	3 910.245	2 543.402	20.644	1 654.269	1.864	273.304	2 681.113
9	10.0	10.0	10.0	13.0	10.0	30.0	17.0	70.0	0.566	3 932.748	2 572.620	20.820	1 653.636	1.870	273.159	2 679.694
10	10.0	10.0	10.0	13.0	0.0	40.0	17.0	67.0	0.575	3 977.966	2 631.450	21.181 8	1 652.334	1.883	272.149	2 675.667
11	10.0	11.5	11.5	15.0	15.0	20.0	17.0	67.0	0.574	3 904.720	2 553.490	20.660	1 650.030	1.847	272.677	2 674.958
12	10.0	11.5	11.5	10.0	20.0	20.0	17.0	67.0	0.548	3 882.193	2 493.700	20.335	1 657.658	1.844	273.811	2 686.083
13	10.0	11.5	11.5	10.0	15.0	25.0	17.0	67.0	0.553	3 905.061	2 523.050	20.509	1 657.149	1.850	273.720	2 685.193
14	10.0	11.5	11.5	10.0	10.0	30.0	17.0	67.0	0.557	3 927.915	2 552.474	20.686	1 656.596	1.856	273.601	2 684.029
15	10.0	12.5	12.5	10.0	8.0	30.0	17.0	65.0	0.562	3 934.067	2 556.289	20.725	1 655.509	1.848	273.416	2 682.211
16	10.0	9.0	9.0	10.0	15.0	30.0	17.0	72.0	0.545	3 910.942	2 526.658	20.595	1 659.090	1.877	274.013	2 688.066
17	10.0	9.0	9.0	10.0	10.0	35.0	17.0	72.0	0.549	3 933.855	2 555.884	20.776	1 658.504	1.883	273.919	2 687.142
18	10.0	9.0	9.0	10.0	10.0	37.0	15.0	72.0	0.568	3 892.120	2 457.240	21.257	1 658.026	1.875	273.930	2 687.257
19	10.0	9.0	9.0	10.0	10.0	38.0	14.0	72.0	0.577	3 865.031	2 406.816	21.536	1 656.729	1.871	273.781	2 685.789
20	10.0	9.0	9.0	10.0	10.0	40.0	12.0	72.0	0.596	3 803.002	2 304.413	22.143	1 652.559	1.862	273.257	2 680.651

综上可见，GAP 推进剂力学性能调节中，应采取综合性的措施加以解决。

如表 7–57 所示，BAMO–THF 共聚醚及其他叠氮聚醚与各种含能增塑剂如硝酸酯、硝氧乙基硝胺（NENAs）及 2, 2，–二硝基丙醇缩甲醛/缩乙醛混合物（A_3）的溶度参数十分相近，两者间的混溶能力良好。这些含能增塑剂在叠氮聚醚推进剂中均具有良好的使用价值。目前的 BAMO–THF 推进剂主要有混合硝酸酯增塑和 A_3 增塑两种类型。其中，以混合硝酸酯（NG/DEDGN）增塑的 BAMO–THF 推进剂的能量水平高于 A_3 增塑体系的。

表 7–57 叠氮聚醚及含能增塑剂的溶度参数

化　合　物	溶度参数	化合物	溶度参数
GAP	20.90	NG	23.67
P（B/T）50/50	20.15	BTTN	22.56
PBAMO	21.33	DEGDN	21.40
PAAMO	19.65	TEGDN	20.63
P（BAMO/AMMO）	20.53	GAPA	20.98
BuNENA	20.66	A_3	21.30

注：（1）溶度参数据 Fedos 法计算。

（2）A_3：由 BDNPF 与 BDNPA 按 1∶1 组成。

BDNPF：$CH_3C(NO_2)_2CH_2OCH_2OCH_2C(NO_2)_2CH_3$

BDNPA：$CH_3C(NO_2)_2CH_2OCH(CH_3)OCH_2C(NO_2)_2CH_3$

（3）GAPA 是数均相对分子质量为 400～600 的端叠氮基聚叠氮缩水甘油醚。

无论是硝酸酯增塑剂还是 A_3 增塑的 BAMO–THF 推进剂体系，含能增塑剂的应用减少了配方中高氯酸铵的应用，赋予该类推进剂较高的能量水平、低的燃气羽烟特性和较低的撞击和摩擦感度，使 BAMO–THF 推进剂成为高能、钝感、少烟推进剂的优良品种。

BAMO–THF 推进剂的能量性能见表 7–58。

在催化剂（二月桂酸二丁基锡，T–12）存在下，使用 N–100 为固化剂时，可以使 BAMO–THF 预聚物形成交联网络结构，通过网络结构优化，配合针对硝胺填料的键合剂（三嗪–海因类或中性大分子键合剂）的应用，可以获得良好的力学性能。

表 7–58 BAMO－THF 推进剂的能量性能

序号	成分/%							能量性能							
	PBT	NG	DEGDN	AP	RDX	Al	S	OB	T_c/K	T_e/K	M	C^*	ρ/(g·cm^{-3})	I_{sp}^0/s	I_{sp}^0/(N·s·kg^{-1})
1	10.0	10.0	10.0	13.0	40.0	17.0	70.0	0.492	3 649.120	2 211.327	18.938	1 659.944	1.777	274.330	2 691.177
2	10.0	10.0	10.0	14.0	40.0	16.0	70.0	0.503	3 635.888	2 165.437	19.194	1 658.303	1.772	273.916	2 687.115
3	10.0	10.0	10.0	15.0	40.0	15.0	70.0	0.515	3 615.789	2 120.480	19.493	1 655.610	1.768	273.377	2 681.824
4	10.0	8.0	8.0	19.0	40.0	15.0	74.0	0.528	3 641.467	2 166.492	19.730	1 653.962	1.788	273.272	2 680.795
5	10.0	10.0	10.0	16.0	39.0	15.0	70.0	0.519	3 622.143	2 132.813	19.558	1 654.753	1.769	273.286	2 680.935
6	10.0	10.0	10.0	20.0	34.0	16.0	70.0	0.531	3 675.298	2 239.426	19.563	1 652.903	1.779	273.224	2 680.328
7	10.0	10.0	10.0	25.0	29.0	16.0	70.0	0.555	3 703.278	2 301.227	19.880	1 647.348	1.785	272.500	2 673.225

序号	成分/%						能量性能							
	PBT	A_3	AP	RDX	Al	S	OB	T_c/K	T_e/K	M	C^*	ρ/(g·cm^{-3})	I_{sp}^0/s	I_{sp}^0/(N·s·kg^{-1})
8	10.0	20	13.0	40.0	17.0	70.0	0.433	3 284.534	1 845.247	18.598	1 605.460	1.746	264.614	2 595.862
9	10.0	20	18.0	35.0	17.0	70.0	0.452	3 379.910	1 969.717	18.616	1 618.559	1.751	267.642	2 625.572
10	10.0	20	17.0	37.0	16.0	70.0	0.455	3 359.472	1 892.589	18.666	1 617.903	1.745	267.609	2 625.248
11	10.0	20	18.0	37.0	15.0	70.0	0.465	3 354.229	1 846.006	18.851	1 616.706	1.740	266.985	2 619.122
12	10.0	20	20.0	35.0	15.0	70.0	0.473	3 373.963	1 868.904	18.956	1 616.560	1.743	266.979	2 619.068
13	10.0	15	25.0	35.0	15.0	75.0	0.504	3 488.044	2 001.119	18.446	1 626.372	1.775	268.772	2 636.657
14	10.0	15	30.0	30.0	15.0	75.0	0.527	3 525.069	2 062.120	18.762	1 623.220	1.781	268.427	2 633.267

注：能量计算中未考虑功能助剂及固化剂的影响。

采用硝酸酯为增塑剂时，该推进剂体系的燃速高于 A_3 增塑的体系，它们的燃速压强指数一般小于等于 0.40，其内弹道特性可满足一般火箭发动机的使用要求。其中，卡托辛类燃速调节剂对硝酸酯类增塑剂极其敏感，应避免使用。

7.7.4 端羟基嵌段共聚醚（HTPE）黏合剂及其推进剂

7.7.4.1 HTPE 黏合剂的特点及其合成方法

1. HTPE 黏合剂及其推进剂的特点

HTPE 是低相对分子质量的聚四氢呋喃和聚乙二醇合成的嵌段型共聚醚，常温下为液态，可满足复合推进剂传统的混合–浇注–固化工艺要求。此种黏合剂具有以下特点：

① 是一种遥爪型端羟基预聚物，可以按聚氨酯的合成反应形成三维网络结构，从而赋予制成的推进剂良好的力学性能。

② 预聚物的嵌段分子链中，两种嵌段链基本上以交替形式存在。虽然两种嵌段链都具有规整的链节结构，但合成中所使用起始物的相对分子质量低（一般为 200～600），两者不易形成折叠链的结晶结构，所以，其结晶倾向性较小。

③ 两种嵌段链为脂肪族聚醚结构，与硝酸酯等含能增塑剂具有较好的互溶性，制备推进剂时，仍可采用一定量的含能增塑剂增塑，使推进剂的能量水平保持在较高的水平。

④ 所制备的推进剂在燃烧过程中，一般是嵌段链之间的连接键先断裂，所形成的聚四氢呋喃和聚乙二醇经历熔融分解阶段，熔体覆盖在氧化剂（高氯酸铵）及硝胺高能炸药（HMX 或 RDX）表面。形成熔融层过程中，燃烧火焰热流的反馈使燃速下降，从而使推进剂获得较低的燃速压力指数，在一定压强范围内，甚至存在平台燃烧特性；而且熔融层覆盖物的形成可以填充推进剂可能形成的裂纹和空穴。

⑤ 所制成的推进剂具有较低的电阻和较高的导电系数，一般来说，其电阻较 HTPB 推进剂低 3～4 个数量级。

上述特性的存在，给 HTPE 推进剂带来了良好的使用性能，使其成为目前各类推进剂中唯一可通过低易损性推进剂各项指标考核的复合固体推进剂。

2. HTPE 黏合剂的合成方法

由相对分子质量较低的聚四氢呋喃和聚乙二醇合成 HTPE 预聚物一般可采用下述方法进行。

（1）氧鎓离子法

在加热条件下，聚四氢呋喃与催化剂（浓硫酸）生成氧鎓离子，然后与聚乙二醇反应而形成交替共聚，反应过程如下：

$$\mathrm{HO{+}CH_2CH_2CH_2CH_2O{+}_n H \xrightarrow{H_2SO_4} O_4S^-H_2O^+} \begin{matrix} \mathrm{CH_2CH_2CH_2CH_2OH} \\ \mathrm{(CH_2CH_2CH_2CH_2O)_n{-}(CH_2)_4} \\ \mathrm{O_2^-H_2^+SO_4} \\ \mathrm{HO{-}(CH_2)_4} \end{matrix}$$

$$\xrightarrow{\mathrm{2HO{+}CH_2CH_2O{+}_m H}} \mathrm{H{-}(OCH_2CH_2)_m O{-}(CH_2CH_2CH_2CH_2O)_n{-}(CH_2)_4{-}O{-}(CH_2CH_2O)_m{-}H}$$

$$\mathrm{+H_2SO_4 + 2H_2O + 2} \text{(四氢呋喃)}$$

反应生成的副产物（H_2O 及四氢呋喃）在反应中通过减压（约 10 mmHg[①]）蒸出。聚合程度通过产物的黏度来控制。当黏度合格后，加入较大量的水终止反应。在分离器中与水分离后，聚醚中的残酸可以通过加入氢氧化钙中和，产物经升温和减压干燥后即可获得交替共聚的 HTPE。获得交替共聚的原因是反应中只有端羟基四氢呋喃分子的两端可以与硫酸形成氧鎓离子反应，而聚乙二醇只与氧鎓离子反应而连接。

国外采用此方法建立了批量生产线。产品的性质见表 7–59。

表 7–59 HTPE 的物化性质

PEG 含量/%	THF 含量/%	相对分子质量	羟基当量	黏度/（Pa·s）（49 ℃）	BHT/%	H_2O/%
50	50	3 400	1 700	15	0.20	0.05
51	49	2 956	1 581	12	0.07	0.03
47	53	2 903	1 535	12	0.07	0.03

（2）缩醛法

利用醇醛缩合反应的原理，甲醛分子上的羰基上的氧可与两个羟基中的氢反应生成水而使两个含羟基的烷烃生成醚。使用酸性蒙脱土为催化剂，将聚四氢呋喃和聚乙二醇与甲醛缩合，即可获得共聚醚产物：

$$\mathrm{H{+}OCH_2CH_2CH_2CH_2{+}_n OH + H_2CO + HO{+}CH_2CH_2{-}O{+}_m H}$$

$$\xrightarrow[\text{催化剂}]{\text{环己烷（溶剂）}} \mathrm{H{+}OCH_2CH_2CH_2CH_2{+}_n OCH_2O{+}CH_2CH_2{+}_m OH + H_2O}$$

反应过程较为温和，但由于两种反应物（聚四氢呋喃及聚乙二醇）的羟基均为伯羟基，缩合过程对羟基没有选择性，所生成的共聚醚分子链中，两种嵌段物

① 1 mmHg=133 Pa。

的分布呈不规则状态。

（3）间接法

将一种端羟基聚醚（如聚环氧乙烷）与甲基磺酰氯反应，可以生成端甲基磺酰基的聚合物。后者再与另一种端羟基聚醚（如聚氢呋喃）反应，即可生成交替结构的共聚醚。

$$2B—OH + CH_3SO_2Cl \longrightarrow CH_3—SO_2—O—B—O—SO_2—CH_3$$

$$\xrightarrow{2A—OH} A—B—A + 2MsOH$$

反应式中，Ms 为甲基磺酰基；A 为聚四氢呋喃；B 为聚环氧乙烷。

所得产物为交替度很好的—A—B—A—B—嵌段结构，但甲基磺酰氯的使用使反应较为复杂。

（4）其他方法

以聚环氧丙烷和聚己内酯预聚物为起始剂，在催化剂作用下引发环氧乙烷进行开环聚合可以获得聚环氧乙烷封端的聚环氧丙烷和聚己内酯的嵌段共聚物。此种端羟基聚醚酯类共聚物称为 HTCE（Hydroxyl Terminated Polycaprolactone Ether）黏合剂，使用 HTCE 制造高氯酸铵含量较低的复合推进剂时，推进剂具有更好的安全性质，可以通过 MIL-STD-2005C 的增速烤燃试验。

7.7.4.2　HTPE 推进剂

与现有各种固体推进剂相比，以 HTPE 为黏合剂的复合固体推进剂具有对外界刺激不敏感的优良性质，使之成为当前低易损性推进剂发展方向的代表，在战术火箭导弹武器中有十分重要的应用价值，是各国近年来竞相发展的方向。

由于使用嵌段共聚醚为黏合剂，赋予该推进剂以下特点：

① 黏合剂预聚物共聚醚嵌段链中结构单元的平均氧原子质量含量达 29%，使推进剂配方中对氧化剂的需求下降，达到最佳能量水平的总固体填料的含量也有所下降；或者说在相同的固含量下，金属燃料 Al 粉的含量可以适当增加，从而为推进剂能量水平的调节和工艺性能控制提供了较大的便利条件。

② HTPE 与含能增塑剂如硝酸酯及硝氧乙基硝胺有较好的混溶能力。这些含能增塑剂的应用也为 HTPE 推进剂的能量性能的调节提供了较大的空间。

③ 总体上，HTPE 推进剂能量性能的水平与 HTPB 相当或略高，但在达到相同能量水平的情况下，HTPE 推进剂配方中固体填料含量低于 HTPB 推进剂，例如，在不使用硝胺炸药（如 HMX）为填料时，固体含量为 77%的 HTPE 推进剂其标准理论比冲还高于固体含量为 89%的 HTPB 推进剂，而且 HTPE 推进剂的密度比冲高于 HTPB 推进剂。

④ 安全性能优异。在 HTPE 推进剂中使用了硝酸酯如 TMETN、BTTN、NG/TEGDN 及硝氧乙基硝胺（BuNENA）作为增塑剂之后，其安全等级可达 1.1 级。而在其他推进剂中使用这些含能增塑剂后，安全等级为 1.3 级。

⑤ 电导性能良好。其体积电阻远低于 HTPB 推进剂，有利于避免推进剂在加工和使用过程中静电火花所带来的危害。例如，HTPB 推进剂的体积电阻率为 $1\times10^{13}\ \Omega/cm^3$，而 HTPE 推进剂的体积电阻率只有 $8.4\times10^9\ \Omega/cm^3$。

⑥ 其力学性能的调节和内弹道性能的调节可以采用传统复合固体推进剂的调节方法，目前所达到的水平与 HTPB 推进剂的相近，高压下的燃速对压力的敏感性更低，甚至存在平台燃烧的特点。

⑦ 耐老化性能良好，老化特征与 NEPE 推进剂的相似。当使用合适的安定剂时，室温下贮存中力学性能未产生明显变化，以安定剂消耗量为判据，安全贮存寿命达 10 年以上。

上述各项性能综合的结果，使 HTPE 成为目前低易损性推进剂发展中的最佳选择。国外已在多种战术导弹武器如“响尾蛇”“拉姆”“改进型海麻雀”及标准导弹中对 HTPE 推进剂作为不敏感弹药进行了试验考核，在不同装药结构的缩比发动机及全尺寸发动机中均显示了此推进剂的优良不敏感特性，可以通过 MIL–STD–2105B 的各项性能试验。

研究中的 HTPE 推进剂可分为下述三种类型，即使用惰性增塑剂的 HTPE 推进剂和使用含能增塑剂的 HTPE 推进剂、使用 Bi_2O_3 为氧化剂的 HTPE 推进剂以及采用端羟基聚醚酯为黏合剂的 HTPE 推进剂。以下分别介绍它们的典型配方及性能。

1. 使用惰性增塑剂的 HTPE 推进剂

在 HTPE 推进剂中使用乙酰柠檬酸三丁酯（ATBC）为增塑剂时，推进剂具有很好的低易损性，可以通过子弹撞击、慢速烤燃、快速烤燃和殉爆等多项低易损性试验的考核。而且其体积电阻率远低于 HTPB 推进剂，呈现很低的静电积累性能，有利于降低其静电火花感度。典型的配方组成和性能见表 7–60 和表 7–61。

表 7–60 ATBC 增塑的 HTPE 推进剂

组 分	质量分数/%	组 分	质量分数/%
端羟基聚醚	3～10	ATBC	3～10
二官能度固化剂（IPDI、HPI）	0.5～2.0	多官能度固化剂（N–100）	0.1～0.8
键合剂	0～0.3	高氯酸铵（AP）	0～70

续表

组　　分	质量分数/%	组　　分	质量分数/%
HMX	0～10	铝粉（Al）	16～24
固化催化剂（三苯基铋）	0～0.1	燃速催化剂（Fe_2O_3）	0～1.0

表 7–61　ATBC 增塑的 HTPE 推进剂的性能

性　　能		HTPE 推进剂（固含量 87%）	HTPB 推进剂（固含量 88%）
比冲/（N·s·kg^{-1}）		2 557.7	2 585.1
OMOX		1.26	1.26
力学性能	δ_m/MPa	1.03	0.80
	ε_m/%	69	35
	E/MPa	3.79	3.81
体积电阻率/（Ω·cm^{-3}）		8.4×10^9	1×10^{13}
注：OMOX=$n(O_2)/[n(C)+1.5\times n(Al)]$。			

2. 使用含能增塑剂的 HTPE 推进剂

选用感度较低的含能增塑剂如二缩三乙二醇二硝酸酯（TEGDN）或硝氧乙基硝胺（BuNENA），可以使制成的 HTPE 推进剂在维持较好的低易损性能的同时，提高其能量水平，并适当降低配方中的固体含量而获得更好的工艺性能和力学性能。含能增塑剂的使用，有利于推进剂在低温下的点火性能。配方中的固体组分的含量一般在 77%～83%。典型配方见表 7–62。

表 7–62　含有含能增塑剂的 HTPE 推进剂配方

组　　分	质量分数/%	组　　分	质量分数/%
端羟基聚醚（ER–1250/25）	3～12	增塑剂（BuNENA、TEGDN）	1～12
二官能度固化剂（IPDI、HPI）	0.5～2.0	多官能度固化剂（N–100）	0.1～0.8
高氯酸铵（AP）	0～60	硝酸铵（AN）	0～60
硝胺炸药（HMX 或 RDX）	0～20	铝粉（Al）	2～24
固化催化剂（三苯基铋）	0～0.1	燃速催化剂（Fe_2O_3、Cr_2O_3）	0～1.0
安定剂（MNA、2–NPPA）	0.1～0.6		

推进剂中虽然加入了含能增塑剂及硝胺炸药，但仍能维持良好的安全性能，而且在较低的固体含量（83%）的情况下，其比冲较固含量为 88%的 HTPB 推进剂提高了 16.7 N·s/kg，见表 7–63。

表 7–63 HTPE 推进剂与 HTPB 推进剂的性能对比

性能		HTPE 推进剂（固含量 83%）	HTPB 推进剂（固含量 88%）
比冲/（N·s·kg^{-1}）		2 399.8	2 383.1
OMOX		1.32	1.25
力学性能	δ_m/MPa	0.79	0.93
	ε_m/%	31	46
	E/MPa	3.68	3.23
体积电阻率/（Ω·cm^{-3}）		10^8	10^{13}
NOL 卡片试验		0	0
注：OMOX=$n(O_2)/[n(C)+1.5\times n(Al)]$。			

如前所述，由于 HTPE 预聚物分子链中氧含量较高，所制成的推进剂燃烧时所消耗氧化剂 AP 的加入量相对下降，配方中获得最高比冲值时的固体填料含量随之下降。图 7–20 是固定铝粉加入量（22%）时 HTPE 推进剂及 HTPB 推进剂的比冲与固体含量的相对关系。

国外对 HTPE 和 HTPB 两种推进剂装药在 254 mm 模拟发动机（碳纤维复合壳体）进行低易损性考核的结果见表 7–64。

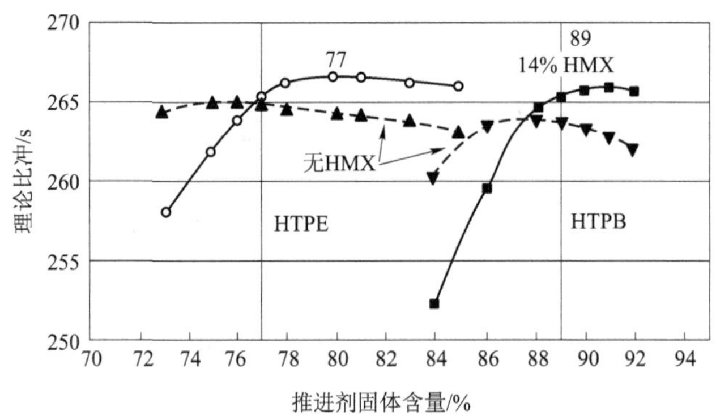

图 7–20 HTPE 推进剂和 HTPB 推进剂能量性能对比

表 7–64 HTPE 推进剂和 HTPB 推进剂低易损性试验结果

试 验 项 目	HTPB 推进剂	HTPE 推进剂
慢速烤燃	爆炸（未通过）	燃烧（通过）
快速烤燃	燃烧（通过）	燃烧（通过）
子弹撞击	爆炸（未通过）	燃烧（通过）
碎片撞击	爆炸（未通过）	熄火（通过）

3. 使用 Bi_2O_3 为氧化剂的 HTPE 推进剂

金属氧化物 Bi_2O_3 在高温分解时释放的氧气可供推进剂燃烧时使用。将其取代部分高氯酸铵后，由于 Bi_2O_3 的密度高达 8.9 g/cm^3，使推进剂的密度随之升高至 2.0 g/cm^3 以上，是获得高密度比冲推进剂的一种有效方法。采用 21%的 Bi_2O_3 取代 HTPE 推进剂中的 AP 和 AN，可使推进剂的能量提高近 10%，同时，还可以维持推进剂良好的低易损性能，可通过慢速烤燃和子弹撞击试验。该推进剂的比冲值与配方中固体含量的关系如图 7–21 所示。

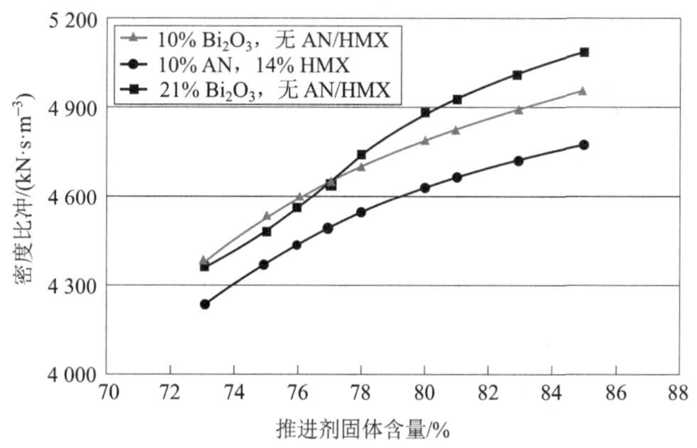

图 7–21 高密度 HTPE 推进剂的固体含量和推进剂密度比冲关系

4. 以端羟基聚醚酯（HTCE）为黏合剂的推进剂

由聚醚和脂肪族聚酯形成的共聚物作为黏合剂时，以部分硝酸铵（AN）与高氯酸铵（AP）混合制成的推进剂仍然保留优良的低易损性。其中，AP 在 HTCE 中的溶解度低于 HTPE，所以安全性更优良。典型 HTCE 推进剂的配方见表 7–65。尽管配方中加入了部分 HMX、RDX 或 CL–20，但是三种配方均通过了慢速燃烤的试验考核。

表 7–65 典型 HTCE 推进剂配方质量分数 %

组 分	配方 1	配方 2	配方 3
AP	43～56	18～24	36～44
AN	10～15	25～32	10～15
CL–20	—	10～15	—
RDX	—	—	8～10
HTCE	6～6.5	6～6.5	6～6.5
Al	19～24	19～24	20～24
偶联剂	0.05～0.12	0.05～0.12	6.05～0.12
固化剂	1.3～2.0	1.3～2.0	1.3～2.0

7.7.5 二氟氨基聚醚黏合剂

7.7.5.1 概述

将含能基团引入黏合剂中是提高复合固体推进剂能量性能的有效途径之一。在此类含能黏合剂中，除了将叠氮基引入聚醚中获得叠氮基聚醚之外，人们曾尝试过将硝基、硝酸酯基以及二氟氨基引入黏合剂中，其中二氟氨基是能量水平仅低于叠氮基的基团，历来引起较广泛的关注。经过聚合物单体结构的优化筛选和合成方法改进之后，近年化学稳定性较好的二氟氨基增塑剂和黏合剂的合成已获得明显进展，推动了二氟氨基黏合剂在复合固体推进剂中的应用研究。

将二氟氨基引入黏合剂应用于固体推进剂中有以下特点：

① 黏合剂的生成焓高，其原因是—NF_2 中，N—F 键的键能较低（为 280 kJ/mol 左右），但在燃烧中生成的 HF 却有很高的键能（为 565 kJ/mol），从而使含—NF_2 的化合物获得较高的生成焓值。各种含能基团每摩尔的生成焓值见表 7–66。

表 7–66 几种含能基团的生成焓数据

基团	摩尔质量	生成焓	
		kJ/mol	kJ/kg
—NF_2	64	–32.7	–510.9
—C—O—NO_2	74	–81.2	–1 097.3
—C—NO_2	58	–66.2	–1 141.4
—C—N_3	54	+355.3	+6 203.7

按生成焓高低，这些含能基团的排序为—C—N_3>—C—NF_2>—C—NO_2>—C—O—NO_2。

② 燃烧产物主要为 HF 及 N_2，其平均摩尔质量较低，成气性好，有利于提高推进剂的比容，对推进剂的比冲的增加有贡献。

③ 氟原子的氧化能力高于氧原子，更易于与硼、镁、铝等金属燃料反应而释放热量，同时，在含硼的富燃料推进剂中，氟化物的存在可防止硼等金属燃料的团聚，有利于提高这些金属元素的燃烧效率。

④ 黏合剂预聚物具有较高的密度和较低的撞击感度。

上述特点推动了含—NF_2 的增塑剂和黏合剂的研究，促进了此类化合物的合成和应用研究的发展，特别是对含—NF_2 化合物的化学安定性低的原因已形成清晰的认识，其主要原因是—NF_2 与相邻 α 碳原子上氢原子反应而释放出强酸性 HF，当采用无 α–H 的结构或选择—NF_2 所在的基团具有足够大的空间障碍，使氟原子无法与 α–H 发生反应时，所合成的—NF_2 化合物的化学安定性有较明显的改善。

7.7.5.2　含—NF_2 黏合剂的合成方法

合成聚醚型含—NF_2 黏合剂的技术方法与合成叠氮氧杂丁烷（BAMO）均聚醚或共聚醚的基本相似，即首先合成 3, 3–双（二氨基甲基）氧杂丁烷，利用氯代甲酸乙酯与该氧杂丁烷反应，而获得氟化反应的前体 3, 3–双（二氨基甲酸乙酯）氧杂丁烷，在惰性溶剂中采用经过氮气稀释的氟气与该前体反应，即可获得 3, 3–双（二氟氨基）氧杂丁烷（BDFAO），将单体 BDFAO 进行开环聚合（或共聚）而得到相应的含—NF_2 的均聚醚（或共聚醚）。合成中将 BCMO 氨基化后，引入离去基团甲酸乙酯，然后氟化获得单体 BDFAO，反应过程如下：

Cl Cl O（BCMO） + NH_3 ⟶ H_2N NH_2 O + ClCOOEt

$\xrightarrow[0\ ℃]{NaOH/H_2O}$ EtOOCHN NHCOOEt O $\xrightarrow[CH_3CN,\ -10\ ℃]{F_2/N_2}$ F_2N NF_2 O（BDFAO）

当以 Cl O 为原料时，所得单体为 NF_2 O（DFAMO）。

单体 BDFAO 和 DFAMO 的物化性质见表 7–67。

表 7–67 单体 BDFAO 和 DFAMO 的性质

单　体	BDFAO	DFAMO
分子结构	F_2N ， NF_2 ，O（结构式）	NF_2 ，O（结构式）
物态	固体，熔点为 44 ℃	液体，沸点为 37 ℃（666.5 Pa）
密度/（$g \cdot cm^{-3}$）	1.65	—
ΔH_f/（$kJ \cdot g^{-1}$）	–1.79	–2.38
初始分解峰（DSC）/℃	208	—
最大分解峰（DSC）/℃	230	215
撞击感度 H_{50}（5 kg 落锤）/cm	＞100	＞100
摩擦感度（摆角 90°，压力 3.92 MPa）	100	—

以 1, 4–丁二醇为起始剂、三氟化硼乙醚为催化剂、二氯甲烷为溶剂，可将上述两种单体进行阳离子开环聚合，制成均聚醚或共聚醚。其中，由结构对称的 BDFAO 合成的均聚醚具有结晶性质，熔点高达 158 ℃。而结构不对称的单体 DFAMO，其均聚物或共聚物在相对分子质量高达 20 000 的情况下，室温时仍为液态。见表 7–68。

表 7–68 三种含二氟氨基预聚物的性质

项　　目	DFAMO	BDFAO 均聚物	DFAMO/BDFAO
外观	无定形液态	固体（熔点 158 ℃）	无定形液态
$\overline{M_n}$（GPC）	18 300	4 125	21 000
分散指数	1.48	1.32	1.76
初始分解温度/℃	191.3	210	191.7
最大分解峰温/℃	230.7	222.3	219.8
玻璃化温度/℃	–21	131	
撞击感度/（$kg \cdot cm^{-1}$）		＞100	112

虽然 DFAMO 和 BDFAO 的均聚物或共聚物的初始分解温度达 190 ℃以上，但由于—NF_2 所在碳原子相邻的 α 氢原子的存在，两种单体及其均聚醚或共聚醚的化学安定性不能令人满意，贮存中会释放出 HF 分子，影响其实际使用性能。

为了获得化学安定性良好的二氟胺氨基聚醚，人们研究了将二氟氨基引入空间障碍较大的基团中。研究发现，在戊醇中引入—NF_2 之后，足够大的空间障碍的保护，即使—NF_2 所在碳原子侧邻含有 α 氢，其化学安定性也获得改善。以 4, 4–双二氟氨基戊醇缩水甘油的均聚醚和共聚醚即是一类可用作复合推进剂的黏合剂预聚物，其合成路线如下：

$$H_3C—CO—CH_2—CH_2—CH_2—OH + CH_3COOH \longrightarrow CH_3CO(CH_2)_3—O—\overset{\overset{O}{\|}}{C}—CH_3$$

$$\xrightarrow[\text{发烟硫酸}]{HNF_2} H_3C—\underset{NF_2}{\overset{NF_2}{C}}—(CH_2)_3—O—\overset{\overset{O}{\|}}{C}—CH_3 \xrightarrow{H_2O} H_3C—\underset{NF_2}{\overset{NF_2}{C}}—(CH_2)_3—OH$$

$$\xrightarrow{BF_3 \cdot Et_2O}\begin{cases}\xrightarrow{\text{均聚}} HO\!\left[H_2C—\underset{H_2C—O—(CH_2)_3—C(NF_2)_2—CH_3}{CHO}\right]_m CH_2CH_2—O—CH_2CH_2—OH \\ \xrightarrow[\text{共聚}]{THE} HO\!\left[H_2C—\underset{H_2C—O—(CH_2)_3—C(NF_2)—CH_3}{CH}—O\right]_m\!\left[CH_2CH_2CH_2CH_2—O\right]_n\!\left(CH_2\right)_2 OCH_2CH_2—OH\end{cases}$$

产物为 4, 4–双二氟氨基戊醇缩水甘油醚，简称 BDFPGE。

4, 4–双二氟氨基戊醇缩水甘油均聚醚及与四氢呋喃形成的共聚醚的物理化学性质见表 7–69。

表 7–69　双二氟氨基黏合剂均聚醚及共聚醚的物理化学性质

项　　目	均聚醚	共聚醚（m/n=1/1）
数均相对分子质量	4 000	4 000
平均官能度	～2	～1.6
密度/（$g \cdot cm^{-3}$）	1.365	1.275
折光率（n_D^{25}）	1.438 0	1.444 0
热分解温度/℃	212	196
黏度/（Pa · s）	31.6（25 ℃） 10.5（40 ℃）	12.2（25 ℃） 5.3（40 ℃）
撞击感度/（$kg \cdot cm^{-1}$）	112.5	130
摩擦感度/ % （压力 2.94 MPa，摆角 87.5°）	4	0

上述合成步骤较多，中间产物的产率较低，例如 4, 4–双二氟氨基戊醇与环氧氯丙烷的醚化反应的收率低于 30%，方法和工艺上有待改进。其中引入—NF_2时，以 HNF_2 为试剂，毒性及危险性较大，影响了产品的成本和生产安全，仍有待改进。

以 4, 4–双二氟氨基戊醇缩水甘油醚–四氢呋喃共聚醚为黏合剂，在 Al–AP–HMX 填料体系中，可以获得比 HTPB–Al–AP–HMX 推进剂体系较高的能量水平，例如，当推进剂配方的组成为共聚醚 16%、Al 10%、HMX 20%、AP 46%、TDI 2%、功能助剂为 6%时，对推进剂的基本性能见表 7–70。

表 7–70　4, 4–双二氟氨基戊醇缩水甘油醚–四氢呋喃共聚醚推进剂的性能

T_g/℃	密度/（g·cm^{-3}）	燃速/（mm·s^{-1}）	压强指数	实测比冲/（N·s·g^{-1}）
–61	1.80～1.82	9.53～11.6	0.39～0.43	2 449
注：燃速及比冲由ϕ65 mm 发动机测定。				

当在该推进剂体系中加入下述结构的氟胺–叠氮增塑剂（WJP）时，可以获得能量高于丁羟四组元推进剂以及以 NG/BTTN 增塑的 NEPE 推进剂的水平。

WJP 增塑剂的分子结构式：

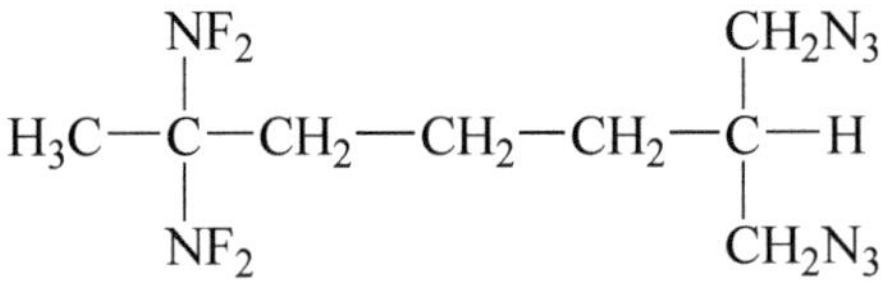

$$H_3C-\overset{\overset{\large NF_2}{|}}{\underset{\underset{\large NF_2}{|}}{C}}-CH_2-CH_2-CH_2-\overset{\overset{\large CH_2N_3}{|}}{\underset{\underset{\large CH_2N_3}{|}}{C}}-H$$

氟胺聚醚推进剂与其他推进剂的能量特性的对比见表 7–71。

表 7–71　氟胺聚醚推进剂与其他推进剂的能量特性的对比

序号	配方					比冲/（N·s·kg^{-1}）	特征速度/（m·s^{-1}）	燃烧温度/K	氧平衡
	氟胺黏合剂	氟胺增塑剂	Al	AP	HMX				
1	8.33	16.67	18	30.0	27.0	2 657.0	1 626.44	3 411.95	–0.451 6
2	8.33	16.67	18	25.0	32.0	2 623.08	1 618.91	3 293.91	–0.479 4
3	8.33	16.67	18	20.0	37.0	2 593.60	1 586.68	3 121.23	–0.507 2
4	8.33	16.67	18	15.0	42.0	2 577.61	1 573.74	2 917.86	–0.535 1
5	7.14	17.86	18	30.0	27.0	2 668.47	1 647.78	3 457.51	–0.440 1
6	7.14	17.86	18	25.0	32.0	2 635.79	1 629.49	3 347.53	–0.467 9

续表

序号	配方					比冲/（N·s·kg^{-1}）	特征速度/（m·s^{-1}）	燃烧温度/K	氧平衡
	氟胺黏合剂	氟胺增塑剂	Al	AP	HMX				
7（丁羟三组元）	HTPB/11.5		18	70.50	0	2 603.99	1 592.87	3 592.65	−0.290 7
8（丁羟四组元）	HTPB/11.5		18	45.50	25.0	2 628.81	1 609.43	3 381.84	−0.429 8
9（NEPE）	PEG/6 NG/8 BTTN/8		18	11	48.0	2 647.83	1 626.44	3 704.76	−0.345 5

二氟氨基聚醚在复合推进剂中的应用研究表明，该类推进剂具有密度比冲较高，而且黏合剂与一些含能增塑剂（如 NG、BTTN 等硝酸酯）有良好相容性和混溶能力，为提高推进剂的能量水平提供了良好条件。同时，其燃烧性能稳定，燃速压强指数在可接受范围之内，是一类值得发展的高能推进剂品种。但是，上述黏合剂将双二氟氨基引入聚醚的侧链戊基中，侧链基团结构较庞大，该侧基碳原子数占据预聚物链节中碳原子数近 2/3。与相同数均平均相对分子质量的黏合剂相比，其承载链中的碳原子数量显著降低，而且大侧基的存在也影响了分子链间次价键的作用力，因此，推进剂的力学性能的调节存在较大困难，需加以改进。

7.7.6 聚醚聚三唑黏合剂及其推进剂

7.7.6.1 概述

在亚铜化合物（Cu^{+}）催化作用下，叠氮化物与炔烃之间可以在室温条件下发生 1, 3−偶极环加成反应，生成具有空间选择性的 1, 4−二取代 1, 2, 3−三唑衍生物（Cu−catalyzed azid−alkyne 1, 3−dipolar cyclo−addition，CuAAC）：

$$R-N^{-}-N^{+}\equiv N + HC\equiv C-R' \xrightarrow{CuLn} R-N\text{(1,2,3-三唑环，4-位 }R'\text{)}$$

式中，R、R′ 为结构不同的烷烃，在推进剂中它们为脂肪族聚醚结构。催化剂亚铜络合物 CuLn 由 $CuSO_4$ 与抗坏血酸钠制成。

该反应具有简单、可控、快捷的性质，是一种快速合成目标化合物的方法，反应的特点为：原料来源广泛，反应适用广；反应条件温和，易于操作；外界条件（如水和氧气等）对反应无影响；反应程度高，基本接近定量反应；产物易于分离提纯，后处理简单。上述特点的存在，使人们称该类反应为“点击化学”（Click Chemistry）反应。其研究成功推动了该反应在材料的表面修饰、功能高分子、树枝状聚合物、细胞标记、碳纳米管和生物医药合成等方面的迅速发展。

上述 1, 3–偶极环加成反应性质也引起了复合固体推进剂业界的注意，国内外先后开展了应用研究，期望可以直接应用于叠氮聚醚推进剂中，可排除水分对传统聚氨酯固化反应的干扰而获得力学性能良好的固体推进剂。端炔基聚醚及 1, 3–偶极环加成反应的另一成分——端叠氮基固化剂与现有复合固体推进剂各成分的物理化学相容性良好。可采用传统复合推进剂的混合—浇注—固化制药工艺。推进剂的燃烧性能、力学性能仍可用传统方法来调节，从而为“点击化学”在固体推进剂中的应用研究提供了良好的条件。

7.7.6.2 端丙炔基聚醚黏合剂的合成

聚环氧乙烷（PEG）及聚环氧乙烷–四氢呋喃共聚醚已在 NEPE 推进剂中获得广泛应用。将两种聚醚分子的两端进行丙炔基化，即可将它们与叠氮基化合物完成 1, 3–偶极环加成反应而实现固化。合成中，首先需将它们的端基转化为钾氧基，然后在溶剂（THF）中与溴丙炔反应而实现端丙炔基化。反应过程如下：

$$\mathrm{H}\text{–}(\mathrm{OCH_2CH_2})_n\text{–}\mathrm{OH} \xrightarrow[\text{（聚丁醇钾）}]{(\mathrm{H_3C})_3\mathrm{C-OK}} \mathrm{K}\text{–}(\mathrm{OCH_2CH_2})_n\text{–}\mathrm{OK}$$

$$\xrightarrow[\text{溶剂THF}]{\substack{\text{（丙炔溴）}\\ \mathrm{Br-CH_2-C\equiv CH}}} \mathrm{HC\equiv C-CH_2}\text{–}(\mathrm{OCH_2CH_2})_n\text{–}\mathrm{O-CH_2-C\equiv CH}$$

当以端羟基聚环氧乙烷–四氢呋喃共聚醚 [P(E/T)] 为原料时，即可获得端丙炔基的 P（E/T）。

在完成上述羟基转化为端丙炔基的过程中，预聚物 PEG 和 P（E/T）的分子链未发生断裂，基本上保持原来的相对分子质量的数值。

上述两种端丙炔基产物相对分子质量的 GPC 分析结果见表 7–72。

表 7–72 两种端丙炔基聚醚的 GPC 分析结果

样品	$\overline{M}_n$	$\overline{M}_w$	$\overline{M}_z$	分散指数	炔值/（mmol·g^{-1}）
端丙炔基 PEG	6 810	11 772	18 319	1.73	4.460
端丙炔基 P（E/T）	6 952	12 019	18 907	1.73	0.428

端丙炔基环氧乙烷–四氢呋喃初始分解温度为 357 ℃，最大分解峰温为 407 ℃。

7.7.6.3　端丙炔基聚醚的固化交联体系

根据“点击化学”1, 3–偶极环加成反应原理，端丙炔基化合物需在亚铜催化剂作用下，采用端叠氮基固化剂完成交联固化反应：

$$\underset{\text{（端丙炔基聚醚）}}{R_1{\equiv}H} \xrightarrow[\text{（硫酸铜与配体生成的催化剂）}]{[CuLn]^+} R_1{\equiv}CuLn \xrightarrow[\text{（叠氮固化剂，}R_2\text{）}]{R_2{-}N{-}N{\equiv}N}$$

$$[R_1{\equiv}CuLn \cdots N(R_2){-}N{\equiv}N] \xrightarrow[\text{（1,3-偶极环加成）}]{} \text{（三唑环）} \longrightarrow \text{1-}R_2\text{-4-}R_1\text{-1,2,3-三唑}$$

当叠氮固化剂 R_2 的官能度>2 时，所获得交联点为多个三唑环的网络结构，因而可将此类黏合剂称为聚醚聚三唑黏合剂。

以 M_n 为 6 952、炔值为 0.428 mmol/g 的端丙炔基环氧乙烷–四氢呋喃共聚链与 M_n=480、平均官能度设为 3.82 的叠氮交联剂反应时，可通过固化参数（R 值）控制网络的交联程度，即交联弹性体的力学性能，从而控制交联弹性体的力学性能。

R 值按下式计算：

$$R=\frac{\frac{m_1}{480}\times 3.82}{0.428\times 10^{-3}\times m_0}$$

式中，m_1——叠氮交联剂的质量；

m_0——预聚物的质量。

催化剂浓度和反应温度对交联反应速率有影响，一般选用接近理论值的 R 值和 0.05%的催化剂浓度，在 50 ℃下固化 7 天左右，可获得力学性能良好的弹性体。由于反应不受原料所含水分的影响，不产生气态副产物，弹性体内不存在气体副产物形成的气孔。

7.7.6.4　聚醚聚 1, 2, 3–三唑推进剂（简称聚醚聚三唑推进剂）

在亚铜催化剂存在下，炔基与叠氮基之间发生的 1, 3–偶极环加成反应的优点在 20 世纪末即引起固体推进剂业界的广泛注意。美、法等国先后进行了应用开发研究，选择丁二酸二丙炔醇酯（BPS）与叠氮聚醚（GAP）为黏合剂体系以及三羟甲基乙烷三硝酸酯（TMETN）为增塑剂的体系，开展了对水分敏感的二硝酰胺铵

（ADN）在该体系制备低特征信号推进剂的应用探索研究，测定了由GAP/BPS/ADN/HMX/TMETN所组成的推进剂的能量、燃烧、力学、感度等基本性能，发现ADN在此体系中有较好的稳定性。美国TRW公司研究了BAMO/NMMO（70/30）预聚物（代号BN–7）在端丙炔基固化体系中制备以ADN为氧化剂的推进剂，认为与异氢酸酯固化体系相比，具有：能量高、工艺稳定，工艺过程不需加入溶剂；工艺安全可靠；力学性能良好；混合后药浆可常温放置数天，之后升温固化，对固化无影响等一系列特点。认为是一类值得发展的新型黏合剂系统。例如，美国海军航空系统研究了以BAMO/NMMO（比例为70/30）无规共聚物（BN–7）与端丙炔基固化剂制成的ADN为氧化剂的推进剂，其配方组成见表7–73。

表 7–73 叠氮聚醚/ADN 推进剂配方

组分	BN–7	2或3官能端炔基固化剂	BTTN	ADN	Al（＞1 μm）	Al（＜1 μm）	N–甲基硝基苯胺
质量分数/%	5～25	2～4	20～35	25～65	0～20	20～0	0.5～1

但是，国外已有研究中所使用的叠氮聚醚黏合剂分子任何一个链节中的—N_3基都可以与炔烃反应所造成的反应位置的不确定性，使所形成的网络结构的重现性不足，是力学性能控制中的缺陷。特别是如GAP、BAMO/NMMO之类叠氮聚醚与多官能炔烃化合物固化时，叠氮侧基与炔烃反应之后，叠氮聚醚链将以悬挂链的形式存在于网络中，使本来承载链的碳原子数低的情况进一步恶化，导致推进剂力学性能低下。因此，采用叠氮基分布确定的固化剂与端炔基醚的黏合剂固化体系是获得可靠力学性能良好的途径。北京理工大学采用端丙炔聚醚与多官能（$f\approx3.8$）叠氮固化剂的方法获得了较理想的网络结构。其研究结果表明，在A_3增塑的端丙炔基聚醚/AP/RDX/Al/ADN/B系统中，当使用合适的键合剂时，推进剂可获得理想的力学性能，常温（20 ℃）下拉伸强度$\sigma_m\geqslant0.70$ MPa，$\varepsilon_m\geqslant120\%$；–40 ℃时，$\sigma_m\geqslant3.20$ MPa，$\varepsilon_m\geqslant46\%$。同时发现，在该系统中，ADN的晶形、粒度及其与AP粒度的级配方式，对推进剂的力学性能有影响，经优化后，推进剂呈现与NEPE推进剂相似的力学行为：低的玻璃化温度（～–61 ℃）和优良的低温力学性能。在–40 ℃时，伸长率远高于常温伸长率，见表7–74。–40 ℃时的伸长率约为常温时的5.5倍，即在应力–应变过程中，在黏合剂基体与填料界面无“脱湿”情况下，柔性聚醚在拉伸中分子链沿作用力方向的运动对基体所形成的初始微裂纹的发展产生了良好的阻断修复作用。

表 7–74 三唑聚醚推进剂的力学性能

温度/℃	模量/MPa		拉伸强度/MPa		断裂应变/%	
20	1.96	1.87±0.11	1.28	1.29±0.04	80	79±4
	1.92		1.31		80	
	1.82		1.32		83	
	1.74		1.24		74	
–40	1.18	1.23±0.08	8.10	7.90±3.8	498	470±20
	1.14		7.29		457	
	1.31		8.25		473	
	1.29		7.37		453	

由于聚醚聚三唑推进剂交联网络点由三唑环组成，上述推进剂在高温（60 ℃）时呈现良好的力学性能，其$\sigma_m \geqslant 6.57$ MPa，$\varepsilon_m \geqslant 84\%$。

上述研究结果表明，1, 3–偶极环加成的“点击化学”反应在推进剂黏合剂体系中具有良好的应用前景，此种新型的固化体系在复合固体推进剂发展中对传统的—NCO 与—OH 固化体系是一项重大挑战。

7.7.7 几种新型含能增塑剂和高能添加剂

生成焓及密度高、与推进剂成分的物理化学相容性良好、感度适中、可满足推进剂制造和使用安全性要求的含能增塑剂和高能添加剂，一直是提高固体推进剂能量水平的重要发展方向。经近年持续发展研究，已形成一些有应用价值或潜在应用价值的新品种。

7.7.7.1 端叠氮基叠氮缩水甘油醚齐聚物（GAPA）

数均相对分子质量较低的端叠氮基叠氮缩水甘油醚为一种液态齐聚物（熔点≤–40 ℃），具有正的生成焓和较低黏度，与硝化甘油等硝酸酯、硝化纤维素、聚醚黏合剂［PEG、P（E/T）］及叠氮聚醚黏合剂（BAMO/THF、BAMO/NMMO 等）有良好的互溶能力。在 100 ℃以下具有较好的稳定性和较低的撞击、摩擦感度，是包括改性双基推进剂、叠氮聚醚推进剂及 NEPE 推进剂的良好增塑剂。其缺点是含氧量不高，需要配合其他含氧量高的增塑剂一起使用。

GAPA 的合成方法有 Willsion 法、Amplemen 法和 Frankel 法。Willsion 法以相对分子质量合适的聚环氧氯丙烷（PECH）为原料，在 5 ℃时以硝硫混酸进行硝化，然后在二甲基亚砜（DMSO）中进行叠氮化而获得 GAPA。产物的 N 含量（质量分数）为 49.33%。该方法的缺点是混酸硝化中副产物较多，且叠氮化反应产率低，只达 43.8%左右。

Amplemen 法是以吡啶为催化剂，使 PECH 与甲苯磺酰氯反应，可避免多种副产物的产生，然后将产物叠氮化而获得 GAPA。

上述两种合成方法所得产品的性能见表 7–75。

表 7–75 两种合成方法所得产品的性能

性　能	Willsion 法	Amplemen 法
生成焓/（kJ • mol^{-1}）	+550	+1 315
密度/（g • cm^{-3}）	1.27	1.24
颜色	浅黄	浅黄
数均相对分子质量	700～900	508
热失重	3 mg • L^{-1}（100 ℃，200 h）	0.32%（174 ℃，100 h）
T_g/℃	–56	–67

Frankel 法则以α–二氯乙基–ω–苯磺酰基聚环氧氯丙烷为原料，直接与 NaN_3 在 DMSO 中反应而获得 GAPA。采用一步法反应所得产品得率达 83.9%，产品的性能为：N 质量分数为 49.61%，生成焓为+1.4 MJ/mol，撞击感度为 54.4 J，摩擦感度＞36 kg。

此外，美国 3M 公司公布了该公司生产的两种牌号为 L–12616、GAP–0700 产品的性质（表 7–76），它们可直接用作推进剂的增塑剂。

表 7–76 3M 公司两种增塑剂的性质

项　目	L–12616	GAP–0700
$\overline{M}_n$	—	700
黏度/cPs	～150	～150
水质量分数/%	—	0.05
密度/（g • cm^{-3}）	～1.3	1.24
蒸气相对密度（空气=1）	＞1	—
起始分解温度/℃（TGA）	—	240
热稳定性	100 ℃以上不稳定	接触 150 ℃以上的热表面不稳定

续表

项　　目	L-12616	GAP-0700
闪点/℃（闭环）	>100	>100
沸点/℃	>100	>100
熔点/℃	~-40	~-40

7.7.7.2　硝氧乙基硝胺（Nitroxy Ethyl Nitramine，NENAs）

NENAs 实际上是一种硝酸乙酯基硝胺化合物，其通式为

$$\mathrm{R-\underset{\displaystyle NO_2}{\underset{|}{N}}-CH_2CH_2ONO_2}$$

，其中R可以为$-CH_3$、$-CH_2-CH_3$、$-CH_2-CH_2-CH_3$、$-CH_2CH_2CH_2CH_3$，随着烷基的不同，产物有不同的性质。

NENAs 于 20 世纪 40 年代为多伦多大学所发现，与同期发现的二硝氧乙基硝胺（Dinitroxy Ethyl Nitramine，DINA）属同一类型化合物。NENAs 引起人们注意的原因为：

① 原料来源广泛，价格低廉。

② 合成方法简单，易于工业化生产。

③ 对硝化纤维素及其他纤维素衍生物的黏合剂，以及聚醚黏合剂有良好的塑化能力，而且与其他含能增塑剂（如硝酸酯等）有良好的互溶能力。

④ 燃烧产物的平均相对分子质量低，在同样的燃温条件下，所制成的发射药或推进剂的产气量高，具有更高的做功能力。

⑤ 与传统的硝酸酯增塑剂相比，撞击和摩擦感度低。

⑥ 在不增加（甚至降低）燃温条件下，仍可提高发射药或推进剂的燃速。

因此，是不敏感弹药和推进剂选择的一种优良成分。

目前 NENAs 的合成方法已趋成熟，其反应过程由两步组成。首先烷基乙醇胺与发烟硝酸作用生成液态混合物，然后在少量卤元素催化剂存在的条件下与无水醋酸酐反应而获得硝酸乙酯基烷基硝胺（NENAs）：

$$\mathrm{R-NH-CH_2CH_2OH \xrightarrow{发烟硝酸} [RNHCH_2CH_2ONO_2]^+\ NO_3^- +}$$

$$\mathrm{[RNHCH_2CH_2ONO_2]^+ NO_3^- \xrightarrow[ZnCl_2]{Ac_2O} R\underset{|}{\overset{NO_2}{N}}-CH_2CH_2OH + R\overset{NO_2}{N}-CH_2CH_2OAc}$$

（副产品）

式中，R 可以为—CH_3、—CH_2—CH_3、—CH_2—CH_2—CH_3、—$CH_2CH_2CH_2CH_3$。

当以正丁基乙醇胺（BuEA）为原料时，即获得 BuNENA。在工艺上，目前已形成间断式和连续式两种合成方法。

烷基 NENAs 化合物的性质见表 7–77。

表 7–77 烷基 NENAs 化合物的性质

性质	Me–NENA	Et–NENA	Pr–NENA	BuNENA
外观	白色固体	浅黄色液体	—	浅黄色液体
相对分子质量	165.1	179.2	193.2	207.2
密度/（g·cm^{-3}）	1.530	1.320	1.264	1.211
熔度/℃	38～40	2～4	–2	–27～–28
T_g/℃	—	—	—	–83.5
氧平衡/%	–43.6	–67.0	–87.0	–104.0
生成焓/（kJ·mol^{-1}）	1 113	784	503	259①
分解温度/℃	216.2	214.4	210	212.6
摩擦感度/%	0	0	—	0
撞击感度 H_{50}/cm	＞320	＞320	—	110
① 另有文献报道，BuNENA 的生成焓为–190.4 kJ·mol^{-1}。				

上述四种 NENA 中，BuNENA 的蒸气压最小，实用性能较佳，已在固体推进剂和发射药中获得应用。但其蒸气压仍略高，并具有一定迁移性质，应注意在配方中的使用量及与其他非迁移性含能增塑剂的配比。BuNENA 的物性数据见表 7–78。

表 7–78 BuNENA 的物性数据

项　目	性　能	项　目	性能
分子式	$C_6H_{13}N_3O_5$	蒸气压/mmHg	0.000 11（25 ℃）
相对分子质量	207.18	汽化焓/（kJ·mol^{-1}）	56.8
英文名称	2–（butyl-nitro-amino）ethyl nitrate	表面张力/（dyn①·cm^{-1}）	45.5
中文名称	羟乙基丁硝胺硝酸酯	折射率	1.479
闪点/℃	163.7	摩擦感度/（N·m）	24.5
沸点/℃	347.1	黏度/（Pa·s）	0.5
密度/（g·cm^{-3}）	1.202		

① 1 dyn = 10^{-5} N。

7.7.7.3　二叠氮基新戊二醇二硝酸酯（PDADN）

PDADN 为一种叠氮硝酸酯化合物，分子内同时含有两种含能基团——叠氮基和硝酸酯基，是发射药、推进剂和塑料黏结炸药的优良增塑剂品种。

PDADN 由 3, 3–二（氯甲基）氧丁烷（BCMO）叠氮化后再经过开环及两步硝酸酯化而合成。

$$\text{BCMO}\ (CH_2Cl,\ CH_2Cl\ \text{氧丁烷}) \xrightarrow[\text{DMF}]{NaN_3} \text{BAMO}\ (CH_2N_3,\ CH_2N_3\ \text{氧丁烷}) \xrightarrow{HNO_3} HOCH_2-C(CH_2N_3)_2-CH_2ONO_3$$

$$\xrightarrow[\text{二氯乙烷}]{HNO_3/Ac_2O} O_2NOCH_2-C(CH_2N_3)_2-CH_2ONO_2$$

PDADN 为白色蜡状固体，熔点为 39.6 ℃～39.7 ℃，折光率 n_D^{39} 为 1.508 2。其起始分解温度为 190 ℃，最大分解放热峰温为 204 ℃（DSC 法，升温速率 10 ℃/min），其撞击感度和摩擦感度较高，10 kg 落锤、25 cm 落高时感度达 100%，3.45 MPa 及 90° 摆角时，测定的摩擦感度为 80%。

7.7.7.4　1, 5–二叠氮基–3–硝基氮杂戊烷（1, 5–diagido–3–nitropantane，DIANP）

DIANP 是一种分子内同时含有叠氮基（—N_3）和硝胺基（—N—NO_2）的含能增塑剂，对硝化纤维素、叠氮聚醚、均聚醚（如 PEG）和共聚醚[如 P（E/T）]等聚合物以及硝化纤维素有良好的增塑能力，并与 NG、BTTN、GAPA 等含能增塑剂有良好的混溶性，是一种具有重要使用价值的含能增塑剂。

DIANP 的母体结构与二硝氧乙基硝胺（DINA）的相似，只是将两个硝酸酯基换为叠氮基而已。当将 DIANP 应用于发射药和固体推进剂中时，具有能量高、燃温较低，有利于提高燃速，其燃气相对分子质量较小，产气量大等优点。而且其感度低，挥发性小，热稳定性好，将其应用于高能低烧蚀发射药中，其燃温较相同能量水平的发射药低 200～400 K，火药力可达 1 300 J/g。当与 RDX 配合使用时，火药力甚至超过 1 400 J/g。此外，DIANP 还适用于高能液体推进剂、烟火剂以及气体发生剂中，是一种具有重要应用价值的含能增塑剂品种。

DIANP 的制备方法较为简单，可利用 DINA 为原料，在二甲基亚砜（DMSO）溶剂中用 NaN_3 直接叠氮化而获得

$$O_2N—O—CH_2CH_2—\underset{}{\overset{NO_2}{\overset{|}{N}}}—CH_2CH_2—O—NO_2 \xrightarrow[\text{DMSO（80 ℃～85 ℃）}]{NaN_3} N_3—CH_2CH_2—\overset{NO_2}{\overset{|}{C}}—CH_2CH_2N_3$$

(DINAP) (DINAP)

反应在 NaN_3 过量的情况下进行，得率可达 80%以上，产物纯度可高于 98%（液相色谱法）。目前国内已建成批量规模的生产线。

DIANP 的物化性质见表 7–79。

表 7–79 DIANP 的物化性质

项 目	性 质	项 目	性 质
外观	淡黄色油状液体	玻璃化温度/℃	–38
分子式	$C_4H_8N_8O_2$	密度/（g・cm^{-3}）	3 370±0.002（20 ℃）
相对分子质量（*M*）	200	黏度/（mPa・s）	195
氮含量/%	56	凝固点/℃	–7
折光率（n_D^{25}）	1.527 5±0.000 5	碱度（以 $NaCO_3$ 计）/%	0～0.03
燃烧热/（kJ・kg^{-1}）	16 585.2	溶解性	可溶于：二氯甲烷、丙酮、乙酸乙酯、DMSO、DMF；不溶于：水、乙醇
生成焓/（kJ・kg^{-1}）	2 973.6		
爆热/（J・g^{-1}）	3 549		
爆发点/℃（5 s）	283		
撞击感度/cm（10 kg 落锤）	75	热安定性/mL（5 g，190 ℃连续加热 48 h 放气量）	2.80
摩擦感度/%（3.92 MPa，90° 摆角）	26	相容性（DSC）	与 NC、NG、二号中定剂、RDX 具有良好相容性

7.7.8 新型氧化剂

7.7.8.1 概述

在复合固体推进剂配方中，氧化剂和含能添加剂的质量分数高达 70% 左右，这些氧化剂和含能添加剂的性能，对推进剂能量水平有十分重要的影响，在提高固体推进剂能量水平的发展过程中，人们一直密切关注这些氧化剂和含能添加剂的选择和应用的可能性。近年来，具有潜在应用价值的氧化剂和含能添加剂的合成及其在固体推进剂中的应用可行性的探索十分活跃，相继出现了一些颇具应用前景的化合物，为固体推进剂的理论比冲由 272 s 向 275 s 乃至 280 s 的水平过渡，奠定了一定的物质基础。

在所研究的多种新型氧化剂和含能添加剂中，二硝酰胺铵（ADN）和硝仿肼（HNF）是最诱人的两个氧化剂新品种。它们的物理化学性能参数及其作为单元推进剂时的能量水平，堪与已有的氧化剂及含能添加剂相匹敌，并且应用特性上占优势，是被看好的未来氧化剂新品种。

7.7.8.2 二硝酰胺铵（Ammonium Di–Nitramide，ADN）

1. ADN 的合成方法

ADN 由阳离子 NH_4^+ 和阴离子 $N(NO_2)^-$组成。20 世纪 70 年代，苏联已对其合成及在推进剂中的应用进行了深入研究。由于 ADN 分子中不含氯原子，而且—$N(NO_2)$ 的引入赋予了 ADN 高的生成焓密度和高的氧含量。ADN 应用于复合推进剂时，发动机燃气产物中不再存在形成大量烟雾的 HCl，同时，还可带来 5～10 s 的比冲增益，所以，ADN 被推进剂业界认为是可取代高氯酸铵的氧化剂品种，尤其在高能低特征信号推进剂中有重要应用价值。

ADN 的合成方法有硝基脲法、氨基甲酸酯法、氨基磺酸盐法以及氨基丙酯法等。瑞典国防研究所（FOI）对氨基磺酸盐法制备 ADN 进行了系统深入的研究，认为该方法具有试生产价值。其反应过程为

$$NH_2SO_3H \xrightarrow{KOH} NH_2SO_3^- K^+ \xrightarrow{HNO_3/H_2SO_4} HN(NO_2)_2 \xrightarrow{NH_3} NH_4N(NO_2)_2$$

反应经历硝化和氨化两个历程，通过活性炭吸附除去副产物 NH_4NO_3 和 $(NH_4)_2SO_4$之后，产物纯度可达 99%。方法的优点是原材料易得，反应步骤少，产品得率和纯度较高，成本较低，而且副产物硝酸铵和硫酸铵清除得较为彻底，产物的吸湿性显著下降。在相对湿度＜40%的室温环境中吸湿率≤1%。瑞典 Eunenco Bofors 公司则以 N–咪基脲二硝酰酸盐（即 FOX–12）为中间体制备 ADN，并建立了产量达吨级的生产线，为目前世界上 ADN 最大的生产商，其产品纯度达 99.5%。首先合成 ADN 和首先将其应用于固体推进剂的俄罗斯，其生产规模、产品质量及使用性能的控制一直居于世界前沿水平。

ADN 的物理化学性质见表 7–80。

表 7–80 ADN 的物理化学性质

项目	性能
熔点/℃	92.0
密度/（g·cm^{-3}）	1.80～1.84
分解温度/℃	127.0
着火温度/℃	142
生成焓/（kJ·kg^{-1}）	−150.6
摩擦感度/N	72.0
撞击感度/（N·m）	5.0
静电释放/J	0.45
真空安全度（80 ℃，40 h，5 g）/cm^3	0.73

ADN 在水中有相当高的溶解度，并可溶于醇类、酮类等有机溶剂中，表 7–81 和表 7–82 是 ADN 在水中和不同溶剂中的溶解性能。

表 7–81 不同温度下 ADN 在水中的溶解度

温度/℃	溶解度/%
−15.0	58.3
−10.0	62.7
0	69.3
20.0	78.1

表 7–82 ADN 在有机溶剂中的溶解度

溶剂	溶解度/［g·(100 g)$^{-1}$］	溶剂	溶解度/［g·(100 g)$^{-1}$］
二氯甲烷	0.003	甲醇	90.53
乙酯	17.30	异丙醇	21.24
乙酸盐	0.12	苯	6.00
乙醇	28.55	丙酮	84.97
正己烷	0.005	水	357

2. ADN 的吸湿性质

ADN 是一种强吸湿性物质，其吸湿性高于硝酸铵的。例如室温下，硝酸铵吸湿的临界相对湿度为 61.9%，而 ADN 吸湿的临界相对湿度下降到 55.2%。在 30 ℃及空气相对湿度≥74.9%的条件下，ADN 能吸收水分至全部溶解。采取有效的防吸湿性措施是 ADN 获得应用的关键问题。

ADN 呈现强吸湿性的原因与结构有关。ADN 分子有很强的极性，晶体表面与空气中的水分子存在较强的静电作用，从而吸附水分子而溶解。如表 7–80 所示，室温（20 ℃）下，在水中高达 78.1%的溶解度使其在潮湿空气中吸附大量的水而形成很高的吸湿率。此外，ADN 分子中的阳离子 NH_4^+ 与硝酸铵的阳离子完全相同，此种阳离子易于与空气中的水分子发生水解反应使表面羟基化。ADN 本身的阴离子 $N(NO)_2^-$ 对水分子中的质子也存在吸附作用。在光照和空气水分的作用下，几周后，ADN 即会分解生成吸湿性强的硝酸铵覆盖于 ADN 的表面，进一步加大了吸湿性。

上述吸湿过程受扩散和传质过程的机理控制，ADN 吸收水分后，其表面形成一层很薄的饱和液层，在其两侧存在滞留的气相膜和液相膜，空气中的水分子以扩散方式通过气相膜和液相膜连续进入 ADN 的饱和溶液。该饱和溶液向 ADN 渗透而进入 ADN 晶体的内部，最终使 ADN 全部溶解。在上述吸湿过程中，ADN 表面所形成的羟基有强的化学活性，使 ADN 晶体颗粒间产生团聚和结块。

ADN 的吸湿率以衡定湿度和温度的条件下，一定时间内吸湿所产生的质量增加的变化率表示：

$$Q = \frac{\Delta G}{m} \times 100\%$$

式中，Q——一定时间内的吸湿率；

ΔG——一定时间内 ADN 的吸湿增量；

m——起始样品的质量。

与其他易吸湿的物质相似，在考察吸湿性质时，重要之处是确定该物质的吸湿点，即在一定温度下，物质开始吸湿时环境的相对湿度。依据吸湿率与环境相对湿度的关系，将吸湿率与相对湿度作图，将吸收水分阶段的直线部分外推至与横坐标（相对湿度轴）相交，所得即为吸湿点，如图 7–22 所示。

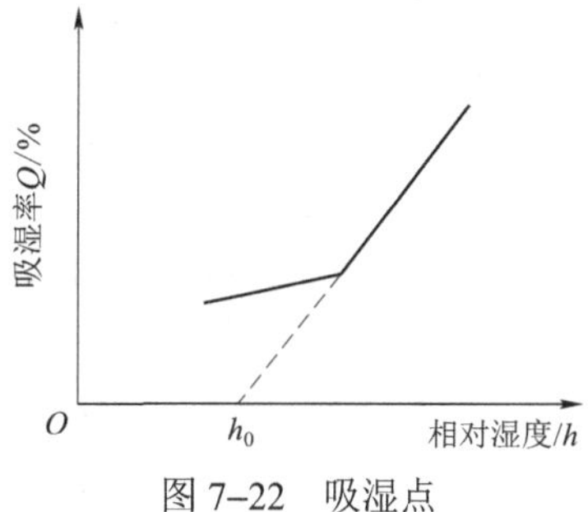

图 7–22　吸湿点

吸湿率与相对湿度的关系用下式描述：

$$Q=K(h-h_0)$$

式中，Q——一定时间内试验物的吸湿率；

h——环境相对湿度；

K——试验物吸收水分子的速度常数；

h_0——试验物的吸湿点。

例如，在 25 ℃时对某个 ADN 样品测定的吸湿点为 33%，即在 33%相对湿度时，该 ADN 样品既不吸湿，也不脱湿。当相对湿度大于 33%时，该样品开始吸湿。相反，当相对湿度小于 33%时，该 ADN 样品即开始脱湿而减重。

ADN 的吸湿点除了与环境温度和压力有关外，还与其纯度、杂质的性质和含量、初始水分的含量以及是否已加入防吸湿剂和球形化处理的方式有关。例如，美国对经过造粒处理和加入防吸湿剂后的 ADN，建议其产物的使用条件为 20 ℃，RH（相对湿度）≤50%，而俄罗斯则建议其 ADN 的使用条件为环境温度≤20 ℃，RH≤40%。

3. ADN 的防吸湿方法

对 ADN 晶体进行球形化处理的目的主要是提高其堆积密度，增加在推进剂配方的加入量，并改变药浆的流动黏度，同时，也可通过不同粒度的级配改变推进剂的燃速。球形化处理的结果只是改变其晶体的形态和比表面积，因而与推进剂中连续相黏合剂之间接触的相界面的总面积有所改变，对推进剂的力学性能有一定程度的影响。理论上来说，结晶体的这种形态上的改变，对结晶体本身的吸湿性能不会带来本质上的改变，只是程度上的改变。但是，一些防吸湿、防结块、防热分解稳定剂等都在 ADN 的球形化处理过程中，结合球形化工艺的特点加入其中，所以，一般球形化处理和防吸湿及热稳定性防护基本是同时完成的。球形化的结果使 ADN 松散的体表面的毛细孔状结构可获一定程度的改变，也带来了吸湿性能和热安定性能的改善。总体上说，防吸湿是 ADN 应用中的根本问题，球形化则与其应用性能（即工艺、燃速合力学性能）的改善相关。防吸湿性能的解决，还牵涉到制成推进剂后推进剂性能的稳定性和可靠性，应予充分关注。

对 ADN 吸湿性的防护措施，国内外已进行了多项研究和探索，并取得了较好的进展。处理后的 ADN 在限定的条件下，已可存放较长的时间并基本上满足推进剂制药工艺要求。

迄今为止，已研究过的 ADN 防吸湿方法主要可分为四类，即

① 在 ADN 晶体颗粒上涂覆疏水性物质；

② 采用化学试剂对 ADN 进行处理的表面改性技术；

③ 加入少量无机填料改变其表面孔隙结构的添加剂应用技术；

④ 采用聚合物材料对 ADN 颗粒包覆的隔水保护技术。

此外，ADN 与传统复合推进剂的聚氨酯固化体系所用的某些异氰酸酯的相容性不理想，防水处理的结果也可带来其相容性的改善。

方法①为一般物质防水常用的方法，所使用的疏水涂覆剂一般为石蜡或矿物油。例如，美国用塔式熔融造粒法制造球形 ADN 时，向其中加入 Carbosit 油（一种润滑油），以及德国进行氨基树脂包覆 ADN 前在隔绝空气条件下使 ADN 先涂覆一层蜡状物，均属此类方法。该方法简单易行，但对亲水性强的 ADN，需结合其他措施的应用，以达到更好的防护效果。

方法②是一种化学改性的方法，原理是采用具有可与 ADN 有较强键合作用基团而分子本身具有疏水性的化合物进行处理，以达到防吸水的目的。也可利用亲水亲油平衡值合适的表面活性剂处理。黎明化工研究院采用的表面改性方法可使 ADN 在相对湿度为 50%条件下，吸湿率降低到 0.3%～0.5%的水平。

方法③是一种改变 ADN 表面结构的物理方法，通过加入粒度极细的气相 SiO_2（白炭黑），可以填塞 ADN 表面毛细孔状结构，以此阻止水分向其内部扩散，从而在一定程度上达到防湿的目的。

方法④是一种通过高分子材料对 ADN 颗粒进行全包覆的方法，从原理上看较其他方法可以更为彻底地防止水分进入 ADN 颗粒。除了防吸湿外，这种包覆处理还可以带来以下好处：

① 改进 ADN 与固体推进剂中某些成分（如固化剂异氰酸酯类）相容性不理想的缺点；

② 防止 ADN 在贮存、运输和工艺工程中的团聚；

③ 增加推进剂力学性能的稳定性；

④ 降低对撞击和摩擦的敏感性。

其中包括德国采用乙基纤维素包覆的微胶囊技术以及 ADN 涂覆蜡状物后的氨基树脂包覆技术。此外，在流化床造粒工艺中，在 N_2 气保护下以三官能的 GAP 通过与 N–100 或 MDI 反应实现对 ADN 的包覆，也探索过聚氨酯预聚物与丙烯酸酯单体混合，配合紫外光照射在流化床设备中完成包覆中的固化反应。从技术上分析，当聚合物包括覆壳层的结构完整可靠时，ADN 的吸湿性能应可获得较彻底的改善。

目前，对 ADN 防吸湿处理研究的结果，基本上可满足该原材料在推进剂研制中的工艺要求。由于处理后 ADN 的临界相对湿度（某一温度下开始吸湿的环境相对湿度，即吸湿点）仍偏低，对制药过程的环境要求较严格，对工业化的推进剂制造工艺的实施是不方便的，而且所制成的推进剂成品也只能在其临界相对湿度以下存放和使用，否则，将因其中 ADN 的吸湿而改变其力学性能和内弹道性能，因此，一方面仍需不断努力寻求较彻底地改善 ADN 防吸湿的方法；另一方面，则要严格确定所使用 ADN 的临界相对湿度及相对应的温度，从而制定和建立相应的环境条件，例如，俄罗斯使用 ADN 及其推进剂成品的环境条件为：20 ℃，

RH（相对湿度）≤40%。

4. ADN 球形化的方法

对 ADN 晶体完成球形化至少可带来如下几点好处：

① 可以获得较高的松装密度，增加了给定的容积中固体填料的装填密度；

② 与非球晶填料相比，使用球形晶体时推进剂浆料的黏度明显下降，从而改善了混合和浇注中的流动性质；

③ 相对于晶体本身体积而言，球形化可使其表面积下降，对于需要避免与之接触时产生不良反应的物质来说，球形化后晶体的反应面积也相应降低；

④ 较低的比表面积也有利于包覆工艺的实施；

⑤ 球形化后，晶体团聚的倾向性有所降低，有利于其加工处理和提高安全性。

已报道的 ADN 球形化的方法颇多，包括冷却介质分数成球法、悬浮液加热分散成球法、沉降塔熔融成球法、微胶囊包覆成球法和微反应器成球法等。利用这些方法可以获得粒径为 50～1 000 μm 的球形粒子，其中冷却介质分散成球法是传统工艺方法，过程较为简单，且所获得的粒子直径一般在 200～800 μm。悬浮液加热分散成球法选择一些沸点高的惰性液体（如矿物油）作为介质，加入 ADN 后经加热和搅拌熔融，ADN 分散成悬浮的液滴，其中，可加入所需要的热稳定剂（如尿素）、防吸湿剂以及表面活性剂、防结块剂等，经冷却后即形成粒径不同的粒子。容器及搅拌器结构、几何尺寸、液滴与悬浮介质的体积比、分散介质的黏度、冷却方式、搅拌速率等诸多因素对球形 ADN 粒径大小及分布状态、粒子的形貌均有影响。在设备结构及几何尺寸确定的情况下，搅拌速度是影响粒子平均直径的主要因素。

在沉降塔熔融成球法中，加热熔融区的温度、冷却介质的种类和进料粒子的粒度分布等工艺参数对粒子形貌和粒度分布有影响，所获粒子直径一般在 60～200 μm。

微胶囊包覆成球法同时完成包覆和成球两个过程，对 ADN 来说，是传统微胶囊技术的改进应用，即选择好惰性悬浮液为介质后，使分散于介质中的 ADN 球状乳滴（熔融后）被同时分散在悬浮介质中的预聚物及其固化剂所包覆，经反应而形成微胶囊，降温后 ADN 的球状存在于微胶囊中。此种方法可以获得微米粒径的包覆球，但工艺工程较为复杂。

微反应器制球形 ADN 是一种连续化的制球工艺，其过程如下：将 ADN 与惰性悬浮剂(如正癸烷或正庚烷)、降低表面张力的表面活性剂、防结块剂等配制后，经泵送至恒温浴中的微反应器内（恒温浴加热介质可选择乙二醇），泵送的物料在进入微反应器前，先经过恒温浴加热区，使 ADN 熔融于悬浮液中。微反应器内设置筛孔使熔融的 ADN 形成小液滴，流出微反应器后即冷却和重结晶成球而收集于有搅拌器的接收器内。设置搅拌器的目的是防止球形 ADN 的团聚。恒湿浴温度、泵送的流速、微反应器结构、防结块剂和表面活性剂用量、悬浮液中 ADN 的浓度等对所制球的大小有影响。正庚烷的蒸气压大于正癸烷，成球后较易除去。所获 ADN 球径一般为数十至 300 μm。

5. ADN 的热分解

DSC 和 DTA 研究表明，ADN 受热时经历熔化（328 K）、分解两个过程，于 421 K 时开始分解，最大分解峰温为 457 K，在最大分解峰温前已有 30%（质量）分解，其余 70%的分解发生于最大分解峰温之后。分解的初始产物为 NH_3 及 $HN(NO_2)_2$，后者进一步分解为硝酸铵和 N_2O，在 400～500 K 分解的最后产物为 NH_3、H_2O、NO、N_2O、NO_2、HONO 以及 HNO_3。分解的总放热值约为 240 kJ/mol，所分解的产物在气相区相互反应而生成 O_2、H_2O 和 N_2。此时的绝热火焰温度达 3 640 K。所释放出的氧气作为氧化剂供推进剂燃烧。

ADN 的燃烧波结构由熔融层区、预备区和火焰区三个区组成。在熔融层区，温度基本恒定，之后温度迅速上升至预备区，温度由 1 300 K 上升至 1 400 K，之后很快形成火焰区。由于 NO 被还原为 N_2，ADN 的燃烧与硝酸酯的相似，而存在一个暗区，其向熔融过程的热流由火焰向熔融层反馈，对气化过程具有决定性作用。

进一步研究表明，ADN 的热分解由两个阶段组成：在 160 ℃以下，主要是凝聚相的分解，温度高于 160 ℃以上则为气相分解反应。获得较广泛认可的反应分别为：

凝聚相分解反应（T＜160 ℃）：

$$NH_4N(NO)_2 \longrightarrow NH_3+N_2O+HNO_3 \quad (R_1)$$

$$NH_4N(NO)_2 \xrightarrow{\text{较高压力下}} N_2O+NH_4NO_3 \quad (R_2)$$

气相分解反应（T＞160 ℃）：

$$NH_4N(NO)_2 \longrightarrow NH_3+HN(NO_2)_2 \quad (R_3)$$

R_3 反应产物 $HN(NO_2)_2$ 在高温下不稳定，按下述方式进一步分解：

$$HN(NO_2)_2 \longrightarrow N_2O+HNO_3 \quad (R_4)$$

$$HN(NO_2)_2 \longrightarrow N_2O+HNNO_2 \quad (R_5)$$

分解产物中，NH_3 与 HNO_3 相互作用生成硝酸铵：

$$NH_3+HNO_3 \longrightarrow NH_4NO_3 \quad (R_6)$$

6. ADN 的热安定性

ADN 的热安定性一般用真空安定度表示，即在真空条件下以恒定温度和规定时间内单位质量样品的放气量表示，如纯 ADN 样品在 80 ℃时加热 40 h 的放气量为 0.73 cm^3/5 g，与其他氧化剂及高能添加剂相比，ADN 的热安定性属中等，其顺序为：HNF（硝仿肼）＜ADN＜NC＜CL–20＜RDX＜HMX，即其热安定性略好于 HNF（纯 HNF 可在 25 ℃环境中贮存数年）。

ADN 的热分解反应是一个缓慢的连续热解过程，所生成的 HNO_3 会促进 ADN 进一步分解。采取弱碱性物质吸收 HNO_3 是提高其热稳定性的方法。

已报道过的 ADN 热安定剂一般为脲及胺类有机物，如尿素、N, N′–二苯基脲、1–甲基–3, 3′–二苯脲、N–苯基–β–苯胺、乌洛托品等。例如，向 ADN 中加入 1–甲基–3, 3′–二苯胺时，可使其热分解温度提高 15 ℃。在 90 ℃ 48 h 的真空安定性测试中，该样品的放气量为 1.05 m^2/（5 g），ADN 对照样品的放气量为 2.09 m^2/（5 g），热安定剂的使用对其安定性有明显改善。

7. ADN 与固体推进剂主要组分的相容性

一般采用热分析法研究含能材料的相容性，即通过某种含能材料及与其配伍的化合物在 DSC 热解曲线上分解峰温 T_p 之差（ΔT_p）来判别二者相容性的好坏。当ΔT_p 为 0 ℃～2 ℃时，认为两者相容；ΔT_p 为–3 ℃～–5 ℃时，两者之间作用较弱，基本相容，可短期使用；ΔT_p 处于–6 ℃～–15 ℃时，两者作用较强，不宜使用。如果ΔT_p 达–15 ℃以上，两者作用强烈，禁止使用。

不少研究者已考察了 ADN 与固体推进剂主要组分之间的相容性，基本结论如下：

① ADN 与 GAP、PBT 及 PET 之间相互作用较弱，基本相容。但 ADN 与 PEG 在 DSC 曲线上的分解峰温差达–17.9 ℃，即二者之间存在强的相互作用，相容性不良。

② 在异氰酸酯类固化剂中，ADN 与 IPDI、N–100 之间相容性较好，在 DSC 曲线上，二者热分解峰温差均小于 2 ℃。而 ADN 与 TDI 及 HDI 之间作用强烈，ΔT_p 分别为–16.3 ℃和–26.9 ℃，即二者均不能在含 ADN 的推进剂配方中使用。

③ 在各种含能增塑剂中，ADN 与 NG–BTTN、TEGDN 和 Bu–NENA 作用较为敏感，即 ADN 会引起 NG–BTTN、TEGDN 和 Bu–NENA 的提前分解。但 ADN 与 NG、TMETN、A_3 之间，在 DSC 热解曲线上，分解峰温分别提高了 1.9 ℃、0.1 ℃和 12.7 ℃，即它们相容性良好。

7.7.8.3 硝仿肼（Hydrazinium Nitro-formate，HNF）

1. 概述

硝仿肼是由酸性的三硝基甲烷（硝仿）直接与碱性的肼之间形成的盐类：

$$H_2NNH_2+HC(NO_3)_3 \longrightarrow N_2H_5C(NO_2)_3$$

反应伴随有大量的热放出，一般是在较低温度（5 ℃）下，在二氯乙烷介质中完成反应。其分子中的正离子$[N_2H_5]^+$与负离子$[C(NO_2)_3]^-$之间通过氢键相连接。早在 1950 年人们已发现了 HNF，其分子结构表明该化合物是一种环境友好高能氧化剂，但作为一种路易氏酸碱盐，分子内较弱的键接作用以及由于杂质的影响，在合成及在推进剂探索使用中出现了若干事故，使该氧化剂的应用曾一度被搁置。直至 20 世纪 90 年代，欧洲空间研究所发现 HNF 的稳定性差主要是由包含在产品中的杂质引起的，之后 HNF 重新引起了人们的关注，并且欧洲空间研究所建立了一条可年产约 300 kg 的高纯 HNF 的生产线，并发现 HNF 与 GAP 可制成推进剂，其结果为 HNF 在高能推进剂中的应用重新开辟了一条新的途径。

该类推进剂有两个明显的优点：

① 与传统的 HTPB/AP/Al 推进剂相比，其能量性能可提高约 7%。

② 燃烧产物中无 HCl，可明显降低烟雾而具有环境友好特性。

上述特点重新燃起人们对 HNF 在高能固体推进剂中应用的兴趣。

2. HNF 的物化性质

HNF 分子中氧的质量含量和密度均高于 ADN，是一种较理想的氧化剂品种，表 7–83 中对比列出了现有一些氧化剂和含能添加剂的物化性质。表 7–84 列出了 HNF 与其他氧化剂和含能添加剂作为单元推进剂时的能量性能。

表 7–83　HNF 与其他氧化剂、含能添加剂的基本性能

性能		ADN	HNF	AP	HNIW	RDX
分子式		$NH_4N(NO_2)_2$	$N_2H_5C(NO_2)_3$	NH_4ClO_4	$C_6H_6N_{12}O_{12}$	$C_3H_6O_6$
相对分子质量		124.05	183.08	117.54	438.28	222.122
氧平衡/%		25.79	13.11	34.04	–10.95	–21.61
氧含量/%		51.59	52.43	54.46	43.80	43.22
熔点/℃		91.5	123（分解）	>150（分解）	—	204（分解）
密度/（g·cm^{-3}）		1.82	1.86	1.95	2.04	1.82
标准生成焓	kJ·kg^{-1}	–1 130	–393	–2 470	950	277
	kJ·mol^{-1}	–140	–72	–290	415	61
摩擦感度/N		72.0	25			
撞击感度/（N·m）		5.0	≥15（纯品或晶体）			

续表

性能	ADN	HNF	AP	HNIW	RDX
静电释放值/J	0.45	—			
真空安定性/cm^3（80 ℃，40 h，5 g）	0.73	2～10（$cm^3 \cdot g^{-1}$，纯品）			

表 7–84 HNF 与其他氧化剂和含能添加剂作为单元推进剂时的能量性能

性 能	ADN	HNF	AP	HNIW	RDX
标准理论比冲 I_{sp}^0	2 003	2 487	1 550	2 666	2 662
特征速度 C^*/（$m \cdot s^{-1}$）	1 282	1 545	990	1 639	1 645
燃温 T_c/K	2 100	3 088	1 434	3 591	3 284
燃气平均摩尔质量 $\overline{M}$	24.81	27.12	28.92	29.15	24.68

上述数据表明，高的氧含量、较高的密度和生成焓、较低的燃气摩尔质量和燃气中不含污染环境的 HCl，是 HNF 和 ADN 作为高能推进剂用氧化剂的突出优点，也是人们期待其作为低特征信号推进剂用新型氧化剂的主要原因。

3. HNF 的相容性

HNF 具有强的氧化能力。当 HNF 与含有双键的化合物接触时，HNF 将攻击不饱和双键而使之断裂，因此，HNF 与 HTPB 黏合剂不相容。常用的异氰酸酯固化剂（如 TDI、HDI）与 HNF 接触时，HNF 分子中的氢原子会向—N═C═O 中的氮原子转移。因此，HNF 与异氰酸酯也不相容。只有当 HNF 被完全包覆时，才可以避免上述现象的发生。

4. HNF 的热稳定性

60 ℃ 48 h 的真空安定性测定表明，HNF 的放气量为 2～10 cm^3/g，造成放气量较大的原因是杂质的存在和溶剂未完全脱除。高纯度的 HNF 和适当的粒径控制可以使放气量降到 0.1～0.5 cm^3/g，若使用合适的稳定剂，其真空安定性还可以进一步提高，可以实现 25 ℃条件下贮存数年的要求。但总体上说，与其他含能化合物相比，HNF 的热安定性还是低的。按热安定性高低排序的结果为 HNF＜ADN＜NC＜CL–20＜RDX＜HMX。

5. HNF 的感度

不纯的 HNF 对撞击十分敏感，其撞击感度小于 1 N • m，但纯 HNF 的撞击感度可改善到≥15 N • m。据报道，HNF 的摩擦感度为 25 N，但实际上 HNF 摩擦感度不但与纯度有关，而且与其粒度大小和晶体形态有关，所以，在文献中可看到不同的机械感度数据。

6. HNF 的毒性

文献报道称 HNF 对皮肤和眼睛是无毒、无腐蚀和无刺激的，对呼吸也无危害，只有注入人体时，才会造成危害。

7. HNF 在推进剂中的应用前景

与 ADN 相比，在固体推进剂中，HNF 与叠氮聚醚黏合剂和金属燃料/金属氢化物的组合，可以获得更高的理论比冲，是该氧化剂引起人们关注的主要原因。同时，HNF 燃烧时的分解是按以下方式进行的：

$$4N_2H_5C(NO_2)_3 \longrightarrow 10H_2O+4CO_2+10N_2+3O_2$$

其产物具有对大气无污染和低特征信号的特点，而且与 ADN 不同，HNF 不存在吸湿潮解的性质，其吸湿点为 94%，即相对湿度＞94%时有吸湿现象。当其制造中的球形化、热稳定性和感度问题获得很好解决时，在叠氮聚醚黏合剂体系中，有可能发展成为一类新的高能固体推进剂品种，荷兰、瑞典几家研究机构对其应用前景有相当高的期待，认为 HNF/叠氮聚醚、GAP、BAMO 聚合物、硝化聚醚 P（GlyN）、P（NiMMO）/金属燃料和氢金属燃料体系可以获得 280 s 以上的理论比冲，认为 HNF/ P（NiMMO）/Al/异氰酸酯/弹道改良剂/键合剂体系最具吸引力，但该体系的燃速压力指数偏高（$n \approx 0.85$），当使用部分 AP 取代 HNF 和选择与 HNF 相容的燃速催化剂时，燃速压力指数会有所下降，同时，新的适用性好的环氧类键合剂仍有待探索。总体上看，HNF 在高能固体推进剂中应用的技术问题尚待深入研究，逐步加以解决。但是，硝仿作为一种路易氏酸与作为路易氏碱的肼所生成的盐，连接两者的键偏弱，其热安定性总不尽如人意，根本的出路是对其分子结构进行改造，在保留硝仿基本结构的情况下，通过其他有机基团的共价键连接，将有可能获得性能良好的新型硝仿氧化剂品种。

注：P（NiMMO）的结构式为：$H\!-\!\!\left[O-CH_2-\underset{\displaystyle CH_2ONO_2}{\overset{\displaystyle CH_3}{\underset{|}{\overset{|}{C}}}}-CH_2\right]_n\!\!-OH$

P（GlyN）的结构式为：$H\!-\!\!\left[O-CH_2-\underset{\displaystyle CH_2ONO_2}{\underset{|}{CH}}\right]_n\!\!-OH$

7.7.9 新型含能添加剂

7.7.9.1 概述

自六硝基六氮杂异伍尔兹烷（CL–20）被发现以来，性能可与 CL–20 匹敌的新型含能添加剂的探索十分活跃，其中含能高氮（High Nitrogen coutent，或称富氮，Nitrogen Rich）化合物是最具吸引力的品种，其原因是含有 N—N 键、偶氮键（—N═N—）和叠氮键的化合物在分解燃烧时可以释放出高的能量，其中 N—N 键为 166 kJ/mol，—N═N—键为 418 kJ/mol，而N≡N键则高达 954 kJ/mol，而且燃烧产物主要为 N_2、H_2O 及 CO_2 等低特征信号化合物。一些含—N═N—键、—N≡N基和硝基（$—NO_2$）的氮杂环类的密度和生成焓与 CL–20 的相近甚至更高，因而此类化合物的研究近来十分活跃，已出现了一些在推进剂中具有潜在应用价值的品种。人们统称该类化合物为高氮高能材料（High Nitrogen Content–High Energy Materials，HNC–HEMs）。

高氮化合物一般由三唑、四嗪等多氮化合物经分子修饰、改造后生成，它们具有以下特点：

① 分子中氮元素的质量分数（w(N)）高，一般 HNC–HEMs 的 w(N)≥50%；

② 作为推进剂的高能添加剂，在燃烧中释放的热能主要来源于分子的潜焓，而不是笼形化合物中键的张力；

③ 分子内高的氮元素质量分数使单位质量化合物在燃烧中产生高含量的氮气，成为推进剂和燃气发生剂中产生洁净燃气的理想物质。

以多氮化合物为基础进行高氮化合物的设计和合成的探索中，已逐步形成一些分子设计和合成经验，例如：

① 引入偶氮（—N═N—）键将多氮化合物连接，可以使目标化合物获得更高的生成焓和密度。例如，在 1, 2, 3–三唑的碳原子上引入偶氮键，生成焓和密度分别增加了 1 052 kJ/mol 和 0.112 g/cm^3，而在 1, 2, 3–三唑的氮原子引入偶氮键，其生成焓和密度的增加值分别为 1 918 kJ/mol 和 0.225 g/cm^3。

② 引入叠氮基团（—N≡N）可以获得更高的氮含量和更高的生成焓。

③ 引入硝基（$—NO_2$）等基团以及在氮杂环中引入氮氧键（N→O）可使目标化合物的氧平衡和生成焓有所增加，但同时也使化合物对外界的刺激感度有所上升；对多氮化合物进行氮氧化时，还可使化合物的密度有较高的提升。

④ 引入氨基（$—NH_2$）时，化合物的感度将有明显的改善，但在一定程度上也带来生成焓的降低。

⑤ 将唑类、嗪类（如四唑等富氮阳离子）与高氯酸阴离子（ClO_4^-）、二硝酰

胺酸阴离子 $[N(NO_2)_2]^-$ 等形成盐类时，可形成一类生成焓密度和氧平衡均显著上升的含能离子盐，某些含能离子盐的密度接近甚至超过 CL–20。

在探索 HNC–HEMs 过程中所形成的高氮含能化合物的合成经验，为具有实用价值的新型高氮化合物的发展拓展了新的途径。

7.7.9.2　高氮化合物的类别

高氮化合物的分类方法可以按氮杂环母体的结构来区分，也可以按所引入的功能修饰基团的特点来划分。前一种方法沿用了有机化合物的分类方法，即将含氮化合物分为呋咱类、唑类（三唑或四唑）、嗪类（三嗪或四嗪）、嘧啶类等，此划分方法便于从结构特点加以辨识。后一种方法以引入基团的特征来划分则便于从合成方法来区别，如将它们分为叠氮类、氨基类、硝基类等，此方法也便于从最终所获化合物的能量水平来识别，如按能量水平划分时，叠氮类＞硝基类＞氨基类。

此外，高氮化合物还包括一类由高氮化合物形成的阳离子与高氯酸根、硝酸根、二硝酰胺酸根等阴离子所形成的盐类，对于作为固体推进含能添加剂来说，此种盐类的能量水平、密度和对外界刺激的稳定性很具吸引力，是目前高氮化合物备受关注的重要类别之一。

作为一类高能量密度化合物，全氮化合物（包括离子型、共价型和聚合氮型）以其高的密度、高的生成焓和高的键能释放值而引起人们的注意。但它们合成中高的难度及其稳定存在所依赖的条件使其合成、表征和应用尚有一个很长时间的艰难探索过程。

7.7.9.3　叠氮类高氮化合物

由于每引入一个叠氮基团（—N≡N），化合物的生成焓可以增加约 87 kJ/mol，所以，该类化合物具有高生成焓和高含氮量的特点，但同时，叠氮基的引入也使化合物对机械刺激的敏感度有所增加。

已合成的叠氮基高氮化合物有多种，包括叠氮三嗪类、叠氮四嗪类、叠氮七嗪类、叠氮嘧啶类、叠氮三唑类和叠氮四唑类等。

1. 叠氮三嗪类化合物

最早合成的叠氮三嗪类化合物是 2, 4, 6–三叠氮基–1, 3, 5–三嗪（TAT），其爆炸威力是雷汞的两倍，但该化合物感度极高，为此，人们通过联氨键和偶氮键的修饰，将两个 TAT 连接起来形成双氮杂环四叠氮基的结构，其生成焓明显提高而感度却有所下降。其中，偶氮键相连的四叠氮三嗪（TAAT）的焓值和密度高于联氨键连接的四叠氮三嗪（TAHT）的。三种化合物（TAT、TAHT 和 TAAT）的结构及性能见表 7–85。

表 7–85 TAT、TAHT、TAAT 的性能参数

名称	结构	密度/（g·cm^{-3}）	生成焓/（kJ·mol^{-1}）	摩擦感度（BAM）/kg	撞击感度 H_{50}（12 型）/cm
TAT	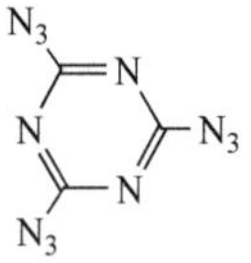 2, 4, 6–三叠氮基–1, 3, 5–三嗪	1.72	1 053	<0.5	6.2
TAHT	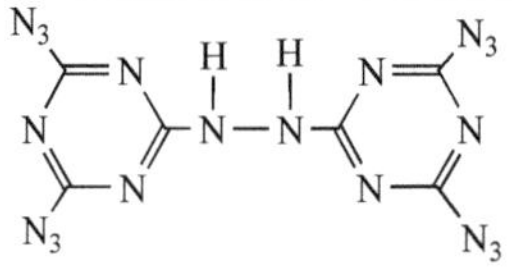 4, 4′, 6, 6′–四叠氮基联氨–1, 3, 5–三嗪	1.65	1 753	2.9	18.3
TAAT	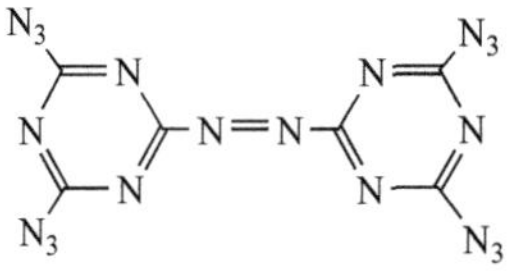 4, 4′, 6, 6′–四叠氮基偶氮–1, 3, 5–三嗪	1.724	2 171	2.4	6.2

2. 叠氮四嗪类化合物

通过 3, 6–二–（3, 5–二甲基吡唑）–1, 2, 4, 5–四嗪与水含肼反应，再在盐酸水溶液中与 $NaNO_2$ 作用，将肼基转化为叠氮基，可以 90%以上的得率获得 3, 6–二叠氮基–1, 2, 4, 5–四嗪（DAT），其生成焓计算值达 1 101 kJ/mol，但 DAT 属高感度化合物，使用中危险性较大。

DAT 的合成改进路线如下。

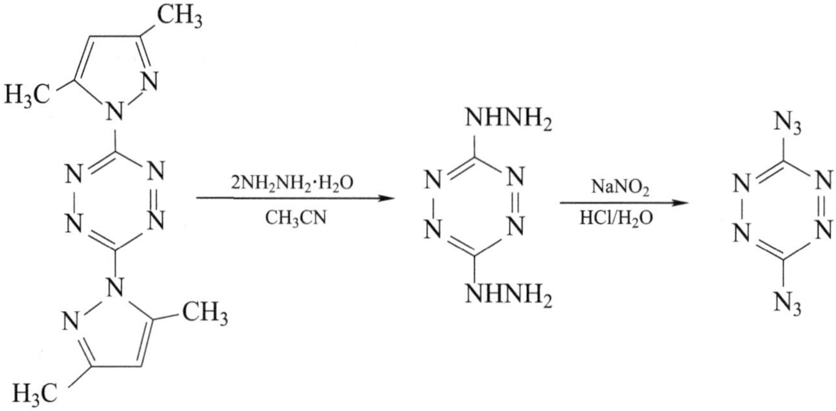

$2NH_2NH_2·H_2O$ / CH_3CN；$NaNO_2$ / HCl/H_2O

3. 叠氮三唑类化合物

三唑是含有 3 个氮原子的五元杂环化合物，3 个氮原子分别位于 1, 2, 3–或 1, 2, 4–位，二者均具有高的正生成焓，分别为+272 kJ/mol 和+109 kJ/mol。若将叠氮基引入该氮杂环，人们期待获得能量性能更优良的化合物。已报道的叠氮三唑类化合物有 3–叠氮–1, 2, 4–三唑，其生成焓为+458 kJ/mol，在 5 位置上再引入一个叠氮基后，所生成的 3, 5–二叠氮基三唑的生成焓增至+867 kJ/mol。由于三唑易于季铵化，它们主要作为阳离子与含能阴离子生成含能盐类。当以偶氮键将两个三唑环相连生成叠氮双三唑时，它们的生成焓值获得显著增加。例如四叠氮偶氮三唑（图 7–23 中的化合物 4）是目前生成焓最高的含能化合物，此类叠氮化合物结构如图 7–23 所示。

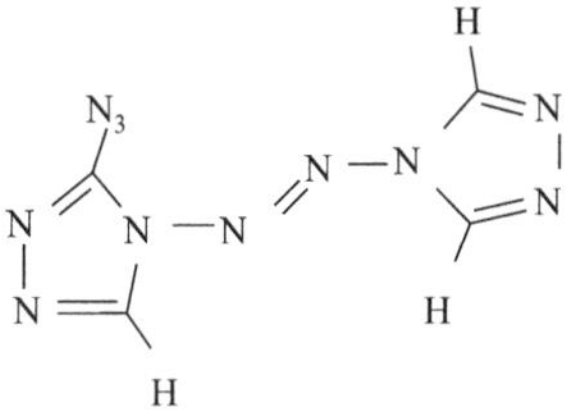

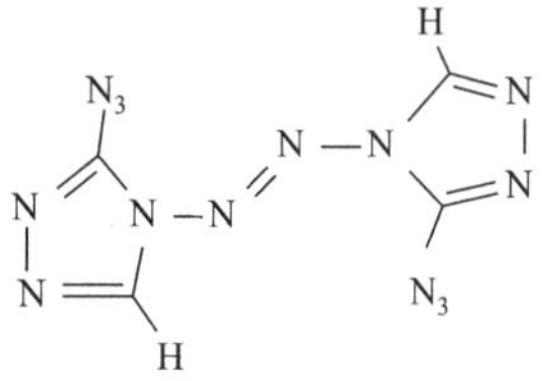

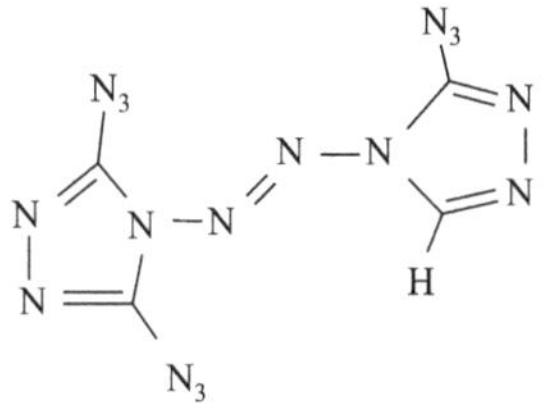

图 7–23　新型偶氮类叠氮三唑化合物

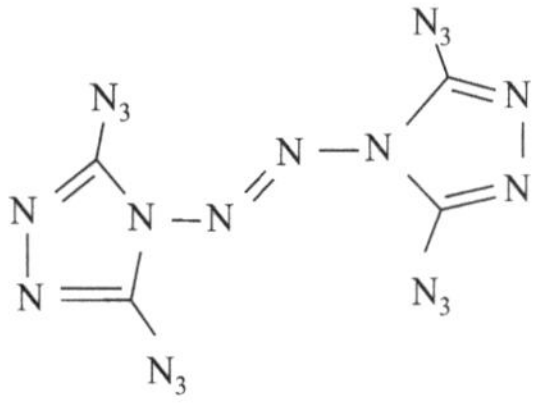

偶氮三唑化合物的性能见表 7–86。

表 7–86　偶氮三唑化合物的性能

化合物	w（N）/%	T_d/℃	ρ/（g • cm^{-3}）	ΔH_f/（kJ • mol^{-1}）	ΔH_f/（kJ • kg^{-1}）
1	75.1	189.7	1.63	1 205	5 878
2	79.7	185.7	1.66	1 549	6 299
3	82.9	136	1.74	1 889	6 587
4	85.4	136	1.76	2 245	6 845

7.7.9.4 氨基类高氮化合物

在高氮化合物中引入氨基是降低该类化合物感度和提高耐热性能的方法，但同时其生成焓也有所下降。若在引入氨基的同时也引入偶氮结构，则生成焓的下降会获得补救。

1. 氨基四嗪类高氮化合物

最早发现的氨基四嗪类化合物为3, 6–二氨基–1, 2, 4, 5–四嗪（DAmT），经过对氨基的修饰，形成了一些生成焓及密度都较理想的化合物，如 DGTa、DGTb、DHT 及 DAAT 等，它们的结构如图 7–24 所示，其中 DAAT 的性能堪与现有的钝感炸药和高能炸药 RDX 相媲美。

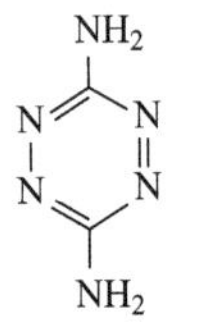

DAmT 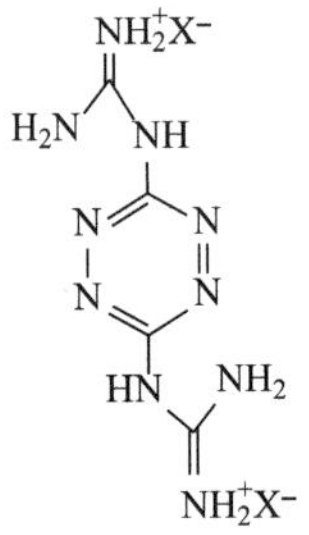　　DGTa:X=ClO_4　DGTb:X=NO_3　　DHT 　　DAAT

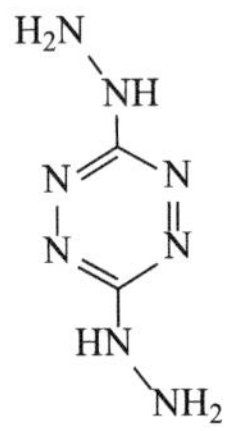

图 7–24　氨基四嗪高氮化合物的结构

氨基四嗪类化合物的性能见表 7–87。

表 7–87　氨基四嗪类化合物的性能

性能	DGTa	DGTb	DHT	DAAT	TATB	RDX
密度/（g • cm^{-3}）	1.90	1.172	1.69	1.78	1.938	1.816
ΔH_f/（kJ • mol^{-1}）	–125	–255	536	862	140	81
分解温度/℃	265	226	140	251	342	203
爆速/（km • s^{-1}）	8.07	7.31	10.15	7.40	7.62	8.67
爆压/GPa	31.2	20.7	39.2	24.1	25.9	32.6
撞击感度 H_{50}/cm	24	116	70	71	＞120	23.3

2. 氨基呋咱类高氮化合物

3, 4–二氨基呋咱（DAF）是呋咱基含能化合物的重要合成前体，以 DAF 为基础，可以合成一些能量水平相当高的含能化合物，如 4, 4′–二氨基–3, 3′–偶氮呋咱（DAAzF）、4, 4′–三氨基–3, 3′–氧化偶氮呋咱（DAAF）、4, 4′–二氨基–3, 3′–联偶呋咱（DHAF）等，它们的结构和性能见表 7–88。

表 7–88　氨基呋咱化合物的结构及其性能

名称	结　构	性　能
DAF	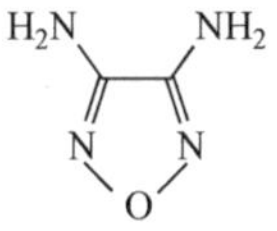 H_2N　NH_2　N　N　O	
DHAF	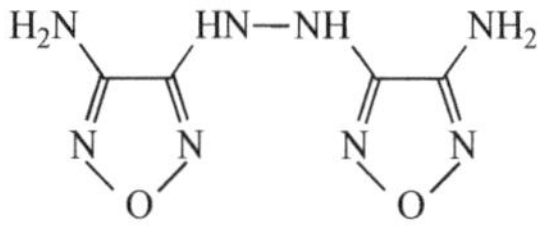 H_2N　HN—NH　NH_2　N　N　O　N　N　O	HOF=209 kJ/mol m.p.=192 ℃
DAAzF	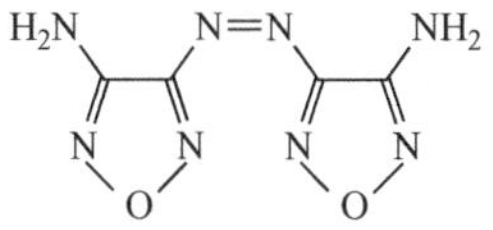 H_2N　N=N　NH_2　N　N　O　N　N　O	HOF=536 kJ/mol ρ=1.728 g • cm^{-3} H_{50}＞320 cm Spark＞0.36 J
DAAF	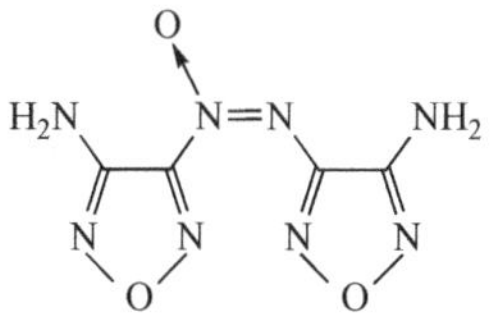 O　H_2N　N=N　NH_2　N　N　O　N　N　O	HOF=435 kJ/mol ρ=1.747 g • cm^{-3} m.p.=248 ℃ H_{50}＞320 cm Spark＞0.36 J
注：HOF 为生成焓的英文缩写，Spark 为静电火花感度。		

7.7.9.5　硝基类高氮化合物

对生成焓为正值的高氮化合物引入硝基，既可改善其氧平衡，也可以增加密度，是高氮化合物发展中吸引人们关注的方向。这些化合物包括硝基三唑类、硝基四唑类和硝基呋咱类等。

1. 硝基三唑类高氮化合物

在向三唑环引入硝基的分子修饰中，既可以在三唑环的碳原子上引入硝基，也可以在氮原子上引入，或者在双三唑中分别在碳、氮原子上同时引入硝基，而且人们还发现，双环硝基化合物的密度和生成焓值均高于单环的硝基三唑，性能较好的化合物包括：5–氨基–3–硝基–1, 2, 4–三唑（ANTA）、C, C–二硝基双三唑（CDNBT）、C, N–二硝基双三唑（NDNBT）、5, 5′–二硝基–3, 3′–偶氮–1, 2, 4–三唑（DNAT）及其同分异构物 1, 1′–硝基–3, 3′–偶氮–1, 2, 4–三唑（1, 1′–DNAT），它们都具有正的生成焓和 1.80 g/cm^3 以上的密度，见表 7–89。

表 7-89 硝基三唑类化合物的性能

化 合 物	密度/（$g \cdot cm^{-3}$）	生成焓/（$kJ \cdot mol^{-1}$）
ANTA	1.82	89.0
CDNBT	1.89	241.1
NDNBT	1.82	654.6
1, 1′-DNAT	1.808	196.5
DNAT	1.88	409.1

为获得密度和氧含量更高的硝基三唑化合物，人们探索了向三唑引入多个硝基（包括硝仿基）的方法，并获得了一些含氧量高而生成焓和密度优于 RDX、HMX 的化合物，它们的结构和性能如图 7-25 和表 7-90 所示。

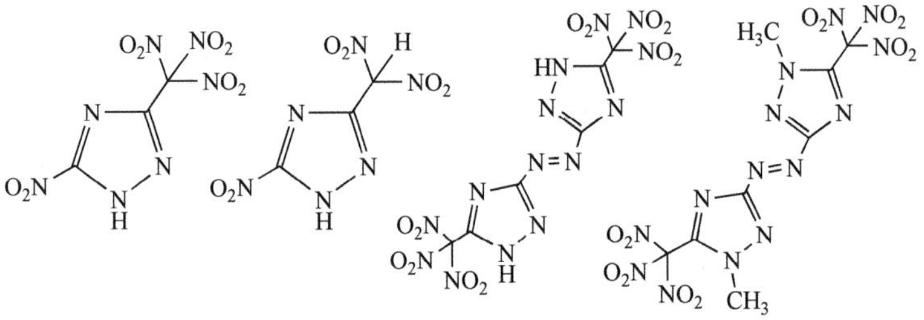

11　12　13　14

图 7-25 多硝基三唑化合物

表 7-90 硝仿甲基高氮三唑化合物的性能

化合物	11	12	13	14	TNT	RDX	HMX
分解温度/℃	135	87	150	165	295	230	287
密度/（$g \cdot cm^{-3}$）	1.94	1.91	1.83	1.78	1.65	1.82	1.91
氧平衡/%	+9.12	−7.33	−8.6	−22.8	−74	−21.6	−21.6
含氧量/%	48.7	44.0	41.5	39.2	42.3	43.2	43.2
生成焓 ΔH_f/（$kJ \cdot mol^{-1}$）	123.2	84.1	555.1	505.8	−67.0	92.6	104.8
撞击感度/J	9.0	9.5	1.5	5.5	15	7.4	7.4
爆压/GPa	35.51	38.41	36.65	33.83	19.53	35.17	39.63
爆速/（$m \cdot s^{-1}$）	8 983	9 229	8 964	8 742	6 881	8 997	9 320
单元推进剂比冲/s	233	243	264	262			

2. 硝基呋咱类高氮化合物

硝基呋咱类化合物是一类颇具吸引力的高能量密度化合物，特别是引入偶氮键之后，它们的密度和生成焓均高于 HMX，是获得高比冲推进剂的一类高能添加剂，其唯一的缺点是撞击感度偏高，对推进剂的安全制造和应用有影响。已合成的硝基呋咱类化合物的结构和性能见表 7–91。

表 7–91　几种硝基呋咱类化合物的结构和性能

化合物	结　　构	密度/（g・cm^{-3}）	生成焓/（kJ・mol^{-1}）
DNF	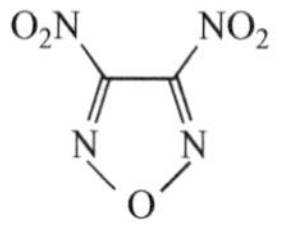	1.62	230.1
DNTF	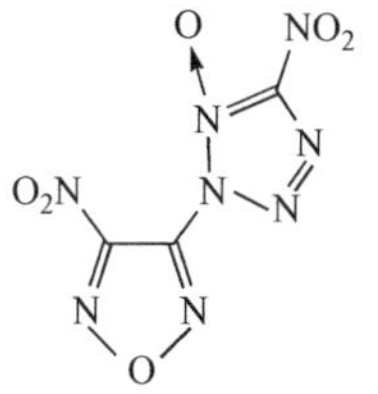	1.98	530.9
DNOAF	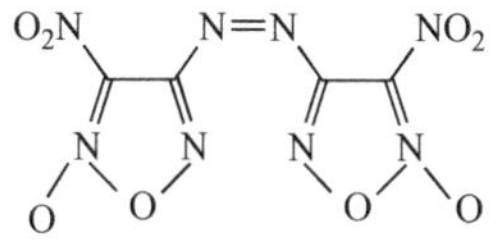	1.91	644
DNAF	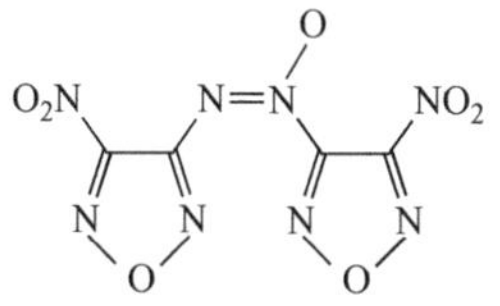	2.02	667.8

7.7.9.6　含能离子盐化合物

1. 概述

含能离子盐是一类高含氧量的含能化合物，一般是利用高氮化合物的酸碱性与相对应的无机或有机阴、阳离子形成盐。由于高氮化合物具有高的生成焓和较高的密度，所形成的离子盐有可能成为一类新型的高能炸药或固体推进剂的含能添加剂。自此类化合物问世以来，就引起火炸药及推进剂业界的广泛关注。此类化合物除了具有高的生成焓和高的密度之外，还具有热稳定性好，蒸气压力小，燃烧分解产物成气性好以及感度可通过分子修饰加以控制等优点，既可以作为新型高能炸药加以发展，也可以作为高能固体推进剂的添加剂来利用。人们期待未来可寻找到性能与 RDX、HMX、CL–20 匹敌或取代这些价格偏高、感度偏大的高能炸药的含能离子盐新品种。

最初的含能离子盐选择无机酸根等阴离子（如 ClO_4^-、NO_3^- 等），与取代的三唑、四唑、四嗪等密度较高、生成焓为正的高氮化合物形成盐，之后相继出现了一些性能更好的阴离子，如二硝酰胺（$N(ClO_2)_2^-$）和二硝基甲烷（$C(NO_2)_2^-$）等。典型的有 N–咪基脲二硝酰胺盐（GUDN，即 FOX–12）和 3–硝基–1, 2, 4–三唑–5–酮（NTO）的铵盐、肼盐、氨基胍盐等。FOX–12 和 NTO 盐的爆炸性能与 RDX 的相当，但感度却与钝感炸药 TATB 的相接近，所以，这两种盐类的出现促进了含能离子盐合成和应用研究的迅速发展。迄今为止，大量的含能离子盐已见于各类文献报道，寻求能量性能相当于或可取代 RDX、HMX 或 CL–20 的研究方兴未艾，已逐步出现了一些颇具重要潜在应用价值的化合物。

2. 一些有潜在应用前景的含能离子盐

目前，含能离子盐大多数是唑类（三唑或四唑）、嗪类（三嗪或四嗪）和呋咱类的衍生物，其中三唑和四唑的五元环结构所具有的芳香性使其呈现了良好的热力学稳定性，而且三唑和四唑具有良好的正生成焓（四唑的生成焓值为+237.2 kJ/mol，1H–1, 2, 4–三唑的生成焓值为+109 kJ/mol，1H–1, 2, 3–三唑的生成焓值为+272 kJ/mol）和易于质子化的特点，使它们成为含能离子盐优选的前体。所以，以三唑、四唑以及呋咱类形成的离子盐获得了含能材料研究人员更多的青睐。

以三唑、四唑、呋咱和嗪类为基础的含能离子盐中引入的修饰基团一般为硝基、肼基、偶氮基、氨基和叠氮基，其中叠氮基的热稳定性较低，且感度较高，而氨基的引入则有利于降低感度和提高稳定性。但—NH_2 的引入对所形成的离子盐的生成焓和爆炸性能会带来负面的影响。

作为含能盐的阴离子配体来说，为适应推进剂在燃烧过程中对氧元素的需求，一般选择硝酸根阴离子、高氯酸阴离子、二硝酰胺阴离子。对于四唑衍生物中双盐结构的四唑环，由中性转为阴离子的供电基团时，与之配合的阳离子配体则可以从含氮量较高的三氨基胍和肼类中选择。

（1）四唑类含能离子盐

在四唑的5位置上引入肼基之后，可获得肼基四唑阳离子：

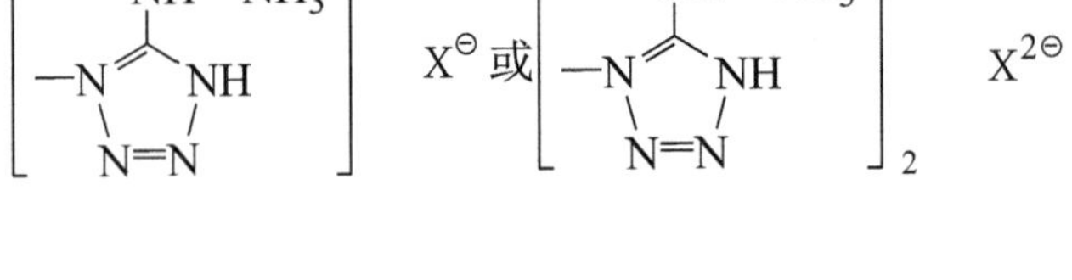

$$\left[\begin{array}{c} NH—NH_3 \\ —N \quad NH \\ N{=}N \end{array}\right]^{\oplus} X^{\ominus} \text{ 或 } \left[\begin{array}{c} HN—NH_3 \\ —N \quad NH \\ N{=}N \end{array}\right]_2^{\oplus} X^{2\ominus}$$

其中，当阴离子 X^-或 X^{2-}为图 7–26 所示结构时，所获得的含能离子盐的性能见表 7–92。

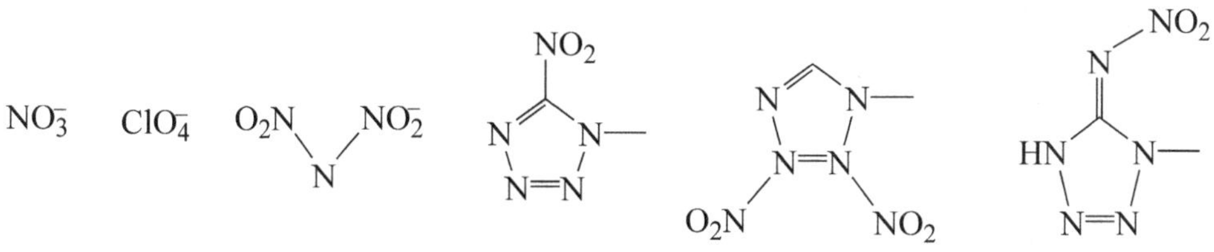

NO_3^-　ClO_4^-　$O_2N-N-NO_2^-$

1　2　3　4　5　6

图 7–26　X^-或 X^{2-}的结构及所形成的离子盐编号

表 7–92　5–肼基四唑含能盐的性能

盐离子编号	熔点/℃	分解温度/℃	密度/（g • cm^{-3}）	生成焓/（kJ • mol^{-1}）	爆速/（m • s^{-1}）	撞击感度/J
1	161.2	173.7	1.834	310.5	9 450	10.8
2	—	190.8	2.068	195.2	9 196	11.3
3	—	188.7	1.846	516.3	9 626	6.8
4	—	1.84	1.711	768.7	8 885	4.3
5	—	182.5	1.747	572.5	8 602	＞40
6	164.5	198.6	1.724	1 424.3	9 227	28.4

上述数据显示，由高氯酸根形成的盐密度最高（2.068 g/cm^3），且生成焓为正值。其次为二硝酰胺生成的盐，后者的计算爆速与 CL–20 的相近，但它们对撞击十分敏感。由二硝基咪唑阴离子（编号 5）形成的盐对撞击不敏感（＞40 J），但能量水平却有所下降。

向四唑引入氨基后，作为配体与硝酸根阴离子所形成的盐–5–氨基四唑硝酸盐（5–ATZN）也具有相当好的综合性能，其结构式为

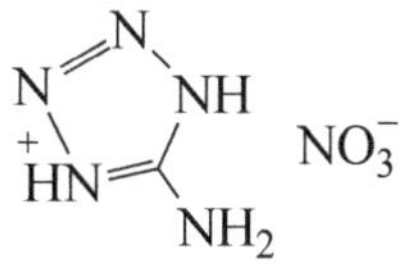

NO_3^-

5–ATZN 为白色晶体，相对分子质量 184，含氧量 56.8%，实测密度 1.89 g/cm^3，生成焓 87 kJ/mol，燃烧热（6 020±200）kJ/kg，熔点 173 ℃，2 kg 落锤撞击感度（H_{50}）为 41.4 cm，可作为一种含能添加剂使用。

当采用偶氮基桥连四唑使四唑环转变为阴离子后，与铵基（—NH_4^+）、胍基

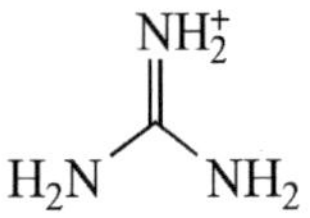

（胍阳离子结构式）和三氨基胍阳离子（三氨基胍阳离子结构式）形成盐之后，所获得的双离子盐（AAT、GAT、TAGAT）也具有良好的性能。

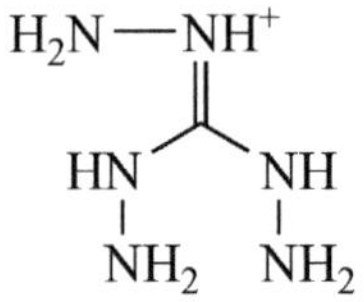

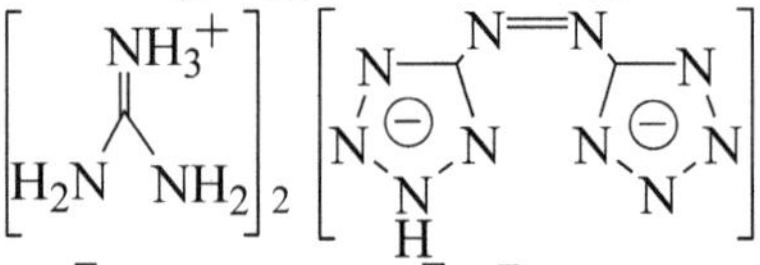

AAT：$[NH_4^+]_2$ [偶氮四唑二价阴离子]

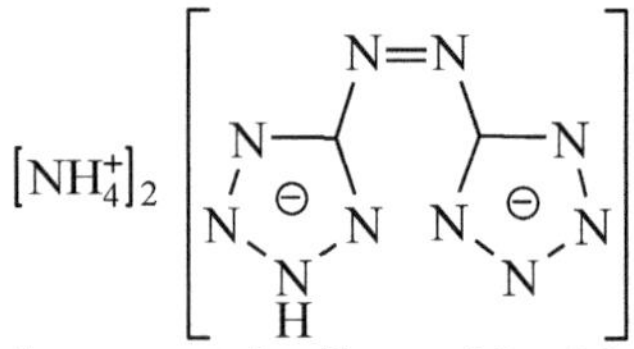

GAT：$[C(NH_2)_2NH_3^+]_2$ [偶氮四唑二价阴离子]

TAGAT：[三氨基胍阳离子]$_2$ [偶氮四唑二价阴离子]

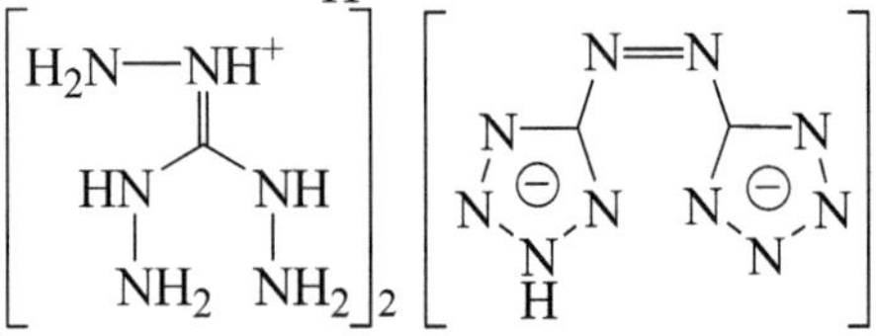

偶氮四唑盐的性能见表 7–93。

表 7–93　偶氮四唑盐的性能

性　　能	AAT	TAGAT	GAT
密度/（g・cm^{-3}）	1.53	1.602	1.538
生成焓/（kJ・kg^{-1}）	+106.1	+257.0	+98.0
火花感度/J	0.18	—	—
撞击感度/cm（12 型）	21.4	25.0	＞320
真空安定性/（mL・g^{-1}）（48 h，100 ℃）	0.54	0.25	0.21
摩擦感度/kg（BAM）	4.4	8.4	高至 36 kg 仍无反应
DTA 放热峰/℃	190	195	240
爆速（计算）/（m・s^{-1}）	7 600	9 050	7 100
爆压（计算）/GPa	187	292	155

当采用氮氧化呋咱或桥氧连接呋咱的四唑为阴离子，与肼、三氨基胍或羟胺等阳离子形成双盐时，所获化合物的计算爆速和爆压与 RDX 的相当，而稳定性良

好。有些可望成为 RDX 的替代物，其结构及性能见表 7–94。

表 7–94 RDX 替代物的结构和性能

结 构	性 能
	T_d=233 ℃ d=1.68 g/cm^3 p=32.0 GPa D=8 915 m/s
	T_d=290 ℃ d=1.68 g/cm^3 p=29.3 GPa D=8 641 m/s
	T_d=220 ℃ d=1.62 g/cm^3 p=28.4 GPa D=8 597 m/s
	T_d=242 ℃ d=1.74 g/cm^3 p=29.4 GPa D=8 817 m/s
	T_d=237 ℃ d=1.75 g/cm^3 p=29.9 GPa D=8 624 m/s
	T_d=243 ℃ d=1.77 g/cm^3 p=30.8 GPa D=8 548 m/s

（2）三唑类含能离子盐

三唑衍生物的热力学稳定性优于四唑衍生物的，但其生成焓较低。人们通过类似高氮化合物分子修饰的办法，向其中引入诸如硝基、硝胺基、叠氨基、偶氮桥联等方法提高生成焓和密度，通过引入氨基降低感度，从而形成了结构不同的三唑类离子盐。当分子修饰后，三唑环电子密度降低时，它们将以阳离子的形式与硝酸根、高氯酸根或二硝酰胺等阴离子成盐。若分子修饰后三唑环呈电负性，则可与肼基、三氨基胍等阳离子成盐。迄今已有不少有关三唑类含能离子盐的报道，典型的是爆炸性能与 RDX 相近而感度很低的 3–硝基–1, 2, 4–三唑–5–酮（NTO）与—NH_4 形成的铵盐（ANTO），其生成焓为–2 765 kJ/mol。研究人员曾致力于将其作为推进剂的含能添加剂来使用。

硝胺基修饰后的三唑、连三唑、偶氮桥联三唑呈电负性，与—NH_4、胍及其衍生物等阳离子成盐时，呈现了低的撞击感度和爆炸性能与 RDX 相当或更好的特点，引起人们密切关注。此类三唑离子盐的结构及性能如下。

硝胺基连三唑离子盐：

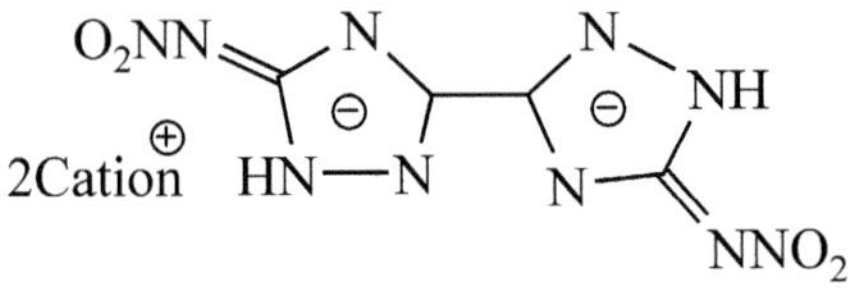

其中，阳离子及其形成盐后的编号分别为

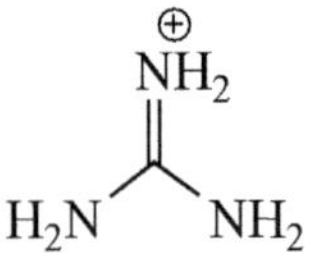

1 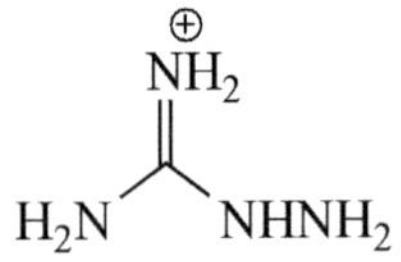 2 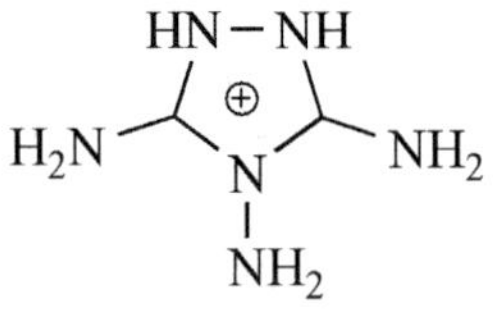 3

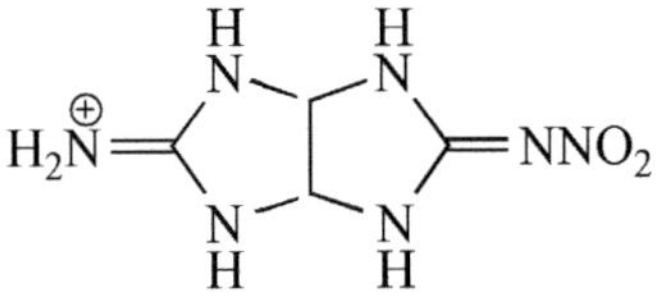

4 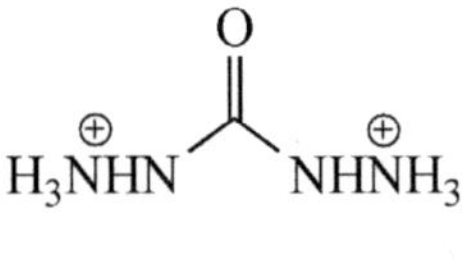 5

偶氮桥联硝胺基三唑离子盐：

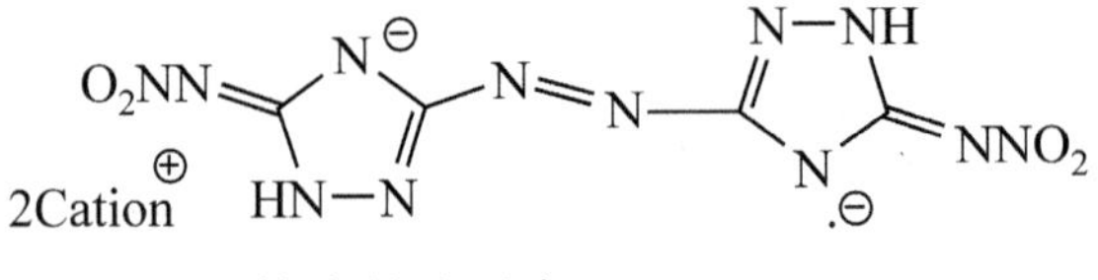

其中，阳离子及其形成盐后的编号分别为

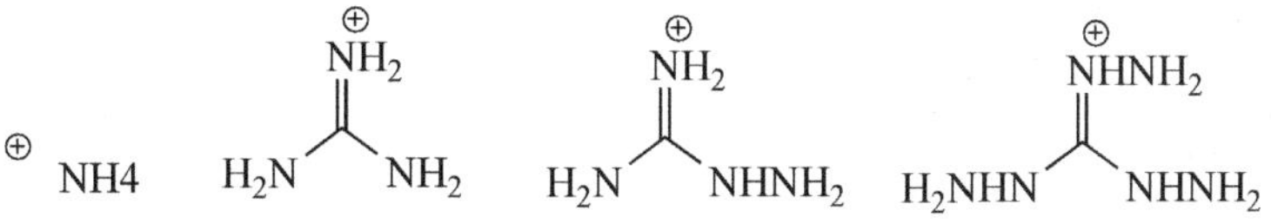

NH_4^+（6）　胍阳离子（7）　氨基胍阳离子（8）　三氨基胍阳离子（9）

6　7　8　9

叠氮基硝胺基三唑离子盐：

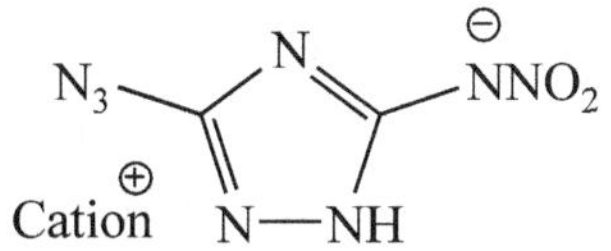

N₃—三唑—NNO_2^-　$Cation^+$

其中，阳离子及其形成盐后的编号分别为

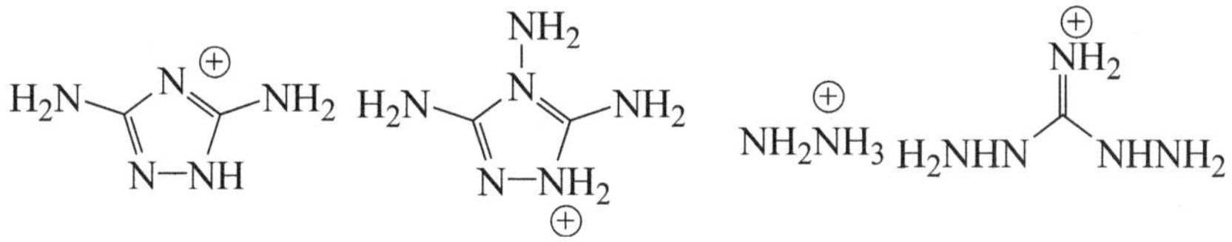

10　11　12　13

三唑类含能离子盐的性能见表 7–95。

表 7–95　三唑类含能离子盐的性能

化合物	T_m/℃	T_d/℃	d/（g・cm^{-3}）	$\Delta_f H$/（kJ・mol^{-1}）	p/GPa	v_D/（m・s^{-1}）	I_s/J
1	—	265	1.77	163.1	26.6	8 634	＞40
2	242	248	1.71	397.5	26.3	8 603	＞40
3	178	198	1.78	808.7	28.3	8 792	＞40
4	—	281	1.80	837.0	27.3	8 474	＞40
5	162	222	1.95	47.2	36.0	9 399	38
6	—	212，257	1.70	401.2	25.9	8 156	＞40
7	—	261	1.70	398.4	24.2	8 034	＞40
8	—	177	1.70	676.5	26.7	8 391	＞40
9	—	219	1.70	1 089.2	30.0	8 890	＞40
10	—	183	1.73	888.2	30.2	8 612	＞40
11	—	183	1.68	1 011.9	30.4	8 685	＞40
12	—	182	1.73	857.3	36.3	9 326	＞40
13	—	167	1.65	894.4	30.8	8 792	＞40

注：熔点 T_m、分解温度 T_d、密度 d 和撞击感度 I_s 为实测值；摩尔生成焓$\Delta_f H$、爆压 p 和爆速 v_D 为计算值。

在这些三唑离子盐中，氨基胍盐的撞击感度都较低（＞40 J），通过偶氮桥联后的 5, 5′–二硝基–3, 3′–偶氮–1H–1, 2, 4–三唑三氨基胍盐的计算爆速高达 8 890 m/s，很有吸引力。

但是，作为一种盐类，一般都具有吸湿性。目前在含能离子盐的有关文献报道中，很少涉及它们吸湿性的相关数据。盐类的吸湿性质与构成该种盐的正负离子的化学结构密切相关。例如，二硝酰胺铵（AND）是一种高吸湿性的氧化剂，但是由二硝酰胺阴离子与咪基脲构成的 FOX12（二硝酰胺 N–咪基脲）却是一种低感度和低吸湿性的物质。在众多的含能离子盐中，可能存在一些吸湿性较低或经过适当防吸湿的技术处理后，可以满足使用要求的含能离子盐。

7.7.9.7 含能金属有机骨架化合物

金属有机骨架化合物（Metal–Organic Frameworks Compourd，MOF）是通过金属与有机配体形成框架式连接的一类金属有机化合物。它们具有一定的孔道分布，对气体的吸附具有选择性，而且其结构和性能在一定范围内存在可设计和可调控的特点，因而在诸如贮氢、气体分离、催化、化学传感器和分析等方面引起人们的注意。当选择三唑等生成焓为正的高氮化合物为配体时，与合适的金属元素构成金属有机骨架化合物以后，呈现了能量特性参数（密度、生成焓、爆热、爆速等）显著上升，而且对外界刺激不敏感的优势，成为近年来新型含能材料发展中引人瞩目的一个重要方向。

已发现的含能 MOF 为偶氮三唑与铜或银形成的 4, 4′–偶氮–1, 2, 4–三唑基金属有机骨架化合物，它们的合成反应如下。

$Cu(NO_3)_2$; H_2O, Δ → $[Cu(atrz)_3(NO_3)_2]_n$

artz ; $AgNO_3$; H_2O, Δ → $[Ag(atrz)_{1.5}(NO_3)]_n$

$[Cu(artz)_3(NO_3)_2]_n$、$[Ag(artz)_{1.5}(NO_3)]_n$ 的晶体结构和空间结构如图 7–27 和图 7–28 所示。

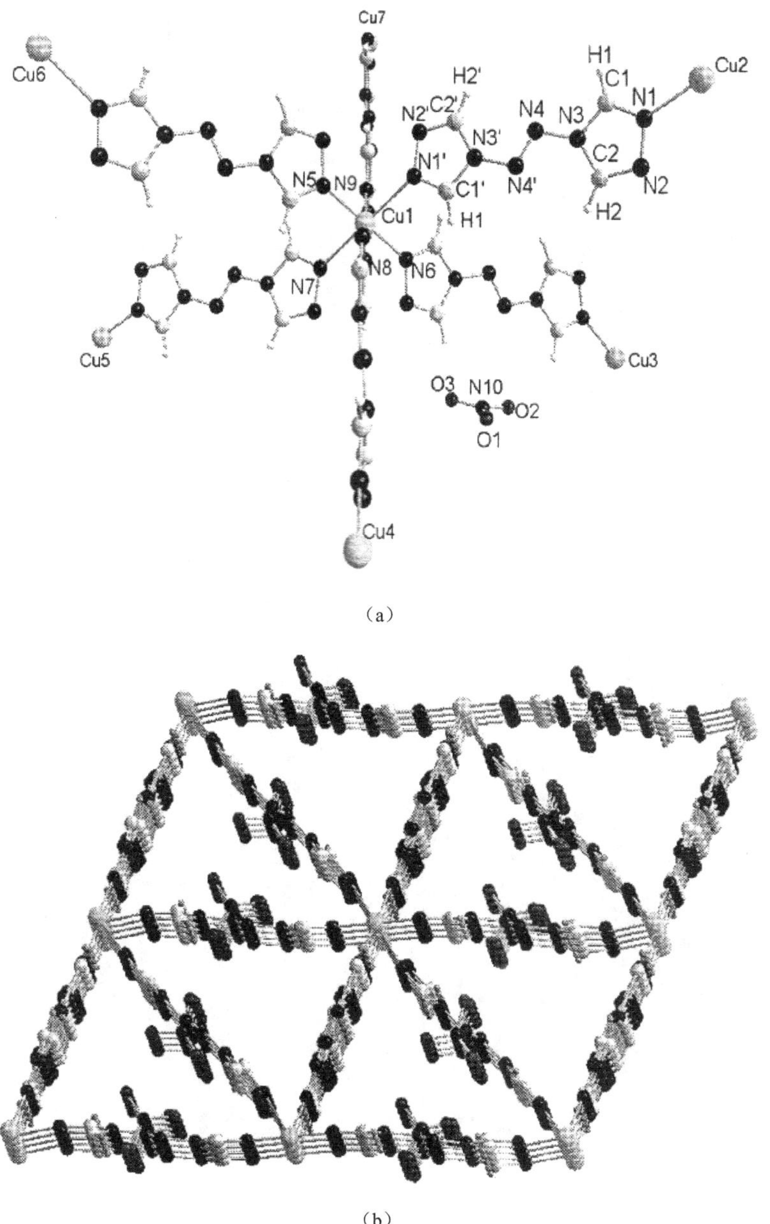

（a）

（b）

图 7–27　$[Cu(artz)_3(NO_3)_2]_n$ 的晶体结构和空间结构

（a）晶体结构；（b）空间结构

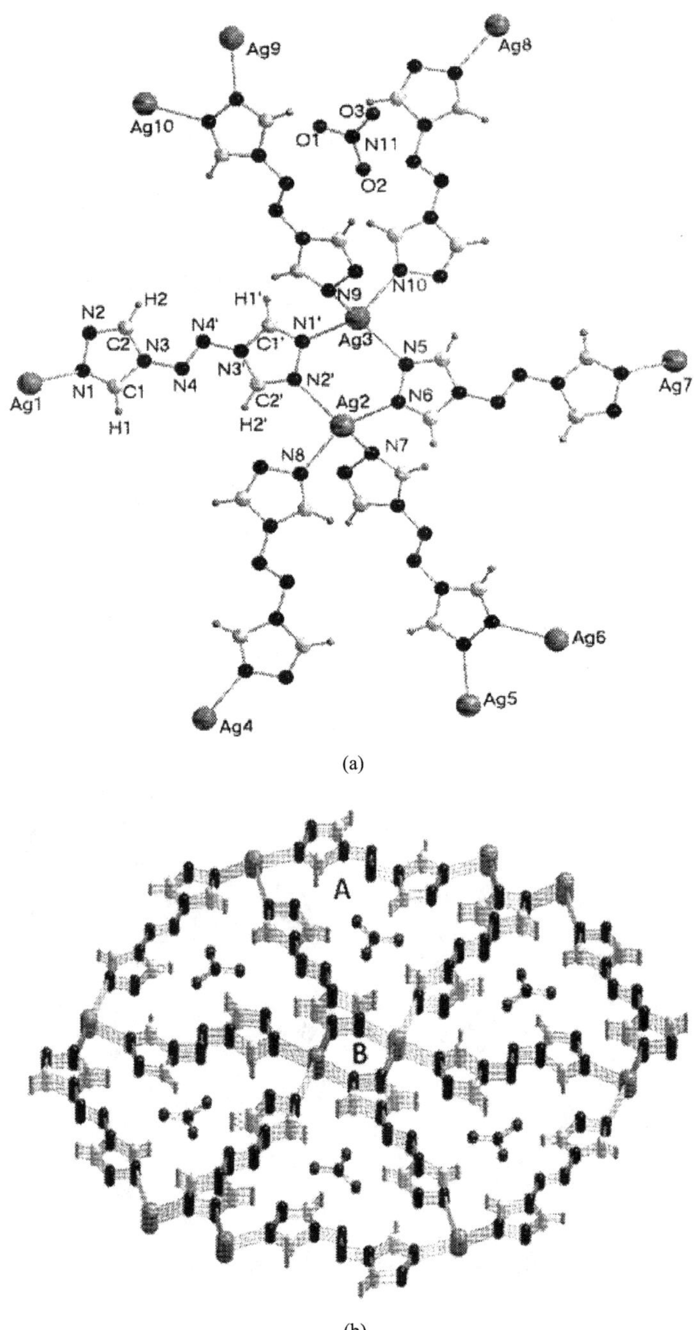

图 7–28 $[Ag(artz)_{1.5}(NO_3)]_n$ 的晶体结构和空间结构

（a）晶体结构；（b）空间结构

两种 MOF 的感度均低于 TNT，而计算的爆热为 CL–20（～1.5 kcal・g^{-1}）的 2 倍以上，其中由银配体的密度甚至超过 CL–20 的。硝酸根的存在对化合物氧平衡的改善有贡献。上述两种 MOF 的性能见表 7–96。

表 7–96　含能 MOF 的性能

化合物	$[Cu(artz)_3(NO_3)_2]_n$	$[Ag(artz)_{1.5}(NO_3)]_n$
分解温度/℃	243	257
密度/（g・cm^{-3}）	1.68	2.16
氮含量/%	53.35	43.76
撞击感度/J	22.5	30
摩擦感度/%	0	0
静电感度 *P*	24.75	＞24.75
$\Delta_f H$/（kcal・g^{-1}）	3.618	1.381

参考文献

［1］Naminosuuke Kubota. Propellants and Explosives. Thermochemical Aspects of Combustion［M］. WILEY–VCH., 2001.

［2］Jai Prakash Agrawal. High Energy Materials. Propellants, Explosives and Pyrotechnics［M］. WILEY–VCH., 2011.

［3］庞爱民，等. 固体火箭推进剂理论与工程［M］. 北京：宇航出版社，2014.

［4］周起槐，任务正. 火药物理化学性能［M］. 北京：国防工业出版社，1983.

［5］侯林法. 复合固体推进剂［M］. 北京：宇航出版社，1994.

本章习题

1. 从复合固体推进剂的发展衍变过程分析 HTPB 黏合剂优于 CTPB 及 PBNA 的原因。

2. HTPB 预聚物中的羟基有哪几种类型？在与异氰酸酯发生固化反应时，何种羟基的活性最高？

3. 为什么 HTPB 与 TDI（或 IPDI）进行固化反应时，R 值小于 1 即可获得较理想的交联网络和力学性质？

4. 在 HTPB 预聚物中，其数均相对摩尔质量（$\overline{M_n}$）及其分布，以及官能团分布对所制成推进剂有何影响？

5. 在 NEPE 推进剂中，试分析聚醚预聚物聚乙二醇（PEG）与聚环氧乙烷–四氢呋喃共聚醚的优缺点。

6. 叠氮聚醚黏合剂制备的推进剂有哪些优缺点？此类推进剂力学性能调节较为困难的原因和改善的措施有哪些？

7. 为什么在 NEPE 推进剂中要使用硝酸酯为增塑剂？

8. 嵌段型共聚醚 HTPE 推进剂可以通过各项低易损性能考核的原因有哪些?

9. 目前二氟氨及黏合剂及其增塑剂应用中的主要问题是什么？

10. 说明聚醚聚三唑黏合剂固化机理及其优点。

11. 说明金属有机框架含能化合物的结构特点。

12. 作为含能离子盐的富氮化合物有几种类型？

13. 在富氮化合物中提高其密度、降低感度、提高氧含量、增加生成几种化学修饰措施？

第8章

固体推进剂制造工艺

8.1 概述

1888年，诺贝尔首先用硝化纤维素吸收硝化甘油，制成双基药团，再用压延机碾制成片，用于发射炮弹。但是此推进剂存在两个问题：一是对炮管的烧蚀比较严重，二是在碾片时着火率较高。为此，在配方中添加了用来降低爆温、减轻烧蚀的二硝基甲苯，并加入凡士林作为工艺附加物以增加其润滑性能，降低着火率。这就是一直沿用至今的迫击炮用发射药制造工艺。

随着科学的发展，双基推进剂的制造工艺在不断完善。为了使硝化甘油在硝化纤维素中分散均匀，一种方法是借助于挥发性溶剂使其分散均匀，成型后再将挥发性溶剂驱除掉，这就是所谓的“溶剂法”。这种工艺一般成型压力较低，爆炸危险性小。由于生产过程不与水接触，可加入水溶性组分，调节弹道性能更容易一些，但由于最后要将溶剂驱除掉，因此，药型弧厚不能过大，这种工艺只适于制造小尺寸的药柱，且溶剂回收设备昂贵。

另一种方法是借助于水使硝化甘油分散于硝化纤维素中，然后进行压延、压伸。生产过程不需加挥发性溶剂，这就是所谓的“无溶剂法”。在这种工艺方法中又以喷射吸收–螺旋压伸成型工艺较为先进，本章将对此着重详细论述。

这种工艺也可用来生产改性双基推进剂。只要将药料的黏度和强度调节好，甚至可用来生产比冲为2 254 N•s/kg的改性双基推进剂。对于复合推进剂，也可采用螺旋压伸法成型。

20 世纪 50 年代又兴起了一种新型工艺——浇铸工艺，采用浇铸工艺可制成直径大至几米的大型或形状比较复杂的药柱。它还可直接浇铸到发动机内，充分利用发动机的空间，达到最大的装填系数，以获得最大的总冲。

本章主要对固体推进剂的螺压工艺和浇铸工艺进行介绍。

8.2 推进剂的制造工艺理论

8.2.1 硝化纤维素与溶剂间的溶解性能

双基推进剂中一般含有硝化纤维素、硝化甘油、二硝基甲苯、中定剂、工艺附加物（凡士林、硬脂酸锌等）、弹道改良剂（金属盐、金属氧化物等），有的推进剂中还含有硝化二乙二醇、吉纳等。在改性双基推进剂中还含有氧化剂（高氯酸铵、奥克托今）和金属燃料铝粉等。

硝化纤维素是非晶态的线性聚合物，其分子本身柔顺性较差，玻璃化温度较高，在未达到黏流态前就已分解，因此，不能用升高温度的办法使其塑化成型，而只能借助难溶剂如硝化甘油或丙酮、醇醚溶剂等，使硝化纤维素分子链间的作用力减小，玻璃化温度降低，再在较高的温度和压力下达到黏流态，使分子链或链段发生滑移（即流动），这就具备了塑化成型的必要条件。

研究硝化纤维素和硝化甘油等溶剂的共溶性是十分重要的。依据两种物质的化学结构和力场相似，就能够互相溶解的“相似相溶”理论和物质内聚能密度相近的原则（即“溶度参数相近”的原则），并参照低分子化合物混合过程的相关公式，可衡量和判断硝化纤维素与硝化甘油及其他溶剂的共溶情况。

对于低分子化合物混合过程的热效应，曾推导出如下公式（假定 $\Delta V=0$）

$$\Delta H_{\mathrm{M}}=\frac{N_1V_1\times N_2V_2}{N_1V_1+N_2V_2}\left[\left(\frac{\Delta E_1}{V_1}\right)^{1/2}-\left(\frac{\Delta E_2}{V_2}\right)^{1/2}\right]^2 \tag{8-1}$$

式中，ΔH_{M}——两种液体的混合热；

N_1，N_2——两种液体的摩尔数；

V_1，V_2——两种液体的摩尔体积；

ΔE_1，ΔE_2——两种液体的摩尔汽化能；

$\Delta E_1/V_1$，$\Delta E_2/V_2$——两种液体单位体积的摩尔汽化能，或称为内聚能密度。

为了使用方便，常把$(\Delta E_1/V_1)^{1/2}$和$(\Delta E_2/V_2)^{1/2}$定义为溶度参数，分别以δ_1和δ_2

表示。若δ_1与δ_2接近，则相互溶解性能好。表 8–1 中列出了某些常用爆炸性物质的溶度参数。从表中看出，硝基胍、三硝基甲苯、黑索今与硝化纤维素之间的$\Delta\delta > 4\times10^{-3}\ J^{1/2}/m^{3/2}$，均不能很好地互溶，硝化甘油、硝化二乙二醇等与硝化纤维素互溶性较好，吉纳的溶解性不如硝化甘油的。

还应指出，对于混合溶剂的溶度参数，可通过各组分溶度参数的线性加和求得：

$$\delta_{混合} = x_1\delta_1 + x_2\delta_2 + \cdots + x_n\delta_n \tag{8–2}$$

式中，$\delta_{混合}$——混合溶剂的溶度参数；

δ_1，δ_2，…，δ_n——各组分的溶度参数；

x_1，x_2，…，x_n——各组分的体积分数。

表 8–1　某些爆炸性物质的溶度参数　　$J^{1/2}\cdot m^{-3/2}$

爆炸物名称	分子式	溶度参数/（×10⁻²）
硝化甘油	$C_3H_5O_9N_3$	2.31
硝化乙二醇	$C_2H_4O_6N_2$	2.27
硝化二乙二醇	$C_4H_8O_7N_2$	2.14
吉纳	$C_4H_8O_8N_4$	2.72
硝基异丁基甘油三硝酸酯	$C_4H_6O_{11}N_4$	2.58
太根	$C_6H_{12}O_8N_2$	2.17
硝基胍	$CH_4O_2N_4$	3.07
三硝基甲苯	$C_3H_5O_6N_3$	3.13
二硝基甲苯	$C_7H_6O_4N_2$	2.26
黑索今	$C_3H_6O_6N_6$	3.17
硝化纤维素	B 级 NC（1#） C 级 NC（2#） D 级 NC（3#）	1.87 1.96 2.03～2.09

如以硝化甘油、二硝基甲苯和苯二甲酸二丁酯配成混合液，其溶度参数与硝化纤维素更接近，互溶性更好。现将常用溶剂的溶度参数列于表 8–2。

表 8–2 常用溶剂的溶度参数 $\times 10^{-2}\ J^{1/2} \cdot m^{-3/2}$

溶剂名称	溶度参数	溶剂名称	溶度参数
苯	1.87	环己酮	2.03
四氯化碳	1.76	硝基苯	2.05
甲醇	2.97	水	4.75
乙醚	1.51	苯二甲酸二丁酯	1.92
甘油	3.38	三醋精	2.03
丙酮	2.03	二乙基中定剂	2.13

8.2.2 双基推进剂的流变特性

1. 推进剂流变学的基本概念

在螺旋压伸过程中，双基推进剂药料要发生流动、变形。研究双基推进剂的流变特性，对成型设备的设计、工艺条件的选择和产品质量的控制等都是非常重要的。

双基推进剂的流变特性是下列因子的函数：

$$\eta = (\dot{\gamma}, T, t, p, c, \cdots) \tag{8–3}$$

式中，η——表观黏度；

$\dot{\gamma}$——剪切速率（其本身是剪切应力的函数）；

T——温度；

t——时间；

p——压力（其本身是体积的函数）；

c——硝化纤维素溶液浓度。

其他因子还包括：分子参数（如相对分子质量、相对分子质量分布）、结构变量（如结晶度）、各种附加物成分（增塑剂、润滑剂、安定剂、弹道改良剂）和与加工历程有关的因素（如取向、残余应力）等。

双基推进剂药料在其黏流态范围内，仍具有很高的黏度，通常大于 10^4 Pa・s，这种药料具有一定的屈服值，而且药料的黏度与剪切速率有关，具有与假塑性流体相似的性质。因此，可以认为是一种具有屈服值的塑性体，可用下面的本构方程来描述：

$$\tau - \tau_y = \eta\dot{\gamma} \tag{8–4}$$

式中，τ——剪切应力；

τ_y——药料的屈服应力。

2. 双基推进剂的流变特性

下面以一种双基推进剂为例来说明。不同温度下剪切应力 τ 与剪切速率 $\dot{\gamma}$ 之间的关系分别如图 8–1 和图 8–2 所示。

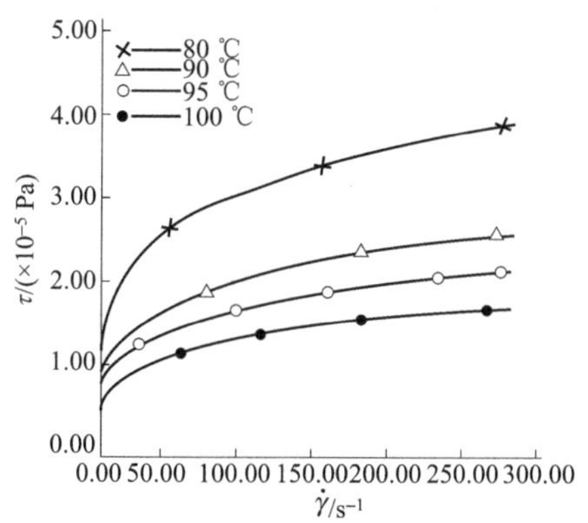

图 8–1　不同温度下的双基药的流动曲线

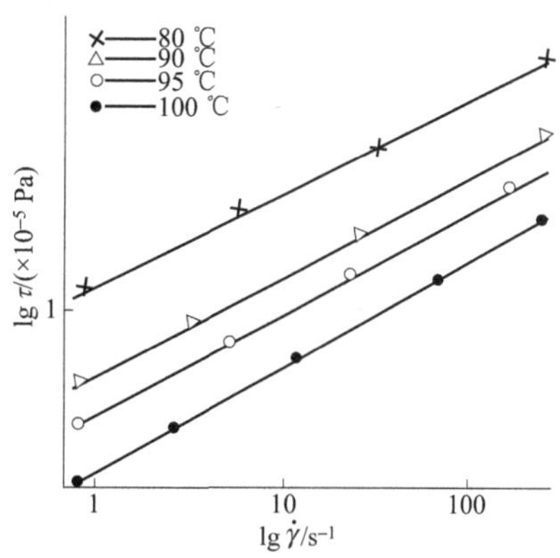

图 8–2　不同温度下的双基药双对数坐标流动曲线

由上两图中可看出，$\tau-\dot{\gamma}$ 曲线呈指数关系，在双对数坐标中呈较好的线性关系，并且曲线指数 $n<1$，这说明双基推进剂与一般高分子材料有相似之处，均呈假塑性流体。由试验得出的这种火药在不同温度下的流动曲线幂律模型是：

$$80\ ℃\qquad \tau=1.14\times10^{5}\dot{\gamma}^{0.223}$$

$$90\ ℃\qquad \tau=6.99\times10^{4}\dot{\gamma}^{0.238}$$

$$95\ ℃\qquad \tau=5.56\times10^{4}\dot{\gamma}^{0.246}$$

$$100\ ℃\qquad \tau=4.39\times10^{4}\dot{\gamma}^{0.248}$$

火药表观黏度随剪切速率和剪切应力的增高而降低，如图 8–3 和图 8–4 所示。

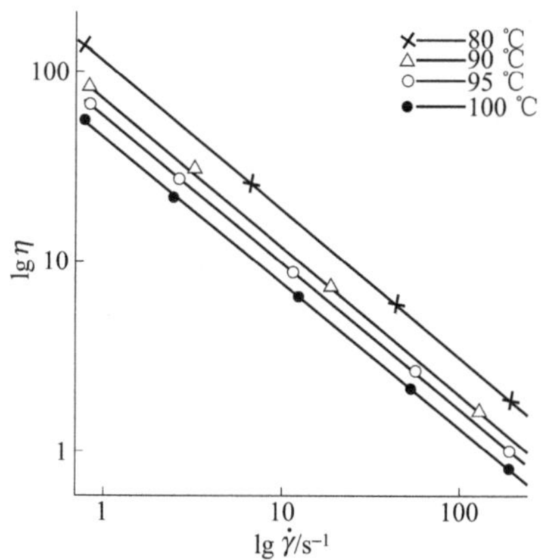

图 8–3　不同温度下双基药表观黏度–剪切速率双对数曲线

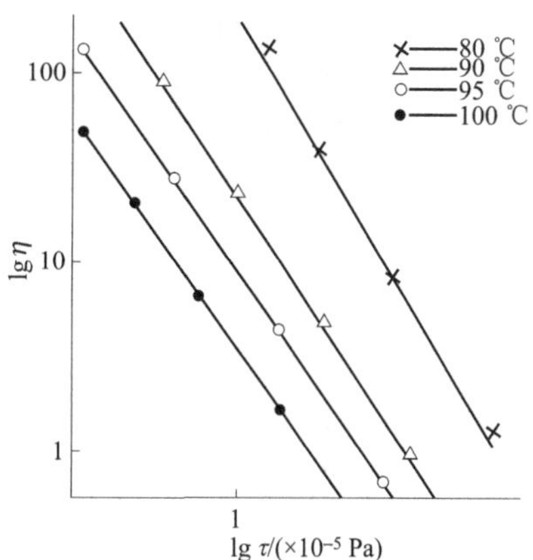

图 8–4　不同温度下双基药表观黏度–剪切应力双对数曲线

试验求该火药在不同温度下的黏度函数幂律模型是：

$$80\ ℃\qquad \eta = 4.51\times10^{22}\tau^{-2.48}$$

$$90\ ℃\qquad \eta = 2.22\times10^{20}\tau^{-3.20}$$

$$95\ ℃\qquad \eta = 2.05\times10\tau^{-3.07}$$

$$100\ ℃\qquad \eta = 5.12\times10\tau^{-3.03}$$

火药表观黏度随温度的变化服从阿累尼乌斯公式，可以有两种形式：

$$\eta = A\exp(E_{\dot{\gamma}}/RT)$$

和

$$\eta = A\exp(E_{\tau}/RT)$$

式中，$E_{\dot{\gamma}}$ 和 E_{τ} 分别为定剪切速率和定剪切应力下的黏流活化能（表 8–3 和表 8–4）。

表 8–3　定剪切速率下的黏流活化能

$\dot{\gamma}$ /s^{-1}	1	2	4	8	16	32	64	128
$E_{\dot{\gamma}}$ /(kJ • mol^{-1})	52.0	50.9	49.9	49.1	47.6	47.3	46.6	46.4

表 8–4　定剪切应力下的黏流活化能

τ/(×10^{-4}Pa)	5	10	15	20
E_{τ}/(kJ • mol^{-1})	231	213	202	195

从以上数据可看出：

① 双基推进剂属假塑性流体，但在加工状态下表观黏度很高。

② 火药的表观黏度随剪切速率的升高而降低，即所谓的“剪切变稀”，在较高的剪切速率下有利于流动变形。

③ 火药的表观黏度随剪切应力的升高而降低，在较高的压力下有利于流动变形。这说明在低应力状态下双基药具有较高的表观黏度，只有在较高的应力下才能流动变形。

④ 火药的表观黏度与温度的关系符合阿累尼乌斯公式，适当提高温度有利于流动变形。

测定推进剂流变性的方法有：毛细管黏度计法、锥–板流变仪、布拉奔达（Brabender）流变仪等。

8.2.3　双基推进剂药料的物理状态

双基推进剂塑化药料为较透明的溶塑体系，与其他高分子材料一样具有三种物理状态：玻璃态、高弹态和黏流态，其特性可用恒定作用力下的形变–温度曲线（热机械曲线）表示。在温度低于玻璃化温度（双基推进剂为 20 ℃～40 ℃）时，由于硝化纤维素大分子间的缠结及相互作用的范德华力较大，大分子链段完全被冻结，表现为玻璃态，受力时遵循虎克定律，相对变形很小，且为可逆，此时，药料可以保持一定的强度和外形。双基推进剂的使用、运输和贮存时需要这种状态。

随着温度的升高，分子热运动能量不断增加，达到玻璃化温度后，虽然硝化纤维素大分子不能做相对运动，但是，链段已能发生自由移动，此时表现为高弹态，其形变是弹性形变，仍是可逆的，对挤压成型不利，因此，不能在高弹态进行挤压成型。

若再提高温度，直到整个大分子都能发生移动时，就表现出黏流态的特性。由高弹态向黏流态转变的温度称为黏流温度 T_f（常称为软化点）。双基推进剂药料的 T_f 为 100 ℃～130 ℃，此时，在外力的作用下发生大的可逆形变，即塑性形变。双基推进剂的挤压成型便是利用这种塑性形变。加大外力可降低药料软化温度。

大多数双基推进剂的初始分解温度为 125 ℃，当高于此温度时，双基推进剂药料就会发生显著分解，挤压成型时，工艺温度应该低于此温度。

8.3　螺旋压伸成型工艺

8.3.1　典型螺旋压伸工艺流程

成型工艺的任务是：驱除药料中的水分，至 1%以下；药料在较高的压力和温度下塑化；制成具有一定几何形状、一定尺寸、结构致密的药柱。典型的螺旋压伸工艺流程图如图 8–5 所示。

该工艺是半连续的工艺过程，它有如下优点：质量均匀，重现性良好，可靠性高；生产周期短，在制量小；推进剂中的燃烧催化剂易于分散，燃烧性能好；可压制较大尺寸的药柱。满足战术火箭、战术导弹等武器的需要。

8.3.2　吸收药的制造

吸收药制造是在水中将双基推进剂所含的各种组分均匀地混合在一起，并彼此牢固结合，这一过程称为“吸收”。吸收是将各组分按配方所需比例，先配制成易于混合、黏附、扩散、溶解的混合物或悬浮物。然后按一定工艺将所有的组分混合在一起。双基推进剂一般需加入固体燃烧稳定剂和催化剂，这些固体附加物都要配制成憎水乳化液或悬浮液，使其易于黏附在硝化纤维素上。

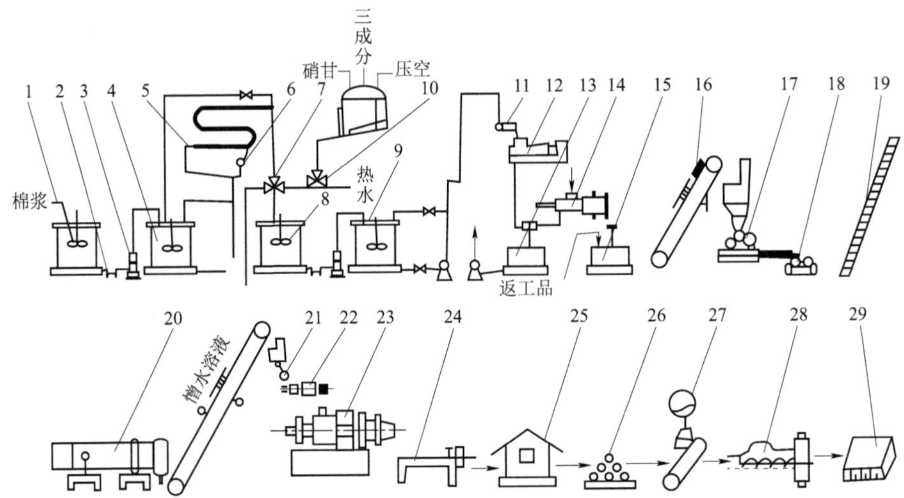

图 8–5 双基推选剂螺旋挤压工艺流程图

1—NC 浆调浓机；2—阀门；3—泵；4—NC 浆主贮槽；5—套管加热器；6—压力表；7—吸收喷射器；8—吸收混同槽；9—接收槽；10—乳化喷射器；11—电磁除铁器；12—一次螺旋驱水机；13—废水槽；14—二次螺旋驱水机；15—混料槽；16—斗式提升机；17—连续压延机；18—切割机；19—螺旋输送机；20—滚筒烘干机；21—磁选机；22—滚筒筛；23—螺旋挤压机；24—切药机；25—恒温晾药；26—选药车药；27—探伤；28—包覆；29—组批包装

8.3.2.1 吸收的物理化学过程

吸收药制造的整个工艺过程，伴随着许多物理、化学过程，归纳起来，基本分为四个阶段：组分的分散；组分的扩散；液体组分对硝化纤维素的黏附和浸润及溶剂对硝化纤维素的溶解。

以上四个过程如图 8–6 所示。

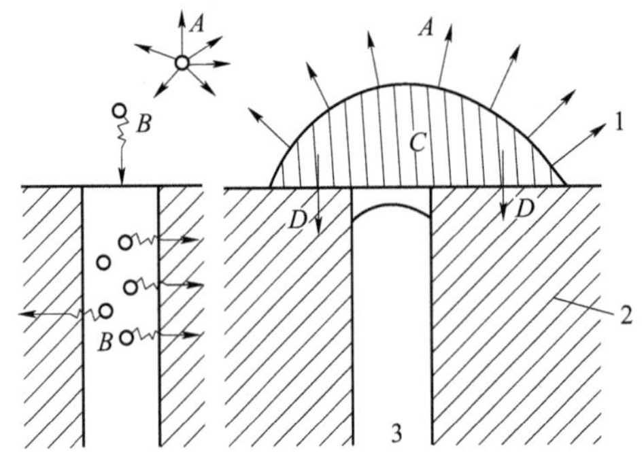

图 8–6 吸收过程中发生的物理化学现象示意图

1—硝化甘油液滴；2—硝化纤维素；3—硝化纤维素毛细管

A—硝化甘油溶于水的过程；*B*—硝化甘油被硝化纤维素表面吸收的过程；*C*—硝化纤维素表面被溶剂浸润的过程；*D*—部分硝化纤维素与硝化甘油溶解的过程

1. 组分的分散

分散就是用喷射器和机械搅拌将各组分在水中充分地分散开来，并使各种物料均匀地混合在一起。这一过程对吸收药的质量特别是各组分的均匀性有很大的影响。如果分散不好，混合就不均匀。例如，硝化甘油混合液与硝化纤维素接触时分散不充分就会形成“胶团”。一旦形成“胶团”，就很难再分散，严重影响吸收药的质量，同时，也影响其他组分与“胶团”中的组分进一步混合、扩散、溶解。影响分散的因素很多，其中主要有下列两点。

（1）物料的表面张力

分散介质的表面张力对液体与固体物料的分散效果有显著的影响。表面张力越大的液体，分散成同样大的液珠所消耗的功越大，分散越困难。在系统中适当加入表面活性剂及提高系统的温度均可降低它们的表面张力。

（2）物料的密度和黏度

根据斯托克定律，一个球形颗粒在液体介质中的沉降速度可以用下式表示：

$$u = 2gd^2(\rho_1 - \rho_2)/9\eta \tag{8–5}$$

式中，g——重力加速度；

d——颗粒直径；

ρ_1——颗粒密度；

ρ_2——介质密度；

η——介质的黏度。

由上式可知，被分散物质与介质的密度差越大，液珠或固体沉降速度越大，乳状液或悬浮液的分散就越不稳定；物料的粒度对分散也有很大影响，如适当降低硝化纤维素的粒度对分散有利；改善吸收时的喷射和搅拌效果，提高物料的温度，增大吸收系数，对分散也有利（一般吸收系数即物料的质量∶水的质量=1∶(5～6)）。

2. 组分的扩散

当溶剂与硝化纤维素在水中均匀混合后，溶剂在水与硝化纤维素内有浓度差时，就会产生扩散。水中含溶剂量越大，向硝化纤维素内扩散越快。在吸收过程中，扩散主要是指在水介质中的液体和固体组分的分子扩散，其中有：硝化甘油等液体组分溶于水；固体组分溶于水；溶于水中的液体或固体组分的分子通过水介质向硝化纤维素毛细管和部分分子链之间的扩散。这种分子扩散符合一般的扩散方程式

$$D = \frac{RT}{N} \cdot \frac{1}{6\pi\eta r} \tag{8–6}$$

式中，D——扩散系数，它表示两层物质间相距 1 cm，浓度梯度为 1 时，扩散通

过截面积为 1 cm^2 的物质量；

R——气体常数；

N——阿伏伽德罗常数（6.022×10^{23}）；

η——介质黏度；

r——质点半径；

T——绝对温度。

可知扩散系数越大，则扩散速度越快。公式中 R、N、η、r 一定时，溶液中温度越高，溶剂的扩散速度越快，亦即 $D=f(T)$，扩散速度与溶液温度成正比函数关系。公式中 R、T、N、η 一定时，溶剂的质点半径越小，扩散系数越大，亦即 $D=f(1/r)$，即扩散速度与溶剂质点半径成反比关系。

提高扩散效率，在生产上一般采用喷雾、喷射、乳化等方法来达到。

此外，硝化纤维素大分子的疏松性对扩散的影响很大，大分子的相对分子质量越低，分子间的作用力越小，越有利于分子向毛细管内扩散。

3. 液体组分对硝化纤维素的黏附和浸润

双基推进剂中各组分在水中通过分散、混合、扩散互相接触。液体组分对硝化纤维素浸润，并黏附于硝化纤维素上，固体物料也黏附在硝化纤维素上并牢固地结合在一起。

浸润是在两相或两相以上的分界面上发生的表面现象。

液体组分对硝化纤维素的浸润性的度量可用浸润角表示。浸润角越小，浸润性越好；反之，浸润角越大，浸润性越差，而浸润角的大小又依赖于固气、固液、液气界面上表面张力的大小，因此，改变这些表面张力的大小都可能影响液体对固体的浸润性。

在吸收药制造中，影响硝化甘油对硝化纤维素浸润的因素很多。在吸收药制造时，随着温度的提高，浸润角变小，硝化甘油对硝化纤维素的浸润性变好。在硝化甘油中加入其他物质可改善其对硝化纤维素的浸润性；采用混合溶剂（硝化甘油中加入中定剂、苯二甲酸二丁酯和二硝基甲苯）可使浸润角变小，从而使体系更为理想；提高吸收药制造温度和加入表面活性物质，也可以增强硝化甘油对硝化纤维素的浸润性能。

应该指出，不仅希望硝化纤维素被溶剂浸润，还希望将各组分（包括固体附加物）借助于溶剂的亲和力而黏附在硝化纤维素表面上。如制造含氧化镁的吸收药时，先对氧化镁进行水化和憎水乳化处理，以改善硝化纤维素对氧化镁的吸附性。

4. 溶解

硝化甘油等溶剂与硝化纤维素接触、浸润与扩散过程中溶剂分子向硝化纤维素分子链中渗透并与链上的官能团发生溶剂化。在溶质和溶剂系中，有三种不同的分子间力：溶质分子间力、溶剂分子间力、溶质与溶剂分子间力。开始时只发生混合、扩散。因硝化纤维素比溶剂分子大得多，运动速度很慢，溶剂分子很快就能钻进硝化纤维素中，而硝化纤维素吸收溶剂后，发生体积膨胀（溶胀），从而把链推开，使分子间作用力削弱。溶剂分子继续钻入，以致有少部分的大分子分离进入溶剂中进行溶解。由于以上作用，降低了硝化纤维素的流动温度和玻璃化温度，使它具有热塑性。而溶剂对硝化纤维素的完全溶解，是在压伸成型过程中完成的。

8.3.2.2　吸收药的制造工艺

吸收药制造是在水中按照配方比例将硝化纤维素、硝化甘油等组分分散混合均匀，并彼此黏附在一起。

1. 喷射吸收制造工艺流程

喷射吸收工艺是较为先进的吸收工艺之一，它是利用喷射器使各组分激烈分散混合，制成浆状物。在固体推进剂中还含有一些固体的弹道改良剂，也需要经表面处理后，分散在水中，并黏附于硝化纤维素上。其典型的工艺流程图如图 8–7 所示。

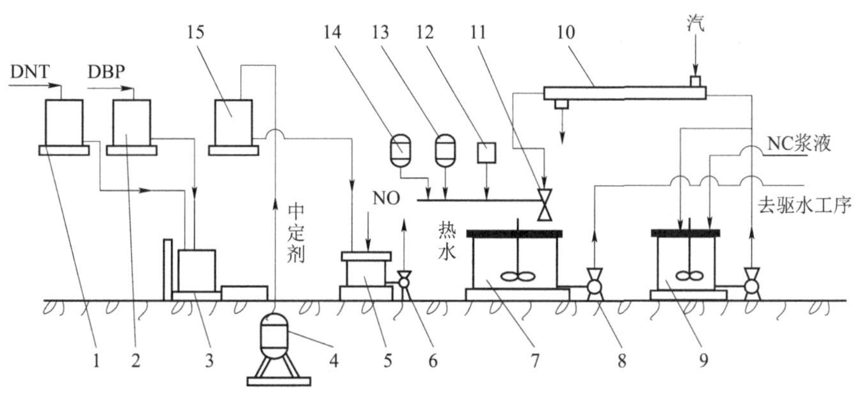

图 8–7　喷射吸收工艺流程图

1—DNT 高位槽；2—DBP 高位槽；3—称量槽；4—三成分配制槽；5—混合槽；6—喷射器；7—混同槽；8—泵；9—硝化纤维素浆精调槽；10—套管加热器；11—喷射吸收器；12—凡士林乳化器；13—憎水槽；14—乳化器；15—三成分高位槽

喷射吸收工艺可划分为以下几部分。

2. 原材料准备

（1）硝化纤维素的准备——调整硝化纤维素浆浓度

硝化纤维素浆大约调至 12%的浓度时即可进行精调。精调有常温调浓和 45 ℃

调浓。45 ℃调浓是在带有热水夹套升温的调浓机中，将硝化纤维素浆温度升至 45 ℃后，在 45 ℃下调整浓度。常温调浓是在精调机中搅拌 40 min 后采样，取一定体积的硝化纤维素将水吸收，称取湿硝化纤维素，分析水分，然后烘干再称干量，核算成浓度。

（2）固体组分的表面处理

在双基推进剂中，为改善其弹道性能，常加入燃烧催化剂和燃烧稳定剂。这些组分多为固体。由于固体组分的某些性质影响它们在液体介质中均匀分散，或由于其化学性质不稳定而影响吸收药质量，为解决上述问题，必须将固体组分进行表面处理。

表面处理有化学法与物理化学两种方法。

化学法是使固体颗粒表面进行一定的化学反应，以改变其表面性质。

物理化学法是加入某些表面活性物质或其他液体介质，使它们黏附于固体颗粒表面，形成一层保护膜，从而改变颗粒的表面性质。

对于一般的固体组分如氧化铅、碳酸钙等，其表面处理的方法是将这些固体组分加入水中，在 65 ℃～75 ℃下进行强烈的搅拌，配制成乳化液加入吸收药料中。

对亲水性很强的固体组分氧化镁，则不能直接加入药料中，因氧化镁在水中能水化，生成含两个分子结晶水的氢氧化镁 $Mg(OH)_2 \cdot 2H_2O$，它能溶于水中，这样就增大了氧化镁在水中的溶解度。没有水化的氧化镁因密度大而容易沉淀，使药料中氧化镁的含量不稳定和下降，而且氢氧化镁为一中等强碱，量多时在吸收过程中可能使硝化甘油皂化，从而降低硝化甘油含量，影响产品性能，因此，氧化镁需要进行表面处理，它包括化学的水化处理与物理化学的憎水乳化处理。

氧化镁水化处理，是在其表面上首先生成氢氧化镁薄膜。水化过程的化学反应为

$$MgO+H_2O \rightarrow Mg(OH)_2+38.038\ kJ/mol$$

水化处理的工艺条件是将定量的氧化镁和水（一般水与氧化镁的质量比为(2～2.5)∶1)，在（17±2）℃下搅拌混合 24 h，经离心驱水，于 100 ℃～110 ℃下烘干至水分在 0.5%以下，粉碎过筛，得一定粒度的水化氧化镁，然后进行憎水乳化处理。

憎水乳化处理的工艺条件是：在 95 ℃～110 ℃下，将表面活性物质硬脂酸锌与熔化的二硝基甲苯、苯二甲酸二丁酯溶解成均相溶液，并在同一温度下将水化氧化镁加入此混合液中（水化氧化镁与混合液质量比为 1∶(2～2.5)），在强烈的搅拌下形成均匀的悬浮液。这种悬浮液的形成可解释为：硬脂酸锌与氧化镁颗粒表面的氢氧化镁反应生成硬脂酸镁。在颗粒表面形成一层单分子薄膜，膜的内侧是

亲水基团，膜的外侧是亲油基因，从而降低了氧化镁颗粒对油相的表面张力，使其呈现“亲水性”。因此，使氧化镁颗粒能悬浮于混合溶剂而构成均匀的悬浮液，如图 8–8 所示。

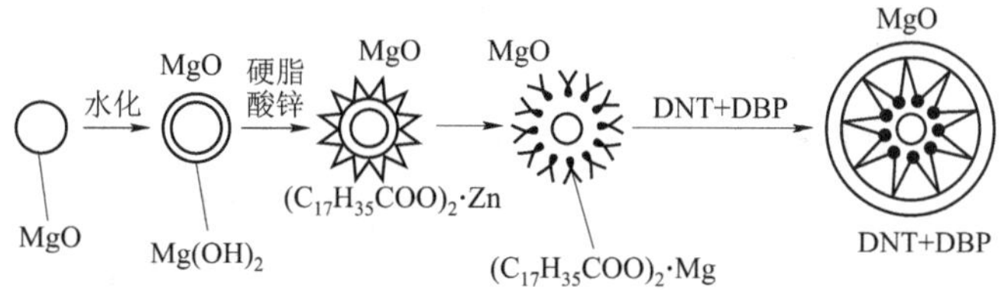

图 8–8　MgO 的表面处理示意图

在吸收药制造过程中，当已分散的悬浮液珠与硝化纤维素接触时，由于颗粒表面混合液膜对硝化纤维素的润湿性而牢固地黏附于其表面，此时，二硝基甲苯、苯二甲酸二丁酯同时向硝化纤维素内扩散，而使氧化镁表面的保护膜逐渐破坏，从而使氧化镁暴露于水介质中，致使氧化镁与硝化甘油皂化而损失，因此，一般规定吸收混同时间不得超过 48 h。表 8–5 说明了混同时间与氧化镁含量之间的关系。

表 8–5　混同时间与 MgO 含量的关系

时间/h	2	34	39	44	61	67	73	79	85	182
w（MgO）/%	2.1	2.1	1.8	1.8	1.7	1.7	1.7	1.6	1.5	1.3
爆热/（kJ・kg^{-1}）	3 698.6	3 661	3 665	3 665	3 686	3 686	3 673	3 669	3 665	3 665

（3）硝化甘油的准备

合格的硝化甘油经过滤称量以后，用水喷射器以乳化状态输送至混合液配制工序。

（4）二硝基甲苯的准备

二硝基甲苯用不高于 110 ℃的蒸汽熔化，经过滤后，用于配制三成分溶液。熔化温度一般不超过 85 ℃，总受热时间不超过 12 h。

（5）邻苯二甲酸二丁酯的准备

经过滤后称量，用来配制三成分。

（6）凡士林准备

用蒸汽熔化后，送往吸收工序计量，用压缩空气喷雾器加入吸收槽中，凡士林熔化温度一般为 50 ℃左右。

3. 混合液的准备

工艺理论基础中已介绍溶度参数具有加和性，硝化甘油与二硝基甲苯等配制成混合液后，与硝化纤维素的溶度参数更接近，与其互溶性更好。根据这一原理，将硝化甘油与二硝基甲苯、苯二甲酸二丁酯以及粉碎后的中定剂配制成混合液。方法是：

将称好的二硝基甲苯、苯二甲酸二丁酯、中定剂（粉碎好的）分别加入三成分配制料槽，三成分配制槽带有夹套，内通热水或蒸汽进行升温。槽内有压空盘管通气进行搅拌，于（75±5）℃下配制三成分，边升温边搅拌。待中定剂全部熔化即成三组分混合液。将配好的三成分加入配制槽，其淹没搅拌器之后，将称好的硝化甘油按比例加入，以保持混合均匀，配制温度 45 ℃～60 ℃，夹套热水温度 50 ℃～70 ℃，配好后即得四组分混合液。配好的混合液以 55 ℃～60 ℃的热水经乳化喷射器按比例输送至吸收喷射器，喷射压力一般为 0.19～0.3 MPa。

4. 吸收

吸收是将各种物料通过吸收喷射器喷射并经剧烈搅拌达到混合均匀。目前大多采用喷射吸收，其主要设备为喷射吸收器，它由喷嘴、真空室、混合室组成。

当硝化纤维素浆在高压下经过喷嘴时，以高速由喷嘴射出，产生卷吸作用，形成负压，抽吸硝化甘油或四成分混合液，将流体的能量传递给混合物。由于硝化纤维素浆和混合液速度不一样，造成湍流状态。当硝化甘油混合液和硝化纤维素浆通过喉部时，在高速湍流下迅速混合，然后进入扩散管，由于扩散管径逐渐增大，速度亦逐渐变小，动能又转变为静压能（除克服阻力外），将物料排入混同槽中。由于硝化纤维素结构不均匀，以及混合物在喷射器中停留时间很短，部分溶剂还只是附着在硝化纤维素表面上，必须在混同槽中继续进行搅拌，使之继续扩散，达到逐渐平衡。

5. 混同与熟化

混同、熟化的目的是获得大批量成分均匀的物料，以保证固体推进剂物理化学性能和弹道性能的均匀。

混同、熟化是将数小批吸收药放在混同槽中进行一定时间的搅拌，以达到混合均匀。同时，可使药料中硝化甘油量重新分配，从而提高药料的均匀性。

6. 不合格吸收药的调整

在吸收药制造过程中，常常由于硝化纤维素浆调浓不准或体积计量有误差，其他各组分在称量中有误或仪表失灵，使其中某一个或两个以上组分不符合吸收药指标要求，因此，必须进行调整。调整的方法有三种：

① 若有两批吸收药，一批中某一组分偏高，另一批的这种组分偏低，那么这两批吸收药可以互混。

② 若一批不合格吸收药中有一个以上不合格组分要进行调整，则采用补加某不合格组分或其他组分的方法进行调整。

③ 再生产一批与原吸收药批进行调整。

7. 其他吸收工艺

目前采用的吸收工艺除喷射吸收外，还有搅拌吸收。小批量生产时，一般采用搅拌吸收工艺，其工艺流程如图 8–9 所示。

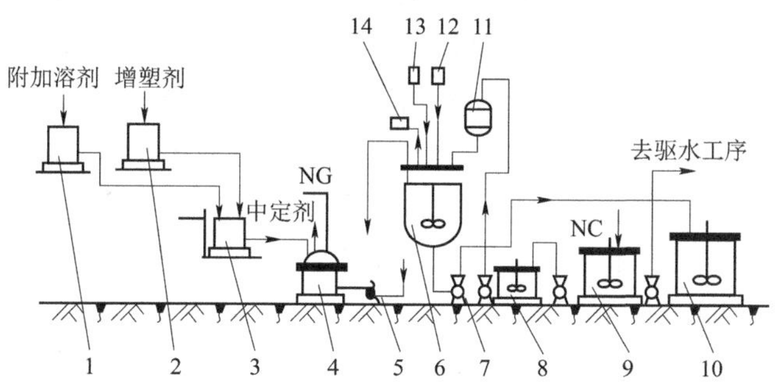

图 8–9　间断搅拌吸收工艺流程图

1，2—附加溶剂增塑剂槽；3—称量槽；4—混合槽；5—输送喷射器；6—吸收器；7—泵；
8—硝化纤维素浆精调槽；9—硝化纤维素调浓槽；10—吸收药混同槽；
11—硝化纤维素计量槽；12—憎水器；13—乳化器；14—凡士林乳化器

搅拌吸收是在吸收器里进行的，硝化纤维素浆经计量后加入吸收器中，在搅拌状态下升温，当温度升至要求的温度时，将溶剂由乳化喷射器喷送至带有小孔的喷头里，喷洒在纤维素浆表面上，通过搅拌的作用使之混合、黏附、扩散和渗透。吸收是一锅一锅进行的。

在混合液配制槽中一锅一锅地将二硝基甲苯、苯二甲酸二丁酯、中定剂先配成三成分混合液；然后将硝化甘油经称量后加入三成分中，配成四成分混合液，其他附加物也加入吸收锅中。之后，升温至 45 ℃～50 ℃，搅拌 1.5 h 后冷却，温度降至 25 ℃以下时出料。进行离心脱水，几锅组成一个批，或几个小批在混同槽中进行混同、熟化达到成分均匀。

8.3.3　塑化药料的制造

8.3.3.1　药料的驱水

吸收好的药浆中含 90%左右的水分，在成型过程中要将水分除掉。药浆中的水可分为游离水、物理结合水和物化结合水。

所谓游离水，是与药料之间没有什么结合作用，药料沉降后悬浮在表层，用简单的办法即可滤掉。物理结合水是指药浆孔穴或毛细管中浸润的水分，这部分水只有在一定的挤压力下才可大部分挤出。另一部分物化结合水是靠氢键或其他分子间力结合起来的吸附水。驱水工序将使第一部分和第二部分中的大部分水驱除掉。

驱水由两台驱水机来完成。

一次驱水机将药浆中的水分驱除到70%以下（一般为25%～40%）。一次驱水机由螺旋和筛网组成，筛网孔径为ϕ1 mm 左右。滤了水的物料被螺旋推向前进，经过滤环处，部分水由过滤环的间隙中挤出。药料再经机头处的刀破碎后转入二次驱水机。由于一次驱水机主要驱除游离水，不需要较高的压力，故无须加热装置，只需药浆控制在35 ℃～50 ℃即可。温度过高，会使硝化甘油等溶剂损失加大。

二次驱水机使药料中的水进一步驱除至5%～10%。它主要由螺杆、壳体、花盘和盘刀构成。螺杆为单头螺纹的锥形螺杆，在壳体的下部有排水格板，挤出的水由排水格板排掉。为形成一定的挤压力，在机头处装有花盘，花盘上有多个孔，药料从孔中挤出，被与螺杆同步旋转的盘刀切成药粒。调节孔径的大小即可调节药料中的水分，孔径减小，可使药团中的水分降低。为了降低机头压力，壳体的夹套中需要通保温水，一般控制在（50±10）℃。

8.3.3.2 压延

驱水后的药料还含有较大量的水，由于这部分水是物理结合水，需用较大的压力才可挤出，因此，需在压延机上进行。压延的另一目的是塑化。药料的水分减少后，才能使溶剂与硝化纤维素之间溶解能力增强、分子间力加大，使药料塑化，强度提高。压延的第三个目的是使药料混合，以提高其均匀性。药料受到压延机两辊的挤压，由于两辊表面沟槽形式不同，药料只黏附在工作辊上。新的药料不断加入，辊筒上的药料不断向两端移动，逐渐塑化完全，并从工作辊两端的成型环孔中挤出，再通过圆盘刀切成药粒。

由于压延时压力较高，摩擦生热及热分解激烈，药料温度常在100 ℃以上。当散热小于放热时，热量积累，药温升高，达到发火点以上，就会发火燃烧。为了降低着火率，可调整药料水分、加料速度、辊距和辊筒转速。压延后药粒的水分一般控制在0.8%～2.3%。

8.3.3.3 烘干

采用两次压延的办法使药料中的水分进一步减少，将使着火率大大增加，这是不可取的。经压延后的药料所含的水是物化结合水，由药料内部向表面扩散，然后再向周围介质蒸发。扩散的速度是较慢的，限制了干燥速度，因此，需要较长的时间，一般采用热风烘干的办法。

热风烘干采用辊筒式烘干机，辊筒倾斜一定的角度，筒内有纵向叶片，辊筒转动时药料被叶片抄起，至辊筒上部落下。由于辊筒倾斜，药料每落一次就前进一段距离，这样就可连续生产。热风与药料逆向运动，将药粒中的水分带走，达到烘干的目的。

烘干的另一目的是调节药料温度，使之适合于压伸工序的需要。若控制不好，会给压伸工序带来困难，这一点是不容忽视的。

若要调节药料烘干时间，可调节辊筒的倾斜角度。若要调节药料温度和水分，可调节烘干热风的温度、风量。空气中的相对湿度也对烘干效果有影响，当相对湿度大时，可适当提高风温。

8.3.4　塑化药料挤压成型

8.3.4.1　螺旋挤出成型的工艺过程

烘干后的药粒通过螺旋挤压机挤压成型。双基推进剂药粒挤压成型用的螺压机是一种单螺杆锥形螺压机，它主要由螺杆、机体、入料口和传动部件等组成，外壁有保温夹套，可以通水调温。

塑化药由送料管进入螺压机后，转动的螺杆就将药粒向前推动。由于螺槽体积的逐渐减小和机头处模具等的阻力，药粒在向前移动的过程中逐渐受到螺杆的挤压和机筒的剪切作用，使药粒的物理状态、黏度、温度等在螺压机内不同的部位经历不同的变化，大致可分为三个工作段。

入送段（又称喂料段或输送段）：药粒在输送段的运动可分解为旋转运动和轴向运动。旋转运动是由于药粒与螺杆之间摩擦力的作用，被螺杆带动一起旋转；轴向运动是由于螺杆旋转时产生的轴向分力把药粒向前推动。药粒与螺杆之间的摩擦力如果大于药粒与机筒之间的切向摩擦力，就会产生旋转运动；反之，则产生轴向运动。为了提高输送的效率，要求减小药粒与螺杆之间的摩擦力，增大药粒与机壁之间的摩擦力。

压缩段（又称过渡段）：随着药粒的向前移动，药粒受到越来越大的挤压和剪切作用，靠近螺翅推进侧的药粒，在机筒的拖曳作用下首先被压紧，并逐渐向螺翅拖曳侧发展。同时，靠近螺翅拖曳侧嵌进机筒沟槽内的药粒，由于受到较大的剪切作用，使药粒受到的剪切应力超过其流动屈服值后，首先发生黏性形变而黏合，形成所谓“塑化棱”。这种黏性剪切形变，随着药料向前移动，剪切作用逐渐增强，而且由机筒和螺翅拖曳侧附近向螺翅推进侧和螺根附近发展，直到药粒界面完全黏合。由此可见，压缩段是药粒开始到完全发生黏性剪切形变的螺杆工作段，故此段也称为过渡段。

凝固段（又称塑化段或胶化段）：在此段中，药料承受的剪切应力均已超过其流动极限τ_y，所以全部发生黏性形变。在热、挤压、剪切力的作用下，药料界面完全黏合而“凝固”成一个均匀的整体。最后，药料在一定压力下，沿着螺槽定量而均匀地流入模具，因而，凝固段还称作计量段。

以上各段时间的长短随着配方和工艺条件的不同而改变。

双基推进剂的性质、螺压机的结构和螺压的工艺条件对挤压的质量和生产效率有着重要影响。

8.3.4.2 螺压过程工艺温度的控制

压制双基推进剂的螺压机和模具需要在其夹套中通热水，以调节药料与器壁之间的摩擦系数，调节药料塑化质量，调节消耗功率，调节螺压机的产量。

需要控制的温度有药料温度（简称料温或药温）、螺杆温度、机体温度，还有模具前锥体、后锥体、成型体温度等。

关于药料的塑化质量，目前还不能用一简单指标表示，但可以直接测定机头或模具内药料的压力和药料的温度。一般来说，压力高，药温高，塑化质量好，因此，可用这二者来表示塑化质量。螺压机的功率消耗可用电动机的电流值来表示，产量则按螺压机每小时的生产能力来计量。

（1）药料压力和温度的测量

双基推进剂在加工状态下，压力常达到 40 MPa，黏度也在 10^5 Pa • s 以上。在这种压力大、黏度高的情况下，一般测试装置是不能使用的，再加之要求在传感器处不能造成死角，以避免药料停滞在死角处，长时间处于高温高压下发生分解，这样就使测试更加困难。

压力的测试可采用专用的压力传感器。

药料温度的测量可将热敏电阻固定在针架上，直接测量药温，也可将热敏电阻焊接在传感器的膜片上，再将传感器安装在螺压机或模具上。

（2）工艺温度影响

对物料、螺杆、机体、前锥、后锥、成型体六个部位按正交试验设计安排试验，如图 8–10 所示。

由图可见，螺压机各部位温度比模具温度的影响大得多，在模具各部位中，后锥温度的影响较大；影响药温的主要因素是螺杆温度。螺杆温度升高，药温升高；影响电流的主要因素也是螺杆温度，螺杆温度升高，电流值降低；影响压力的主要因素是料温，料温降低到一定值时，压力升高；影响产量的主要因素是螺杆和机体温度，螺杆温度升高，机体温度降低时，产量升高。一般情况下，采用较高的螺杆温度，较低的料温和机体温度，将能达到优质、高产、低消耗的目的。

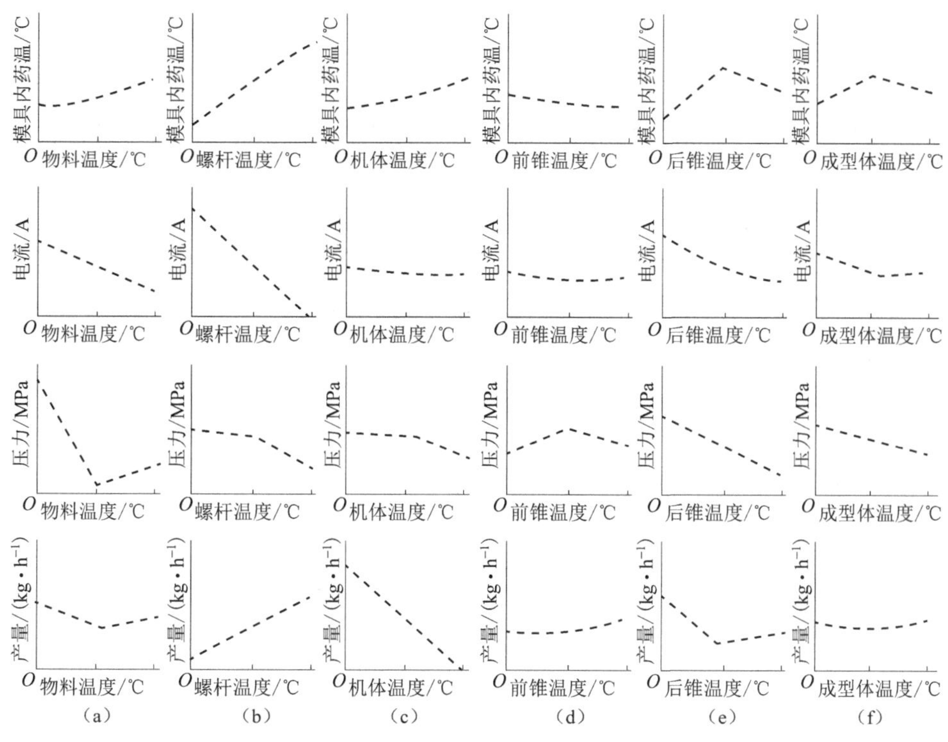

图 8–10 温度对螺压工艺的影响

（a）物料；（b）螺杆；（c）机体；（d）前锥；（e）后锥；（f）成型体

8.3.5 切药，整形，探伤，包覆

经螺杆挤压成型的药柱，用气动切刀切成规定的长度，经过整形、探伤，然后送往包覆工序，按药柱的限燃要求进行包覆处理。

8.3.6 其他挤压成型工艺

8.3.6.1 柱塞式挤压工艺

工艺流程如图 8–11 所示。

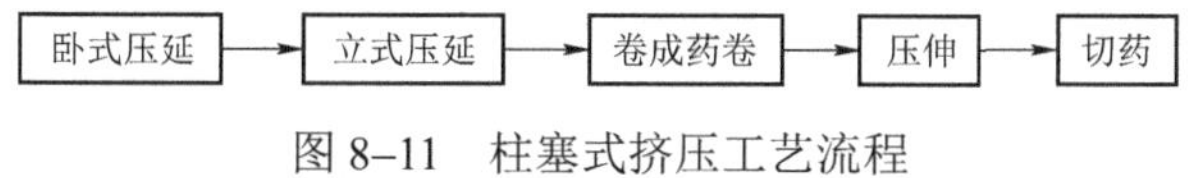

图 8–11 柱塞式挤压工艺流程

将吸收药在卧式压延机上压延，经薄压、厚压、多次压延成药片，在这一过程中进行药料的驱水、塑化。然后在立式压延机上压成厚度均匀的药片，并卷成药卷，放入柱塞式挤压机中挤压成型。当第一卷挤完后退出柱塞，再装入第二卷

继续挤压。

柱塞式挤压机可为立式，也可为卧式。若在挤压前先抽真空至 5 mm Hg 以上再行挤压，则产品中的气泡可大为减少。如用ϕ380 mm 的药缸，可压制ϕ100 mm 左右的药柱。

这种工艺较简单，但由于只能间断操作，且生产效率低，产品质量的重现性较差。

8.3.6.2 溶剂法挤压工艺

除无溶剂法生产双基推进剂外，还有溶剂法挤压工艺，其流程如图 8–12 所示。

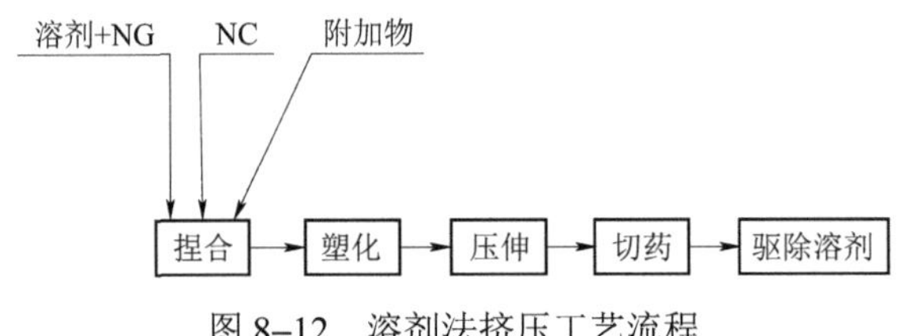

图 8–12 溶剂法挤压工艺流程

在捏合工序中加入所需组分与挥发性溶剂，如丙酮、醇醚溶剂等。为安全起见，硝化甘油可溶于溶剂后加入，也可使硝化纤维素裹在水中吸收硝化甘油，驱水后加入捏合机。配制的药料经过螺压机或柱塞式压机塑化成型，压出的药柱切断后驱除溶剂。这种工艺只能压制弧厚较小的药柱。

8.3.6.3 双螺杆螺旋压伸工艺

双螺杆挤压机的突出优点是：混炼效果好，质量均匀；适用范围广，黏度大的、小的药料均可适用；螺杆特性硬，不论制品截面大小，均可在同一压力下生产；生产过程中药料的温升较小，对安全有利。

西德诺贝尔炸药公司发展了一种连续自动化双螺杆压伸工艺流程，如图 8–13 所示。

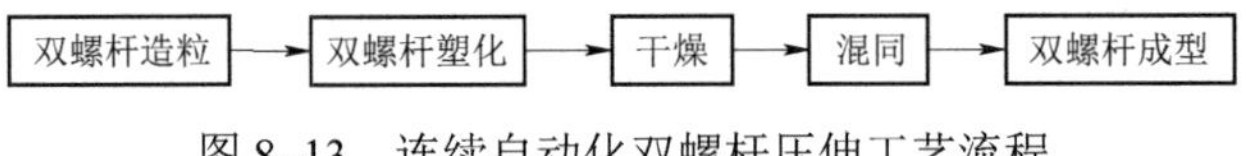

图 8–13 连续自动化双螺杆压伸工艺流程

该流程造粒、塑化、成型三道工序均使用双螺杆螺压机。结构紧凑，占地面积小。这种工艺据称可压制ϕ300 mm 的药柱。

8.4 双基、复合改性双基推进剂的浇铸成型工艺

除无溶剂法挤出工艺外，浇铸法也是目前广泛使用的固体推进剂制造工艺。

该工艺可分为三种：一是适合于复合推进剂制造的浇铸工艺，二是适合于高能推进剂（如 NEPE、XCDB、CMDB）用的配浆（淤浆）浇铸工艺，三是适合于双基、改性双基、XLDB 推进剂的造粒浇铸工艺，也有文献称为充隙浇铸工艺，本书简称为粒铸工艺。

8.4.1　浇铸工艺的特点

浇铸工艺的特点是：

① 可制备大尺寸的形状复杂的药柱。一般无溶剂压伸工艺生产的药柱直径不超过 300 mm，而浇铸工艺在药柱尺寸上是不受限制的。浇铸工艺不仅可生产出各种复杂的药型，而且可以生产壳体黏结式装药。

② 浇铸工艺的配方适应性广，配方组分的变化范围大。浇铸工艺能够方便地加入各种配方组分，因此，浇铸工艺还可用于生产多种性能的推进剂，如适于壳体黏结的“软”药、适于自由装填的“硬”药、不同能量水平的推进剂以及不同燃烧特性的推进剂等。

③ 固体推进剂浇铸药浆是一种以高氯酸铵、硝胺或铝粉等为分散相，以黏合剂/增塑剂等液体组分为连续相的高固体含量悬浮液。

8.4.2　基本的工序和工艺流程

双基和复合改性双基推进剂的浇铸工艺分为充隙浇铸工艺（简称粒铸工艺）和配浆浇铸工艺。这两种工艺的差别很大，但从本质上来看，都包括“造粒”“混合”“浇铸”“固化”等几个过程。

两种工艺流程如图 8–14 和图 8–15 所示。

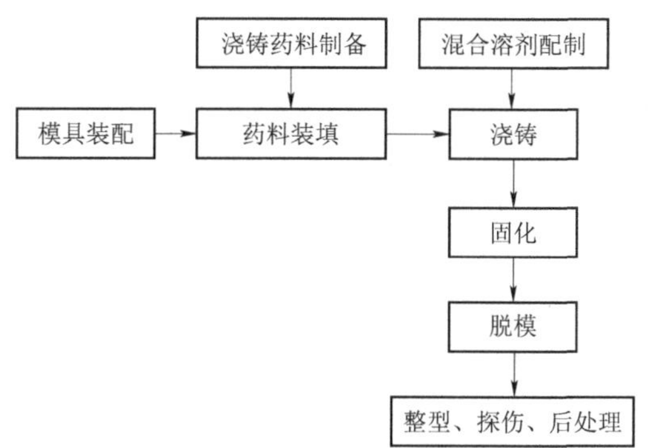

图 8–14　充隙浇铸工艺流程图

（以自由装填药柱为例）

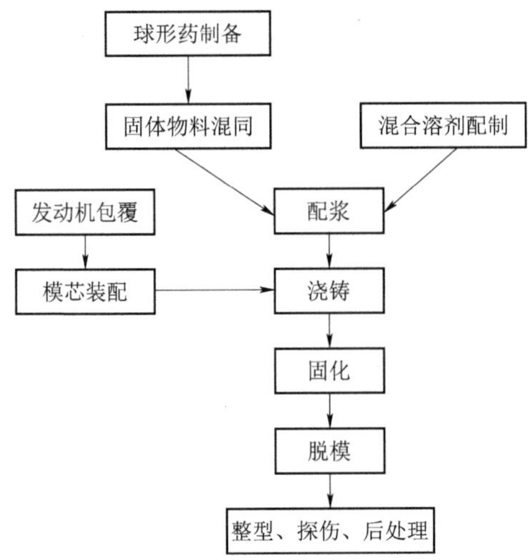

图 8–15 配浆浇铸工艺流程图
（以壳体黏结发动机为例）

8.4.3 粒铸工艺

8.4.3.1 粒状药制备

粒铸工艺与双基药压伸工艺相比是较简单的，但是它所用的粒状药（浇铸药粒）的制备却是相当复杂的。粒状药可以用溶剂法单基枪药的生产设备和相似的工艺来生产，这种工艺也称为机械造粒工艺。

1. 粒状药的类型

根据不同配方，所用的粒状药通常有三种类型。

① 单基粒状药。这种粒状药中主要含硝化纤维素及少量的安定剂和附加组分，通常也含有少量的增塑剂。

② 双基粒状药。除硝化纤维素外，还加入较多的硝化甘油或其他增塑剂。

③ 复合改性粒状药。将大量晶体氧化剂和金属燃料加入双基粒状药中，用于制造复合改性双基推进剂。

三种粒状药的典型组成及由它们组成的推进剂配方示例见表 8–6。

2. 粒状药的制造工艺

机械造粒工艺可根据粒状药组分的不同，分别采用类似的溶剂法制造单基、双基和三基枪炮药的设备和工艺。其工艺流程包括混合（捏合）、压伸、切药、驱溶、光泽、混同等工序。需强调指出的是，粒状药制造中常需混入各种弹道改良剂（燃烧催化剂、弹道稳定剂）、固体含能添加剂（如 RDX）和固体金属粉末等，这是一般粒状枪炮药制备中所没有的，因此，在混合（捏合）工序中，溶剂的选择（种类、溶剂量及溶剂比等）及工艺条件要相应地加以调整。

表 8–6　典型的浇铸双基和复合改性双基推进剂的组成　%

组分	单基		双基		复合改性	
	药粒	推进剂	药粒	推进剂	药粒	推进剂
硝化纤维素	88.0	59.0	75.0	50.2	30.0	22.3
增塑剂	5.0	36.0	17.0	44.0	10.0	32.8
弹道改良剂	5.0	3.4	6.0	4.0	—	—
固体氧化剂	—	—	—	—	28.0	20.8
固体燃料	—	—	—	—	29.0	21.6
安定剂	2.0	1.6	2.0	1.8	3.0	2.5

3. 粒状药质量控制

（1）密度、水分和挥发分

粒状药的密度应当尽可能地高，通常为理论值的 97%以上。密度降低的原因在于空隙和挥发性物质。挥发分在药粒中总会存在，它表明药粒的驱溶程度。正常的总挥含量为 0.5%～1.0%。

由于硝化纤维素的吸湿性，粒状药会从大气中吸收少量水分，故烘干后的药粒要密封保存，或者使用前再次烘干。

（2）筛装密度

装填密度直接关系到推进剂成品的性能，是粒铸工艺的重要控制参数。

筛装密度是装填密度的一个相对计量单位。它是用一个标准筛将粒状药装入一个标准容器时测得的。为了获得性能均一的推进剂，需要有最大的筛装密度。混同和光泽时间增加有利于筛装密度的提高。

（3）均匀性

为了获得最佳性能和高度的再现性，所有组分应均匀分布于整个粒状药内，其中弹道改良剂的分散最为重要。弹道改良剂分散不均匀会降低其催化效果，并使燃速产生很大的波动。另外，力学性能取决于硝化纤维素的塑化均匀程度，若硝化纤维素塑化不完全，也会影响推进剂的力学性能。

混同是把多批粒状药混成均匀的一大批的操作，混同可使粒状药制造期间材料和加工条件的少量变化得到均衡，可以大批量地生产再现性高的粒状药。

（4）溶胀性能

溶胀性能是指粒状药被浇铸溶剂增塑的速度和均匀性的性质，这对于确定合适的固化条件是重要的。希望药粒能被增塑剂以适宜的速度均匀溶胀，又要求药粒表面有一个阻止溶剂迅速溶胀的致密外壳。

（5）其他性能

对粒状药的爆热、化学安定性及稳定剂、催化剂、石墨等含量应进行测定，以保证推进剂成品的能量、安定性及燃烧性能达到要求。

8.4.3.2 浇铸溶剂（液）配制

溶剂配制的目的是将推进剂组分中的各种液相组分及在常温下是固态但可溶于液相的组分都混合在一起，配制成混合溶剂。混合溶剂有利于各组分的均匀混合，降低液相的机械感度，同时，由于将一些固态组分溶于液相中，从而增加了液相的比例。

混合溶剂包括爆炸性增塑剂，例如硝化甘油、硝化二乙二醇、三羟甲基乙烷三硝酸酯、三乙二醇二硝酸酯、丁三醇三硝酸酯等。还包括非爆炸性增塑剂，例如三醋酸甘油酯、苯二甲酸酯等。常温下是固体的组分，例如中定剂、间苯二酚、2–硝基二苯胺等，可先与三醋酸甘油酯、苯二甲酸酯或者二硝基甲苯及吉纳等一起加热溶解，适当降温后，再加入到硝化甘油中。混合溶剂配制仍可采用双基推进剂混合液配制槽，它是带斜底、夹套保温、蛇管压空搅拌的不锈钢装置。

混合溶剂配制后要在真空下干燥，使水分降至 0.05%以下。

8.4.3.3 粒状药装填

药粒装填即是把粒状药装入模具（发动机）中，它是充隙浇铸工艺的关键工艺过程。

常用的装填方法是“筛装法”。这种方法就是将药粒由圆筒形的加料漏斗经过一个具有等间隔的较大孔径的分配板，均匀分配到一个装有孔径约为药粒直径两倍的筛网分散板上，然后依次将药粒均匀地分散到药模内（药模内堆积的药粒称为药粒床）。对于自由装填式药柱，这是一种适宜的通用方法。但是，对于具有球形端头，药型复杂的壳体黏结式发动机，由于发动机开口小，上述“筛装法”技术已不适用，需采取更先进的“空气分散药粒装填技术”。这种方法是将药粒用空气加速，药粒随着气流以相当高的速度流过管子，然后以适当的角度分散吹入发动机内。试验表明，这种方法可获得相当于或超过筛装法的装填密度。该装填方法如图 8–16 所示。

药粒装填时常使用振动器，以增加装填密度。

为了除去空气和挥发物，装填好的药粒要抽真空，在 0.098 MPa 下，抽空 16～40 h，具体条件视药粒数量而定。

为进行装填密度评估，通常要先测出粒状药的筛装密度（SLD）。筛装密度的定义是给定体积中药粒的质量。

根据对粒状药的理论分析，当药粒长径比接近 1 时，其筛装密度达到最大值（图 8–17）。法国人的试验表明，最好使用长径比近于 1.2 的药粒，这种条件下可以允许药粒尺寸有一定散布，而不会给填实密度（体积装填密度）带来明显影响。

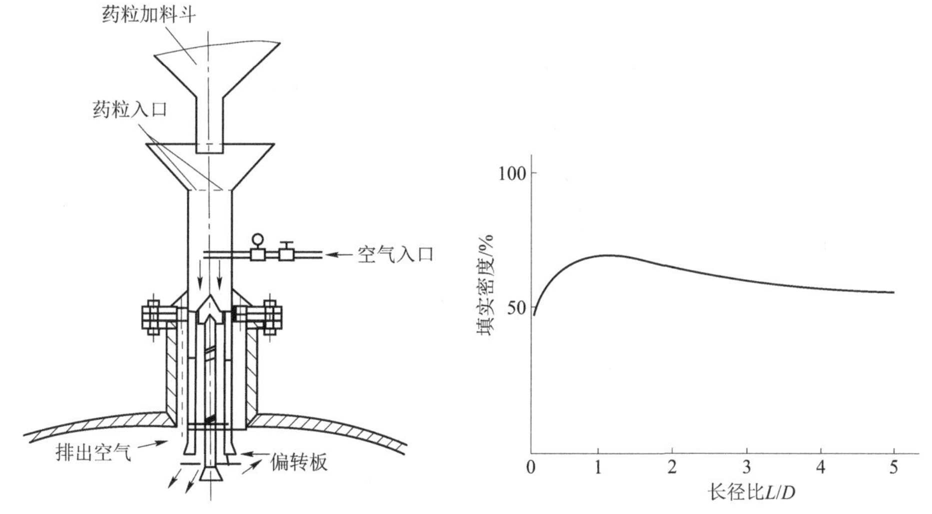

图 8–16　空气分散药粒装填设备

图 8–17　模具填实密度和粒状药长径比的关系

在粒状药中，固体组分的存在对筛装密度有很大影响。在填料含量不变时，加大其粒度，或在粒度不变情况下提高其含量，都必然使筛装密度降低。表 8–7 可以清楚地看出填料含量所起的作用。

表 8–7　填料含量对筛装密度和模具中装填密度的影响

参　数	填料含量/%			
	45	60	45	60
填料粒度/μm	90	90	15	15
筛装密度/(g・L^{-1})	970	825	1 035	1 010
体积装填密度/%	66.0	60.5	71.0	68.0

提高填实密度可以采取下列措施：

① 改变粒状药的大小；

② 改进药粒装入模具的工艺方法。

8.4.3.4 浇铸

浇铸的目的是用混合溶剂充满药粒的间隙。混合溶剂可以从顶部或底部流入药粒之中。图 8–18 示出了在真空下从底部浇铸的典型装置。这里，溶剂干燥器中的溶剂在大气压力下被压入药粒间，故也叫真空抽注。

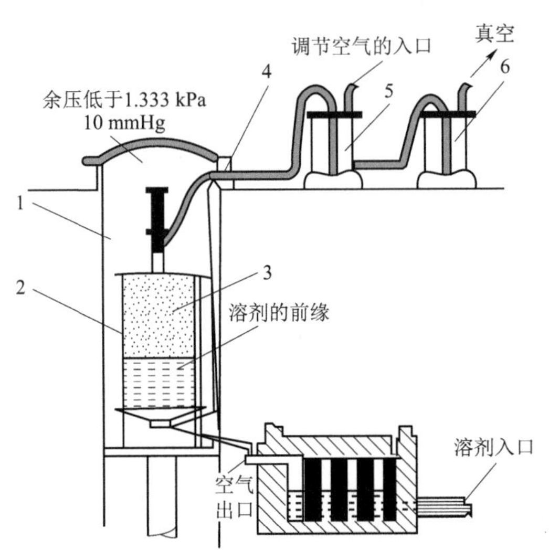

图 8–18 真空浇铸系统图

1—真空罐；2—发动机；3—浇铸药粒床；4—罐的接口；5—浇铸溶剂干燥器；6—收集器

实践证明，顶部注溶剂的方法不如从底部注溶剂的方法。从顶部注溶剂时，装药表面被液体覆盖，难以排除药粒之间的空气及药粒内残存的挥发性溶剂和水分，固化后的药柱易有小孔。铸造大型药、异型药，最好采用底部注入溶剂的方法。在真空下浇铸可使产品完全无气孔，但有时采用常压浇铸，使溶剂在压力下流入粒状药间，也可以成功地制备无气孔的产品。浇铸过程就是迫使溶剂流过和充满药粒床间隙的过程。在给定时间内，溶剂充满药粒床的高度即表示浇铸速度的大小，它是浇铸过程控制的主要参数。适宜的浇铸速度一般是通过试验来确定的。

与压伸工艺相比，充隙浇铸工艺是简单的，不需要复杂的设备和大量的工房，物料的处理条件比较缓和，安全性较好。但对于尺寸较小的装药，单发药柱的装填和浇铸是很不方便的，成本也较高。

关于固化和脱模整形等工序，粒铸法和配浆法是相似的，故合并于本节最后介绍。

8.4.4　配浆浇铸工艺

8.4.4.1　球形药制备及主要质量指标

1. 球形药组分及制备工艺

球形药——球形硝化纤维素目前作为发射药已广泛应用于轻武器。配浆浇铸工艺是在球形药的基础上发展起来的。没有致密的细小的球形硝化纤维素，就不可能配制成具有适当流动特性的可浇铸的淤浆。

配浆浇铸所用球形药与轻武器用球形药有较大区别：不需要表面处理；所用硝化棉的含氮量较低，一般用 D 级 NC 或 A 级 NC、爆胶棉；配浆工艺用球形药的颗粒要细得多，对于高能量、低黏合剂含量的改性双基推进剂，必须用非常细（例如 50 μm 以下）的球形药；对于有较高黏合剂含量的改性双基推进剂和浇铸双基推进剂，允许用较大颗粒的球形药。细小的硝化纤维素球形药也叫塑溶胶硝化棉。典型的塑溶胶硝化棉配方见表 8–8。

表 8–8　典型塑溶胶硝化棉的组成（平均直径 50 μm 以下）

组　　分	类　　别		
	1	2	3
硝化纤维素（$w(N)=12.6\%$）/%	98.5	90.1	75.1
2–硝基二苯胺/%	1.5	1.5	1.5
硝化甘油/%	无	8.0	23.0
炭黑/%	无	0.4	0.4
包覆剂（外加）/%	0.15	0.15	0.15
密度/($g \cdot cm^{-3}$)	≥1.56	≥1.58	≥1.58

为了改善推进剂的性能，可将各种固体组分如奥克托今、铝粉、燃烧催化剂等加到球形药中去，结果使这些组分在推进剂中的分布更均匀，这种复合球形药也称包覆球，典型的组分见表 8–9。

表 8–9　包覆球的组分　　%

组　分	含　量
奥克托今	43.7
铝粉	27.0

续表

组　分	含　量
硝化纤维素	22.5
硝化甘油	5.8
2–硝基二苯胺	1.0

该球形药的堆积密度为 1.074 g/cm^3，密度为 1.895 g/cm^3，为理论值的 97%。

悬浮法制备球形药有两种方法：内溶法和外溶法。我国主要采用内溶法，其工艺为：在成球器中将含氮量为 12.0%～12.5%的硝化棉悬浮于水中，加入溶剂乙酸乙酯，加热，搅拌；使硝化棉溶解为具有一定黏度的高分子溶液；通过高速搅拌，使硝化棉溶液分散于水中，在表面张力的作用下，形成球形小液滴；加入稳定剂（保护胶），液滴表面吸附一层胶，防止相互聚结，加入硫酸钠使药粒脱水后，加温蒸发出乙酸乙酯，使球形药硬化，滤出球形药，最后烘干即可。

2. 球形药主要质量指标

（1）粒度

粒度是球形药的最主要的指标。通常所说的粒度常指一定的粒度分布范围或指该范围内的平均粒度。不同的应用对球形药粒度的要求不同。对于低黏合剂含量、高能量的复合改性双基推进剂，要求应用粒度为 5～50 μm 的塑溶胶球形药。对于一般硝化纤维素含量较高的推进剂，可以使用粒度在 100 μm 左右，甚至更大的球形药。

（2）圆球率

在球形药中常含有一些非圆球形状的药粒，如椭圆状、长棒状、滴状及其他不规则的形状。这些非球形药粒降低了配浆浇铸工艺中浆料的流动性，因此，要求圆球率越高越好，一般要控制在 90%以上。

（3）堆积密度

是指表示自然装填情况下，单位容积的球形药的质量。堆积密度对配浆浇铸工艺药浆的流动性有明显的影响，因此，堆积密度要作为球形药的重要质量指标加以控制。为了消除静电对堆积密度测量的影响，测量时要保持相同的条件。

球形药还有一些质量指标，如护胶剂含量、硫酸钠含量、内挥、水分及化学组分、爆热等，在生产中也要加以控制。

8.4.4.2　配浆

配浆浇铸工艺也称淤浆法浇铸工艺。1959 年，美国赫克利斯公司申请了配浆法浇铸工艺的专利，并于 1969 年解密发表。近年来，由于复合改性双基推进剂的发展，出现了各种能量高，性能优良的交联改性双基推进剂（XLDB）及 NEPE 推进剂。这些推进剂中需要加入交联剂或加入高分子预聚体，使硝化纤维素交联，这样粒铸工艺已不适用，因而配浆浇铸工艺就成了复合改性双基推进剂的主要生产工艺。

配浆的主要工艺如下。

1. 固体物料混同

固体物料混同是将推进剂配方中数种或全部固体组分混合在一起的操作，它是配浆之前的准备工作之一。复合改性双基推进剂中的固相组分通常有球形药、铝粉、高氯酸铵、黑索今、奥克托今及各种催化剂等。将上述组分预先混在一起，可以简化配浆的操作过程，还有利于各组分的均匀分散，尤其是对于加入量很少，又要求分散均匀的催化剂来说更是必要的。

固体物料混同可用筛混法。使干燥的细颗粒物料通过振动筛达到均匀混合的目的。通常混两三次即可。筛孔大小应以使最大颗粒顺利通过为宜。混同装置要密闭，防止粉尘飞扬。

固体物料混同是危险的操作，因为干燥物料的筛混会积聚很高的静电电压，而被混同的物料对静电放电又是很敏感的。为了防止静电，混同设备要良好接地（接地电阻小于 4 Ω），要有导电地面。工房中要有雨淋系统，混同过程要隔离操作。

2. 含聚酯（醚）预聚体的混合溶剂的配制

配浆浇铸工艺也需要混合溶剂配制，与粒铸工艺一样，这里不再重复。近年来，为了改善改性双基推进剂的力学性能，采取了加入二官能团或多官能团异氰酸酯交联硝化纤维素的方法，以及同时加入与硝化纤维素有很好互溶性的端羟基聚酯预聚体及二官能团或多官能团的异氰酸酯交联硝化纤维素的方法。对于 NEPE 推进剂，则采用多官能团异氰酸酯交联聚醚的方法。将聚酯（醚）预聚体溶于混合溶剂中，使混合溶剂的配制工艺有了较大的变化。

聚酯预聚体因种类或相对分子质量的不同，在常温下可能是液态或固态的，在其加入混合溶剂之前都要加热，并在真空下干燥，然后再加到充分干燥过的硝化甘油混合溶剂中。

直接加入端羟基聚酯预聚体的办法存在一个缺点，就是在固化过程中，二异氰酸酯的固化交联方式可能是多种的。如交联可能发生在硝化纤维素之间、聚酯预聚体之间，这些交联方式是不希望的，而所希望的硝化纤维素和聚酯预聚体通过二异氰酸酯交联起来的方式却较少。因此，提出了将端羟基聚酯预聚体与二异氰酸酯预先反应，制成有异氰酸酯端基的聚酯聚氨酯预聚体，然后再与硝化纤维素交联，从而有效地控制了交联方式，获得了良好的物理力学性能。

3. 淤浆配制

淤浆配制的目的是将推进剂配方中的固体物料与混合溶剂均匀混合，配制成具有一定流动性的药浆（淤浆）供浇铸工序使用。淤浆配制的主要设备为配浆机。目前国内外均有不同容量大小（5～3 000 L）的立式混合设备生产。

配浆通常在真空下进行，以保证不混入空气并可除去一些水分和低沸点物。配浆锅夹套通水，以调节配浆温度。配好淤浆之后，将配浆锅送到浇铸岗位。配浆主要工艺条件如下。

（1）配浆温度

通常配浆可在常温下进行，但是根据不同配方的需要，配浆温度可能提高或降低。为了提高浆料的黏度，以利于配成淤浆的稳定性，可以先将球形药加到配浆锅中，在较高的温度下（例如 55 ℃）进行搅拌，当黏度达到约 1 000 P①时，再加入其他固体组分，混合之后物料温度下降到约 30 ℃。对一些适用期较短的配方，为了保证有足够的浇铸时间，则在配浆时采用较低的温度（例如 18 ℃），但是温度不能低于露点，否则，会使空气中的水分在药浆表面凝聚，影响产品质量。

（2）加料方式

可以将固体物料混合后一次加入，也可以将各组分依次单独加入。两种办法各有利弊。在单独加入时，一些细粒度的粉状物料如铝粉、黑索今等由于流散性不好，加料困难，要加振动器。

混合可以在常压下，但更多的是在真空下进行，这可以更好地除去药浆中的空气。真空度一般控制在余压小于 10 mmHg（1.333 kPa）。为了安全，需要采取逐步抽空的办法，使真空度逐渐升高，气泡逐渐排除，真空度的上升速度可由试验确定。

（3）搅拌时间

配浆机的搅拌是低速的，但由于配浆机的搅拌效率很高，改性双基推进剂淤浆的黏度较低（通常为复合推进剂黏度的 1/10～1/100），因此，可以在较短的时间内就得到均匀的混合，通常为 0.5～1 h，甚至更短的时间就可以完成。

4. 淤浆浇铸

将药浆注入装配好的发动机（或模具）中的操作称浇铸。它是推进剂的成型过程之一。复合改性双基推进剂的浇铸与复合推进剂的浇铸是相似的，可以在大致相同的设备中完成。

（1）浇铸过程和浇铸设备

为防止空气混入，获得无气孔的推进剂装药，复合改性双基推进剂通常采用真空顶部浇铸。配浆锅内药浆靠大气压力通过软管注入发动机中。根据发动机的

---

① 1 P=100 mPa • s。

情况，可以使用花板或者仅由一根或几根软管将药浆注入发动机内，浇铸管口应该是扁长形的，使空气容易逸出。对于完全铸满的壳体黏结式发动机，要留有必要的沸腾高度。

浇铸设备包括浇铸罐和真空系统，一个小型的浇铸系统如图 8–19 所示。

（2）药浆的流动性

作为浇铸药浆，必须具有一定的流动性，以便于浇铸。复合改性双基推进剂的药浆黏度较低，常有较好的流动性。但是不能认为复合改性双基推进剂药浆的流动性一定好，在改善性能和保持良好流动性之间仍然存在着矛盾，需要综合协调。

调整固液比是改善药浆流动性的最常用、最方便的方法。所谓固液比，是指推进剂药浆中固相组分与液相组分的质量比。固液比越大，说明药浆中固相组分越多，药浆的流动性可能较差。复合改性双基推进剂药浆的固液比在 70/30～60/40 变化。如果颗粒的含量进一步增加，粒子之间的相互作用就更为突出，即粒子之间是靠得如此之近，中间仅隔一层极薄的液膜，这种液膜将它们黏在一起，因而黏度急剧增加。似乎存在一个临界值，在临界值附近，固液比的少量调节，例如变化 0.5%～1.0%，流动性就有明显的变化。用球形药与混合溶剂的药浆做了固液比对药浆黏度影响的试验，结果如图 8–20 所示。可见在这一系统中，60/40 固液比是个临界值。在这点附近，固液比的变化对药浆黏度的影响是明显的。

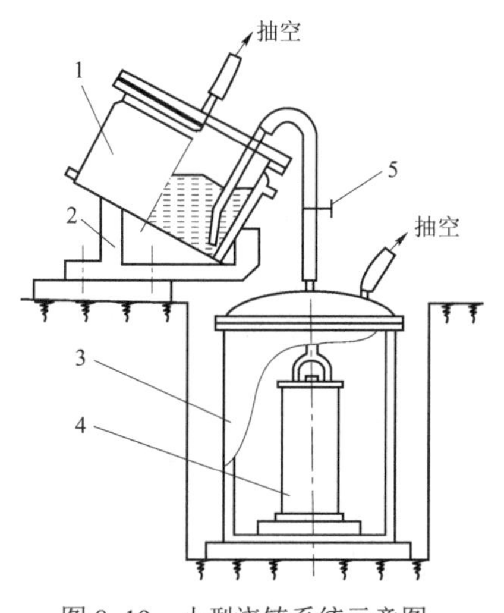

图 8–19　小型浇铸系统示意图

1—配浆锅；2—支架；3—浇铸罐；4—发动机；5—管夹

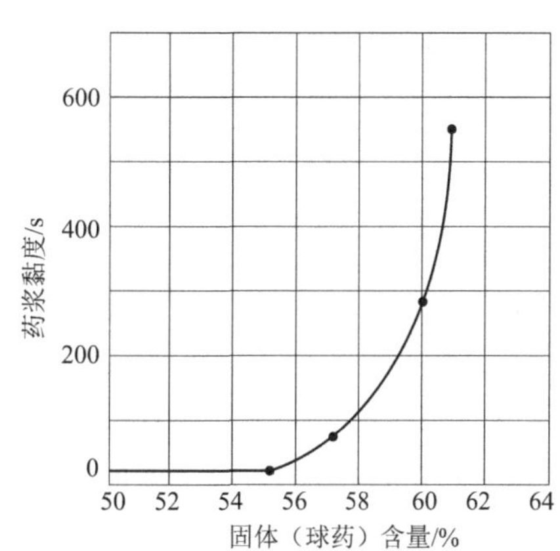

图 8–20　固体含量对药浆黏度的影响

调节固体颗粒的粒度分布是调节药浆流动性的又一方法。药浆中的固体组分是具有很宽的粒度分布的散粒体，它们的粒度搭配情况（级配）影响散粒体堆积的空隙率（ε），因而影响药浆的流动性。在固液比一定的条件下，空隙率越大，流动性越差。球形药有一个较宽的粒度分布，这些物料的混合本身就是一种粒度级配。例如，浇铸双基推进剂的药浆中，球形药的含量很大，常达到药浆质量的60%以上。这时如只用单一粒度的球形药，药浆的流动性就差；如采用两种粒度球形药互相搭配，在相同的固液比条件下，药浆的流动性就较好。试验结果如图 8–21 所示。其中大小球质量比为 1:1。从图中可以看出，两种球形药的粒度相差越大，药浆的黏度越小，即流动性越好。但是由于大颗粒的球形药不利于塑化，又容易沉降，小颗粒的球形药又较难生产，因此，两种粒度的球形药的尺寸比通常不超过 5:1。对于复合改性双基推进剂，若某种组分占了固体物料的大部分时，也要考虑级配问题。

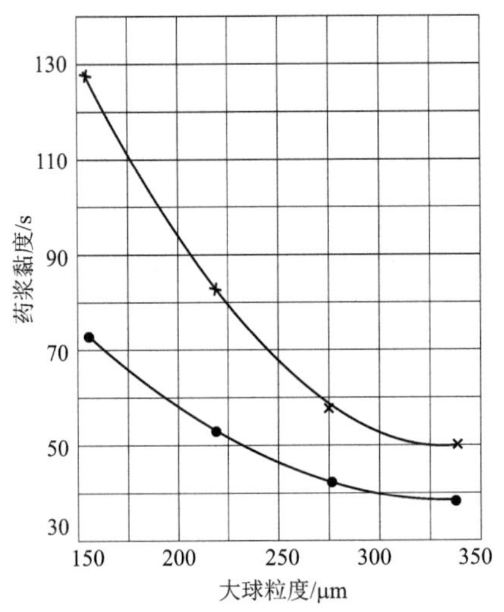

图 8–21 球形药粒度搭配对药浆黏度的影响

曲线×：小球粒度为 70～90 μm；曲线●：小球粒度为 50～70 μm

固体颗粒表面性质是影响流动性的另一重要因素。不同的球形药对溶剂吸收的速度不同，单基球形药比含一定量硝化甘油的双基球形药吸收溶剂快，表面疏松的球形药吸收溶剂快，小球比大球吸收得快。故配浆浇铸工艺对球形药提出了一个要求，就是球形药要有耐溶剂膨润的致密的表面层，使膨润的速度控制在一个允许的程度之下。其次是球形药及其他固体物料的形状和表面光滑程度也影响药浆的流动性。表面粗糙、不规则形状的颗粒不可能堆积得很紧密，即空隙率较大，必然导致药浆的流动性变差。如以球形药为例，某种含硝化甘油的双基球形药密度为 1.69 g/cm^3，其堆积密度为 0.90～0.92 g/cm^3；另一种含奥克托今的球形药，其密度为 1.88 g/cm^3，其堆积密度为 0.82～0.84 g/cm^3。堆积密度即是自然堆积的松装密度，可以反映出其空隙率。计算表明，前者的空隙率为 46.15%，后者的空隙率为 55.85%。这两种球形药的粒度是相近的，造成空隙率差别的主要原因是前者为光滑的圆球，后者为表面有突起的土豆状。故为了获得良好的药浆流动性，希望各种固体物料组分是球形或接近球形的。

（3）药浆的适用期和沉降问题

推进剂药浆从搅拌停止到失去流动性不能浇铸这一段时间称为药浆的适用期。希望适用期长一些，以保证有充足的浇铸时间，一般情况下，适用期要大于 4～5 h。

配好的药浆在浇铸过程中，尤其是在固化过程中，固体颗粒发生沉降，在药浆表面游离出一部分溶剂的现象称为药浆的沉降。药浆发生沉降会对上、下层推进剂组分的准确性有轻微的影响。但更主要的是在加热固化和脱模中存在的游离硝化甘油溶剂对安全是不利的。为了防止药浆出现明显的沉降现象，在改性双基推进剂淤浆中，一般不宜使用大颗粒（如大于 300 μm）的固体组分；在溶剂中加入少量爆胶棉可以明显提高介质的黏度，这也是防止浆液沉降的有效办法。

8.4.5　固化成型

浇铸后的固液混合物（药浆）在加热的条件下凝固成固体推进剂药柱的过程称为固化。无论是粒铸工艺还是配浆法浇铸工艺，其固化机理、固化工艺条件和设备是基本相同的，故放在一起加以介绍。

8.4.5.1　塑溶固化原理

复合改性双基推进剂的黏合剂主要由硝化纤维素和硝化甘油构成，另外，还含有或多或少的一种或数种增塑剂。其固化过程就是硝化纤维素被硝化甘油及增塑剂塑溶，形成高分子浓溶液的过程。

在固化过程中，硝化纤维素与硝化甘油的塑溶过程是靠分子的热运动——扩散完成的。因为硝化纤维素是相对分子质量很大的高分子，其扩散速度是很小的，因此，塑溶过程只能是低分子溶剂向聚集态的硝化纤维素大分子之间扩散，使硝化纤维素的分子间距离变大、体积增大，发生所谓溶胀现象。如果有足够量的溶剂，上述过程可一直继续下去，直到硝化纤维素分子间有了大量溶剂分子，大分子间力不断减弱，溶剂化的硝化纤维素分子转移到液相中去，即发生硝化纤维素的完全溶解，形成高分子溶液。但是，在推进剂加工的情况下，溶剂的数量是很不够的，溶解过程只能进行到一定程度，即硝化纤维素大分子只能达到一定的溶胀程度，形成高分子浓溶液。这种浓溶液黏度很大，体系不再具有流动特性，即由固液混合物变成固体推进剂。因此，复合改性双基推进剂的固化过程是塑溶固化过程。固化后的硝化纤维素溶胀体具有很好的形状稳定性，其模量随着硝化纤维素与溶剂比例的增加而增加，外观上看可以是柔软的弹性体直到坚硬的塑料。

塑溶过程是改性双基推进剂典型的固化过程。在塑溶固化过程中，不存在副反应对固化质量的损害，故可以保证固化质量的重现性。

8.4.5.2 影响塑溶过程的因素

1. 固化温度和固化时间

由上可知，分子扩散是塑溶固化的唯一推动力，由于硝化纤维素分子间作用力很大，且硝化纤维素外表的溶胀物对溶剂的进一步渗透阻力很大，故这种塑溶过程必然是很慢的。为了加快固化过程，常采用加热固化的方法。但是，固化温度的提高是有限度的，要不至于引起硝酸酯的明显分解。另外，对于壳体黏结式发动机来讲，高的固化温度会造成热应力的提高。一般固化温度在 50 ℃～75 ℃，对于大尺寸壳体黏结发动机的固化，为了尽量减少热应力，可以选择更低的固化温度。

从理论上讲，固化终点应该意味着溶剂在硝化纤维素大分子间已呈均匀分布。但是需要用很长的时间，实际上是不可能的。一般规定推进剂药柱的物理机械性能已达到较好的水平，不再发生明显的变化时即为固化终点。过长的固化时间不仅浪费时间，还会因硝酸酯的热分解而损害推进剂的性能。

固化时间因固化温度和硝化甘油混合溶剂中的增塑剂品种的不同而有很大差别。对于低温固化的推进剂，其固化时间可达 1～2 周；对于高温固化的推进剂，可在 2～3 天内完成固化。

实际上，固化的推进剂内部，药粒（球形药）的边缘与中心的溶剂浓度并没有达到完全的均匀。由于增塑剂的分布不均匀，使固化后的推进剂还有一个相当缓慢的后固化过程。

2. 硝化棉与混合溶液的溶度参数应尽量相近

用 TA、DNT 等与 NG 组成混合溶剂能调节溶度参数，使其更接近 NC 的溶度参数，从而有利于固化。含有适量硝化甘油的双基药粒比单基药粒更易固化。

8.4.5.3 有交联反应的固化

改善力学性能普遍采用的方法是在推进剂配方中加入交联剂，使硝化纤维素交联起来，形成网状结构。由于加入交联剂在固化过程中除塑溶固化外，又加入了交联反应固化的因素，故固化过程从单纯的溶解过程变成了既包括溶解又包括化学反应的复杂过程。

目前发展很快的交联改性双基推进剂、NEPE 推进剂及复合双基推进剂（CDB 或 EMCDB）都是采用异氰酯基与羟基反应的办法。因为异氰酸酯基与羟基的反应容易进行，并且只生成氨基甲酸酯，无副产物，所以这是一种较理想的交联方式。二异氰酸酯的量一般在 1%左右，在加热固化时与硝化纤维素进行交联反应。以产生轻度交联为宜，过度交联不仅没有好处，反而降低了推进剂的低温延伸率。若使用高分子预聚体，则用量比较大，可达 5%～10%。在这种情况下，预聚体既是交联剂又是黏合剂的高分子主体，同时，以液态加入的预聚体代替部分硝化纤维素，对改善药浆的流动性和降低药浆的感度也是非常有利的。

8.4.5.4 固化工艺条件

固化过程的设备与工艺条件都是比较简单的。固化工艺条件要视所加工的发动机和推进剂的具体情况而定。对于较小的自由装填式药柱，通常采用较高的固化温度（60 ℃～75 ℃），在较短的时间内（2～4 天）完成固化。由于固化温度较高，为了使升温均匀，常采用逐步升温的办法，即分几阶段升温到所需的温度，每次升温间隔 2～3 h。对于大尺寸的壳体黏结式发动机装药，为了减小热应力，要降低固化温度，通常固化温度低于 50 ℃，并用较长的时间，如 1～2 周的时间进行固化。固化后的降温也要缓慢进行。

浇铸工艺存在固化收缩现象。配浆浇铸工艺生产的浇铸双基推进剂的固化收缩率为 0.5%，而塑溶胶推进剂的固化收缩率为 0.7%。显然，不同的推进剂配方的固化收缩量是不同的，对于加入大量固体填料的改性双基推进剂，由于黏合剂含量较少，因此收缩也较少。为防止固化收缩造成的微小缩孔和裂纹及内应力的不利影响，可在固化过程中适当施以压力。

8.4.6 模具装配、脱模和整形

8.4.6.1 对模具装配的要求

复合改性双基推进剂浇铸前模具的装配、固化后的脱模和整形与复合推进剂的基本相似，将在下节详细叙述。由于复合改性双基推进剂的危险等级较高，尤其药浆中的液相是高感度的硝化甘油混合溶剂，其黏度较小，在固化之前是自由流动的，遇到模具中的缝隙容易渗入，固化之后在缝隙处就留下了游离的硝化甘油混合溶剂，这些溶剂是危险的，受到较强的摩擦和冲击作用就容易爆炸。基于上述特点，改性双基推进剂的生产中，无论是粒铸工艺还是配浆浇铸工艺，在模具的设计和装配中除一般的要求外，还要特别注意到防止“漏油”，防止模具中的配合部位有溶剂渗入。如果模具配合部位渗入溶剂，加上装配松动，那么，在模具搬动中就可能出现爆炸的危险。即使装配不松动，在脱模中也可能出现危险。为了安全，在模具设计中要求互相配合的两金属件至少要有一种是有色金属，通常采用铝或铝合金，以避免铁与铁之间的摩擦。

一旦发现漏油，要小心处理，通常用醇醚溶剂将漏出的“油”清洗干净之后才能脱模，尤其螺纹连接件之间更要认真清洗。

8.4.6.2 脱模和整形

与复合推进剂的类似。

8.4.7 粒铸与配浆浇铸工艺的对比

8.4.7.1 粒铸工艺的优点

① 大批量的粒状药的混同可以保证推进剂产品性能的高度再现性，并且可以用药粒混同的办法准确调整配方的组分和燃速，这是粒铸工艺的最大优点。混同之后产品的燃速变化低于 1%，火箭与火箭间的其他性能变化小于 0.25%。

② 可利用单基药的现有的工艺和设备生产粒状药。

③ 粒铸工艺所得到的制品的燃烧性能和力学性能优于配浆浇铸工艺的制品。这是因为机械造粒工艺可以使催化剂得到均匀的分散，使硝化纤维素更好地塑化。

8.4.7.2 配浆浇铸工艺的优点

① 配浆浇铸工艺组分灵活多变是其最明显的特点，因这一特点带来以下两方面的好处。

a. 配浆工艺可以在配浆过程中方便地改变配方组分及其含量，因此，配方研究周期短。近年来，为了改善配方的综合性能，常将许多组分加入球形药中，配方组分的变化也就涉及了球形药的改变，研制周期增加了，但由于成球工艺过程比机械造粒工艺过程简单快速，故这个优点仍然是明显的。

b. 配方性能调节范围广。由于在配浆过程中可以方便地加入各种组分，因此，便于吸取双基推进剂和复合推进剂之长，将双基推进剂和复合推进剂中用之有效的组分或其他适宜的组分加入改性双基推进剂中，使推进剂性能的调节范围较广。由于只有配浆浇铸工艺才适于加入预聚体和交联剂，因此，配浆浇铸工艺比粒铸工艺更具发展前途。

② 配浆浇铸工艺取消了工艺冗长的机械造粒，因此，工艺较简单、安全且容易实现连续化。

③ 配浆浇铸工艺生产的推进剂的燃烧性能略逊于粒铸工艺，但是仍可满足使用要求。对于燃速的重现性问题，粒铸工艺靠大批量药粒的混同得到了保证；而配浆浇铸工艺所得产品的燃速对组分的物理状态的轻微变化不那么敏感，主要取决于各组分的含量，因此，也有较好的燃速的重现性。

8.5 复合推进剂的浇铸法制造工艺

8.5.1 概述

复合固体推进剂以液体高分子预聚物为黏合剂，与氧化剂、添加剂、性能调节剂、固化剂及其他组分经混合均匀后浇铸到模具或发动机中固化成型，预聚物和固化剂进行化学反应而形成网状结构，使其具有一定模量弹性体的过程，称为固化反应成型工艺。这类推进剂包括聚硫橡胶推进剂、聚氨酯推进剂、端羧基聚丁二烯推进剂、端羟基聚丁二烯推进剂、NEPE 推进剂、用聚叠氮缩水甘油醚（GAP）或 3, 3–双（叠氮甲基）环氧丁烷（BAMO）与四氢呋喃（THF）共聚作黏合剂的低特征信号推进剂等。

固化反应成型工艺主要是如何使推进剂内各组分混合均匀成为流动可浇铸的药浆，将药浆浇入模具或发动机内，浇入的方法有真空浇涛法，也有底部压入法，现以端羟基聚丁二烯推进剂真空浇铸固化反应为例简介其成型工艺。浇铸流程图如图 8–22 所示。

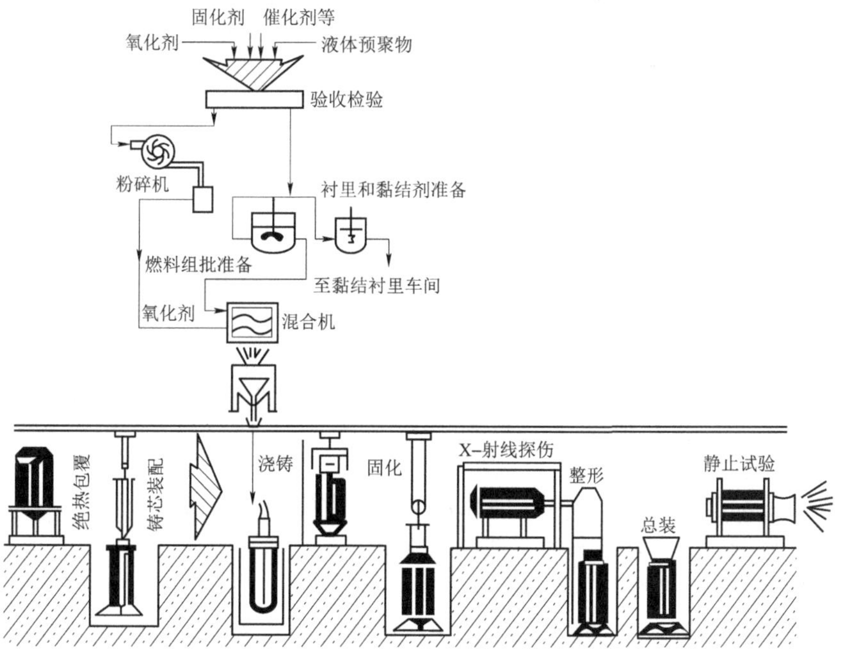

图 8–22　固体火箭发动机装药工艺过程

8.5.2 氧化剂准备

8.5.2.1 推进剂对氧化剂的要求

氧化剂提供推进剂在燃烧时所需要的氧，氧化剂的粒度和粒度级配可以调节和控制推进剂的燃烧速度，同时，也影响到推进剂药浆的流变性能。为了保持推进剂性能的稳定和重现性，粗氧化剂除了表面成球形，各项性能符合指标要求外，还要求氧化剂粒度极差要小，批间粒度差应小于 3 μm，若超过 3 μm，应组批混匀，否则会影响推进剂燃速的跳动量。要求氧化剂具有一定的表面硬度，氧化剂在成球过程中，由于工艺条件的影响，推进剂在成型加工时受到作用力，会使氧化剂原粒度变化，则影响推进剂燃速。氧化剂表面还需进行防潮处理，这样可以减少吸潮，阻缓氧化剂结块，还影响推进剂中键合剂与其黏结性能，所以，选择合适的防潮包覆剂很重要。一般采用十二烷基磺酸钠或磷酸三钙包覆剂，而磷酸三钙包覆的氧化剂其静电感度为十二烷基磺酸钠包覆的 1/10。

8.5.2.2 氧化剂过筛

氧化剂过筛的主要目的是除去外来杂质，尤其是金属杂质，防止其进入混合机后发生技安事故。另外，对于氧化剂，尤其是细氧化剂，可使其吸湿结块成团部分起到破碎作用，保证物料的均匀性。一般过筛在称量前或在物料加入混合机前进行，通常用机械振动和电磁振动过筛，如 Sweco 筛等。因在过筛过程中由于振动、摩擦易产生静电，尤其细氧化剂、硝胺类物料产生的静电更大，所以，过筛设备必须要有良好的接地导电装置，以免对操作人员损伤或发生安全事故。

8.5.2.3 氧化剂粉碎

推进剂燃速要求所用细粒度和超细粒度的氧化剂通过粉碎得到。生产细氧化剂的方法如下。

① 直接生产法：主要包括喷雾干燥、重结晶、气相合成、乳化溶液沉淀法等。

② 粒子粉碎法：主要包括锤式磨、管式磨、球式磨、振能磨和流能磨等。

8.5.2.4 氧化剂干燥

在推进剂制造过程中，要求氧化剂水分含量应小于 0.05%，否则会影响推进剂的工艺性能、力学性能和弹道性能。所以，氧化剂干燥是氧化剂准备的一个很重要的环节。氧化剂的去湿通常采用干燥法，将物料中“自由水”（也称为“表水”）去除。因物料在与一定温度和湿度的空气接触时，将排除或吸收水分达到一个平衡值，此值称为“平衡水”。物料中所含水分大于平衡水的部分称为“自由水”，干燥过程除去的是自由水。

氧化剂常用的有常压干燥和减压干燥，常压干燥又分为间歇式和连续式。

因水的沸点随真空度的增大而降低，见表 8–10，因此，采用真空干燥对超细 AP 更为适宜。

表 8–10　水的沸点与真空度的关系

真空度/kPa	0	31.3	54.1	70.2	81.6	89.0	94.1	97.2	99	100.1
水沸点/℃	100	90	80	70	60	50	40	30	20	10
水蒸气压/kPa	10.1.3	70.0	47.2	31.1	19.7	12.3	7.2	4.1	2.3	1.2

细 AP 很容易结块，因而改变了 AP 的粒径和粒形，严重影响推进剂药浆的流变性能和推进剂的燃烧性能。

防止细 AP 结块的措施：对粉碎后的细 AP 立即进行干燥，或对细 AP 进行表面包覆防潮处理。包覆剂如聚丙烯树脂类及氮丙啶衍生物类 HX–752（间苯二甲酰丙烯亚胺）等。

8.5.2.5　氧化剂粒度级配选用

通常使用的球形氧化剂有三类：Ⅰ类 40～60 目（d_{43} 为 330～340 μm），Ⅱ类 60～80 目（d_{43} 为 230～240 μm），Ⅲ类 100～140 目（d_{43} 为 130～140 μm），其粒度分布指标见表 8–11。

表 8–11　球形氧化剂粒度分布指标

标准筛筛目	孔径/μm	各类产品筛上剩余物料累积百分数/%		
		Ⅰ	Ⅱ	Ⅲ
30	630			
40	450	0～3		
50	355	35～50	0～3	
60	280	85～100	15～30	
70	224		65～80	
80	180		90～100	0～6
110	140			20～45
130	112			74～84
160	90			85～100
注：用机械振动标准筛进行筛分。				

因对推进剂燃速及药浆流变性能的要求，选用各种粒度级配，表 8–12 是几种氧化剂级配对推进剂燃速及药浆黏度的影响关系。

表 8–12 氧化剂级配对推进剂燃速及药浆黏度的影响

序号	Ⅰ类	Ⅱ类	Ⅲ类	细 AP（3 μm）	TBF/%	η/kPs	燃速 u/（mm • s^{-1}）	燃速压力指数 n
1	1	2	2	1	0	17.44	8.27	—
2	1	2	2	1	2.5	11.36	15.98	0.350 6
3	1	1	1	1	0	14.40	8.91	0.376 9
4	1	1	1	1	2.5	5.44	19.13	0.205 2
5	1	2	2	4	0	28.80	10.49	0.405 8
6	1	2	2	4	2.5	6.40	34.04	0.306 9
7	1	0	2	4	0	14.00	13.60	0.410 5
8	1	0	2	4	2.5	8.64	41.36	0.379 5

注：黏合型 HTPB 系统，AP 总量为 80%，其中所表数为各类氧化剂的分数，Al 为 5%。TBF 为叔丁基二茂铁，η为药浆黏度。

推进剂中固体颗粒所占比例都在 80%以上，尤其是氧化剂，选择合适的粒度级配对药浆的黏度影响很大。选择二级配氧化剂时，小颗粒占 30%时，药浆的黏度最低。若选用三级配氧化剂时，其质量比：大/中/小为 74/26/9 时，药浆黏度最低。按干涉理论，不发生干涉作用的小颗粒直径与大颗粒直径比应小于 1∶6.4，这些粒度级配不仅从推进剂药浆的流变性能而定，还应从推进剂的燃速要求来选用氧化剂颗粒级配。

8.5.3 其他原材料准备

8.5.3.1 固态原材料

推进剂中固体颗粒除氧化剂高氯酸铵外，还有高能燃料铝粉、高能组分硝胺（黑索今、奥克托今）、防老剂及其他辅料（固体催化剂如亚络酸铜、草酸铵）等。这些物料在进入推进剂前都必须进行干燥和过筛，防止水分及其他杂质带入，另外，也可避免成团而使推进剂不均匀。

铝粉中杂质含量会影响推进剂燃速，活性铝影响能量。铝粉的粒度在工艺允许情况下，尽量选用细的，因其在发动机中燃烧效率高，能量就高；若选用粗粒度的，因其在发动机内不能完全燃烧，会损失能量。

8.5.3.2　液态原材料

液态原材料有黏合剂、增塑剂、键合剂、固化剂、工艺助剂等。一些材料虽然用量少，但对推进剂性能影响很大，所以要求这些原材料的均匀一致性要好。

① 黏合剂，又称为胶，如端羟基聚丁二烯，其不同规格性能会影响到推进剂的力学性能、燃烧性能以及工艺性能。羟值高，黏合剂本体黏度低，工艺性好；羟值低，低温力学性能好，燃速及压力指数相应低。要求黏合剂相对分子质量分布窄些，这有利于性能重现。官能团的分布对性能影响很大，所以，在使用前应把胶料混匀。表 8–13 是几种丁羟胶性能指标对比。

表 8–13　丁羟胶性能指标对比

性　质	Ⅰ型	Ⅱ型	Ⅲ型	Ⅳ型
羟值/(mg・g^{-1})	0.47～0.53	0.54～0.64	0.65～0.70	0.71～0.80
数均相对分子质量/×10^3 VPO 法	3.80～4.60	3.30～4.10	3.00～3.60	2.70～3.30
水分/%	⩽0.05	⩽0.05	⩽0.05	⩽0.05
过氧化物以(H_2O_2计)/%	⩽0.04	⩽0.04	⩽0.05	⩽0.05
黏度(40 ℃)/(Pa・s)	⩽9.5	⩽8.5	⩽4.0	⩽3.5

② 固化剂 TDI、IPDI。现常用 TDI 为 2, 4/2, 6＝80/20。因 2, 4 与 2, 6 不同的异氰酸酯对固化反应速率不同，异氰酸酯在存放期间还有沉降过程，所以，在使用时必须摇晃均匀。

③ 键合剂，是为改善推进剂的力学性能而加入的。选择一定量合适的键合剂，就能获得性能好的推进剂。键合剂与氧化剂表面进行化学反应或物理吸附，与推进剂固化系统起化学反应，形成化学键，从而防止了推进剂的“脱湿”，改善了推进剂的力学性能。

根据推进剂固体物质与固化系统的性质不同去选择键合剂。用于丁羟推进剂的键合剂有单组元与多组元键合剂。通常使用的单组元键合剂有：硬脂酸与二乙醇胺的等分子产物；烷醇胺类、多胺类、氮丙啶化合物与有机羧酸的反应产物；间苯二甲酰亚胺及三氟化硼与三乙醇胺的络合物。多元键合剂选择几个单元键合剂组合，对推进剂力学性能的改善有明显的效果。

间苯二甲酰丙烯亚胺（HX–752）应在–18 ℃下贮存，使用前在热水浴上溶化，在 IPDI 固化系统使用性能较好。三氟化硼与三乙醇胺的络合物（T313）在使用

TDI 作固化剂，MAPO[三（–2 甲基氮丙啶–1）氧化膦]作交联剂时使用较好，固体物为高氯酸铵和铝粉，T313 用量为胶总量的 0.03%～0.05%，若固体物中用硝胺物质替换部分高氯酸铵时，则该含量应适当增加至 0.06%～0.08%。

8.5.3.3 原材料预混

原材料预混是先把黏合剂、键合剂、部分增塑剂以及金属粉末加以预混合。目的在于使产品均匀性好，另外，在混合过程中防止金属粉与氧化剂直接摩擦而引起不安全。预混可以在预混机内预混后再进入混合机中混合，也可在混合机中预混后，接着就进行正式混合。

8.5.4 壳体、模芯准备

复合推进剂在发动机装药时，在战术武器上可以是壳体黏结，也可以是自由装填。对于自由装填用的模具，若复合推进剂制成有一定刚度的硬药柱，则模具内表面需进行脱模处理；若复合推进剂较软，不能单独支撑，则在药柱外表面需有一定刚度的支撑架，以代替绝热层，如用玻璃钢、PVC 等。这部分材料与药柱黏结，从模具中脱出，可成自由装填药柱。

8.5.4.1 发动机壳体准备

在装药前，必须对壳体黏结的发动机内表面进行处理，以增加其与绝热层或衬层间的黏结性，保证装药的完整性。

发动机内表面处理的作用，主要是除去妨碍黏结的表面污物及疏松层，提高表面能及增加黏结表面积。

8.5.4.2 模芯准备

弹道性能对装药发动机的装药初燃面有一定的形状要求，初燃面的形状由模芯形状实现，因模芯在装药固化后要脱出，在脱出过程中，不能损伤装药表面，所以，在模芯表面需进行处理，在表面涂敷或喷涂一层脱模剂。

8.5.4.3 绝热、包覆

为保护火箭发动机材料，防止烧蚀和高压燃气流的冲刷，使得推进剂与发动机壳体间更好黏结，一般在发动机壳体内表面与推进剂之间要粘贴绝热层、自由脱黏层及喷涂包覆层。根据装药要求，有的火箭发动机只需包覆层即可，绝热层有一定的弹性并与推进剂能很好黏结，中间可不用包覆层，如三元乙丙橡胶等。若包覆层与推进剂都选用 TDI 作固化剂时，包覆层在半固化时浇药，然后再固化，则相互间黏结性较好。包覆层固化深度高或在表面吸潮，会影响之间的黏结性能。包覆层用 TDI 固化，推进剂用 IPDI 固化时，则包覆层固化深度应高些，否则会在界面间形成一软层，影响黏结性能。包覆一般有离心法、喷涂法以及倒挂式法。使包覆层能均匀地黏在壳体内表面，经一定温度达半固化后进行浇药，包覆层与推进剂之间进行交链反应，两界面间能更好黏结。

8.5.5 混合工艺

混合就是把推进剂所有组分按一定的顺序加入混合机内，进行捏合，搅拌，使固液界面润湿，固体颗粒被良好包覆，各组分分散均匀一致，形成工艺性良好的高黏度悬浮体（谓之推进剂药浆）。药浆浇铸到发动机内，其药浆表面能很快流平。

8.5.5.1 混合设备

混合设备主要是混合机，还包括加料装置、传动系统、液压系统、真空系统、热水保温系统及远距离测控系统等。

1. 卧式混合机

通常采用西格玛型桨叶卧式混合机，如图 8–23 所示，其结构简单，混合效率较好，容易制造，价格低廉，操作维修简便。卧式混合机结构在锅内有两个 Z 形桨叶，在桨叶下部为两个半圆形锅槽，两槽连接处有一中间凸棱，桨叶轴两端由轴支撑在锅壁上，桨叶和锅壁用不锈钢制造。桨叶与锅壁之间的间隙应严格控制（一般在 1～2 mm），最小不能小于 0.5 mm，间隙过小，混合过程中因摩擦大易发生事故，另外，把部分粗粒度氧化剂压碎而影响性能。间隙过大影响混合效率，会使锅底部分物料混合不均匀。混合锅壁夹套用热水调节可控制药浆的温度。在混合机上装有密封盖，可抽真空，在减压操作下进行除气。桨叶主动轴与从动轴速比固定，约为 4:3，转速可调，并可正反运转。为了混合安全，防止启动时搅拌桨叶阻力太大，一般对氧化剂采用连续加料装置，利用机械振动方式进行遥控加料。桨叶轴浸没在药浆中，轴瓦密封部分易进入药浆，当摩擦过热时容易引起燃烧或爆炸。若轴瓦内用聚四氟乙烯石棉绳作填料，并在投料后及时清理，不让药浆固化，因固化后的药比药浆的摩擦感度要大，这样可以避免或防止事故的发生。卧式混合机按容积有 1，2，5，10，20，50，100，300，500 L 等规格，有效容积一般为总容积的 1/2。使用时容积在 25%～40%时，总容积效率较好。

2. 立式混合机

立式混合机也可称为行星式混合机，搅拌桨有二叶或三叶，如图 8–24 所示。中心桨叶自转，旁边的桨叶除自转外，还围绕着中心桨叶做公转，以美 DAY 公司 150 加仑混合机为例，其转速关系见表 8–14。转速可调，但桨叶间转速关系是设定的。

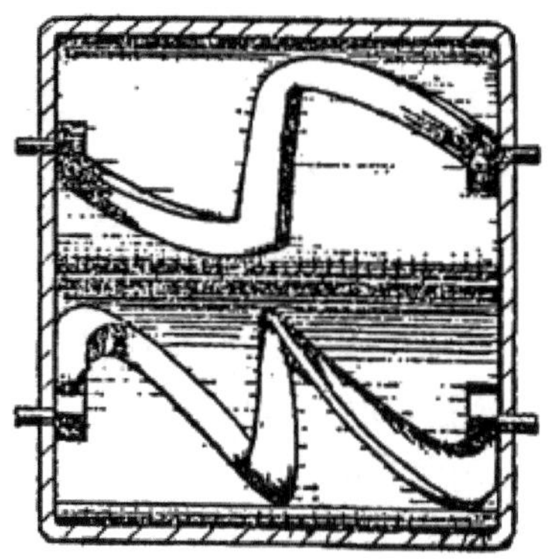

图 8–23 西格玛混合机俯视图

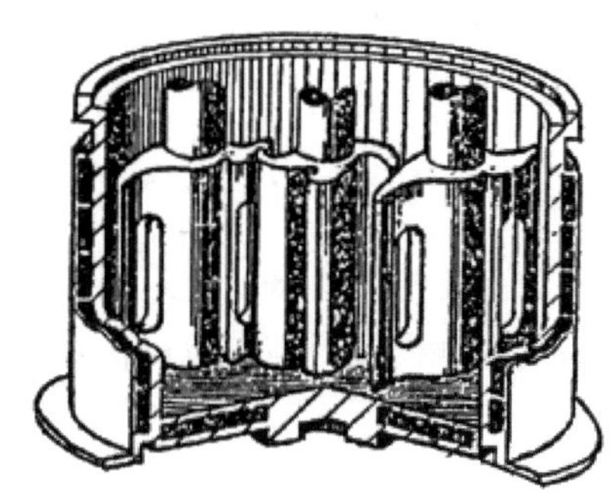

图 8–24 西格玛混合机

表 8–14 三桨叶转速 r/min

序号	中心桨自转	两侧桨自转	两侧桨公转
1	4.5	17	2.5
2	6.5	24	3.5
3	8.5	34	4.5
4	13.0	48	7.0

混合锅由不锈钢制成，其侧壁与底部有夹套，可通热水保温。在锅底及搅拌桨叶底部平嵌温度传感器以测量其药浆温度。在锅底及侧壁装测距传感器测量桨叶与锅底以及桨叶与锅壁之间的间距。各混合机大小不同，其间隙也不同。表 8–15 列出了 IKA 公司的混合机的间隙情况。

表 8–15 IKA 公司的混合机间隙情况 mm

混合机种类	桨叶间	桨叶与锅壁间	桨叶与锅底间
51 混合机	3	5	5
8001 混合机	5	8	8

工作时，锅或机头的升降是通过液压装置控制的，IKA 混合机机头升降，DAY 混合机锅升降，锅与机头间有密封垫圈压紧，形成内部密封，可进行真空操作。机头与锅之间有一油封装置，油一般为苯二甲酸二丁酯，也可用推进剂类似的增塑剂。机头与锅分别抽真空，因二者体积不同，所以，控制二者真空度一致较为重要。若机头内真空度高，锅内部分粉料抽到机头油封处，所以，油封部分需定期清洗及更换油。若锅内真空度高，则油封处的油会滴入锅内，而影响推进剂的

质量。

在机头有加料孔、防爆装置、光敏传感器，当有火焰信号时，锅与机头在 50 ms 内脱开，并可立即喷入消防水，在锅底有出料装置。若锅内有浮动盖，可以加压出料。

3. 连续混合机

双螺杆式连续混合机由原材料定量加料系统、连续混合主机、检测系统、控制系统、抽真空和加热保温等部分组成。部分原材料可通过预混后进入混合主机。混合主机在机筒内有两根直径相同并同向旋转的组合式双螺杆混合主机螺杆，螺杆上由螺旋输送与捏合块组合而成。螺杆两端固定，出料口后面是反螺纹，用以阻止推进剂进入螺杆轴承的密封区。机筒是平开启式结构，一方面可以清理螺杆残存物料，另一方面也是安全泄爆的最有效措施。筒体上有水保温夹套，用以控制并调节药浆温度。后端有抽真空装置，用以驱除药浆中气泡及可挥发物质。传动通过液压马达驱动，转速一般控制在 0～50 r/min。连续混合比间断混合减少了在制品量，可提高本质安全，捏合效果好，尤其对高固体含量、高黏度物料在混合后可直接压铸到发动机内。

8.5.5.2 混合工艺条件

推进剂配方确定后，混合的工艺条件是要保证实现混合目的，将各组分充分捏合，达到分散均匀一致。具有良好工艺性的药浆，即有可浇铸性、药浆流平性好等特点。

在混合工艺生产过程中，首先将黏合剂加入混合锅中，然后加入 MAPO 及键合剂，再加入 Al 粉，在混合机预混，可减少物料损失。混合过程中，正车是捏合，使固液料之间润湿；反车时，在死角部分物料能得到清理，使物料更均匀。混合过程中，温度控制由选用的固化剂确定。用 TDI 作固化剂时，一般药温控制在（40±5）℃；若用 IPDI 作固化剂，药温可控制在（60±5）℃。温度高，则药浆黏度降低。但随着温度升高，固化反应也随之进行，黏度逐渐增加，适用期缩短，使后期浇铸困难。混合过程中，抽真空是在加完固体物料后进行的，抽真空混合锅内余压在 1.3～2.6 kPa。两桨的转速一般选用中心桨 6.5 r/min，侧桨自转为 24 r/min，混合后出料通过混合锅底部出料阀接浇铸管，若把混合锅内物料进行翻抖，物料内进入空气会影响药浆质量。

8.5.6 浇铸工艺

浇铸是把经混合后的药浆浇铸到发动机壳体内，固化后形成符合设计要求的发动机装药。模芯可先装配后再浇药，也可浇完药浆后再插模芯。混合过程中对

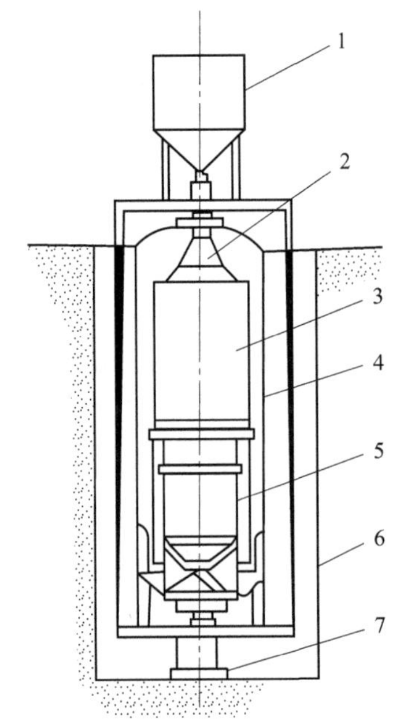

图 8–25 真空浇铸设备

1—浇铸漏斗；2—花板；3—发动机；4—真空罐；5—发动机支座；6—坑壁；7—升降机

药浆有的已进行真空除气，有的未进行除气。在浇铸过程中，药浆浇入发动机壳体时还需充分除气，以保证装药的质量。主要的浇铸工艺方法有以下几种。

8.5.6.1 真空浇铸

真空浇铸工艺装置如图 8–25 所示。

在真空条件下，把推进剂药浆经花板分割成许多细药条滴入真空罐内的发动机壳体或模具中。真空浇铸除通用的喷淋式外，还有插管等方式。

1. 浇铸工装

浇铸漏斗可由混合后的混合锅下部放料阀通过连接管接浇铸阀，也可用专用浇铸漏斗。药浆在浇铸过程中都需保温。在漏斗外都有通循环水的夹套。花板有圆孔（直径 3～5 mm）、月牙或扁孔，宽 5～7 mm，长 20～30 mm，根据工艺特点，也可选用其他形状和尺寸。较小发动机直径在 200 mm 以内，药形单一，可用一缸多发。

2. 真空度

在浇铸过程中，真空度既是药浆浇铸的主要驱动力，也是排除药浆中空气的主要手段。保证药柱无气孔、致密、良好的结构强度和弹道的稳定性，有利于药柱质量的重现性。在浇铸过程中，药浆浇铸动力＝真空度＋药浆压头。要增加浇铸动力，可增加药浆压头。因药浆量一定，故增加药浆压头时，需在药浆上增加压力。

由于不同地点、不同时间的大气压有所变化，因此不用真空度来控制工艺条件，通常用余压来控制，即，余压＝大气压－真空度。在浇铸过程中，余压控制在 1.36 kPa 以下为宜。

3. 浇铸速度

浇铸速度对浇铸的药柱质量影响很大，从生产周期和药浆适用期考虑，浇铸速度快是有利的。但药浆的除气与真空度、暴露面和暴露时间有关，并涉及药浆的黏度、花板孔的形状与大小、药条落程长短等因素。为了保证除气完全，浇铸速度又不宜太快，原则是，浇入的药浆能流平，不至于因新旧药浆流不平而在药浆之间夹带气泡，影响装药质量。

4. 浇铸温度

药浆的温度对药浆的黏度与固化速度影响很大，温度低时药浆黏度大，药浆中的气泡不易脱出，影响装药质量，也影响浇铸速度。而药浆温度太高，则药浆黏度增长快，适用期缩短。对 HTPB 推进剂而言，使用固化剂不同，其控制药浆的温度也应不同，如用 TDI 作固化剂，药浆温度控制在 40 ℃～45 ℃；若用 IPDI 作固化剂，药浆温度控制在 60 ℃～65 ℃为宜。在浇铸过程中，除控制药浆温度外，还需对模芯与发动机壳体保温，避免由于药浆与其温差较大，影响到药浆流动及与其界面的黏结。

5. 浇铸过程中的几个问题

① 在浇铸前，因对浇铸罐先抽真空，达到真空度后，连续抽 15 min，真空度达到稳定后方可浇药。在浇铸过程中，余压必须小于规定值。在药浆浇完后，继续抽真空 15 min，以驱除装药顶部的气泡。浇铸结束，一定要缓慢放气，因在真空浇铸过程中，药浆有一定的沸腾高度，若放气太快，会使顶部物料疏松或有气孔。

② 花板的孔径不宜选择太小、太薄，花板与发动机壳体顶部间距不宜太长，若药浆成细条或薄片，滴入时易在过程中翻转，而引起所谓搭药现象，影响装药质量。

③ 在浇铸前，发动机壳体与模芯都需保温，避免与药浆温差较大时，表面浸润不好而影响装药质量。

8.5.6.2　底部压铸

将已除气的药浆装在压力罐内，其上部连接增压装置（通氮气或压缩空气），底部出口处连接导管，将药浆压入发动机壳体内，药位逐渐上升，直至充满壳体为止。加压也可通过螺杆方式进行挤压，发动机上端同时抽真空，这种方式对黏度较高的药浆也适宜。

8.5.6.3　单室双推力装药技术

在战术发动机中，同一发动机单室双推力比单推力的工作效率要高。双推力有的靠药型对燃面的变化调节，有的用装填不同燃速的推进剂来达到，为了增加两级的推力比，同时采用不同药型与两种不同燃速的推进剂。双推力有两种装药形式：

1. 药柱轴向前后分段装药

药柱轴向分段装药，前段装低燃速推进剂，后段装高燃速推进剂，两段衔接结成整体。装药时两段的装药量及药长尺寸通过自动计量装置或液面标志杆精确控制。两种装药界面黏结要牢固，相互渗透层要小。在浇铸第一种推进剂满足要求后，让药浆表面流平后，再浇第二种推进剂，先浇入的药浆不应挂模芯与黏壁，防止与后浇药浆混淆，影响后浇药浆性能。

2. 药柱径向内外分层装药

根据装药要求，内外层分别装填不同燃速的推进剂。一次浇铸成型的装药工艺是采用隔离筒技术。先将一定尺寸的隔离筒安置在发动机壳体内，再将两种不同的推进剂药浆先后浇入隔离筒的外部和内部空间。装满药浆的燃烧室被固定在拉拔装置上，采用拉拔技术从药浆中拔出隔离筒，然后进行常规固化、脱模和整形，一次完成双燃速推进剂装药。为了确保两种推进剂的界面形状和尺寸，通过控制内层挡药板运动速度和隔离筒拉拔速度，可使隔离筒拔出。在隔离筒拔出时，两种推进剂界面迅速建立力平衡，从而保证界面的形状和尺寸。

以上两种装药也可分两次浇铸成型，即第一种推进剂浇铸待半固化后，拔出模芯，再浇入第二种推进剂。为了使两种推进剂界面更好黏结，第一层药表面一定要清洁，防止其他物料污染。对于二次成型浇铸工艺，第一种推进剂需经二次固化。

8.5.7 固化工艺

高分子聚合物与固化剂在一定温度下进行化学交联反应，称为固化过程。固化的工艺条件取决于固化系统，即所用固化剂品种和用量，另外是固化温度和固化时间。

8.5.7.1 固化温度

推进剂在混合过程中加入固化剂后，实际已在进行化学交联反应。在浇铸过程中，药浆黏度逐渐增大，使药浆逐渐失去流动性。在固化初期，因推进剂固化是放热反应，生成的热量在推进剂内不易散发，所以推进剂内温度比固化系统温度要高。随着反应的接近完成，推进剂内温度逐步下降。反应速度与固化温度有关，通常固化温度每增加 10 ℃，固化反应速度增加一倍。因此，固化温度高，所需的固化时间短；固化温度低，所需固化时间长。从固化反应速度和固化生产周期考虑，温度高些有利，但温度太高会使药柱受到较大热应力，容易造成脱黏和裂纹。

1. 固化温度对黏结的影响

推进剂的热膨胀系数约为发动机壳体膨胀系数的 10 倍，钢的热线胀系数为 1.1×10^{-5} ℃$^{-1}$，而 HTPB 推进剂的热线胀系数为 1.1×10^{-4} ℃$^{-1}$，因此，当推进剂在较高的温度下固化后冷却至室温时，推进剂药柱的收缩要比壳体的收缩大。对于壳体黏结装药，药柱将受到很大的热应力，在装药端部易发生脱黏现象。为了减少这种现象的发生，通常采用降低固化温度或常温固化的措施，固化过程中控制升、降温速度一般为 2～3 ℃/h，另外，在端部采用应力释放罩或自由脱黏层。

2. 固化温度对重现性的影响

由于推进剂的导热系数较小，HTPB 推进剂的导热系数为 0.5～0.56 W/(m·K)，绝热层的导热系数为 0.4～0.6 W/(m·K)，包覆层的导热系数为 0.26～0.36 W/(m·K)，因此，固化反应热很难散发出去，从而使药温升高，影响随后的固化反应历程，最终将影响固化后推进剂药柱的力学性能。所以，若固化温度不严格，温度波动较大时，固化反应历程将不同，造成各批产品物理性能的差异，导致产品重现性差。

在选择固化温度时，要根据发动机对推进剂力学性能的要求、燃烧室药柱肉厚的情况，以及选用的固化剂品种而定。若用甲苯二异氰酯（TDI）作固化剂，固化温度可选择在 40 ℃～45 ℃；用异佛尔酮二异氰酸酯（IPDI）作固化剂时，固化温度可选择在 60 ℃～65 ℃。若用较大发动机装药，固化温度应低些。因固化温度对推进剂性能影响很大，所以，要保证药柱在固化过程中上下温度一致，避免因温度差异而影响药柱性能的一致性。

8.5.7.2　固化时间

在一定温度条件下，推进剂药浆达到最适宜的物理性能所需要的固化时间，通常用推进剂的抗拉强度和延伸率来选定，如图 8–26 所示。

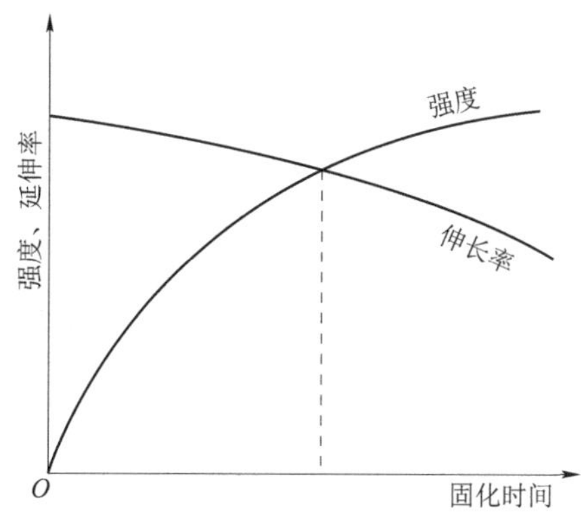

图 8–26　固化时间对推进剂力学性能的影响示意图

采用常压固化，当推进剂采用 TDI 作固化剂时，固化温度取（50±2）℃时，固化时间需 6～8 天，若温度取（70±2）℃时，固化时间只需 3～4 天；当推进剂采用 IPDI 作固化剂时，固化温度取（60±2）℃时，固化时间需 6～8 天。一般药柱直径较小时，固化温度可选高些，以便缩短固化时间。

8.5.7.3 固化工艺的改进

固化工艺一般在常压下，通过热风和热水循环以达到均匀的固化温度，改进温度控制，提高固化温度的精度，使固化过程更能达到一致性，使产品性能稳定重现。

1. 加压固化

为消除或减小推进剂药柱在制造时所产生的热应力，常采用加压固化。加压固化就是在固化时将推进剂药浆加压，这样发动机壳体就产生了弹性膨胀变形。在推进剂固化后，温度渐渐下降，所加的压力也慢慢释放。此时，推进剂由于温度降低而收缩，发动机由于压力释放而收缩，因此，所加的压力正好抵消了药柱的热应力。加压方法有：借助胶膜对药浆加压；用氮气直接向药浆加压。通过加压固化，推进剂密度比常压固化时的要高些，力学性能要好些。

2. 常温固化

为了减小固化后药柱产生的热应力，另一途径是采用常温固化。因在常温下推进剂固化反应速度较低，为提高固化反应速度，通常加固化催化剂，常用的固化催化剂有乙酰丙酮铁（$Fe(AA)_3$）、三苯基铋、三乙氧基苯基铋等。

8.5.8 脱模与整型

8.5.8.1 脱模

对与发动机燃烧室紧密黏结的固化成型的药柱来讲，只需脱去模芯，显露出药柱的燃烧面，即完成脱模。对非壳体浇铸药柱来讲，脱模是将固化成型的药柱借外力脱去模芯和模具。经脱模后，便得到一定形状和尺寸的完整药柱。

为了减小模芯从药柱中脱出时的阻力，在模芯表面均烧结一层聚四氟乙烯薄膜和涂敷硅油等脱模剂，即使这样，药柱与模芯间的黏结力还是很大的。为了安全，对于较大模芯，在脱模前应先把模芯顶松动。在整个脱模装置中，都应有导电性能良好的材料，使在脱模过程中因摩擦产生的静电能很快地传导，避免发生安全事故。

8.5.8.2 整形

整形是指对发动机装药中内型面的几何形状、尺寸，按设计要求进行修整或将药柱端面修整到规定要求的过程。在此过程中，可调整装药质量公差，提高精度。整形有手工与机械两种方式，应用有色金属作整形工具。

8.5.9 端面包覆

因发动机弹道性能的要求，对装药的端面需进行包覆。端面包覆一方面可限制推进剂端面燃烧，另一方面也可起到部分密封作用。通过端面包覆，还可调整头、尾空间的尺寸要求。经固化后的发动机装药在药柱表面基本没有活性基团，端面包覆主要靠亲和吸附力。

为了增大黏结力，除药柱表面清理干净外，还应在药柱表面涂黏结剂。端面包覆有贴片和端面料浆浇铸。贴片根据形状要求做好预制片；在装药表面与预制片一面涂黏结剂，用工装让其紧贴固定。端面料浆浇铸，因发动机装药已进行过固化，所以，在端面包覆时，不宜在高温下进行，并且存放时间不易过长，因此，端面料浆应能在较低温、较短时间固化。在端面包覆时，还应防止气泡及防止端面包覆与发动机壳体内壁形成凹月面，以免影响装配。

8.5.10　无损检测

固体火箭发动机是各种运载火箭的动力装置，必须要有高度的可靠性。因此，对装药结构的完整性提出了十分严格的要求，固体火箭发动机从制造到使用经历各种工艺加工、贮存、运输、环境的温度交变，受点火的冲击和飞行时加速度等考验。在这些过程中，发动机各部件的质量可能发生变化，如产生某些缺陷、绝热层和包覆层的脱黏、药柱内部产生裂纹等，这些变化会影响发动机的内弹道性能，严重时会导致发动机烧穿，甚至发生爆炸。所以，发动机在装药后需进行全面检测，在经受各种环境条件考核后，还需进行检测，以保证火箭发动机工作的可靠性。

对装药发动机无损检测的方法很多，通常有：目视检查（进行外观检查），界面黏结检查（壳体、绝热层、包覆层、推进剂之间的黏结情况），药柱内部缺陷的检测（指的是在药柱内部的气孔、夹杂物、密度和组分的不均匀）等。无损检测技术将在第 10 章介绍。

8.5.11　装药发动机的包装及存放

发动机壳体在清理之后的所有工艺存放过程中，在其两端应有工艺堵盖保护，防止环境的湿度对表面影响，防止装药过程中影响界面黏结以及装药后对药外表面影响。在整机装配后，对头部点火系统及尾部喷管堵盖需进行气密性检查，防止环境中空气进入发动机内而影响贮存性能。武器的使用是在各种不同条件下进行的。在使用前必须进行各种环境条件的例行试验，如高低温、温度循环、高温高湿、运输、振动、冲击、跌落、盐雾等，根据设计要求选择试验项目。但在未使用前，在库房存放时，应控制温、湿度，在较低温、湿度下贮存产品对延长贮存寿命是有益的。

参考文献

[1] 任玉立，陈少镇. 火药化学与工艺学 [M]. 北京：国防工业出版社，1981.
[2] 张端庆，等. 固体火箭推进剂 [M]. 北京：兵器工业出版社，1991.
[3] 缪国平，陈网根. 轻武器发射药的配方和工艺 [J]. 火炸药，1983.
[4] 吴兴安. 双基发射药 [M]. 北京：国防工业出版社，1983.
[5] 王贵恒. 高分子材料成型加工原理 [M]. 北京：化学工业出版社，1991.
[6] [美] Z·塔莫尔，I·克莱因. 塑化挤出工程原理 [M]. 夏廷文，等，译. 北京：轻工业出版社，1984.
[7] 成都科技大学. 塑料成型工艺学 [M]. 北京：轻工业出版社，1983.
[8] 戴健吾，霍雅玲. 硝化纤维素浓溶液体系流变性的研究 [J]. 火炸药，1979.
[9] 任玉立，陈少镇. 关于硝化纤维素浓溶液的研究 [J]. 火炸药，1979.
[10] 张续柱. 双基火药 [M]. 北京：北京理工大学出版社，1997.
[11] 侯林法，等. 复合固体推进剂 [M]. 北京：宇航出版社，1991.

本章习题

1. 简述吸收药制造中的物理化学过程。
2. 与单螺杆压伸工艺相比，双螺杆压伸工艺的优点有哪些？
3. 压伸成型工艺与浇铸成型工艺各有何优缺点？
4. 浇铸成型工艺有何特点？造粒浇铸和配浆浇铸工艺的主要区别是什么？

第9章

燃气发生剂

9.1 概述

燃气发生剂，又名燃气发生剂推进剂，是一种低温缓燃推进剂。燃气作为驱动辅助动力装置的工质，将化学能转变成机械能或电能。燃气发生剂主要用于燃气发生装药，作为火箭导弹和航天飞机等上的各种燃气发生器动力源。燃气发生剂还可以作膨胀装置的气源，使用在飞机应急系统的弹射器、海上急救空气阀、充气服以及汽车的安全气囊等方面。

早在20世纪40年代，国外就研制了双基燃气发生剂，为了克服双基燃气发生剂燃温较高和燃速较大的缺点，又发展了复合型燃气发生剂。主要是硝酸铵（AN）燃气发生剂，它使燃气发生剂的性能大大改善。由于AN的相变和吸湿性，AP燃气发生剂应运而生，并得到广泛应用。但AP型燃气发生剂燃烧时产生HCl气体，具有腐蚀性，使其应用受到了一定的限制。20世纪70年代，将三氨基硝酸胍（TAGN）引入硝胺推进剂配方中，成功地研制出硝胺型燃气发生剂。这类燃气发生剂克服了燃气中存在HCl气体的腐蚀性问题，但也存在硝胺贫氧和压力指数偏高的问题。

燃气发生剂除具备复合固体推进剂的某些性能以外，还应具备以下特殊性能：

（1）燃烧温度低

燃气发生剂的燃温一般为800 ℃～1 900 ℃，特种燃气发生剂燃温可低至500 ℃左右。

（2）燃气少烟，“清洁”，腐蚀性小，残渣少

燃气驱动辅助动力装置要经过喷管、管道、活塞、转轴、涡轮等部件，工作时间长；若燃气有烟、残渣较多，则会损坏或卡死上述装置的精密部件。对燃气少烟或“清洁”程度的要求，取决于装置的精密程度，有的辅助动力装置还要求燃气腐蚀性小。

（3）发气量大

1 kg 燃气发生剂燃烧后产生的气体产物在标准状态下的体积称为发气量，即比容。燃气平均相对分子质量越小，燃气发生剂的发气量就越大，做功能力也增大，有利于减轻发生器的结构质量。

（4）燃烧速度较低

燃气发生剂用于辅助动力装置，工作时间较长，如果燃速高，药柱肉厚必然增大，给结构设计带来麻烦。因此，一般要求燃气发生剂的燃速为 2～7 mm/s，也有要求燃速低达 0.7 mm/s。

由于燃气发生器结构简单、质量轻，使用方便，又具有上述特殊性能，因此，它被广泛用于如下领域：

① 液体火箭导弹涡轮起动器、增压器；

② 固体火箭导弹推力向量控制、弹体和弹头滚动控制的伺服系统、弹射装置，发射车的竖立装置，末助推以及涡轮电动机和舵机控制等的燃气发生器；

③ 飞机紧急启动的起动器；

④ 鱼雷起动点火器；

⑤ 应急救生系统中的应急滑梯、救生船、救生衣、安全袋、潜水艇的应急救生及伪装诱饵等的燃气发生器；

⑥ 石油开采、灭火等的特种燃气发生剂。

燃气发生剂配方品种较多，本章就几种主要类型推进剂配方以及配方设计中的有关问题作概要介绍。

常用的燃气发生剂有双基型、硝酸铵（AN）型、高氯酸铵（AP）型、二羟基乙二肟（DHG）型和硝胺（HMX、RDX）型、烟火型等主要品种。其中 AP 型和 AN 型是最常用的两类。

9.2 双基型燃气发生剂

双基型燃气发生剂是一种由难挥发性或无挥发性物质作硝化纤维素溶剂的溶塑物质。在这类燃气发生剂中，硝化纤维素及其溶剂是赋予燃气发生剂能量的最

基本的物质。双基型燃气发生剂就是由此得名的。双基型燃气发生剂又可分为巴利斯太型和柯达型两种，巴利斯太型双基燃气发生剂在制造过程中不加挥发性溶剂作助溶剂，而柯达型双基燃气发生剂在制造时加有挥发性的溶剂（如醇、醚或丙酮等）作助溶剂。我国国内现生产的双基型燃气发生剂属于巴利斯太型（以前生产过柯达型的）。双基型燃气发生剂药柱均匀性好，性能稳定，燃气洁净，是一类重要的燃气发生剂。除用于武器发射弹丸、推进火箭、导弹外，还广泛用于其他各种需要高速气体的驱动机构和燃气发生器中。

9.2.1 双基型燃气发生剂的组分及其作用

表 9–1 列出了两种典型的双基型燃气发生剂配方。配方 9–1 用作发射药（例如武器发射弹丸），配方 9–2 用作火箭推进剂。

表 9–1 典型的双基型燃气发生剂配方 %

组　分	配方 9–1	配方 9–2
硝化纤维素（12.0% N）	56.0	57.0
邻苯二甲酸二丁酯	4.5	2.0
硝化甘油	26.5	26.0
二硝基甲苯	9.0	12.0
二号中定剂	3.0	—
凡士林	1.0	1.0
氧化镁	—	2.0

不难看出，双基型燃气发生剂实际上是以硝化纤维素和爆炸性溶剂（上两例中为硝化甘油）为基本成分的多组分的复杂体系。这一体系应具有所需要的能量性能、燃烧性能、加工性能、安定性能及力学性能等。下面就以这两个典型配方为例来说明双基型燃气发生剂的基本组分及其作用。

1. 黏合剂

硝化纤维素既是双基型燃气发生剂的主要能量成分，又在双基型燃气发生剂中起着黏合剂的作用，保证其力学性能。这是因为它在溶剂的作用下，可以被溶解和塑化，从而把其他组分牢固地黏结在一起。

一般双基型燃气发生剂使用含量在 11.8%～12.1%的 D 级 NC（3#），它在硝化甘油等溶剂中具有较好的溶塑性能。有时为了提高能量，也可采用混合棉，但其中三号棉的比例不能过小，以保证其在溶剂中的溶塑性能。

2. 主溶剂

配方 9–1 和 9–2 都使用硝化甘油作为硝化纤维素的主溶剂，同时又是主要的能量成分。主溶剂的作用是对硝化纤维素进行溶解塑化，以获得具有一定致密性和机械强度的双基型燃气发生剂。

在双基型燃气发生剂中，硝化甘油是最常用的主溶剂。它是一种高能爆炸物质。在双基体系中增加硝化甘油的含量有利于提高燃气发生剂的能量，但同时也增大了生产制造过程中的危险性、燃气的烧蚀性，并降低了制造和贮存时的物理化学安定性。

在双基型燃气发生剂中，可以作为主溶剂的物质还有硝化二乙醇胺（又称吉纳）、硝化乙二醇、硝化二乙二醇、硝基异丁三醇三硝酸酯、硝化三乙二醇等。

3. 助溶剂

助溶剂的作用是增加硝化纤维素在主溶剂中的溶解度。在配方 9–1 和 9–2 中，二硝基甲苯和邻苯二甲酸二丁酯就是硝化纤维素的助溶剂。它们与硝化甘油溶混后，降低了表面能，增大了与硝化纤维素的接触面积，从而提高了溶塑效果。另外，由于助溶剂的引入，使硝化甘油敏感度明显降低，生产比较安全。常用助溶剂有二硝基甲苯、甘油三醋酸酯（三醋精）、邻苯二甲酸二丁酯、葵二酸二甲酯等。

双基燃气发生剂中的溶剂（主溶剂与助溶剂）与硝化纤维素需有适当的比例，这一比例称为溶剂比。适宜的溶剂比可使燃气发生剂易于加工成型，产品具有良好的物理力学性能。一般以硝化甘油为主溶剂的双基型燃气发生剂，其溶剂比在 0.70～0.75 为好。

4. 安定剂

为减缓和抑制硝化纤维素和硝化甘油等硝酸酯类成分的缓慢热分解作用，双基型燃气发生剂中都有安定剂。配方 9–1 和 9–2 中的中定剂和氧化镁都起安定剂的作用，它们可吸收硝酸酯类组分分解出的具有催化作用的氮氧化物。双基燃气发生剂的安定剂一般用中定剂而不用二苯胺，这是因为二苯胺碱性较强，能够皂化硝化甘油。

中定剂能与硝化甘油、二硝基甲苯等溶剂互溶，对硝化纤维素也有良好的溶解性能，双基型燃气发生剂用中定剂有二乙基二苯脲（一号中定剂）、二甲基二苯脲（二号中定剂）、甲乙基二苯脲（三号中定剂）等。

5. 燃烧调节剂

燃烧调节剂是调节或改变燃气发生剂燃烧性能的物质。它包括燃烧催化剂及燃烧稳定剂。

燃烧催化剂是用来改变燃气发生剂在较低压力下燃烧速度的一种物质。如果这种物质在燃气发生剂中起到提高燃速的作用，那么它是燃烧的正催化剂；反之，则是负催化剂。表 9–1 配方 9–1 中的氧化镁除了起安定剂作用外，还起燃烧的正催化作用。双基型燃气发生剂常用的燃烧正催化剂有炭黑、氧化铅、邻苯二甲酸铅、水杨酸铅、鞣酸铅、碳酸铅、硫酸钾和氧化铜等，作为负催化剂的物质有磷酸铁等。

燃烧稳定剂用于消除燃气发生剂的不正常燃烧，增加燃烧的稳定性。氧化镁、碳酸钙、邻苯二甲酸铅都有稳定燃烧的作用。

6. 高能添加剂

为提高燃气热量或燃气比容而加入的物质，称为高能添加剂。这类物质有金属铝等固体燃料，高氯酸铵、硝酸铵等固体氧化剂以及硝基胍、黑索今、奥克托今等含能有机结晶化合物。加入固体燃料或固体氧化剂的双基燃气发生剂，通常称为改性双基型燃气发生剂。加入含能有机结晶化合物的双基燃气发生剂，通常称为三基（或多基）型燃气发生剂。一般在改性双基燃气发生剂中作为高能添加剂的固体燃料是铝粉，固体氧化剂是无机高氯酸盐等。

7. 工艺附加物

用以改善燃气发生剂工艺性能的物质称为工艺附加物。配方 9–1 和 9–2 中的凡士林就是一种工艺附加物。适当的凡士林可以降低燃气发生剂的内摩擦力，便于加工成型。有些配方中还加入石蜡、硬脂酸锌或表面活性剂，其目的都是适应加工工艺，获得预期质量的燃气发生剂。

8. 其他附加物

有时为了一些特殊要求，可以在燃气发生剂配方中加入某些附加物质。

挤压成型工艺是双基型燃气发生剂制造的典型工艺，其原理与双基推进剂的工艺原理相似，通过主溶剂与助溶剂对硝化纤维素的溶塑作用来改变硝化纤维素大分子间的作用力而使双基药料获得所要求的塑性，然后在一定压力与温度作用下，使药料通过一定的成型模具，挤压出所需要的药柱。

9.2.2 双基型燃气发生剂配方实例

1. 硝化甘油为主溶剂的配方（表 9–2）

表 9–2 含硝化甘油的燃气发生剂的组分和性能

组 分	配方 9–3	配方 9–4
硝化棉（12.0% N）/%	53.5	56.0
硝化甘油/%	30.3	29.0
二硝基甲苯/%	9	6.5
苯二甲酸二丁酯/%	—	2.0
二号中定剂/%	2.0	—
2–硝基二苯胺/%	—	2.0
铅催化剂/%	4.0	3.0
凡士林/%	1.0	1.0
其他附加物/%	0.5	0.5

续表

组　分	配方 9–3	配方 9–4
爆热/(kJ • kg^{-1})	3 719	3 633
比容/(L • kg^{-1})	—	802
比冲/(N • s • kg^{-1})	2 055.2	2 032.6
燃速公式	$0.458\,7p^{0.39}$	$2.902p^{0.15}$
燃速公式适用压力/MPa	9.8～21.6	6.8～10.8
燃速/(mm • s^{-1})（6.9 MPa 时）	17.1	10.9

配方 9–3 可用作火箭助推器或燃气发生器装药，配方 9–4 用作飞机弹射座椅燃气发生剂。

2. 含其他硝酸酯溶剂的配方

（1）含硝化二乙二醇的双基燃气发生剂配方（表 9–3）

表 9–3　含硝化二乙二醇的燃气发生剂的组分和性能

组　分	配方 9–5
硝化纤维素（D 级 NC（3#））/%	62.0
硝化二乙二醇/%	31.3
苯二甲酸二丁酯/%	2.7
中定剂/%	3.0
凡士林/%	1.0
爆热 $Q_{V(1)}$/(kJ • kg^{-1})	3 014
火药力 f_V/(kJ • kg^{-1})	933.4
燃温 T_V/K	2 374
比热容/(L • kg^{-1})	1 059.56

上述配方可用作发射药或驱动器装药。

（2）含吉纳的双基燃气发生剂配方（表 9–4）

表 9–4　含吉纳的双基燃气发生剂的组分和性能

组　分	配方 9–6	配方 9–7
硝化纤维素/%	57.0 （12.0% N）	56.5 （12.56% N）
硝化甘油/%	27.5	22.2
吉纳（硝化二乙醇胺）/%	10.3	18.0
中定剂/%	1.5	2.5
凡士林/%	0.5	0.8
催化剂等/%	3.2	–

续表

组　分	配方 9–6	配方 9–7
爆热 $Q_{V(1)}$/(kJ・kg^{-1})	4 456	4 615
比容/(L・kg^{-1})	657	907
燃温 T_V/K	—	3 446
火药力 f_V/(kJ・kg^{-1})	—	1 160

（3）平台类型的配方（表 9–5）

表 9–5　平台燃气发生剂的组分和性能

组　分	配方 9–8	配方 9–9	配方 9–10
硝化纤维素（13.15% N）/%	58.5	58.5	58.5
硝化甘油/%	22.5	22.5	22.5
三醋精/%	8.5	8.5	8.5
乙基中定剂/%	8.0	8.0	8.0
硬脂酸铅（外加）/%	2.0	—	—
钼酸铅（外加）/%	—	2.0	—
二硝基甲苯/%	2.5	2.5	2.5
氧化铅（红色，外加）/%	—	—	0.5
爆热/(kJ・kg^{-1})	2 720	2 886	2 720
最低压力指数	0.0	0.0	0.0
最低压力指数的压力区压力/MPa	4.8~9.7	6.2~10.3	4.8~8.3

上述配方中的外加成分如采用一氧化铅、过氧化铅、氢氧化铅、二乙酰基醋酸铅等铅化合物，也能获得很好的平台效果。

（4）无二次闪光的配方

表 9–6 中，配方 9–11 及 9–12 是用粒铸法制造的。由于配方中加入了钾盐，它在火箭发动机或燃气发生器燃烧室中燃烧后，喷出的燃气遇外界大气不会发生二次燃烧，因而消除了二次闪光。

表 9–6　无二次闪光的低燃速燃气发生剂的组分和性能

组分	配方 9–11	配方 9–12
硝化纤维素/%	49.6	49.6
硝化甘油/%	30.2	30.2
三醋精/%	8.4	8.4
蔗糖八醋酸酯/%	7.4	7.4
硬脂酸铅/%	3.0	3.0

续表

组分	配方 9–11	配方 9–12
2–硝基二苯胺/% 乙基中定剂/% 硝酸钾/% 硫酸钾/%	0.4 0.15 1.0 —	0.4 0.15 — 1.0
爆热/(kJ • kg^{-1}) 燃速/(mm • s^{-1})	3 200 4.19（3.4 MPa） 4.064（5.9 MPa）	3 180 4.45（3.4 MPa） 4.32（6.2 MPa）

3. 含高效燃速催化剂的配方

十氢葵硼烷等高效催化剂的催化作用对于以硝化纤维素为基的双基型燃气发生剂具有很宽的适应性。它对于硝化纤维素含量为 8%～99.9%、含能增塑剂或其他附加物含量为 0%～40%、氧化剂或固体含能物质含量为 0%～60%的双基型燃气发生剂都有催化燃烧的效果。它本身在双基型燃气发生剂中的用量可根据需要与效果在 0.01%～20%范围内变化。

表 9–7 介绍的配方 9–13 及配方 9–14 中含有多种铅的有机化合物和聚乙炔，也可以有效地提高双基型燃气发生剂的燃速。

表 9–7 含铅化物和聚乙炔的燃气发生剂的组分和性能 %

组分	配方 9–13	配方 9–14
硝化纤维素与硝化甘油/% （质量比 27:23）/%	89.82	90.72
酞酸二丁酯/%	3.09	2.01
一号中定剂/%	1.03	0.93
二号阿卡狄特/% （N–甲基–N，N 二苯脲）/%	1.54	1.43
水杨酸铅/%	1.27	1.27
2–乙基异已酮铅/%	0.98	2.06
硬脂酸铅/%	0.50	—
氧化镁/%	0.05	0.05
石墨/%	0.05	0.05
小烛树蜡/%	0.05	0.05
聚乙炔/%	1.22	1.43
爆热/(kJ • kg^{-1}) 燃速/(mm • s^{-1}) （6.9 MPa，常温）	4 318 21	4 356 21.5

上述两个配方中如果不加有机铅化合物以及聚乙炔，其燃速在同样条件下只能达到 9.2 mm/s，加了这几种成分，燃速提高一倍多。配方中的有机铅化合物可以用锰、铁、钴、镍、铜、铬和锡的有机化合物代替，它们与聚乙炔并用也可起到优良的增速催化作用。

9.3 硝酸铵型燃气发生剂

AN 型燃气发生剂由 AN 和不同黏合剂及性能调节剂组成。因为 AN 单位质量给出较大的气体体积，在低温下产生无毒无腐蚀的气体，价格低廉，容易得到且处理安全，可以用普通的浇铸工艺制造，所以以 AN 为主的燃气发生剂目前被认为是最好的，并被广泛应用。

9.3.1 硝酸铵氧化剂

9.3.1.1 硝酸铵的理化性质

硝酸铵的分子式为 NH_4NO_3；相对分子质量为 80.05；密度因不同晶型而异：β 晶体为 1.725 g/cm^3，γ 晶体为 1.66 g/cm^3，δ 晶体为 1.69 g/cm^3。AN 的密度一般取 1.725 g/cm^3；有效氧为+20%；生成焓为–4 561.9 kJ/kg。

AN 的质量标准见表 9–8。

表 9–8 AN 的工业质量标准

项目名称	规 格
外观	白色或淡黄色晶体，无肉眼可见杂质
纯度/%	不少于 99.5（以干燥物料计）
水分/%	不大于 0.5
灼烧残渣/%	不大于 0.15
水不溶物/%	不大于 0.08
硫酸盐/%	不大于 0.15（以硫酸铵计）

1. 硝酸铵的晶变

纯 AN 结晶在 169 ℃熔融，在–18 ℃～169 ℃区间有 5 种结晶变体，如图 9–1 所示。

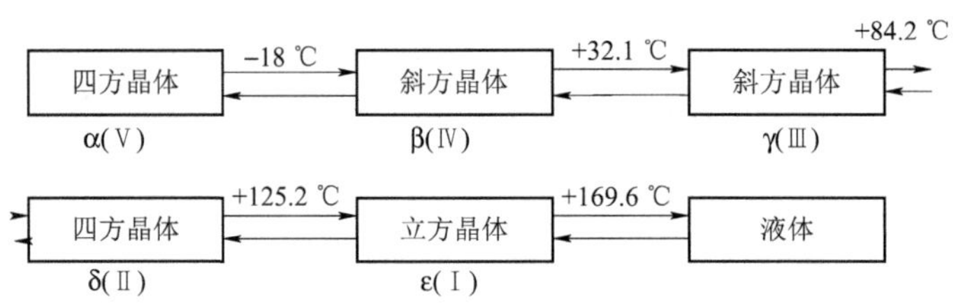

图 9–1 AN 晶变示意图

进一步研究发现，在温度 169 ℃以上，压强超过 882 MPa 时，AN 还存在另一种晶体（Ⅵ）。熔融的 AN 以每分钟 2 ℃的速度迅速冷却时，只观察到三种转变，即液体$\xrightarrow{169\ ^\circ\mathrm{C}}$ε（Ⅰ）$\xrightarrow{125\ ^\circ\mathrm{C}}$δ（Ⅱ）$\xrightarrow{50\ ^\circ\mathrm{C}}$β（Ⅳ）；晶体 α（Ⅴ）冷却到−170 ℃以下时，进一步转变为另一种晶体（Ⅶ）。

在 32.1 ℃，由 β 晶体转变为 γ 晶体时，晶体体积增加约 3.2%，同时，晶体分裂成小晶体，当 γ 晶体冷却时，其小晶体容易结块。

AN 晶变时，其比容与温度关系如图 9–2 所示。

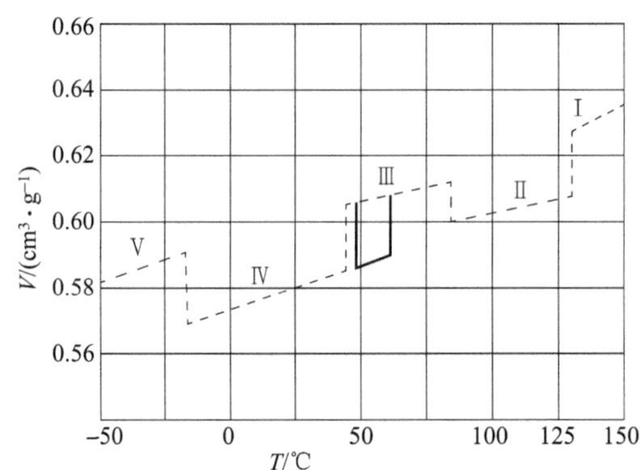

图 9–2 AN 的比容、晶相–温度图

值得指出的是，AN 的纯度和水含量不同，β 晶体和 γ 晶体之间的转变温度在 32 ℃～55 ℃变化，如图 9–2 中实线所示，正好处在使用温度范围内，这就给燃气发生剂的制造和使用带来了很大困难。

2. 硝酸铵的吸湿性

在一定温度和某一环境相对湿度下，AN 开始吸湿，该湿度称为 AN 的吸湿点，或称为临界相对湿度。AN 有较强的吸湿性，在潮湿的空气中可以成为水溶液。不同温度和相对湿度下，AN 的吸湿线如图 9–3 所示，吸湿线以下为干燥区，吸湿线以上为吸湿区。

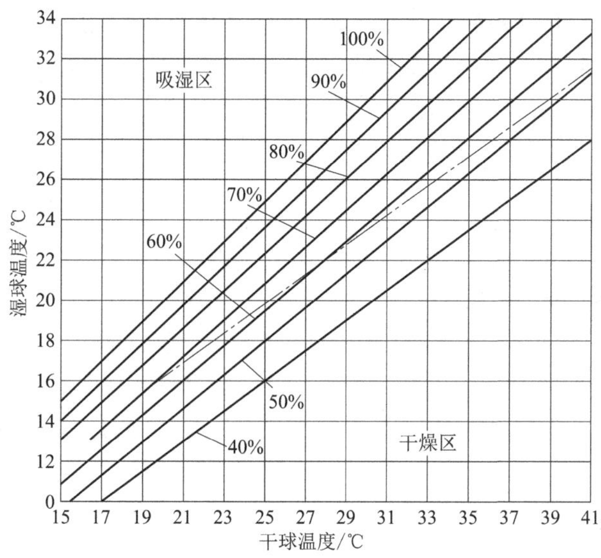

图 9–3　相对湿度与 AN 的吸湿点

——环境相对湿度；— – —AN 吸湿点

3. 硝酸铵的热分解和爆炸性质

室温下 AN 是稳定的。其热分解活化能（*E*）较高，为 2 117.0 kJ/kg。无水 AN 到 300 ℃时只发生升华而不发生分解。分解的主要产物为 N_2O 和 $2H_2O$，H_2O 对 AN 的分解有催化作用。

研究表明，含氯、铬、钴的化合物，有机纤维素及有机碱等均能催化 AN 的热分解，氯化铵、高氯酸铵、重铬酸铵、重铬酸钾、三氧化二铬、铬酸铜、二氧化钴、醋酸纤维素、硝酸吡啶等对 AN 分解有明显的催化作用。

AN 完全爆炸以反应式（1）表示。反应式（2）、（3）及（4）表示不完全爆炸。也有的结果显示爆炸按反应式（5）进行。

$$NH_4NO_3 \rightarrow N_2+2H_2O+1/2O_2+1\,449.8\ \text{kJ/kg} \tag{1}$$

$$4NH_4NO_3 \rightarrow 3N_2+2NO_2+8H_2O+1\,255.2\ \text{kJ/kg} \tag{2}$$

$$NH_4NO_3 \rightarrow 1/2N_2+NO+2H_2O+585.8\ \text{kJ/kg} \tag{3}$$

$$NH_4NO_3 \rightarrow N_2O+2H_2O+559.0\ \text{kJ/kg} \tag{4}$$

$$8NH_4NO_3 \rightarrow 5H_2+4NO+2NO_2+16H_2O+554.8\ \text{kJ/kg} \tag{5}$$

AN 本身很难爆炸，纯 AN 在密封条件下，迅速加热到 200 ℃以上才能引起爆炸，不完全密封则不爆炸。当 AN 中掺入铵盐、矿物油、有机化合物，如硫酸铵复盐、0.75%～1.5%的石蜡油、4%的燃料油，并在足够强度引爆下，能使其爆炸。

AN 的冲击感度、摩擦感度都很低。10 kg 落锤、20 cm 落高，不发生爆炸，冲击感度随温度增加而增大。摩擦感度为 0%，熔融的 AN 感度显著提高，接近于 TNT 炸药的感度；用导火索不能引燃 AN。

9.3.1.2 硝酸铵的改性

AN 具有热稳定、化学安全性好等优点，但存在晶变和吸湿两大缺点，给应用带来很大困难，针对 AN 的这两大缺点的改性进行了较长时间的研究。

1. 防止硝酸铵的吸湿和结块

AN 在一定的温度和湿度条件下吸收环境空气中的水分，导致 AN 吸湿，并随环境温度变化产生晶变，引起体积变化，导致 AN 结块。由于 AN 的吸湿和结块，要求燃气发生剂的制造工艺全过程（包括 AN 存放、处理、称量，混合、浇铸、包覆、整形等）必须对环境温、湿度进行严格控制。

此外，世界各国十分重视防止 AN 吸湿和结块的研究工作，较有效的技术途径有：

① 采用合适的防水包装材料，并在干燥条件下贮存，以防止 AN 与湿气接触；

② 采用 1%～3%的甲基或二甲基萘磺酸钠盐与 SiO_2（或 Al_2O_3 组成的双组分混合物）包覆 AN；

③ 采用 0.01%～0.04%芳香族烷基聚酯混合物处理 AN 颗粒表面，可将吸湿速率降低 37.5%；

④ 用石腊及其衍生物和其他有机高分子疏水剂的熔融物来处理 AN 表面，以防止粒状 AN 结块；

⑤ 将少量硬脂酸、硬脂酸铵或高级烷基亚胺基醋酸钠盐等表面活性剂喷雾到 AN 颗粒表面，对粗粒度 AN 可用十八胺、十八胺醋酸盐、单月桂酸、单硬脂酸盐包覆；

⑥ 用有机胺喷涂法，将十八胺均匀地喷涂在温热的 AN 粒子表面，待冷却后再喷一层油；

⑦ 用甲基丙烯酸甲酯、聚氨酯及甲苯二异氰酸混合物对烘干的 AN 进行包覆，包覆量占 AN 的 4%～5%，吸湿性可降低 50%，这种 AN 散装贮存两年半时间内，仍保持松散和结晶形态；

⑧ 加入少量有机染料、酸性品红，可在−18 ℃～+32 ℃范围内防止 AN 结块，加入结晶紫也有明显效果。

上述改性措施中所加入的添加剂，有的是改善 AN 颗粒的表面活性，有的是利用添加剂的吸附性能，从而达到改善 AN 结块的良好效果。AN 的防结块问题已基本解决，但防吸湿问题仍未得到满意的结果。

2. 硝酸铵的晶相稳定

AN 晶变过程中，体积增加使得燃气发生剂药柱的体积也随之增加，一旦黏合剂体系选择不当，将导致药柱产生裂纹。因此，AN 晶相稳定是燃气发生剂工作者持之以恒的研究课题，研究表明，下列技术途径和方法有明显效果。

① 8%的硝酸钾与硝酸铵混合，可防止 β 晶体和 γ 晶体之间发生晶变和晶体体积变化。

② 镍、铜、锌氧化物的二氨络合物混入 AN 晶格中，能抑制 γ 晶体晶变的发生。工艺方法是：将上述氧化物和 AN 混合、熔融，再通入少量 NH_3，然后喷雾固化，所得样品为灰绿色、天蓝色或白色。

③ 添加 0.5%～2%的氟化钾于熔融的 AN 中，所得 AN 在−55 ℃～+80 ℃温度范围内不发生体积变化。

④ 硼酸（H_3BO_3）、磷酸氢二铵[$(NH_4)_2HPO_4$]、硫酸铵与硝酸铵混合结晶，所得样品晶相是稳定的，在 γ 晶体和 β 晶体晶变温度范围内循环达上千次，颗粒无破碎现象。

⑤ 偏磷酸钾、氯化钾、锰盐、钙盐、硅酸盐、黏土、硝酸钠、氧化镁、煅烧白云石等都能抑制 AN 的 β 晶体和 γ 晶体的转变。

表 9–9 给出的两种相稳定 AN 是目前使用效果较好的品种。其工艺过程是，将添加剂氧化镍或氟化钾与 AN 混合、熔融，通入少量氨气（控制一定的氨值），然后经过超时速喷嘴，喷雾固化成灰绿色或灰白色球形样品。使用过程中应密封、干燥保存，制药工艺过程应严格控制环境温、湿度。

表 9–9 实用相稳定 AN 的主要性能

品　种	AN 含量/%	25 ℃吸湿点 RH/%	晶变温度/℃	添加剂含量 /%
改性①	96.4	52～55	63～65	2.9
改性②	>96	56～58	93～96	2.5

① 添加剂为氧化镍；
② 添加剂为氧化镍/氟化钾 = 1/1.5。

9.3.2 硝酸铵型燃气发生剂

AN 型燃气发生剂具有燃温低、燃气“清洁”等特点。在 6.86 MPa 下，燃速为 0.7～8.0 mm/s。随着 AN 晶相稳定技术的突破，在使用温度范围内，燃气发生剂药柱的体积变化明显减小，见表 9–10。表 9–11 列出了典型 AN 燃气发生剂配方的特征性能。

表 9–10 AN 型燃气发生剂药柱温度循环试验停变情况

AN 品种	循环次数	体积增加ΔV/%
晶体稳定 AN	60	1.0
	120	2.0
	150	2.5
普通 AN	46	11.5
	60	17.0
温度循环条件：−54 ℃ $\xrightarrow{10\ h}$ 过渡 $\xrightarrow{2\ h}$ 71 ℃ $\xrightarrow{10\ h}$ 过渡 $\xrightarrow{2\ h}$ −54 ℃，每 24 h 为一循环。		

表 9–11 典型 AN 型燃气发生剂配方的特征性能

序号	配方代号	配方特征	燃温 T/℃	6.68 MPa 燃速 /（$mm \cdot s^{-1}$）	压力指数 n
1	424H–1	AN/ATC①/DNE②/BDNE③/CA④	885	2.0	0.53
2	424H–2	AN/AP/PE⑤	1 100	2.0～3.0	0.5
3	TP–Q–3134	AN/PE	977	1.27	0.68
4	TP–Q–3133	AN/PE	1 260	1.68	0.41
5	133–4311A	AN/PE	726	0.71	0.3
6	TP–Q–3435	AN/DHG/PE	877	2.44	—
7	TP–H–3388	AN/NaB⑥/HTPB⑦	1 002	1.27	0.65
8	TP–H–3341	AN/AD⑧/HTPB	1 088	1.75	0.49
9	424H–8	AN/TPB/Cu.Cr.ct⑨	1 100	2.0	0.5
10	CGB–411C	AN/HTPB	990	1.47	0.56
11	NB–410	AN/HTPB	1 133	1～3	—
12	424H–11	AN/P（ET）⑩/BDNPA⑪/F	1 550	2.4	0.5
13	GG–16	AN/GAP⑫/BDNPA/F/CrO	1 890	8.0	0.56

① ATC 为乙酰柠檬酸三乙酯；
② DNE 为 2, 4–二硝基苯氧基乙醇；
③ BDNE 为双（2, 4–二硝基苯氧基）乙烷；
④ CA 为二醋酸纤维素；
⑤ PE 为聚酯；
⑥ NaB 为巴比土酸钠；
⑦ HTPB 为端羟基聚丁二烯；
⑧ AD 为重铬酸铵；
⑨ Cu.Cr ct 为铜、铬催化剂；
⑩ P（ET）为环氧乙烷四氢呋喃共聚醚；
⑪ BDNPA/F 为双（2, 2–二硝基丙基）缩乙醛/双（2, 2–二硝基丙基）缩甲醛；
⑫ GAP 为缩水甘油醚叠氮黏合剂。

AN 型燃气发生剂已在多种型号实际应用，如“百舌鸟”和“响尾蛇”的舵机控制，“阿斯派德”导弹电、液伺服能源，“民兵”导弹，“潘兴–Ⅱ”，“斯巴特”，“斯普林特”，“三叉戟ⅠC4”，“三叉戟ⅡD5”，“MX”第三级伺服机构等燃气发生器，都采用了 AN 型燃气发生剂药柱。

9.3.3　硝酸铵型燃气发生剂的燃烧性能

1. 燃烧特点

① AN 燃气发生剂热解燃烧过程如图 9–4 所示。

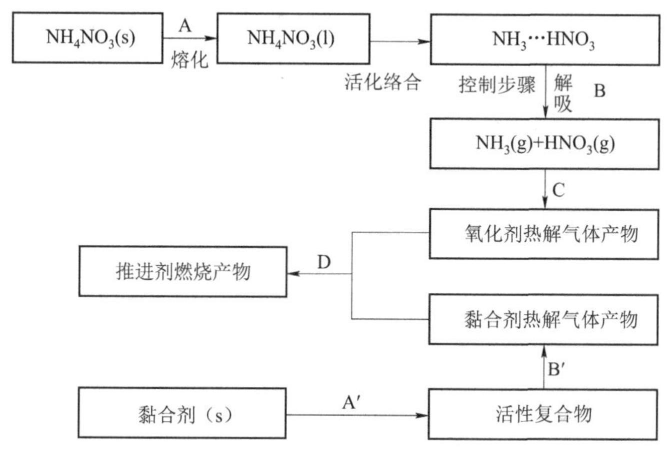

图 9–4　AN 型燃气发生剂热解燃烧示意图

A、B 表示固体的热解过程，其中包括熔化、固体表面活化络合物的形成及其解吸。热解速度的控制步骤是活化络合物由表面解吸（活化能为 371.1 kJ/kg）生成 NH_3（g）和 HNO_3（g），生成焓为 2 090.9 kJ/kg。

C 表示 NH_3（g）与 HNO_3（g）的放热氧化还原反应，反应温度可达 1 250 K。

A′、B′ 表示在反应火焰区中黏合剂的热解过程。

D 表示氧化剂和黏合剂分解的气体产物之间的放热反应，在离燃气发生剂药柱表面一定距离建立扩散火焰区。

② 少量催化剂可使纯 AN 的分解速度增加数百倍，然而燃气发生剂的燃速仅增加一倍。

③ AN 型燃气发生剂燃烧的热层模型如图 9–5 所示。

2. 燃速催化剂

通用的燃速催化剂有氧化铬、高氯酸盐、重铬酸盐、金属铁氰化物和亚铁氰化物、巴比土酸、普鲁士蓝、亚铬酸铜、重铬酸铵、重铬酸钾等，添加量为 0.25%～

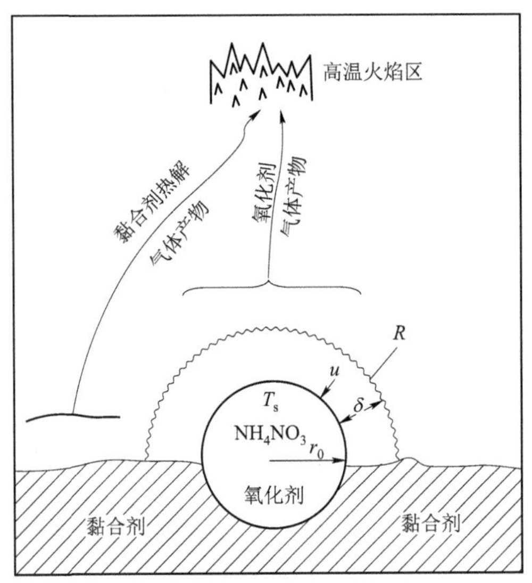

图 9–5 AN 型燃气发生剂燃烧的热层模型

R—氧化还原反应火焰区（温度 T_f）；u—气体反应速度；δ—热层厚度；T_s—氧化剂颗粒的表面温度；r_0—氧化剂颗粒半径

5%，诸多催化剂中，以亚铬酸铜、重铬酸铵、重铬酸钾增速效果较为显著。在 AN 配方中加入适量的 AP 对提高燃速有利。

乙二胺四醋酸钠、邻苯基甲酸钠、巴比妥钠对降低 AN 燃气发生剂燃速压力指数有一定效果。

值得指出的是，提高 AN 型燃气发生剂的燃速难度很大，而且压力指数偏高。上述诸多催化剂虽都有一定效果，但燃速调节幅度仍不理想，一般为 3 mm/s。研究表明，改变黏合剂体系可使燃速得以显著提高，如采用 GAP 黏合剂，其燃速可达 8 mm/s。

9.4 高氯酸铵型燃气发生剂

由于含 AP 推进剂的燃烧温度远远高于燃气发生器的使用温度，因此，AP 型燃气发生剂中必须引入降温剂。选择降温剂是此类燃气发生剂的使用关键。

9.4.1 降温剂

降温剂的主要特征是低的生成焓和低的氧平衡。一般说来，凡是低于 AP 生成焓（ΔH_f=−2 518.3 kJ/kg）和氧平衡（+34%）的化合物，均能作 AP 型燃气发生剂的降温剂。典型降温剂的性能见表 9–12。

表 9–12　典型降温剂的性能

名称	代号	生成焓/(kJ·kg^{-1})	密度/(g·cm^{-3})	氧平衡 k_{σ}/%
草酸铵	AO	–9 059.15	1.5	–51.6
草酰铵	OXM	–5 853.3	1.667	–72.9
草酸羟胺	XON	–7 460.5	1.742	–20.5
二羟基乙二肟	DHG	–4 752.97	1.846	–26.7
硫酸铵	AS	–8 930.6	1.769	0
硝基胍	NQ	–893.37	1.715	–30.7
三氨基胍硝酸盐	TAGN	–280.67	1.58	–33.5

9.4.2　高氯酸铵型燃气发生剂配方

表 9–13 给出了几种典型 AP 型燃气发生剂配方的特征性能，燃速范围为 1.7～18.8 mm/s，燃温为 1 000 ℃～1 800 ℃，压力指数为 0.12～0.55。AP 型燃气发生剂具有吸湿性小，能量高，高、低温点火性能好，稳定燃烧最低压力低等特点，主要缺点是燃气中有 HCl 腐蚀性气体。

表 9–13　典型 AP 型燃气发生剂的特征性能

序号	配方代号	配方特征	燃温 T/℃	6.86 MPa 燃速 /(mm·s^{-1})	压力指数
1	TP–Q3051	AP/DHG/OXM/PE	1 074	1.7	0.46
2	TP–Q3044	AP/DHG/PE	1 172	2.87	0.46
3	QP–Q3074	AP/DHG/Feoct/PE	1 191	5.84	0.25
4	TP–H3258	AP/DHG/OXM/CTPB①	1 090	2.85	0.16
5	TP–H3291	AP/DHG/Fe_2O_3/CTPB	1 063	18.80	0.25
6	TP–H3281	A/PM–1②/CTPB	1 042	5.08	0.12
7	TP–H3314	AP/PM–1–Fe_2O_3/CTPB	1 044	13.46	0.51
8	TP–H3174	AP/FeOct/CTPB	1 780	10.16	0.55
9	424H5A	AP/DHG/OXM/CTPB	1 140	3.0	0.26
10	424H4	AP/NQ/AO/HTPB	1 500	5.0	0.19

① CTPB 为端羧基聚丁二烯；
② PM–1 为降温剂。

AP 型燃气发生剂已用于“MK–46”Ⅰ、Ⅱ、Ⅴ型鱼雷和“MK–48”型鱼雷点火启动系统中。

9.5 二羟基乙二肟型燃气发生剂

20 世纪 80 年代，美国聚硫橡胶公司对二羟基乙二肟型燃气发生剂进行了研究。二羟基乙二肟（Dihydroyhylyoxime），又名草酰异羟肟酸，代号 DHG，白色针状晶体，熔点 165 ℃，170 ℃时开始分解，其晶体密度 1.858 g/cm^3，生成焓 –570.28 kJ/mol，25 ℃时水中的溶解度 0.4 g/100 g。DHG 在液态和固态时主要以草酰羟胺形式存在，120 ℃以上 OH 和 NH 快速交换质子形成二羟基乙二肟，其转变形式为

```
HO—NH—C═O              HO—N═C—OH
       |      ←——→           |
HO—NH—C═O              HO—N═C—OH
```

由于分子间强烈的氢键作用，DHG 常以二聚体的形式存在。DHG 的分解产物为富燃气体，主要成分为 CO、CO_2、H_2、H_2O、N_2 等。DHG 可单独作为氧化剂或部分取代氧化剂作为降温降速剂。DHG 属于肟类物质，类似的化合物很多。DHG 与 AP、AN、RDX、HMX 相比，比容量大，生成焓最小，见表 9–14。DHG 是一种较理想的燃气发生剂。

表 9–14 几种氧化剂性能比较

氧化剂	DHG	AN	AP	RDX	HMX
有效氧含量/%	–26.3	20.0	34.0	–21.6	–21.6
生成焓/(kJ·mol^{-1})	–570.3	–364.9	–291	70.7	74.9
爆热系数β_i/(kJ·kg^{-1})	19.31	14.85	80.63	57.22	57.83

DHG 在常温下水中的溶解度很小，是负氧平衡的有机氧化剂，生成焓较低。DHG 和聚酯黏合剂组成的燃气发生剂燃温低达 790 ℃～903 ℃，燃速为 2.0～5.0 mm/s，压力指数适中，不吸湿，无晶变。燃烧产物不含 HCl，是优良的燃气发生剂品种。表 9–15 给出了 DHG 型燃气发生剂配方的特征性能。

DHG 型燃气发生剂药柱已用于“MX”导弹运输车发射装置的燃气发生器中。

表 9–15 DHG 型燃气发生剂的特征性能

序号	配方代号	配方特征	燃温 T_c/℃	6.86 MPa 燃速 /(mm・s^{-1})	压力指数
1	TP–Q3127	DHG/OXM/PE	790	2.03	0.642
2	TP–Q3126	DHG/PE	825	2.92	0.642
3	TP–Q3132	DHG/OXM/PE/ TEGDN①	838.69	2.08	0.649
4	TP–Q3131	DHG/PE/TMETN②	896.61	4.45	0.643
5	TP–Q3100	DHG/PE/TMETN	903.60	5.08	0.655

① TEGDN 为三乙二醇二硝酸酯；
② TMETN 为三羟甲基乙烷三硝酸酯。

9.6 硝胺型燃气发生剂

硝胺氧化剂，如奥克托今（HMX）、黑索今（RDX）等，不吸湿，不含卤素元素，与聚酯、硝化纤维素（NC）、硝酸酯、端羟基聚丁二烯组成的燃气发生剂不吸湿，燃气无腐蚀性气体（HCl）。表 9–16 给出了典型硝胺型燃气发生剂配方的特征性能。

表 9–16 典型硝胺型燃气发生剂的特征性能

序号	配方代号	配方特征	燃温 T/℃	6.86 MPa 燃速 /(mm・s^{-1})	压力指数
1	TP–Q–3107	RDX/PE	1 219	3.00	0.60
2	TP–Q–3106	RDX/PE	1 766	3.81	0.46
3	TP–H–3391	HMX/HTPB	1 279	1.73	0.74
4	TP–H–3342	HMX/HTPB	1 688	3.96	0.67
5	TP–C–3002	RDX/NC/TEGDN	1 765	7.39	0.82

硝胺型燃气发生剂已用于“海神”导弹被动段控制系统的燃气发生剂中。

9.7 烟火型燃气发生剂

烟火型燃气发生剂本质上属于低分子复合型燃气发生剂。这类燃气发生剂原材料来源广，制造简单，容易获得低燃速和低燃气温度，并且可以在较低压力（有些甚至在大气压力）下稳定燃烧。因此，广泛用作各种驱动装置、燃气发生器和充胀装置的气源。

9.7.1 烟火型燃气发生剂的组成及作用

烟火型燃气发生剂的基本组成包括：氧化剂、可燃物、黏合剂以及附加成分。表 9–17 给出了一种典型的烟火燃气发生剂配方。

表 9–17 典型烟火燃气发生剂配方 %

组　分	配方 9–15
炭黑	0.5
聚醋酸乙烯酯	9
氯酸钠	48.5
氢氧化钙	42

1. 氧化剂

氧化剂的作用是提供烟火型燃气发生剂燃烧时所需的氧。因此，氧化剂应有较高的有效氧含量，并且在燃烧时，这些有效氧应易于释放出来。此外，一种好的氧化剂吸湿性要小，机械感度不应太高，烟火型燃气发生剂最常用的氧化剂是硝酸盐类、氯酸盐类、高氯酸盐类以及金属氧化物和过氧化物等。

2. 可燃物

烟火型燃气发生剂中可燃物的作用是提供与氧化剂进行燃烧反应时的燃料，使燃气发生剂能生成足够数量的气态产物。对可燃物的主要要求是燃烧气态生成物要多，燃烧时需氧量要少。可以作为烟火型燃气发生剂可燃物的物质很多。从广义上来讲，能与氧化剂发生燃烧形式的氧化–还原反应的物质都可以作为“可燃物”。

3. 黏合剂

黏合剂在烟火型燃气发生剂中的作用是把各组分均匀而牢固地黏结在一起，使药柱具有一定的力学性能。同时，它也起控制燃速、改善物理化学安定性和降低机械感度的作用。黏合剂应具有良好的黏结性能，在燃烧过程中应能积极参与燃烧反应。烟火型燃气发生剂常用黏合剂有天然树脂，如虫胶、松香等；合成树脂，如聚氯乙烯、环氧树脂等；某些碳氢化合物，如石蜡、地蜡、淀粉等。某些油类、脂类和胶类物质也可作为黏合剂。

4. 附加成分

在烟火型燃气发生剂中可加入某些附加成分，如降低火焰温度的冷却剂、调节燃速的燃烧催化剂以及为改变残渣结构、改善工艺性能等而加入的各种助剂。

烟火型燃气发生剂的制备，其实质是将粉碎过的各组分充分混合，以得到均匀的药剂，然后再压制成具有一定几何形状的密实药柱或药粒。其工艺大体可分为三个阶段：原料的准备；药剂的混合、造粒和干燥；药剂的压制。

9.7.2 烟火型燃气发生剂配方实例

1. 黑火药类配方

黑火药是最古老而有意义的烟火型燃气发生剂。典型的黑火药配方见表 9–18。

表 9–18 典型的黑火药配方和性能

组 分	配方 9–16
硝酸钾/%	75
炭/%	15
硫/%	10
爆热 $Q_{V(1)}$/(kJ • kg^{-1})	3 020
比热容/(L • kg^{-1})	280
燃温/K	2 500
火药力/(kJ • kg^{-1})	245~294
固体残渣率/%	55.2

配方 9–16 中的硫既是一种可燃物，又起黏合剂的作用。黑火药被广泛用作点火剂和动力药剂。例如，在火炮中点燃发射药装药，在火箭中点燃推进剂装药，在升空类烟花中用作动力装药等。

2. 含硝酸钠的燃气发生剂配方（表 9–19）

表 9–19 含硝酸钠的燃气发生剂组分和性能

组 分	配方 9–17
硝酸钠/%	53.4
二氰基联胺（$C_2H_4N_4$）/%	17.0
水合氧化铝（A_2O_3 • $3H_2O$）/%	16.4
二氧化硅/%	12.6
比热容/(L • kg^{-1})	493
燃温/K	1 373

配方 9–17 中二氰基联胺是可燃物，水合氧化铝是冷却剂。二氧化硅的加入有助于改进残渣结构，使残渣成为玻璃状固体，即 $3Na_2O \cdot Al_2O_3 \cdot 2SiO_2$。在配方 9–17 中，如果不加水合氧化铝和二氧化硅，爆温增加 800 K 左右，可见加入水合氧化铝作为冷却剂是十分有效的。

3. 含高氯酸钾的配方

表 9–20 中配方 9–18 是一种含高氯酸钾氧化剂的燃气发生剂组成。

表 9–20 高氯酸钾的燃气发生剂组成 %

组 分	配方 9–18
高氯酸钾 炭黑	96 4

配方 9–18 的特点是不含氢元素，因此，燃烧产物中不会有水蒸气。该配方可以散装使用，也可压制或熔铸成药柱使用。它产生的燃气温度约为 1 144 K，特别适于充胀橡胶气垫等装置。

4. 含有机酸的配方

配方 9–19～9–21 是含有有机酸的高氯酸盐或氯酸盐燃气发生剂组成（表 9–21）。

表 9–21 含有机酸的燃气发生剂组分和性能

组 分	配方 9–19	配方 9–20	配方 9–21
氯酸钠/%	—	—	58.6
氯酸钾/%	—	75	—
高氯酸钾/%	53.5	—	—
酒石酸/%	46.5	—	22.7
柠檬酸/%	—	25	—
氢氧化钙/%	—	—	18.6
炭黑/%	—	—	0.1
燃温/K 排出燃气温度/K	—	—	1 366 700

配方 9–19 和 9–20 中氧化剂颗粒尺寸应小于 25 μm，有机酸平均颗粒尺寸应小于 15 μm。这两个配方适于直接压制在壳体里。药剂燃烧时的主要产物是二氧化碳和水蒸气，配方 9–21 也可采用压制法成型，其燃烧时的主要燃烧产物为二氧化碳、水蒸气及氧气。

5. 含高分子黏合剂的配方

配方 9–22 是含高分子黏合剂的氯酸盐燃气发生剂组分和性能（表 9–22）。

表 9–22　含聚乙烯的氯酸盐燃气发生剂组分和性能

组　分	配方 9–22
氯酸钠/%	71.5
聚乙烯/%	4.0
氢氧化钙/%	24
炭黑/%	0.5
燃温/K	1 232
燃速/(mm · s^{-1})（6.9 MPa 时）	15.24

配方 9–22 可以采用压制工艺制成药柱，所用聚乙烯密度为 0.965 g/cm^3。

还有一类重要的烟火型燃气发生剂是以叠氮化物为还原剂的燃气发生剂。由于叠氮化物中有较高的含氮量，因此，这类发生剂可设计成燃气基本上为纯氮的氮气发生剂。

9.8　燃气发生剂配方设计

本节着重介绍燃气发生剂特征性能的设计原则。

9.8.1　降低燃烧温度

燃气发生剂定压绝热燃烧时，燃烧产物达到的最高温度，称为定压燃烧温度（T）。表示为

$$T_p = \frac{Q_p}{n\overline{c}_p} + 298 \tag{9–1}$$

式中，n——燃烧产物总物质的量；

Q_p——定压爆热（kJ/kg）；

$\overline{c}_p$——T 温度下燃气的平均比定压摩尔热容[J/(mol · K)]。

$$Q_p = \int_{298\ \mathrm{K}}^{T_p} nc_p \mathrm{d}T = n\overline{c}_p (T_p - 298) = -\Delta H \tag{9–2}$$

燃烧室的理论定压燃烧温度 T 也可以用下列内插公式计算：

$$T_p = T_2 - \frac{H_{c_2} - H_p}{H_{c_2} - H_{c_1}}(T_2 - T_1) \qquad (9\text{–}3)$$

式中，H——燃气发生剂总焓（kJ/kg）；

c_1——在温度 T_1 下燃气产物平衡成分总焓（kJ/kg）；

c_2——在温度 T_2 下燃气产物平衡成分总焓（kJ/kg）。

上述燃烧温度计算公式表明，燃烧温度与燃气发生剂的总焓及燃烧产物平衡成分的总焓有关，即与生成焓有关。燃气发生剂各组分的生成焓高，则燃气发生剂燃温一般来说是高的。反之，燃温一般说来也是低的。同时，燃气发生剂氧平衡对燃温也有明显的影响。氧平衡高、燃气发生剂的燃烧充分，燃温就高；氧平衡低、放热反应受到限制，燃温就低。

表 9–23 列出了配方组成与热力性能的关系。其中 1～19 号为 CTPB 配方体系，随 AP 含量减少和 DHG、OXM、AO、NQ、TAGN 含量增加，T_c、M_g、K_α、I_{sp} 都随之降低，n_g、K、V 都随之增加，但 OXM 和 AO 含量超过 20%时，由于燃烧不完全，V 反而降低。20～28 号为 PE 配方体系，随 PE 含量增加和 BDNPA/F 含量减少，T_c、M_g、K_α、I_{sp} 都随之降低，n_g、K、V 都随之增大。

表 9–23 配方组成与热力性能

序号	组成/%	燃温 T_c/K	产物物质的量 n_g	燃气相对分子质量 M_g	定熵指数 K	氧平衡 K_α	比冲 I_{sp} /(N・s・kg^{-1})	发气量 V/(L・kg^{-1})
	CTPB、AP、DHG							
1	20、80、0	2 216.7	46.0	21.7	1.254	–0.366	2 196.7	1 031.3
2	20、70、10	1 901.2	47.6	21.0	1.269	–0.426	2 068.4	1 067.0
3	20、60、30	1 586.9	49.2	20.3	1.286	–0.487	1 957.6	1 103.4
4	20、50、30	1 276.0	50.8	19.7	1.306	–0.548	1 878.1	1 139.0
	OXM							
5	20、70、10	1 636.5	49.1	20.4	1.28	–0.472	1 975.1	1 101.2
6	20、60、20	1 241.0	52.2	19.5	1.31	–0.579	1 839.7	1 119.0
7	20、50、30	1 167.9	55.4	19.2	1.33	–0.686	1 729.1	1 042.0
	AO							
8	20、70、10	1 629.6	49.1	20.4	1.280	–0.451	1 969.9	1 100.4
9	20、60、20	1 202.6	52.2	19.4	1.31	–0.537	1 822.1	1 129.0
10	20、50、30	1 115.4	55.3	19.2	1.32	–0.623	1 697.4	1 055.0

续表

序号	组成/%	燃温 T_c/K	产物物质的量 n_g	燃气相对分子质量 M_g	定熵指数 K	氧平衡 K_α	比冲 I_{sp} /(N・s・kg^{-1})	发气量 V/(L・kg^{-1})
	XON							
11	20、70、10	1 837.0	47.9	20.86	1.268	–0.420	2 045.1	1 074.0
12	20、60、20	1 468.9	49.9	20.1	1.29	–0.475	1 917.4	1 117.7
13	20、50、30	1 205.8	51.8	19.5	1.30	–0.529	1 829.8	1 133.4
	CTPB、AP、NQ							
14	20、70、10	1 958.7	48.3	20.7	1.27	–0.431	2 106.8	1 081.7
15	20、60、20	1 704.8	50.5	19.8	1.288	–0.495	2 030.5	1 132.1
16	20、50、30	1 455.0	52.6	18.95	1.307	–0.560	1 974.3	1 182.5
	TAGN							
17	12、70、10	1 977.3	48	20.5	1.27	–0.433	2 127.7	1 094.6
18	20、60、20	1 748.1	51.67	19.36	1.286	–0.501	2 071.7	1 158.0
19	20、50、30	1 528.6	54.5	18.3	1.30	–0.568	2 030.0	1 221.5
	PE、BDNPA/F、AN							
20	12、15、73	2 065.2	44.87	22.29	1.22	–0.145	2 126.4	1 005.6
21	15、12、73	1 920.5	45.87	21.8	1.23	–0.179	2 069.4	1 027.9
22	17、10、73	1 824.9	46.50	21.5	1.23	–0.201	2 030.0	1 042.7
	TAGN							
23	12、15、73	1 426.2	56.0	17.6	1.31	–0.535	2 017.0	1 272.8
24	15、12、73	1 287.2	57.8	17.3	1.32	–0.569	1 984.9	1 294.9
25	17、10、73	1 253.8	58.5	17.2	1.32	–0.592	1 967.7	1 909.7
	AP							
26	12、15、73	3 198.8	36.2	27.6	1.20	–0.042	2 423.3	810.9
27	15、12、73	3 021.4	37.2	26.9	1.20	–0.076	2 377.2	833.3
28	17、10、73	2 906.0	37.9	26.4	1.20	–0.098	2 345.0	848.9

图 9–6 是 AP 型燃气发生剂的燃温与降温剂（DTA）及 AP 含量变化的关系图。该类燃气发生剂是以 CTPB 为黏合剂，AP 为氧化剂，AO、OXM、XON、DHG 等为降温剂。这些降温剂的降温效果的顺序是：AO＞OXM＞XON＞DHG＞NQ＞TAGN。其中 TAGN 和 NQ 的生成焓虽比 AP 的高，但由于 TAGN 和 NQ 的氧平

衡比 AP 的低，所以具有降燃温的作用，降温剂含量越高，降温效果越好。值得指出的是，生成焓低的化合物在燃烧表面形成熔融层，阻挡燃烧传播；有的降温剂分解时吸收热量，如果含量过多，使得燃气发生剂药柱点火困难，甚至导致燃烧熄灭等。为了同时兼顾降低燃温和保证正常点火及燃烧，通常在配方中加入双元降温剂。例如，用 AO、OXM 作降温剂的同时，加入 DHG 既作降温剂，又作燃烧性能调节剂。图 9–7 是 AP 型燃气发生剂的燃温与降温剂（DTA）及 DHG 含量变化的关系图。

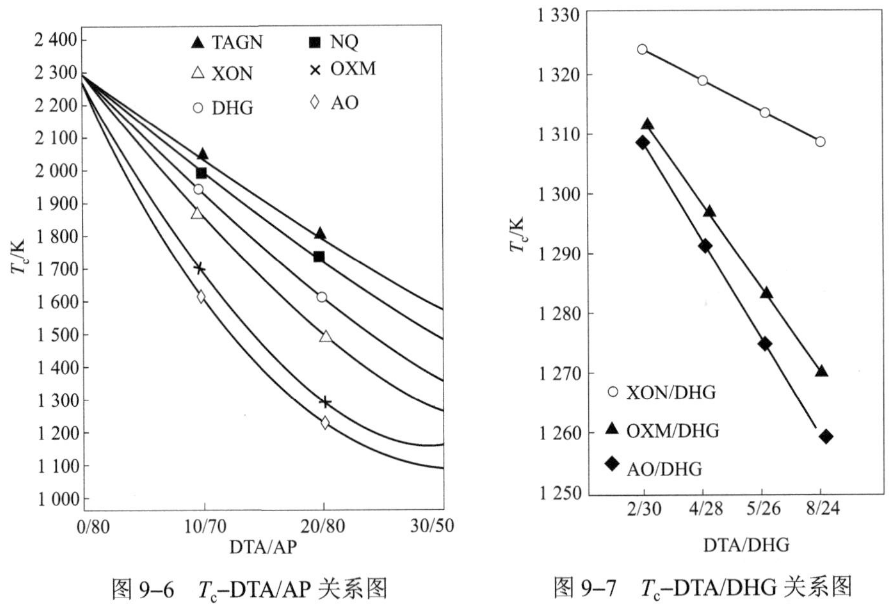

图 9–6　T_c–DTA/AP 关系图　　图 9–7　T_c–DTA/DHG 关系图

综上所述，影响燃温的主要因素是配方的热焓和氧平衡，降低燃温通常采用如下措施：

① 选择合适的氧化剂；

② 选择合适的氧化剂含量或黏合剂含量；

③ 选择合适的降温剂。

虽然多数情况下要求燃温低，但是，在材料耐温性能允许的情况下，应尽可能提高燃温，这对提高燃气发生剂的能量和燃气做功能力及减轻发生器的结构质量是有利的，燃温与比冲、燃温与功率的关系分别如式（9–4）和式（9–5）所示。

$$I_{sp}=\sqrt{\frac{2}{g}\frac{k}{k-1}\frac{R_0}{\bar{M}_g}T_c\left[1-\left(\frac{p_e}{p_c}\right)^{\frac{k-1}{k}}\right]} \tag{9–4}$$

式中，R_0——摩尔气体常数；

$\bar{M}_g$——燃烧气体平均相对分子质量；

k——定熵指数；

T_c——燃烧室中燃烧温度（K）；

p_c，p_e——分别为燃烧室和喷管出口截面上燃气压力，MPa；

g——重力加速度（m/s^2）；

I_{sp}——燃气发生剂比冲（N • s/kg）。

$$P_{\omega} = W(H_c - H_e) = Wc_p T_c \left[1 - \left(\frac{p_e}{p_c}\right)^{\frac{k-1}{k}}\right] \tag{9–5}$$

式中，P_{ω}——燃气功率（kW）；

W——质量流率（g/s）；

H_c——燃烧室燃气热焓（kJ/kg）；

H_e——喷管出口燃气热焓（kJ/kg）。

9.8.2　减少燃气中残渣、烟雾含量

燃气中的残渣和烟雾是指金属残渣、燃烧不完全的积碳和氯化氢（HCl）气体与 H_2O 形成的二次烟雾。燃气中残渣多、积碳多，易引起辅助动力装置中精密部件、管道、喷喉、活塞、仪表、涡轮等堵塞、卡死、损坏等；氯化氢气体致使某些装置腐蚀、损坏。

配方中少用或不用含氯元素化合物，如 AP 等，少加或不加金属添加剂，都可有效减少 HCl 的烟雾和金属残渣。减少积碳等残渣宜采用以下途径：

① 提高氧平衡或减少碳元素含量。例如，增加氧化剂和含氧化合物含量，减少黏合剂含量，可使配方中的碳完全燃烧和氧化，成为一氧化碳和二氧化碳。

② 提高燃温，有利于燃烧完全和减少碳渣。

③ 黏合剂分子结构中应避免含有芳香族类化合物；采用脂肪族直链结构，引入醚键、酯键或含氧基团。在这类黏合剂体系中，连接于碳原子上的氧，经分解反应能产生 CO 气体。同时，改善黏合剂和富氧化合物，如硝酸酯。硝基增塑剂的互溶性，也有利于减少碳渣。

④ 在燃气发生器设计中采用过滤系统，通常情况下能起到较好的作用。

有关减少残渣试验的部分结果见表 9–24。

表 9–24 减少残渣试验的部分结果

序号	AP/AO/DHG/CTPB/其他	固体含量/%	燃温 T/℃	氧平衡 K_α/%	实测残渣/%
1	59/6/18/12/5	83	1 340	–0.416	13.0
2	60/0/23/12/5	83	1 550	–0.395	7.5
3	59/6/15/15.1/4.9	80	1 130	–0.504	20.0
4	63/2/15/15.1/4.9	80	1 340	–0.469	15.0
5	DB	—	1 700	–0.45	1.8
6	AN/BDNPA/F/PE	73	1 550	–0.145	2.5
注：残渣主要是改性 AN 的相稳定剂。					

9.8.3 提高燃气发生剂发气量

燃气发生剂的发气量（V）表示为

$$V = n_g \times 22.4 \tag{9–6}$$

式中，n_g——燃烧气体产物总物质的量；

V——气体体积（L/kg）。

由上式可以看出，提高燃烧气体产物的物质的量、增加燃烧产物中氢的含量、减少燃烧气体产物平均相对分子质量，可提高产气量。采用氢含量高的化合物，在相同的配方体系中降低氧平衡、降低燃温，有利于增加燃气物质的量。图 9–8 是降温剂（DTA）和 AP 含量变化与发气量（V）的关系图。图中表明，TAGN 的发气量最高；当 OXM、AO 含量超过 20/60 时，发气量下降，其原因是在该配方系统中，燃烧产物里有部分碳没有被氧化成气体。图 9–9 为不同氧化剂体系中，增塑剂（BDNPA/F）和黏合剂（PE）含量变化与发气量的关系图。图中表明，含 TAGN 配方的发气量比 AN 配方的高 250 L/kg，比 AP 配方的高 450 L/kg。

9.8.4 燃气发生剂配方设计中的有关问题

配方设计时，必须注意在调节配方燃温、残渣、烟雾含量、发气量等主要性能的同时，应兼顾其他使用性能，并合理调整各主要性能间的匹配问题，以使配方最终满足总体设计指标要求。

1. 组分的选择

设计人员根据使用单位提出的性能指标及使用环境条件，首先选择燃气发生剂的主要组分。对于要求燃气不具腐蚀性的，不能选用含卤素元素及含硫化合物，

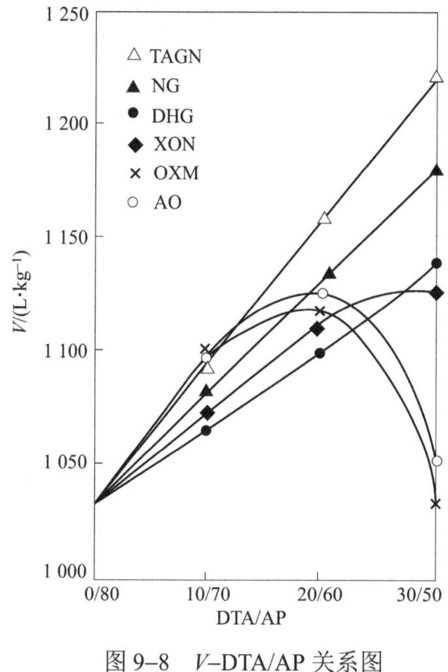

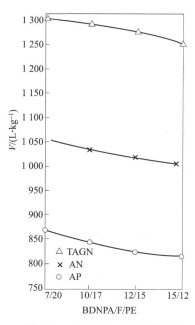

图 9–8　V–DTA/AP 关系图

图 9–9　V–BDNPA/F/PE 关系图

如不能选用高氯酸铵、高氯酸钾、氟氮和氟碳化合物及硫酸铵等作为组分；如要求对环境湿度不太敏感的，就不要选择含硝酸铵的配方；如要求燃气“清洁”，应选择含氧黏合剂和 AN，必要时需加入富氧增塑剂；对于要求吸湿性小，燃速适中，高、低温点火性能好，而对残渣、烟雾等要求不高的情况，选择 AP 作氧化剂是适宜的，并可适当加入降温剂以调节燃温。

2. 各项性能相互匹配

在降低燃温时，要注意到随燃温的降低，将会使残渣含量增加而影响使用性能。同样，减少残渣含量必将带来燃温的升高。这两个性能在同一类配方中是相互矛盾的，只能根据任务允许程度，对某一性能侧重，兼顾其他性能。提高产气量也要注意到对燃温和残渣的影响。燃气平均相对分子质量的降低、等熵指数的提高，对燃气发生剂能量的发挥有利。此外，还要注意燃气发生剂密度应大些。在调节燃温、残渣含量、产气量、能量等主要性能的同时，还应兼顾和满足以下使用性能：

① 配方的物理化学安定性、长期贮存稳定性和运输安全性。

② 高的自燃温度。

③ 力学性能满足使用要求，使用过程中药柱不产生裂纹。药柱与包覆层有较好的黏结性能，不发生脱黏。药柱燃烧时，包覆层不产生黏流态物质，以免堵塞

时喷喉、管道、卡死部件等。在某些任务中，包覆层应同时具有可燃和限燃的性能。

④ 具有高、低温良好的点火、稳定燃烧性能，稳定燃烧压力范围宽。压力指数、燃速温度敏感系数低，燃速可调范围宽。

⑤ 有较好的安全性能和制药工艺性能等。

参考文献

［1］国营庆阳化工厂. 硝酸铵炸药及其生产［M］. 北京：国防工业出版社，1959.

［2］T•乌尔班斯基. 火炸药的化学与工艺［M］. 第二卷. 欧育湘，秦保实，译. 北京：国防工业出版社，1976.

［3］Poqut G B, Pacanowsky E J. Some Recent Developments in Solid Propellant Gas Generator Technology[J]. AIAA, 79–1327, 1979.

［4］Markevi ch L, Krason M A. Low Energy Propellant Development，AIAA80–1274, 1980

［5］Strecker R A, Linde D. GM Generator Propellants for Air to Air Missile[C]. A–GARD Conf. Proc, 1979, 259: 17–1–17–11.

［6］Sutton E S, Vrieson C W. Gas Generator Propellants for Aero space Applications[J]. AIAA, 79–1325, 1979.

［7］Helmy A M. Gap Propellant for Gas Generator Application[J]. AIAA87–1725, 1987.

［8］Charles C B. Propellant with Improved Burning Rate[P]. U.S.P.3018204, 1962.

［9］Lioyd H B. Burning Rate Catalysts for Propellants[P]. U.S.P.3108027, 1963.

［10］Chaiken R F. A Thermal Layer Mechanism Of Combustion Of Solid Composition Propellants[J]. Combustion and Flame. 1959, 3(3): 285–300.

［11］Sutton E S, Patallowsky E J, Sarncr S F. Improved Solid Propellants for Moderate Temperature Gas Generators[J]. J. Spacecraft and Rockets, 1967, 4(6): 1543–1549.

［12］国防科技大学 503 教研室. 复合固体推进剂［M］. 北京：国防科技大学出版，1979.

［13］Black R E, Reed D R, Brundse W W. Mx Trasporter/Launcher Gas Generator[J]. AIAA, 79–1323, 1979.

［14］Thomas R A, Garson D C, Kirschner T T. Solid Post Boost Gas Generator For

Balliste Application[J]. AIAA, 73–1198. 1973.
[15] 李君励. 燃气发生器推进剂 [J]. 推进技术，1988，5：57–61.
[16] 侯林法，等. 复合固体推进剂 [M]. 北京：宇航出版社，1991.

本章习题

1. 什么是燃气发生剂？燃气发生剂具有哪些特殊性能？
2. 简述双基型燃气发生剂的主要组分及其作用。
3. 燃气发生剂配方设计的基础原则是什么？

第10章

固体推进剂的绝热包覆层与无损检测技术

10.1 概述

固体推进剂用于火箭发动机装药，其燃烧是按平行层燃烧规律进行的。因此，根据装药结构的几何尺寸，可以准确计算出燃烧过程中燃面的变化，并计算出压（推）力–时间曲线。在现代的火箭导弹中，对发动机装药往往要求特定的压（推）力–时间变化规律，单靠药形设计往往达不到要求，而需用一种能抑制燃烧的材料，将装药的部分表面包覆起来，以得到特定的压力–时间及推力–时间曲线。这种抑制燃烧的材料称为包覆剂或抑制剂。将它包覆到推进剂药柱表面，就成为装药的包覆层。

包覆层是固体火箭发动机装药的重要组成部分，带包覆层的装药通常分为自由装填式和壳体黏结式两种类型（图 10–1）。自由装填式装药一般经挤压成型或浇铸成型制成推进剂药柱，再对药柱进行包覆。也有先做好包覆层，然后把药浆浇入包覆层壳体内再固化成型的。壳体黏结式装药主要用于浇铸推进剂装药，即在发动机内壁涂覆一层隔热材料，称为绝热层，在绝热层上面再涂覆一层过渡层，然后将药料浇铸到火箭发动机内，进行固化，使固化的药料与过渡层紧密黏结在一起，形成完整的装药。人们通常把绝热层和包覆层统称为绝热包覆层或叫衬里。

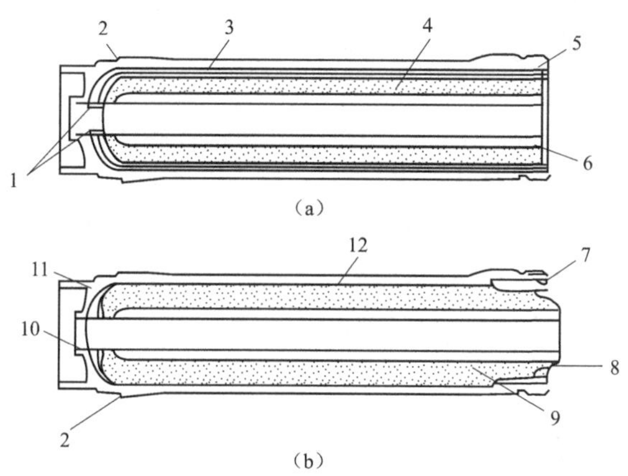

图 10–1　火箭发动机装药

(a) 自由装填式药柱；(b) 壳体黏结式药柱

1—药柱固定用机械装置；2—壳体；3—绝热层；4—推进剂药柱；5—药柱侧面包覆层；6—药柱前端包覆层；7—应力释放装置；8—后端面；9—推进剂；10—间隙；11—和壳体黏结的绝热层；12—包覆层

绝热包覆层的基本作用是控制推进剂药柱的燃烧面积，保证火箭发动机的内弹道性能，同时，它还起着隔绝火药燃烧时产生的高温气体，保护发动机壳体免受其烧蚀的作用。此外，绝热包覆层还能防止外界对推进剂药柱的机械效应，即包覆的推进剂可以避免在生产、运输、贮存和使用过程中造成的机械损伤。对于壳体黏结式发动机装药，人们通常认为绝热包覆层还起着黏结作用和缓冲作用，使推进剂与壳体成为一个整体，以减轻它在发动机中所承受的应力。

10.2　对固体推进剂包覆层的基本要求

不同的固体火箭发动机有着不同的用途，但对固体推进剂装药包覆层而言，一般有以下基本要求。

10.2.1　包覆层与推进剂具有良好的相容性

相容性指包覆材料对推进剂化学安定性和热安定性的影响程度，以及推进剂与包覆层相接触时抵抗双方溶剂的迁移程度。相容性包括化学相容性和物理相容性。

化学相容性是指包覆层的组分与推进剂的组分之间不发生化学反应，不影响推进剂的化学安定性。相容性的好坏是选用包覆材料的前提，在双基、改性双基推进剂中，其主要成分是硝化纤维素和硝化甘油，如果包覆层与其相容性不好，就会加速推进剂中硝酸酯的分解，降低推进剂的安定性，并在黏结界面上形成气体聚集而脱黏。

物理相容性是指推进剂中的增塑剂组分向包覆层迁移和包覆层中的增塑剂组分向推进剂中迁移。对于双基系推进剂而言，是硝化甘油向包覆层迁移使包覆层失效；对于复合推进剂而言，则是增塑剂和二茂铁类燃烧催化剂向包覆层中的迁移。迁移的后果是使推进剂燃速降低，弹道性能改变，包覆层阻燃性能下降，力学性能变坏，增加包覆层内应力而导致脱黏开裂。它往往是推进剂装药使用寿命缩短的主要原因。

10.2.2 包覆层要有较好的力学性能

包覆层必须具有足够的力学性能，才能保证运输、勤务处理以及点火冲击时不会发生破坏。包覆后的装药在贮存和使用过程中要承受各种应力，如贮存期间因环境温度变化而产生的热应力；因推进剂自身质量或装药结构而造成的内应力；在运输、发动机点火和火箭飞行过程中的震动、冲击等过载产生的应力等。包覆层只有具备较好的力学性能，才能防止在应力作用下开裂损伤。

对于自由装填装药，包覆层的线膨胀系数应与推进剂的相近，以减少由于温差造成的界面应力，防止包覆层开裂或界面脱黏。对于壳体黏结式装药的包覆层，由于发动机金属壳体膨胀系数要比聚合物或推进剂的小得多，当推进剂固化冷却时，使壳体与包覆层的界面产生很强的应力，所以，对包覆层的拉伸强度和延伸率要求更高。一般要求包覆层的拉伸强度和延伸率大于推进剂的拉伸强度和延伸率。

10.2.3 包覆层与推进剂应有良好的黏结性能

包覆层与推进剂两者接触面上必须有足够的黏结强度，才能经受高速高压燃气流的冲刷。否则，燃气进入黏结界面，会使燃面突然增大，造成发动机工作不正常，甚至爆炸。

包覆层与推进剂的黏结有两种类型：包覆层材料直接与推进剂黏结；利用黏结剂将包覆层材料与推进剂黏结在一起。前者的黏结方法有：包覆材料加热挤塑到推进剂表面；将包覆材料溶解到溶剂中，配成溶液后，浸渍、涂刷或喷涂到药柱表面；用作包覆层的聚合物单体或预聚体浇铸到装有药柱的模具中再使之固化等。后者的黏结方法有：利用溶剂将包覆材料缠绕到药柱表面，然后使溶剂挥发；借助胶黏剂采用缠绕、涂布、贴片等方法将包覆层黏结到推进剂表面。

包覆材料与推进剂组分中的黏合剂结构相近，则具有良好的黏结强度。选择抗硝化甘油迁移的聚合物作为包覆材料，往往与推进剂黏结性能差，借助于黏结剂才能获得良好的黏结性能。

10.2.4　包覆材料要有良好的抗老化性能

老化是高聚物发生链降解的过程，是高聚物普遍存在的问题。发动机装药在长期贮存时，包覆层中的高聚物产生降解使包覆层强度降低，严重时出现龟裂、变脆、变软、发黏等不良现象，极大地影响装药的使用寿命。一般双基、改性双基推进剂使用寿命都在 15 年以上，而带有包覆层的装药使用寿命却大大缩短。因此，只有包覆材料有很好的抗老化性能，才能保证装药的贮存可靠性和延长使用寿命。

影响老化的因素主要有：组分的迁移，发生了界面作用；包覆层中微量杂质、包覆层加工成型工艺的影响以及温度、湿度、日光和海水侵蚀等外界因素等。特别是光氧化降解的作用影响更甚。所以，要研究这些影响因素，以确定包覆材料及装药的贮存条件。

10.2.5　包覆层应具有良好的工艺性能

选择易于控制包覆层质量的加工工艺，是保证大批量生产的前提。一般要求包覆层的加工工艺简单，尽量实现机械化、自动化，从而使装药包覆层的质量稳定，性能一致。

包覆层的组分要求无毒、无腐蚀性，所用黏结剂或溶剂的蒸气对人的眼睛或呼吸系统刺激性小，以利于操作者身体健康。

除上述包覆层应具备的基本性能外，对于少烟或无烟推进剂装药，还要求包覆层燃烧时烟雾少，这样有利于制导。

10.3　包覆层材料

包覆层的配方一般由基体材料（基料或母体）、增强剂、耐烧蚀填料、阻燃剂以及其他功能填料组成。基体材料即黏结剂，通常采用高分子材料。用于绝热包覆层材料的品种很多，现将常用的有代表性的或有发展前途的包覆层材料分述如下。

10.3.1　热塑性聚合物

1. 纤维素硝酸酯

纤维素硝酸酯（俗称硝化纤维素）是无臭无味的纤维状聚合物。硝化纤维素虽然是易燃物，但是在加入大量耐热填料后，仍可作为绝热包覆层材料。例如 D

级硝化棉（即 3 号棉），加入石棉、铁丹、硼酸等耐热填料，磷酸三甲酚酯和邻苯二甲酸二丁酯等增塑剂以及安定剂，用捏合机混匀后在压延机上热压成片。该包覆片用于管状装药的端面包覆层，也可用丙酮作溶剂调制成漆液，多次反复浸渍到推进剂药柱表面，通常可作为实心药柱的包覆层。

对于某些特殊用途的推进剂装药，要求发动机工作时间较短，燃气清洁而燃温又较低的双基推进剂，硝化纤维素可作为能燃尽而不留残渣的绝热包覆层材料。例如硝化纤维素与乙基纤维素按一定的配比，加入邻苯二甲酸二丁酯和三醋精混合溶剂，制得一定厚度的包覆片进行装药包覆，适用于燃温在 2 300 K 左右的双基推进剂装药的端面包覆。该端面包覆层在药柱燃烧过程中可有效地起到阻燃作用，药柱燃烧后无残渣。

2. 醋酸纤维素

醋酸纤维素是最早使用在双基推进剂绝热包覆层中的包覆材料。但是，由于硝化甘油容易迁移到醋酸纤维素包覆层中，使包覆层失效，影响装药的使用寿命。

近年来，人们在双基推进剂与醋酸纤维素包覆层之间通过增设阻挡层来防止硝化甘油迁移，这种阻挡层材料可以是弹性体材料，也可以是溶液，如改性的氯磺化聚乙烯与改性的乙烯–丙烯三元共聚物。也有将药柱涂上一层能增塑醋酸纤维素的乙酰基三乙基柠檬酸酯溶液，在其上加上足量的粉末状醋酸纤维素，在 90 ℃～120 ℃温度下加热，可形成密封涂层。

3. 乙基纤维素

乙基纤维素加入增塑剂和安定剂可挤塑到双基推进剂药柱侧面。例如将乙基纤维素加入邻苯二甲酸二丁酯和二苯胺安定剂等进行捏合塑化造粒，经压延造粒后，在一定的温度条件下，通过带环形孔模具的螺旋挤压机，将该材料挤塑到药柱侧面上，进行装药侧面包覆。

乙基纤维素可制成乙基纤维素漆，涂在推进剂药柱表面，以增加与包覆层的黏结性能。例如乙基纤维素包覆剂配有醋酸丁酯、丙酮、乙醇和松香，制成乙基纤维素漆。乙基纤维素也可流涎成包覆带，对装药进行缠绕包覆。例如乙基纤维素溶于邻苯二甲酸二乙酯，加入二叔辛基二苯醚，在氯仿溶剂中经流涎机流涎成一定尺寸的包覆带，经过溶剂槽浸润后在缠绕机上缠绕到推进剂药柱表面。

4. 聚乙烯（PE）

聚乙烯具有热塑性，可用作双基推进剂的包覆材料，使用时，加入一些耐热或阻燃填料以提高其阻燃性能。

5. 聚甲基丙烯酸甲酯（PMMA）

国内外应用的 PMMA 有机玻璃包覆层常有内层和外层两部分。内层以硝化纤维素、有机玻璃粉、酸洗石棉为主，配以其他功能材料（如二号中定剂、苯二甲酸二丁酯)，外层有甲基丙烯酸甲酯、造牙粉、阻燃剂等。常用于双基系推进剂。

10.3.2　热固性聚合物

1. 不饱和聚酯树脂

不饱和聚酯包覆剂是以不饱和聚酯树脂为主体，加入引发剂、促进剂、改性剂和填料等配成的无溶剂型包覆剂。可在常压下室温或加热固化。用于固体推进剂绝热包覆层材料的聚酯树脂一般为反应型阻燃树脂，它是选用含有氯、溴和磷等元素的阻燃剂单体缩合而成的聚酯树脂。通用型的聚酯树脂很少用作绝热包覆层材料。

由不饱和聚酯树脂制得的绝热包覆层具有强度好，硬度高，光泽好，密度小，抗老化，抗硝化甘油迁移，阻燃性能好的特点，同时与推进剂黏结牢固，原料丰富、价廉，是双基和改性双基推进剂较理想的绝热包覆层材料。它广泛应用于“响尾蛇”地空导弹 R440 发动机、“麻雀Ⅲ B”空空导弹燃气发生器、霍特反坦克导弹续航发动机和迪兰达尔目标侵彻导弹火箭发动机等装药中作绝热包覆层。

2. 酚醛树脂

酚醛树脂是以酚类（如苯酚、甲酚、二甲酚、叔丁酚、间苯二酚等）与醛类（如甲醛、糠醛等）为原料经过缩聚反应而制得的。通常用于配制黏结剂的酚醛树脂是苯酚与甲醛缩聚而制得的低相对分子质量可溶性树脂。

酚醛树脂广泛用作火箭发动机绝热层的黏结剂。以酚醛树脂为基体，加入石棉、二氧化硅、尼龙、云母、碳等耐烧蚀填料构成发动机的绝热层或衬里，它不但适用于双基和改性双基推进剂装药，也适用于复合推进剂装药。例如陶式和霍特导弹的双基推进剂装药；“海神”、“民兵Ⅰ”和“民兵Ⅱ”导弹第二级发动机改性双基推进剂装药；海神导弹第一级发动机复合推进剂装药等用酚醛/石棉绝热层。“北极星 A1”导弹第一级发动机、“民兵Ⅰ”导弹第一级发动机等复合推进剂装药用酚醛/二氧化硅绝热层等。

3. 环氧树脂

环氧树脂是分子链结构中含有两个以上环氧基团高分子化合物的总称。环氧树脂可作为双基和改性双基推进剂绝热包覆层材料。例如，由环氧树脂和聚硫橡胶添加大量二氧化钛填料，加入稀释剂和固化剂等组成的环氧–聚硫包覆层，加热固化可包覆在推进剂药柱表面。又如环氧树脂和丁二烯–丙烯酸共聚物或其他橡胶类的混合物，添加无机填料后，具有良好的抗硝化甘油迁移的能力，它可用作改性双基推进剂的包覆层。环氧树脂也可作为复合推进剂的绝热包覆层材料。例如丁腈–聚硫和柔性环氧树脂已用作“北极星 A2”、“北极星 A3”导弹第一级复合推进剂的包覆层。

环氧树脂广泛用作黏结界面层。在双基推进剂表面涂覆一层聚乙烯醇缩醛树脂，外层为弹性包覆层，中间以环氧树脂黏结。对于和双基推进剂黏结性不好的聚乙烯包覆层，采用特殊的双组分体系黏结剂形成良好的黏结。一个组分是环氧树脂和丁基缩水甘油醚溶剂及石棉纤维、玻璃短纤维、炭黑和二氧二硅等增稠剂，另一个组分是脂肪酸和脂肪聚酰胺缩聚物作为固化剂。

4. 聚乙烯醇缩醛

聚乙烯醇缩甲醛是由聚乙烯醇与甲醛作用而成的高分子化合物。强度高、耐热性好、有热塑性，有较高的耐溶剂性、较大的柔韧性和耐磨性以及优良的介电性。聚乙烯醇缩丁醛为白色或浅黄色的粉末或颗粒。

聚乙烯醇缩醛树脂广泛用作绝热包覆层中的黏结层。它既适用于自由装填式装药，又适用于壳体黏结装药。

聚乙烯醇缩醛也可作为包覆层材料。由聚乙烯醇缩丁醛和三聚氰胺甲醛树脂，加入乙醇、二氯甲烷等作溶剂，三氟代乙酸作催化剂，在一定的温度下，经过一定的时间固化形成交联聚合物包覆层。聚乙烯醇缩丁醛已用于“萨姆 7”防空导弹的发动机装药包覆层。

10.3.3 聚合物弹性体

1. 端羧基聚丁二烯

以端羧基聚丁二烯为黏合剂的绝热包覆层称为丁羧绝热包覆层，可作为复合推进剂的绝热包覆层。丁羧绝热包覆层是以端羧基聚丁二烯为黏合剂，采用复合型环氧固化体系，加入工艺助剂、填料、炭黑和防老剂。它的力学性能以及黏结性能良好。

2. 端羟基聚丁二烯

端羟基聚丁二烯绝热包覆层广泛用在端羟基聚丁二烯复合推进剂药柱上。它是由丁羟胶、甲苯二异氰酸酯、氮杂环膦化氧、补强剂 N, N–双（2–羟丙基）苯胺、耐烧蚀填料、三乙醇胺和癸二酸二辛酯等组成。该包覆层适用于壳体黏结式复合推进剂装药，既可作侧面包覆层，又可作端面包覆层。它的原材料来源广泛，工艺性能好。

丁羟胶组成的绝热包覆层也可作为改性双基推进剂装药绝热包覆层。它由丁羟胶、聚醚预聚体、填料和癸二酸二异辛酯等组成。

3. 聚硫橡胶

聚硫橡胶有良好的力学性能与黏结性能，在常温下具有良好的拉伸强度和伸长率，制造工艺简单，加工性能良好，聚合收缩率低，工艺比较成熟。缺点是：

含硫多，燃烧气体产物平均相对分子质量高，低温脆化等。用金属氧化物作固化剂时，反应生成水和氧化物，妨碍粉末金属及其氢化物的应用，它的固化温度、玻璃化温度和二次转变温度都比较高，耐寒性、耐热性、黏着性较差，影响了它的广泛应用。在 20 世纪 50 年代，其在中小型火箭装药上得到广泛应用。如美国空空导弹“猎鹰”、“核猎鹰”、AIM–26A；地对空导弹“奈克–2”的主发动机，“奈克–3”的助推器，地对地导弹“曲棍球”、“斗牛士”的助推器，探空火箭“新兵”、“兰斯 B”的助推器，“中士”、“阿波罗”飞船的逃逸发动机。

4. 聚氨酯（PU）

聚氨酯是指在分子链中含有氨基甲酸酯基的一类聚合物。它可以由多异氰酸酯与多羟基化合物缩合而成。通过控制交联剂的用量，可以在较宽的温度范围内调节其力学性能和在宽广的温度范围内保持橡胶黏弹特性，故聚氨酯橡胶不但可作为聚氨酯复合推进剂的绝热包覆层材料，也可作为双基和改性双基推进剂的绝热包覆层材料。

聚氨酯预聚体可作为双基或改性双基推进剂防止硝酸酯迁移的阻挡层。该阻挡层由三苯基甲烷–4, 4′, 4″–三异氰酸酯、二氯甲烷、醋酸丁酯等组成。三异氰酸酯的主要作用是与绝热层中的聚醚预聚体生成一层交联度较高的聚合物，从而形成防止增塑剂相互迁移的隔离层。

为了防止推进剂与包覆层的脱黏，对于聚氨酯橡胶包覆层，要有黏结表面预制层。

5. 丁苯橡胶

丁苯橡胶是通过苯乙烯和丁二烯单体的共聚作用制成的一种最普通的合成橡胶。丁苯橡胶由于和固体推进剂黏结性能不好，用其作绝热包覆层材料需采用中间黏结层（过渡层），如用聚乙烯醇缩甲醛、多异氰酸酯等为黏结层，来增强包覆层与推进剂的黏结力。主要用于双基系推进剂。

6. 氯磺化聚乙烯橡胶

氯磺化聚乙烯橡胶是采用氯化–氯磺化法，将聚乙烯溶解于氯苯或四氯化碳中，在引发剂存在下，通入二氧化硫和氯气，进行氯化–氯磺化反应，经过水析、脱溶剂、挤压、闪蒸制得。该橡胶可作双基和改性双基推进剂的绝热包覆层材料，应用时，需在推进剂和包覆层之间加入中间黏结层。

10.3.4 填料及其应用

10.3.4.1 填料的分类

可以用作包覆材料的填料品种很多，参照复合材料中填料的分类方法，可将包覆层中的填料分类如下。

1. 按化学组成分类

填料按化学组成可分为有机填料和无机填料。有机填料主要包括一些含卤素的阻燃剂、有机胺类、脲类化合物和耐烧蚀的高分子材料粉末等，如十溴联苯醚、氯代石蜡、草酰胺、缩二脲、琥珀酰亚胺、脲醛树脂、聚苯并咪唑。无机填料应用极广，种类颇多，它又可分为：金属氧化物或氢氧化物；碳、碳化物和碳酸盐；硅化物和硅酸盐；硫化物和硫酸盐；硼酸及其盐；磷酸盐；铬酸盐等。

2. 按填料作用分类

① 增强填料：白炭黑、炭黑、玻璃纤维、碳纤维等。

② 消烟填料：自身无烟的惰性填料（如二氧化硅、三氧化二铁等）；能够消除烟雾的材料（氢氧化铝、甲脒亚磺酸、四溴邻苯二甲酸酐等）；后燃抑制填料（如K_2SO_4、MoO_3、四溴酞酰亚胺钾等）。

③ 促黏填料：铬酸锌、硼酸锌、三氧化二镧、二氧化铈、氧化锌、铬酸镧等。

10.3.4.2 选用填料的原则和规律

填料的合理选用可以最大限度地改进包覆层的性能，扩大包覆层材料应用的范围和领域，减少黏结剂的加入，降低包覆层的成本。

1. 填料的选用原则

① 可靠性原则。填料应该和固体推进剂相容；对包覆层材料无促进聚合物老化、降解等不良影响；对加工性能不产生严重损坏，以免影响工艺的实施；对设备无有害作用。

② 针对性原则。即针对具体的包覆层基材所存在实际问题，选用相应的填料予以改进。

③ 优化设计原则。包覆层配方涉及的因素很多，应综合考虑填料对各种性能的影响，优化填料的配比，以求得最佳匹配。

④ 经济性原则。尽量做到所选填料来源丰富，成本低廉，易于处理。

2. 填料选用的一些规律

① 用作填料的金属氧化物和金属盐，其中的金属元素有：Be、Mg、Ca、Ba、Zn、B、Al、Si、Ti、Zr、As、Sb、Bi、Fe、Co、Ni、Cr、Mo、W 等。

② 可用作包覆层填料的无机酸盐主要有：碳酸盐、硼酸盐、磷酸盐、硫酸盐、硅酸盐等；氢氧化物主要是氢氧化铝、氢氧化镁和氢氧化钙。

③ 包覆层基材的补强应选用粒度小于 1 μm 的粉状填料，或长径比（L/D）在 100～200 的短切纤维。所选填料包括：白炭黑、炭黑、云母、碳纤维、玻璃纤维、石英纤维、氧化铝纤维等。

④ 改善烟雾性能可选用的填料有：水合氧化铝、水合氧化镁、$Fe(OH)_3$、Fe_2O_3、草酸亚铁、MoO_3、ZnO、十钼酸铵、草酸铵、缩二脲、硝基胍、Sb_2O_3、$CaCO_3$、硼酸盐、羧酸盐等。

⑤ 改进包覆层和固体推进剂的黏结质量，可选用某些含锌化合物和稀土化合物，如氧化锌、硼酸锌、铬酸锌、三氧化二镧、二氧化铈等。

3. 注意事项

① 填料的粒度要适当，分散性要好。

② 填料最好进行表面处理，以增加它们和包覆层基材的亲和力，改善包覆层的机械性能和加工性能。

③ 几种填料的优化组合，能够得到综合性能极佳的包覆层配方，因此，要注意选用填料进行复合。

鉴于包覆层基材的多样化，因此填料的选用也更加复杂。在选用填料时，除遵循上述原则或规律外，特别要注意针对不同的基材、不同的目的，选择适当的填料。

10.4 包覆层设计的理论基础和准则

10.4.1 黏结机理

在过去 40 年间，尽管对黏结现象进行了大量研究，但其基本规律仍较少为人所知，至今还没有统一的理论可以解释各种现象。主要困难之一是由于黏结是一项多学科性课题，涉及聚合物化学、表面物理化学、材料力学、断裂力学等领域。此外，还由于理论模型中涉及的参数远远超过了分析与计算能力。尽管如此，仍提出了各种黏结理论，这些理论对于包覆层设计具有重要的指导作用。

1. 机械模型

麦克贝恩（MacBain）是机械模型的创始人，该模型认为黏结是由于黏结剂在粗糙的基材上固着引起的，基材的粗糙面只有当其能获得充分润湿时才有利于黏结。如果情况不是这样，未被润湿的部分就会变成开裂的起始点。就包覆层与推进剂之间的黏结而言，仅仅在难以进行黏结时才采用机械嵌合，例如与低化学活性的推进剂（浇铸双基）或高度增塑的推进剂（CMDB）的黏结即可采用粗糙药柱黏结面的方法。

2. 静电模型

德里雅金（Deriyagin）和克罗托娃（Krotova）于 1948 年根据黏结件扯离试验

中观察到的静电现象提出了这种黏结理论。1953 年，斯金纳（Skinner）也提出了一个与之相似的理论。根据这一理论，由黏结剂和基材构成的系统相当于一个电容器。例如，在有机黏结剂和金属基材系统中，金属可以起到电子给予体的作用，而聚合物作为电子接受体，从而形成一种双电层。

推导一种可以解释电荷起源的理论存在诸多困难，原因是缺乏关于聚合物能级和电子传递过程的资料。尽管由试验结果看来可确认这一模型的有效性，但对此的争论仍然很激烈。许多学者的一致意见是所观察到的电效应只是一种结果而不是高度黏结的原因。

3. 扩散模型（分子渗透理论）

俄国学者伏依斯特基（Voyustki）创立了一种黏结理论，认为黏结起源于接触表面的分子扩散，扩散的结果是在基材和黏结剂之间形成一个过渡层。这一理论中，用立体界面代替了平面界面，构成这一黏结体材料的相互溶解性是获得优良黏结的一个首要条件。此外，伏依斯特基还提出将黏结性作为聚合物间热力学相容性的一项准则。实现优异相容的最好例子是生橡胶之间的自黏结，它们在自黏结后，其界面很快变得无法辨认。

根据这一模型，经典扩散参数将影响其黏结强度，包括时间、压强、温度、扩散产物的空间构型、基材交联密度等。

4. 润湿模型

1963 年，古德（Good）、福克斯（Fowkes）与丹恩（Dann）、夏普（Sharp）、顺博恩根据热力学原理和齐斯曼（Zisman）对固体润湿的临界能力的研究结果，提出了这一种新的模型。

由于黏结力具有相当于分子距离的作用场，在黏结剂和基材紧密接触时，可以产生这种分子力，从而实现优良的黏结，这是一种邻近准则，涉及表面活化度和优良的润湿。

在这一模型中，可以根据待黏结固体的表面能，并假设达到理想润湿来确定其黏结能。据此计算，黏结能相当于黏结组合件的生成能。而试验表明，其脱黏能通常要高得多。

5. 化学模型

化学黏结涉及黏结剂和基材间的化学价键。尽管这类机理具有重要价值，但迄今研究得仍较少，其问题是演示界面的化学反应极其困难。

在与推进剂黏结方面，值得注意的是化学黏结理论已广泛用来研究通常称为黏结促进剂的特定分子，这些活性物质的相对分子质量通常较低，经仔细选择后用于包覆层中，它们可以向界面扩散，只要界面能够充分湿润，就可在界面和推进剂中的聚合物反应形成稳定的化学键。

6. 弱界面层模型

本模型的创立者贝克曼（Bikerman）假设恰好在黏结剂/被黏结材料界面处发生断裂传播的概率极低。根据此前提可以推导出脱黏或者发生在黏结剂中，或者发生在被黏结材料中。事实上，根据贝克曼的理论及夏普提出的理论，另外还有一种可能性：脱黏可以发生在内聚强度低的界面层中。这些学者认为下列几种界面层的内聚强度较弱：

① 黏结层界面含空气时（不完全润湿）；

② 黏结剂或被黏结材料中含有低相对分子质量外来物，且向界面迁移；

③ 环境介质气氛（如水分）和被黏结材料或黏结剂反应。

尽管对贝克曼的分析存在争议，但它可以解释许多黏结领域中实际观察到的现象，特别是很大程度上澄清了各类表面吸收水蒸气带来的影响。

对于推进剂和包覆层的黏结，根据贝克曼的分析并结合扩散理论和化学黏结理论，可以建立一个概念框架，据此可开发火箭发动机各种黏结面所用的技术。

10.4.2　生烟机理和消烟技术

包覆层的基体是高分子材料。根据高分子材料的燃烧化学，高分子材料的燃烧过程为：首先热源加热，当温度升高到材料裂解温度（一般在 300 ℃～400 ℃）以上时，发生裂解反应，大分子断裂为低分子有机燃料；随后，裂解产物扩散，并与氧发生强烈氧化反应（即燃烧），同时放出大量热。当高分子材料的裂解速度大于裂解产物的扩散速度，且氧供应量又不充足时，则发生不完全燃烧反应，易产生大量碳微粒，分散于气体中形成烟。

据此，对包覆层的生烟情况可做如下分析：当包覆层处于固体火箭发动机工作状态时，燃气温度和燃气流的速度都相当高，从而向壁面传递的热流量很大，几乎在瞬间就可将包覆材料的表面温度加热到裂解温度以上，裂解反应将会产生并在瞬时会有裂解产物扩散到燃气中。由于燃气属中性气体，氧供应量显然不足，必然发生不完全氧化反应而生成烟，这就是烟生成的一个重要来源。

在固体火箭发动机工作条件下，除发生不完全氧化而生成烟之外，包覆层材料也会在高速气流冲刷（包括化学腐蚀和机械剪切作用）下，材料表面被磨蚀，产生大小不等的微粒而生成烟。另外，若包覆层材料耐冲刷性差，则裂解产物或碎片会经喷管喷出去，并向周围空气中扩散，亦可氧化着火，形成二次燃烧（即后燃），产生火星或火焰，这些对低特征信号推进剂装药来说是不允许的。

从包覆层的实际使用来看，解决包覆层所产生的烟雾有两种方法：在推进剂端面燃烧时，包覆层从点火到工作完了都处于高燃温（3 000 K 以上）和高速气流的冲刷状态，要解决包覆层的烟雾，主要通过燃烧生成少烟的缓燃包覆层和提高包覆层耐烧蚀性两种途径来考虑；若推进剂装药是内孔燃烧，则仅在推进剂工作终了时，包覆层受到高温火焰及燃气流的作用而产生烟雾，因此，主要应解决包覆层的后燃问题。无论是端面燃烧还是内孔燃烧，若实现包覆层无烟化，采用某些阻燃技术是达到所要求目标的一条重要途径。

10.4.3 设计准则

通常包覆层的设计都是凭经验，缺乏一般准则和确定技术，而且还往往受到时间的限制，达不到理想的目的。美国航空战略推进公司接受了美国空军火箭推进研究所委托，通过研究，制定了一种由推进剂的包覆层以及发动机加工、环境和设计条件所决定的关键要求，然后提出能满足这些关键要求所采取途径的程序，以便系统和快速地研制出合适的包覆层。现将他们提出的方法简要介绍于下。

该公司提出了包覆层黏结系统的研制流程图（图 10–2）及包覆层配方指南表（表 10–1）。该表的第一栏提出了由推进剂、绝热层、发动机环境、发动机设计和加工因素引起的各种可能的限制条件，第二栏为研制一个具有足够使用寿命的良好包覆层的配制方法和有关的特殊技术，第三栏为与这些限制条件有关的关键因素。

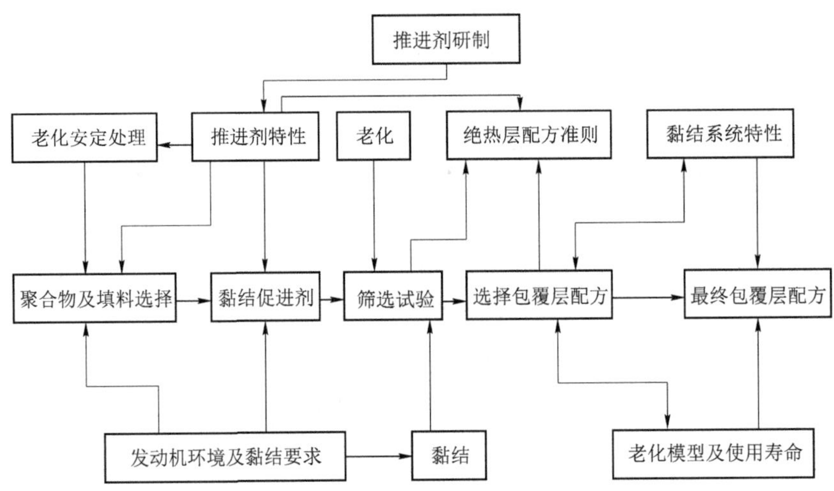

图 10–2 包覆层黏结系统的研制流程

表 10-1　包覆层配方指南

<table>
<tr><th colspan="2">限制条件</th><th>采 用 途 径</th><th>关键因素</th></tr>
<tr><td colspan="2">一、推进剂配方的影响</td><td></td><td></td></tr>
<tr><td colspan="2">1. 推进剂固化和主链系统</td><td>聚合物结构；黏结作用</td><td>相容性</td></tr>
<tr><td rowspan="5">2. 推进剂迁移物</td><td>（1）无潜在迁移物</td><td>结构相容聚合物；氧化稳定聚合物；黏结作用</td><td rowspan="5">迁移物对黏结、绝热层和推进剂弹道性能的影响</td></tr>
<tr><td>（2）惰性增塑剂</td><td>结构相容聚合物；高极性或低极性聚合物；黏结作用；液态迁移物阻挡</td></tr>
<tr><td>（3）含能增塑剂</td><td>结构相容聚合物；低极性聚合物；化学稳定聚合物；黏结作用；液态迁移物阻挡</td></tr>
<tr><td>（4）液态燃速催化剂</td><td>结构相容聚合物；氧化稳定聚合物；高极性或低极性聚合物；液态迁移物阻挡</td></tr>
<tr><td>（5）固化剂</td><td>结构相容聚合物；高极性或低极性聚合物；黏结作用；液态迁移物阻挡</td></tr>
<tr><td colspan="2">二、绝热层组分的影响</td><td></td><td></td></tr>
<tr><td colspan="2">1. 结构对黏结的影响</td><td>聚合物结构；黏结作用</td><td>黏结相容性</td></tr>
<tr><td rowspan="3">2. 迁移物</td><td>（1）增塑剂</td><td>结构相容聚合物；高极性或低极性聚合物；黏结作用；液态迁移物阻挡</td><td></td></tr>
<tr><td>（2）软化剂</td><td>结构相容聚合物；高极性聚合物；黏结作用；液态迁移物阻挡</td><td rowspan="2">迁移物对黏结、推进剂和包覆层老化寿命的影响</td></tr>
<tr><td>（3）湿气</td><td>结构相容聚合物；黏结作用；湿气阻挡</td></tr>
<tr><td colspan="2">三、发动机环境的影响</td><td></td><td></td></tr>
<tr><td rowspan="3">1. 湿度极限</td><td>（1）有控</td><td>结构相容聚合物；黏结作用</td><td rowspan="3">对推进剂/包覆层/绝热层黏结和系统老化寿命的影响</td></tr>
<tr><td>（2）无控</td><td>结构相容聚合物；黏结作用；湿气阻挡</td></tr>
<tr><td>（3）老化寿命极限</td><td>抗氧化剂；结构因素</td></tr>
<tr><td rowspan="3">2. 温度</td><td>（1）温度范围很窄</td><td>结构相容聚合物；黏结作用</td><td rowspan="3">对黏结完整性的影响</td></tr>
<tr><td>（2）极端低温</td><td>结构相容聚合物；低极性聚合物；支化聚合物；不饱和聚合物；黏结作用</td></tr>
<tr><td>（3）极端高温</td><td>热稳定聚合物；结构相容聚合物；氧化稳定聚合物；黏结作用；老化安定处理</td></tr>
</table>

续表

限制条件		采 用 途 径	关键因素
2. 温度	（4）热循环冲击	热稳定聚合物；结构相容聚合物；氧化稳定聚合物；低极性聚合物；黏结作用；老化安定处理	
四、设计限制条件			
1. 高速黏结要求（点火用）		支化链；官能团或活性区；降低与液态推进剂的接触角	对黏结完整性的影响
2. 低速黏结要求（贮存用）		支化链；官能团或活性区；降低与液态推进剂的接触角	
五、工艺限制条件应用方法			
（1）涂抹		改进适用期；黏度改进；触变性	黏度，触变性，适用期
（2）喷涂		适用期改进；黏度改进	
（3）静电喷涂		触变性	
（4）抛射		适用期改进；黏度改进；触变性	
（5）离心		适用期改进；黏度改进；触变性	
（6）离心/涂抹		适用期改进；黏度改进；触变性	
（7）粉末嵌入		适用期改进；黏度改进	

根据包覆层配方的指南和发动机对包覆层的要求，提出了包覆层配方选择的一般步骤，如图 10–3 所示。

为了筛选所研制的包覆层配方，鉴定包覆层的黏结系统，并预测黏结的使用寿命，需对配制成的包覆层进行系统的表征。包覆层表征的主要内容包括筛选试验、黏结系统的表征以及黏结系统老化模式和使用寿命预测等方面。

筛选试验主要有测定推进剂/包覆层和绝热层/包覆层的黏结强度；分析包覆层和推进剂中迁移物浓度；测定胶凝时间；初步测定老化寿命稳定性，即在预定的发动机工作和贮存温度上限，老化 6 星期后，测定黏结强度和界面迁移等。

黏结系统的表征包括测定加载速度对黏结强度和剪切力的影响、在整个发动机工作温度范围内的黏结强度、包覆层的力学性能、断裂能、迁移系数等。

黏结系统使用寿命的预测可采用结构化学动力学方法，该方法包括典型的绝热层/包覆层/推进剂模拟物在不同湿度和三种高温条件下的老化。从获得的数据和应用化学动力学的方法计算临界降解过程的活化作用，并测定作为相对湿度函数的所处环境湿度的影响。用相关方法确定供结构分析用的临界黏结参数。采用有

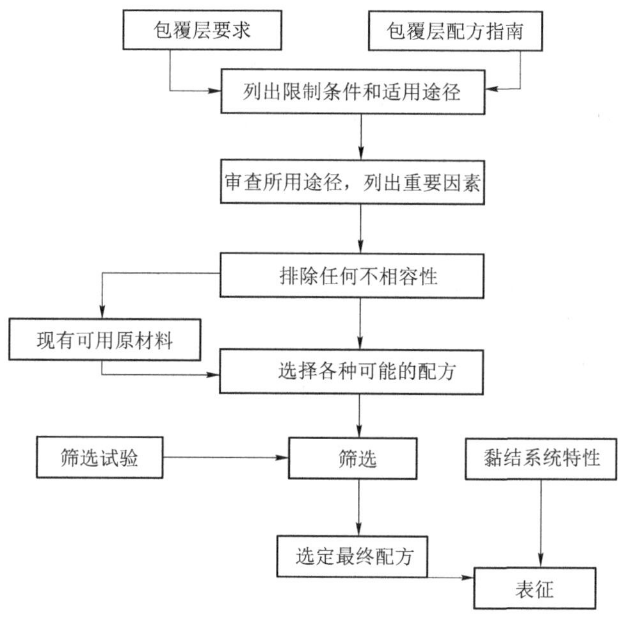

图 10–3　包覆层候选配方选择流程

关迁移物的迁移数据提出数学模型，以了解顺流扩散和降解过程，并预测随时间变化的临界黏结参数与工作环境的相关关系，然后通过结构分析确定黏结特性的极限值来估算使用寿命。根据黏结系统满足发动机老化寿命的要求和程度最终确认包覆层系统。

10.5　固体推进剂的包覆工艺

10.5.1　自由装填式推进剂药柱的包覆

自由装填式推进剂装药的包覆是先制成药柱，再对药柱进行包覆。通常的包覆技术有挤塑包覆、缠绕包覆、浸渍包覆、浇铸包覆、贴片包覆等。

1. 挤塑包覆

挤塑包覆是将包覆剂在挤压机和模具内挤塑，加热至黏流态，包覆于药柱表面的包覆工艺。常用乙基纤维素作包覆剂，其配方为：乙基纤维素 66%、邻苯二甲酸二丁酯 34%、二苯胺（100%以外）2%。

（1）包覆剂的制备

首先将邻苯二甲酸二丁酯加入溶解槽中，加热至 30 ℃～40 ℃。然后加入二苯胺，压空搅拌使二苯胺溶解。经过滤后，与乙基纤维素在捏合机中充分混合，并在混同槽内组成批。分析其成分合格后，在挤出造粒机上塑化造粒 2～3 遍。挤出后用转刀切成小粒，再放置在沟槽压延机上压延三遍，压延机工作辊温度为 90 ℃～120 ℃，空转辊温度为 70 ℃～90 ℃。压延时物料从中间挤向辊筒两端，通过成型孔被圆片刀切成圆片状小粒备用。

（2）药柱的包覆

将待包覆的药柱两端车出一定长度的锥度，用丙酮使药柱表面脱脂，在药柱两端面及两端锥度部分涂一层乙基纤维素漆。

挤塑包覆使用螺旋挤压机，配有带环形孔的模具。包覆剂粒子首先在烘箱内保温 80 ℃～90 ℃，保温时间不少于 3 h，然后放入挤压机的漏斗内。模具用蒸汽加热到 120 ℃～135 ℃。药柱两端加上胶木垫块，垫块与药柱端面之间预留出挤进端面包覆层的间隙。用心轴将胶木垫块与药柱固定好，并将其送入包覆机模具内。开动机器，包覆剂由环形孔内挤出，包覆到药柱表面，成为包覆好的药柱。

包覆好的药柱离开模具后，用刀片切割包覆层使其与下一根药柱分离。分离后的药柱移至工作台上，卸去心轴与垫块，趁热将药柱端面上多余的包覆层切掉，在室温下放置约 6 h，送到保温室升温到 55 ℃～60 ℃，升温时间不少于 8 h，然后恒温 48 h，在保温过程中，每隔 8 h 将药柱翻转 90°。达到规定的保温时间后缓慢降温，冷却至室温后取出药柱。保温的目的在于消除包覆层的内应力和进一步增强药柱与包覆层之间的黏结强度，防止开裂。

2. 缠绕包覆

缠绕包覆是将浸过黏结剂的薄带状包覆剂按一定方法缠绕在药柱表面的包覆工艺。该包覆常用乙基纤维素、二叔辛基二苯醚、邻苯二甲酸二乙酯等构成包覆剂。

（1）包覆剂的制备

首先将二氯甲烷、甲醇和丁醇按一定比例配制成混合溶剂，投入乙基纤维素等在溶解锅中搅拌溶解，控制落球黏度在 10～20 s 之间。开启计量泵在板框压滤机上循环过滤，然后在流涎机上流涎。流涎机是铜带宽 400 mm、周长 9 m 的辊筒，温度约 40 ℃，流涎嘴宽度为 320 mm，在铜带上涂以聚乙烯醇缩醛的涂层。然后加热至 70 ℃进行预干燥，再提高温度到 90 ℃进行干燥，最后切割成 35 mm 宽、0.2 mm 厚的带子，卷制备用。

（2）药柱的包覆

药柱的缠绕包覆可在 C630 车床上进行。车床的转速为 28～34 r/min，螺距 16～17.5 mm。首先将薄包覆剂带悬挂在一定高度位置，车床带动药柱旋转，在带与经丙酮脱脂的药柱之间有溶剂，该溶剂的配方为：乙醇 25%、丙酮 37%、醋酸丁酯 37%、乙基纤维素 1%。

在缠绕中室温不得太高，以防止溶剂挥发太快，造成气泡，一般在 35 ℃～40 ℃。温度过高，带的强度减弱，缠绕过程中会发生断带。缠绕过程中，可通过调节螺距来调整包覆剂带的搭接位置，一般要求包覆的厚度要均匀一致。将包覆好的装药驱除溶剂，一般是在 60 ℃的条件下放置 60 h 以上即可。

3. 浸渍包覆

浸渍包覆是将药柱置于包覆溶液中浸渍后晾干，以形成一定厚度包覆层的工艺。下面介绍一种配方与工艺。配方如下：58.0%石棉、11.0%硝化纤维素、11.0%聚甲基丙烯酸甲酯、8.0%邻苯二甲酸二丁酯、5.0%三氧化二硼、3.0%三氧化二铬、4.0%中定剂。

配方中的三氧化二硼可覆盖烧蚀表面，起到屏蔽作用。加入的三氧化二铬能提高高分子材料碳化以后碳残渣的产率，这些是与其他配方所不同的。

（1）包覆剂的制备

首先将三氧化二硼配制成酒精溶液，三氧化二硼:酒精＝1:3（质量比）为宜。将固体物料打碎，液体物料均匀洒在其上，进行人工混同多次，合格后装入口袋中并送至压延造粒。压延是在压延机上进行的，调节工作辊的温度 85 ℃，空转辊温度 65 ℃，辊距 0.5～3 mm，经压延得到均匀一致的粒片状。一批包覆剂可分数次压延，压延后进行混同组批。

（2）包覆剂浸漆的配制

经制备的粒片状包覆剂与丙酮的比例为 1:（2～3）（质量比）。在制漆锅内将物料充分搅拌，待干料溶开后，以筛网过滤，用涂–4 黏度计测其黏度，约 15 s 为合格。

（3）药柱的包覆

将药柱表面用丙酮脱脂，手工或放在浸漆机上进行浸漆，浸一次漆后要进行晾漆，以利于溶剂挥发，晾漆温度不宜过高，一般为 10 ℃～30 ℃，晾漆时间不少于 10 min。晾漆后在约 50 ℃进行烘干，其烘干时间约 40 min。每浸漆 4 次以上要进行大烘干，时间长达 3 h 以上。如此反复，达到所要求的厚度。

4. 浇铸包覆

浇铸包覆是将药柱固定于模具中，用液态包覆剂充满药柱与模具之间的间隙，并经固化、脱模的包覆工艺。下面以环氧–聚硫浇铸包覆为例来进行介绍。配方如下：28.2% 环氧树脂、18.8% 聚硫橡胶、37.5% 二氧化钛、3.3% 苯乙烯、3.3% 邻苯二甲酸二丁酯、7.5% 顺丁烯二酸酐、1.4% 氧化锌、过氧化苯甲酰为苯乙烯的 5.0%。

（1）包覆剂的配制

环氧树脂与聚硫橡胶在 60 ℃～70 ℃烘箱中加热 20 min 左右，在混合器中依次加入环氧树脂、聚硫橡胶、顺丁烯二酸酐、氧化锌，再加二氧化钛、邻苯二甲酸二丁酯、苯乙烯和过氧化苯甲酰。在真空条件下（真空度不少于 86.65 kPa）边抽真空边搅拌，以除去气泡。抽真空搅拌的时间不少于 20 min。

（2）药柱的包覆

首先将药柱表面用丙酮脱脂，在药柱表面黏上用相同成分的包覆剂制成的定位块，定位块的高度约为包覆层的厚度。在模具内壁涂一薄层硅油作为脱模剂，将其放入 65 ℃～70 ℃烘箱内加热 10 min 以上，从烘箱内取出模具，向其内倒入配制好的液态包覆剂，插入药柱，使包覆剂充满药柱与模具间的间隙。将其移置在保温箱内，送热风于 70 ℃加热保温 6 h 后，取出并冷却后，将包覆好的药柱从模具中取出。

该包覆层耐热性能好，工艺较简单，包覆层中硝化甘油迁移量较少，限燃作用可靠。不足之处是该包覆层与双基推进剂黏结强度不够高。包覆初期固化尚不完全，即固化时间较长，为此，药柱从模具中取出后，需再放置 2～3 d，待完全固化后，方可进行车药、整形等加工。

5. 贴片包覆

贴片包覆是先将包覆材料制成所需要的薄片，然后用黏结剂黏于药柱的限燃表面的包覆工艺。这种薄片可以是乙基纤维素，如同挤塑包覆所提到的乙基纤维素包覆剂配方，将其制成一定厚度薄片，用乙基纤维素漆黏在药柱的端面，也称为端面包覆片。下面以丁腈橡胶包覆片的包覆来予以说明。该包覆片的配方为：43.0% 丁腈–40 胶、2.1% 氧化锌、8.6% 邻苯二甲酸二丁酯、13.0% 石棉绒、4.4% 白炭黑、0.8% 硬脂酸、0.8% 硫黄、26.0% 喷雾炭黑、0.5% DM 促进剂、0.8% 4010 防老剂。

所有组分在未加入促进剂前先进行混炼，最后加入促进剂，然后药料在模具内加热加压下进行硫化，可得到一定厚度的包覆片，利用 502 胶可将包覆片粘贴到药柱表面上。

10.5.2 壳体黏结式发动机装药的包覆工艺

壳体黏结式发动机装药的包覆首先是在发动机壳体内壁先涂一层绝热层或绝热涂料，当该涂料固化后，再施工包覆层。一般的包覆工艺有离心包覆、贴片包覆和喷涂包覆等。

壳体黏结式发动机广泛采用橡胶类包覆层。为了确定合适的工艺条件，往往需要预先确定包覆材料的交联固化特性。通常是测定包覆材料的硫化曲线，确定半硫化点和正硫化点。

半硫化时间也称焦烧时间，反映了胶料在一定温度条件下达到微弱交联不能流动的时间，有的也称 T_{10}。生产上要求 T_{10} 长一些，以使胶料的使用期和包覆周期长一些。焦烧时间随温度的不同而不同，当温度较高时，其焦烧时间就短，反之亦然，因此，一般以温度来调整半硫化时间的长短。

正硫化时间是在一定温度条件下，其制品达到适当的交联度或综合性能最好，分别达到或接近最佳值的硫化时间。在硫化曲线上，将从硫化开始到正硫化点的时间称为正硫化时间，有的也称 T_{90}。生产上要求正硫化时间要适当，从 T_{10}～T_{90} 有一段较长的硫化时间，以利于充分交联固化。

在硫化过程中有过硫化阶段，在正硫化阶段之后，继续硫化便进入过硫化阶段，过硫化阶段的前期属硫化平坦期的一部分。在平坦期中，其物理力学性能基本上保持稳定。过平坦期后有返原现象，即硫化曲线下降。对于天然橡胶，是断链多于交联，出现硫化返原现象而变软。对于合成橡胶，交联继续的结果是环化结构增多而变软。在实际使用中，总是希望平坦期较长。选择恰当的促进剂和硫化温度是重要的因素，一般是使用超速促进剂在低温下硫化，当高温硫化时，则使用平坦期长的促进剂。在浇铸推进剂时，温度不宜太高，以防止出现包覆层的返原现象。

1. 离心包覆

离心包覆是借离心力使液体包覆剂在发动机壳体内表面流布均匀，加热固化后，在发动内壁形成包覆层的工艺过程。下面以某种改性双基推进剂药柱的丁羟包覆层为例介绍该包覆工艺。

丁羟包覆层的配方为

端羟基聚丁二烯（相对分子质量 3 300～3 800）	100 份
聚醚预聚体（异氰酸基含量 4.5%～6%）	55～60 份
二氧化钛	80 份
癸二酸二辛酯	10 份

端羟基聚丁二烯由丁二烯单体以过氧化氢为引发剂进行聚合生成，其结构式为

$$HO\!-\!\!\left[CH_2\!-\!CH\!=\!CH\!-\!CH_2\right]_n\!\!-\!OH$$

聚醚预聚体为聚丙二醇醚与甲苯二异氰酸酯的预聚物，其端基官能团为异氰酸基，结构式为

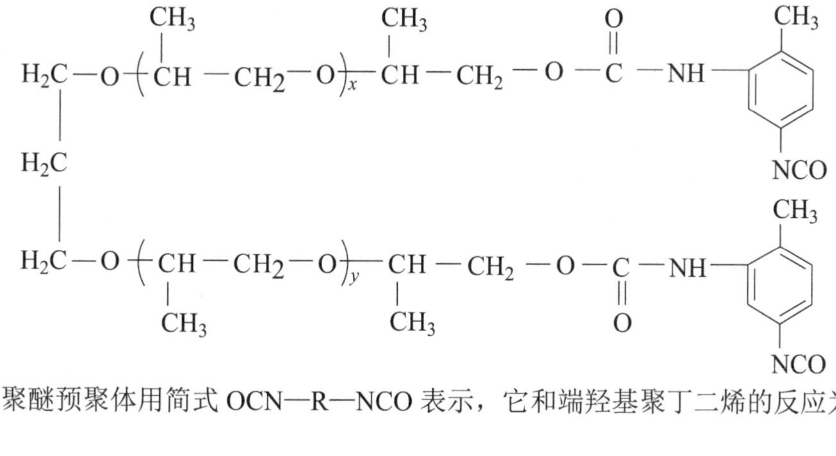

$$\begin{array}{l}
H_2C-O\left(\underset{CH_3}{CH}-CH_2-O\right)_x\underset{CH_3}{CH}-CH_2-O-\overset{O}{\overset{\|}{C}}-NH-C_6H_3(CH_3)(NCO)\\
\quad|\\
H_2C\\
\quad|\\
H_2C-O\left(\underset{CH_3}{CH}-CH_2-O\right)_y\underset{CH_3}{CH}-CH_2-O-\underset{O}{\underset{\|}{C}}-NH-C_6H_3(CH_3)(NCO)
\end{array}$$

聚醚预聚体用简式 OCN—R—NCO 表示，它和端羟基聚丁二烯的反应为

$$HO—C \leftarrow CH_2—CH=CH—CH_2 \rightarrow_n OH + OCN—R—NCO \longrightarrow$$

$$\left[O \leftarrow CH_2—CH=CH—CH_2 \rightarrow_n O—\overset{O}{\overset{\|}{C}}NH—R—NH—\overset{O}{\overset{\|}{C}} \right]_m$$

聚醚预聚体的加入量要根据端羟基聚丁二烯的相对分子质量而定，用下式计算：

$$G = \frac{100 \times 84}{M \times w(\mathrm{NCO})} \tag{10-1}$$

式中，G——每 100 g 丁羟胶所需要的聚醚预聚体质量（g）；

M——丁羟胶的相对分子质量。

按配方投料制成试片，测试其力学性能，要求试片的抗拉强度不小于 1.765 MPa，延伸率不小于 300%，否则需调整配方，使丁羟胶羟基含量和聚醚预聚体异氰酸基含量达到要求。

在包覆层施工前，先将发动机内表面经喷砂、清洗、烘干后涂绝热层，加热固化。

丁羟胶与聚醚预聚体进行预反应，其目的是防止聚醚预聚体在包覆层表面析出。将包覆层各组分在 90 ℃下搅拌，同时抽真空除气泡 1～2 h，得到预反应的料浆。

立式离心包覆是包覆发动机前、后封头的，是靠发动机以一定速度立式旋转的离心力，把一定量的包覆剂甩到某一高度位置上进行包覆的。为了保证包覆质量，要控制发动机的转速和包覆剂的用量，包覆剂的用量由包覆层的厚度来决定，发动机转速由可控硅电动机调节，使立式离心包覆机达到适当转速。由于发动机封头是由不同曲率半径构成的，一般每个曲率半径要离心一次，一些较大直径发动机（例如 1 m 直径发动机）的前封头要离心 4 次，后封头要离心 3 次。

卧式螺旋离心包覆是包覆发动机的圆筒部位。该包覆在卧式包覆机上进行，它由 630 车床改装，主要由车床、支架、保温加热套、发动机工装及往复行车等组成。在包覆时，发动机旋转，做圆周运动，包覆层料浆在压缩空气作用下，由料罐经料嘴呈细条状流出，并以一定速度做直线运动，这样就使料浆呈螺旋形均匀分布在发动机圆筒内表面，通过离心流平。

发动机圆头部位要施加两层包覆层。第一层厚 3 mm，第二层厚 2 mm。在两层之间可涂一层聚苯乙烯以制造人工脱黏层。此脱黏层的边缘可在距筒体与圆头部位交接处约 20 mm 处。圆筒部位包覆层厚约 2 mm。

当包覆层半固化后，在包覆层表面涂一层黏结层，生产上也称为发动机涂胶。该胶的组成为：24 号聚酯树脂 1 份、2, 4–甲苯二异氰酸酯 1 份、丙酮 1 份。

在包覆层表面喷涂一层黏结剂（丁羟胶），烘干，再喷涂一层，当胶未干时，往表面撒下一定量的与双基或改性双基推进剂成分相同的球形药，使其黏附在表面，以增加推进剂与包覆层的黏结强度。对于不同的发动机包覆，喷胶量、喷涂压力、喷胶速度、球形药量，还是分段喷胶、分段撒下球形药，视不同直径发动机而定，对于直径较大的发动机，要进行分段喷胶，分段撒下球形药。当全部喷涂胶后，露置一定时间，待作为稀释剂的丙酮挥发掉后，经 80 ℃～90 ℃温度下固化 2～4 h，方可浇铸推进剂。

2. 贴片包覆

贴片包覆是先制成一定厚度的橡胶板，通过黏结剂（过渡层）贴到发动机内表面的包覆工艺。丁苯橡胶包覆层就是发动机贴片包覆的一例。丁苯橡胶包覆层的配方为：85%丁苯橡胶、15%石棉粉，硫化剂和硫化促进剂另加。

将配合剂经塑炼、混炼和硫化后，制成厚度为 3 mm 的包覆剂片。

发动机内壁经喷砂处理，用三氯乙烯清洗，涂以氯丁橡胶黏结剂作为底漆，厚度约 0.03 mm。发动机圆头部位（前后封头）可用丁苯橡胶乳胶涂刷，该乳胶要配以硫化交联剂（如硫或氯化锌等）和增塑剂（如聚乙烯醇等），每涂乳胶厚度为 0.3～0.4 mm，于室温下或加热固化，再涂刷第二遍，如此反复，直到达到需要的厚度。对于筒体部位，用氯丁黏结胶将包覆片贴到发动机内壁表面。最后在 60 ℃下干燥并固化 30 min，方可浇铸推进剂。

上述两种包覆对于浇铸双基推进剂是较理想的包覆层，具有黏结强度高，抗硝化甘油迁移，耐老化，工艺性能好的特点。有的还用于复合推进剂的装药中。

10.5.3　人工脱黏

1. 人工脱黏的作用和设计

固体发动机装药燃烧室结构完整性是固体发动机技术重大的研究课题之一。自从突破贴壁浇铸固体推进剂技术以来，预防药柱的裂纹与脱黏一直是从事固体发动机研究设计者所关心的问题，人工脱黏技术的突破有效地解决了药柱与内绝热层的脱黏。

人工脱黏又称自由脱黏，在贴壁式装药燃烧室的前、后封头口处，使其绝热层与药柱之间界面上人为地制作一个薄弱环节（即自由伸张界面），它可以有效地使药柱与绝热层脱开，而不损害药柱的完整性。

药柱破坏的表现形式有两种：一是内孔和锥柱等的破坏；二是在药柱与燃烧室壳体黏结终端处（即前后开口处）的破坏。这一类破坏可能是推进剂或内绝热层本身的破坏，或是包覆层的破坏，或是黏结界面的破坏。导致破坏的原因可能是药柱固化收缩、温度交变、发射过载、各种冲击振动、热试车的增压和过载等。药柱固体收缩而产生的脱黏或开裂，可通过灌浆加以修补，即向脱黏的缝隙中灌入一种常温固体的黏结剂料浆，待其固化后即可将缝隙黏好。但其他原因引起的脱黏，靠灌浆法是无法解决的，灌浆只是一种消极的办法。人工脱黏可以有效地避免药柱的破坏，设计人工脱黏的全部功能应包括：

① 释放后封头（或前封头）绝热层与药柱由于环境、载荷等因素引起的内应力，使整个药柱处于良好的受力状态，并使绝热层与壳体具有良好的黏结性能。这种释放应力的情况，称为人工脱黏的结构力学特性。

② 在固体发动机点火启动瞬变的压强作用下，人工脱黏可使前、后封头（尤其是后封头）的受力状态得以改善，减缓冲击载荷引起的应力，避免出现“神秘冲击”，这种减缓冲击的特性称为人工脱黏的工作稳定性。

在固体发动机结构设计过程中，人们往往较多注意人工脱黏的力学特性，而又少注意和探讨人工脱黏在发动机点火瞬变过程中的稳定性。人工脱黏在发动机工作过程中的受力与环境条件的影响因素的关系是很复杂的，例如在点火瞬变加压过程中，壳体与药柱发生变形；壳体与药柱的弹性应力波传播速率的不一致性，以及冲击、振动等影响因素。设计中要精确计算分析这些影响因素是很困难的。

2. 人工脱黏的结构形式

人工脱黏的结构形式有两种：一种是三层结构——底层、脱层、盖层，如图10–4（a）、（b）、（c）所示；另一种是双层结构，即只有脱层和盖层，如图10–4（d）所示。三层结构形式的人工脱黏的脱层材料大都采用泡沫橡胶，而双层结构形式一般都采用网格布、聚四氟乙烯薄膜、哌嗪尼龙薄膜等作为脱层材料。

人工脱黏的盖层通过衬层与推进剂黏结，底层用胶黏剂与绝热层黏结，二者根部是连接在一起的，当药柱发生形变时，盖层随药柱一起缓慢移动。

3. 成型工艺

三层结构形式的人工脱黏一般在绝热层硫化后成型。通常按制作单元，先采用机外成型法将底层、盖层材料压制成片状，并根据壳体内型面情况把片材裁制成一定的形状。脱层材料裁制成20～50 mm宽的条状，如图10–4（a）、（b）所示，沿燃烧室壳体环向布设。正反两面分别与底层、盖层交替间断黏结，然后将成型好的每个单元逐一粘贴在绝热层上，使底层的外表面与绝热层的内表面相互粘贴牢靠，并排除黏结界面的空气，两个相邻单元的底层、盖层采用搭接方法粘贴牢靠（此处在制片时裁制成倒角）。最后将伸向壳体内的一端的底、盖层相互黏结，其黏结宽度一般要求大于50 mm，黏结强度应以在发动机点火后不致使该处被热燃气冲击而破坏为原则，伸向壳体外的一端用适当的绝热层或衬层片材将开口处封死。封口时应尽量排除脱层内部的多余空气，使盖层尽量与底层相互吻合，使人工脱黏结构在浇铸过程中始终处于良好状态，以保证推进剂药浆不致落入脱层内。

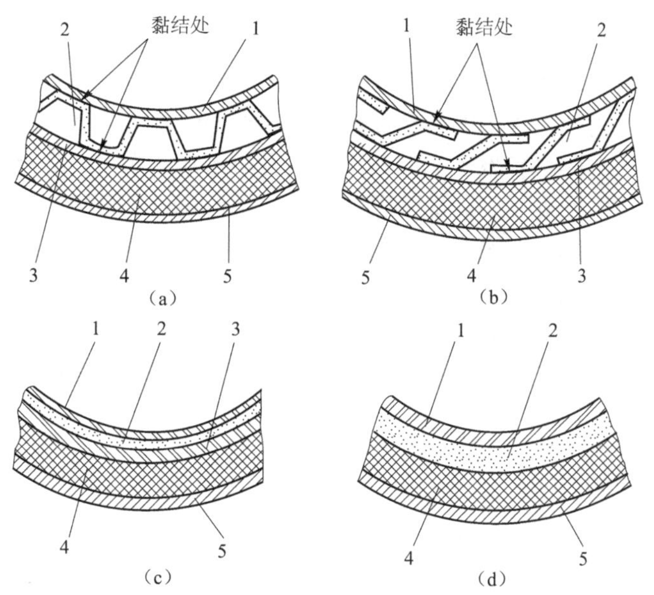

图 10–4　人工脱黏的结构形式

(a)，(b)，(c) 三层结构；(d) 双层结构

1—盖层；2—脱层；3—底层；4—绝热层；5—壳体

双层结构人工脱黏如图 10–4(d)所示，一般是在绝热层粘贴后未固化之前，直接成型于燃烧室内绝热层上。首先在预定部位固定脱层材料，然后直接粘贴盖层，同样，将伸向壳体内的一端与绝热层粘贴牢靠。固化时，可采用气囊加压法或在壳体内直接充气法使其与绝热层一起固化成型。但直接充气法需采取相应措施，以排除脱层内的空气，待固化后，同样应将开口处封死，即可进行衬层的成型。

纤维缠绕壳体的人工脱黏大都采用双层结构形式。其成型方法是首先在石膏内芯模上成型人工脱黏的盖层，随之成型脱层和绝热层，最后再进行纤维缠绕，待全部工作结束后，一起进行固化定型。

10.6　装药包覆层中液体组分的迁移和抑制

10.6.1　NG 迁移的危害

双基系固体推进剂装药储存期间，所含的硝化甘油及其他小分子添加剂会逐渐向包覆层迁移，给其使用带来一系列问题。首先，使药柱因丧失部分 NG 而减少能量组分，导致爆热、燃速等指标下降，装药难于保证发动机原来的内弹道性能；其次，使包覆层因含能成分的迁入而大大降低其耐烧蚀性，从而发挥不了应有的阻燃作用，且使包覆层的力学性能变坏，当 NG 迁入量较大时，界面的黏结强度将下降，严重时会使发动机装药点火后发生爆炸；再者，迁移现象的持续发展，将直接导致装药使用寿命的终结而报废。此外，NG 的迁移还可能导致发动机内弹道性能异常，如端面燃烧的装药可能出现锥形化燃烧，分析认为这是 NG 迁移而使推进剂外表面燃速增加造成的。

长期的实际观察结果也表明，包覆后的双基系固体推进剂的使用寿命，一般并非由推进剂本身的化学安定性因素决定的，而主要取决于 NG 迁移所引起的物理老化作用。

10.6.2 迁移的原因

推进剂中有迁移能力的组分有爆炸性增塑剂（如硝化甘油、二乙二醇二硝酸酯等）、惰性增塑剂、助溶剂和安定剂等。包覆层中的液态增塑剂或低分子液态组分，分别向相邻的界面迁移并渗透到材料中，构成固体推进剂与包覆层组分的迁移。目前对于这种迁移有两种观点。

第一种观点认为迁移是一种扩散过程。扩散过程是指不受其他外力的影响而只受热的影响下，由于原子、离子、分子和胶体粒子的自身运动，各种物质逐渐混合的过程。扩散过程是物理化学的自然属性。对于描述两种气体的扩散，可以用菲克尔（Ficker）定律表示，但要想计算像推进剂和包覆层系统这样一种液体迁移到一种固体中或穿过固体析出的过程，则需要用其他参数来表示在固体表面上的扩散过程、范围和析出物在固体中的溶解方式。这些因素可用渗透系数（P）加以概括，它包括了菲克尔定律中扩散系数在内。渗透系数（P）与温度（T）、迁移物所处的压力（p）和扩散系数（D）有关：

$$P = f(T, p, D) \tag{10–2}$$

影响扩散系数的主要因素是增塑剂或液体组分的浓度梯度。浓度梯度是迁移的动力。对于双基推进剂而言，迁移的数量取决于推进剂中硝化甘油的含量、外界温度及推进剂与包覆层的接触时间，包覆层吸收硝化甘油的量为

$$A = B + C\exp(-f_t) \tag{10–3}$$

式中，A——包覆层吸收硝化甘油的质量分数；

B——常数，取决于推进剂中硝化甘油含量及药柱的质量；

C——常数，由试验确定；

f_t——指数，其中 t 表示时间（天或月）。

在扩散中应该考虑如下因素：向包覆层聚合物内部的迁移；该聚合物的溶解

度；包覆层中的聚合物的自由体积的大小，即聚合物高分子链有利于扩散的空洞等。也就是说，推进剂中的迁移组分与包覆层中聚合物的溶解度小，具有小的扩散系数、化学电位差和浓度差。需要指出的是，增塑剂的扩散能力十分强烈地依赖于聚合物分子结构中存在的空洞–自由体积。凡是影响自由体积的聚合物都有利于扩散，导致低分子组分的迁移。这就是人们设置机械阻挡层来对抗硝化甘油迁移的理论基础。

第二种观点认为，迁移是由硝化甘油的极性反应位置的吸引力引起的。在双基推进剂的硝化纤维素中有一定的反应位置，在这些反应位置上与硝化甘油形成一种微弱的化学结合。硝化甘油有显著的接受电子的反应位置，它与包覆层中聚合物的给出电子的位置之间相互作用是迁移的主要原因。试验研究表明，在包覆层的聚合物中引进与硝化甘油相同极性的反应位置，或是将带负电的原子或支链引进聚合物的分子中，或是往包覆层中加入接受电子的增塑剂或填料，就可以排斥或抵抗硝化甘油的迁移。

两种观点都有优越之处，都可从不同侧面解释增塑剂的迁移问题。然而第二种观点更易被人所接受，原因是化学作用引起的迁移比纯物理的扩散过程引起的迁移更能反映其机理。

10.6.3　影响 NG 迁移的因素

NG 在推进剂和包覆层之间迁移，因此，迁移的速度和程度与二者的物化性质直接有关。影响 NG 迁移的因素及其作用规律如下。

（1）推进剂和 NG 含量

推进剂的组成或制备工艺不同，NG 在其中所处的氛围和状态便不同，故而它的迁移速度就不同。一般来说，在 NG 含量相同的情况下，螺旋挤压推进剂比从浇铸推进剂向包覆层迁移的速度小；NG 含量越高，推进剂与包覆层之间的浓度梯度越大，NG 迁移速度也就越高。

（2）包覆材料的分子结构

聚合物分子结构不同，NG 的迁移速度就不同，电子接受特性强或低极性的聚合物，往往对 NG 迁移的阻碍作用较强；体型结构的包覆材料对 NG 迁移的抑制作用比线型结构包覆材料的要强得多。

（3）包覆层的组织结构

与 NG 的溶度参数相差大、结晶度高或交联密度高的致密性包覆层对 NG 的迁移量较小，因为多交联点和高的结晶度妨碍 NG 的物理位移。此外，包覆层中添加的无机填料也使 NG 的迁移受到阻碍。

（4）包覆材料的界面性质

包覆层的表面能不同，对 NG 的吸附作用不同，吸附作用强的包覆材料与推进剂的界面处 NG 的迁移速度较大，反之，则较小。

（5）温度

温度不仅影响 NG 的迁移速度，而且影响最后的平衡点，在相同时间内，温度越高，NG 迁移量越大，升高温度既可加快迁移速度，又可提高最终的平衡程度。

由此可见，影响 NG 迁移的因素颇多。因此，NG 迁移原因的研究极为复杂。

10.6.4 NG 迁移的动力学和热力学研究

印度的包覆层专家 A.P.Agrawal 报道了 NG 分别向半刚性不饱和聚酯、氯化聚酯和填充聚酯迁移的动力学。他假定：NG 通过聚酯薄片的扩散是单向的；NG 迁移发生在非稳态条件下，并具有恒定的扩散系数；只要聚酯薄片一浸入 NG 中，薄片表面上 NG 的浓度即达到平衡。据此，单向扩散的平衡方程可由 Fick 第二定律描述，即

$$\frac{\partial c}{\partial t}=D\frac{\partial^2 c}{\partial x^2} \tag{10–4}$$

初始和边界条件为：$t=0$，$0<x<L$，$c=0$；

$t>0$，$0=x$，$x=L$，$c=c_\infty$。

解式（10–4）得出时间为 t，距离为 x 处的液体浓度 $c_{(t,x)}$ 为

$$\frac{c_{(t,x)}}{c_\infty}=1-\frac{4}{\pi}\sum_{n=0}^{+\infty}\frac{1}{2n+1}\cdot\exp\left[-\frac{D(2n+1)^2\pi^2}{L^2}t\right]\sin\frac{(2n+1)\pi x}{L} \tag{10–5}$$

式中，c_∞——平衡时浓度；

D——扩散系数；

L——薄片厚度。

NG 通过薄片的迁移量可表达为

$$\frac{M_t}{M_\infty}=1-\frac{8}{\pi^2}\sum_{n=0}^{+\infty}\frac{1}{(2n+1)^2}\cdot\exp\left[-\frac{D(2n+1)^2\pi^2}{L^2}t\right] \tag{10–6}$$

式中，M_t，M_∞——分别是时间为 t 和无限大时的 NG 迁移量。

由式（10–6）进一步推导可得到计算扩散系数 D 的方程为

$$\frac{M_t}{M_\infty}=\frac{4}{L}\left(\frac{Dt}{\pi}\right)^{0.5} \tag{10–7}$$

迁移动力学的研究表明，NG 迁移量随时间的增长而增大，NG 的极限迁移

量 M_∞ 随着聚酯类柔软性的增加而增加，NG 迁移的扩散系数 D 没有一定的变化规律。

国内学者对温度和迁移量的试验数据回归分析后发现，迁移量与温度时间的定量关系具有阿累尼乌斯方程的特征，其表达式为

$$M = M_0 e^{-E_m/RT} \tag{10-8}$$

式中，M，M_0——分别为温度等于 T 和 T_0 时的 NG 迁移量；

E_m——迁移活化能，由试验结果得知它受包覆层材料和作用时间的影响不大。

NG 在推进剂和包覆层界面间的迁移，实际上是 NG 从一种热力学平衡态转变为另一种平衡态的热力学跃迁过程，跃迁势垒越大，受温度影响越剧烈。据此，国内研究者也借助热力学分析，利用溶质分配平衡方程和高分子溶液的 Flory–Huggins 理论，推导出了迁移平衡后的化学位方程，即

$$-\frac{\mu_{IB}^0 - \mu_{IA}^0}{RT} = \ln\frac{\Phi_{IB}}{\Phi_{IA}} + \Phi_B - \Phi_A - \left(\frac{\Phi_B}{X_B} - \frac{\Phi_A}{X_A}\right) + \frac{V_1}{RT}[(\delta_I - \delta_B)^2 \bullet \Phi_B^2 - (\delta_I - \delta_A)^2 \bullet \Phi_A^2] \tag{10-9}$$

式中，μ^0——标准化学位；

Φ——体积分数；

X——溶剂和推进剂或包覆层的相互作用；

δ——溶度积；

V——溶剂的摩尔体积；下标：I 表示 NG，A 表示推进剂，B 表示包覆层。

从式（10–9）可看出，迁移的动力及最终平衡程度与环境温度（表征分子热运动能力）、大分子的链段数目（表征柔顺性）、NG 的摩尔体积（迁移分子的大小），以及 NG 与包覆层和推进剂材料（NC）溶度参数的差值、NG 在两个体系中标准化学位的差值（反映溶剂/溶质相互作用强弱）等项参数有关。

10.6.5　NG 迁移的抑制技术

1. 设置 NG 迁移阻挡层

阻挡层亦称屏蔽层，是由一些本身抗 NG 迁移性能优异的材料或能在装药表面固化成高交联度薄层的材料，通过特定的工艺，在推进剂和包覆层之间所形成的中间层。该层的主要作用是阻挡 NG 迁移，但有的阻挡层也可很好地改善包覆层的黏结性能，此类阻挡层又称多功能过渡层。有关文献报道，较好的阻挡层材料有聚氨酯类、聚二甲基硅氧烷类、改性氮磷化聚乙烯、丁基橡胶、聚乙烯醇缩甲（丁）醛等。

2. 包覆层采用吸收 NG 量少的物质作基材

一般来说，低极性、高交联度或高结晶度的聚合物材料，对 NG 具有较低的吸收率。常见的这一类材料有含氯类聚合物、聚烯烃类、硅橡胶或硅树脂类、三元乙丙橡胶、丁基橡胶、刚性环氧树脂、不饱和聚酯、聚酰胺等。

3. 包覆层中添加无机填料

在包覆层中添加无机填料，是一种设置机械“屏障”抗 NG 迁移的重要措施，同时也有利于改善材料的力学特征，因为无机填料能增加包覆层的密度，堵塞交联网眼，减少材料的自由体积，所以具有抑制 NG 迁移的良好作用。常用的无机填料有氢氧化铝、三氧化二锑、锌钡白、硫化锌、钴酸钡、铬酸锌等。值得注意的是，有些无机填料燃烧时会形成烟雾，无（少）烟包覆层应该避免使用它们。

4. 引入带电负性基团的助剂

根据吸引作用假说，多数高聚物材料的某些基团具有电子给予体性质，而 NG 为具有电子接受体特性的物质，这就是多数高聚物材料具有吸收 NG 倾向的内在原因。因此，在包覆材料中引入一些带电负性基因的助剂，使之具有电子接受体的特征，即可阻止 NG 迁入，如将三（2–氯乙基）磷酸酯和 N, N′–二（2–羟乙基）–八氯联苯胺引入聚酯中，就可明显地抑制 NG 的迁移。

5. 采用增塑技术

增塑技术目前有两种：一种是预增塑，另一种是内增塑。前者是在装药与包覆层间放置较易活动的组分，使可迁移组分在两者之间预先达到平衡状态，因而消除了组分迁移的可能性。后者是用化学方法使增塑剂与包覆层基材结合，实现内增塑，从而减少 NG 的迁移，如合成的乙基纤维素戊酸酯，与常用酞酸二丁酯或二乙酯外增塑乙基纤维素相比，对 NG 的吸收量减少到 1/25～1/40。

10.7 装药包覆层的脱黏、开裂原因及预防措施

10.7.1 脱黏、开裂的原因分析

包覆装药在火箭发动机中贮存或使用时，受到各种不同的外界载荷作用。主要包括由环境温度变化引起的热应力，包覆层受压、受撞击等外力或自身重力引起的机械应力。

设外界载荷作用引起的脱黏应力为σ，σ_1和σ_2分别代表材料 1 和材料 2 的应力极限值，σ_{1-2}表示材料 1 与材料 2 黏结界面的黏结强度极限值。当$\sigma \geqslant \sigma_1$或$\sigma \geqslant \sigma_2$时，材料本身受到破坏，材料产生开裂。当$\sigma \geqslant \sigma_{1-2}$时，黏结界面产生脱黏。

影响开裂或脱黏的因素分为两类：一类是影响材料本身强度极限值σ_1、σ_2以及界面的黏结强度极限值σ_{1-2}的因素；另一类是影响脱黏应力σ值的因素。

材料 1、材料 2 和黏结剂的化学结构、相容性、老化性能、界面性质，是影响σ_1、σ_2和σ_{1-2}的主要因素。外界载荷和包覆药柱特性是影响脱黏应力σ的主要因素。

对于壳体黏结式发动机装药，用有限元法对脱黏主应力σ_{max}进行定量分析。从计算结果可以看出，影响其主应力σ_{max}的各种因素不完全一致，但能看出影响的程度，其大小顺序为

$$\begin{array}{lllllll} E & & L/D & & & & \\ a & & & & & & E_t \\ \Delta T & > & b & > & E_1 & > & E_2 \\ W/b & & t & & & & \end{array}$$

式中，E——推进剂的弹性模量；

E_1——绝热层的弹性模量；

E_2——包覆层的弹性模量；

E_t——人工脱黏层的弹性模量；

a——推进剂的线胀系数；

ΔT——环境温度变化值；

W/b——装药的肉厚比；

W——肉厚；

b——发动机的内半径；

L/D——装药的长径比；

t——人工脱黏层和包覆层厚度总和。

通过对开裂、脱黏的原因分析，可以找出主要因素及影响的程度。防止开裂和脱黏的措施可从两方面考虑：第一是提高推进剂或包覆层的自身强度σ_1和σ_2，依据黏结理论提高二者的黏结强度σ_{1-2}，第二是降低脱黏应力，即通过降低包覆层和推进剂的模量、使包覆层和推进剂的线膨胀系数尽量接近、尽量减小装药的肉厚比等途径来实现。

10.7.2　防止开裂和脱黏的措施

通过以上分析可知，防止开裂和脱黏的措施可从两方面考虑：第一是提高推进剂或包覆层的自身强度σ_1和σ_2，提高二者的黏结强度σ_{1-2}；第二是降低脱黏应力。现分别介绍。

1. 提高材料自身的强度

选用强度高的包覆材料，例如以阻燃型的不饱和聚酯代替乙基纤维素作双基

推进剂的包覆层，由于提高了材料的自身强度，因此减少了推进剂贮存中开裂的可能性。采用延伸率很高的橡胶类材料作为包覆层，也不易开裂。

2. 提高推进剂与包覆层的黏结强度

① 包覆层材料与推进剂表面相互浸润，是形成较高黏结强度的首要条件。二者的浸润作用与材料本身的结构有关，也与材料的物理状态和施工工艺有关。通常是将包覆材料成为液体或易流动的半固体，易于浸润推进剂表面。热塑性包覆材料加热至熔融状态流布于推进剂表面，也可借助于溶剂或黏结剂得到界面良好的浸润。

② 改善推进剂表面结构状态与形貌，提高黏结强度。推进剂药柱表面的清洁程度、粗糙程度、微观形态以及表面能的大小对黏结产生重要的影响。根据几种黏结理论分析界面的作用力，对黏结表面进行预处理是改善黏结强度的重要方法。对于双基推进剂装药的包覆技术，通常采用机械打磨法、化学清洗法、表面涂层法、等离子处理法、紫外线照射法、接枝共聚法等表面处理技术。

③ 在黏结界面上施以表面涂层（常称为过渡层或黏结层），可大大改善黏结性能。该层可消除由于固化收缩和热膨胀系数差异在界面上产生的剪切应力。例如采用氯磺化聚乙烯作为双基或改性双基推进剂的包覆层时，采用复合界面层，紧靠推进剂药柱的为聚乙烯醇缩甲醛，靠近包覆层的一边为酚醛树脂。该界面层提高了黏结强度，当拉应力超过 8.4 MPa 时才能破坏。

④ 增加机械结合力以提高黏结强度是常用的方法之一。该方法是在包覆层或界面层中添加固体粒子，形成镶嵌黏结。这种固体粒子一部分嵌入推进剂中，另一部分嵌入包覆层中。所用的固体粒子可以是铝粉、硝化纤维素微粒、和推进剂成分相同的球形药、聚氯乙烯、聚苯乙烯、乙基纤维素等。

⑤ 在推进剂与包覆层界面上产生化学交联，可大大提高黏结强度。一般的黏结主要是材料之间的相互作用，即次价力的作用，而化学交联则是产生原子间力的作用。对于改性双基推进剂用丁苯橡胶作为包覆层时，往包覆层中添加含有既能与丁苯橡胶主链中的双键反应，又能与推进剂中羟基反应的环氧化合物，例如缩水甘油丙烯酸酯、缩水甘油二甲代丙烯酸酯、缩水甘油丙烯酸醚等双官能团化合物。固化时，不饱和基团与丁苯橡胶主链的双键接枝，另一官能团在改性双基推进剂浇铸时与剩余羟基反应，从而形成化学交联。这样制成的包覆层抗拉强度达到 14.2 MPa，延伸率可达 63%，剥离强度达到 39.2 N/25 mm，硝酸酯迁移量仅为 2.1%。

⑥ 湿气和水分对黏结界面的形成和稳定十分不利，也是影响脱黏的重要原因之一。包覆时，湿气和水分易为黏结表面吸附，降低了表面能，增大了接触角，使黏结剂难以浸润、流变、扩散、渗透、成键，因而不易形成牢固的黏结表面。

贮存时，由于水分子体积小，极性大，能够通过渗透、扩散而积聚于黏结界面，取代已经形成的次价键，水解某些化学键，从而削弱了界面间的相互作用而造成脱黏。为此，应该对装药发动机贮存条件加以控制，在包覆施工过程中，严格控制湿度。

3. 降低脱黏应力

降低脱黏应力的途径通常有：降低包覆层和推进剂的模量、使包覆层和推进剂的线膨胀系数尽量接近、尽量减小装药的肉厚比等。

① 采用人工脱黏层。壳体黏结式发动机装药的圆头部位往往是应力集中的部位，一般人工脱黏层设置在该部位，在第二层包覆层与第一层包覆层之间或绝热层与包覆层之间。人工脱黏层也是一种耐烧蚀材料，但与包覆层或绝热层的黏结力较弱。当承受应力时，包覆装药在人工脱黏层处首先脱开，因而起到消除应力的作用，而不会破坏推进剂与包覆层的黏结。

② 研究组合件衬里，以消除装药中可能产生的应力。例如，对壳体黏结式装药，将包覆层分为两层，这内外两层都用若干聚合物薄膜黏结起来，再在内外两层之间夹一层孔带。这种组合包覆层带有一定的伸缩性，因而可以补偿由于药柱收缩而产生的应力。

③ 在包覆层与绝热层界面上涂以脱模剂，以消除应力。这种脱模剂是不溶于包覆材料的，可用聚四氟乙烯或液态硅树脂等物质，将其涂在发动机内壁的绝热层上，然后施加包覆层，再进行推进剂的浇铸。当装药温度变化时，包覆药柱可自动与壳体和绝热层脱开。实际上，这种结构非常类似自由装填药柱。它属于消除应力的一种特殊措施。

10.8 包覆层性能的检测方法

10.8.1 相容性试验方法

相容性试验方法很多，但经常采用的有：差热分析（DTA）、真空安定性（VST）、气相色谱法（GC）和加速贮存试验。

1. 差热分析

试验条件：升温速度为 5 ℃/min；混合比为 1∶1。

评价方法与标准：用火药分解放热峰温度的漂移值ΔT作为判据，$\Delta T = T_p - T_m$（T_p、T_m分别为单纯火药和混合物的分析放热峰温度），结果被分为四个等级：

A. $\Delta T < 2$ ℃　　相容

B. ΔT = 3 ℃～5 ℃ 轻微作用

C. ΔT = 6 ℃～15 ℃ 敏感

D. ΔT＞15 ℃ 危险

2. 真空安定性试验

试验条件：加热温度约为 90 ℃；加热周期为 48 h；样品质量为 2.5～5 g；混合比为 1∶1。

评价方法及标准：比较混合物放出气体与单纯推进剂放出气体的标准体积（mL），用净增加气体的标准体积（R）作为评定体系相容性的判据。$R = C - (A + B)$（C、A、B 分别为混合物、单纯火药、拟包覆材料放出气体的体积）。

根据 R 值的大小，把相容性分三个等级：

A. R＜3 mL 相容

B. R = 3～5 mL 中等程度相容

C. R＞5 mL 不相容

3. 气相色谱法（进行气体分析试验）

试验条件：样品管双基推进剂加热温度为 120 ℃；加热时间为 5 h；样品质量为 1～2 g；混合比为 1∶1；样品管体积约 26 mL。

评价方法及标准：测定终止时 CO_2、CO、N_2O、NO 四种主要分解气体产物的浓度，比较混合物放出的气体量与单纯火药或包覆材料放出气体量。

$$R' = \frac{V_m}{V_p + V_i} \tag{10-10}$$

式中，V_m、V_p、V_i——分别为混合物、单纯火药、拟包覆材料放出气体量；

R'——体系反应系数。

根据 R' 值的大小，把反应性分为三级：

A. R'＜1.5 不反应

B. 1.5≤R'≤3 介于中间

C. R'＞ 3 反应

上述三种方法，可用于材料相容性的快速筛选。差热分析应用起来最为简单、快速，而且国外也有评价标准作依据，所以，作为快速筛选是合适的。但是由于短时间内通过程序升温达到高温，主要表现了高温的相容性，而且样品量少，有一定的局限性。真空安定性试验是国内外普遍应用于测定火药相容性的试验方法，但真空的试验环境与实际贮存环境差异较大，而且测得的气体总体积中不能区分挥发物与分解产物以及分解产物中不同组分。气体分析法突出优点在于能够区别放出气体中挥发产物与分解产物以及分解物中的不同组分，并能对四种气体组分进行定量测定。在国外，有的是在充装氮气的条件下进行试验的，考虑到经济问题，可采用空气气氛。气相色谱法是比较有前途的方法。在有条件的情况下，应将几种试验结果加以比较，综合考虑，以便做出更符合实际的判据。

10.8.2 增塑剂迁移性能试验方法

为了选择合适的包覆材料以及预估包覆层在装药贮存过程中受迁移影响的程度，人们做过不少试验。现将其中较为实用的几种试验方法介绍如下。

1. 夹层试验

将一定面积的片状包覆层材料试样置于两片推进剂试样之间，在密闭条件下于一定温度下加热。定期取出部分试样，称量包覆材料试样的增重，直至试样不再继续增重为止，得出增重与加热时间的关系曲线。推进剂片厚最好为包覆材料试样厚度的 5 倍左右。为减少增塑剂的挥发损失，试验时样品平放在带盖的铝盒内。为了保证包覆层试样与推进剂片之间接触很好，试样表面应加工平整，试验时在推进剂片上面放置一定质量的金属压块，由于包覆层中惰性增塑剂的挥发损失使测定结果产生误差，所以同时做一个空白试验。即将一同样大小的包覆材料试样单独放置于铝盒内，不放推进剂试样，在相同密闭条件下加热。定期称量挥发损失，以对夹层试验结果进行修正。试验结束后，用化学分析法测定包覆材料试样中的硝化甘油含量。

英国国防部火炸药研究发展中心采用的夹层试验条件如下：包覆材料试样面积为 25 mm^2，厚 2.5 mm，夹在两片面积为 25 mm^2、厚度为包覆材料试样 5 倍的推进剂试样之间。在夹层上放置 200 g 重物以保证良好的接触。整个夹层封闭置于铝皿上的烧杯内，于 60 ℃加热。

西德代拿买特诺贝尔公司采用西德工业标准 DIN–53406 做夹层试验。推进剂（D731）试样的直径为 42 mm，厚 1 mm，并对夹层施加重力，有效温度为 50 ℃。

我国也制定了夹层法测试增塑剂迁移性能的标准（WJ–137—1993）。

2. 浸渍法（液体吸收法）试验

将一定形状和面积的包覆材料试样直接浸泡于装有被吸收增塑剂的试管中，经一定时间间隔，取出样品，用滤纸擦干后称重，然后继续浸泡，直至达到平衡或试片破坏。这一方法虽与包覆药柱的贮存条件不同，但可以得到有用的聚合物吸收某种增塑剂性质的相对顺序，以及某一聚合物吸收增塑剂的极限量，也有将试样做成哑铃形，在液体中浸泡一定时间后测定其抗拉强度和延伸率。

英国火炸药研究发展中心采用液体浸泡试验的条件是将 2.5 mm 厚的聚合物试样悬浸在密闭试管的增塑剂液体中，从安全角度考虑，硝化甘油用 24%三醋精稀释，并加入 1%中定剂作为安定剂。

3. 杯具溶胀试验

杯具溶胀试验是以包覆材料暴露于迁移物中的溶胀变化为依据的。将液态的包覆材料注入直径 25.4 mm 的开口铝管底部，加热使其固化并将铝管底部封住，包覆材料的厚度约 1.6 mm。往铝管内倒入一定量的液态迁移物，观察包覆材料试样外形随时间所起的变化。

4. 示踪试验

美国赫克力斯公司和西德弗琅霍夫国家地球化学研究所等单位都曾用 ^{14}C 示踪技术测定了硝化甘油在推进剂中的迁移和分布及其对推进剂使用寿命的影响。所用的仪器为断层技术和β–闪光计。以后又用这技术测定钝感剂苯二甲酸二丁酯和苯二甲酸二正辛酯在发射药中的迁移效应。他们采用截面切割法和β–闪光计相结合的办法测定钝感剂在药剂中的分布和迁移率。射线照相黑区就是 ^{14}C 标记的表面钝感迁移区。分层收集用铣床铣下的试样，测试脉冲速率，从而获得 ^{14}C 标记的表面钝感剂的分布图或渗透曲线，并推算出各种钝感剂的扩散方程。

5. 维氏显微硬度试验

荷兰全国应用科学研究中心对推进剂–包覆层体系进行了维氏显微硬度测定，认为推进剂/包覆层的维氏显微硬度与推进剂包覆层的部位和增塑剂的含量存在着一定的函数关系。通过对维氏显微硬度的测定，可以确定增塑剂的迁移情况，增塑剂的迁移速度与温度有着强烈的依赖关系。通过测定显微硬度来确定增塑剂的梯度变化是可行的。

6. 包覆装药试验

为了更符合推进剂装药的实际情况，国内外均有人把带有包覆层的药柱做成试样进行老化试验。

英国国防部火炸药研究发展中心采用了两种推进剂装药试验，以便确定实际的迁移情况。一种是用一块厚 1.7 mm 的包覆层圆片和长 50 mm、直径 28 mm 的推进剂药柱的组合件，放到密闭容器中，在 54.5 ℃贮存到给定时间，然后用车床将试样车成薄层，用极谱法测定每层中的硝化甘油含量，用红外光谱分析增塑剂含量。另一种是用应力消除法包覆长 500 mm、直径 45 mm 的推进剂药柱，在不密封的情况下于 54.5 ℃贮存，然后除去包覆层和端部 25 mm 的一段，剩下的部分切下一小段作分析用。

还有一种包覆装药的热老化试验应用差示扫描量热计（DSC）进行样品的检测，可以大大减少老化试样用量及分析取样量。分析方法也很简便。双基推进剂装药老化试样是放置在专用的密闭老化样池内，再放入恒温箱中进行，试样老化程度的监测是采用 DSC 密封式样品池分析的。

将直径为 70 mm 带侧面包覆层的药柱用车床车成厚度为 10～15 mm 的片状，

两端分别用粗细砂布打磨平滑，用脱脂棉擦去粉尘，准确称量后放入专用老化样品池内，并以平板玻璃盖好试样的上下表面，再盖上老化样品池密闭盖。最后将装有老化试样的样品池放置于恒温箱内，于（67±2）℃连续加热一定时间。

加热到预定时间后放出试样，在与装药试样上下表面相平行的中间部分的平面上取分析样，分析用量以 mg 计，取样必须很严格，每次取样量要尽量相近，取样部位也尽量一致。

试验条件为：DSC 量程是±33.5 mJ/s，走纸速度为 5 mm/min，升温速度 10 K/min。试验数据是以单位毫克试样与 DSC 图上热值对应的面积表示。试验曲线包括的面积（cm^2）表示该分析试样的热分解值。

求出曲线包括的面积。比较老化前后的试样在对应的几何部位的分析数据，就可知道变化程度。在同一老化后的试样上不同部位取样，分析的数据表示可流动组分迁移后分布的梯度。

10.8.3　黏结强度的测定与脱黏的检测

黏结强度可分别用拉伸强度、剪切强度和剥离强度来表示。所用的样品及测试方法各不相同，但都是在材料试验机上以一定的拉伸速率来进行加载的，也有用恒载荷来观察达到破坏的时间。下面介绍几种常用的测试方法。

1. 拉伸试验

制备试样时，要尽量模拟发动机内推进剂装药结构，如果是浇铸推进剂，可先将包覆片粘贴或涂刷到两片金属板上，再在中间浇铸入推进剂，按与装药制造相同的条件进行固化。如果是压伸推进剂，则先加工推进剂试片，再粘贴或浇铸包覆层。

将试件置于材料试验机上，以每分钟 5～10 mm 的速度加载拉伸，直至试样断裂。

2. 剪切试验

测定剪切强度有两种方法。常用的一种是制成搭接试样，试样的黏结界面为 $20\times25\ mm^2$，包覆层厚 2 mm，推进剂厚 5 mm。试样制成后在材料试验机上进行拉伸，直至黏结界面脱开。

另一种是测定环剪切强度，更加接近装药的实际情况。将带有包覆层的圆柱形或管状药柱车成圆片状试片，厚度为（12.5±0.5）mm，试片车好后于 60 ℃～65 ℃加热 8 h，以消除加工应力，然后在测试温度保温 24 h。测量试片高度 h 和外径 d。

试验前应先设计和加工模套与模芯。模芯外径应与药柱外径相等。模套内径略大于药柱外径。将试片放在模套上，模芯放在试片上，对好中心，使剪切位置正好处于推进剂与包覆层界面处，然后在材料试验机上以每分钟 5～10 mm 的速度加压，直到将推进剂与包覆层的界面剪断，环剪切强度可按下式计算。

$$S=\frac{F}{\pi dh} \tag{10-11}$$

式中，S——环剪切强度；

F——总破坏力；

h——试片高度；

d——药柱外径。

3. 剥离强度

截取一块表面积为 $25\times100\ \mathrm{mm}^2$，带有包覆层的推进剂试样，先用人工将一端包覆层部分剥离，将推进剂及包覆层剥离端分别固定好，再在材料试验机上以一定的速度拉伸，直到所有黏结界面脱离为止。

4. 脱黏的检测

对于透明的或半透明的包覆层，可以用目视检查脱黏、气泡、分层等疵病。不透明的包覆层可用 X 射线沿切线方向照射包覆装药，也可用超声脉冲回波技术进行探测。具体内容在下一节中介绍。

10.8.4 物理机械性能

包覆层必须具有足够的机械强度，才能保证在运输、勤务处理以及点火冲击时不会被破坏。强度测试项目有拉、弯、冲、剪等。另外，装药设计和配方选择，还需测定模量、硬度、密度、比热、导热系数、线胀系数等。测试时可根据情况选用塑料、橡胶或推进剂。需要指出的是，强度测试数据必须在相同拉伸速度和温度下才能比较，不能笼统地讲某种材料强度多少。此外，考虑到装药贮存期间和发动机点火的不同状态，黏结强度和包覆层本身强度测试应在不同速度和温度下进行。据美军用标准报道，单轴力学性能和双轴力学性能，试验温度为–65 F、77 F、165 F，拉伸速度为 0.02、0.2、2 in①/min；高速单轴力学性能，拉伸速度为 500，750、1 000 in/min；高压单轴力学性能，压力为 400、700、1 000 $\mathrm{lb/in^2}$。

另外，应指出线胀系数试验亦很重要，因为推进剂和包覆层之间线胀系数差异大时，装药贮存和使用过程中，由于温度造成界面应力大，容易使包覆层开裂或界面脱黏。在给出线胀系数的数值时，应注明测试温度范围，高聚物在相转变区附近尺寸变化大，故测定线胀系数随温度变化曲线比较适宜。

① 1 in=2.54 cm。

10.8.5 贮存可靠性

贮存可靠性，即使用寿命预估问题，一直是令人关注的，而且也是一个比较复杂的问题。现代武器系统既精密又复杂，一般造价比较高，过早地更新会造成极大的经济损失；反之，则会贻误战机，甚至造成灾难性后果。单纯双基、改性双基推进剂使用寿命都在 15 年以上，而带有包覆层的装药使用寿命都大大缩短。原因是多方面的，主要有相容性差，由于迁移作用包覆层中硝化甘油含量增大，黏结性能变坏；推进剂和包覆层加工过程界面应力的存在；加速老化；工艺疵病不断扩展等。

1. 加速贮存试验

全尺寸实际发动机的长贮试验是必要的，但显然无法依靠它来预测，所以，应该做强化试验，确定关键破坏形式，一般进行加速贮存试验，选择 50 ℃、60 ℃、70 ℃（或更高温度点）等温度点，随时间测定推进剂本身的老化性能、包覆层力学性能、溶剂迁移后力学性能、黏结性能，找出表征老化性能功能参数和临界值，外推到常温求出贮存寿命。

2. 过载试验

方法是温度循环、瞬时升压。前者是确定长期贮存中发生的关键损坏形式，后者是确定点火中发生的关键损坏形式。因为瞬时升压技术难度大，一般采用温度循环试验。应该指出的是，与此同时，必须解决开始发生各种损坏时刻的检测技术问题，如脱黏、黏结正应力、药柱心孔开裂、发动机解剖技术、药柱结构应力分析等。

10.8.6 探伤

装药的探伤是不可缺少的，因为无论性能多么好的包覆层，即使有较高的黏结强度，制作过程中由于种种原因会产生局部气泡及脱黏或者在长期贮存过程中有脱黏发生，这些都必须及时、准确地发现。非破坏性检测黏结情况，目前已有声振检测、超声波检测、射线检测、热波检测和激光全息照相及声发射等仪器和试验手段，详细内容将在下节中介绍。

10.9 固体推进剂的无损检测

为了确保火箭发动机工作的安全性和准确性，需要对固体推进剂在不损坏其产品的条件下进行缺陷检测。无损检测是在不破坏检验对象或不损害其可用性的前提下了解其内部质量的一种物理方法。它是保证产品质量、实际工艺控制、提高劳动效率、降低成本的有效手段。

固体推进剂的无损检测，首先是借助破坏性检测以确定缺陷的类型、位置及大小等参量，通过无损检测比较，求出两种检测结果间的关系，制定出无损检测的工艺及其参数，以此对产品缺陷进行检测，得出检测结果和结论。

固体推进剂无损检测的常用方法有超声波检测、X 射线检测、激光全息检测、微波检测和 CT 扫描检测，下面分别予以介绍。

10.9.1 超声波检测

超声波检测具有灵敏度高、费用低和易于操作等优点而被广泛应用。

超声波是一种在弹性介质中的机械振动，在介质中以波的形式传播。在超声波探伤中，按照介质质点振动方向和声波传播方向的不同，可分为纵波（L）、横波（S）和板波（P）等多种方法。

超声波穿透法无损检测固体推进剂缺陷是利用超声波具有良好的方向性、传播能量大和在不同声阻的两种物质界面上发生反射现象的特性而形成的检测方法。

10.9.1.1 穿透法检测的原理及方法

穿透法是利用超声波发射机通过探头发出连续的超声波，射入被检测的固体推进剂，如果推进剂的内部有缺陷，将有一部分入射的超声波被反射回来，接收探头所接收的超声波能量就会减少。如果推进剂的内部无缺陷，接收探头所接收的能量则较大，且为恒定值。这样，将接收探头所接收超声波能量的大小与其恒定值进行比较，从而确定出缺陷的类型、位置和大小。

在检测中，将两个换能器（探头）对准，并置于被检测的固体推进剂中心轴线的两侧。在换能器与推进剂之间充满耦合剂，该耦合剂一般用低黏度的油和水，以保证超声波能量的传播。该方法一般采用频率为 100～200 kHz 的超声波。当推进剂内部无缺陷时，接收到的声能为恒定值，接收机的仪表指示为最大值，如遇到缺陷时，部分能量被反射，接收到的能量减少，接收机的仪表指示值下降。当其缺陷大于光圈直径时，声能几乎全部被反射回去，接收机的仪表指示值为零。

10.9.1.2 固体推进剂的超声波检测工艺

固体推进剂超声波无损检测目前只能对单孔管状固体推进剂内部的气孔、裂纹、杂质、密度疏密程度等缺陷或疵病进行检测，其检测系统包括两部分：机械传动部分和电气仪器部分。其检测系统示意图如图 10–5 所示。

为了进行检测仪器的校正，并对被测推进剂示波图进行对比，需要按所检测的推进剂成分和尺寸相应地制作成标准样品，其方法是：

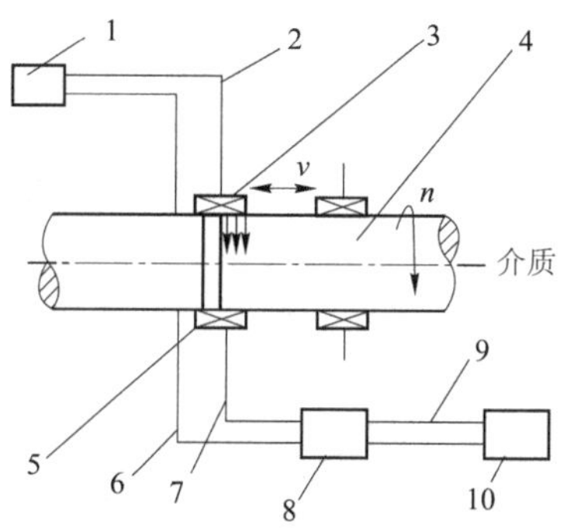

图 10–5 固体推进剂超声波检测系统示意图

1—FST–F 型非金属超声波发射机；2，7—高频电缆线；3—发射探头；4—单孔管状固体推进剂；5—接收探头；6—地线；8—FST–J 型非金属超声波接收机；9—屏蔽隔离线；10—示波仪

（1）进行外观挑选

表面光滑，无裂纹、无气孔、无疙瘩及疏松等疵病，质地、密度均匀一致，弯曲度与椭圆度较小者，可认为外观合格。

（2）进行加工

对经外观挑选合格的数根推进剂进行严格的超声检查，也称空白探伤。确认无缺陷时，进行加工。加工是在推进剂上打不同深度与不同孔径的孔。打孔的中心线与推进剂母线呈 45°夹角，各孔的深度也有一定的差异。推进剂标准样品加工如图 10–6 所示。

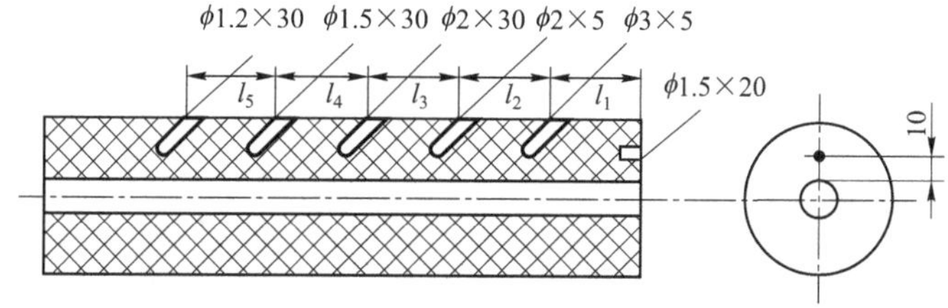

图 10–6 推进剂标准样品的加工

将打的孔用相同成分的推进剂做成与孔径相配合的圆柱体予以堵塞，并用丙酮涂覆后密封，防止进水。

（3）选定标准样品的标准示波图

将标准样品置于探伤仪上进行检测，并拍摄下不同的示波图。对各个示波图进行比较，选定波形均匀一致的示波曲线作为标准示波图。该标准示波图是与被测推进剂的示波图进行比较的基础，以此作为鉴定被测推进剂是否合格的判据。

标准样品一旦选定，要妥善保管，定期检查，防止在存放期间内发生变形，不能有弯曲度，也不能有表面划伤和表面裂纹缺陷，否则，不能作为标准样品。当然，标准样品的使用要有一定的期限，超期要重新选定标准样品。

（4）耦合剂

在超声波无损检测中，在固体推进剂表面与探头之间涂以耦合剂，目的是使超声波有效地射入推进剂内部。选择的耦合剂通常为水。若水中有溶解的空气，会造成超声波衰减，一般要加热至 50 ℃左右予以消除，然后待冷却到室温时再进行检测。经加热消除气泡中的水，其声阻更加接近推进剂的声阻，便于声能的穿透。

检测推进剂时，要用湿布擦拭推进剂表面，也要以湿布条缠于木棒上擦拭其内孔，将推进剂放入水槽中以消除附着其表面上的气泡。

10.9.1.3 固体推进剂无损检测参数及其分析

首先用标准样品校正仪器，确定检测工艺条件，拍摄标准样品的标准示波图。然后在相同的工艺条件下拍摄被检测推进剂的示波图。将两示波图进行比较，因此也称为比较法。对该示波图进行分析，初步估计缺陷的位置和大小尺寸。最后根据缺陷的检测长度与胶片的拍摄长度，换算出缺陷的实际位置及尺寸。

通常伤孔直径通过与标准示波图上的波高相比较而确定。

如图 10–7 所示，设推进剂药柱缺陷距离其端面长度为 x，缺陷的实际长度为 x_1，则

$$x=\frac{l}{l_1}\times l_2 \tag{10–12}$$

$$x_1=\frac{l}{l_1}\times l_3 \tag{10–13}$$

式中，l——实拍摄推进剂长度；

l_1——实拍摄胶片长度；

l_2——衰减峰中心距离胶片端头长度；

l_3——缺陷在胶片上的衰减宽度。

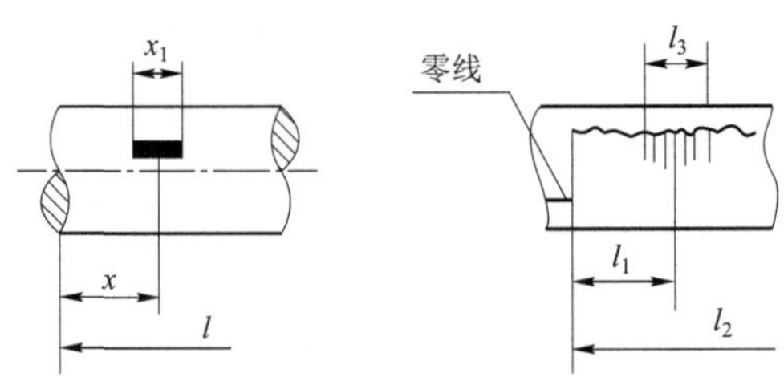

图 10–7 缺陷位置及尺寸的计算

在计算出缺陷的位置及尺寸的基础上，并不知道缺陷的类型，例如气孔、杂质、裂纹和疏松等，还要分析示意图的假信号（杂波）是否是由于推进剂内部缺陷引起的衰减峰，这些都要借助于示波图的定性分析。

当推进剂内某处有一缺陷时，由于推进剂药柱旋转一周，在示波图上出现两次衰减峰，其相位差为π。当推进剂药柱同一横断面上有两处缺陷时，示波图上出现衰减峰的粗细不同条纹，细而长的条纹表示靠近外表面的缺陷，因为该缺陷在超声场内停留的时间短；粗而短的条纹表示靠近内孔表面的缺陷，因为该缺陷在超声场内停留的时间长，衰减峰低。对于含夹杂物和气孔的两种缺陷，若大小尺寸相等，则由夹杂物造成的衰减峰要低些。对于有裂纹缺陷，超声波的示波图反映十分敏感。

对于固体推进剂缺陷和疵病，在定性分析的基础上，还要进行定量分析。定量分析就是确定缺陷的数量及几何尺寸，推算出对固体推进剂燃烧性能的影响，提出合格与否的结论。缺陷的尺寸以接收机微安表下跌的刻度值的多少来表示，其长度以微安表衰减的次数来确定。由于衰减峰的高度受其缺陷投影面积和仪器灵敏度的影响，往往分析中是以有效面积判定衰减峰的高度，这样就造成分析值与真实值有一定的误差。

超声波穿透法无损检测固体推进剂是以水为介质的，推进剂在探伤槽内做匀速转动，探头沿推进剂表面做往复运动，这样探头在固体推进剂表面上的运动轨迹形成了一条螺旋线，因此也称为螺旋探伤法。

为了提高探伤的准确度和精密度，获得正确的检测结果，需要对影响穿透法的主要因素加以控制，使该法检测效率高，适于批量检测并实现自动化。

10.9.2 固体推进剂包覆层超声波脉冲反射法无损检测

脉冲反射法是利用超声波的反射特性和脉冲超声波维持传播的时间极短（0.5～5 μs）的特点，对推进剂包覆层的脱黏情况进行检测的一种方法。

10.9.2.1 脉冲反射法检测原理及方法

当超声波在包覆层和推进剂中传播时，遇到缺陷或底面时发生反射，反射波被接收探头接收，以反射波的情况判断缺陷的存在与否及缺陷的位置和尺寸。

该法分为垂直探伤和斜射探伤两种方法，垂直探伤采用纵波，斜射探伤采用横波，两种方法中以前者应用最广泛。

由脉冲发生器所发生的脉冲超声波，以脉冲电压的形式加于探头的晶片上，使晶片振动而产生脉冲超声波。脉冲超声波以一定的速度传播。当遇到缺陷，产生反射波（F），与底面相遇时，产生底波（B）。将界面波或发射波 T、缺陷波 F

及底波 B 依次反射回接收探头，经高频放大、检波、视频放大后，在荧光屏上显示出来。根据反射波特征确定缺陷的位置及尺寸。

10.9.2.2 缺陷的分析

首先要进行缺陷的定位分析，它是指根据反射波在荧光屏上的位置来确定包覆层脱黏的位置或包覆层缺陷的位置，通常采用距离标志波法和计算法，分别如图 10–8 和图 10–9 所示。

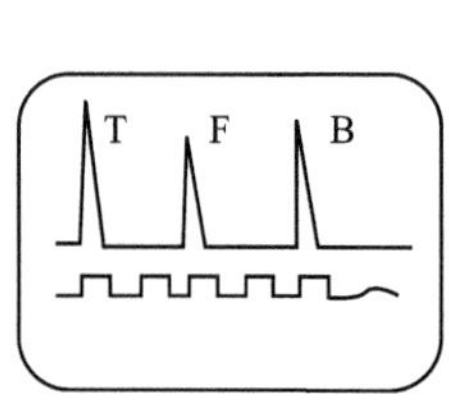

图 10–8 标志波定位

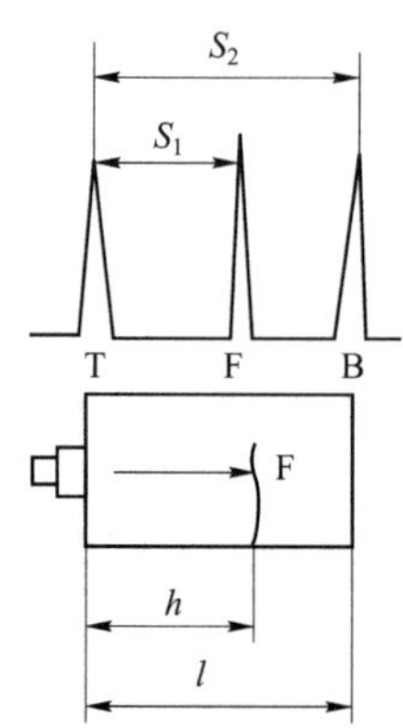

图 10–9 缺陷定位计算

距离标志波法是利用荧光屏上的一条锯齿形的折线，根据反射波荧光屏上的位置确定缺陷位置的方法。设超声波在推进剂装药中的传播速度为 c，在时间 t 内传播的距离为 s，该距离即为缺陷所埋藏的深度。其关系为

$$s=ct/2 \tag{10–14}$$

计算法是利用反射波 F 及底波 B 在荧光屏上的距离计算求得缺陷的位置。设推进剂的厚度为 L，界面波与反射波的距离为 S_F，界面波与底波的距离为 S_B，缺陷的埋藏深度为 h，则

$$h/L=S_F/S_B$$

$$h=S_F \cdot L/S_B \tag{10–15}$$

在定位分析的基础上，还要确定缺陷的数量及大小。缺陷的大小主要包括面积、长度、深度等，即缺陷的定量分析。在通常情况下，是根据荧光屏上的反射波（缺陷波）的高低来确定的。对于缺陷面积大于声束截面的情况，采用测长定量波，称为半波高度法；对于缺陷面积小于声束截面的情况，多采用当量试块比较法。

半波高度法适应于缺陷面积较大的场合。当探头声束中心与缺陷中心相一致时，反射波值达到最大值。当探头声束中心移动至其截面一半照射在缺陷上时，

反射波值高度仅为最大值的一半。根据探头移动的距离，得出缺陷的长度。

当量试块比较法是利用人工脱黏的直径（或面积）作为反射波的标准，测定其波高，然后将被检测的缺陷反射波高与标准反射波高相比较，得到当量直径（或当量面积），即缺陷相当于当量缺陷。

10.9.2.3　脉冲反射波的影响因素

在脉冲反射检测推进剂及包覆层的脱黏时，最主要的参数是反射波的高度。实际检测中包覆层的性质、缺陷的位置及反射仪器等对波峰高度有一定的影响，使得波峰的高度与缺陷的大小对应关系不一致，从而造成误差。有时会出现两个缺陷的波峰高度相同，而两个缺陷的大小不相同的现象。

（1）发射仪器与探头的影响

脉冲超声波发射仪的发射功率要高，放大倍数要大，使得反射波峰高度要高。选择的频率不能超过额定值，一旦超过，衰减过快，反射波会降低，同时，对按钮要调节适当，保持波形与波高。

为了获得反射波峰高的值，探头晶片选择能量转换率高的，探头的频率与反射仪的振动频率相近或相同。

（2）耦合剂厚度、包覆层及推进剂的影响

耦合剂水的厚度为$\lambda/4$（λ 为波长）的奇数倍时，造成反射波最低，操作中应该避免此点的出现。推进剂及包覆层的性质、形状及表面粗糙度都会影响检测结果。

（3）缺陷情况的影响

缺陷的形状、位置及尺寸都对反射波的高度有影响。通过实际工作结果资料，得出规律，反过来指导探伤。

10.9.3　X 射线检测

10.9.3.1　X 射线检测原理与方法

X 射线是人们的视力所看不见的光线，它是由真空两极电子管产生的。X 射线无损检测就是利用 X 射线的特点对物质的结构及缺陷进行检测。当结构不同时，X 射线透过时，就具有不同的衰减值。当该物质中有杂质、裂纹、疏松、气泡等缺陷或疵病时，X 射线透过后，其强度就发生变化，在胶片上呈现不同的感光度。实际上，X 射线检测是根据胶片上的感光度及其范围确定推进剂内部缺陷的存在及缺陷的位置和尺寸。

固体推进剂 X 射线无损检测是在医用的 X 射线机上进行的。该机主要由操纵台、高压发生器、X 射线管和冷却器部分构成。操纵台的作用是调整、控制 X 射线管的电压、电流和曝光时间，控制冷却器，起安全保护作用。高压发生器的作用是将低电压变为高电压，将交流电变为直流电，并提供给 X 射线管。X 射线管产生 X 射线。冷却器冷却 X 射线管的阳极。

10.9.3.2 固体推进剂检测工艺

根据固体推进剂成分与直径的不同，适当选择检测条件，这些条件主要有电压、曝光时间、焦距、X 射线管的焦点等。将 X 射线机预热 5～15 min，把预先装好胶片的暗盒放置在工作台上，将推进剂、样品、铅字号码放在暗盒上摆好，开机后 X 射线照射在其上适当时间，至胶片曝光。将曝光的胶片送入暗室进行显影、定影、水洗、干燥。将干燥好的底片用评片观察灯进行观察。根据底片的黑度和图像判断缺陷的存在、类别、位置及尺寸。最后根据产品验收标准写出报告，并得出合格与否的结论。

底片上缺陷判断规则有以下几点：

① 在底片上呈现圆形、长条形等黑斑，边界清晰，中间较边缘黑些，这是单个缺陷。

② 在底片上呈现白色的斑点，边界清晰，形状不规则，这是推进剂中的金属夹杂物。

③ 在底片上呈现黑色块状或点状，黑度比底片深一些，边界模糊不清，这是气孔，也可能是棉纤维之类的夹杂物。

④ 在底片上有黑色的直线或带有倾斜度的线条，两端尖细而边界黑度清晰，这是较大的裂纹。这是 X 射线对于细长、宽度又窄的裂纹在底片上难以留下影相的缘故。

10.9.3.3 检测参数及其影响因素

X 射线检测，最关键的问题是将推进剂中最小的空间缺陷分辨出来，并在底片上获得清晰的图像。因此，分析影响分辨率的因素是十分重要的。

1. 图像的对比度对分辨率的影响

X 射线通过缺陷部位使胶片感光的黑度增加值称为缺陷图像的对比度。设 X 射线透过推进剂使胶片感光的黑度为 D，透过缺陷部位使胶片感光的黑度为 $D+\Delta D$，则ΔD为缺陷图像的对比度。它与缺陷厚度的关系为

$$\Delta D=0.43(\mu-\mu')r\cdot\Delta x/(1+I') \qquad (10\text{–}16)$$

式中，μ——推进剂的衰减系数；

μ'——缺陷的衰减系数；

r——胶片特性曲线上黑度为 D 处的斜率；

I'——散射 X 射线的强度（在透照物体内散射后入射胶片的）除以直射透

过的 X 射线强度的数值；

Δx——缺陷的厚度。

由式（10–16）看出，$\mu-\mu'$ 值越大，对比度越高；r 值越大，对比度也越高；I' 值越小，对比度越高。

2. 图像的不清晰度对分辨率的影响

图像不清晰的程度称为不清晰度，往往以几何不清晰度的形式表示。

当 X 射线源一定时，在缺陷图像的周围会产生一部分图像模糊的区域，称为半影。由于半影的存在，使得黑度变化出现一个过渡区域，从而使缺陷边界变得模糊不清，降低了分辨能力。几何不清晰度以半影宽度来衡量。它与射线源、焦距和缺陷埋藏深度有关：

$$u_g = d(l-a)/(f-l-a) \tag{10–17}$$

式中，u_g——半影的宽度；

d——射线源的尺寸；

l——被测工件的厚度；

a——缺陷离工件表面的深度；

f——焦距。

由式（10–17）看出，当缺陷在工件表面时，即缺陷处于工件的厚度位置上，半影最大；射线源越小，半影越小；焦距越大，半影越小。在实际操作时，不可能调节至半影值为零，但要控制在不大于 0.2 mm。

3. 焦点和焦距的选择对分辨率的影响

由式（10–16）和式（10–17）可知，正确地选择焦点和焦距，可以提高对比度，减少半影，降低不清晰度，提高分辨率。

在进行 X 射线检测时，选择焦点要尽可能使推进剂的衰减系数大一些，即 $\mu-\mu'$ 要大，提高对比度。

焦距是射线源与胶片之间的距离，它的大小直接影响着射线的强度。射线的强度与焦距的平方成反比，在保证射线有足够强度的前提下，增大焦距，对提高分辨率是有益的。实际操作时往往将焦距控制在一定的范围内。

4. 胶片与增感屏的选择对分辨率的影响

胶片分增感型胶片与非增感型胶片。增感型胶片感光粒子较粗，感光度较高，但对比度较差，一般不予使用；非感光胶片感光粒子较细，胶片特性曲线上黑度为 D 处的斜率较大，对比度较大，易于得到高度清晰的底片。实际检测中，最好采用低感光度的胶片，以工业Ⅲ型感光胶片为宜。

将铝箔作为增感屏，通常可以提高分辨率。

10.9.4 激光全息检测

自从 20 世纪 60 年代激光问世后，激光全息技术有了很大的发展，并已用于无损检测中。激光无损检测法具有灵敏度高、准确性强和成本低等优点，因而发展较快。中国在 80 年代初就将激光全息技术应用于中、小型（药柱直径 100～400 mm）固体预包覆推进剂药柱/衬层脱黏的检测，并取得了成功。

激光全息检测的基本原理是利用激光全息干涉技术，即物体处在两种不同状态下，其表面产生微小位移可得到全息干涉图，在建像过程中，物体表面能形成可见的干涉条纹。激光全息无损检测正是根据上述原理，利用适当的载荷方式，使物体载荷前后处于不同状态。当没有内部缺陷时，其载荷后的表面微小变形是均匀的，由此形成的干涉条纹也是均匀的，通常称之为“无用条纹”。当存在内部缺陷时，其载荷后的表面微小变形不再是均匀的，对应于物体缺陷部位的表面变形位移产生“突变”。这种位移突变所形成的干涉条纹，表征了物体内部缺陷的特点，称为“特征条纹”。因此，在激光全息无损检测中，首先需对被检测物体合理设计光路分布，选择相干性好的激光器拍摄优质全息图。其次需探索加载方法，使物体内部缺陷有效地引起物体表面适当的突变位移，进而形成作为缺陷判据的特征条纹。

激光全息检测预包覆药柱缺陷的加载方式多为真空加载，即将药柱放在真空装置内并可旋转。这不但可提高检测效率，而且能提高精度。但由于药柱材料属于黏弹性体，变形恢复较慢，转动前的承压部位需要一个恢复时间，否则易引起误判。

要进行高质量的激光全息检测，激光全息照相法必须具备下列三个基本条件：

① 有一个相干性好的激光源；

② 有一个满足检测要求的减震器；

③ 使用高分辨率的照相底片。

具备以上条件的检测系统对一个预包覆推进剂药柱（长 $L = 1\,100$ mm，直径 $D = 350$ mm）分六次进行转动的静态照相，可以检测衬层与药柱界面脱黏最小面积为 10 mm×20 mm。

10.9.5 微波检测

微波检测是探伤中的一种新技术。由于它具有穿透能力强、非接触（不需耦合介质）、成本低、检测速度快和无污染等优点，因而是固体火箭发动机装药无损检测众多方法中的后起之秀。它不但可以检测药柱内部的缺陷，还可以检测复合材料壳体的装药燃烧室及不同界面的脱黏缺陷。其缺点是检测灵敏度受到波长（一般在 30～0.3 cm）限制，判别最小缺陷的尺寸不小于 1/2 波长。

1963 年，美国首先使用微波法成功地检测出“北极星”A3 和“大力神”导弹所用的固体发动机（复合材料燃烧室及喷管）的内部缺陷及其质量状态。发现其脱黏分开度为 0.025 mm，脱黏面直径 25～50 mm。

近年来，固体火箭发动机的微波检测有了很大发展，20 世纪 80 年代中国研制出 2 cm 频域干涉仪检测系统和 8 mm 波段散射法检测系统，不但适于制造过程中的无损检测，更适合阵地检测。

10.9.5.1　微波检测原理与方法

微波检测的基本原理是，根据微波反射、透射、散射、衍射、干涉等物理特性的改变，以及被测材料的电磁特性——介电常数和损耗角正切的相对变化，通过测量微波基本参数（如幅度衰减、相移量或频率等）的变化，实现对缺陷、故障和非电量的测量。

微波用于无损检测的主要方法有透射法、反射法、散射法、干涉法和断层法等。微波是一种电磁波，它是利用一个喇叭形的天线探头进行电磁辐射和接收的。

10.9.5.2　干涉法检测系统

其原理是在干涉单元中，信号源发出的电磁波经过两个不同的路径在混频器上相干涉，一路是扫频源的信号，另一路是由被测物中界面或缺陷产生的反射波，该反射波由天线接收后耦合到混频器。由于信号源是扫频的，故干涉信号的频率和相位取决于信号源的扫频参量及两路电磁波的路径差。这样，干涉信号就带有被检测物界面变化及缺陷大小有关的信息，通过确定干涉信号的幅度 A，可以计算出界面反射系数 r；通过确定干涉信号的频率或相位，可以计算出界面的距离，对以上干涉信号进行相关处理后，即可由参量 A 确定反射界面的距离（即缺陷的深度）和反射的大小（即缺陷面积的大小）。

10.9.5.3　散射法检测系统

散射法是根据所用的一个 8 mm 振荡源产生的固定波长电磁波，在介质传播中产生的散射量的不同，确定被检测物中有无脱黏和缺陷的方法。该方法能快速检测发动机的缺陷部位，及时给出记录伤情的展开图，但确定较小尺寸的缺陷深度尚有一定困难，需要和干涉检测法结合使用。

用频域干涉仪对 480 mm 复合材料壳体装药燃烧室进行检测，可达到如下指标：

① 可检测出缺陷的外形尺寸为：直径 $D \geqslant 45$ mm，厚度 $d \geqslant 0.1$ mm；直径 $D \geqslant 15$ mm，厚度 $d \geqslant 0.3$ mm；

② 相邻缺陷间距 $L \geqslant 40$ mm 时，可以区分；

③ 当缺陷直径 $D \geqslant 45$ mm，缺陷厚度 $d = 0.2 \sim 4$ mm 时，可确定其深度 h；

④ 燃烧室壳体材料分层厚度大于检测缺陷深度的误差时，可确定缺陷所在处的界面。

10.9.6 CT 扫描检测

CT 是电子计算机 X 线断层摄影装置（Computerized Tomography）的简称，它是 1972 年由英国学者 Ambrose 和 Homsfield 两位研制成功的。它为临床医学上的专用设备，经 20 多年的不断改进与完善，CT 技术已从适用于脑部扫描的第一代产品，发展到采用高速或超速多层面扫描技术，适用于检测不断跳动的心脏的第四、五代产品，可快速重建其图像。显然，CT 的发明为医学做出了巨大的贡献，CT 技术的两位发明人为此获得了 1979 年诺贝尔生物医学奖。由于 CT 独特的图像重建技术，使无损检测提高到一个新的水平，并向工业及其他领域迅速扩散，应用日益广泛。扫描技术也由 X 射线扫描向超声波扫描、同位素扫描发展，成为应用广泛的检测技术之一。

10.9.6.1 CT 检测原理

1917 年，奥地利数学家 Radon 首先提出图像再建理论，一个物体可以从无限多个角度投影，再根据这些投影用数字方法建立它的图像。该数字方法叫作裙积过滤逆投（Convolution Back Projection）。

显然，CT 的原理是图像重建技术。它打破了普通的成像方法，即把三维空间结构变为二维图像的方法，而是通过重建图像将某一层面的结构逼真地展现出来。图 10–10 是计算机断层装置摄影原理示意图。

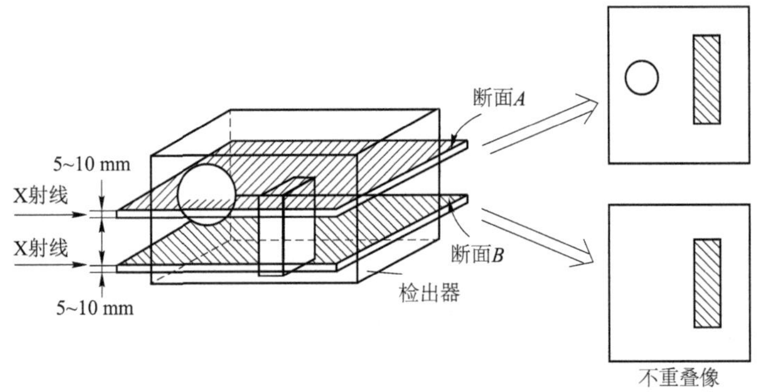

图 10–10 计算机断层装置摄影原理示意图

当 X 射线穿过某一物质时，其能量部分被吸收而发生衰减，并符合衰减定律。假设物质的结构是均匀的，长度为 L，穿透前和穿透后的强度分别为 I_0 和 I，则吸收系数 μ 为

$$\mu = I/L \cdot \ln(I/I_0) \tag{10-18}$$

实际上，任何物质的结构很难是均匀一致的，这样将在 L 长度方向上分为 n 个大小相等的小块，其长度分为别ΔL，吸收系数分别为μ_1，μ_2，μ_3，…，μ_n。在此，ΔL 可视为均一的物质，通过第一块后，X 射线强度为 I_1，通过第二块后，强度为 I_2，……，通过第 n 块后的强度为 I，则

$$I_1 = I_0\exp(-\mu_1 \cdot \Delta L)$$

$$I_2 = I_1\exp(-\mu_2 \cdot \Delta L) = I_0\exp[-(\mu_1 + \mu_2) \cdot \Delta L]$$

$$\cdots$$

$$I_n = I_{n-1}\exp(-\mu_n \cdot \Delta L) = I_0\exp[-(\mu_1 + \mu_2 + \cdots + \mu_{n-1} + \mu_n)\Delta L]$$

由于 $I_n = I$，则

$$I = I_0\exp[-(\mu_1 + \mu_2 + \cdots + \mu_{n-1} + \mu_n)\Delta L]$$

$$\mu_1 + \mu_2 + \cdots + \mu_{n-1} + \mu_n = -1/\Delta L \cdot \ln(I/I_0) \tag{10-19}$$

吸收系数随各种物质的不同而不同。密度大的物质，μ 值就大，反之，则 μ 值较小。在 CT 扫描中，吸收系数是用 CT 值表示的。

$$\text{CT 值} = 1\,000 \cdot (\mu - \mu_{水})/\mu_{水} \tag{10-20}$$

式中，μ——检测物的吸收系数；

$\mu_{水}$——水的吸收系数。

对水而言，其 CT 值为

$$\text{CT 值} = 1\,000 \cdot (\mu_{水} - \mu_{水})/\mu_{水} = 0$$

对空气而言，由于其吸收系数为 0，其 CT 值为

$$\text{CT 值} = 1\,000 \cdot (0 - \mu_{水})/\mu_{水} = -1\,000$$

用 CT 求出受检物质内部每一部位的 CT 值，以 CT 值表示物质内部组织的结构情况，通过计算机处理，在荧光屏上显示出三维图像结构及缺陷的空间位置与尺寸。

10.9.6.2　X 射线断层摄影装置的组成

以 SCT-100N_2 电子计算机 X 射线断层摄影装置为例，介绍其组成。它是由扫描装置、X 射线发生器、电子计算机系统、控制台等组成，如图 10-11 所示。

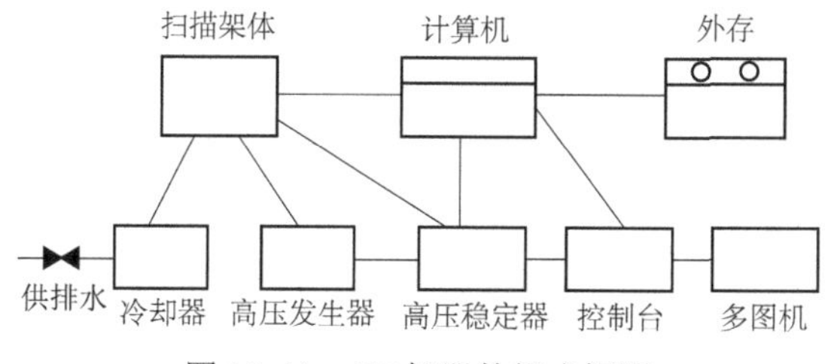

图 10-11　CT 机器的组成框图

10.9.6.3 CT 图像的分析

CT 图像由密度不同小方块的像素构成，像素是 CT 图像的最小单位。像素越大，则像素面积越小，所构成的图像就越清晰，相反，则图像模糊不清。如 SCT–100N_2 电子计算机 X 射线断裂摄影装置的像素为 256×256，图像十分清晰。

评价 CT 图像有两个主要指标：空间分辨力和密度分辨力。二者互相制约，互相依存。空间分辨力是鉴别和发现物体内部最小缺陷的能力。在面积一定的情况下，像素数目多了，像素的面积就必然小，图像就清楚，失真也小，空间分辨力就高。密度分辨力是区别物体密度的能力。在 CT 设备输入能量基本不变的情况下，像素数目多了，每个像素所获取的能量必然要少，导致密度分辨力的降低。密度分辨力低了，会给图像分析造成困难，不易发现或错判缺陷。

影响空间分辨力的主要因素有探测器之间的距离和 X 射线管靶焦点的大小。由于 CT 扫描都用较多的探测器和较小的取样距离，得到很高的空间分辨力。在固体推进剂检测中，其空间分辨力达到 0.28～0.4 mm，比普通的 X 射线检测分辨力提高约 2 倍。加上 CT 值的放大显示，使图像尺寸为实际尺寸的 2～4 倍，提高了空间分辨力。

对于密度分辨力而言，总是希望像素获得较高的能量。提高整个系统的输入能量，可提高密度分辨力，但输入能量的提高又受到设备条件的限制。在实际检测中，达到适当的输入能量，满足 CT 图像的工艺要求，就不会失真并能提高密度分辨力。

10.10 固体火箭发动机内绝热层材料

10.10.1 概述

固体火箭发动机壳体的防护材料可以分为内绝热层材料和外防护材料两类，统称为发动机壳体的热防护体系（Thermal Protection System，TPS）。通常所说的绝热材料一般是指内绝热材料。

固体火箭发动机的燃烧室在工作时要承受 3 000 K 以上的高温和 3～10 MPa 甚至更高的内压作用。同时，固体推进剂燃烧产生的大量粒子会夹杂在高速燃气中，具有极强的冲刷侵蚀作用。目前，绝大多数固体火箭壳体采用硬质合金钢或者纤维缠绕复合材料制成，难以承受推进剂燃烧过程中产生的苛刻环境，有可能因为过热、表面燃烧以及粒子或气流侵蚀等原因发生发动机结构破坏，造成发动机飞行失败。随着高能推进剂的使用和高比冲发动机的设计，燃烧室内部温度和压力将进一步的提高，尤其是高加速、高过载条件下粒子的局部高浓度聚集，更加重了发动机工作过程中的负担。为了保证发动机能够正常可靠地工作，在进行发动机设计时，除了考虑发动机综合性能以外，还需要考虑发动机壳体的热防护，以防止燃烧室壳体被燃气破坏，或因过热而降低壳体的强度并危及结构完整性。发动机燃烧室的热防护通常使用在壳体内壁粘贴绝热层的办法解决，因此，又被称为内绝热层。

固体火箭发动机的内绝热层是位于壳体内表面与推进剂之间的热防护材料，主要作用是通过自身的不断分解、烧蚀带走大部分热量以减缓燃气的高温向壳体的传播速度，避免壳体达到危及其结构完整性的温度，保证发动机的正常工作。

燃烧室内绝热层除了对壳体进行热防护外，还兼具以下作用：

① 缓冲壳体与推进剂之间的应力传递；

② 限制燃烧室各种化学物质向室壁传递；

③ 赋予复合材料壳体气密性；

④ 控制推进剂燃面；

⑤ 将燃气尽可能地以层流的方式导入喷管。

10.10.1.1　固体火箭发动机内绝热层材料的基本要求

由于内绝热层的特定位置和特殊功能，对内绝热材料不仅在热学性能、耐烧蚀性能等方面有着严格的要求，而且在力学性能、相容性、工艺性能、抗老化性能等方面也有相应的要求。从固体发动机的工作条件出发，内绝热层应满足下述性能的要求：

（1）密度低

壳体内绝热层是发动机的消极质量的一个重要部分，对复合材料壳体而言，其质量通常要占壳体总质量的 15%～30%。火箭发动机的消极质量对火箭的性能有着相当大的影响，特别是顶级发动机或卫星的星上发动机，要是能减少消极质量 1 kg，就可以增加 7.2 km 的射程，或者增加 1 kg 的有效载荷。

早期树脂或改性树脂基刚性、半刚性绝热材料的密度在 1.5 g/cm^3 左右，丁腈、丁苯和聚氨酯等弹性体为基体的柔性绝热层的密度在 1.2～1.4 g/cm^3，采用三元乙丙橡胶为基体时，绝热材料的密度降低至 1.1 g/cm^3 左右，掺杂中空微球的低密度绝热材料密度可低至 0.6 g/cm^3 左右。

（2）热性能

绝热材料的热性能可以分为热物理性能（隔热性）和耐烧蚀性能。

固体火箭发动机燃烧室温度高达 3 000 K 以上，一般金属壳体可以在 1 000 K

的温度下保持其结构强度，而复合材料壳体只能在 600 K 的温度下保持强度。就热物理性能来说，绝热材料的导热系数和热扩散系数应尽可能小，比热容应尽可能大，使发动机工作过程中能有效阻止热流穿过绝热层向燃烧室壁传递，燃烧室壳体不至于过热失强或损伤壳体外对热敏感的电子器件。除此之外，在贴壁浇注装药的固体火箭发动机里，推进剂药柱通过绝热层（可能含有衬层）与壳体黏结成一个整体。为了使发动机在温度交变的环境中运输和贮存时能尽可能降低黏结应力，还要求绝热层的热膨胀系数与壳体及推进剂相适应。

内绝热层在发动机工作过程中暴露于推进剂燃气中，需要通过烧蚀过程来保护燃烧室壳体。所谓“烧蚀”，是指在高热流作用下，由于材料发生化学、物理状态和结构上的变化，生成坚实的碳层，并进一步产生表面材料蚀失现象以吸收热量，从而延缓热能向绝热层内部及壳体传导。绝热材料的烧蚀过程是一个十分复杂的物理–化学–力学过程，主要包括绝热材料的热性能、热解反应及炭化层形成和消耗反应特性、传热方式、流场与烧蚀反应的耦合、烧蚀反应与传热的耦合、炭化层的致密度和强度等方面。

内绝热层应当具有高的有效烧蚀热，即每单位质量的烧蚀材料应吸收尽可能多的热量，材料的分解速度与烧蚀速率应低，这也是降低发动机消极质量的一条重要途径。因而要求内绝热层材料在火焰的作用下发生结构转变，最终形成致密、坚实的碳化层，并有较高的残炭率。对内绝热层来说，从降低消极质量的角度考虑，烧蚀率与密度具有同等重要的意义。烧蚀率越低，则可以使用厚度更小的绝热层实现相同的热防护效果，有利于降低绝热材料的总质量和火箭发动机的消极质量。

（3）力学性能

内绝热层应当具有良好的力学性能，以承受发动机在推进剂浇铸与硫化、贮存、运输及飞行过程中所引起的各种应力的作用，如药柱在硫化后降温时因收缩形变产生的拉应力、发动机工作时的内压对绝热层产生的压应力 3～10 MPa、飞行过程中的短时大加速度 10g～50g 和竖立储存中长期重力作用所引起的壳体–绝热层–药柱界面间的剪切应力等。

内绝热层应具有足够的延伸率以适应发动机增压及热循环应变的需要。发动机在点火的瞬间，内压由常压猛增至 3～10 MPa 的工作压强，而为了提高发动机的质量比，燃烧室的壳体通常比较薄，其刚性较差，所以，这种增压引起的应变是很可观的。复合材料壳体较钢壳体更为显著，如直径和长度均为 800 mm 左右的中小型玻璃纤维/环氧壳体，内压为 4 MPa 时，前后接头间的轴向位移增量可达 20～30 mm。如“海神”导弹的第二级发动机点火时，端盖出现的轴向位移也超过 20 mm。如果绝热层没有足够的延伸率来适应这种冲击式的应变，必将产生裂纹，导致发动机工作时发生串火而使壳体受到热损伤。发动机在运输及贮存过程中将遇到各种温度交变的环境而导致热应变的产生，由于内绝热层与壳体材料及推进剂的线膨胀系数差异较大，如钢（16M）为 8.31×10^{-6} ℃$^{-1}$，玻璃纤维缠绕环氧玻璃钢为 9×10^{-6} ℃$^{-1}$，石棉增强酚醛复合材料为 8.4×10^{-6} ℃$^{-1}$，石棉增强酚醛–丁腈为 83×10^{-6} ℃$^{-1}$，复合推进剂约为 100×10^{-6} ℃$^{-1}$，所以必将出现壳体、内绝热层与推进剂的线膨胀不相协调的情况，这也要求内绝热层具有足够大的延伸率，来减小由于热膨胀系数差异所导致的内部应力。

（4）化学相容性

内绝热层与壳体及推进剂应具有良好的物理化学相容性，使内绝热层与壳体及推进剂的界面能获得可靠的黏结，并保证不改变相邻材料的性质和组分。

弹性体基内绝热材料与金属壳体的黏结，主要取决于弹性体的分子结构特征及所用的增塑剂、填料的种类和用量。由丁腈、氯丁等强极性弹性体制得的绝热层的黏结性较好，而乙丙橡胶、硅橡胶等极性很弱的基体制得的绝热层的黏结性较差。

推进剂、绝热层、壳体三者之间的组分迁移，不仅会影响相互黏结，而且会导致推进剂、绝热层、壳体的性能下降。

目前，国内绝大多数的内绝热层与推进剂之间的界面黏结性能采用衬层技术来保障。国外报道的部分型号上不使用衬层而直接采用绝热层与推进剂黏结。

（5）工艺性能

内绝热层应具备良好的工艺性能，包括由原材料制备绝热材料时的制备工艺性能和将绝热材料施工于燃烧室内壁时的工艺性能。其交联固化温度不宜过高，以防止热处理后金属壳体性能下降或复合材料壳体的基体降解。

内绝热材料一般需要粘贴到壳体内壁上（自由脱黏软套除外），一般采用模压、贴片、浇铸或缠绕等方式进行。模压成型要求绝热材料需要具有良好的流动性，贴片工艺要求绝热材料具有良好的出片性能，浇铸成型多用于厚浆型绝热材料，缠绕成型要求软片具有一定的力学强度。绝热材料的工艺性能不仅影响到绝热的效率，对绝热结构可靠性也有着显著的影响。

（6）耐环境性能与抗老化性能

固体火箭发动机的贮存和使用寿命一般要求高达 10～20 年，尤其是近年来对发动机延寿有迫切需求，发动机的使用寿命有可能进一步提高。固体火箭发动机在运输、贮存和使用过程中，内绝热层可能遭受长时间应力、温度交变（如－30 ℃～40 ℃）、真空和电磁辐射（空间发动机所处的太空环境）、特殊气体氛围（氧气、臭氧甚至水下等）等因素的影响。因此，绝热材料需要具有足够的稳定性，保持必要的力学性能，不脆不裂，以保证绝热结构的长时间可靠性。一般来说，要求储存 15～20 年仍具有高度的可靠性。

（7）成本

同任何元器件一样，在满足使用性能的前提下，要尽可能降低其成本，材料费用和施工费用应力求低廉。

对壳体内绝热层的性能要求是如此苛刻，以致要完全满足这些要求几乎是不可能的，一般来说，需根据发动机的种类、工作条件及不同的应用部位，在保证基本性能前提下有所侧重。如对顶级发动机或空间发动机来说，绝热层的质量严重影响着发动机的性能，需力求使用低密度、高耐烧蚀的材料，此时可以少顾及成本。而对于第一级发动机及其助推器，绝热层的质量的影响不甚敏感，其他性能及成本就显得突出一些。

（8）其他

绝热材料的其他性能主要包含绝热材料的气密性、阻燃性等性能。对于复合材料壳体来说，壳体的气密性往往通过内绝热层来予以保证，绝热材料本身的限燃、阻燃特性可以避免不应燃烧的燃面的烧蚀，防止发动机工作后的后燃，降低发动机的燃烧检测信号。

10.10.1.2 固体火箭发动机内绝热层的种类

为了满足不同固体发动机的需求，各国相继研制出了多种固体火箭发动机内绝热材料。按照不同的标准，内绝热材料有多种分类方法。

按照内绝热材料的基体材料，分为树脂基内绝热材料和弹性体基内绝热材料。早期的绝热材料多以酚醛树脂以及热塑或热固性树脂为基体材料，后来由于该类绝热材料的延伸率较低，不利于界面应力的释放，逐渐被弹性体基绝热材料所取代。第一代弹性体基内绝热材料为丁腈橡胶绝热材料，之后又陆续开发出丁苯橡胶、丁羟橡胶以及三元乙丙基绝热材料。

按照绝热层材料延伸率的高低和耐曲挠性能的优劣，可以分为刚性绝热材料、半刚性绝热材料和柔性绝热材料。刚性绝热材料通常采用热固性树脂为基体，延伸率在 1%以下；柔性绝热材料以橡胶或橡胶与热固性树脂的并用体系为基体，延伸率一般在 10%以上，高的可达 500%～800%，甚至超过 1 000%；半刚性绝热层则介乎两者之间。

按照形态和施工工艺，可以分为模压成型绝热材料、软片型绝热材料、厚浆涂料型绝热材料和新型的缠绕成型绝热材料等。模压成型的绝热材料的基体一般为热固性树脂，如酚醛、改性酚醛树脂及酚醚树脂等，将其预先加热加压模制成绝热层部件，然后借助于胶黏剂粘贴入火箭发动机内壁特定部位。除此之外，橡胶类绝热材料也可以使用模压工艺成型。

软片型绝热层通常以未硫化胶片的形式出现，将裁剪好的胶片粘贴到燃烧室内部或缠绕用的芯模上，然后加热交联或随纤维缠绕壳体的固化而完成硫化，也可预先模制成一定的形状与厚度，硫化后再进行黏结。

厚浆涂料型绝热材料通常以液体橡胶为基体，混以各种组分，用浇铸、刮涂、涂抹、挤出、喷涂等方式施工到发动机内壁。这种绝热层特别适用于大型燃烧室壳体、条件不太苛刻的短时间工作发动机或批量生产的发动机，且有利于机械化操作。

美国发展的缠绕型绝热层是一种先进的绝热层，它是一种窄带状的材料，用计算机控制的多维缠绕机按绝热层厚度设计要求缠绕到芯模上，然后在其外缠绕壳体，具有机械化操作、成本低、厚度可调等特点。美国航空喷气公司已经实现了ϕ3 810 mm 大型发动机的全自动无人接触有害气体的凯芙拉–三元乙丙绝热层缠绕成型。

10.10.1.3　固体火箭发动机内绝热层材料的基本组成

内绝热材料主要由基体和填料两大部分构成。

1. 基体

基体也称黏合剂。绝热材料中的各种组分通过与基体材料结合而成型，对内绝热材料的性能起着举足轻重的作用。基体材料的力学性能、密度、热性能和黏结性能往往对绝热材料的总体性能有着重要的影响。内绝热材料材料的基体材料主要有热固性树脂，如酚醛树脂、改性酚醛树脂等；橡胶，如丁腈橡胶、三元乙丙橡胶、丁二烯橡胶、聚硫橡胶以及硅橡胶等；树脂和橡胶的并用物，如酚醛/丁腈并用物。此外，厚浆涂料型绝热材料往往选用液体橡胶，如液体丁腈橡胶、端羟基/羧基聚丁二烯以及聚硫橡胶等作为基体材料。

2. 填料

为了满足发动机对绝热材料提出的各种性能要求，通常需要加入多种填料。一般来说，填料要占绝热材料总质量的 1/3～2/3。填料主要采用纤维（有机纤维和无机纤维）以及补强填料、阻燃粉料、固化剂及助剂等。

内绝热材料的填料的主要作用有以下两点：其一，调节各种物理机械性能以满足作为结构材料的要求。绝热材料的拉伸强度、延伸率、密度、导热系数、硬度等，在很大程度上取决于所选用的填料的种类、增强的方式和用量。其二，提高耐烧蚀性能并获得所需的各种热学性能。耐烧蚀性能是烧蚀型柔性绝热材料的一项重要指标，主要取决于材料有效烧蚀热的大小、碳化后所形成的碳化层的坚实程度及其与基体结合的牢固程度。在有气流冲刷的情况下，碳化层的烧蚀往往不是单纯的吸收热量而气化、消融，大部分是在未来得及消融的情况下已经被气流剥蚀冲走，因此，要提高材料的耐烧蚀性能，主要应着眼于增加碳化层本身的坚实程度以及增加碳化层与基体结合的牢固程度，这比选用烧蚀热高的材料更有意义，此时主要取决于所选用的填料。除此之外，绝热材料中添加的固化体系也包含在广义的填料中。

按照填料所起的作用的不同，可以将填料按照其功能分为耐烧蚀填料、阻燃填料（无机或有机的）、固化体系、增塑剂、黏度调节剂、防老剂等。

（1）耐烧蚀填料

如上所述，绝热材料主要通过被动烧蚀来实现发动机壳体的热防护。因此，耐烧蚀性能是绝热材料的主要性能指标之一。除了内绝热材料的基体材料的热稳定性和成炭性能的影响外，添加耐烧蚀填料可以有效地改进绝热材料的耐烧蚀性能。耐烧蚀填料，也称为耐烧蚀补强填料，主要通过提高绝热材料碳化层强度以及碳化层和本体层之间的连接强度的方式来实现耐烧蚀性能的提高。

内绝热材料中所使用的耐烧蚀填料主要包括耐烧蚀纤维（有机/无机）、耐烧蚀粉料（树脂和无机填料）。耐烧蚀纤维主要包括耐烧蚀无机纤维，如石棉纤维、玻璃纤维、高硅氧纤维以及碳纤维等耐高温纤维；有机纤维，如酚醛纤维、尼龙纤维以及芳纶纤维等；金属氧化物晶须，如氧化锆晶须、氧化钛晶须和氧化铝晶须等。耐烧蚀纤维可以通过短切或者碾压的方式引入内绝热材料当中，并在内绝热材料中保持其纤维结构和强度。耐烧蚀纤维在发动机工作工程中可以保持其形态稳定或者熔融形成黏稠的液体（如石棉纤维），起到提高碳层强度、固定碳化层与本体层之间的连接的作用。

耐烧蚀填料主要包括耐烧蚀有机树脂以及无机填料。耐烧蚀有机树脂主要指酚醛树脂、改性酚醛树脂以及聚酰胺树脂等耐高温树脂。尤其是酚醛树脂，该类树脂除了本身具有高的残炭率之外，改性后还可以起到固定绝热材料热分解产生的自由基的作用，是内绝热材料优良的耐烧蚀填料。无机填料主要指炭黑、白炭黑、蛭石、氮化硅、碳化硅等，该类填料具有极高的稳定性，热分解过程吸热高。但该类材料不具有在高温下固定绝热材料的碳化层的作用，一些书籍的分类中不将其作为耐烧蚀填料。

（2）阻燃填料

耐燃和自熄性指的是通常条件下的阻燃或着火后的不延烧性能，是与绝热材料的耐烧蚀和抗冲刷性能不同的性能。提高绝热层的阻燃性的填料与用于自熄性塑料中的阻燃添加剂相似，主要有含磷阻燃剂、卤锑阻燃剂等。含磷阻燃剂绝热层比含卤绝热层密度低、环保、特征信号低，是当前内绝热材料中使用的阻燃剂。但含磷阻燃剂绝热层烧蚀和结炭性能差，对烧蚀性能比较严酷的固体火箭发动机燃烧室防热，一般使用含卤–锑阻燃剂的绝热层配方体系。

阻燃剂在固体火箭发动机的工作过程中，可以起到覆盖、隔离、降温、稀释、夺氢以及吸氧作用，最终导致绝热层形成不同炭化程度的炭化层，有效降低线烧蚀率。同时，阻火添加剂可以使绝热材料具有自熄性，在无冲刷的静止火焰中有一定的阻燃作用，如抑制绝热层在发动机工作后的后燃，也可以用于研制少烟绝热材料。

除此之外，发气性填料多数是在常温下稳定而在高温下分解放出气体（氮气为主）的化学物质，常用的为偶氮化合物和各种铵盐。其中铵盐主要有硫酸铵、苯甲酸铵、柠檬酸铵、磷酸二氢铵以及磷酸氢二铵等。这类填料在高温下发生分解，释放出大量的气体，这些气体穿越碳化层进入燃气，起到冷却碳化层并改善界面热传递状况的作用，也可以算作阻燃填料的一部分。

（3）固化体系

对弹性体绝热材料来说，确定恰当的交联体系是配方设计的一个重要方面。交联体系主要包括活化剂、促进剂以及硫化剂，材料品种与橡胶工业中使用的种类相近，主要包括过氧化物硫化体系和酚醛硫化体系，其中过氧化物硫化体系应用较为广泛。硫化体系需要根据基体材料的硫化特性和材料的热历程来确定种类和用量，使绝热材料具有充足的加工时间和理想的物理机械和抗老化性能。绝热材料的热历程主要取决于制备工艺和施工工艺，但一种绝热材料不可能只在一种工艺条件下应用，不同工艺条件下，绝热材料的受热时间和次数往往差别较大，因此，选择硫化体系时应当尽量保证硫化曲线的平坦性，使绝热层在多种工艺条件下具有优良的物理机械性能，同时要防止硫化剂的逸出。

（4）增塑剂和增黏剂

增塑剂按作用机理可以分为物理增塑剂（软化剂）和化学增塑剂（塑解剂）。在弹性基体内绝热材料中通常只使用物理增塑剂，主要作用是调节高分子橡胶在加工过程中的黏度，以有利于加工并润湿填料，使之在基体中易于分散；增加制品的柔性，降低脆化温度；增进材料的黏结性能。

物理增塑剂有植物油系、矿物油系以及合成物系三大类。制备内绝热材料时使用较多的是邻苯二甲酸二酯类、癸二酸二酯类等。在选用丁腈橡胶为基体时，也常用液体丁腈橡胶作为增塑剂。为了提高绝热材料的耐焰性，也用磷酸三甲苯酯、磷酸三苯酯以及矿物油系的氯化石蜡。

对于三元乙丙橡胶等黏结性能较差的基体材料，需要使用增黏剂以增加材料的自黏性和互黏性。增黏剂的本质也是一种增塑剂，常用的为相对分子质量不高、有支化结构、含极性或半极性基团的物质。

（5）特种填料

特种填料一般呈粉末状或颗粒状，主要作用是使绝热材料获得某一方面的特殊性能，如低密度、低热导率、发热、耐焰等。用于降低绝热材料密度的特种填料主要有各种微球，密度一般为绝热材料的 1/10～1/15。在绝热材料中加入适量的空心微球，实际上是将包裹的气体以一种特殊的方式均匀地掺混于绝热材料中，从而可以显著降低绝热材料的密度。同时，由于绝热材料有效截面积的下降，导致了导热系数的显著降低。但是，微球的加入将影响绝热层的碳化率及碳化层的坚实度，使耐烧蚀性能有所下降。所以，添加微球的低密度绝热材料一般只适宜用于不太苛刻的条件下，或者作为不与燃气直接接触的隔热底层。

由于中空微球的壁较薄，压缩强度较低，对于用滚筒混炼法制备的软片型绝热材料来说，微球的添加应选择适当的工艺方式加入。大量的空心微球会在加工的过程中破碎，但绝热材料的密度仍然会有显著的下降。为了保证空心微球的降密度的作用得以有效发挥，空心微球适宜用于采用浇铸、刮涂、涂抹、挤出等工艺的厚浆型柔性绝热材料当中，可以使密度大幅下降。美国 SVM–2 远地点发动机上成功使用了填充硅酸硼玻璃微球的厚浆涂料型绝热材料，密度仅为 0.55 g/cm^3。

10.10.1.4 基本工艺方法

在固体火箭发动机的内壁绝热材料使用过程中，需要将绝热材料加工成指定的厚度和形状粘贴到火箭壳体内表面，一般采用加压高温硫化的方式进行成型。壳体内绝热层的成型方法是针对发动机结构和绝热材料的性质来确定的，主要有手工粘贴、缠绕成型、模压成型、喷涂/刮涂成型、机械贴片等工艺。内绝热材料的工艺方法主要由内绝热材料的性质以及壳体绝热的要求来决定。下面将按照绝热材料的类型逐一介绍其成型工艺。

1. 树脂基内绝热材料

树脂基内绝热材料的基体多为酚醛或改性酚醛树脂，填料或增强剂通常是玻璃纤维、高硅氧玻璃纤维、石棉以及碳素纤维等，增强方式可以是短切纤维、布、毡及编织物，一般采用层压、模压及布带缠绕等方法成型。制备工艺取决于树脂、填料的种类以及增强方式。

2. 软片型弹性体内绝热材料

软片型绝热材料是以橡胶为基体，配以多种填料以及配合剂制成柔软可曲的片材，具有相当高的变形适应性，经模压成型或手工贴片到发动机内壁，然后加温加压硫化成型。

橡胶的塑炼和混炼可以使用开放式或密闭式炼胶机。为了提高塑炼的效果，使胶料具有足够的可塑性以便于混炼及压延，在使用开炼机时，塑炼应该分段进行。塑炼剂也应该分批加入，塑炼应多次薄通并使辊筒温度尽量低些。压延出片通常使用三辊或两辊压延机。制得的绝热材料片材应光滑、平整、无气泡和明显夹杂、厚度均匀且偏差在允许的范围内。

软片型绝热材料的成型工艺主要有两种：一种是模压成型，一种是手工贴片成型。

模压成型工艺通常按照图纸设计要求，使用模具将绝热材料预先热压成型（硫化或半硫化状态），再借助胶黏剂黏结到壳体内壁或缠绕用芯模上。绝热层部件可以整体模压成型，通过气囊加压的方式黏结到发动机内壁，也可以采用分段模压成型的方式，绝热层分为多个部分，再按照图纸要求黏结到壳体内壁。一般分段模压成型绝热层多分三部分进行，即前封头、后封头及筒段。绝热材料模压预成型后黏结到壳体内壁，可以保证绝热层的几何尺寸、质量精度和可靠性，但模压模具一般成本较高，且需大型压机配合，多用于发动机尺寸不大且批量施工的场合。

近年来，兴起了一种气压釜气囊辅助成型工艺，该工艺将绝热层黏结到芯模上，采用气压釜（液压釜）硫化成型，然后借助胶黏剂采用气囊加压的方式黏结到发动机壳体内壁。该工艺避免了阳模的使用，降低了模具成本，且可以通过精细加工有效的保证绝热层的尺寸精度，多用于发动机尺寸不大、且成型批量较少的场合。

手工贴片是目前绝热材料施工最常用的方法之一，特别适用于数量有限、形面复杂以及大型发动机的绝热。将绝热材料使用压延机制备成一定厚度的未硫化片材，简称生片，按照图纸剪裁成一定的形状，使用胶黏剂黏结到发动机壳体内壁，一般采用气囊加压硫化成型，可保证绝热层的内在质量以及黏结质量。

复合材料壳体的绝热层一般和发动机壳体同时成型。首先将绝热层生片黏结到缠绕用芯模外表面上，之后在绝热层生片外表面刷涂胶黏剂后，进行壳体缠绕，在壳体固化的同时完成绝热层的硫化，由缠绕张力提供绝热层硫化所需的压强。

对于发动机内部烧蚀严重的区域，如前、后封头部位，在贴片成型时可以进行加厚或者采用多种绝热材料复合使用的方式保证其绝热结构的可靠性。一般可以采用双层绝热结构，即面层使用耐烧蚀性能优异、密度与导热系数略高的材料，直接接触并抵御燃气烧蚀与冲刷。而底层则使用密度与热导率较低，但是耐烧蚀性能一般的材料，并与壳体内壁黏结。碳纤维/丁腈–酚醛（DFTR0656）面层和石棉/丁腈（9621）底层复合绝热结构已经在复合材料壳体发动机上得以应用，并取得了极佳的使用效果。

3. 厚浆涂料型弹性体基内绝热材料

厚浆涂料型绝热材料的基体通常为各种液体橡胶，如丁腈橡胶、端羟基聚丁二烯、端羧基聚丁二烯、羧基丁腈以及聚丁二烯丙烯酸等，采用高度短切或者研磨过的碳纤维、芳纶纤维、玻璃纤维以及石棉纤维作为增强剂，采用碳、石英、石棉、酚醛等粉末或者空心微球作为粉料，辅之以橡胶配合助剂加工混合而成。

厚浆涂料型内绝热材料主要采用浇铸、喷涂、刮涂、挤出、手工涂抹等工艺成型，也可以使用模具模压成绝热层部件后再黏结。厚浆涂料型绝热材料存在强度较低、延伸率较小、在施工过程中容易产生气泡等缺陷，但此类绝热材料便于机械化操作，有较高的施工精度，特别适用于批量生产的中小型发动机。

10.10.1.5 固体火箭发动机内绝热层的发展简史

固体火箭发动机的烧蚀型内绝热材料的研究起步于 20 世纪 50 年代。最先研制成功的是树脂基内绝热层材料，基体树脂主要用烧蚀性能好的酚醛树脂，填充剂用二氧化硅、石棉、尼龙和玻璃布等。但这类材料是一类刚性材料，存在脆、硬、曲挠性差的缺点，也被称为硬质绝热材料，该类绝热材料的延伸率只在 1%以下，使用受到了很大的限制。其后大量发展的是弹性绝热材料，以弹性体（橡胶）作为基体，该类材料具有优良的热性能、密度低、延伸率高等优点，是一种柔性材料。弹性体基体以丁腈橡胶（NBR）应用最多，而后发展到使用密度较低的三元乙丙橡胶(EPDM)。最初的绝热材料中使用石棉作为耐烧蚀填料，如目前的 9621 橡胶中依然沿用石棉纤维，但是由于石棉纤维存在致癌的隐患，并且成分复杂，性能受产地的影响较大，石棉纤维的使用逐渐被各国取缔。80 年代初，美国一些公司开展了大规模芳纶浆粕和芳纶纤维内绝热材料的开发计划，80 年代中期一些资料相继公开，其基体材料大部分采用三元乙丙橡胶，聚异戊二烯橡胶、硅橡胶、氯丁橡胶、丁腈橡胶等也有应用。目前，芳纶短纤维填充 EPDM 的新型材料已在先进固体火箭发动机中应用。美国 Atlantic 研究公司报道了 Kevlar/EPDM 绝热层的特性，此种绝热层具有良好的耐烧蚀性能。我国自 20 世纪 80 年代末开始对 EPDM–芳纶纤维耐烧蚀材料进行了研究。表 10–2～表 10–4 为国内外以及公开报道的主要绝热材料的性能及其应用情况。

表 10–2 绝热材料的性能及其应用情况

代号	基体	填料	物理性能			热性能			应用实例
			密度/(g·cm^{-3})	拉伸强度/MPa	延伸率/%	热导率[W·(m·K^{-1})$^{-1}$]	比热/[J·(g·℃)$^{-1}$]	烧蚀率/(mm·s^{-1})	
—	CTPB	炭黑	0.97	1.89	350	0.198	1.81	—	“土星”上级发动机“响尾蛇”、“小橡树”

续表

代号	基体	填料	物理性能			热性能			应用实例
			密度/(g·cm^{-3})	拉伸强度/MPa	延伸率/%	热导率[W·(m·K^{-1})$^{-1}$]	比热/[J·(g·℃)$^{-1}$]	烧蚀率/(mm·s^{-1})	
ED–2005	聚硫	二氧化硅	—	—	—	0.202	1.465	—	—
PFC11	PP	酚醛、软木粉	1.19	10.9	—	—	—	—	—
HITCO–2800	聚异戊二烯	石棉	1.24	8.4	400	—	—	—	—
USR–3804	SR	酚醛	1.21	5.6～8.4	200～400	0.259	2.303	—	—
GoodYear–M500	SR	酚醛	1.22	9.8～11.2	200～300	0.167	1.842	—	—
DL–626	EPDM	二氧化硅	1.08	13.72	800	—	1.72	—	“三叉戟 C”
—	EPDM	石棉	1.20	1.79	400	0.225	1.89	—	“不死鸟”、“麻雀”、“沙蛇”、“MX”
—	EPDM	石棉	1.14～1.2	6.0～9.0	200～400	—	—	0.18～0.24	—
J–90–1	EPDM	石棉	1.08～1.11	2.5～4.0	100～300	0.192	2.177	0.13～0.18	—
ARI–2727	EPDM	芳纶	1.16	7.76	19	0.36	1.424	—	—
SMR81–15	EPDM	钛酸钾	1.41	5.3	350	0.2	1.675	—	—
—	NBR	二氧化硅	1.23	11.71	—	0.225	1.68	—	“海神”、“北极星”、“民兵”
Gen–Gard V–44	NBR	石棉–二氧化硅	1.28	7.7～10.5	300～400	0.223	1.842	0.74	—
Gen–Gard V–45	NBR	二氧化硅	1.22	17.5	>400	0.219	1.717	1.32	—
RT–S–16	NBR	石棉	1.14	3.43	1047	0.24	—	0.22	—

续表

代号	基体	填料	物理性能			热性能			应用实例
			密度/(g·cm^{-3})	拉伸强度/MPa	延伸率/%	热导率[W·(m·K^{-1})$^{-1}$]	比热/[J·(g·℃)$^{-1}$]	烧蚀率/(mm·s^{-1})	
RT–S–24	NBR	石棉	1.25	3.33	1301	0.29	—	0.17	—
—	NBR	石棉	1.28	13.78	440	0.278	1.72	—	“TCC”、“大力神”
—	NBR–酚醛	硼酸	1.19	5.51	220	0.294	1.72	—	“北极星”、“海神”第二级
DFSR0653	NBR–酚醛	石棉	1.55	7.8	8	0.214	1.298	0.18	—
DFSR0656	NBR–酚醛	碳纤维	1.29	20.7	2.6	0.356	1.382	0.04	—
P–107	丁腈–糠酮	石棉–碳纤维	1.37	6.9	55	—	—	0.13	—
9621	丁腈	石棉–二氧化硅	1.24～1.26	5～8	100～500	0.202	2.01	0.13～0.18	—
—	NBR–聚硫–环氧	石棉	1.18	6.20	350	0.278	1.39	—	“大力神Ⅲ”、“北极星”
GoodYear M800	丁苯	石墨酚醛	1.17	26.6	700	0.173	1.675	—	—
GoodYear M808	丁苯	石棉	1.4	4.2～9.8	63	0.436	1.884	0.51	—
Gen–Gard V–62	丁苯	石墨石棉	1.07	11	693	0.17	1.633	0.79	—
P531A	TPU	石棉	1.19	5.6	830	—	—	—	—
AGC–MMB4	丁基	二氧化硅	1.40	4	269	0.242	1.675	—	—
—	PBAA	石棉	1.34	1.21	800	0.171	1.51	—	“TCC”
—	PBAA	石棉	1.31	6.09	400	—	1.43	—	“洛克希德”
—	PBAN–环氧	石棉	1.41	5.97	—	0.225	1.51	—	260SL–3

续表

代号	基体	填料	物理性能			热性能			应用实例
			密度/(g·cm^{-3})	拉伸强度/MPa	延伸率/%	热导率[W·(m·K^{-1})$^{-1}$]	比热/[J·(g·℃)$^{-1}$]	烧蚀率/(mm·s^{-1})	
IBT–124	PBAN	二氧化硅微球	0.83	1.39	11	0.104	1.61	—	—
IBT–123	PBAN	硅酸硼玻璃微球	0.55	2.24	10	0.073	1.76	—	—
—	酚醛	石棉	1.45	8.27	—	2.99	0.96	—	“红头”、“短跑家”
—	酚醛	炭布	1.86	34.45	—	1.634	1.05	—	“土星”
—	酚醛	玻璃纤维	1.77	8.27	0.5	1.239	1.134	—	“海神”、“民兵”
—	酚醛	尼龙	1.19	17.16	—	0.588	1.302	—	“民兵”
SFM	酚醛	石棉	1.7～1.8	1.55	—	0.78	0.837	0.16～0.22	—
TFM	酚醛	碳纤维	1.3～1.4	29.3	—	0.4～0.5	1.005	0.03～0.05	—
—	酚醛	石棉	1.52	6.9	1.0	0.35	1.172	—	—
—	酚醛	炭布	1.44	17.2～151.7	—	0.83	0.963	—	—
—	酚醛	碳纤维	1.25	13.8	0.25	0.29	1.256	—	—
—	酚醛	玻璃布	1.87	40.9～68.9	—	0.26	0.963	—	—
—	酚醛	玻璃纤维	1.85	34.5	—	0.45	1.047	—	—

表 10–3　国外绝热材料的演变历程

成　分		使用实例
基体材料	填料	
酚醛	碳纤维	早期“不死鸟”
酚醛	碳纤维	“红头”、“短跑家”
酚醛	石棉	“海神”第一级

续表

成　　分		使用实例
基体材料	填料	
酚醛	石棉	"红头"、"短跑家"
丁苯	二氧化硅	"民兵"第三级
丁苯	石棉	"女神"
丁腈–酚醛	硼酸	"北极星 A3"第二级
丁腈	石棉	"海神"第一级
丁腈	二氧化硅	"北极星 A_2"
三元乙丙	石棉	"不死鸟"
硅橡胶	二氧化硅、纤维等	ANS 导弹

表 10–4　美国三元乙丙绝热材料应用情况

型号名称	绝热材料
"民兵 Ⅰ A"	橡胶+玻璃纤维
"民兵 Ⅰ B"	橡胶+玻璃纤维
"民兵 Ⅱ"	碳纤维/酚醛
"民兵 Ⅲ"	V–45 橡胶
"海神"（C–3）	一级发动机：V–45 橡胶
	二级发动机：丁苯橡胶
"三叉戟 Ⅰ"（C–4）	三元乙丙橡胶
"三叉戟 Ⅱ"（C–5）	三元乙丙橡胶
"MX"	三元乙丙橡胶
"侏儒"	三元乙丙橡胶
"飞马座"	三元乙丙橡胶+凯芙拉–49

10.10.2　固体火箭发动机内绝热层材料的烧蚀机理

10.10.2.1　概述

固体火箭发动机的燃烧室在工作时要承受 3 000 K 以上的高温和 3～10 MPa

甚至更高的内压作用。随着高能推进剂的使用和高比冲发动机的设计，温度和压力还将进一步提高。为提高固体火箭发动机的机动性和突防能力，发动机需要在较高的横向过载和轴向过载条件下正常工作。此外，固体冲压发动机的补燃室燃气速度高达 150～200 m/s，进一步恶化了燃烧室的工作环境。为了在各种条件下保证发动机的正常工作，在进行发动机设计时，除了考虑发动机综合性能以外，还需要考虑热防护以防止燃烧室壳体被燃气烧坏，或因过热而降低壳体强度危及结构完整性。但同时内绝热层又是发动机消极质量的一部分，其烧蚀性能的优劣对发动机的性能有着相当大的影响。

固体发动机用内绝热材料的基体主要有丁腈橡胶、三元乙丙橡胶和硅橡胶等弹性体材料。以不同橡胶为基体的内绝热材料由于配方组成的差别，具有不同的烧蚀机理，它们各适应于不同的热流环境。固体发动机内绝热层在燃烧室内的高温、高压、高速气流作用下，其烧蚀过程是一个复杂的物理、化学过程，一般包括热化学烧蚀、气流剥蚀、粒子侵蚀及其耦合烧蚀机理。由于目前三元乙丙绝热材料性能较为优越，在固体火箭发动机中应用较为广泛。下面以典型的三元乙丙（EPDM）绝热材料配方（以 EPDM 橡胶、硼酸锌、二氧化硅等为主要组分）在过载条件下的烧蚀机理进行介绍。

10.10.2.2　热化学烧蚀机理

EPDM 绝热材料热化学烧蚀主要包括初始热分解、热传导、热化学反应和形成炭化层等过程。热化学烧蚀以静态烧蚀为主要特征；在发动机燃烧室内的热流和粒子冲刷过程中，热化学烧蚀始终与气流剥蚀和粒子侵蚀相互作用、相互耦合。

热力计算结果表明，EPDM 绝热材料热化学烧蚀过程的热环境温度一般在 3 500 K 以上。在不考虑氧化铝粒子侵蚀和气流剥蚀的情况下，主要的气相环境物质有 CO、H_2O、N_2、CO_2 和 H_2 等。推进剂燃烧产物中与炭化层可能反应的主要氧化性气体为 H_2O 和 CO_2。通过热化学烧蚀和粒子侵蚀、气流剥蚀，可带走大量的热，有效地保护了基体，同时热量向深层传导，使 EPDM 的炭化层和热解层向深层推移。燃气与 EPDM 相互作用，达到移动边界下的传热和传质动态平衡。根据以上机理，一般认为在缺氧条件下烧蚀表面发生下述四个主导化学反应：

$$\mathrm{C(s)+CO_2=2CO} \tag{1}$$

$$\mathrm{C(s)+H_2O=CO+H_2} \tag{2}$$

$$\mathrm{2C(s)+H_2=C_2H_2} \tag{3}$$

$$\mathrm{C(s)+SiO_2(l)=Si(g)+CO} \tag{4}$$

化学反应后从表面逸出的气体为 H_2O、CO_2、H_2、CO、C_2H_2、N_2、SiO。

在上述四个主导反应中，（1）为 C 的氧化反应，该反应可自发进行，一般发生在炭化层的形成和消耗过程中；反应（2）则为 C 与水的反应，可自发进行，也发生在炭化层的形成和消耗过程；反应（3）是 C 的消耗过程；反应（4）是 C 及 Si 的消耗过程。

绝热材料的烧蚀研究很多方面借鉴了气动热化学烧蚀的理论与模型，针对绝热材料和燃烧室工作环境的特点，人们提出了绝热层烧蚀模型。该模型认为高温燃气流过复合材料内衬壁面时，在壁面附近形成湍流边界层，高温燃气流中具有氧化性的组分通过边界层扩散到壁面，与内层中可以氧化的组分发生化学反应，热化学反应使内衬材料消耗，形成壁面的烧蚀推移。材料的烧蚀带走大量的热，因此有效地保护了发动机结构。一般将炭化烧蚀材料分成三个区（图 10–12）：

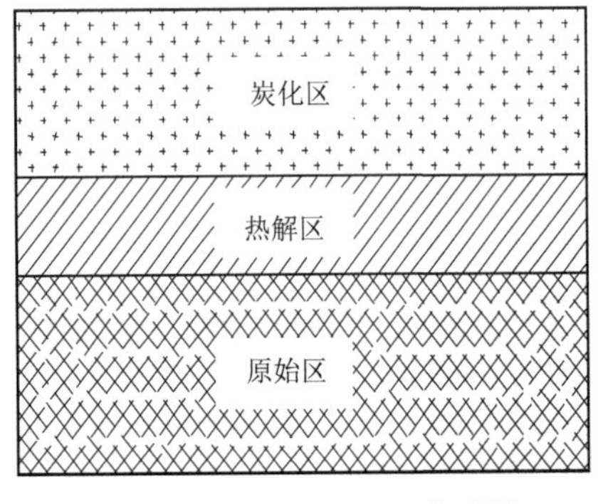

图 10–12 热化学烧蚀模型图

① 原始区：该区没有化学反应，能量传递为热传导方式；

② 热解区：区域内有热解反应，导致了材料化学结构的变化，部分能量被热解反应吸收，以及被热解气体以对流换热形式带走；

③ 炭化区：由热解反应产生的残余物质碳组成。

在热解区内，绝热材料由于吸收大量的热，温升相当高，基体高分子发生裂解，并造成大量的聚合物质量损失和消融。某些无机填料也发生变化，失去吸附水、结晶水乃至熔融分解和生成新的结构。传热方式除热传导外，大部分能量消耗于材料的前期加热和后期裂解。

炭化区内产生的现象类似于分解区，两者的主要差别是所发生的具体反应有所不同。热解产物进一步分解形成碳质残渣，无机填料也继续分解并与有机基体生成一种在高温下较为稳定的结构，这种结构赋予材料耐高温气流冲刷的性能。

10.10.2.3 气流剥蚀机理

气流剥蚀，具体是指随着燃气气相流动对绝热材料炭化层表面的剪切力造成的炭化层块状剥落。而气流剥蚀总是伴随着粒子剥蚀同时存在的，二者都属于材料表面烧蚀的范畴。因此，气流剥蚀是指在气流压力和剪切力作用下因基体和纤维密度不同而造成的烧蚀差异引起的颗粒剥落或因热应力破坏引起的片状剥落。V. Dicristina 和 R.D. Mathieu 等对材料表面的剥蚀进行了试验研究，他们将材料表面变化的剥蚀质量视为粒子的运动，并建立了相应的理论模型。Ren 等研究了碳基复合材料的表面剥蚀情况，认为热结构表面材料中基体（如碳或石墨化基体）和增强相（如碳纤维或石墨纤维）在热化学烧蚀作用下，由于性质的差异而具有不同烧蚀后退率（即质量烧蚀率），从而引起表面粗糙度的变化。当表面粗糙度达到临界值时，由于受空气动力的作用（压力、压力梯度、剪切作用等），纤维突起或纤维突起与部分基体一起在压力、剪切力以及表面升华引起的压力作用下失效并从表面剥落。如果热化学烧蚀率很低或者边界空气动力环境耦合在一起，则材料表面不易达到粗糙度。

在气流压力和剪切力作用下，由于基体和纤维密度不同造成的烧蚀差异，引起颗粒剥落或因热应力破坏引起的片状剥落，从而形成机械剥蚀。显然，烧蚀率的大小与燃气中 CO_2、H_2O 和 Al_2O_3 粒子的含量以及温度有关。如果烧蚀表面热流分布均匀，由于基体密度比纤维小，故基体烧蚀相对较快；但当材料处于流场中，露在表面的纤维长度受到剪切力和涡旋分离阻力的制约，在二者共同作用之下，纤维开始颗粒状地剥落。在短时间、超高热流的作用下，材料表面区域的温度按指数规律分布，当温度升高到一定值时，碳的晶体和基体炭均转化为无定型炭；而剥蚀就发生在无定型区，这种剥蚀一般从裂纹或孔隙等缺陷处开始。由于存在应力集中，而绝热材料内部总是存在孔隙，并且由于使用过程中存在很高的温度梯度场，在热应力的作用下，不可避免地会发生应力集中。当耦合的应力超过表层的强度时，从裂纹尖端处或应力最大处开始剥离，从而导致片状剥落。机械剥蚀不仅造成材料的质量损失，还会严重影响材料的机械性能。

10.10.2.4　粒子侵蚀机理

国内外对于绝热材料剥蚀的研究都没有明显区分气流剥蚀与粒子侵蚀，因此关于粒子侵蚀的研究目前尚不透彻。

粒子冲刷条件下的绝热材料烧蚀过程本质上属机械剥蚀效应。但是目前人们对于机械剥蚀机理认识不多，主要与燃气参数（燃气压强、温度）、颗粒流状态参数（颗粒浓度、冲刷速度及角度）、绝热材料高温热力学性能等都有直接的关系，因此机械剥蚀的建模存在难度。在粒子与绝热层碰撞过程中，大量的动能转化为热量导致绝热材料烧蚀加剧，由于流场和粒子特性的复杂性，粒子撞击时的热增量模型也较难确定。

粒子对绝热层烧蚀的影响有三种方式：一是粒子沉积在绝热层表面，增加了对绝热层的传热；二是未燃尽的粒子停留在绝热层表面上继续燃烧，增加了对绝热层的传热；三是粒子对绝热层的碰撞，造成对绝热层的机械剥蚀与冲蚀。

西北工业大学开展的粒子侵蚀热态试验中，一般采用能够模拟固体发动机工作状态下产生高浓度、高速度粒子流的试验发动机来进行。通过改换调节环直径和试验段转折角度实现粒子浓度、粒子速度的调节。应用三维二相流动数值计算来确定粒子侵蚀参数，即粒子速度、粒子浓度以及侵蚀角度。结果表明：侵蚀速度存在一个临界值，小于临界值时，绝热材料烧蚀炭化率随粒子冲刷角度的变化不明显，大于临界值时，绝热材料烧蚀炭化率急剧增大，并存在随着冲刷角度的增大而增大的趋势；当侵蚀角度一定时，炭化率基本上随着粒子冲刷速度的增大而增大，并存在拐点，在速度拐点后炭化率急剧增大；当侵蚀角一定时，绝热材料炭化率随着冲刷粒子浓度的增大而增大。

航天科工集团四院 46 所利用过载烧蚀试验装置进行了粒子侵蚀试验。结果表明，焰流温度和速度、粒子质量浓度、烧蚀角度、粒子粒径等的增大，都会加大粒子的侵蚀冲刷作用。

10.10.2.5 过载条件下 EPDM 绝热材料热化学、剥蚀和侵蚀的耦合机理

过载条件下绝热材料的烧蚀现象和烧蚀机理与常规条件下具有比较大的差别，常规两相流燃气冲刷条件下丁腈橡胶类绝热材料的烧蚀率一般为每秒零点几毫米，但通过对飞行试验和地面试验失效发动机解剖分析，高浓度颗粒冲刷条件下绝热材料的烧蚀率最大可以达到每秒几毫米，相差将近 10 倍。以往的研究表明，纯气相条件下的绝热材料烧蚀主要以热化学烧蚀为主，而在两相流冲刷条件下，绝热材料在热化学烧蚀和热解气体的共同作用下，材料表面形成多孔疏松结构的炭化层，此时粒子流对绝热层的作用一旦超过材料的强度极限，就会在材料表面发生脆性剥蚀。同时，这种作用和热化学作用耦合起来加速了材料的烧蚀，使机械剥蚀得以强化成为影响绝热层烧蚀的主要因素，从而使烧蚀率剧增。

与静态条件下的烧蚀相比，颗粒冲刷条件下烧蚀的最主要特征是稠密颗粒的侵蚀效应很强烈，因此揭示过载条件下绝热材料的烧蚀机理，首先需要揭示稠密颗粒的侵蚀机理，然后再分析颗粒侵蚀与热分解、热化学、剥蚀等烧蚀的其他过程之间的耦合关系。颗粒侵蚀主要包含了两方面的效应：颗粒侵蚀热效应和机械效应。热效应指颗粒碰撞过程中，颗粒动能转变为热能和接触热传导造成的表面热流密度增大；机械效应指颗粒侵蚀造成炭化层的磨损、剥落等破坏过程。对于颗粒侵蚀机理的研究，要从这两方面展开，其中需要建立热增量、炭化层破坏与冲刷状态之间的定量关系。颗粒冲刷条件下的烧蚀是热解、热化学、剥蚀和侵蚀耦合的过程。其耦合关系可以描述如下：

① 热分解形成了炭化层的初始孔隙结构；

② 热化学反应不断消耗炭化层，使炭化层变得更加疏松，当疏松到一定程度，气流剥蚀和颗粒侵蚀使其剥落；

③ 气流剥蚀和颗粒侵蚀的共同作用造成炭化层剥落并改变了炭化层结构，从

而影响了传热、热分解、组分扩散和热化学烧蚀；

④ 热分解气体在炭化层特定温度区域的沉积形成了致密层，致密层的形成改变了炭化层的结构，从而影响到传热、热分解、燃气组分的扩散、热化学反应、气流剥蚀和颗粒侵蚀等一系列过程；

⑤ 颗粒侵蚀带来的热增量会使绝热层表面热流密度增大，改变温度分布，影响热分解和热化学烧蚀过程以及致密层的位置。

上述耦合烧蚀作用可用图 10–13 来表示。

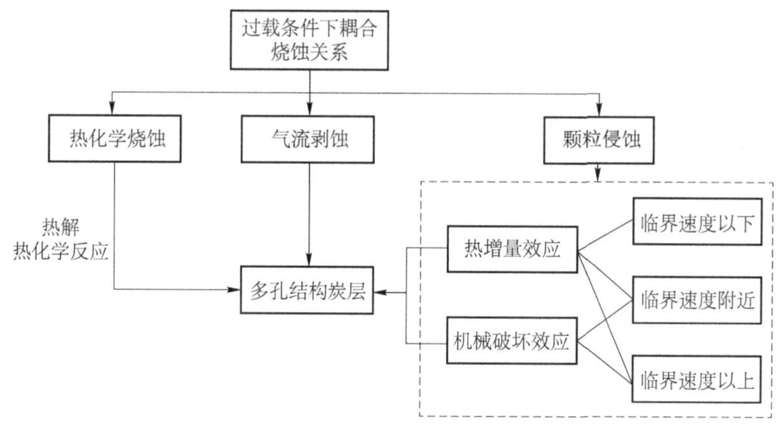

图 10–13　耦合烧蚀关系示意图

但在颗粒侵蚀过程中，不同颗粒冲刷速度下，颗粒的热增量和机械破坏效应对于整个烧蚀所占的比重不同，各过程所起的作用及相互耦合呈现不同的特征：

① 非稠密颗粒冲刷条件下，颗粒侵蚀作用较弱，烧蚀主要以材料的热分解、热化学反应和气流剥蚀为主。当基体表面被气流加热至一定温度时，开始发生分解、炭化，形成孔隙结构，同时基体材料内部的热传导效应致使炭化线逐渐向内推移。当内层的热分解气体穿过炭化层孔隙时，在特定的温度条件下会发生沉积，形成致密结构。对于非稠密颗粒冲刷条件，其热流密度比较小，致密层通常在炭化层表面。致密层防止了热解气体的大量溢出，而且阻碍了燃气中氧化性组分向材料内部扩散，减缓了烧蚀；另外，致密层强度较高，提高了炭化层抵抗气流剥蚀的能力。

② 弱颗粒冲刷条件下，烧蚀主要为材料热分解、热化学反应、气流剥蚀和颗粒侵蚀的综合效应。基体表面在热分解和热化学作用下开始形成明显的孔隙结构，炭化层的致密结构形成过程和无颗粒冲刷状态是类似的，由于这种机械侵蚀效应不是很强，炭化层厚度表面附近一定的深度区域内还是形成了致密结构。但颗粒还是存在侵蚀作用，其致密层比无颗粒冲刷状态薄得多。此过程中，颗粒的机械

破坏效应不足以损坏炭化层表面致密结构，可忽略颗粒冲刷的机械效应，此时只考虑颗粒热增量效应。

③ 颗粒沉积条件下，烧蚀也是材料热分解、热化学作用、气流剥蚀和颗粒侵蚀的综合效应。由于颗粒的沉积，使得这个过程变得非常复杂，一方面，颗粒侵蚀热增量和颗粒沉积增大了表面热流密度，使得致密层下移；另一方面，颗粒沉积对颗粒侵蚀的机械剥蚀作用也具有一定的阻碍作用。此过程中需同时考虑颗粒热增量和机械效应。

④ 强冲刷条件下，烧蚀主要以材料的热分解、气流剥蚀、颗粒侵蚀效应为主。此时颗粒冲刷速度超过了临界值，其机械剥蚀效应和热增量效应均十分强烈，绝热材料表面炭化层一旦形成疏松结构就被剥掉，因而整个炭层呈现致密结构。此过程中也需同时考虑颗粒热增量和机械效应。由上述分析可知，炭化层是绝热层抵御烧蚀的主要屏障，也是热化学、剥蚀和侵蚀耦合的纽带，合理描述炭化层的孔隙结构是建模的关键。传统烧蚀模型采用等效面烧蚀处理，这与实际情况差别较大，而且很难实现热化学、剥蚀和侵蚀的耦合，因此，建立体烧蚀模型非常必要。另外，如何定量描述颗粒冲刷的机械效应和热效应，也是后续模型建立过程中迫切需要解决的关键问题。

10.10.2.6 硅基绝热材料烧蚀机理

另一常见绝热材料为含硅绝热复合材料，包括硅基热防护材料、高硅氧酚醛/环氧树脂以及硅橡胶材料等。

硅基热防护材料（以玻璃纤维为骨架填料的复合热防护材料）是一类广泛应用于宇航飞行器外部以及多种火箭发动机燃烧室、喷管内部抵御烧蚀的热防护材料，这类材料具有热传导系数小、汽化热高和良好的抗热应力强度等特点。另外，它在加工过程中工艺简单、周期短，且价格低廉。有关硅基热防护材料烧蚀机理的研究开始较早。20 世纪 50 年代末期，Adams 等人就对纯石英材料提出了液态层吹除的烧蚀模型，该模型给出液态层的控制方程为小雷诺数的附面层方程，即在附面层方程中略去惯性项，在驻点条件下，给出了确定质量守恒的解析解。Hidalgo 把 Adams 的思路推广到非驻点情况，给出了确定质量守恒的常微分方程。姜贵庆利用石英材料的高黏性特性，对 Hidalgo 给出的常微分方程做了简化。对于石英或玻璃纤维增强的复合硅基热防护材料，由于大比例加入了树脂等其他成分，而树脂类材料受热分解后会产生残留的碳化物骨架，对其能否继续使用液态层模型进行计算，国内外都曾有所争论。在部分发动机试验和一些其他模型试验后的试件检验中，没有发现液态层存在的明显证据，相反，却可以明显观察到碳化层的存在，因此，有人提出用碳化层化学反应烧蚀模型来取代液态层气动吹除模型。但是，大量的飞行试验残骸分析表明，硅基热防护材料在再入大气层的过程中，其烧蚀表面确实存在着很薄的液态层。1963 年，Hidalgo 发表了理论计算与飞行试验结果的比较文章，为液态层模型提供了可靠的试验依据。由于这种硅基热防护材料中确实含有大量的二氧化硅，而二氧化硅又有很好的化学稳定性，不可能和燃气组分发生化学反应而消耗。地面试验和飞行试验后的表面烧蚀图像均证实，其表面形成一层熔融的二氧化硅；其下是一层为玻璃纤维所支持的碳化物组成的结构，称之为碳化层；在碳化层下面是热分解区域，其中酚醛树脂在高温下分解产生热解气体，不能热解的成分逐步积存并逐步碳化形成碳化层。热解产生的气体渗过碳化层和液态层注入燃气附面层中，从而达到耐烧蚀的目的。北京航空航天大学孙冰等结合液态层烧蚀模型和化学反应烧蚀模型，对硅基热防护材料的烧蚀考虑了夹杂碳化层对熔融态二氧化硅的补强作用，提出了更接近实际情况的有液态层的化学反应烧蚀模型，认为硅基热防护材料烧蚀机理是包括热解消耗、熔融物气动吹除、碳化物化学反应消耗的多因素综合烧蚀过程。硅基热防护材料中的二氧化硅与燃气组分不发生化学反应，只在高温下发生熔融变化，黏度随温度的升高而迅速降低，致使黏附力小于气动剪切力，被气流物理吹除；然而硅基热防护材料并非纯硅类材料，其中夹杂了相当成分的树脂等物质，这部分物质在高温下发生热解和碳化，使得内表面熔融的硅基中夹杂了一些坚硬的碳化存留物，这些碳化物对熔融硅基起着如同植物固沙类似的保护作用，同时，惰性的二氧化硅熔融物对碳化物起着表面遮盖而减轻化学反应的保护作用。该烧蚀模型认为：硅基热防护材料达到热解温度后，材料中的树脂开始逐步热解，热解气体穿过材料表面注入燃烧室中。当达到碳化温度后，不能热解的残留物一部分（含碳类物质）开始碳化，另一部分（硅类物质）逐步软化直到熔融，这时材料接触燃气的表面就由不完整的熔融二氧化硅薄膜和星状分布突起的碳化层所组成。当燃烧室中燃气流的气动剪切力大于熔融液态层的黏附力后，熔融二氧化硅被气动吹除，熔融二氧化硅随之消耗减少，其表面逐步向材料内部退移。熔融的液态层退移后，星布的碳化层便暴露在燃气中，和燃气发生化学反应，同时产生化学反应烧蚀退移。当熔融二氧化硅表面退移到碳化层内部后，由于突起碳化物的存在，使得熔融二氧化硅表面所受到气动剪切力随着退移深度增加而迅速减小，且温度也随之降低，气动吹除程度得到抑制。当碳化层烧蚀退移到和硅基表面基本重合后，碳化层逐步被熔融二氧化硅薄膜所淹没，隔离了燃气组分与碳化层的接触，化学反应烧蚀程度得到抑制。碳化层对熔融二氧化硅抵御气动剪切有帮助，熔融二氧化硅对碳化层的化学反应有隔离减缓作用，碳化层和熔融二氧化硅起着相互保护的作用。

西北工业大学蔡体敏等通过对高硅氧酚醛材料烧蚀模型中热解层厚度的探讨，

可以精确计算出该材料的烧蚀率及其温度场分布。何国强等利用高过载收缩管试验发动机开展了强冲蚀条件下固体火箭发动机的绝热层烧蚀特性研究。试验结果显示颗粒冲蚀区的炭化层厚度明显薄于非冲蚀区，且炭化层抗剪切能力较弱。通过机理分析，作者认为高浓度颗粒流的强冲蚀对炭化层具有强烈的剥蚀作用。结合数值计算方法，发展了一种利用少量烧蚀试验结果，获取大量烧蚀规律和信息的数据分析方法，并建立了试验条件下的高硅氧酚醛材料的烧蚀量和颗粒冲蚀状态之间的函数形式，以及颗粒冲蚀状态与烧蚀率之间的经验公式。

中国航天科技集团公司四院 42 所张长贵等探讨了影响硅橡胶热防护材料烧蚀性能的因素。线烧蚀率、扫描电镜及热分析结果表明，聚有机硅氧烷生胶的种类对硅橡胶烧蚀性能的影响最大，苯基硅橡胶的烧蚀性能优于乙烯基硅橡胶的烧蚀性能，生胶的残炭率是影响硅橡胶的烧蚀性能的主要原因；芳纶纤维和羟基硅油的用量对硅橡胶的烧蚀性能影响较大；气相法白炭黑的用量对硅橡胶烧蚀性能的影响最小，纤维和填料的分散状态对硅橡胶的烧蚀性能也有一定影响。同时，烧蚀后的硅橡胶表面为蜂窝状结构，侧面有熔融 SiO_2 流挂现象。

10.10.3 固体火箭发动机内绝热层材料设计的基本原则

由于目前对绝热层的耐烧蚀性能、隔热性能、力学性能和黏结性能等尚无准确的理论预示方法，因此，绝热层的配方设计主要采用经验法进行，通过试验结果来确定配方参数。

绝热层配方设计的一般程序是：首先，根据绝热层的使用性能和指标要求，选择绝热层的类型；然后，比较各种基体材料和耐热填料的有关特性，从中选出基体和填料的品种，并根据加工方法和与之黏结的壳体、衬层和推进剂等特性，选用必要的添加剂和功能助剂。配方组分确定后，再根据经验资料，设计一组不同组分含量的试验配方。通常用正交设计方法，以最少的试验数量，选出综合性能最优并满足设计指标的配方。每个试验配方需测定其主要性能，一般包括烧蚀率、背面温度、抗拉强度、延伸率、玻璃化温度、密度以及与壳体材料/衬层/推进剂的黏结强度等。优选出的绝热层配方需要通过工艺试验和固体发动机热试车的考核，才能最后确定。

1. 绝热材料选取的一般原则

为了得到一种高性能、轻质的绝热层，对于绝热层材料性能的基本要求为：

① 绝热性能好，导热系数低，熔化热与蒸发热大，要有吸热的分解反应；

② 耐烧蚀（烧蚀率最好小于 0.1 mm/s）、抗冲刷、热稳定性好，烧蚀时能形成致密、强度较高、稳定的多孔炭化层；

③ 良好的力学性能，要求它们具有低的弹性模量、高的延伸率和足够高的抗

张强度，且玻璃化温度要低；

④ 与推进剂相容性要好；

⑤ 与壳体黏结性好，其黏结强度应大于推进剂/壳体黏结强度的 2 倍以上；

⑥ 材料密度小，相对密度要小，最好小于 1；

⑦ 发烟量少，以降低对微波、红外信号的衰减效应和可见烟雾量；

⑧ 良好的工艺性，即胶料柔性好，可贴片或刷涂、喷涂，并具有低的成本；

⑨ 贮存老化性能好，至少 10 年不发生变化。

2. 对绝热层材料主要成分的基本要求

绝热材料一般包括高分子基体材料、增黏剂、耐烧蚀填料、阻燃剂、固化剂、防老剂和工艺助剂等组分。

绝热材料基体有两类：一类是以弹性黏合剂为基体的材料，另一类是以硬质塑料、耐烧蚀材料为基体的材料。柔性绝热层和硬性绝热层对基体材料的要求，既有共同点，也有不同点。共同的要求是密度低、比热大、耐热性好、气密性好、耐老化、与衬层或助推剂能化学相容。除此之外，柔性绝热层要求其基体材料具有高延伸率、低模量和低玻璃化温度，而硬质绝热层则要求其基体材料具有高抗压强度。

柔性绝热层基体材料通常选用耐热橡胶。其中，以三元乙丙橡胶的综合性能最好，它是由乙烯、丙烯和少量共轭双烯（双环戊二烯或环辛二烯）制成的三元共聚物。由于其主链为饱和烃结构，双键居于侧链，分子内没有极性取代基，链节较柔顺，因而兼有化学稳定、耐热性好、烧蚀率低、延伸率高、玻璃化温度低等优点，且密度低、比热大。因此，三元乙丙橡胶是现有柔性绝热层最佳的基体材料。但是，在使用时需解决黏结性差和固化速度慢等问题。

硬质绝热层应能承受强烈的高温燃气冲刷，故其基体材料不能采用橡胶弹性体，而应选用耐高温树脂，即要求具有高熔点、高热解温度以及良好的成碳性并可形成牢固的炭化层。能满足这些要求的树脂主要是主链为芳核或杂环，并在固化后能形成双链形梯形结构或网状结构的高聚物。这些芳核杂环缩合的高聚物，主链的刚性虽然很大，但其链线性结构并不呈现脆性，这对作为硬质绝热层基体材料特别有利。然而，由于这些树脂价格高昂，使其在实际使用中受到了限制。常用的硬性绝热层基体材料是各类酚醛树脂，典型的有耐热酚醛、钡酚醛和钼酚醛等。它们的耐热性能虽不如前面所述的新型树脂，但若与高硅氧玻璃布带搭配使用，仍具有良好的耐烧蚀性和抗冲刷性。酚醛类树脂的缺点是韧性差，延伸率很低。

耐烧蚀填料的作用是降低绝热层的导热性，提高绝热层在高温燃气作用下的隔热效率；保护基体炭化层在高温气流冲刷下的完整性和牢固性，从而降低烧蚀率；调节绝热层的模量和密度。耐烧蚀填料分为三类，即粉末填料、纤维填料和空心微球填料。

粉末填料对碳化层的保护作用较差，一般用于受气流冲刷不严重的柔性绝热层。主要起到隔热作用，故要求其具有低导热系数和低密度。常用的粉末填料有石棉粉、二氧化硅、氧化铝和氧化钛等。目前普遍使用的是二氧化硅，它不含结晶水，也不吸水，能改善绝热层与推进剂的相容性，提高界面黏结性能。

纤维填料能改善绝热层的耐烧蚀性，并起到提高机械强度的作用，一般用于受燃气冲刷严重的硬质绝热层。高硅氧玻璃纤维在高温燃气作用下，能形成熔膜，并与树脂热解产生的碳粒牢固结合，使炭化层保持完整结构，有利于形成隔热层，其抗冲刷性好，烧蚀率低。缺点是密度过高，延伸率很低。酚醛纤维热解后形成碳化纤维，不脆也不变形，故有良好的耐烧蚀性；而且其导热系数小，延伸率较高，密度较低，因而它是一种综合性能优异的纤维填料。酚醛纤维布尤其适用于多层组合式绝热层。芳纶纤维兼具密度低、韧性好、耐高温、耐老化以及与高分子基体相容性良好等优越性能，已成为耐烧蚀柔性绝热层的最佳填料。

空心微球填料一般与粉末填料组合使用，可降低绝热层密度，改善耐烧蚀性，提高填充率，从而降低绝热层的收缩率和内应力。空心微球可用玻璃、碳、氧化铝、酚醛树脂、环氧树脂、聚氨酯和聚苯乙烯等原料制成。当添加一定比例的空心微球后，能够使绝热层密度显著降低，并使其具有良好的加工性能。

为防止绝热层在高温燃气作用下燃烧，可在配方中加入少量阻燃剂。常用的有氧化锑、磷酸锌、磷酸钾、磷酸铅和二氢磷酸铵等。

三元乙丙橡胶的自黏性较差，可在配方中添加增黏剂。一般选用中等相对分子质量有支化结构并含极性或半极性基团的树脂，如烷基酚醛树脂、聚萜烯树脂、古马隆树脂、二甲苯树脂、非芳香族石油树脂和松香等。其中以烷基酚醛树脂的增黏效果最好。

10.10.4 固体火箭发动机内绝热层的主要原材料

固体火箭发动机的内绝热层的主要原材料包括基体树脂、阻燃填料、内烧蚀纤维、增强填料、工艺助剂及相应的固化交联体系。

1. 基本树脂

绝热层材料是一种以基体树脂为连续相，各种功能填料为分散相的复合材料，基体树脂的性质对绝热材料的耐烧蚀性能、力学性能、黏结性能、抗老化性能等有重要影响。常用的具体材料为一些合成橡胶（如丁腈橡胶、三元乙丙橡胶、硅橡胶等）和树脂（如耐高温酚醛树脂等）。

（1）丁腈橡胶

丁腈橡胶（Acrylonitrile-Butadiene Rubber，NBR）是使用最早的软质内绝热材

料的基体材料。丁腈橡胶耐烧蚀性能良好，又因为具有强极性基团，具有良好的黏结性能。国内外许多绝热材料均采用该基体，如美国的 Gen-Gard V44 以及国内的 9621 绝热材料。丁腈橡胶绝热材料多采用石棉作为耐烧蚀纤维，且密度较大，目前正逐步地被三元乙丙–芳纶体系所取代。但由于丁腈橡胶良好的黏结和工艺性能，目前仍有部分绝热层使用该类基体。

（2）三元乙丙橡胶

三元乙丙橡胶（Ethylene-Propylene-Diene-Polymer，EPDM）是密度最小的硫化橡胶之一，其密度一般在 0.85～0.88 g/cm^3 之间，远低于传统的氯丁橡胶、丁腈橡胶、海帕隆以及天然橡胶等，而且热分解温度高、热分解吸热大、耐热氧老化性能好，充填系数大，与多种推进剂及壳体复合材料均有良好的相容性，是目前固体发动机普遍使用的绝热材料。20 世纪 80 年代之后，芳纶纤维增强三元乙丙橡胶绝热材料成为绝热材料的主流。多种芳纶纤维，如凯芙拉纤维、F12 纤维、阿帕莫斯纤维，已被引入绝热材料增强体系，并且在多种型号的固体火箭中得以应用。

但需要指出的是，三元乙丙橡胶的线烧蚀率较高（0.2 mm/s 左右），且烧蚀后炭层结构较为疏松，炭层与三元乙丙橡胶基体黏结不牢。通过调节三元乙丙橡胶的配方（如调整有机、无机纤维和无机填料添加比例和用量等），虽可在一定程度上可以改善三元乙丙橡胶的烧蚀性能和炭层结构，但三元乙丙橡胶基体炭层疏松的不足使其难以满足高燃速固体火箭发动机或者冲压发动机燃烧室中富氧、高燃速燃气冲刷的苛刻条件对绝热材料性能的要求。

（3）硅橡胶

硅橡胶（Silicone Rubber，SR）内绝热材料以其具有较高的信号透过率、优良的耐烧蚀性能和抗高温燃气冲刷性能，使其成为固体火箭发动机和冲压发动机的重要内绝热材料基体。

硅橡胶具有较好的烧蚀性能（线烧蚀率可达 0.140 mm/s 左右），该种绝热材料表面烧蚀后形成的炭层也较为坚硬，与基体黏结性能较好，不易剥落，这对阻止高温燃气向绝热材料分解层和原始层的侵蚀燃烧起到了一定防护作用；但是，硅橡胶炭层存在较多穿透性裂纹，不能完全阻止高温燃气对炭层以下绝热材料区的侵蚀燃烧。硅橡胶的高密度、低强度和较差的界面黏结性能影响了它的应用。

（4）酚醛树脂

酚醛树脂是使用最早的绝热材料基体，具有良好的工艺性能和耐烧蚀性能。酚醛树脂的残炭率较高，加之碳化后碳层致密、稳定，所以在绝热材料研制的初期被广泛应用于发动机壳体绝热。刚性或半刚性的内绝热材料大都选用酚醛树脂或酚醛树脂与其他树脂、橡胶的并用体系为基体。即使是以弹性体为基体的柔性内绝热材料，也有将固化后的酚醛或改性酚醛树脂粉碎后作为填料加入或使用中空酚醛微球来提高残炭率。改性酚醛树脂，如对苯基苯酚甲醛、联苯二酚甲醛等，其残炭率在65%以上。但是，酚醛树脂基硬质绝热材料延伸率低，对释放发动机推进剂固化、运输和存贮中的应力不利，容易产生界面问题或造成绝热层内部损伤，影响绝热结构的可靠性。目前，酚醛绝热材料一般用于烧蚀严重的区域作为特殊部位的热防护材料。

（5）笼形多面体低聚倍半硅氧烷

笼形多面体低聚倍半硅氧烷（Polyhednal Oligomeric Silisesquioxane，POSS）是一类无机–有机杂化材料，分子中含有大量 Si—O—Si 结构，受热分解后可在聚合物基体表面形成二氧化硅陶瓷绝热层。通过碳元素含量高的基团的引入（如八苯基硅倍半氧烷），还可以提高其生成碳层的能力。此类化合物燃烧放热程度低，分解形成的陶瓷层和炭层导热性小，从而产生良好的隔热、阻热效果，且 POSS 结构中的有机基团有利于增加基体树脂的相容性，使材料的力学性能和其他物理性能获得改善，因此，含 POSS 的绝热层材料在国内外均受到普遍重视。美国空军研究室已将 POSS 引入传统的有机聚合物体系中，正在测试这些材料在固体发动机绝热层、液体火箭发动机管道、喷气飞机座舱盖、空间逃生材料、杂化高温润滑剂、高性能天线罩上的应用性能。

POSS 化合物有多种结构，但它们均可以用经验关系式（$RSiO_{1.5}$）$_n$ 描述，其中 R 为各种烷基、芳基及其衍生物。按照结构形式的不同，目前可将 POSS 化合物分为无规结构、梯形结构、笼形结构、部分笼形结构等种类。作为绝热层材料使用，目前含 8 个碳原子的笼形 POSS（T_8）和梯形 POSS 较为适宜，它们的结构如图 10–14 所示。

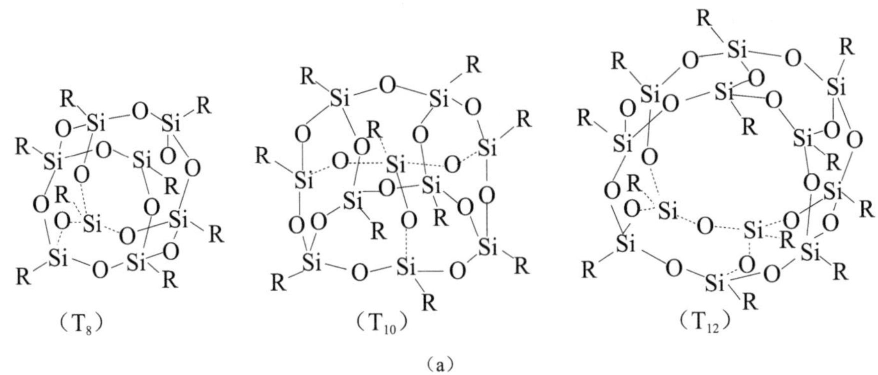

图 10–14 笼形和梯形 POSS 的结构式

（a）三种笼形硅倍半氧烷的结构

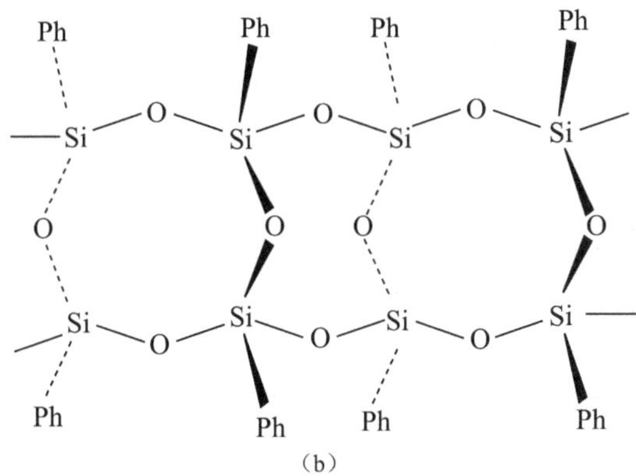

（b）

图 10–14 笼形和梯形 POSS 的结构式（续）
（b）梯形 POSS

北京理工大学对 POSS 作为绝热层材料的应用进行了系统的研究，其中，以笼形 POSS（T_8）为基础，将 T_8 中的 R 换为苯基后获得的笼形八苯基硅倍半氧烷（OPS）的热性能良好，且成本较低，在 EPDM 绝热层材料中部分替代聚磷酸铵（APP）填料时，材料的密度有所降低，力学性能和耐烧蚀性能以及高温热解烟雾的红外、可见光、激光透过率均获得提高。粉体 OPS 在以 EPDM 为基的绝热层中应用的工艺性能及其与其他成分的相容性良好，可按已有塑炼—混炼—硫化的工艺制成片状绝热层材料。含 6% OPS 的 EPDM 绝热层的各项性能见表 10–5、表 10–6 和表 10–7。

表 10–5 EPOM/OPS 绝热材料力学性能和密度

项 目	拉伸强度/MPa	断裂伸长率/%	密度/（g • cm^{-3}）
APP 填料	6.23	619	1.10
使用 SPP/OPS 填料	6.92	706	1.05

表 10–6 EPOM/OPS 绝热材料的线性烧蚀率

项 目	线性烧蚀率/（mm • s^{-1}）
APP 填料	0.171
使用 SPP/OPS 填料	0.055

表 10–7 EPOM/OPS 绝热材料在 800 ℃高温热解烟雾的透过率

项 目	红外光透过率/%	可见光透过率/%	激光透过率/%
APP 填料	58.4	33.1	0.0
使用 SPP/OPS 填料	71.2	51.8	9.2

梯形聚合物（Ladder Polymer）又称双链聚合物（Double chain polymer）。在该类大分子中，组成大分子主链的结构单元通过两个相连原子彼此连接而成梯形结构。此种结构赋予其高度的稳定性和刚性。由于只有当同一个环上至少两个键都断裂时才会发生降解，而这种断裂的概率远低于一般单链的高分子化合物，因而梯形结构的聚合物的耐高温性能、化学稳定性和机械性能远高于一般单链高分子化合物，这类结构稳定、高度有序的梯形高分子材料在航空、宇航火箭发动机中具有重要应用价值。

当将图 10–14 中梯形结构倍半硅氧烷的侧基 R 都转换为苯基时，所获得的梯形苯基倍半硅氧烷（Polyphenylsilsesquioxane，PPSQ）在保留由 Si—O 双链形成高度空间规整性以及 Si—O 键高键能（422.5 kJ/mol）所赋予的高耐热性能的同时，高碳含量的苯基的存在，也在燃烧分解中提供了更高的成炭能力。因而，是绝热层材料中性能更优于笼形八苯基倍半硅氧烷（OPS）的材料。如图 10–15 所示，在热重分析试验中，高温（550 ℃～800 ℃）下 OPS 的热分解所导致的质量损失是 PPSQ 的数倍。

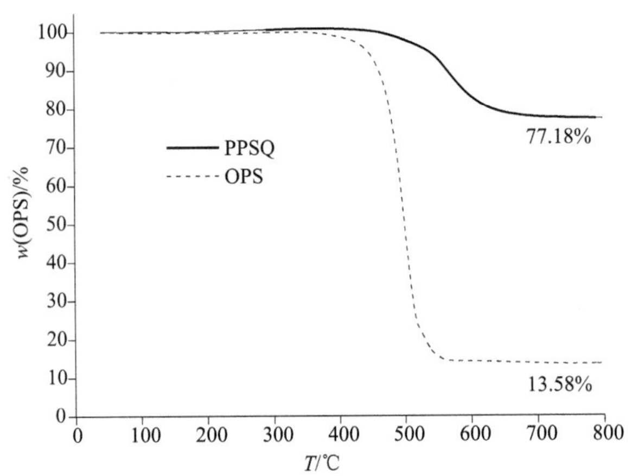

图 10–15 PPSQ 和 OPS 的 TGA 曲线

将粉体粒径为 0.5～1.5 μm 的 PPSQ 加入以 EPDM 为基的绝热层材料中，按照传统的塑炼—混炼—硫化工艺制片并测其力学性能时发现，在加入质量分数为 10%～15%的 PPSQ 时，可使对照的 EPDM 绝热层材料的线性烧蚀率降低约 50%，由原来的 0.093 mm/s 降至 0.047 mm/s（表 10–8），而抗拉强度和断裂伸长率基本维持原有水平。

表 10–8　PPSQ 含量对 EPDM 绝热材料力学和线性烧蚀率的影响

样　品	抗拉强度/MPa	断裂伸长率/%	线性烧蚀率/mm/s
EPDM–0	10.9±0.3	322±11	0.093±0.007
EPDM/PPSQ–1	9.3±0.2	403±13	0.08±0.006
EPDM/PPSQ–2	9.4±0.2	375±11	0.047±0.004
EPDM/PPSQ–3	8.4±0.3	346±10	0.047±0.005
注：EPDM/PPSQ–1 中，PPSQ 加入量为 2.4%；EPDM/PPSQ–2 中，PPSQ 加入量为 4.8%；EPDM/PPSQ–3 中，PPSQ 加入量为 7.0%。			

（6）聚磷腈

聚磷腈（Polyphos Phayene）是一类骨架由交替的磷、氮原子连接而成的有机–无机杂化聚合物。根据其结构，可分为环状聚磷腈和线性聚磷腈。常见的环状聚磷腈为环三磷腈和环四磷腈。

六氯环三磷腈（Hexachlorocyclotriphos phayene，HCCP）是合成线性聚磷腈的重要原料。HCCP 在高温下开环聚合可获得线性聚二氯磷腈，通过有机官能团取代其中的氯原子，可制备出高相对分子质量的线性聚有机磷腈，过程如下：

$$(NPCl_2)_3 \longrightarrow \left[P(Cl)_2=N \right]_n \xrightarrow[\text{取代反应}]{\text{亲核}} \left[P(R_1)(R_2)=N \right]_n$$

聚二氯磷腈　　线性聚有机磷腈（POP）

原料 HCCP 一般由五氯化磷（或五溴化磷）与氯化铵在催化剂作用下环化获得：

$$3PCl_5 + 3NH_4Cl \xrightarrow{\text{催化剂}} (NPCl_2)_3$$

线性聚磷腈分子链中主链 $\left[P(R)_2=N \right]$ 并不形成长程共轭，而侧基的存在还有利于增加链运动所需要的自由体积，所以线性聚有机磷腈有很好的柔顺性和较低的玻璃化温度。聚二氯磷腈分子中与磷相连的氯原子有很活泼的反应性能，可与多种试剂发生亲核取代反应，从而赋予 POP 多种新的性能，使之成为一类新型的功能性无机–有机杂化聚合物材料，在生物医学材料、固体聚合物电解质、光学材料、功能膜材料、防火阻燃材料等方面均有重要应用价值。

由于聚磷腈分子中同时含有丰富的磷和氮两种阻燃元素，而且热解和燃烧产物中不含有毒的卤化氢气体，是一种无烟、少烟、无毒、无腐蚀性、耐油、防火阻燃和自熄性材料。作为固体火箭发动机的内绝热层材料使用，可以获得良好的抗烧蚀、耐油、扩迁移和特征信号低等优良性能。美国 Ethyl 公司和 Thiokol 公司在新型聚磷腈基体合成和应用领域开展了大量的研究，已生产了多种适合于制备火箭发动机内绝热层和包覆层的聚磷腈产品，并部分实现了工业化。

2. 阻燃填料

绝热层常用的阻燃剂有含磷阻燃剂和卤锑阻燃剂。国内 J210–8 配方、D302 绝热层配方采用卤锑阻燃剂，J210–6、J421 配方则采用含磷阻燃剂。

磷系阻燃剂的阻燃机理主要是形成隔离膜来达到阻燃效果，形成隔离膜的方式有两种：利用阻燃剂的热降解最终产物聚偏磷酸促使聚合物表面迅速脱水而炭化，进而形成炭化层；阻燃剂在燃烧温度下分解生成不挥发的玻璃状物质包覆在聚合物的表面，所形成的这种致密的保护层起隔离层的作用。

含卤素的阻燃剂受热分解产生卤离子，进而与高分子材料反应产生卤化氢，卤化氢与高分子材料热分解产生的氢自由基反应后，使热分解连锁反应受到抑制。Sb_2O_3 与卤素并用生成的卤化锑可使自由基反应中止，在一定程度上提高了阻燃效果。

阻燃剂硼酸锌（ZB）与卤系阻燃剂合用时，可同时在气相及凝聚相发挥阻燃作用。高温下生成的不挥发性锌化合物和硼化合物促进成炭，从而使凝聚相产生阻燃作用。生成的卤化硼和水蒸气能稀释可燃物和吸热降温而产生气相阻燃作用。酸与 ZB 作用生成的氧化硼则能稳定炭层和抑制材料的阴燃。在无卤系统中，无水 ZB 的作用在于改善炭层的质量。

3. 耐烧蚀纤维

早期研制的内绝热材料以石棉纤维应用最为普遍。由于石棉具有密度高、品质随产地差异大，并且具有一定的致癌性，被一些国家列为被限制使用或者禁用的材料，目前除少数绝热材料中还在应用外，大部分已经被其他纤维取代。

有机纤维中应用较早的是尼龙纤维，但其实际使用效果并不理想。20 世纪 60 年代问世的酚醛纤维，如商品名凯诺尔和诺夫劳德酚醛纤维，由于与丁腈橡胶有着良好的相容性，加之酚醛纤维碳化后的残炭率较高，曾被视为极有前途的增强填料，但由于制造和使用方面的问题，未得到广泛的应用。芳纶纤维，即芳香族聚酰胺纤维，有多种牌号和商品名，如美国的凯芙拉纤维（KEVLAR），荷兰的特瓦纶纤维（TWARON）、日本的坦科诺拉（TECHNORA）、俄罗斯的斯伐姆纤维（CBM）、阿尔莫斯纤维（APMOC），中国的芳纶–1（FL–1）、芳纶–2（FL–2）纤维、F–12 改性芳纶纤维等均在绝热层材料中广泛使用。聚砜纤维和聚酰亚胺纤维也逐渐在绝热材料领域崭露头角。值得一提的是，中国目前已经开发出芳纶–3（FL–3）纤维，并实现了产业化生产，在绝热材料以及复合材料壳体中取得了显著的效果。

芳纶纤维，由于其突出的高强度、高模量而受到复合材料设计者的青睐，广泛用作各种结构复合材料的增强纤维，用于制作纤维缠绕压力容器以及各种航天器件。短切的芳纶纤维或芳纶浆粕，可以用作壳体内绝热材料、外防护材料等耐烧蚀复合材料的增强填料，也获得了极佳的使用效果。在使用过程中，芳纶纤维的表面处理以及加工取向的问题应予以密切关注。

4. 增强填料

目前使用的增强填料有炭黑和白炭黑（即 SiO_2）两种。按制造方法的不同，可分为沉淀法白炭黑和气相法白炭黑。白炭黑的粒径大小、比表面积的高低以及表面化学性质对其使用效果有重要影响。三元乙丙橡胶绝热层采用的补强剂一般为气相 SiO_2，混炼时气相 SiO_2 易于造成粉尘污染，在绝热层中使用 SiO_2 时，其抗烧蚀性能良好，目前国内绝热层制造中主要采用气相 SiO_2。无水二氧化硅能改善绝热层与推进剂的相容性，提高界面黏结性能，提高材料拉伸强度和耐烧蚀性能。但由于白炭黑在高温下发生熔融，在高温燃气的冲刷下容易流失，使得材料的烧蚀率增大。

炭黑是橡胶常用的补强材料，可以显著提高橡胶材料的力学强度和耐磨性。在绝热材料中，炭黑的引入更多是为了提高绝热材料的残炭率，调整绝热材料的颜色，增加绝热材料对热辐射的吸收，其补强作用反而是次要的。

5. 工艺助剂

在绝热层材料制造中常用的工艺助剂一般包括调节黏度的树脂和增塑剂。内绝热材料中使用增塑剂的主要作用为：调节高分子橡胶在加工过程中的黏度，以有利于加工；润湿填料，使之在基体中易于分散；增加制品的柔性，降低脆化温度；增进材料的黏结性能。制备内绝热材料时，使用较多的增塑剂是邻苯二甲酸二酯类、癸二酸二酯类等。在选用丁腈橡胶为基体时，也常用液体丁腈橡胶作为增塑剂。为了提高绝热材料的耐焰性，也可用磷酸三甲苯酯、磷酸三苯酯以及矿物油系的氯化石蜡。

6. 固化交联体系

交联体系主要包括活化剂、促进剂以及硫化剂，它们的品种与橡胶工业中使用的种类相近，主要包括过氧化物硫化体系、以硫为硫化剂的硫化体系和酚醛硫化体系，其中过氧化物硫化体系应用较为广泛。一般使用过氧化物硫化剂交联的橡胶具有良好的耐热性能，使用硫黄硫化的橡胶其力学性能更为优异。活化剂和促进剂的存在可以提高绝热材料的硫化效率，提高硫化后网络结构的完整性。其中，促进剂可以按照硫化速度分为慢速、中速、准速、超速和超高速等五类，也可以按照酸碱分类。在硫化体系的选择过程中需要根据绝热材料中填料的种类(如酸碱性)、绝热材料成型需要的时间（焦烧时间）来选择合适的硫化体系。活化剂分为有机活化剂和无机活化剂，前者一般为脂肪酸类、胺类、多元醇及氨基醇类，后者主要包括金属氧化物、氢氧化物和碱式碳酸盐等。在多数情况下，如果不使用活化剂时，硫化反应根本不能进行，而且硫化促进剂需与活化剂共同使用才能完成橡胶基体的硫化反应。需要注意的是，硫化体系的选用除了应该按基体橡胶的化学性质和填料的特性去选择之外，还需要防止绝热材料出现“喷霜”现象，避免其影响绝热层的界面黏结性能。

10.10.5 固体火箭发动机内绝热层的性能及测试方法

固体火箭发动机内绝热层的性能主要包括烧蚀性能、物理化学性能和工艺性能，其中代表其使用特征的主要是烧蚀性能。

10.10.5.1 烧蚀性能

烧蚀性能是绝热层材料应用中最重要的技术参数，它反映了绝热层在固体发动机内高温、高压燃气流场作用下所具有的抵抗烧蚀的能力。对火箭发动机内绝热层烧蚀性能的评估，国外已建立了标准测试方法，如 ASTM285、ASTM–E–377、ASTM–E–422 等。国内也建立了相应的测试标准，如 GJB323A–96 等。评定内绝热层烧蚀性能的方法可分为静态试验法和动态试验法两种。

1. 静态烧蚀试验法

静态烧蚀试验法主要包括氧–乙炔烧蚀法、等离子电弧法两种。

（1）氧–乙炔烧蚀法

氧–乙炔烧蚀法是目前应用较多的静态烧蚀试验方法，该方法以稳定的氧、乙炔火焰为热源，使所形成的温度约为 3 300 K 的焰流冲烧到圆形试样上进行烧蚀。试验中测量试样背面的温度变化、试样烧蚀前后的厚度和质量的变化，计算试样的线性烧蚀率和质量烧蚀率。

线性烧蚀率的就算方法如下所示：

$$r = \frac{h_0 - h_t}{t} \tag{10–21}$$

式中，r——线性烧蚀率（mm/s）；

h_0——烧蚀前绝热层试样的厚度（mm）；

h_t——烧蚀后绝热层试样的厚度（mm）；

t——烧蚀时间（s）。

质量烧蚀率的计算方法如下：

$$r_m = \frac{m_0 - m_t}{t} \tag{10–22}$$

式中，r_m——质量烧蚀率（g/s）；

m_0——烧蚀前绝热层试样的质量（g）；

m_t——烧蚀后绝热层试样的质量（g）；

t——烧蚀时间（s）。

氧–乙炔烧蚀试验中的各种条件，包括喷嘴直径、烧蚀喷嘴前沿到试样表面距离、烧蚀焰流对试样的角度等对测试结果均有影响。通常采用的试样为 ϕ30 mm×10 mm 的圆片，喷嘴直径为 2 mm，烧蚀喷嘴前沿到试样表面的距离为 10 mm，烧蚀角度为 90°。

氧–乙炔烧蚀法操作简单，试验费用低廉，是目前碳氢树脂基和硅树脂基等多种绝热材料性能筛选时广泛应用的方法，但不适于以碳素材料为基体绝热材料的测试。

（2）等离子电弧烧蚀法

该方法以等离子射流作为热源，将大约 5 000 K 以上的等离子射流对材料进行烧蚀，同时测量试样的背面温度、烧蚀前后试样厚度和质量的变化，计算试样的线性烧蚀率和质量烧蚀率。该方法具有温度高、热流密度和速度大、气氛可控等优点，适用于不能使用氧–乙炔烧蚀试验方法测试的材料，如碳素材料、石墨和碳/碳复合等碳基耐烧蚀材料以及陶瓷材料等烧蚀性能的测定。

2. 动态烧蚀试验方法

动态烧蚀试验方法主要包括弯管烧蚀试验、富氧烧蚀试验、模拟发动机烧蚀试验以及小型发动机烧蚀试验。其中弯管烧蚀试验和富氧烧蚀试验分别模拟过载条件下和富氧环境下的发动机烧蚀环境，而模拟发动机烧蚀试验和小型发动机烧蚀试验更接近绝热材料的真实工作环境，但费用较为昂贵，试验周期长。

（1）弯管烧蚀试验

弯管烧蚀试验器如图 10–16 所示。试验中推进剂的燃气流（含高温 Al_2O_3 粒子和未烧尽的金属粒子）通过收缩管冲击到绝热层的表面产生所示作用。

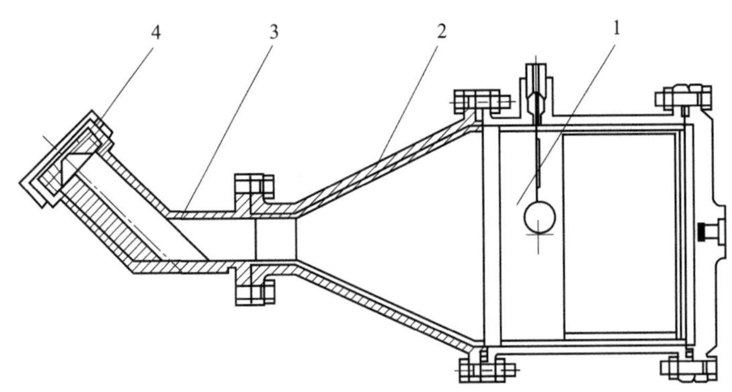

图 10–16 弯管试验器示意图

1—燃气发生器；2—收缩管；3—烧蚀试验段；4—喷管组件

（2）富氧环境烧蚀试验

该试验的目的主要是测定绝热层材料在固体冲压发动机燃烧室内富氧燃烧条件下的烧蚀情况。一般通过燃气发生器提供燃气，由稳压罐提供压力、流量和温度稳定的氧气、空气，经过管状掺混段后进入设有考核绝热层的试验段，测定规定烧蚀时间内绝热层材料的烧蚀情况。燃器发生器所产生燃气的压强、流量、温度以及掺混气源的含氧程度对烧蚀有重要影响，需根据冲压发动机实际工作的状况进行设定。

（3）模拟发动机烧蚀试验

模拟发动机试验通过与实际发动机结构相同或类似的设计，按比例缩小后将选定推进剂装药（含包覆层和绝热层），在实际发动机工作状态的条件下（通过喷管喉径实现）考核绝热层的烧蚀性能，所获得的结果比较接近绝热层材料在实际发动机中的烧蚀情况。但这种动态烧蚀试验方法所规定的试验环境与火箭发动机飞行状态仍存在一定差距，所以还不能完全等同于绝热层材料在实际火箭发动机中的烧蚀状态。

10.10.5.2 物理化学性能

绝热层的物理化学性能主要包括热性能、力学性能、与推进剂和包覆层材料的物理化学相容性能、与发动机消极质量有关的密度等。

1. 热性能

绝热层的热性能主要指其热导率、比热和热膨胀系数。

（1）热导率

热导率是指在传热条件下，相距单位长度的两平面温度相差为一个单位（K）时，单位时间内通过单位面积所传递的热量。热导率表征了绝热材料的隔热性能的优劣，一般来说，热导率越小，材料的隔热性能越好，热防护效果越好。工作状态下，内绝热材料位于燃烧的推进剂和发动机壳体之间，低热导的绝热层可以有效地阻止推进剂燃烧产生的热量向壳体传播，避免壳体因为升温破坏壳体强度。需要注意的是，弹头等特殊部位，往往采用高热导的涂料进行热防护，利用涂料的高热导迅速将弹头等部位产生的高热量导走，不会在弹头等部位积累热量而导致局部温度过高。目前，内绝热材料的热导率的测量多采用热线法进行（GB/T 11205—2009），也有一些烧蚀试验装置，如氧乙炔、等离子、模拟试验器等，在烧蚀测试的过程中可以获得实时的背温数据，用于表征绝热材料的工作状态的隔热性能。

（2）比热

比热又称为比热容或比热容量，指单位物质改变单位温度时所吸收或释放的内能。绝热材料的比热容可以表征材料的隔热性能的优良，比热越大，升高相同温度所需要吸收的热量越大，可以更好地阻止热量的传播。内绝热材料的比热的测量多通过差示扫描量热法（DSC）进行测量。

（3）热膨胀系数

热膨胀系数按照测试方法的不同，可以分为体膨胀系数和线膨胀系数，可以测量程控温度下，忽略负荷时材料的尺寸与温度的关系。需要注意的是，绝热材料中的纤维等填料的加入，可能导致绝热材料存在一定的各向异性，尤其是开炼机制成的片材会导致纤维部分取向。因此，不同方向上测量的绝热材料的线膨胀系数，可能存在较大的差别。

2. 相容性

相容性包括化学相容性和物理相容性。一般指所使用的材料在其应用环境中与其共处的材料之间发生化学作用和物理作用的程度。良好的化学和物理相容性可以保证所采用的材料体系在预期的期限内保证其功能不失去效能。对于火箭发动机的内绝热层材料来说，首先要求它不对发动机壳体产生烧蚀作用，同时，绝热层中的各种成分与推进剂及包覆层的组分之间也不发生化学反应而危及推进剂的化学安定性和力学性能及装药的贮存寿命。物理相容性主要要求绝热层和推进剂内各成分之间不应发生迁移。通常两种材料的液态组分（如增塑剂等）选择不当时，可能发生相应迁移，导致推进剂燃烧性能和力学性能的改变，并可能引起两者之间黏结性能的下降。在推进剂装药的贮存期（一般 8 年以上）内，此种物理不相容的情况会导致火箭发动机的工作失效。

化学相容性的好坏，一般采用热分析法进行，且国内已根据两种材料在一起时热分解峰温差的大小而确定它们的化学相容性的好坏。

对于绝热层（或衬层）与推进剂之间成分迁移性能的测定，一般采用层压法

（WJ 137—93）测定。

10.10.5.3 工艺性能

迄今为止，固体火箭发动机内绝热层材料的制造有多种工艺形式，包括模压成型，软片黏结，厚浆涂料的刮涂、抹涂、喷涂以及缠绕成型等。一般根据火箭发动机的需求和绝热层材料性质的特点决定采用何种工艺方法。但无论采用什么样的工艺方法，都要求绝热层材料应具有良好的工艺性能，以确保发动机内绝热层的质量具有高可靠性。一般要求其制造工艺不过于复杂、简单可行、施工工艺易于控制和便于实现机械化、自动化，同时，绝热层材料的成分应该无毒、无腐蚀，以减少对施工环境的污染和对操作人员的毒害。

发动机绝热层的制造工艺主要涉及三个过程：在实施发动机内壁黏结、涂抹、喷涂前片材及厚浆涂料等的制造过程；在发动机内壁规定部位成型时的黏结、刮涂、喷涂等过程；硫化过程。在这些过程中绝热层材料的重要工艺参数主要为未硫化胶料（俗称生胶）的黏度和硫化特性。

内绝热材料的黏度多指生胶和基体材料的黏度，通常以门尼黏度表示，是保证绝热材料可以进行混炼、挤出、压延、注压、成型等工艺过程的基本条件之一。黏度过大、过小都不利于上述过程的正常进行。一般橡胶基体的生产厂家会在胶料出厂时标明生胶的门尼黏度值，内绝热材料中由于引入了大量的填料（包括增塑剂），会使绝热材料生料的黏度发生变化。一般耐烧蚀和补强填料的添加会使黏度增大，加入油、液体橡胶等增塑剂可以降低胶料的黏度。塑炼等工艺也可以有效降低胶料的黏度。

一般通过门尼黏度计或者硫化仪来测量内绝热材料的黏度，门尼黏度计可以测定不同温度下生胶的黏度，从而选择适当的加工成型工艺。硫化仪的测试原理和门尼黏度计的相近，可以按照有无转子分为振动盘式硫化仪和无转子硫化仪。硫化仪可以追踪胶料硫化反应过程中胶料转矩和时间/温度的关系，得到橡胶的硫化曲线。橡胶的硫化曲线可以准确反映橡胶材料的硫化特性，诱导期代表了绝热材料的加工性能（焦烧蚀间），热硫化期反映了材料的硫化效率，正硫化期和过硫化期则反映了绝热材料在高温下是否会发生反应，可以确定硫化的时间，保证交联结构的稳定性。

树脂基以及膏体内绝热材料的黏度及硫化/固化特性的测量方法和橡胶内绝热材料的相近。

10.10.5.4 典型配方介绍

1. 厚浆涂料型绝热层的典型配方及性能

与广泛使用的丁腈橡胶、三元乙丙橡胶为基体的弹性橡胶绝热层相比，厚浆涂料绝热层除具有同样优异的耐烧蚀性能和抗冲刷能力外，显著的优点在于材料工艺流动性好，同时可实现室温或低温硫化。航天科工集团六院 46 所研制的厚浆涂料绝热层是我国目前应用最为成熟的涂料型隔热材料，它与各种相关材料的黏结性能好，与推进剂的相容性优良。由于具有良好的流动性，成型工艺适合于模压、注射、挤出等，可以制作出致密、无孔、厚度可以连续变化、尺寸准确的绝热套。厚浆涂料绝热层、厚浆复合结构及其工艺已成功用于战术导弹发动机的批生产。同时已研制成功能够用于高能固体发动机三元乙丙绝热层缺陷修补的厚浆涂料绝热材料，该修补材料不仅与高能推进剂相容性好，且与三元乙丙绝热层黏结牢固，材料本体耐烧蚀性能优良，力学性能、工艺性能良好，在室温或低温条件下能较快固化。厚浆涂料绝热材料及修补材料性能见表 10–9。

表 10–9　厚浆绝热材料的性能

牌号	密度 /($g \cdot cm^{-3}$)	拉伸强度 /MPa	断裂伸长率 /%	烧蚀率 /($mm \cdot s^{-1}$)	与钢的黏结强度（剪切强度）/MPa
F–51	≤1.10	≥3.7	≥100	≤0.10	≥2.0
F–51A	≤1.10	≥4.0	≥80	≤0.10	≥1.5

2. 以 EPDM 为基材树脂的涂片式绝热层的典型配方及性能

三元乙丙绝热材料是当前国内外普遍使用的固体发动机用绝热材料的主要品种之一。早在 20 世纪 80 年代初，我国就开始研制三元乙丙绝热材料，目前已实现了密度、纤维品种和含量的系列化；绝热结构实现了绝热材料与酚醛树脂、丁腈橡胶以及纤维织物的有效复合；绝热功能上实现了抗硝酸酯迁移、抗过载、耐氧化、抗冲刷，低密度、耐烧蚀等要求，基本上可以满足各种高性能固体发动机绝热的需求。研制出来的绝热材料包括不含石棉的 46–3 三元乙丙橡胶绝热材料，与含大剂量硝酸酯增塑剂的高能推进剂配套的填充有机纤维的 N46–1、N46–2 三元乙丙橡胶绝热材料，含无机纤维的 46–4 三元乙丙橡胶绝热材料，密度为 0.8 g/cm^3 和 0.6 g/cm^3 的超低密度 DM–1 和 DM–2 三元乙丙橡胶绝热材料，用于抗高过载的 GZ46–1、GZ46–2、GZ46–3 三元乙丙绝热材料及耐 4 000 K 高燃温高性能的 H46–1 三元乙丙绝热材料。各种绝热材料的性能见表 10–10。

表 10–11 列出了部分国内三元乙丙绝热材料与国外三元乙丙绝热材料性能的比较，从列出的性能来看，国内三元乙丙绝热材料性能水平与国外同类产品的基本相当。

表 10–10 三元乙丙绝热材料的性能

牌号	密度 /(g • cm^{-3})	力学性能		烧蚀率 /(mm • s^{-1})	与钢的黏结强度（剪切强度）/MPa	热导率 /[W • (m • K)$^{-1}$]
		拉伸强度 /MPa	伸长率 /%			
46–3	≤1.08	≥9.0	≥700	0.05～0.08	≥4.0	≤0.34
46–4	≤1.07	≥14.0	≥1000	0.03～0.07	≥3.3	≤0.30
N46–1	≤1.05	≥8.0	≥500	0.07～0.10	≥3.0	≤0.31
N46–2	≤1.05	≥8.0	≥500	0.06～0.08	≥3.5	≤0.31
N46–2A	≤1.06	≥4.0	≥400	0.06～0.10	≥3.5	≤0.31
GZ46–1	≤1.08	≥5.0	≥300	0.07～0.09	≥3.5	≤0.32
GZ46–2	≤1.00	≥5.0	≥400	0.07～0.09	≥2.5	≤0.30
GZ46–3	≤1.20	≥5.0	≥150	0.07～0.1	≥2.0	≤0.33
H46–1	≤1.20	≥4.0	≥200	0.06～0.08	≥2.0	≤0.35
DM–1	≤0.80	≥5.0	≥80	0.07～0.09	≥2.5	≤0.20
DM–2	≤0.60	≥3.5	≥60	0.07～0.1	≥2.0	≤0.18

表 10–11 国内部分三元乙丙绝热材料性能及与国外同类产品性能的比较

绝热材料	线烧蚀率 /(mm • s^{-1})	密度 /(g • cm^{-3})	抗拉强度 /MPa	伸长率 /%	生产商
46–3	≤0.10	1.08	9～13	750～850	46 所
N46–1	≤0.10	1.05	9～10	600～700	46 所
N46–2	≤0.10	1.05	10.4	770	46 所
DM–1	≤0.10	≤0.8	＞4	＞80	46 所
J–90–1	0.13～0.18	1.08～1.10	2.5～4.0	100～300	43 所
T1104	＜0.10	1.04	＞4	＞400	42 所
J–204–1	–0.06	1.18	4.5	437	204 所
JR06–2	0.15～0.25	1.10～1.21	2～10	350～800	806 所
J210–8	0.08～0.13	1.18	8	500	210 所
Gen–Gard V4030	0.085	1.09	2.6	623	美国

续表

绝热材料	线烧蚀率 /(mm·s^{-1})	密度 /(g·cm^{-3})	抗拉强度 /MPa	伸长率 /%	生产商
DL–626	—	1.08	13.8	800	美国
HK06	0.1	1.05	16.7	100	赫克力斯公司（美）
IBI–122	0.084	0.85	6.7	400	航空喷气固体推进公司（美）

参考文献

[1] 张平，孙维申，眭英. 固体火箭发动机原理［M］. 北京：北京理工大学出版社，1992.

[2] 周起槐，任务正. 火药物理化学性能［M］. 北京：国防工业出版社，1982.

[3] 高钧驰，等. 含笼型八苯基硅倍半氧烷的三元乙丙橡胶绝热层材料研究［J］. 兵工学报，2009，30（1）.

[4] 张宏伟，等. 聚磷腈的研究进展［J］. 材料导报，2010，23（7）.

[5] A·达维纳. 固体火箭推进剂技术［M］. 张德雄，姚润森，等，译. 北京：宇航出版社，1997.

[6] 孙万玲. X 射线检测问答［M］. 北京：国防工业出版社，1984.

[7] 张景春. 固体推进剂化学及工艺学［M］. 北京：国防科技大学，1987.

[8] G. C. Bietzow. Automated Radlography of Space Shuttle Motor［J］. Materials Evaluation, 1989, 47.

[9] 郭长远. 固体发动机高能 X 射线实时显像检测系统［R］. 航空航天部第四研究院.

[10] 中国无损检测学会新技术专业委员会. 全国无损检测新技术会议论文集[C]. 1990.

[11] 庞爱民. 固体火箭推进剂理论与工程［M］. 北京：中国宇航出版社，2014.

[12] 张嘉惠. 固体火箭壳体绝热层的概况与三元乙丙胶绝热层的现状［J］. 国外固体火箭技术，1983.

[13] 陈剑，等. EPDM 绝热材料碳化层结构特征及其对烧蚀的影响［J］. 固体火箭技术，2011，34（1）.

[14] 杜新等. 固体火箭发动机内绝热层烧蚀分析 [J]. 固体火箭技术，1994，17（2)：27234.

[15] 付东升. EPDM 绝热材料耐烧蚀性能影响因素研究进展 [J]. Chemical Propellants & Polymeric Materials, 2007，5（5).

[16] 赵晓莉，等. 三元乙丙橡胶绝热层耐烧蚀性能的研究评述 [J]. 材料科学与工程学报，2005，23（3).

[17] 易法军，梁军，孟松鹤，杜善义. 防热复合材料的烧蚀机理与模型研究 [J]. 固体火箭技术，2000，23：48–56.

[18] Ren F, Sun H S, Liu L Y. Theoretical analysis for mechanical erosion of carbon–base materials in ablation [J]. J. Thermophys Hest Transf, 1996, 10: 593–597.

[19] 赵晓莉，岳红，张兴航，张颖. 三元乙丙橡胶绝热层耐烧蚀性能的研究评述 [J]. 材料科学与工程学报，2005，23：310–312.

[20] 李江，何国强，秦飞，刘佩进，陈剑. 高过载条件下绝热层烧蚀试验方法研究（Ⅱ）——收缩管聚集法 [J]. 推进技术，2004，25：196–198.

[21] Mattew S Bell, William F S Tam. ASRM case insulation design and development. N93–16605.

本章习题

1. 简述包覆层的主要作用。

2. 对固体推进剂绝热包覆层的基本要求是什么？

3. 人工脱黏的作用是什么？

4. 装药包覆层中液体组分的迁移原因有哪些？如何抑制小分子液体组分的迁移？

5. 固体推进剂的无损检测方法主要有几种？它们各有何优缺点？

6. 固体发动机内绝热层的作用是什么？

7. 固体发动机内绝热层的烧蚀机理有哪几种？